全国优秀教材一等奖
住房城乡建设部土建类学科专业“十三五”规划教材
“十二五”普通高等教育本科国家级规划教材

高校土木工程专业指导委员会规划推荐教材
（经典精品系列教材）

钢结构基本原理

（第三版）

同济大学　沈祖炎　陈以一　陈扬骥　赵宪忠　编著

中国建筑工业出版社

图书在版编目（CIP）数据

钢结构基本原理/沈祖炎等编著．—3版．—北京：中国建筑工业出版社，2018.9（2024.6重印）
住房城乡建设部土建类学科专业“十三五”规划教材 “十二五”普通高等教育本科国家级规划教材 高校土木工程专业指导委员会规划推荐教材（经典精品系列教材）
ISBN 978-7-112-22549-1

Ⅰ.①钢… Ⅱ.①沈… Ⅲ.①钢结构-高等学校-教材 Ⅳ.①TU391

中国版本图书馆CIP数据核字（2018）第183821号

本书主要根据新颁布的《钢结构设计标准》GB 50017—2017以及作者近年来的钢结构教学实践对上一版教材进行修订而成。本书主要介绍土木工程建设项目中的房屋建筑、地下建筑、桥梁、矿井工程等遇到的钢结构的基本原理。从钢结构的特点、应用现状及发展趋势入手，对钢结构使用的材料，连接方式，轴心受拉、受压构件，受弯构件，拉弯、压弯构件，索，组合构件以及桁架、钢架、拱等基本构件和结构形式进行了说明，介绍了其破坏形式、计算原理和一般计算方法，并介绍了构件与节点的抗震性能。

本书可作为大学本科土木工程专业的专业基础课教材，也可作为从事钢结构设计、制作和施工工程技术人员的参考书籍。

为更好地支持本课程教学，我社向选用本教材的任课教师提供课件，有需要者可与出版社联系，索取方式如下：建工书院 http：//edu.cabplink.com，邮箱 jckj@cabp.com.cn，电话 010-58337285。

责任编辑：吉万旺 朱首明
责任校对：张 颖

住房城乡建设部土建类学科专业“十三五”规划教材
“十二五”普通高等教育本科国家级规划教材
高校土木工程专业指导委员会规划推荐教材
（经典精品系列教材）

钢结构基本原理
（第三版）

同济大学 沈祖炎 陈以一 陈扬骥 赵宪忠 编著

*
中国建筑工业出版社出版、发行（北京海淀三里河路9号）
各地新华书店、建筑书店经销
北京红光制版公司制版
建工社（河北）印刷有限公司印刷
*
开本：787×1092毫米 1/16 印张：22¾ 字数：566千字
2018年6月第三版 2024年6月第四十四次印刷
定价：**49.00**元（赠教师课件）
ISBN 978-7-112-22549-1
（32626）

出 版 说 明

为规范我国土木工程专业教学，指导各学校土木工程专业人才培养，高等学校土木工程学科专业指导委员会组织我国土木工程专业教育领域的优秀专家编写了《高校土木工程专业指导委员会规划推荐教材》。本系列教材自2002年起陆续出版，共40余册，十余年来多次修订，在土木工程专业教学中起到了积极的指导作用。

本系列教材从宽口径、大土木的概念出发，根据教育部有关高等教育土木工程专业课程设置的教学要求编写，经过多年的建设和发展，逐步形成了自己的特色。本系列教材曾被教育部评为面向21世纪课程教材，其中大多数曾被评为普通高等教育"十一五"国家级规划教材和普通高等教育土建学科专业"十五"、"十一五"、"十二五"规划教材，并有11种入选教育部普通高等教育精品教材。2012年，本系列教材全部入选第一批"十二五"普通高等教育本科国家级规划教材。

2011年，高等学校土木工程学科专业指导委员会根据国家教育行政主管部门的要求以及我国土木工程专业教学现状，编制了《高等学校土木工程本科指导性专业规范》。在此基础上，高等学校土木工程学科专业指导委员会及时规划出版了高等学校土木工程本科指导性专业规范配套教材。为区分两套教材，特在原系列教材丛书名《高校土木工程专业指导委员会规划推荐教材》后加上经典精品系列教材。2016年，本套教材整体被评为《住房城乡建设部土建类学科专业"十三五"规划教材》，请各位主编及有关单位根据《住房城乡建设部关于印发高等教育 职业教育土建类学科专业"十三五"规划教材选题的通知》要求，高度重视土建类学科专业教材建设工作，做好规划教材的编写、出版和使用，为提高土建类高等教育教学质量和人才培养质量做出贡献。

高等学校土木工程学科专业指导委员会
中国建筑工业出版社

第三版前言

2000年，为顺应土木工程专业宽口径人才培养的教学体系改革，沈祖炎先生主持编写了以建立基本概念、阐释基本原理为重点的原理与设计分开的《钢结构基本原理》教材，开创了此类教材编写体例的先河；2005年，根据原理课程教学实践的反馈，对教材进行了再版修订。2012年，考虑到国内外钢结构理论、技术与实践均发生了诸多变化，在第一编著人沈祖炎先生的组织下，开始着手第三版的修订，并拟定了修编要点。但其时，我国2003版《钢结构设计规范》的修订工作已进行数年，本书编著者们考虑教材的工程设计公式宜与规范条文一致，因此，将教材重版一事暂时搁置下来了。

2017年底，新版《钢结构设计规范》更名为《钢结构设计标准》，并由中华人民共和国住房和城乡建设部、中华人民共和国国家质量监督检验检疫总局联合颁布。令人悲痛的是，本教材第一编著人沈祖炎先生已于此前的两个月驾鹤仙去。沈先生长期从事钢结构的研究、教学和工程建设指导，跨时60余载，呕心沥血，贡献卓著；虽未能亲见他倾注了满腔热忱和巨大智慧的新版《钢结构设计标准》和新版《钢结构基本原理》双双竣工，但先生高屋建瓴的大家风范和求实创新的治学精神激励着晚辈将先生未竟之事业继续下去。

幸好沈祖炎先生于2012年即已规划了本教材第三版的修订方案，也幸好本教材从编著伊始，先生就已确定了原理为重、《标准》为用的原则，使得本版修订仍能基于先生策划的布局和精髓去完成文字工作。虽然新版《钢结构设计标准》的一些变化，短时内也不一定为修编人完全掌握，但作为一本突出原理的教材，还是能够把钢结构的基本理论准确地呈现给读者。

本版保留了前版的基本框架，适当增加了近年来的一些研究和工程进展；参照2017年版《钢结构设计标准》和相关规范、标准的最新版本，修订了工程用设计公式和设计规定。本版修订第3、5～7、9～11章由陈以一教授执笔，第1、2、4、8章由赵宪忠教授执笔。修订人在此感谢沈祖炎先生和年事渐高的陈扬骥先生在本教材前两版打下的基础。

本教材修订过程中难免会有不足之处，敬请读者不吝提出批评和改进意见。

同济大学土木工程学院

2018年6月

第二版前言

2000年以来，本教材已用于同济大学和一些兄弟院校的宽口径土木工程专业本科教学中。《钢结构基本原理》作为一本专业基础课程教材，为使土木工程师的培养能够满足从事多种工程领域中结构设计的普遍要求，改变了拘泥于某一特定技术规范的编写方法；具备这一特点的教材，对讲授钢结构课程的教师也是一种挑战。经过这几年的教学实践，本教材的编写思路已逐渐被接受，为宽口径土木工程专业的专业课程学习提供了一个比较合适的平台。

本版修订主要基于如下考虑：依据四年多来教学实践的反馈，对相关内容进行局部增删或调整；依据近年来国内钢结构理论和技术的研究成果和工程实践进展积累的新知识，作若干补充。期待使用本教材的师生将发现的问题和不足及时告知作者，以使这部教材能更加完善。

同济大学土木工程学院

2005年1月

第一版前言

1998年，教育部颁布了新的普通高等学校本科专业目录，将原建筑工程、交通土建工程等8个专业合并为土木工程专业，其专业范围覆盖房屋建筑、地下建筑、隧道、道路、桥梁、矿井等工程。由于土木工程专业覆盖面广，在课程设置上，土木工程专业教学指导委员会采纳了教育部“面向21世纪土建类专业人才培养方案及教学内容体系改革的研究与实践”课题组的建议，将原来的钢结构课程分为原理和设计两大部分，原理部分作为专业基础教学内容，设计部分作为专业教学内容。本教材即为原理部分的教学内容。

本教材的编写宗旨以建立基本概念、阐述基本理论为重点，使学生学完后能够在钢结构设计专业课学习中主动深入地掌握各种工程结构的钢结构设计规范、设计原理和方法。因此本教材的内容将不涉及设计规范的各种具体规定，讲述的对象将是房屋建筑、地下建筑、桥梁和矿井工程中经常遇到的钢结构的材料、连接和受拉构件、轴心受压构件、受弯构件、压弯构件、索、组合构件、桁架、刚架和拱等基本构件以及构件与节点的抗震性能等。有关各种工程结构的形式、体系、构造及其分析计算和设计等则不在本教材的内容中，将由钢结构设计专业课讲述。

本书可作为土木工程专业本科的专业基础课教材和函授学生的教材，也可作为从事钢结构设计、制作和施工工程技术人员学习的参考书籍。

本书由沈祖炎教授主编，第1、3、5章由沈祖炎教授编写，第2、4、8章由陈扬骥教授编写，第6、7、9、10、11章由陈以一教授编写。全书由主编修改定稿。

在编写过程中，引用了有关单位的资料，谨致谢意。

本书难免会有不足之处，敬请读者批评指正。

同济大学土木工程学院

2000年2月

目　　录

第1章 绪　论

1.1 钢结构的特点及应用

钢结构是土木工程的主要结构种类之一，它在房屋建筑、地下建筑、桥梁、塔桅、海洋平台、港口建筑、矿山建筑、水工建筑、囤仓囤斗、气柜油罐和容器管道中都得到广泛采用；这是由于钢结构与用其他材料建造的结构相比，具有许多优点：

(1) 强度高，质量轻。钢与混凝土、木材相比，虽然密度较大，但其强度较混凝土和木材要高得多，其密度与强度的比值一般比混凝土和木材小，因此在同样受力的情况下，钢结构与钢筋混凝土结构和木结构相比，构件截面面积较小，质量较轻。

(2) 材性好，可靠性高。钢材由钢厂生产，质量控制严格，材质均匀性好，且有良好的塑性和韧性，比较符合理想的各向同性弹塑性材料，因此目前采用的计算理论能够较好地反映钢结构的实际工作性能，可靠性高。

(3) 工业化程度高，工期短。钢结构都为工厂制作，具备成批大件生产和成品精度高等特点；采用工厂制造、工地安装的施工方法，有效地缩短工期，为降低造价、发挥投资的经济效益创造条件。

(4) 密封性好。钢结构采用焊接连接后可以做到安全密封，能够满足一些气密性和水密性要求高的高压容器、大型油库、气柜油罐和管道等的要求。

(5) 抗震性能好。钢结构由于自重轻和结构体系相对较柔，受到的地震作用较小，钢材又具有较高的抗拉和抗压强度以及较好的塑性和韧性，因此在国内外的历次地震中，钢结构是损坏最轻的结构，已公认为是抗震设防地区特别是强震区的最合适结构。

(6) 耐热性较好。温度在250℃以内，钢材性质变化很小，钢结构可用于温度不高于250℃的场合。当温度达到300℃以上时，强度逐渐下降，600℃时，强度降至不到三分之一，在这种场合，对钢结构必须采取防护措施。

钢结构的下列缺点有时会影响钢结构的应用：

(1) 钢材价格相对较贵。采用钢结构后结构造价会略有增加，往往影响业主的选择。其实上部结构造价占工程总投资的比例是很小的，采用钢结构与采用钢筋混凝土结构间的结构费用差价占工程总投资的比例就更小。以高层建筑为例，前者约为10%，后者则不到2%。显然，结构造价单一因素不应作为决定采用何种材料的主要依据。如果综合考虑各种因素，尤其是工期优势，则钢结构将日益受到重视。

(2) 耐锈蚀性差。新建造的钢结构一般隔一定时间都要重新刷涂料，维护费用较高。目前国内外正在发展各种高性能的涂料和不易锈蚀的耐候钢，钢结构耐锈蚀性差的问题有望得到解决。

(3) 耐火性差。钢结构耐火性较差，在火灾中，未加防护的钢结构一般只能维持20分钟左右。因此需要防火时，应采取防火措施，如在钢结构外面包混凝土或其他防火材料，或在构件表面喷涂防火涂料等。目前国内外正在研制耐火性能好的耐火钢，以降低防火措施的费用。

现在钢材已经被认为是可持续发展的材料，因此从长远发展的观点，钢结构将有很好的应用发展前景。

1.2 我国钢结构发展现状及趋势

我国自1949年新中国成立以后，随着经济建设的发展，钢结构得到一定程度的发展。由于受到钢产量的制约，钢结构仅在重型厂房、大跨度公共建筑、铁路桥梁以及塔桅结构中采用。几个大型钢铁联合企业如鞍山、武汉、包头等钢厂的炼钢、轧钢、连铸车间等都采用钢结构。在公共建筑中以平板型网架用得最多，1975年建成的上海体育馆采用三向网架，跨度已达110m。此外，北京工人体育馆采用圆形双层辐射式悬索结构，建成于1962年，直径为94m。1967年建成的浙江体育馆采用双曲抛物面正交索网的悬索结构，椭圆平面，80m×60m。武汉和南京长江大桥都采用了铁路公路两用双层钢桁架桥。在塔桅结构方面，广州、上海等地都建造了高度超过200m的多边形空间桁架钢电视塔。1977年北京建成的环境气象塔是一高达325m的5层纤绳三角形杆身的钢桅杆结构。

1978年以后，我国实行改革开放政策，经济建设有了突飞猛进的发展，钢结构也有了前所未有的发展，应用的领域有了较大的扩展。高层和超高层房屋、多层房屋、单层轻型房屋、体育场馆、大跨度会展中心、大型客机检修库、自动化高架仓库、城市桥梁和大跨度公路桥梁、粮仓以及海上采油平台等都已采用钢结构。目前，我国已建和在建的200m以上的超高层钢结构或钢-混凝土结构达600余幢，其中由高420m的上海金茂大厦、高492m的上海环球金融中心、高632m的上海中心组成的“品”字形超高层建筑群（图1-1）的建成，标志着我国的超高层钢结构已进入世界前列。在大跨度建筑和单层工业厂房中，网架结构、网壳结构、张弦结构等的广泛应用，已受到世界各国的瞩目。1996年建成的嘉兴电厂干煤棚（图1-2）采用矩形平面三心圆柱面网壳，跨度为103.5m。1998年建成的长春体育馆（图1-3）采用错边蚌型网壳结构，平面为120m×160m。这些网壳结构的建成，使我国长期以来网壳结构跨度未突破100m大关的历史已成过去。在大跨空间结构中，上海体育场马鞍形环形大悬挑空间钢结构屋盖(图1-4)、上海浦东

图1-1 上海金茂大厦、上海环球金融中心、上海中心组成的超高层建筑群

图 1-2　嘉兴电厂干煤棚

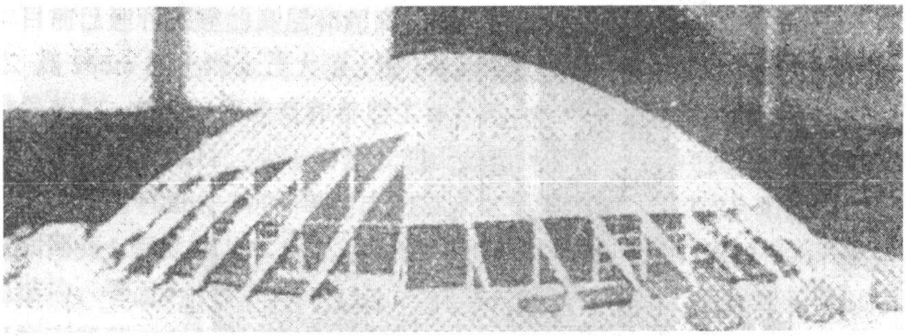

图 1-3　长春体育馆

图 1-4　上海体育场

国际机场航站楼张弦梁屋盖钢结构（图1-5）和南通体育会展中心超大型开闭式屋盖钢结构（图1-6）的建成，更标志着我国的大跨度空间钢结构已进入世界先进行列。在桥梁方面，钢结构的应用更是举世瞩目。2009年建成的重庆朝天门长江大桥（图1-7），其中主联跨长（190＋552＋190)m，是世界上最长跨度的钢拱桥。2008年建成的苏通长江公路大桥（图1-8），采用双塔双索面钢箱梁斜拉桥，主跨跨长为1088m。2009年建成的舟山西堠门大桥（图1-9），主跨采用悬索桥，跨长1650m。这些桥梁的建成标志着我国已有能力建造任何现代化的桥梁。

图1-5　上海浦东国际机场航站楼

图1-6　南通体育会展中心开闭式屋盖

图1-7　重庆朝天门长江大桥

图 1-8 苏通长江公路大桥

图 1-9 舟山西堠门大桥

1996 年我国钢产量已是世界第一，年产量超过 1 亿吨，到 2017 年已达 8.3 亿吨。钢材质量及钢材规格也已能满足建筑钢结构的要求。1999 年由建设部颁布的《国家建筑钢结构产业"十五"计划和 2010 年发展规划纲要》中已明确指出，将易于工业化和再次利用的钢结构作为发展重点。市场经济的发展与绿色低碳的可持续发展需求更为钢结构的发展创造了条件。因此，我国钢结构正处于迅速发展的过程中。可以预期，我国钢结构发展的主要方向为：单层轻、中型厂房及仓库、单层重型厂房、大跨度公共建筑、高层及超高层建筑、多层工业厂房、办公楼及住宅、铁路桥梁、大跨度公路及城市桥梁、城市高架路、塔桅结构、海洋平台、矿井、各种容器及管道、移动式结构、需拆卸及搬移的结构等等。

1.3　钢结构的主要结构形式及组成杆件的分类

钢结构的应用范围极其广泛。为了能更好发挥钢材的性能，有效地承担外荷载，不同的工程结构采用的结构形式也将有所不同。因此，钢结构的主要结构形式比较多。

1.3.1　用于房屋建筑的主要结构形式

（1）单层工业厂房常用的结构形式是由一系列的平面承重结构用支撑构件联成空间整体（图1-10）。在这种结构形式中，外荷载主要由平面承重结构承担，纵向水平荷载由支撑承受和传递。平面承重结构又可有多种形式。最常见的为横梁与柱刚接的门式刚架和横梁（桁架）与柱铰接的排架。

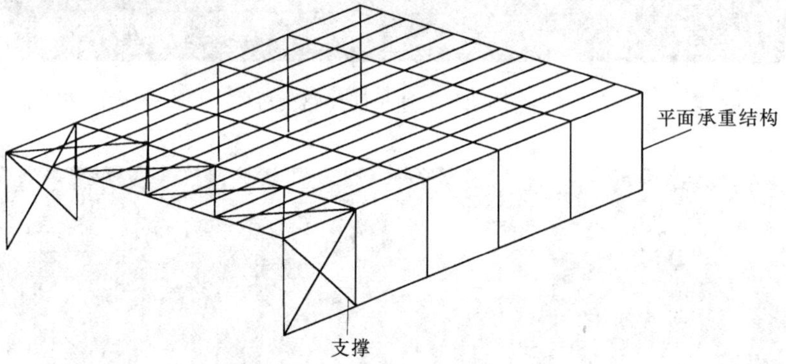

图1-10　单层厂房常用结构形式

（2）大跨度单层房屋的结构形式众多，常用的有以下几种：①平板网架。图1-11给出了两种双层平板网架，图1-11(*a*)为由杆件形成的倒置四角锥组成，图1-11(*b*)由三个方向交叉的桁架组成，这种结构形式目前也已在单层工业房屋中广泛应用；②网壳。网壳的形式比较多，图1-12给出了常用的几种。图1-12(*a*)为筒状网壳，也称筒壳，可以是单层或双层的。双层时一般由倒置四角锥组成。图1-12(*b*)、(*c*)为球状网壳，也称球壳，无论是单层（图1-12*b*）或双层（图1-12*c*），其网格都可以有多种分格方式；③空间

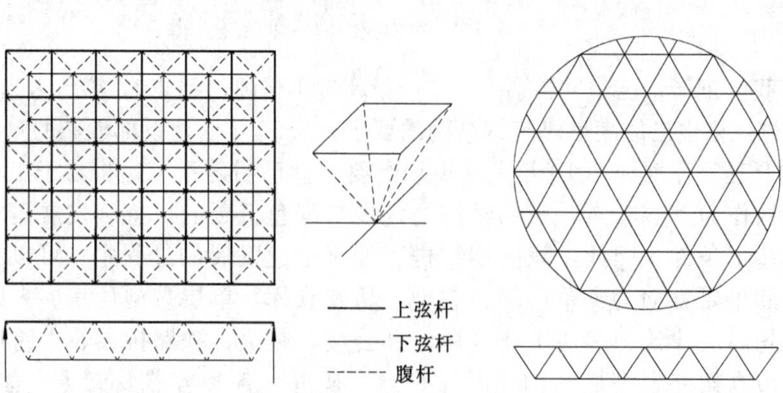

图1-11　平板网架

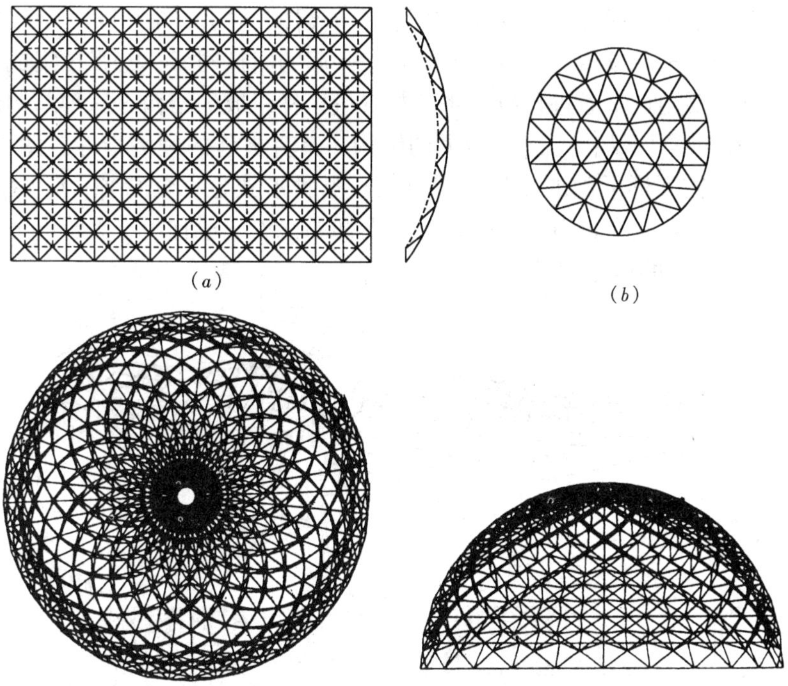

(a)

(b)

(c)

图 1-12 网壳

桁架或空间刚架体系。上海浦东国际机场航站楼的屋盖采用了这种体系；④悬索。悬索结构是一种极为灵活的结构，其形式之多可谓不胜枚举，图 1-13 给出了少量的常用形式。图 1-13(*a*) 和(*b*) 是预应力双层悬索体系，图 1-13(*c*) 和 (*d*) 是预应力鞍形索网体系；

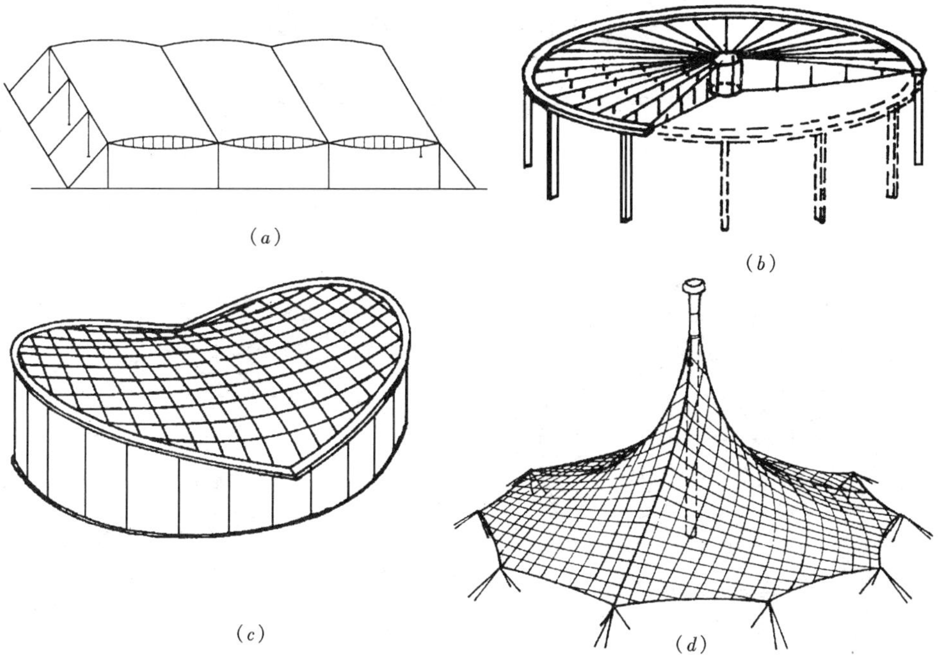

(a)

(b)

(c)

(d)

图 1-13 悬索结构

⑤杂交结构。杂交结构是指不同结构形式组合在一起的结构。图 1-14(*a*) 是拱与索网组合在一起，图 1-14(*b*) 是拉索与平板网架组合在一起的斜拉网架；⑥张拉集成结构。张拉集成结构是一种主要用拉索通过预应力张拉与少量压杆组成的结构。这种结构形式可以跨越较大空间，是目前空间结构中跨度最大的结构，具有极佳的经济指标。图 1-15 所示是一种 240m×193m 椭圆形平面的张拉集成结构，这种形式也称索穹顶；⑦索膜结构。索膜结构由索和膜组成，具有自重轻，体形灵活多样的优点，适宜用于大跨度公共建筑。图 1-16 为一 104m×67m 的溜冰馆结构。

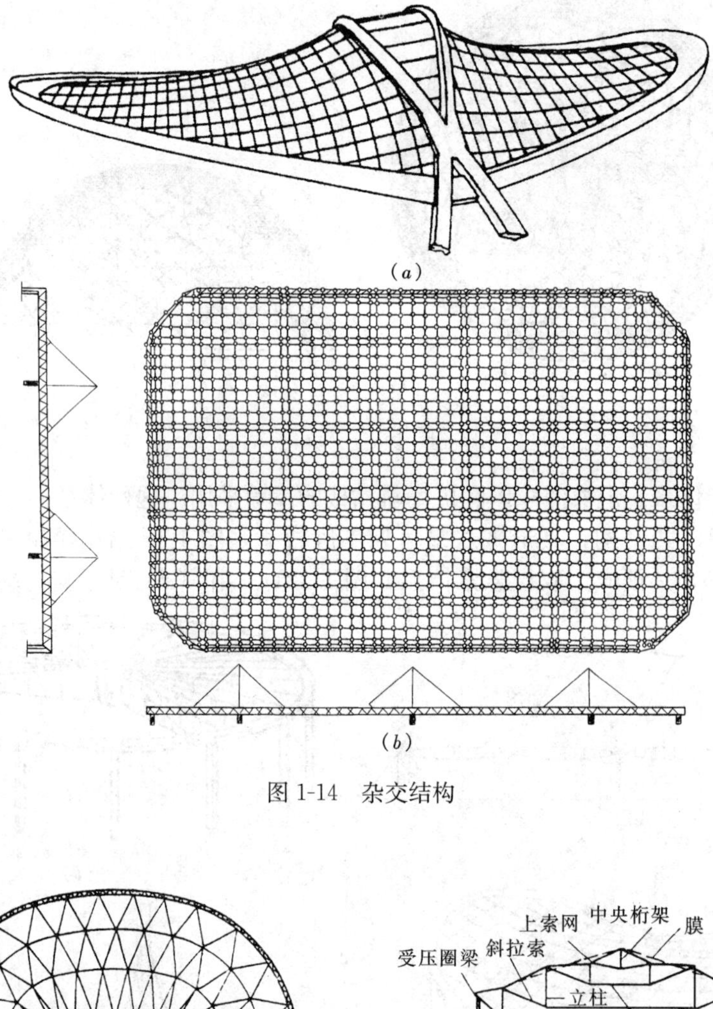

图 1-14　杂交结构

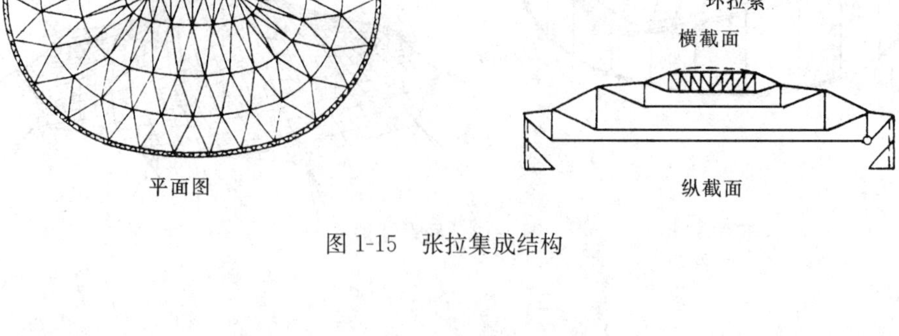

图 1-15　张拉集成结构

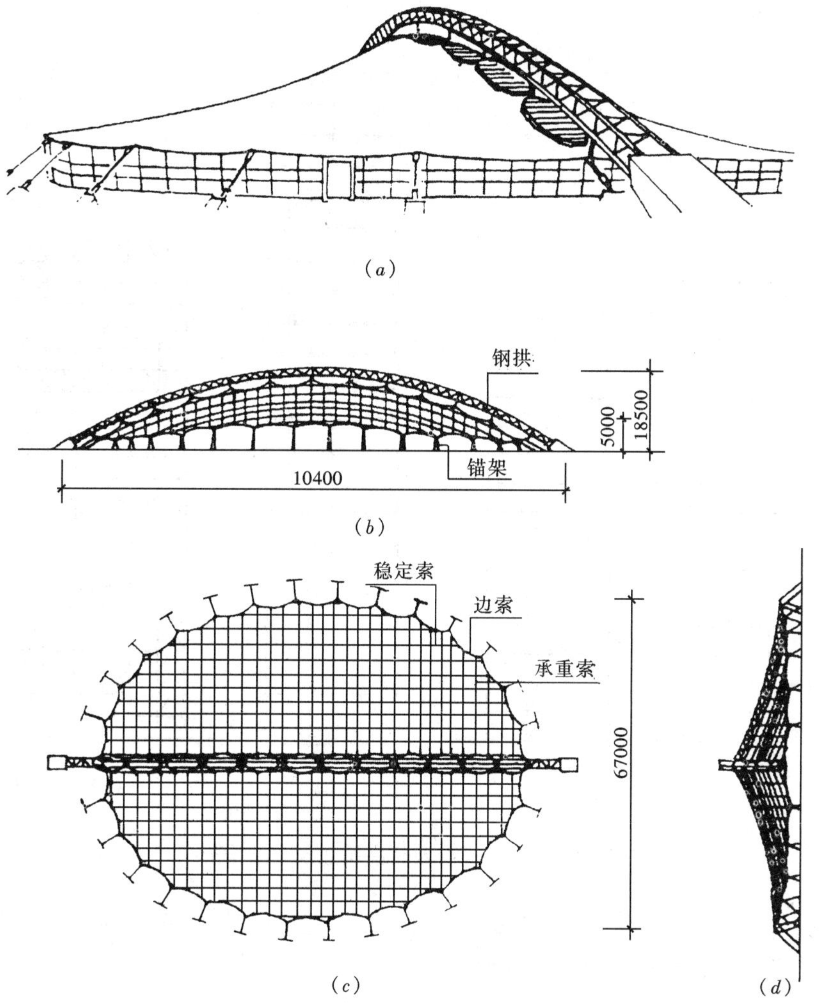

图 1-16 索膜结构

(3) 多层、高层及超高层建筑所承受的风荷载或地震作用随着房屋高度的增加而迅速增加，如何有效地承受水平力是考虑结构形式的一个重要问题。根据高度的不同，多层、高层及超高层建筑可采用以下合适的结构形式：①刚架结构，梁和柱刚性连接形成多层多跨刚架（图 1-17*a*）；②刚架-支撑结构，即由刚架和支撑体系（包括抗剪桁架、剪力墙或核心筒）组成的结构，图 1-17(*b*) 即为刚架-抗剪桁架结构；③框筒、筒中筒、束筒等筒体结构，图 1-17(*c*) 为一束筒结构形式；④巨型结构，包括巨型桁架和巨型框架(图 1-17*d*)。

1.3.2 用于桥梁的主要结构形式

用于桥梁的主要结构形式有如下几种：①实腹板梁式结构，可以采用Ⅰ形截面或箱形截面（图 1-18*a*）；②桁架式结构，桁架可以是简支的也可以是连续的（图 1-18*b*）；③拱或刚架式结构，图 1-18(*c*) 是拱式结构的一种常见形式，拱和刚架可以做成实腹的，也可以是格构式的；④拱与梁或桁架的组合结构，图 1-18(*d*) 是用柔性拱与桁架结合的形式；

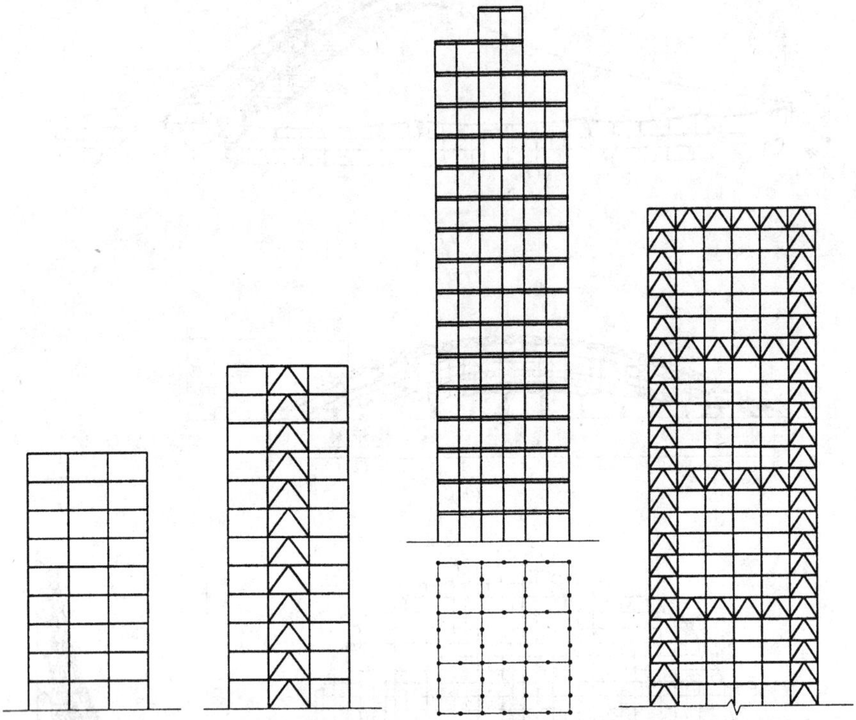

图 1-17　多层、高层及超高层建筑的结构形式

⑤斜拉结构，图 1-18(*e*) 是斜拉结构的一种形式，斜拉索采用高强度预应力钢缆；⑥悬索结构，图 1-18(*f*) 是悬索结构的一种形式。

1.3.3　用于塔桅的主要结构形式

塔桅的主要结构形式为：①桅杆结构（图 1-19*a*），杆身依靠纤绳的牵拉而站立，杆身可采用圆管或三角形、四边形等格构杆件；②塔架结构，塔架立面轮廓线可采用直线形、单折线形、多折线形和带有拱形底座的多折线形（图1-19*b*）等，平面可分为三角形、四边形、六边形、八边形等。

1.3.4　各种结构形式中组成构件的分类

从房屋建筑、桥梁、塔桅以及其他工程结构所采用的主要结构形式来看，除了容器（如储液罐、储气罐、囤仓、炉体等）和管道（如输油管、输气管、压力水管等）采用钢板壳体结构外，一般都由杆件系统和索组成。分析这些杆件的受力，可以归结为拉索、拉杆、压杆、受弯杆件、受拉受弯构件（简称拉弯构件）、受压受弯构件（简称压弯构件）、拱、刚架等。有时钢构件还与混凝土组合在一起，形成组合构件，如钢管混凝土构件、型钢混凝土构件等。由于这些杆件是组成各种结构形式的最基本单元，因此成为钢结构的基本构件。

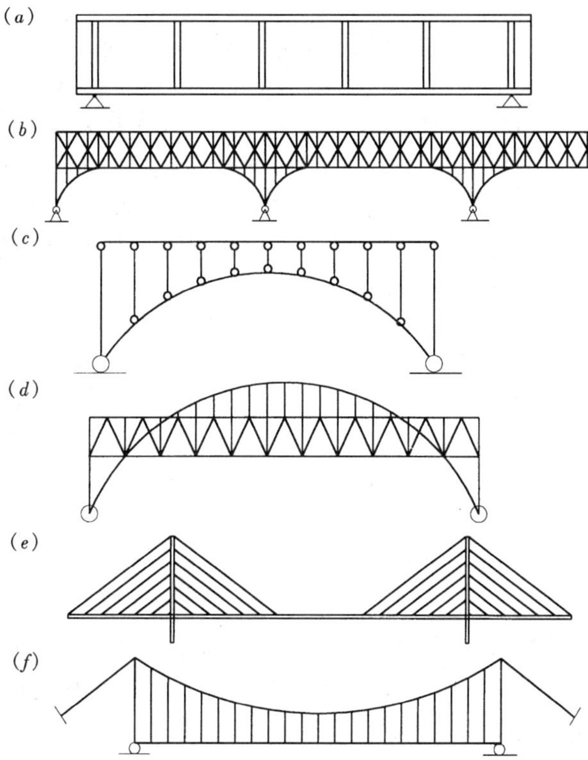

图 1-18 桥梁的主要结构形式

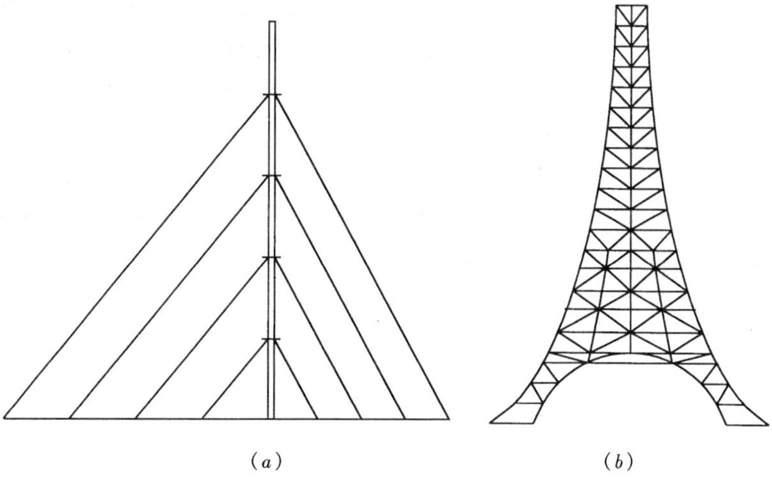

图 1-19 塔桅结构

为了能精确地掌握钢结构各种结构形式的受力性能，首先必须掌握钢结构基本构件的工作性能及其分析的基本理论。本教材的宗旨即在于此。在以下几章中，将对钢结构的材料、受拉构件、索、轴心受压构件、受弯构件、拉弯构件、压弯构件、桁架、单层刚架与拱以及组合构件等的受力性能及其分析的基本理论进行阐述。

1.4　钢结构的连接方法及分类

钢结构构件可以直接采用热轧型钢或冷弯型钢，也可由钢板或型钢组成，如由三块钢板组成的工形截面、由四块钢板组成的箱形截面以及由两个工字钢组成的格构截面等（图1-20）。这类截面都需要用合适的方法把钢板等连接在一起。钢结构的各种结构形式由钢结构基本构件组成，同样需要合适的方法把它们连接成整体。因此，钢结构的连接在各种结构形式中，与基本构件一样有重要的作用。

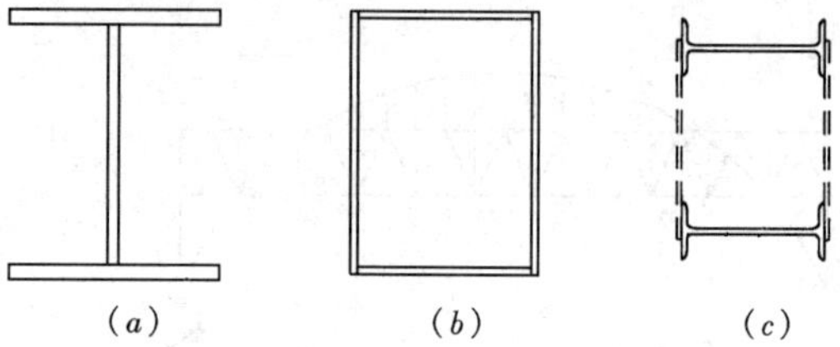

图1-20　钢结构的组合截面形式

根据不同的情况，钢结构可采用不同的连接方法，如①焊接——是钢结构中用得最广泛的连接方法。②铆接——在20世纪中叶以前是用得最广泛的连接方法，由于施工不方便现已被焊接和其他连接方法所代替。③普通螺栓连接——具有施工方便的优点，但在传递剪力时会有较大滑移，不利于结构受力，因此常用于不传剪力的安装连接中。④高强度螺栓摩擦型和承压型连接——具有较好的工作性能，但有的对被连构件在连接处的接触面的加工有较高要求，是目前用得较为广泛的连接方式，也用来替代过去常用的铆钉连接。⑤熔嘴电渣焊——常用于高层建筑钢结构箱形柱内横隔板的焊接。⑥电阻点焊——可用于厚度较薄板件的连接。⑦自攻螺钉和射钉——用于较薄钢板之间的连接。⑧焊钉——用于钢-混凝土组合构件中型钢和混凝土间的连接。

焊接连接、普通螺栓和高强度螺栓连接在一般钢结构工程中广泛应用。电阻点焊、自攻螺钉和射钉等连接方法主要用于轻型钢结构和冷弯薄壁型钢结构中。这些连接的工作性能和分析的基本原理将在下面有关章节中阐述。

第2章　钢结构材料

要深入了解钢结构的特性，必须从钢结构的材料（钢材）开始，掌握钢材在各种应力状态、不同生产过程和不同使用条件下的工作性能，从而能够选择合适的钢材，不仅使结构安全可靠和满足使用要求，又能最大可能地节约钢材和降低造价。

钢结构对钢材的要求是多方面的，主要有以下几个方面：

（1）有较高的强度。要求钢材的抗拉强度和屈服点比较高。屈服点高可以减小构件的截面尺寸，从而减轻结构重量，节约钢材，降低造价。抗拉强度高，可以增加结构的安全储备。

（2）塑性好。塑性性能好，能使结构破坏前有较明显的变形，可以避免结构发生脆性破坏。塑性好可以调整局部峰值应力，使应力得到重分布，并提高构件的延性，从而提高结构的抗震能力。

（3）冲击韧性好。冲击韧性好可提高结构抗动力荷载的能力，避免发生裂纹和脆性断裂。

（4）冷加工性能好。钢材经常在常温下进行加工，冷加工性能好可保证钢材加工过程中不发生裂纹或脆断，不因加工对强度、塑性及韧性带来较大的影响。

上述（1）～（4）条为对钢材力学性能（机械性能）的要求。

（5）可焊性好。钢材的可焊性好，是指在一定的工艺和构造条件下，钢材经过焊接后能够获得良好的性能。可焊性是衡量钢材的热加工性能。可焊性可分为施工上的可焊性和使用上的可焊性。施工上的可焊性是指在焊缝金属及近缝区产生裂纹的敏感性，近缝区钢材硬化的敏感性；可焊性好是指在一定的焊接工艺条件下，焊缝金属和近缝区钢材不产生裂纹。使用性能上的可焊性是指焊缝和焊接热影响区的力学性能不低于母材的力学性能。

（6）耐久性好。耐久性是指钢结构的使用寿命。影响钢材使用寿命主要是钢材的耐腐蚀性较差，其次是在长期荷载、反复荷载和动力荷载作用下钢材力学性能的恶化。

本章着重论述钢材在各种作用下所表现出来的静、动力特性，如弹性、塑性、强度、韧性、疲劳等力学性能。钢材的力学性能指标是结构设计的主要依据。其次，介绍钢材的破坏形式和影响钢材性能的主要因素，以及钢材的分类、选用原则和规格。

2.1　钢材在单向均匀受拉时的工作性能

2.1.1　钢材的荷载-变形曲线

钢材在单向均匀受拉时的工作特性，通常是以常温条件下静力拉伸试验的应力-应变（或荷载-变形）曲线来表示。图 2-1 表示低碳钢的荷载-变形曲线。图中横坐标为试件的伸长 Δl，纵坐标为荷载 N。从图中曲线可以看出，钢材的工作特性可以分成如下几个阶段：

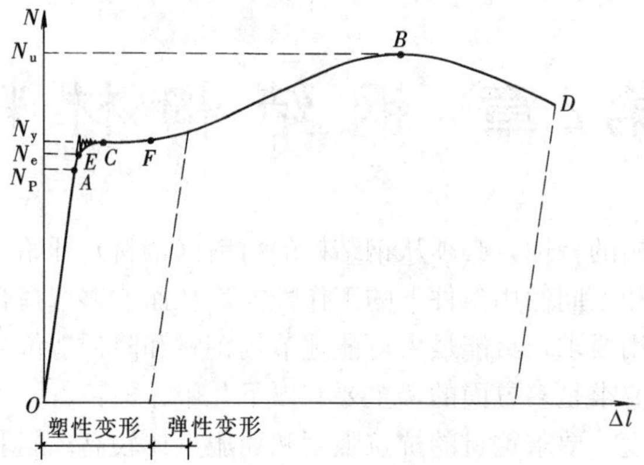

图 2-1　钢材的荷载-变形曲线

1. 弹性阶段（*OE* 段）

在曲线 *OE* 段，钢材处于弹性阶段，亦即荷载增加时变形也增加，荷载降到零时（完全卸载）则变形也降到零（回到原点）。其中 *OA* 段是一条斜直线，荷载与伸长成正比，符合虎克定律。*A* 点的荷载为比例极限荷载（N_P），相应的应力为比例极限 σ_P（$\sigma_P = N_P/A$，*A* 为试件截面面积）。*E* 点的荷载为弹性极限荷载（N_e），相应的应力为弹性极限 σ_e（$\sigma_e = N_e/A$）。

2. 屈服阶段（*ECF* 段）

当荷载超过 N_e（应力超过弹性极限 σ_e）后，荷载与变形不成正比关系，变形增加很快，随后进入屈服平台循环曲线，呈锯齿形波动，甚至出现荷载不增加而变形仍在继续发展的现象。这个阶段称之为屈服阶段。此时钢材的内部组织纯铁体晶粒产生滑移，试件除弹性变形外，还出现了塑性变形。卸载后试件不能完全恢复原来的长度。卸载后能消失的变形称弹性变形，而不能消失的这一部分变形称残余变形（或塑性变形）。

屈服阶段曲线上下波动，屈服荷载 N_y 取波动部分的最低值（下限），相应的应力称屈服点或流限，用符号 f_y 表示。屈服阶段从开始（图 2-1 中 *E* 点）到曲线再度上升（图 2-1 中 *F* 点）的变形范围较大，相应的应变幅度称为流幅。流幅越大，说明钢材的塑性越好。屈服点和流幅是钢材很重要的两个力学性能指标，前者是表示钢材强度的指标，而后者则是表示钢材塑性变形的指标。

3. 强化阶段（*FB* 段）

屈服阶段之后，钢材内部晶粒重新排列，并能抵抗更大的荷载，但此时钢材的弹性并没有完全恢复，塑性特性非常明显，这个阶段称为强化阶段。对应于 *B* 点的荷载 N_u 是试件所能承受的最大荷载，称极限荷载，相应的应力为抗拉强度或极限强度，用符号 f_u 表示。

4. 颈缩阶段（*BD* 段）

当荷载到达极限强度 N_u 时，在试件材料质量较差处，截面出现横向收缩，截面面积开始显著缩小，塑性变形迅速增大，这种现象称为颈缩现象。此时，荷载不断降低，变形却延续发展，直至 *D* 点试件断裂。

颈缩现象的出现和颈缩的程度以及与 D 点上相应的塑性变形是反映钢材塑性性能的重要标志。

2.1.2 钢结构用钢的工作特性

现在再仔细分析低碳钢（普通碳素钢）的工作性能和几个重要的力学性能指标。图 2-2 所示曲线是 Q235 钢在常温下静力拉伸试验的结果，图 2-2（b）是图 2-2（a）的局部放大。随着作用力（应力）的增加，Q235 钢明显地表现出弹性、屈服、强化和颈缩等四个阶段，各个阶段的应力和应变大致为：

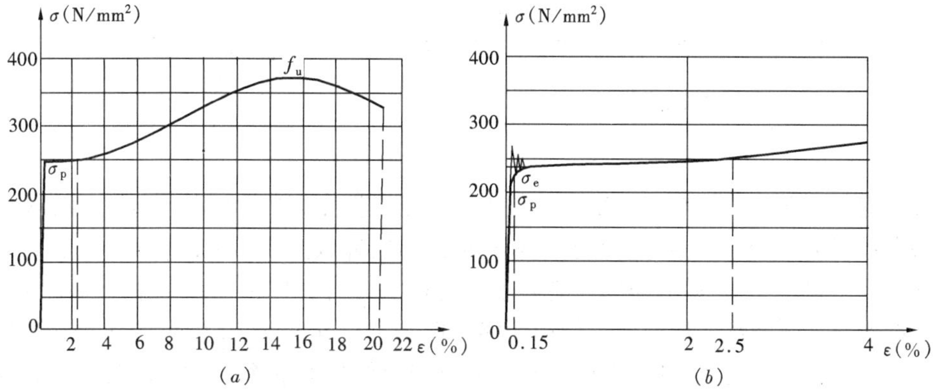

图 2-2 Q235 钢在单向均匀受拉时的工作性能

1. 弹性阶段

比例极限 $f_p \approx 200\text{N/mm}^2$，对应的应变 $\varepsilon_p \approx 0.1\%$

弹性模量 $E = 2.06 \times 10^5 \text{N/mm}^2$

2. 屈服阶段

屈服点 $f_y \approx 235\text{N/mm}^2$，对应的应变 $\varepsilon_y \approx 0.15\%$

流幅 $\varepsilon \approx 0.15\% \sim 2.5\%$

3. 强化和颈缩阶段

抗拉强度 $f_u \approx 370 \sim 460\text{N/mm}^2$，相应的伸长率 $\delta_5 \approx 21\% \sim 26\%$

对于钢结构采用的其他牌号的钢（如低合金钢）也都具有这样的工作性能。图 2-3 表示低碳钢、低合金钢在单向拉伸时的应力-应变曲线。

从图 2-2 和图 2-3 可以得出几点极为重要的钢材的工作特性：

（1）由于比例极限、弹性极限和屈服点很接近，而在屈服点之前的应变又很小（$\varepsilon_y < 0.15\%$），所以在计算钢结构时可以认为钢材的弹性工作阶段以屈服点为上限。当应力达到屈服点后，将使结构产生很大的、在正常使用上不允许的残余变形。因此，在设计时取屈服点为钢材可以达到的最大应力。

（2）钢材在屈服点之前的性质接近理想的弹性体，屈服点之后的流幅现象又接近理想的塑性体，并且流幅的范围（$\varepsilon \approx 0.15\% \sim 2.5\%$）已足够用来考虑结构或构件的塑性变形的发展，因此可以认为钢材是符合理想的弹性-塑性材料，如图 2-4 所示。这就为进一步发展钢结构的计算理论提供了基础。

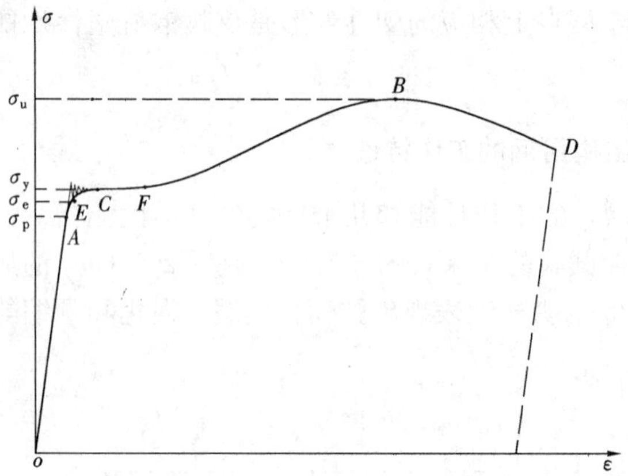

图 2-3　结构用钢的 σ-ε 曲线

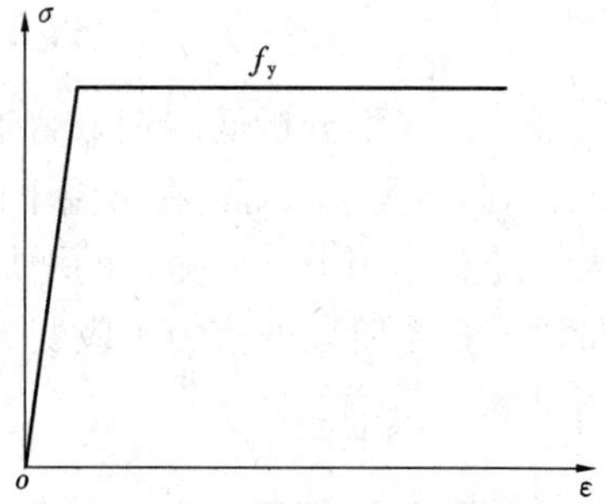

图 2-4　理想的弹性-塑性体的 σ-ε 曲线

（3）钢材破坏前的塑性变形很大，差不多等于弹性变形的 200 倍。这说明结构在破坏之前将出现很大的变形，容易及时发现和采取适当的补救措施，不致引发严重的后果。

（4）抗拉强度 f_u 是钢材破坏前能够承受的最大应力。虽然在达到这个应力时，钢材已由于产生很大的塑性变形而失去使用性能，但是抗拉强度 f_u 高则可增加结构的安全保障，因此屈强比（f_y/f_u）可以看作是衡量钢材强度储备的一个系数。屈强比愈低钢材的安全储备愈大。

2.1.3　钢材的塑性

钢材的塑性一般是指当应力超过屈服点后，能产生显著的残余变形（塑性变形）而不立即断裂的性质。衡量钢材塑性好坏的主要指标是伸长率 δ 和断面收缩率 ψ。

伸长率 δ 是应力-应变曲线中的最大应变值，等于试件（图 2-5）拉断后的原标距间长度的伸长值和原标距比值的百分率。伸长率 δ 与原标距长度 l_0 和试件中间部分的直径 d_0 的比值有关，当 $l_0/d_0=10$ 时，以 δ_{10} 表示。当 $l_0/d_0=5$ 时，以 δ_5 表示，δ 值可按下式计算：

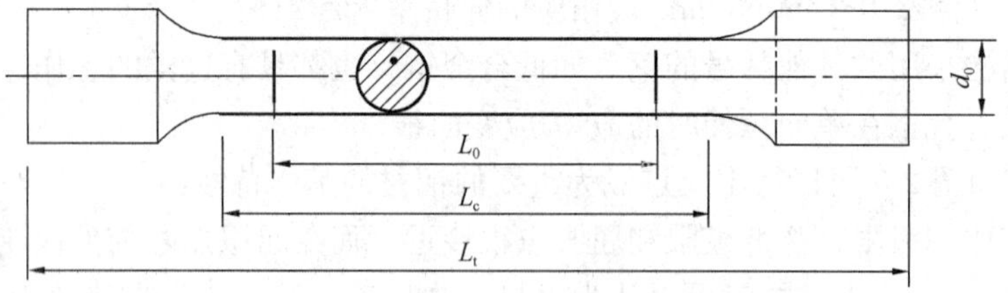

图 2-5　拉伸试件

$$\delta=\frac{l_1-l_0}{l_0}\times100\% \tag{2-1}$$

式中　δ——伸长率；

l_0——试件原标距长度；

l_1——试件拉断后标距间长度。

断面收缩率 ψ 是指试件拉断后，颈缩区的断面面积缩小值与原断面面积比值的百分率，按下式计算：

$$\psi=\frac{A_0-A_1}{A_0}\times100\% \tag{2-2}$$

式中 A_0——试件原始的断面面积；

A_1——试件拉断后颈缩区的断面面积。

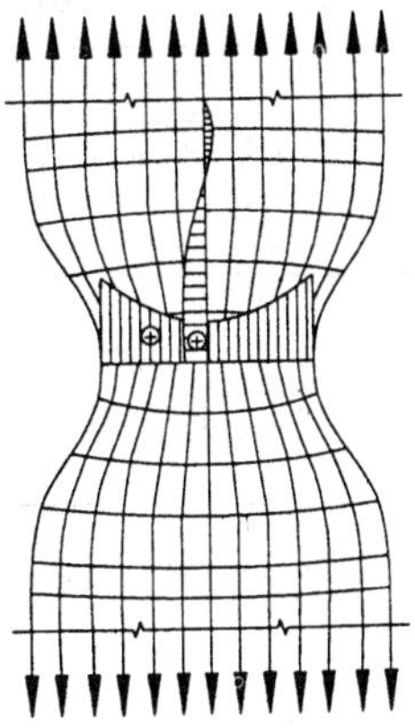

图 2-6 试件颈缩区的应力状态

断面收缩率 ψ 是表示钢材在颈缩区的应力状态（同号受拉立体应力，见图 2-6）条件下，所能产生的最大塑性变形，它是衡量钢材塑性变形的一个指标。由于伸长率 δ 是钢材沿长度的均匀变形和颈缩区的集中变形的总和所确定的，所以它不能代表钢材的最大塑性变形能力。断面收缩率是衡量钢材塑性的一个比较真实和稳定的指标。不过在测量时容易产生较大的误差。因而钢材塑性指标仍然采用伸长率作为保证要求。

在实际工程中，结构和构件难免会发生一些缺陷（如应力集中、材质缺陷等）。当钢材具有良好的塑性时，构件缺陷所造成的应力集中可利用塑性变形加以调整，不至于因局部区域损坏而扩展到全构件并导致破坏。尤其是在动力荷载作用下的结构或构件，材料的塑性好坏常是决定结构是否安全可靠的主要因素之一。所以，钢材的塑性指标是钢材力学性能的另一项重要指标。

2.1.4 钢板厚度方向性能

在焊接承重结构中，当钢板或型钢的厚度较厚时，在焊接过程中或在厚度方向受拉力作用时，在厚度中部常会产生与厚度方向垂直的裂纹（图 2-7），这种现象称为层状撕裂。防止钢材的层状撕裂需要采用厚度方向性能钢材。现行国家标准《厚度方向性能钢板》

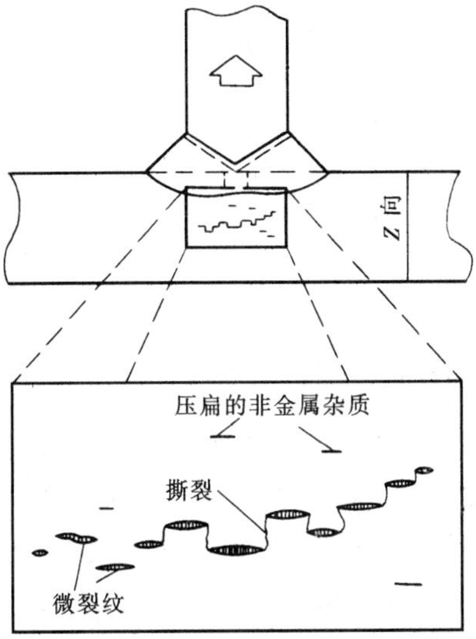

图 2-7 厚钢板的层状撕裂

GB/T 5313 将它分为三个级别，即 Z15、Z25、Z35。三个级别厚度方向钢板的含硫量需符合表 2-1 的要求。断面收缩率应符合表 2-2 的要求。

钢的含硫量（熔炼分析）　表 2-1

Z向性能级别	Z15	Z25	Z35
含硫量（%）不大于	0.010	0.007	0.005

断面收缩率　表 2-2

Z向性能级别	断面收缩率 ψ_Z（%）	
	三个试件平均值	单个试件值
	不小于	
Z15	15	10
Z25	25	15
Z35	35	25

试件采用圆形试件，其直径 d_0＝6mm 或 10mm，试件应沿板厚方向取样。

2.2　钢材在单轴反复应力作用下的工作性能

钢材在单轴反复应力作用下的工作特性，也可用应力-应变曲线表示。试验表明，当构件反复应力 $|\sigma| \leqslant f_y$，即材料处于弹性阶段时，反复应力作用下钢材的材性无变化，也不存在残余变形。当钢材的反复应力 $|\sigma| > f_y$，即材料处于弹塑性阶段时，重复应力和反复应力引起塑性变形的增长，如图 2-8 所示。

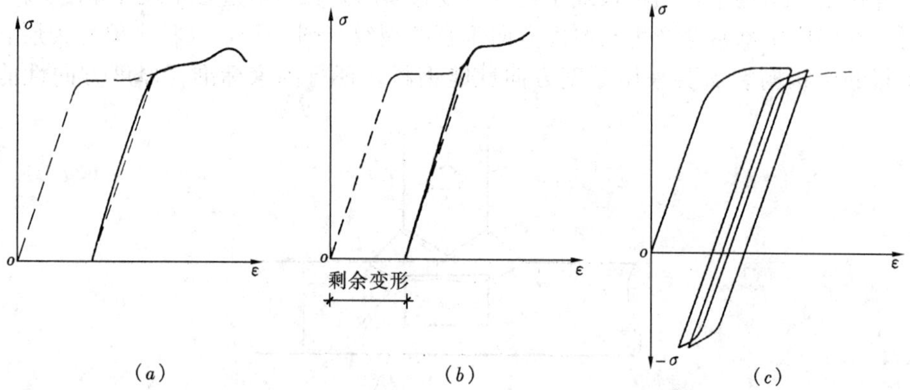

图 2-8　重复或反复加载时钢的 σ-ε 图

图 2-8(*a*) 表示重复加载是在卸载后马上进行的应力-应变图，应力应变曲线不发生变化。图 2-8(*b*) 表示重新加载前有一定间歇时期（在室内温度下大于 5 天）后的应力-应变曲线；从图中看出，屈服点提高，韧性降低，并且极限强度也稍有提高。这种现象称为钢的时效现象。图 2-8(*c*) 表示反复加载时钢材应力-应变曲线。多次反复加荷后，钢材的强度下降，这种现象称为钢材疲劳。

图 2-9 表示 Q235 钢，在 $\sigma=\pm366\text{N/mm}^2$，$\varepsilon=-0.017524\sim0.017476$，循环次数 $N=684$ 时应力-应变滞回曲线。

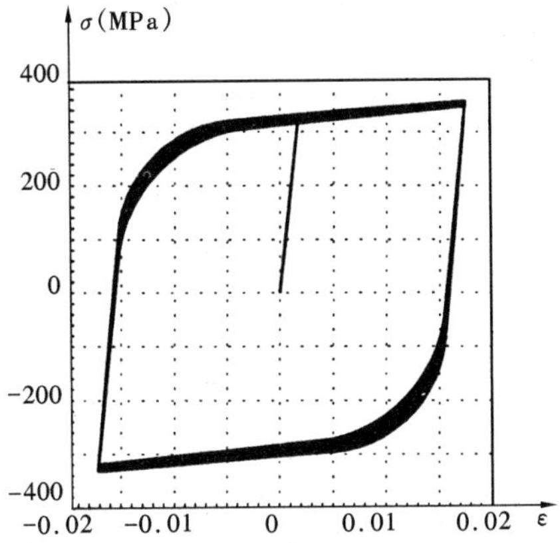

图 2-9 Q235 钢材 σ-ε 滞回曲线

2.3 钢材在复杂应力作用下的工作性能

如前所述，钢材在单向均匀应力作用下，当应力达到屈服点 f_y 时，钢材进入塑性状态。但钢材处于复杂应力状况时，如平面应力和立体应力状况，钢材是否进入塑性状态，就不能按其中一项应力是否达到屈服点 f_y 来判定，而应找一个综合判别指标。对结构钢而言，采用能量（第四）强度理论，即材料由弹性状态转为塑性状态时的综合强度指标，要用变形时单位体积中由于边长比例变化的能量来衡量。

根据能量强度理论的推导，在三向应力（立体应力）作用下（图 2-10a），钢材由弹性状态转变为塑性状态（屈服）的条件，可以用折算应力 σ_{zs}（也称 Mises 应力）和钢材在单向应力时的屈服点 f_y 相比较来判断：

$$\sigma_{zs}=\sqrt{\sigma_x^2+\sigma_y^2+\sigma_z^2-(\sigma_x\sigma_y+\sigma_y\sigma_z+\sigma_z\sigma_x)+3(\tau_{xy}^2+\tau_{yz}^2+\tau_{zx}^2)} \tag{2-3}$$

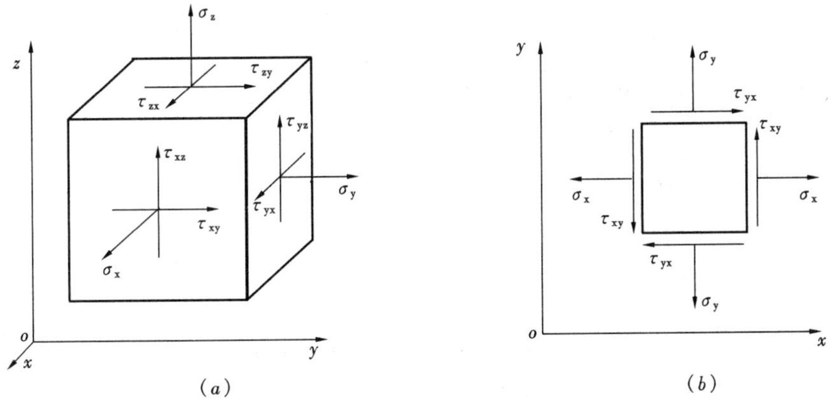

图 2-10 复杂应力状态

若 $\sigma_{zs}<f_y$ 钢材处于弹性阶段；

若 $\sigma_{zs}\geqslant f_y$ 钢材处于塑性阶段。

对于两向应力（平面应力）状况（图 2-10b），式（2-3）中 $\sigma_z=0$，$\tau_{yz}=\tau_{zx}=0$，两向应力状态的折算应力公式可写为：

$$\sigma_{zs}=\sqrt{\sigma_x^2+\sigma_y^2-\sigma_x\sigma_y+3\tau_{xy}^2} \tag{2-4}$$

在一般梁中，$\sigma_y=0$，$\sigma_x=\sigma$，$\tau_{xy}=\tau$ 则上式可写为：

$$\sigma_{zs}=\sqrt{\sigma^2+3\tau^2} \tag{2-5}$$

在纯剪时，$\sigma=0$，则得

$$\sigma_{zs}=\sqrt{3\tau^2}=\sqrt{3}\tau\leqslant f_y \tag{2-6}$$

$$\tau\leqslant\frac{1}{\sqrt{3}}f_y=0.58f_y$$

即剪应力达到屈服点 f_y 的 0.58 倍时，钢材将进入塑性状态。所以钢材的抗剪屈服点为抗拉屈服点的 0.58 倍。

钢材在双向拉力作用下屈服点和抗拉强度提高，伸长率下降（图 2-11a）。当双向

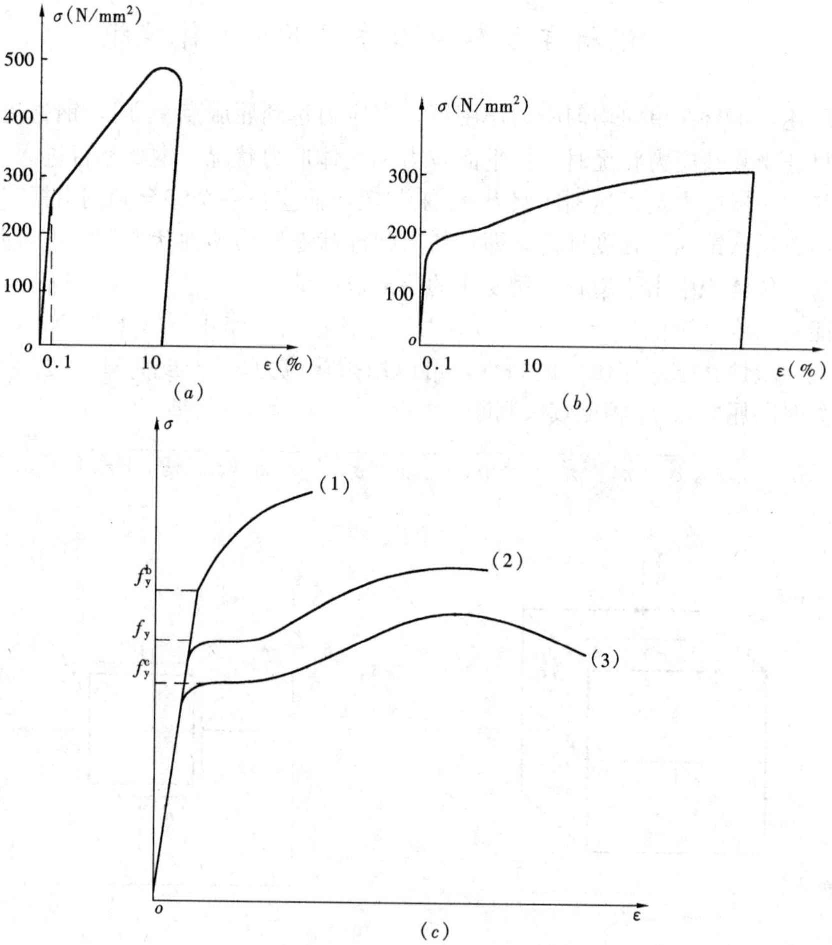

图 2-11　不同应力条件下 σ-ε 曲线

拉应力愈接近，伸长率下降愈多。反之，在异号双向应力作用下，屈服点和抗拉强度降低，伸长率增大（图 2-11*b*）。如果是三向受拉作用下，钢材的伸长率比双向受拉还进一步下降，甚至趋向于零，表现为脆性破坏。图 2-11（*c*）中三根 σ-ε 曲线，曲线（2）为单向受拉，曲线（1）为双向受拉，曲线（3）为一向受拉，一向受压。从图中可以看出不同受力状态对钢材材性的影响。图 2-11 中 σ 表示最大主应力，ε 为主应力相应应变。

2.4 钢材抗冲击的性能及冷弯性能

2.4.1 钢材抗冲击性能

土木工程设计中，常遇到汽车、火车、厂房吊车等荷载。这些荷载称为动力（冲击）荷载。钢材的强度和塑性指标是由静力拉伸试验获得的，用于承受动力荷载时，显然有很大的局限性。衡量钢材抗冲击性能的指标是钢材的韧性。韧性是钢材在塑性变形和断裂过程中吸收能量的能力，它与钢材的塑性有关而又不同于塑性，是强度与塑性的综合表现。韧性指标用冲击韧性值 a_k 表示，用冲击试验获得。它是判断钢材在冲击荷载作用下是否出现脆性破坏的主要指标之一。

在冲击试验中，一般采用截面为 10mm×10mm 长度为 55mm，中间开有小槽（夏氏 V 形缺口）的长方形试件（图 2-12*a*），放在提锤式冲击试验机上进行试验（图 2-12*b*）。冲断试样后，由下式求出 a_k 值。

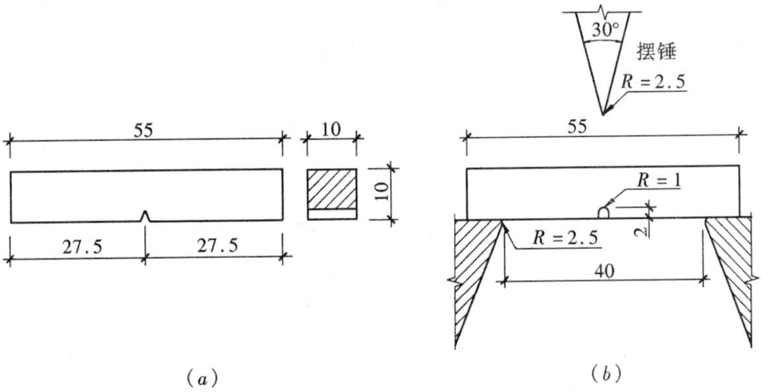

图 2-12　冲击试验示意图（单位：mm）

$$a_k = \frac{A_k}{A_n} \tag{2-7}$$

式中　a_k——冲击韧性，单位为 N·m/cm^2（或 J/cm^2）；

A_k——冲击功，单位为 N·m（或 J），由刻度盘上读出或按式 $A_k = W(h_1 - h_2)$ 计算；

W——摆锤重（N）；

h_1、h_2——分别为冲断前后的摆锤高度（m）；

A_n——试件缺口处净截面面积，单位为 cm^2。

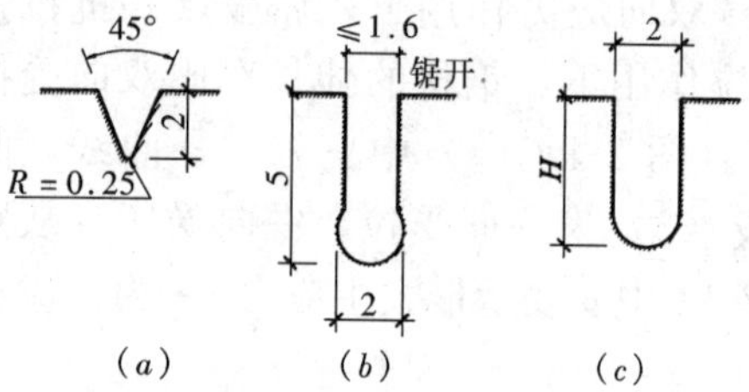

图 2-13　冲击试验试件的缺口形式
（单位：mm）

冲击韧性 a_k 与试件刻槽（缺口）形式有关，常用缺口形式为夏氏 V 形、夏氏钥孔形和梅氏 U 形，如图 2-13 所示。我国国家标准规定：冲击试验缺口采用夏氏 V 形。

冲击韧性 a_k 还与试验的温度有关，温度愈低，冲击韧性愈低。我国钢材标准中将试验分为四档，即＋20℃时 a_k、0℃时 a_k、－20℃时 a_k、－40℃时 a_k。

由于钢材标准中规定了冲击试验时试件的尺寸及缺口形式，因此标准中只给出冲击功 A_k 的值，方便使用。

2.4.2　钢材的冷弯性能

冷弯性能是指钢材在冷加工（即在常温下加工）产生塑性变形时，对发生裂缝的抵抗能力。钢材的冷弯性能用冷弯试验来检验。

冷弯试验是在材料试验机上进行，通过冷弯冲头加压（图 2-14）。当试件弯曲至 180°时，检查试件弯曲部分的外面、里面和侧面，如无裂纹、断裂或分层，即认为试件冷弯性能合格。

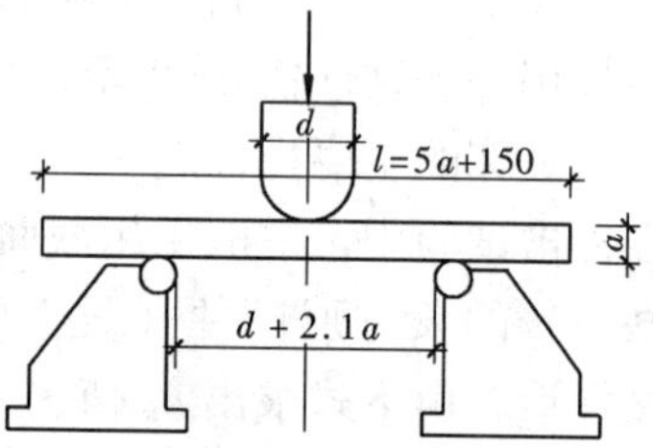

图 2-14　冷弯试验示意图

冷弯试验一方面是检验钢材能否适应构件制作中的冷加工工艺过程；另一方面通过试验还能暴露出钢材的内部缺陷（晶粒组织、结晶情况和非金属夹杂物分布等缺陷），鉴定钢材的塑性和可焊性。冷弯试验是鉴定钢材质量的一种良好方法，常作为静力拉伸试验和冲击试验等的补充试验。冷弯性能是衡量钢材力学性能的综合指标。

2.5　钢材的可焊性

焊接连接是钢结构最常用的连接形式，钢材焊接后在焊缝附近将产生热影响区，使钢材组织发生变化和产生很大的焊接应力。可焊性好是指焊接安全、可靠、不发生焊接裂缝，焊接接头和焊缝的冲击韧性以及热影响区的延伸性（塑性）等力学性能都不低于母材。

钢材的可焊性与钢材化学成分含量有关。对于普通碳素钢当其含碳量在 0.27%以下，以及形成其固定杂质的含锰量在 0.7%以下，含硅量在 0.4%以下，硫和磷含量各在 0.05%以下时，可认为该钢材可焊性是好的。对于低合金钢则需视其碳当量而定。碳当量是衡量普通低合金钢中各元素对焊后母材的碳化效应的综合性能，按各元素的重量百分比计算。其表达式为：

$$C_E\%=C+\frac{Mn}{6}+\left(\frac{Cr+Mo+V}{5}\right)+\left(\frac{Ni+Cu}{15}\right)$$

当钢材的碳当量小于某值，在正常工艺操作下，其可焊性是好的。

钢材的可焊性可通过试验来鉴定。目前，国内外采用的可焊性试验方法很多。我国、日本和俄罗斯既采用施工上的可焊性试验方法，也采用使用性能上的可焊性试验方法。而美国则对钢材焊后的冲击韧性进行了大量研究工作。英国的可焊性试验，近年来偏重于对裂纹的研究。

每一种可焊性试验方法都有其特定约束程度和冷却速度，它们与实际施焊的条件相比有一定距离。因此对可焊性试验结果的评定，仅有相对比较的参考意义，而不能绝对代表实际中的情况。

2.6 钢材的抗腐蚀性能

钢材的耐腐蚀性较差是钢结构的一大弱点。据统计全世界每年约有年产量30%～40%的钢铁因腐蚀而失效。因此，防腐蚀对节约金属有重大的意义。

钢材如暴露在自然环境中不加防护，则将和周围一些物质成分发生作用，形成腐蚀物。腐蚀作用一般分为两类：一类是金属和非金属元素的直接结合，称为“干腐蚀”；另一类是在水分多的环境中，同周围非金属物质成分结合形成腐蚀物，称为“湿腐蚀”。钢材在大气中腐蚀可能是干腐蚀，也可能是湿腐蚀或两者兼之。

防止钢材腐蚀的主要措施是依靠涂料来加以保护。近年来也研制一些耐大气腐蚀的钢材，称为耐候钢，它是在冶炼时加入铜、磷、铬、镍等合金元素在金属基体表面上形成保护层来提高抗腐蚀能力。

耐候钢可采用 Cu—P—Ti—Re（铜—磷—钛—稀土）合金体系，如 09CuPCrNi、16CuCr 和 12MnCuCr 等，亦可采用 Cu—P—Ni—Cr（铜—磷—镍—铬）合金体系，如中国焊接结构用耐候钢 Q235NH、Q355NH，日本焊接结构用热轧耐候钢 SMA400AW、SMA490AW 等。

2.7 钢材的延性破坏、损伤累积破坏、脆性破坏和疲劳破坏

钢材虽然具有较好塑性性能，但仍存在塑性破坏和脆性破坏两种可能。

1. 塑性破坏

塑性破坏，也称延性破坏。塑性破坏的特征是构件应力超过屈服点 f_y，并达到抗拉极限强度 f_u 后，构件产生明显的变形并断裂；塑性破坏的断口常为杯形，呈纤维状，色泽发暗。塑性破坏在破坏前有很明显的变形，并有较长的变形持续时间，便于发现和补救。

2. 脆性破坏（脆性断裂）

脆性破坏在破坏前无明显变形，平均应力亦小（一般都小于屈服点 f_y），没有任何预兆，破坏断口平直和呈有光泽的晶粒状。脆性破坏是突然发生的，危险性大，应尽量避免。

从力学观点来分析，钢材的塑性破坏是由于剪应力超过晶粒抗剪能力而产生，而脆性破坏是由于拉应力超过晶粒抗拉能力而产生，故若剪应力先超过晶粒抗剪能力，则将发生塑性破坏；若拉应力先超过晶粒抗拉能力，则将发生脆性破坏。

2.7.1　钢材的脆性断裂

钢材的脆性断裂是钢结构在静力或加载次数不多的动荷载作用下发生的脆性破坏。脆性断裂在铆接结构时期已经有所发生，不过为数不多，没有引起人们的重视。在焊接结构逐渐取代铆接结构时期，脆性断裂事故增多，它们多数出现在桥梁、储柜、船舶、吊车梁等钢结构中。这些事故很难用强度理论给予解释。从 20 世纪 50 年代发展起来的断裂力学即能正确解答这些事故。

断裂力学认为脆性断裂是由于裂纹引起的，是在荷载和侵蚀性环境的作用下，裂纹扩展到临界尺寸时发生的。断裂力学是研究裂纹的平衡（即裂纹的允许尺寸，在外力作用下裂纹不扩大）、扩展（即裂纹扩展率，从允许裂纹至大裂纹需多长时间）和失稳（即裂纹的失稳扩展尺寸，裂缝加速扩展而断裂）规律。

1. 裂纹基本类型

一般将裂纹问题分为三种基本类型（图 2-15）：第一种类型称为张开型，简称Ⅰ型，外力垂直于裂纹面；第二种类型称为滑移型，简称Ⅱ型，外力平行于裂纹面扩展方向；第三种类型称为撕开类型，简称Ⅲ型，在外力作用下裂纹上下表面产生方向相反的离面位移。对钢结构而言主要是Ⅰ型，Ⅰ型也是三种裂纹类型中最危险的一种。

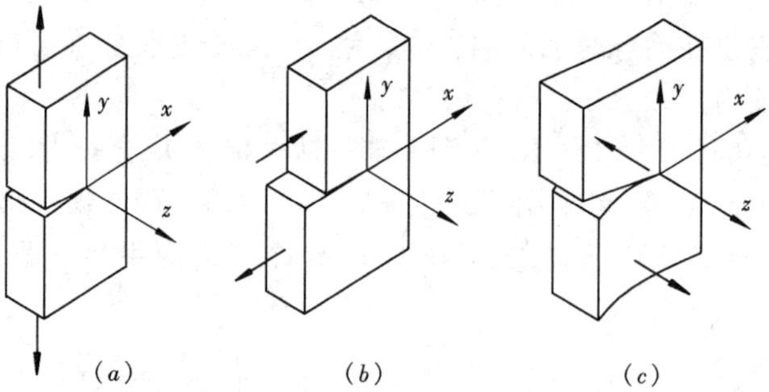

图 2-15　裂纹问题的基本类型

2. 断裂力学分析方法

断裂力学分析方法有线弹性断裂力学和弹塑性断裂力学两种。

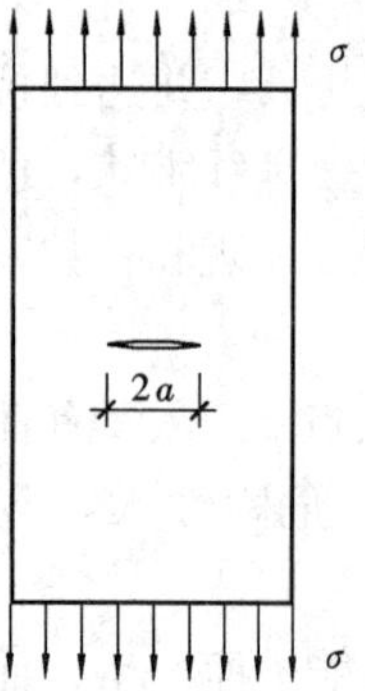

图 2-16　裂纹尺寸和应力状态

构件的断裂是由于裂纹失稳扩展而引起，而裂纹的失稳扩展由裂纹端点开始，因此，与裂端区应力-应变场的强度有关，用应力强度因子来表达裂纹端点区应力-应变场强度的参量。由线弹性断裂力学分析，得出平面问题（图 2-16）下应力强度因子为：

$$K_{\mathrm{I}}=\alpha\sqrt{\pi a}\cdot\sigma \tag{2-8}$$

式中　K_{I}——应力强度因子（$\mathrm{MN/m^{3/2}}$）；

α——系数，与裂纹形状、板的几何形状与宽度、应力梯度等有关；

a——裂纹宽度一半；

σ——板的应力。

板的应力不断增加将使板的裂纹从平衡状态向失稳扩展状态转换。设从平衡状态（不失稳状态）向失稳扩展状态转换的临界应力为 σ_0，将它代入式（2-8）得到的应力强度因子称为断裂韧性，用 K_{IC} 表示。当

$$\left.\begin{array}{ll} K_I<K_{IC} & \text{稳定状态，裂纹不扩展} \\ K_I=K_{IC} & \text{临界状态} \\ K_I>K_{IC} & \text{失稳扩展状态，裂纹扩展} \end{array}\right\} \tag{2-9}$$

从上式可以判断构件在外荷载作用下是否会发生脆断。断裂韧性与屈服点一样是材料本身固有特性，可通过试验获得。

上述分析是假定材料为无限弹性，当弹性分析所得的裂纹尖端应力超过钢材屈服点，而材料韧性较好时，应采用弹塑性断裂力学来分析。它的分析方法目前有裂纹张开位移理论（COD 理论）和 J 积分两种。

裂纹张开位移理论认为在失稳断裂前，裂纹端头产生很大塑性区，裂纹端部张开相当大位移 δ_I（图 2-17），用 δ_I 来判断裂纹是否失稳扩展，其表达式为：

$$\begin{array}{ll} \delta_I=\dfrac{\pi\sigma^2 a}{Ef_y}<\delta_{IC} & \text{稳定} \\ \delta_I\geqslant\delta_{IC} & \text{不稳定} \end{array} \tag{2-10}$$

式中 f_y——材料的屈服点；

δ_{IC}——位移临界值，它与 K_{IC} 的关系为：

$$K_{IC}=\sqrt{Ef_y\delta_{IC}}$$

位移临界值可由试验获得。

J 积分法是用J 积分值表示裂纹端应力应变的综合强度，J 积分与积分线路的选取无关，在分析中容易求得。详细请查阅有关断裂力学的书籍。

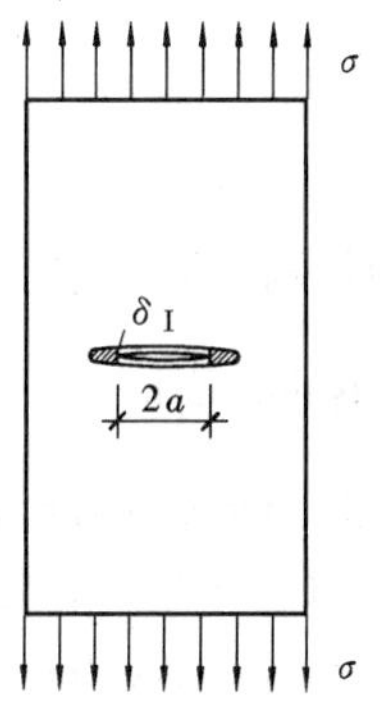

图 2-17 裂纹张开位移

3. 防止钢材脆性断裂的措施

影响钢材脆断的直接因素是裂纹尺寸、作用应力和材料的韧性。提高钢材抗脆断性能的主要措施有：

（1）加强施焊工艺管理，避免施焊过程中产生裂纹、夹渣和气泡等焊接缺陷。

（2）焊缝不宜过分集中，施焊时不宜过强约束，避免产生过大残余应力。低温下发生低应力的脆断，常与残余应力有关。

（3）进行合理细部构造设计，避免产生应力集中。应力集中处会产生同号应力场，使钢材变脆。尽量避免采用厚钢板，厚钢板比薄钢板较易脆断。

（4）选择合理的钢材，钢材化学成分与钢材抗脆断能力有关，含碳多的钢材，抗脆断性能有所下降。对于在低温下工作的钢结构，应选择抗低温冲击韧性好的材料。

此外，冷加工、加载速度等对钢材脆断性能都有影响，在设计中应加以注意。

4. 应力腐蚀断裂

在腐蚀性介质中，虽然应力低于式（2-10）所给的值，经过一段时间也会出现脆性断裂，称之为应力腐蚀断裂或延迟断裂。应力腐蚀断裂主要发生在高强度材料，如高强度螺栓在使用过程中有可能出现延迟断裂的现象。在腐蚀介质中，材料断裂韧性用 K_{ISCC} 表示，根据测定其值为 $K_{ISCC}=(0.2\sim0.5)K_{IC}$。

2.7.2　钢材的疲劳破坏

钢材在连续反复荷载作用下，应力虽然还低于极限强度，甚至还低于屈服点，也会发生破坏，这种破坏称为疲劳破坏。钢材在疲劳破坏之前，并没有明显变形，是一种突然发生的断裂，断口平直。所以疲劳破坏属于反复荷载作用下的脆性破坏。

钢材的疲劳破坏是经过长时间的发展过程才出现的，破坏过程可分为三个阶段：即裂纹的形成、裂纹缓慢扩展与最后迅速断裂而破坏。由于钢材总会有内在的微小缺陷，这些缺陷本身就起着裂纹作用，所以钢材的疲劳破坏只有后两个阶段。由此可见，钢材的疲劳破坏首先是由于钢材内部结构不均匀（微小缺陷）和应力分布不均所引起的。应力集中可以使个别晶粒很快出现塑性变形及硬化等，从而大大降低了钢材的疲劳强度。

荷载变化不大或不频繁反复作用的钢结构一般不会发生疲劳破坏，计算中不必考虑疲劳的影响。但长期承受连续反复荷载的结构，设计时就要考虑钢材的疲劳问题。

钢材的疲劳强度与反复荷载引起的应力种类（拉应力、压应力、剪应力和复杂应力等）、应力循环形式、应力循环次数、应力集中程度和残余应力等有着直接关系。本节先讨论常幅应力情况。

1. 应力比和应力幅

反复荷载引起的应力循环形式有同号应力循环和异号应力循环两种类型。循环中绝对值最小的峰值应力 σ_{min} 与绝对值最大的峰值应力 σ_{max} 之比 $\rho=\frac{\sigma_{min}}{\sigma_{max}}$（拉应力取正号而压应力取负号）称为应力比，当 $\rho<0$ 时，为异号应力循环；$\rho>0$ 时为同号应力循环；$\rho=1$ 时表示静荷载。应力循环的各种形式见图 2-18。

对焊接结构而言，由于焊缝附近存在着很大的焊接残余应力峰值，其数值甚至达到钢

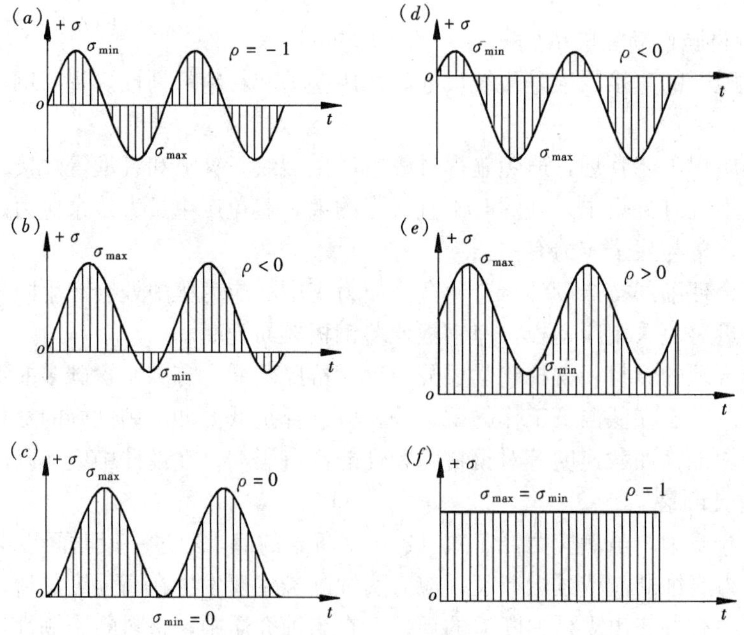

图 2-18　应力循环的形式

材屈服点 f_y，名义上的应力循环特征（应力比）$\rho=\frac{\sigma_{\min}}{\sigma_{\max}}$ 并不代表疲劳裂缝出现处的应力状态。实际上的应力循环是从受拉屈服强度 f_y 开始，变动一个应力幅 $\Delta\sigma=\sigma_{\max}-\sigma_{\min}$（与前面不同，此处 $\sigma_{\max}$ 为最大拉应力，取正值；$\sigma_{\min}$ 为最小拉应力或压应力，拉应力取正值，压应力取负值）。因而焊接连接或焊接构件的疲劳性能直接与应力幅 $\Delta\sigma=\sigma_{\max}-\sigma_{\min}$ 有关而与名义上的应力比 $\rho=\frac{\sigma_{\min}}{\sigma_{\max}}$ 的关系不是非常密切。图 2-19 表示不同应力循环形式下的应力幅。

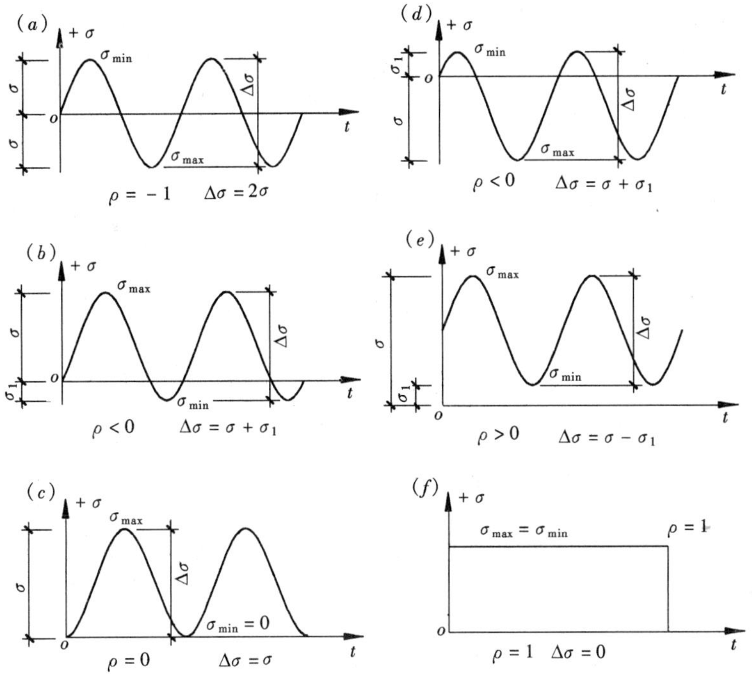

图 2-19　各种应力循环下的应力幅

2. 疲劳强度与应力循环次数（疲劳寿命）的关系

当应力循环的形式不变，钢材的疲劳强度与应力循环的次数（疲劳寿命）N 有关。根据试验资料可绘得如图 2-20 所示曲线。图中纵坐标为疲劳强度，横坐标是相应的反复

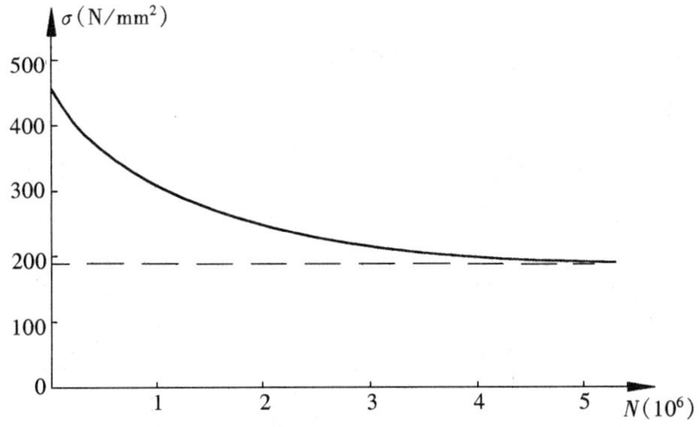

图 2-20　疲劳强度与应力循环次数的关系

次数（即试验到疲劳破坏时的反复次数），曲线的渐近线表示应力循环即使反复无穷多次，试件仍然不会破坏，这就是所谓疲劳强度极限，简称疲劳极限。

3. 钢材小试件的疲劳强度与应力比 ρ 的关系

图2-21所示的疲劳强度 σ^{p} 与应力比 ρ 的关系曲线，是根据许多试验数据绘出，这些试验数据是以无残余应力的小试件或实物模拟缩尺试件所做的疲劳试验而得到的。图中以 σ_{max}（疲劳强度）为纵坐标，σ_{min} 为横坐标。A 点纵坐标 σ_{-1} 代表 $\rho=-1$ 时的疲劳强度，C 点的纵坐标 σ_0 代表 $\rho=0$ 时的疲劳强度，B 点的纵坐标等于屈服强度 f_y。由于曲线 ACB 接近直线，因此可以近似地把 ACB 看成一条直线。AB 延线与横坐标交点为 D，AB 斜率 K 可用下式表示：

$$K=\frac{\sigma_0-\sigma_{-1}}{\sigma_{-1}} \tag{2-11}$$

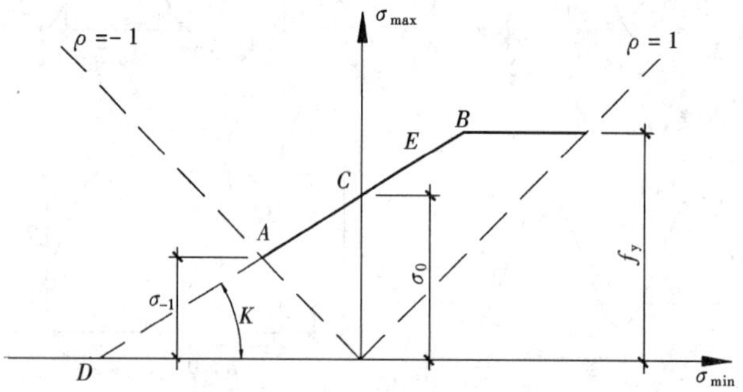

图2-21　疲劳强度分析图

ACB 曲线是 $N=2\times10^6$ 时的疲劳强度曲线，AB 段上任意 E 点的疲劳强度 σ_{max} 可写成：

$$\sigma_{max}=\sigma^{p}=\frac{\sigma_0}{1-K\rho} \tag{2-12}$$

式中　σ_0——$\rho=0$ 时的疲劳强度，由试验取得，不同构造细部得出不同疲劳强度值。

对于无残余应力或残余应力很小的情况，式（2-12）求得的 σ_{max} 即为应力比 ρ 的疲劳强度，或用 σ^{p} 表示。在进行疲劳验算时，作用在构件上的最大应力不应超过 σ^{p}。

4. 应力幅与应力循环次数 N 关系

从断裂力学观点出发认为疲劳破坏是由于裂纹的形成和扩展而破坏，疲劳破坏与裂纹发展速率有关，即与 $\frac{da}{dN}$ 有关（a 为裂纹宽度，N 为疲劳寿命）。带裂纹的钢材是否进一步开裂，取决于应力强度因子 $K_{I}=\alpha\sqrt{\pi a}\cdot\sigma$ 是否超过材料的断裂韧性。如果裂纹宽度 a 不变，在反复荷载作用下，对应于最大应力 σ_{max} 有相应应力强度因子 $K_{I\max}$，反之，对应于最小应力 σ_{min} 有相应应力强度因子 $K_{I\min}$；对应于应力幅 $\Delta\sigma=\sigma_{max}-\sigma_{min}$ 必然有相应应力强度因子变化幅度 $\Delta K=K_{I\max}-K_{I\min}=\alpha\sqrt{\pi a}\Delta\sigma$。设纵坐标为 $\frac{da}{dN}$（裂纹变化速率），横坐标为 ΔK（应力强度因子变化幅度），绘出 $\frac{da}{dN}$-ΔK 曲线为 S 形（图2-22），从图中可以看出，当 ΔK 接近于门坎值（ΔK_e）时，裂纹不扩展。$\frac{da}{dN}$-ΔK 之间在很大范围内呈线性关系，其值为：

$$\frac{\lg\frac{\mathrm{d}a}{\mathrm{d}N}-\lg A}{\lg\Delta K}=\beta$$

或
$$\frac{\mathrm{d}a}{\mathrm{d}N}=A\ (\Delta K)^{\beta} \qquad (2\text{-}13)$$

式中　β、A——与结构连接形式有关的系数。

设初始裂纹宽度为 a_1，最终裂纹宽度为 a_2，则上式可写成：

$$N=\frac{1}{A}\int_{a_1}^{a_2}\frac{\mathrm{d}a}{(\Delta K)^{\beta}}=\frac{1}{A}\int_{a_1}^{a_2}\frac{\mathrm{d}a}{(\alpha\sqrt{\pi a})^{\beta}\Delta\sigma^{\beta}}$$

由试验可得 β 接近于 3，取 $\beta=3$，$\alpha=1$，得

$$N=\frac{1}{A}\int_{a_1}^{a_2}\frac{\mathrm{d}a}{(\alpha\sqrt{\pi a})^{3}\Delta\sigma^{\beta}}$$

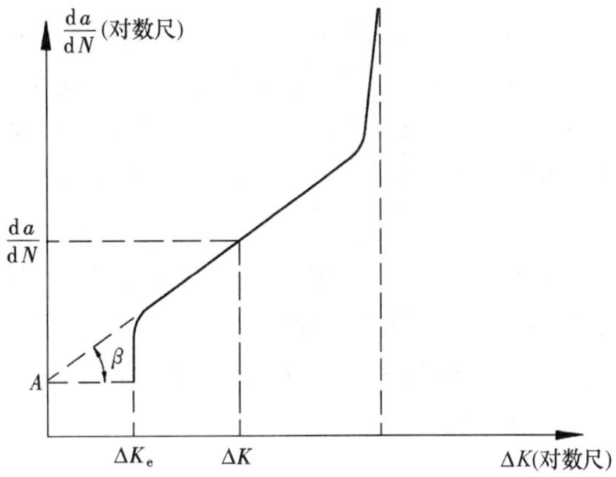

图 2-22　$\frac{\mathrm{d}a}{\mathrm{d}N}$-$\Delta K$ 曲线

或
$$N=\frac{2\Delta\sigma^{-\beta}}{A\pi^{3/2}\sqrt{a_1}}\left[1-\sqrt{\frac{a_1}{a_2}}\right] \qquad (2\text{-}14)$$

因为 $a_2\gg a_1$，故 $\sqrt{\frac{a_1}{a_2}}\to 0$，上式可写成：

$$N=\frac{2\Delta\sigma^{-\beta}}{A\pi^{3/2}\sqrt{a_1}}=c\Delta\sigma^{-\beta}$$

$$\Delta\sigma=\left(\frac{c}{N}\right)^{1/\beta} \qquad (2\text{-}15)$$

式中　c、β——与结构连接形式有关的系数。

考虑各种安全系数后，得：

$$[\Delta\sigma]=\left(\frac{c}{N}\right)^{1/\beta} \qquad (2\text{-}16)$$

采用应力幅进行疲劳验算时的计算表达式为：

$$\Delta\sigma\leqslant[\Delta\sigma] \qquad (2\text{-}17)$$

2.7.3　损伤累积破坏

荷载与温度变化、化学和环境作用等都会使材料内部产生微观以至宏观的缺陷。当材料内含有这些缺陷时便认为材料受到损伤。损伤有：塑性损伤，疲劳损伤，材质的变化及蠕变损伤等。

土木工程结构在施工和使用期间，总会受到各种不利因素（如施工过程中的损伤，材料老化、锈蚀等）或灾害因素（如地震、强风等）的作用，使结构某一部分发生损伤。如果该结构继续使用，随着时间增长，结构的损伤不断积累而导致破坏，称为损伤累积破坏。

损伤的演化是一种不可逆的劣化过程，必须满足热力学条件，即要求损伤为单调递增

的单值函数。弹塑性损伤材料的加载与卸载的模量不同，不再像弹塑性材料那样，卸载的曲线平行于初始的加载弹性曲线。

研究损伤累积破坏应从建立损伤模型入手，损伤的形式很多，这里主要研究弹塑性损伤和低周（$N<10^4$）疲劳损伤。结构或构件损伤程度的变量称为损伤变量，通常用 D 表示。一般定义为结构或构件反应历程中某一累积量与相应的指标极限允许量之比。对于不同材料或不同破坏特性的结构，其损伤累积模型也不同，损伤变量具有如下特点：

（1）损伤变量 D 的范围应在（0，1）之间，当 $D=0$ 时为无损伤状态；当 $D=1$ 时，意味着结构或构件完全破坏。

（2）损伤变量 D 应为单调递增的函数，即损伤向着增大的方向发展，且损伤不可逆。

损伤变量 D 可用下式表示：

$$D=\sum_{i=1}^{N}\beta_i\frac{\varepsilon_i^{\mathrm{p}}}{\varepsilon_{\mathrm{n}}^{\mathrm{p}}} \tag{2-18a}$$

式中　N——产生塑性应变的半周期数；

β_i——第 i 半周期时的系数；

$\varepsilon_i^{\mathrm{p}}$——第 i 半周期时的塑性应变；

$\varepsilon_{\mathrm{n}}^{\mathrm{p}}$——材料的极限塑性应变。

为了突出产生最大塑性应变这一半周期的重要性，取相应项的数值为 1，则上式可写成：

$$D=(1-\beta)\frac{\varepsilon_{\mathrm{m}}^{\mathrm{p}}}{\varepsilon_{\mathrm{n}}^{\mathrm{p}}}+\beta\sum_{i=1}^{N}\frac{\varepsilon_i^{\mathrm{p}}}{\varepsilon_{\mathrm{n}}^{\mathrm{p}}} \tag{2-18b}$$

式中　$\varepsilon_{\mathrm{m}}^{\mathrm{p}}$——循环过程中的最大塑性应变。

损伤对钢材的弹性模量和屈服强度具有一定影响，其表达式为：

$$E^{\mathrm{D}}=(1-\xi_1 D)E \tag{2-18c}$$

$$f_{\mathrm{y}}^{\mathrm{D}}=(1-\xi_2 D)f_{\mathrm{y}} \tag{2-18d}$$

式中　E^{D}、$f_{\mathrm{y}}^{\mathrm{D}}$——损伤为 D 时的弹性模量和屈服点；

ξ_1、ξ_2——材料常数；

f_{y}——钢材的屈服强度。

2.8　影响钢材性能的一般因素

钢结构中常用的钢材，例如 Q235、Q345 等，在一般情况下，既有较高的强度，又有很好的塑性和韧性，是理想的承重结构材料。但是，仍有很多因素如化学成分、熔炼和浇铸方法、轧制技术和热处理、工作环境和受力状态等会影响钢材的力学性能，有些对塑性的发展有较明显的影响乃至发生脆性破坏。下面介绍上述因素的影响。

2.8.1　化学成分的影响

钢材的化学成分直接影响钢的组织构造，从而影响钢材的力学性能。

钢是含碳量小于 2%的铁碳合金，碳大于 2%时则称为铸铁。结构用钢主要包括碳素结构钢和低合金结构钢，其基本元素是铁（Fe）。碳素结构钢由纯铁、碳（C）及杂质元素组成，其中纯铁约占99%。低合金结构钢中，除碳、硅（Si）、锰（Mn）元素外，为了改善钢材的力学性能，还掺入其他一定数量的合金元素，如钒（V）、铬（Cr）、镍（Ni）、铜（Cu）、钛（Ti）、铌（Nb）等，其合金总量不超过5%，故称为低合金钢；同时，结构用钢中还有硫（S）、磷（P）、氧（O）、氮（N）等有害元素，它在冶炼中不易除尽，其总量不超过1‰。

1. 碳

在普通碳素钢中，碳是除铁以外最主要的元素，它直接影响钢材的强度、塑性、韧性和可焊性等。碳和铁合成渗碳体及纯铁体的混合物——珠光体，纯铁体较柔软，渗碳体和珠光体较坚硬。因此，碳的含量提高，钢材的屈服点和抗拉强度也会提高，但塑性和韧性、特别是低温冲击韧性下降。同时，钢材的可焊性、耐腐蚀性能、疲劳强度和冷弯性能也明显下降。因此结构用钢的含碳量不宜太高，一般不超过0.22%，在焊接结构中则应低于0.2%。

2. 硅

硅作为很强的脱氧剂加入钢中，用以制成质量较高的镇静钢。硅有使铁液在冷却时形成无数结晶中心的作用，因而使纯铁体的晶粒变得细小而均匀。适量的硅可以使钢材强度大为提高，而对塑性、冲击韧性、冷弯性能及可焊性均无明显不良影响。一般碳素镇静钢的含硅量为0.12%～0.35%，低合金钢为0.20%～0.60%；硅含量过大（达1%左右），则会降低钢材的塑性、冲击韧性、抗锈性和可焊性。

3. 锰

锰是一种弱脱氧剂。适量的锰含量可以有效地提高钢材强度，消除硫、氧对钢材的热脆影响，改善钢材的热加工性能，并能改善钢材的冷脆倾向，而又不显著降低钢材的塑性和冲击韧性。锰在普通碳素钢中的含量不超过1.5%。锰有强化纯铁体和珠光体的双重作用，是一种十分有效的合金成分，但含量过高将使钢材变得脆而硬，并降低钢材的抗锈性和可焊性。因此，锰是我国低合金钢的主要合金元素，含量一般可达1.7%。

4. 钒

钒可提高钢材的强度，细化晶粒，提高淬硬性，但有时有硬化作用。它是添加合金成分，能提高钢材强度和抗锈蚀性能，而不显著降低塑性。

5. 硫

硫是一种有害元素。硫与铁的化合物为硫化铁，散布在纯铁体晶粒间层中，使钢材的塑性、冲击韧性、疲劳强度和抗锈性等大大降低。高温（800～1200℃）时，硫化铁即熔化而使钢材变脆和发生裂缝，这种现象称为钢材的“热脆”。硫的含量过大不利于进行钢材焊接和热加工。因此，钢材中应严格控制含硫量，一般不超过0.05%，在焊接用低合金结构钢中不超过0.035%。

6. 磷

磷也是一种有害元素。磷和纯铁体结成不稳定的固熔体，有增大纯铁体晶粒的害处。磷的存在使钢材的强度和抗锈性提高，但将严重降低钢材的塑性、冲击韧性、冷弯性能等，特别是在低温时能使钢材变得很脆（冷脆），不利于钢材冷加工。因此，磷的含量也应严格控制，一般不超过0.050%，在焊接结构中不超过0.045%。

但是，磷在钢材中的强化作用是十分显著的，有时也利用它的这一强化作用来提高钢材的强度。磷使钢材的塑性、冲击韧性和可焊性等方面的降低，可用减少钢材中的含碳量来弥补。在一些国家，则采用特殊的冶炼工艺，生产高磷钢，其中含磷量最高可达0.08%～0.12%，其含碳量小于0.09%。

7. 氧和氮

氧和氮也是有害元素。它们容易从铁液中逸出，故含量甚少。

氧和氮能使钢材变得极脆。氧的作用与硫类似，使钢材发生热脆，一般要求含氧量小于0.05%。氮和磷作用类似，使钢材发生冷脆，一般应小于0.008%。

2.8.2　钢材生产过程的影响

结构用钢需经过冶炼、浇铸、轧制和矫正等工序才能成材，多道工序对钢材的材性都有一定影响。现分叙如下：

1. 冶炼

冶炼方法在我国主要有下列三种：碱性平炉炼钢法、顶吹氧气转炉炼钢法、碱性侧吹转炉炼钢法。碱性侧吹转炉冶炼的钢材质量较差，目前已被淘汰。

冶炼过程主要是控制钢材的化学成分。从化学成分波动的范围及其平均值分析结果来看，平炉钢和顶吹氧气转炉钢是很接近的，对于直接影响钢材力学性能和内在质量的碳、锰、硫、磷含量也无明显的差别。因此，二者冶炼的钢材质量较好。但是，顶吹氧气转炉钢具有投资少、建厂快、生产效率高、原料适应性强等优点，已成为炼钢工业发展的主要方向。

2. 浇铸

钢液出炉后，先放在盛钢液的钢罐内，再铸成钢锭。由于析出的氧和铁化合成氧化铁，它将以杂质的形式混杂在钢内，从而降低钢材的力学性能，且在轧制时易产生裂缝而造成废品。排除氧化铁的方法是向盛钢液的钢罐内投入脱氧剂。根据脱氧程度的不同，钢可分为沸腾钢、半镇静钢、镇静钢和特殊镇静钢。在钢材生产过程中采用一种新工艺——连铸连轧工艺，采用这一工艺后材质较优，没有沸腾钢和半镇静钢。

沸腾钢用锰作为脱氧剂，由于锰的脱氧能力较差，不能充分脱氧。钢液中还含有较多的氧化铁，浇铸时氧化铁和碳相互作用，形成一氧化碳气体逸出，使钢液形同剧烈沸腾，称为沸腾钢。一氧化碳气体逸出并带走钢液中热量，使沸腾钢在钢锭模中冷却很快，许多气体来不及逸出被包在钢锭中，使钢的构造和晶粒粗细不均匀。所以沸腾钢的塑性、韧性和可焊性较差，容易发生时效和变脆，轧成的钢板和型钢中常有夹层和偏析现象。但沸腾钢生产周期短，消耗脱氧剂少，轧钢时切头很小，成品率高，所以成本较低，在土木建筑工程中仍大量地采用沸腾钢。

镇静钢用硅作为主要脱氧剂，硅的脱氧能力很强，它是锰脱氧能力的5倍。在盛钢液的钢罐中加入锰和适量的硅，脱氧比较充分。硅在还原氧化铁的过程中放出热量，使钢液缓慢冷却，气体容易逸出，没有沸腾现象。浇铸时钢锭模内液面平静，称为镇静钢。它的晶粒较细，使组织致密，气泡少，偏析度小。镇静钢在冷却后因体积收缩而在上部形成较大缩孔，缩孔的孔壁有些氧化，在辊轧时不能焊合，必须先把钢锭头部切去（切头率约占15%～20%），成品率低，成本较高。

镇静钢的屈服点高于沸腾钢，在炼钢工艺相同的条件下，约高40N/mm^2。镇静钢与沸腾钢相比，还具有冲击韧性较高，冷弯性能、可焊性和抗锈蚀性较好，时效敏感性较小等优点。

半镇静钢脱氧程度是介于沸腾钢和镇静钢之间，其性能也介于二者之间。

特殊镇静钢是在采用锰和硅脱氧之后，再用铝或钛进行补充脱氧，不仅进一步减少钢中有害氧化物，并把氮化合成非常细小的氮化铝或氮化钛，能明显改善各种力学性能，提高钢材的可焊性。

3. 轧制

轧制是将钢锭热轧成钢板和型钢，它不仅改变钢的形状及尺寸，而且改善了钢材的内部组织，从而改善了钢材的力学性能。钢的轧制是在高温（1200～1300℃）和压力作用下进行，使钢锭中的小气泡、裂纹、疏松等缺陷焊合起来，使金属组织更加致密。此外，钢材的轧制可以细化钢的晶粒，消除显微组织的缺陷。

钢材的力学性能与轧制方向有关，沿轧制方向比垂直于轧制方向的强度高，因此，钢材在一定程度上不再是各向同性体，钢材拉伸试验的试件应垂直于轧制方向切取。

实践证明，轧制的钢材愈小（愈薄），其强度也愈高，塑性和冲击韧性也愈好。

经过轧制的钢材，由于其内部的非金属夹杂物被压成薄片，在较厚的钢板中会出现分层（夹层）现象，分层使钢材沿厚度方向受拉的性能大大降低。对于厚钢板（$\delta>40$mm）还需进行 Z 方向的材性试验，避免在焊接或 Z 向受力时出现层状撕裂。

钢材经热轧后，由于不均匀冷却会产生残余应力，一般在冷却较慢处产生拉应力，冷却早的地方产生压应力。图 2-23 为热轧钢材的残余应力。残余应力是内部自相平衡的应力。

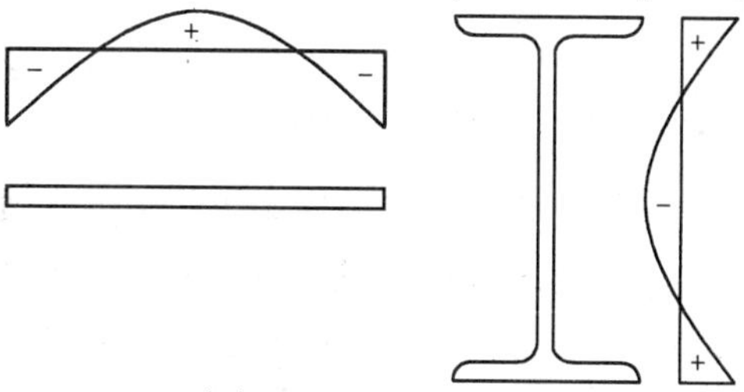

(a) (b)

图 2-23 热轧钢材的残余应力

2.8.3 时效的影响

在纯铁体中常留有一些数量极少的碳和氮的固熔物质，随着时间的增加，这些固熔物质逐渐从纯铁体中析出，并形成自由的碳化物和氮化物微粒，散布在晶粒的滑移面上，起着阻碍滑移的强化作用，约束纯铁体发展塑性变形，称为时效现象。

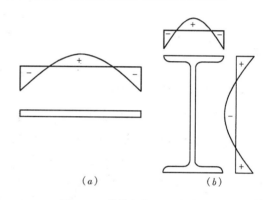

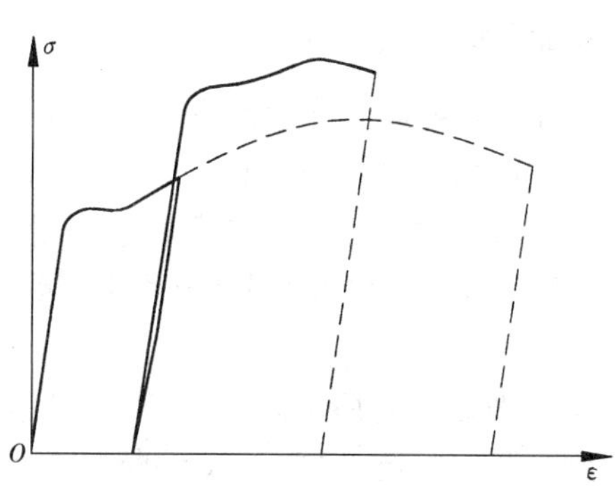

图 2-24 钢材时效现象

时效使钢材强度（屈服点和抗拉强度）提高，塑性降低（图 2-24），特别是冲击韧性大大降低，钢材变脆。发生时效的过程可以从几天到几十年。在交变荷载（振动荷载）、重复荷载和温度变化等情况下，容易引起时效。

塑性变形后再加热（200～300℃）会使时效发展特别迅速，一般仅需几小时就可以完成。杂质多、晶粒粗而不均匀的钢材对时效最敏感。为了测定时效后钢材的冲击韧性，常采用人工快速时效的方法。就是先使钢材产生10%左右的塑性变形，再加热至250℃左右并保温1小时，在空气中冷却后，做成试件，测定其应变时效后的冲击韧性。

2.8.4 冷作硬化的影响

在弹性工作阶段，荷载的间断性重复作用基本上不影响钢材的工作性能（疲劳问题除外）。可是在塑性阶段，重复加载将改变钢材的性能。

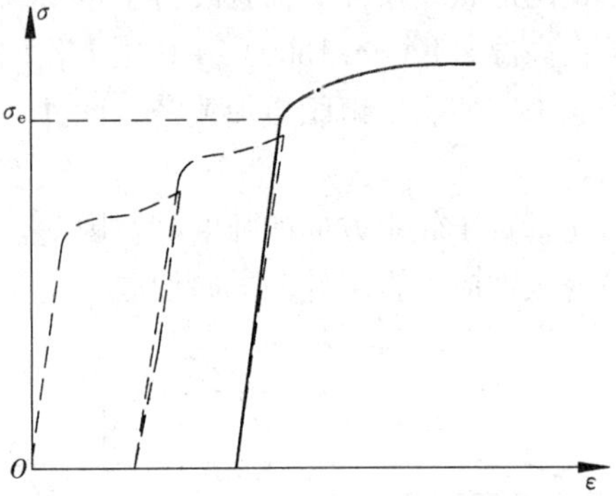

图 2-25　重复荷载作用下的拉伸试验曲线图

当钢材的应力超过弹性极限后，除了弹性应变外出现了塑性应变（残余应变），此时卸去荷载则弹性应变消除而塑性应变仍保留。通过一段时间后，重新加上荷载，可看到在第二次荷载作用下钢材的弹性极限（或比例极限）将会提高，接近上次卸载时的应力（图2-25）。在重复荷载作用下，钢材弹性极限有所提高的现象称为硬化。

钢结构制造时，在冷（常温）加工过程中引起的钢材硬化现象，通常称为冷作硬化。

钢结构的冷加工包括剪、冲、辊、压、折、钻、刨、铲、撑、敲等，这些工作绝大多数利用各种机床设备和专用工具进行。所有冷加工过程，对钢材性质来说，只有两种基本情况。第一种情况是作用于钢材的单位面积上的外力超过屈服点而小于极限强度，只使其产生永久变形而不破坏钢材的连续性，如辊压、折、轧、矫正等；第二种情况是作用于钢材单位面积上的外力超过极限强度，促使钢材产生断裂，如剪、冲、刨、钻等。两种情况都会使钢材内部发生冷作硬化现象。冷作硬化会改变钢材力学性能，即强度（比例极限、屈服点和抗拉强度等）提高，但是降低了钢材的塑性和冲击韧性，增加出现脆性破坏的可能性，对钢结构是有害的。

对于特殊结构如高压容器、锅炉的气包等，为了消除冷加工产生的不良影响，常需用热处理方法使钢材的力学性能恢复到正常状态。对于重型吊车梁和铁路桥梁等结构，为了消除因剪切钢板边缘和冲孔等引起的局部冷作硬化的不利影响，前者可将钢板边缘刨去3～5mm，后者可先冲成小孔再用绞刀扩大3～5mm，去掉冷作硬化部分。

2.8.5 温度的影响

钢材的材性也受温度的影响。当温度升高时，开始是强度和弹性模量基本不变，塑性的变化也不大（图2-26）。但在250℃左右时，钢材抗拉强度提高而冲击韧性下降，这种现象叫做蓝脆现象（表面氧化膜呈现蓝色）。应避免钢材在蓝脆温度范围内进行热加工。当温度超过300℃以后，屈服点和极限强度显著下降，达到600℃时强度比原来下降了2/3左右，钢材已不适于继续承载。

当温度下降时，钢材的强度略有提高而塑性和冲击韧性有所下降（变脆）。特别是当温度下降到某一数值时，钢材的冲击韧性突然急剧下降（见图2-27），试件断口发生脆性破坏，这种现象称为低温冷脆现象。钢材由韧性状态向脆性状态转变的温度叫冷脆转变温度（或叫冷脆临界温度）。

冲击韧性随着试验温度的下降而连续下降，这时冷脆转变温度实际上是一段温度区间而不是某一定值，为了实际上应用方便，仍取某一定值。冷脆转变温度测定方法有：取指定的冲击功 A_k 值（夏比 V 形缺口 $A_k=$ 27J）时的相应温度作为冷脆转变温度，也有取 $0.4A_{kmax}$ 时相应的温度作为冷脆转变温度。

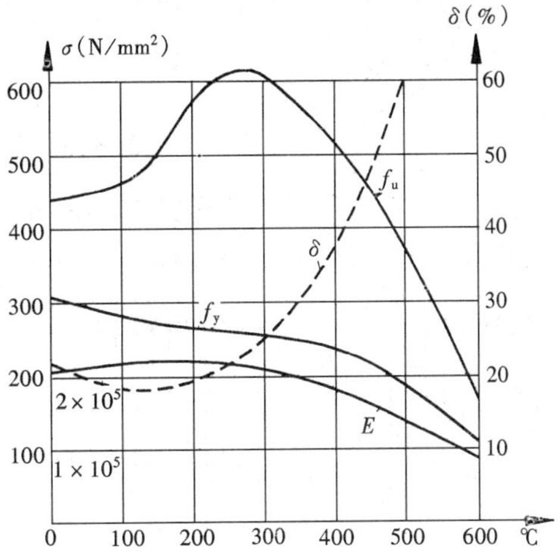

图 2-26 温度对钢材力学性能的影响

钢材在不同的受力情况下有各自不同的冷脆转变温度，冲击拉伸试验的冷脆温度就比冲击弯曲试验的低得多。另外，不同缺口的试件的冲击弯曲试验的结果也不相同，甚至在同一块钢板上不同方向截取的试件所得的结果也不相同。图2-28给出含锰 1.39％的钢的冲击试验结果。图中实线所示的是平行于钢材轧制方向截取试件的结果，而虚线所示的是垂直于钢材轧制方向截取的试件（见图2-29）。

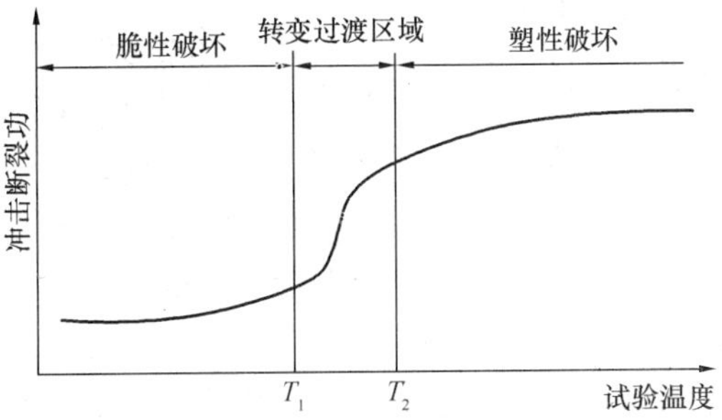

图 2-27 冲击韧性和温度关系示意图

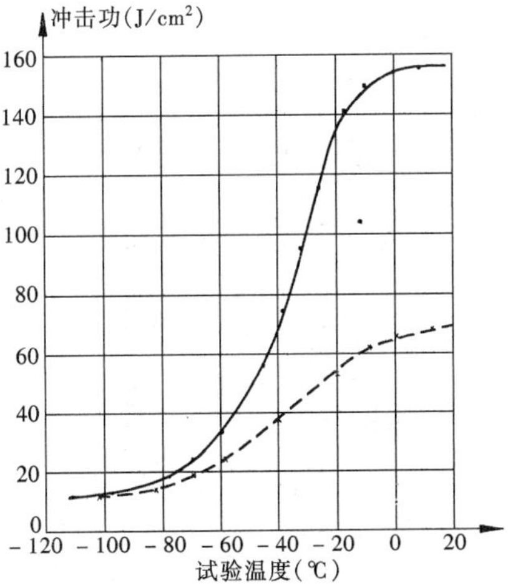

图 2-28 含锰 1.39％的钢的冲击试验曲线

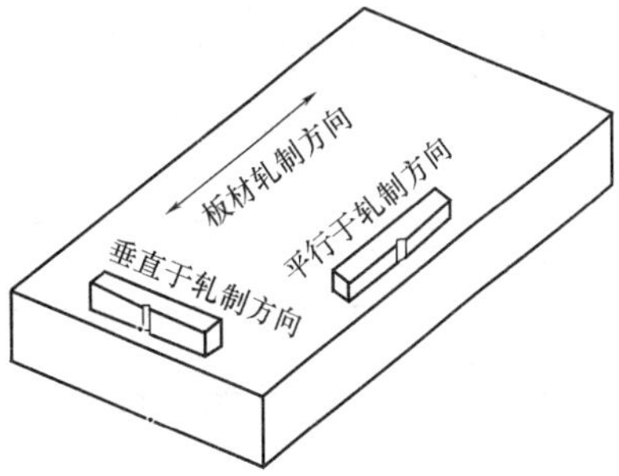

图 2-29 冲击试件取样方法

冷脆转变温度与钢材的韧性有关，冷脆转变温度越低的钢材其韧性越好。钢材在整个使用过程中，可能出现的最低温度，应高于钢材的冷脆转变温度。

2.8.6　应力集中的影响

在钢结构构件中不可避免地存在着孔洞、槽口、凹角、裂缝、厚度变化、形状变化、内部缺陷等，此时轴心受力构件在截面变化处应力不再保持均匀分布，而是在一些区域产生局部高峰应力，在另外一些区域则应力降低，形成所谓应力集中现象（见图2-30）。更严重的是，靠近高峰应力的区域总是存在着同号平面或立体应力场，因而促使钢材变脆。在其他一些区域则存在异号的平面或立体应力场，这些区域有可能提前出现塑性变形。

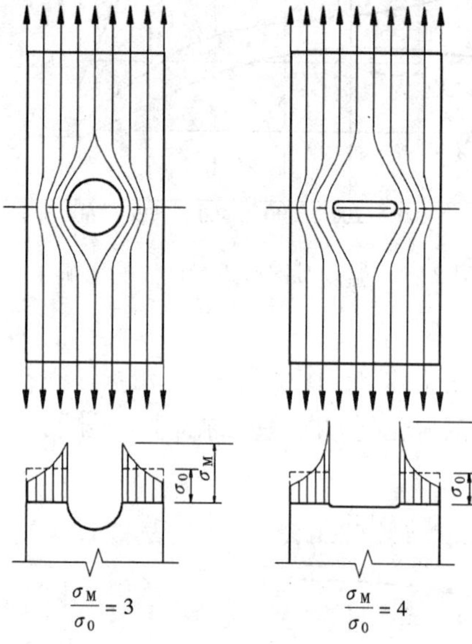

图2-30　应力集中

应力集中现象的严重与否，决定于构件形状变化的大小。构件形状变化愈是急剧，高峰应力就愈大，钢的塑性也就降低愈厉害（图2-31）。构件上的裂纹以及尖锐的凹角等都会出现严重的应力集中。

应力集中和低温的影响引起钢材变脆，是钢结构的严重问题，许多工程事故都是由于脆性断裂引起的。但是，在一般情况下由于结构钢材的塑性较好，当内力增大时，应力分布不均匀的现象会逐渐平缓。受静荷载作用的构件在常温下工作时，只要符合规范规定的有关要求，计算时可不考虑应力集中的影响。对承受动力荷载的结构，应力集中对疲劳强度影响很大，应采取一些减少应力集中的措施，如对接焊缝的余高应磨平，角焊缝焊趾应打磨等。

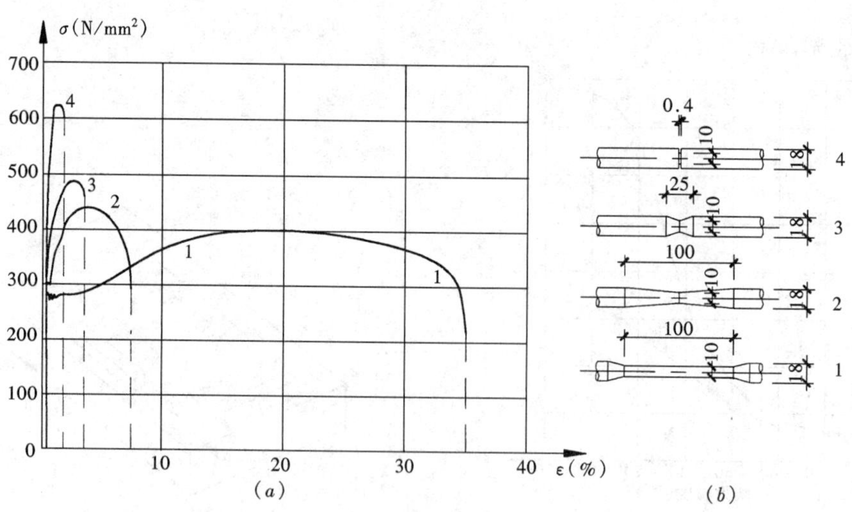

图2-31　带槽试件的应力-应变曲线

2.9 钢结构用钢材的分类

2.9.1 钢材的品种和牌号

钢材的品种繁多，性能各异，在钢结构中采用的钢材主要有两个种类，一是碳素结构钢（或称普通碳素钢），二是低合金结构钢。低合金钢因含有锰、钒等合金元素而具有较高的强度。

1. 碳素结构钢

根据现行的国家标准《碳素结构钢》GB/T 700—2006 的规定，将碳素结构钢分为 Q195、Q215、Q235 和 Q275 等四种牌号，其中 Q 是屈服强度中“屈”字汉语拼音的首位字母，后接的阿拉伯字表示屈服强度的大小，单位为“N/mm^2”。阿拉伯数字越大，含碳量越大，强度和硬度越大，塑性越低。由于碳素结构钢冶炼容易，成本低廉，并有良好的各种加工性能，所以使用较广泛。其中 Q235 在使用、加工和焊接方面的性能都比较好，是钢结构常用钢材品种之一。

碳素结构钢由平炉或氧气顶吹转炉冶炼。交货时供方应提供力学性能（机械性能）质保书，其内容为：屈服强度（f_y）、抗拉强度（f_u）和伸长率（δ_5 或 δ_{10}）。还要提供化学成分质保书，其内容为：碳（C）、锰（Mn）、硅（Si）、硫（S）和磷（P）等含量。

Q235 按质量等级、脱氧方法等用下式表示：

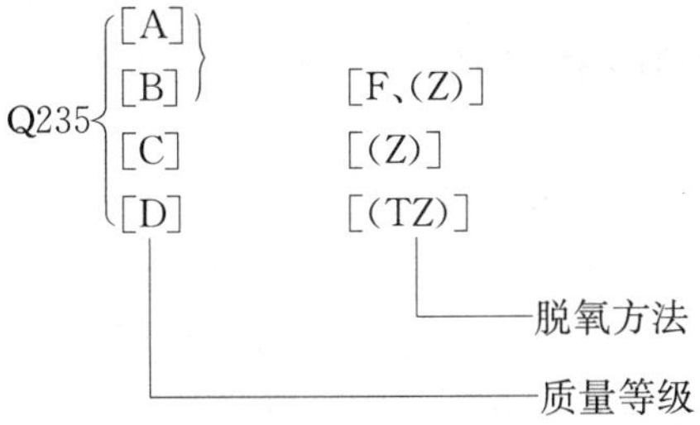

质量等级分为 A、B、C、D 四级，由 A 到 D 表示质量由低到高。不同质量等级对冲击韧性（夏比 V 形缺口试验）的要求有区别。A 级无冲击功规定，对冷弯试验只在需方有要求时才进行；B 级要求提供 20℃时冲击功 $A_k \geqslant 27J$（纵向）；C 级要求提供 0℃时冲击功 $A_k \geqslant 27J$（纵向）；D 级要求提供−20℃时冲击功 $A_k \geqslant 27J$（纵向）。B、C、D 级也都要求提供冷弯试验合格证书。不同质量等级对化学成分的要求也有区别。

根据脱氧程度不同，钢材分为沸腾钢、镇静钢和特殊镇静钢，并用汉字拼音首位字母分别表示为 F、Z 和 TZ。对 Q235 来说，A、B 两级钢的脱氧方法可以是 Z 或 F，C 级钢只能是 Z，D 级钢只能是 TZ。用 Z 和 TZ 表示牌号时也可以省略。现将 Q235 钢表示法举例如下：

Q235A——屈服强度为 $235N/mm^2$，A 级镇静钢；

Q235AF——屈服强度为 $235N/mm^2$，A 级沸腾钢；

Q235B——屈服强度为 $235N/mm^2$，B 级镇静钢；

Q235C——屈服强度为 $235N/mm^2$，C 级镇静钢；

Q235D——屈服强度为 235N/mm²，D 级特殊镇静钢。

碳素结构钢按现行标准规定的化学成分和机械性能见附录 1 附表 1-1～附表 1-3。

2. 低合金钢

根据现行国家标准《低合金高强度结构钢》GB/T 1591—2008 的规定，低合金高强度结构钢分为 Q345、Q390、Q420、Q460、Q500、Q550、Q620、Q690 等八种，阿拉伯数字表示该钢种屈服强度的大小，单位为“N/mm²”。其中 Q345、Q390、Q420 为钢结构常用的钢种。

低合金钢由氧气顶吹转炉、平炉和电炉冶炼。交货时供方应提供力学性能质保书，其内容为：屈服强度（f_y）、抗拉强度（f_u）、伸长率（δ_5 或 δ_{10}）和冷弯试验；还要提供化学成分质保书，其内容为：碳、锰、硅、硫、磷、钒、铌和钛等含量。

Q345、Q390 和 Q420 按质量等级用下式表示：

Q345A、Q345B、Q345C、Q345D、Q345E、Q390A、Q390B、Q390C、Q390D、Q390E 和 Q420A、Q420B、Q420C、Q420D、Q420E。

其质量等级分为 A、B、C、D、E 五级，由 A 到 E 表示质量由低到高。不同质量等级对冲击韧性（夏比 V 形缺口试验）的要求有区别。对于公称厚度 12～150mm 的钢材，A 级无冲击功要求；B 级要求提供 20℃时冲击功 $A_k \geqslant 34$J（纵向）；C 级要求提供 0℃时冲击功 $A_k \geqslant 34$J（纵向）；D 级要求提供－20℃时冲击功 $A_k \geqslant 34$J（纵向）；E 级要求提供－40℃时冲击功 $A_k \geqslant 34$J（纵向）。不同质量等级对碳、硫、磷、铝的含量的要求也有区别。

Q460～Q690 钢材的质量等级分为 C、D、E 三级，由 C 到 E 表示质量由低到高。

低合金钢的脱氧方法为镇静钢或特殊镇静钢，应以热轧、控轧、正火及回火、热机械轧制（TMCP）等状态交货。

现将 Q345、Q390 和 Q420 表示法举例如下：

Q345B——屈服强度为 345N/mm²，B 级镇静钢；

Q390D——屈服强度为 390N/mm²，D 级特殊镇静钢；

Q345C——屈服强度为 345N/mm²，C 级特殊镇静钢；

Q390A——屈服强度为 390N/mm²，A 级镇静钢；

Q420E——屈服强度为 420N/mm²，E 级特殊镇静钢。

低合金高强度钢按现行标准规定的化学成分和机械性能见附录 1 附表 1-4～附表 1-7。

按照老的国家标准（GB 1591—88），共列出 17 种钢号，钢结构常用的钢种为 16 锰钢（16Mn）和 15 锰钒钢（15MnV）。钢号前面两位数字表示其含碳量平均值的万分数，钢号后面标明合金元素，该合金元素的含量一般以百分之几表示。当其平均含量小于 1.5%时，只标明元素（汉字或化学符号）而不标明含量；当其平均含量大于 1.5%、2.5%等时，则在元素后面标出 2、3 数字。

例如：16 锰钢（16Mn）就表示平均含碳量为 0.16%，含有合金元素锰，锰的平均含量少于 1.5%。老钢号与新牌号（GB/T 1591—2008）对应关系为 16Mn 对应 Q345、15MnV 对应 Q390。

采用低合金钢的主要目的是减轻结构重量，节约钢材和延长使用寿命。这类钢材具有较高的屈服强度和抗拉强度，也有良好的塑性和冲击韧性（尤其是低温冲击韧性），并具有耐腐蚀、耐低温等性能。

3. 优质碳素结构钢

优质碳素结构钢是碳素钢经过热处理（如调质处理和正火处理）得到的优质钢。优质碳素结构钢与碳素结构钢的主要区别在于钢中含杂质元素较少，硫、磷含量都不大于0.035%，并且严格限制其他缺陷。所以这种钢材具有较好的综合性能。根据《优质碳素结构钢》GB/T 699—1999，优质碳素结构钢共有31种品种。例如用于制造高强度螺栓的45号优质碳素钢，就是通过调质处理提高强度的。低合金钢也可通过调质处理来进一步提高其强度。

4. 优质钢丝绳

优质钢丝绳由高强度钢丝组成，钢丝系由经处理的优质碳素钢经多次冷拔而成，其质量要求比较严格，不但要限制其硫、磷含量，而且对铬、镍含量也要控制，钢丝抗拉强度为1570～1770N/mm^2。

圆股钢丝绳按股数和股外层钢丝的数目分类，其截面规格用数字表示如6×7、6×19S、8×19S、17×7、34×7等。前者表示股数，后者表示每股由几根钢丝组成，如6×7表示由6股钢丝束组成，每股有7根钢丝组成。

钢丝绳按捻法分为右交互捻、左交互捻、右同向捻、左同向捻等4种（图2-32)。第1、2两种捻法中，外表面的钢丝与绳的纵轴平行，第3、4种则是倾斜的。

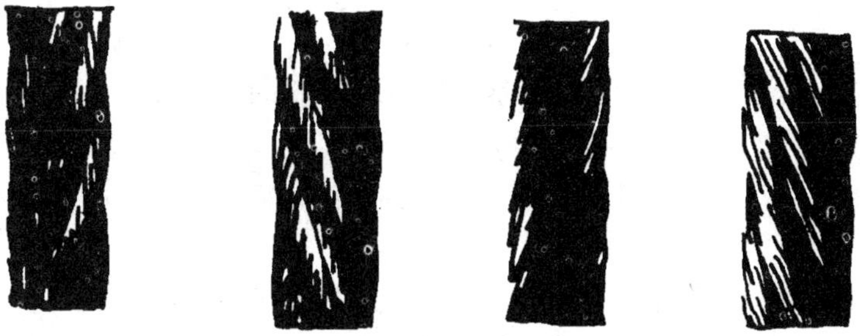

(*a*) (*b*) (*c*) (*d*)

图2-32 钢丝绳的捻法

5. 高性能建筑结构用钢

根据现行国家标准《建筑结构用钢板》GB/T 19879—2005的规定，高性能建筑结构用钢分为Q235GJ、Q345GJ、Q390GJ、Q420GJ、Q460GJ等五种，阿拉伯数字表示该钢种屈服强度的大小，单位为"N/mm^2"，汉语拼音首位字母"GJ"代表高性能建筑结构用钢。相比于同级别的低合金高强度结构钢，GJ系列钢材中硫磷等有害元素含量得到限制（含硫量不超过0.015%)、微合金元素含量得到控制，屈服强度变化范围小，塑性性能较好，有冷加工成型要求（如方矩管）或抗震要求的构件宜优先采用。

Q235GJ、Q345GJ的质量等级分为B、C、D、E四级，Q390GJ、Q420GJ和Q460GJ的质量等级分为C、D、E三级，由B到E表示质量由低到高。目前，Q345GJC、Q390GJC等已成为超高层建筑中首选的钢材。

6. 耐候耐火钢

为了提高钢材的耐腐蚀性能生产各种耐候钢。耐候钢比碳素结构钢具有较好的耐腐蚀性能。耐候钢是在钢中加入少量的合金元素，如铜（Cu）、铬（Cr）、镍（Ni）、钼（Mo）、铌（Nb）、钛（Ti）、锆（Zr）、钒（V）等，使其在金属基体表面上形成保护层，以提高钢材的耐候性能。

耐候钢比碳素结构钢的力学性能高，冲击韧性、特别是低温冲击韧性较好。它还具有良好的冷成型性、热成型性和可焊性。

为了提高钢材耐高温性能和提高钢材高温下的强度，生产各种耐火钢。耐火钢的概念是20世纪80年代由日本开始提出，现在欧美、日本等发达国家相继开展了耐火钢的研究和生产，我国宝钢、武钢、马钢等也研究生产耐火钢。

耐火钢是在钢中加入少量贵金属钼（Mo）、铬（Cr）和铌（Nb）等以提高它的耐热性。

目前，在耐火钢成分体系的基础上添加耐候性元素Cu和Cr形成各种耐火耐候钢。例如，宝钢的B400RNQ（Q235）和B490RNQ（Q345）耐火耐候钢。

2.9.2　国外钢材品种和牌号简介

世界各国的钢材品种和牌号表示方式虽然各有不同，但其共同点是钢材品种和牌号均以强度等级来划分，其表示方式为：

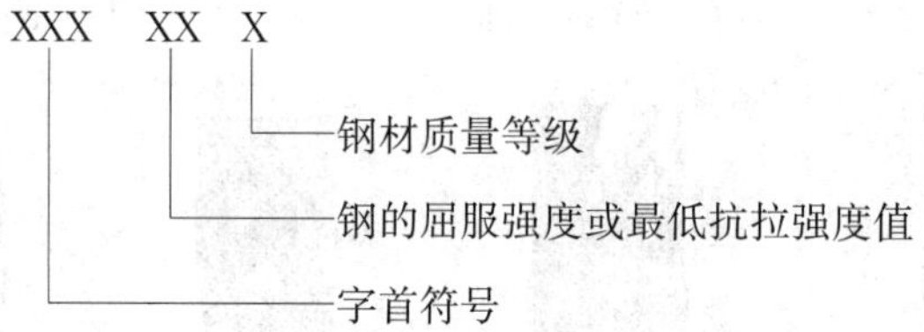

字首符号各国表示有所不同。如美国采用A；欧洲采用S；日本采用SS、SM、SN、SMA等；苏联采用C。

钢材的屈服强度或最低抗拉强度值一般用“N/mm^2”来表示，如360表示该钢材屈服强度或最低抗拉强度为360N/mm^2。有的国家采用英制单位表示法，单位为“ksi”（千磅/英寸^2），如美国A36，表示屈服强度为36ksi（248N/mm^2）。

下面简介一下各国钢材的品种和牌号。

1. ISO国际标准

ISO630-2国际标准是由国际标准化组织于2011年9月15日制定的结构钢标准。

其品种有S235、S275、S355、S450等，阿拉伯数字表示该钢种上屈服点强度值，单位为“N/mm^2”。质量等级分为A、B、C、D四级，分别对应于无冲击功要求以及20℃、0℃、−20℃时的冲击功要求。对S235、S275、S355来说，B、C两级钢的脱氧方法为FN（rimming steel not permitted，非沸腾钢），对D级钢则为FF（fully killed steel，相当于国内的特殊镇静钢）。

2. 欧洲标准

EN10025是欧洲标准化组织CEN制定的结构钢标准。其品种主要有S235、S275、S355、S450、S275N、S355N、S420N、S460N、S275M、S355M、S420M、S460M等，前四种钢材为热轧非合金钢，其余为细晶粒钢。其中，阿拉伯数字表示该钢种屈服强度的大小，单位为“N/mm^2”，N表示退火钢材，M表示热机械轧制钢材（TMCP）。

3. 美国标准

美国结构用钢材标准由 ASTM International（American Society for Testing materials，美国材料与试验协会）制定。其结构用钢有：

（1）A36　碳素结构钢；

（2）A242　低合金高强度结构钢；

（3）A500　冷成型焊接无缝碳素结构钢管；

（4）A501　热成型焊接无缝碳素结构钢管；

（5）A514　适用于焊接的高屈服强度、淬火和回火的合金钢板；

（6）A529　结构用高强度碳锰钢；

（7）A572　结构用高强度低合金铌—钒钢；

（8）A588　最小屈服点为 345MPa，厚度不超过 100mm 的高强度低合金结构钢；

（9）A606　具有改进抗大气腐蚀性能的热轧和冷轧高强度低合金钢、薄板和带钢；

（10）A618　热成型焊接钢管、无缝钢管、高强度低合金结构用钢；

（11）A709　桥梁用结构钢；

（12）A852　最小屈服点为 483MPa，厚度不超过 100mm 的淬火与回火的低合金结构钢板。

4. 日本标准

结构用钢有：

（1）SS400——一般结构用轧制钢；

（2）SS400A、B、C，SM490A、B、C，SM490YA、YB，SM520B、C——焊接结构用轧制钢；

（3）

SMA400 {Aw、Ap; Bw、Bp; Cw、Cp}
SMA490 {Aw、Ap; Bw、Bp; Cw、Cp} 焊接结构用热轧耐候钢；

（4）SCM490—CF——焊接结构用离心铸钢管；

（5）SS490、SS540——一般结构用热轧钢（用于非焊接结构）。

上述规格中阿拉伯数字表示该钢种抗拉强度最小值，单位为“N/mm^2”。

5. 俄罗斯（苏联）标准

俄罗斯钢材标准有：

C235、C245、C255、C275、C285、C345、C345k、C370、C390、C390k。规格中阿拉伯数字为钢材屈服强度，单位“N/mm^2”。

6. 几点说明

各国钢材标准不同，很难明确地找出与我国钢材品种相应关系，正确做法是检查它们提供的质保书（化学成分和机械性能），以确定该钢种与我国哪个钢种是可代替的。现将以屈服强度和抗拉强度为依据的各国钢材与我国钢材相应关系列于表 2-3，仅供参考。

各国钢材品种与我国钢材品种对应表　　表 2-3

中　国	美　国	日　本	欧　洲	俄罗斯
Q235	A36，A53	SS400 SM400 SMA400 SN400	S235	C235
Q345	A572 A242 A588	SM490YA SM490YB SM520	S355	C345
Q390		SM570		C390
Q420	A709		S420	C440

日本自阪神地震后，对抗震结构要求采用新的钢种，即 SN 系列，如 SN400、SN490 等。国际标准 ISO 630-6 亦给出了耐震结构钢，如 SA235、SA325、SA345、SA440。

2.9.3　选用钢材的原则

钢材选用的原则应该是：既能使结构安全可靠和满足使用要求，又要最大可能节约钢材和降低造价。不同使用条件，应当有不同的质量要求。在一般结构中当然不宜轻易地选用优质钢材，而在主要的结构中更不能盲目地选用质量很差的钢材。就钢材的力学性能来说，屈服强度、抗拉强度、伸长率、冷弯性能、冲击韧性等各项指标，是从各个不同的方面来衡量钢材质量的指标。在设计钢结构时，为保证承重结构的承载能力和防止在一定条件下出现脆性破坏，应该根据结构的重要性、荷载特征、结构形式、应力状态、连接方法、工作环境、钢材厚度和价格等因素，选用适宜的钢材。钢材选择是否合适，不仅是一个经济问题，而且关系到结构的安全和使用寿命。

选定钢材时应考虑下列因素：

1. 结构的类型及重要性

由于使用条件、结构所处部位等方面的不同，结构可以分为重要、一般和次要三类。例如民用大跨度屋架、重级工作制吊车梁等就是重要的；普通厂房的屋架和柱等属于一般的；梯子、栏杆、平台等则是次要的，应根据不同情况，有区别地选用钢材的牌号。

2. 荷载的性质

按所承受荷载的性质，结构可分为承受静力荷载和承受动力荷载两种。在承受动力荷载的结构或构件中，又有经常满载和不经常满载的区别。因此，荷载性质不同，就应选用不同的牌号。例如对重级工作制吊车梁，就要选用冲击韧性和疲劳性能好的钢材，如 Q345C 或 Q235C。而对于一般承受静力荷载的结构或构件，如普通焊接屋架及柱等（在常温条件下），可选用 Q235B。

3. 连接方法

连接方法不同，对钢材质量要求也不同。例如焊接的钢材，由于在焊接过程中不可避免地会产生焊接应力、焊接变形和焊接缺陷，在受力性质改变和温度变化的情况下，容易引起缺口敏感，导致构件产生裂纹，甚至发生脆性断裂，所以焊接钢结构对钢材的化学成分、力学性能和可焊性都有较高的要求。如钢材中的碳、硫、磷的含量要低，塑性和韧性指标要高，可焊性要好等。但对非焊接结构（如用高强度螺栓连接的结构），这些要求就可放宽。

4. 结构的工作环境

结构所处的环境和工作条件，例如室内、室外、温度变化、湿度变化、腐蚀作用情况等对钢材的影响很大。钢材有随着温度下降而发生脆断（低温脆断）的特性。钢材的塑性、冲击韧性都随着温度的下降而降低，当下降到冷脆温度时，钢材处于脆性状态，随时都可能突然发生脆性断裂。国内外都有这样的工程事故的实例。经常在低温下工作的焊接结构，选材时必须慎重考虑。

5. 结构的受力性质

构件的受力有受拉、受弯和受压等状态，由于构造原因使结构构件截面上产生应力集中现象，在应力集中处往往产生三向（或双向）同号应力场，易引起构件发生脆断，而脆断主要发生在受拉区，危险性较大。因此，对受拉或受弯构件的材性要求高一些。

其次，结构的低温脆断事故，绝大部分是发生在构件内部有局部缺陷（如缺口、刻痕、裂纹、夹渣等）的部位。但同样的缺陷对拉应力比压应力影响更大。因此，经常承受拉力的构件，应选用质量较好的钢材。

6. 结构形式和钢材厚度

采用格构式构件的结构形式，由于缀件与肢件连接处可能产生应力集中现象，而且该处需进行焊接，因此对材性要求比实腹式构件高一些。

对重要的受拉和受弯焊接构件，由于有焊接残余拉应力存在，往往出现多向拉应力场，当构件的钢材厚度较大时，轧制次数少，钢材中的气孔和夹渣比薄板多，存在较多缺陷，因此对钢材厚度较大的受拉和受弯构件，对材性要求应高一些。

2.10 钢材的规格

钢结构所用的钢材主要为冷轧成型的钢板和热轧成型的钢板、型钢和圆钢，以及冷弯成型的薄壁型钢，还有热轧成型钢管和冷弯成型焊接钢管等。

2.10.1 钢板

钢板有薄板、厚板、特厚板和棒材（圆钢、方钢、扁钢、六角钢和八角钢）等，其规格如下：

（1）薄钢板一般用冷轧法轧制，根据《冷轧钢板和钢带的尺寸、外形、重量及允许偏差》GB/T 708—2006 的规定，钢板厚度范围 0.30～4.00mm，当钢板厚度小于 1mm 时其厚度间隔为 0.05mm，当钢板厚度不小于 1mm 时其厚度间隔为 0.1mm；钢板宽度 600～2050mm，其宽度间隔为 10mm；钢板长度 1000～6000mm，其长度间隔为 50mm。

（2）厚钢板，厚度 4.5～60mm（亦有将 4.5～20mm 称为中厚板，20～60mm 称为厚板的），根据《热轧钢板和钢带的尺寸、外形、重量及允许偏差》GB/T 709—2006 的规定，钢板厚度小于 30mm 的，其厚度间隔为 0.5mm，厚度不小于 30mm 的，其厚度间隔为 1mm；钢板宽度 600～4800mm，其宽度间隔为 10mm 或 50mm；钢板长度 2000～20000mm，其长度间隔为 50mm 或 100mm。

(3) 特厚板，板厚>60mm，最厚可达400mm，宽度为600～4800mm，长度2～20m。

(4) 热轧棒材，包括热轧圆钢和方钢、热轧扁钢、热轧六角钢和热轧八角钢。热轧圆钢直径或方钢边长5.5～380mm，热轧扁钢厚度3～60mm，宽度为10～200mm，详见附录3附表3-1、附表3-2。

厚钢板用作梁、柱、实腹式框架等构件的腹板和翼缘，以及桁架中的节点板。特厚板用于高层钢结构箱形柱等。薄钢板主要是用来制造冷弯薄壁型钢。扁钢可作为组合梁的翼缘板、各种构件的连接板、桁架节点板和零件等。

图纸中对钢板规格采用“一宽×厚×长”或“一宽×厚”表示方法，如—450×8×3100，—450×8。

2.10.2　型　钢

钢结构常用的型钢是角钢、工字型钢、槽钢和H型钢、钢管等。除H型钢和钢管有热轧和焊接成型外，其余型钢均为热轧成型。

型钢的截面形式合理，材料在截面上分布对受力最为有利。由于其形状较简单，种类和尺寸分级较少，所以便于轧制，构件间相互连接也较方便。型钢是钢结构中采用的主要钢材。现分述如下：

1. 角钢

角钢有等边角钢和不等边角钢两种，可以用来组成独立的受力构件，或作为受力构件之间的连接零件。等肢角钢以肢宽和肢厚表示，如L100×10即为肢宽100mm、肢厚10mm的等边角钢。不等边角钢是以两肢的宽度和肢厚表示，如L100×80×8即为长肢宽100mm、短肢宽为80mm、肢厚8mm的不等边角钢。我国目前生产的最大等边角钢的肢宽为250mm，最大不等边角钢两个肢宽分别为200mm和125mm。角钢通常的长度一般为4～19m。

等边角钢和不等边角钢的规格及截面特性见附录3附表3-3、附表3-4、附表3-21和附表3-22。

2. 工字钢

工字钢主要用于受弯的构件，或由几个工字钢组成的组合构件。由于它两个主轴方向的惯性矩和回转半径相差较大，不宜单独用作轴心受压构件或承受斜弯曲和双向弯曲的构件。

热轧工字钢型号用号数表示，号数即为其截面高度的厘米数，20号以上的工字钢，同一号数有三种腹板厚度，分别为a、b、c三类。如I32a即表示截面高度为320mm，其腹板厚度为a类。a类腹板最薄、翼缘最窄，b类较厚较宽，c类最厚最宽。工字钢的最大号数为I63。

热轧工字钢的规格及截面特性见附录3附表3-5。

3. 槽钢

热轧槽钢型号亦是以截面高度厘米数编号，如[12，即截面高度为120mm；[22a，其截面高度为220mm，a类（腹板较薄）。槽钢伸出肢较大，可用于屋盖檩条，承受斜弯曲或双向弯曲。另外，槽钢翼缘内表面的斜度较小，安装螺栓比工字型钢容易。由于槽钢的腹板较厚，所以槽钢组成的构件用钢量较大。槽钢号数最大为40号，通常长度为

5～19m。

热轧槽钢的规格及截面特性见附录 3 附表 3-6。

4. H 型钢和 T 型钢

H 型钢分热轧和焊接两种。热轧 H 型钢分为宽翼缘 H 型钢（代号为 HW）、中翼缘 H 型钢（HM）、窄翼缘 H 型钢（HN）和薄壁 H 型钢（HT）等四类。H 型钢规格标记为高度(H)×宽度(B)×腹板厚度(t_1)×翼缘厚度(t_2)，如 HM350×250×9×14，表示高度为 350mm，宽度为 250mm，腹板厚度为 9mm，翼缘厚度为 14mm，它是中翼缘 H 型钢。

热轧 H 型钢的规格及截面特性见附录 3 附表 3-7。

T 型钢由 H 型钢剖分而成，可分为宽翼缘剖分 T 型钢(TW)、中翼缘剖分 T 型钢(TM)和窄翼缘剖分 T 型钢(TN)等三类。剖分 T 型钢规格标记采用高度(h)×宽度(B)×腹板厚度(t_1)×翼缘厚度（t_2）表示，如 TN250×200×9×14，表示高度为 250mm，宽度为 200mm，腹板厚度为 9mm，翼缘厚度为 14mm，它为窄翼缘 T 型钢。

热轧 T 型钢的规格及截面特性见附录 3 附表 3-8。

H 型钢和 T 型钢内表面没有坡度，通常长度为 6～15m。

焊接 H 型钢由平钢板用高频焊接组合而成，用“高×宽×腹板厚×翼缘厚”来表示，如 H350×250×10×16，通常长度为 12m，也可经供需双方同意，按设计现实尺寸供货。

高频焊接 H 型钢的规格及截面特性见附录 3 附表 3-9。

H 型钢的两个主轴方向的惯性矩接近，使构件受力更加合理。目前，H 型钢已广泛应用于高层建筑、轻型工业厂房和大型工业厂房中。

5. 钢管

钢管的类型分为圆钢管和方钢管。

圆钢管有热轧无缝钢管和焊接钢管两种，焊接钢管由钢板卷焊而成，又分为直缝焊钢管和螺旋焊钢管两类。无缝钢管的外径为 10～1016mm，直缝钢管的外径为 10～2540mm。钢管用“ϕ”后面加外径（d）×壁厚（t）来表示，单位为毫米，如 ϕ102×5，ϕ244.5×8。无缝钢管的通常长度为 3～12.5m，直缝焊接钢管的长度根据外径不同通常为 4～12m，螺旋焊接钢管的通常长度为 8～12.5m。

常用的圆钢管的规格及截面特性见附录 3 附表 3-10、附表 3-11 和附表 3-14。更为详尽的圆钢管规格及截面特性可参见《无缝钢管尺寸、外形、重量及允许偏差》GB/T 17395—2008、《焊接钢管尺寸及单位长度重量》GB/T 21835—2008 和《建筑结构用冷成型焊接圆钢管》JG/T 381—2012。

方钢管有焊接方钢管和冷弯方钢管。方钢管用“□”后面加长×宽×厚来表示，单位为毫米，如□120×80×4、□120×3。

常用的冷弯薄壁方钢管的规格及截面特性见附录 3 附表 3-12、附表 3-13。更多规格的冷弯正方形钢管和冷弯长方形钢管可参见《建筑结构用冷弯矩形钢管》JG/T 178—2005。

钢管常用于网架与网壳结构的受力构件，厂房和高层结构的柱子，有时在钢管内浇筑混凝土，形成钢管混凝土柱。

2.10.3 冷弯薄壁型钢

冷弯薄壁型钢采用薄钢板冷轧而制成，其截面形式及尺寸按合理方案设计。薄壁型钢能充分利用钢材的强度、节约钢材，在轻钢结构中得到广泛应用。冷弯型钢的壁厚一般为1.5～12mm，国外已发展到25mm，但承重结构受力构件的壁厚不宜小于2mm。常用冷弯薄壁型钢的形式见图2-33。

冷弯薄壁型钢的规格及截面特性见附录3附表3-15～附表3-20。

冷弯薄壁型钢用于厂房的檩条、墙梁，也可用作承重柱和梁。用于承重结构时钢材采用Q235和Q345，应保证其屈服强度、抗拉强度、伸长率、冷弯试验和硫、磷的含量合格；对于焊接结构应保证含碳量合格。成型后的型材不得有裂纹。

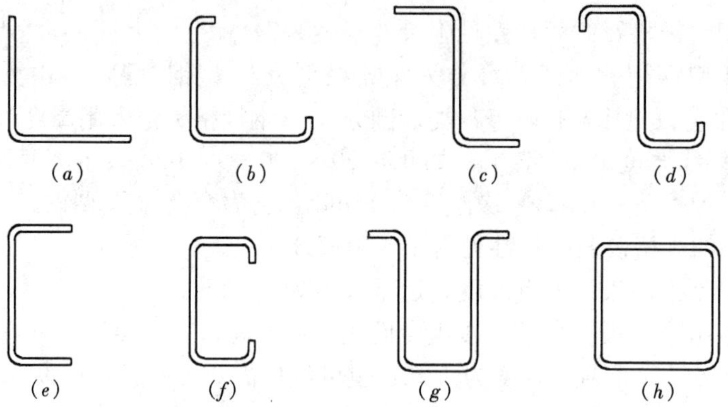

图2-33　冷弯薄壁型钢形式

(*a*) 等边角钢；(*b*) 卷边等边角钢；(*c*) Z形钢；(*d*) 卷边Z形钢；(*e*) 槽钢；(*f*) 卷边槽钢；(*g*) 向外卷边槽钢；(*h*) 方钢管

习　题

2.1　如图2-34所示钢材在单向拉伸状态下的应力-应变曲线，请写出弹性阶段和非弹性阶段的σ-ε关系式。

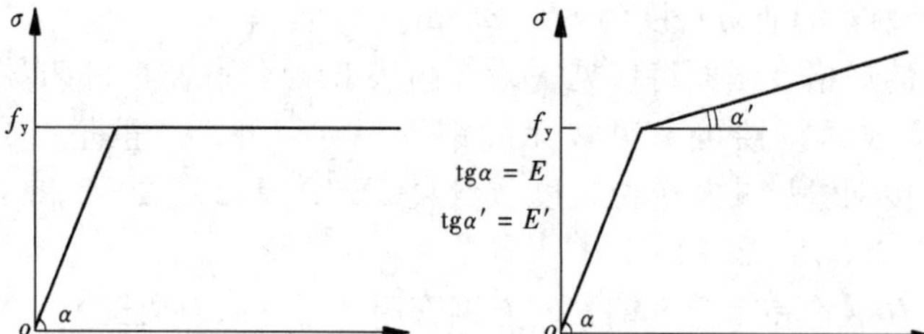

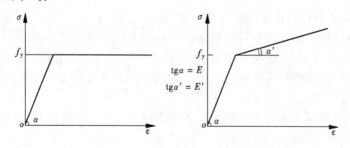

图2-34　σ-ε图

(*a*) 理想弹性-塑性；(*b*) 理想弹性强化

2.2　如图2-35所示的钢材在单向拉伸状态下的σ-ε曲线，试验时分别在A、B、C卸载至零，则在三种情况下，卸载前应变ε、卸载后残余应变ε_r及可恢复的弹性应变ε_y各是多少？

$f_y=235\text{N/mm}^2$

$\sigma_c = 270\text{N/mm}^2$

$\varepsilon_F = 0.025$

$E = 2.06 \times 10^5 \text{N/mm}^2$

$E' = 1000\text{N/mm}^2$

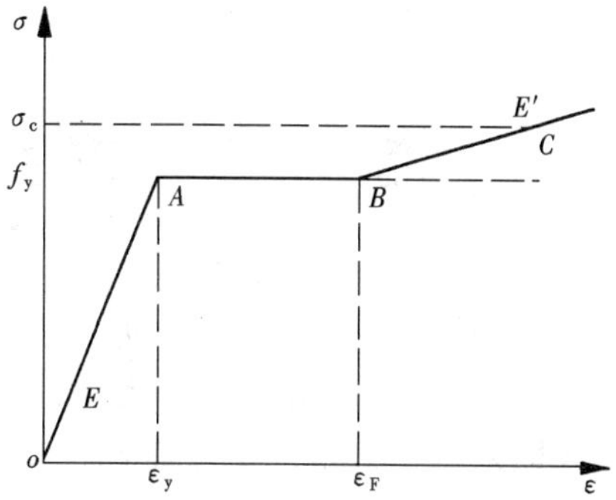

图 2-35　理想化的σ-ε 图

2.3　试述钢材在单轴反复应力作用下，钢材的σ-ε 曲线、钢材疲劳强度与反复应力大小和作用时间之间的关系。

2.4　试述导致钢材发生脆性破坏的各种原因。

2.5　解释下列名词：

（1）延性破坏

（2）损伤累积破坏

（3）脆性破坏

（4）疲劳破坏

（5）应力腐蚀断裂

（6）疲劳寿命

2.6　一两跨连续梁，在外荷载作用下，截面上 A 点正应力为 $\sigma_1 = 120\text{N/mm}^2$，$\sigma_2 = -80\text{N/mm}^2$，$B$ 点的正应力 $\sigma_1 = 20\text{N/mm}^2$，$\sigma_2 = -120\text{N/mm}^2$，求该梁 A 点与 B 点的应力比和应力幅是多少？

2.7　指出下列符号意义：

（1）Q235A　　　（3）Q390E

（2）Q345D　　　（4）Q235D

2.8　根据钢材选择原则，请选择下列结构中的钢材牌号：

（1）在北方严寒地区建造厂房露天仓库使用非焊接吊车梁，承受起重量 $Q>500\text{kN}$ 的中级工作制吊车，应选用何种规格钢材品种？

（2）一厂房采用焊接钢结构，室内温度为－10℃，问选用何种钢材？

2.9　钢材有哪几项主要机械指标？各项指标可用来衡量钢材哪些方面的性能？

2.10　影响钢材发生冷脆的化学元素是哪些？使钢材发生热脆的化学元素是哪些？

2.11　按附表 1-4 所列数据，计算 Q345A 和 Q345D 的碳当量上下限，并说明比较碳当量有何意义。

第3章　钢结构的可能破坏形式

钢结构设计要做到技术先进、经济合理、安全适用、确保质量，就必须防止钢结构体系因破坏而丧失承载能力。因此设计者只有对钢结构可能发生的各种破坏形式有清楚的了解，才能采取合适而有效的措施。

在上一章钢结构材料中已经提到钢材可能发生的破坏形式有塑性破坏、脆性断裂破坏、疲劳破坏和损伤累积破坏。对于钢结构而言，除上述破坏外，还有由体系本身所引起的稳定破坏。因此，钢结构的可能破坏形式有如下几种：①整体失稳，②局部失稳，③塑性破坏，④脆性断裂，⑤疲劳破坏和⑥损伤累积破坏等。

3.1　结构的整体失稳破坏

3.1.1　关于稳定的概念

稳定性的定义为：结构在荷载作用下处于平衡位置，微小外界扰动使其偏离平衡位置，若外界扰动除去后仍能回复到初始平衡位置，则是稳定的；若外界扰动除去后不能恢复到初始平衡位置，且偏离初始平衡位置愈来愈远，则是不稳定的；若外界扰动除去后不能回复到初始平衡位置，但仍能停留在新的平衡位置，则是临界状态，也称随遇平衡；由于不能回到原位，说明初始平衡位置也是不稳定的。结构整体失稳破坏是指作用在结构上的外荷载尚未达到按材料强度计算得到的结构破坏荷载时，整个结构偏离原来的平衡位置进而可能倒塌。钢结构在失稳过程中，变形是迅速持续增长的，结构将在很短时间内破坏甚至倒塌。图3-1所示为俄罗斯克夫达敞开式桥失稳破坏的状况。失稳破坏是钢结构的主

图3-1　克夫达敞开式桥失稳破坏状况

要破坏形式，必须予以充分重视。

3.1.2 失稳的类别

失稳现象形形色色，其类别因不同的分类方法而异。最常用的，也是最主要的可分为以下五类：

（1）欧拉屈曲。这类失稳的特点是在达到临界状态前，结构保持初始平衡位置，在达到临界状态时，结构从初始的平衡位置过渡到无限临近的新的平衡位置，此后变形的进一步增大，并不要求荷载增加或荷载显著增加。结构在临界状态时出现这类现象称为结构的屈曲。由于结构在该时发生了平衡形式的转移，平衡状态出现分岔，因此也称平衡分枝。这类稳定问题最早由欧拉提出并加以研究，也有称为第一类失稳或欧拉屈曲的，相应的荷载值称为屈曲荷载、平衡分枝荷载或欧拉临界荷载。直杆轴心受压的屈曲属于这种情况，图 3-2（*a*）是其典型的荷载-侧移曲线。

（2）极值型失稳。这类失稳没有平衡分岔现象。随着荷载的增加，结构变形也增加，而且愈来愈快，直到结构不能承受增加的外荷载。此时，荷载达到极限值。这类稳定问题也称为第二类稳定或压溃，相应的荷载值称为失稳极限荷载，也有称为压溃荷载的。压弯构件受压失稳属于这种情况，图 3-2（*b*）是它的典型的荷载-侧移曲线。

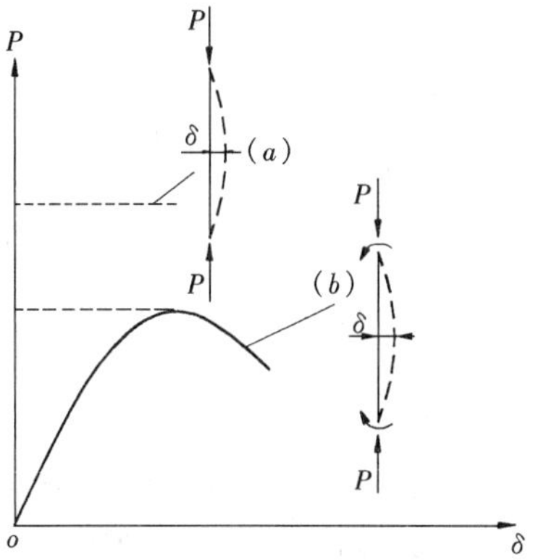

图 3-2 欧拉屈曲及极值型失稳的荷载-侧移曲线

（3）屈曲后极值型失稳。这类失稳在开始时有平衡分岔现象，即发生屈曲，结构屈曲后并不立即破坏，还有比较显著的屈曲后强度，因此能继续承受荷载的增加，直到出现极值型失稳。薄壁钢构件中受压翼缘板和腹板的失稳属于这种情况。板件的极限承载力往往比其屈曲荷载大很多，有时可达许多倍，利用这种屈曲后强度具有十分重要的经济意义，图 3-3 分别给出四边支承平直板和微曲板受力至失稳时的典型的荷载-侧移曲线。

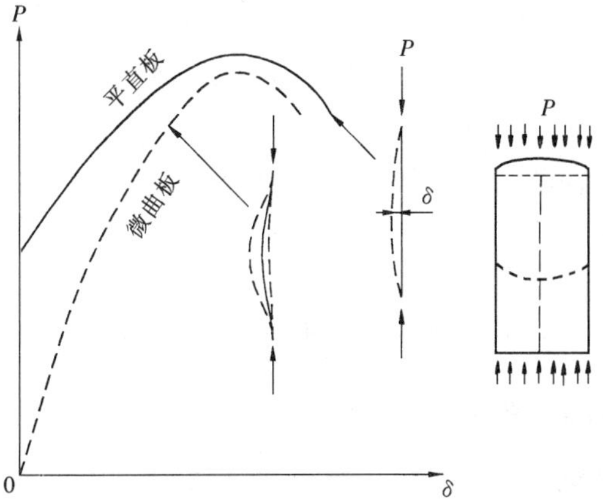

图 3-3 屈曲后极值型失稳的荷载-侧移曲线

（4）有限干扰型屈曲。这类屈曲与屈曲后极值型失稳刚好相反，结构屈曲后其承载力迅速下降。这类失稳也称不稳定分岔屈曲，具有这类失稳类型的结构也称为缺陷敏感型结构。结构如有初始缺陷，在受载过程中就会不出现屈曲现象而直接进入承载力较低的极值型失稳。承受轴向荷载的圆柱壳的失稳就属于这种类型，图 3-4 是其典型的荷载-轴向位移曲线。

（5）跳跃型失稳。这类失稳的特点是结构由初始的平衡位置突然跳跃到另一个平衡位置，在跳跃过程中出现很大的位移，使结构的平衡位形发生巨大的变化。承受横向均布压力的球面扁壳的失稳属于这种类型。图 3-5 是其典型的荷载-挠度曲线。扁壳失稳后跳跃到图 3-5（*b*）中的虚线位置，并能继续承受大于失稳时的荷载值，这点在一般工程设计中并无意义。

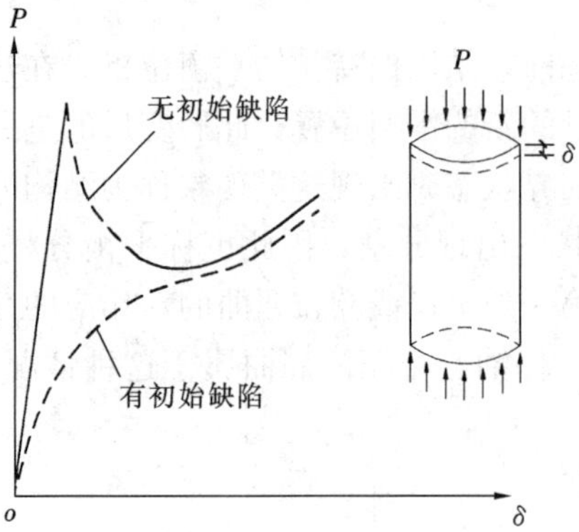

图 3-4　有限干扰型屈曲的荷载轴向位移曲线

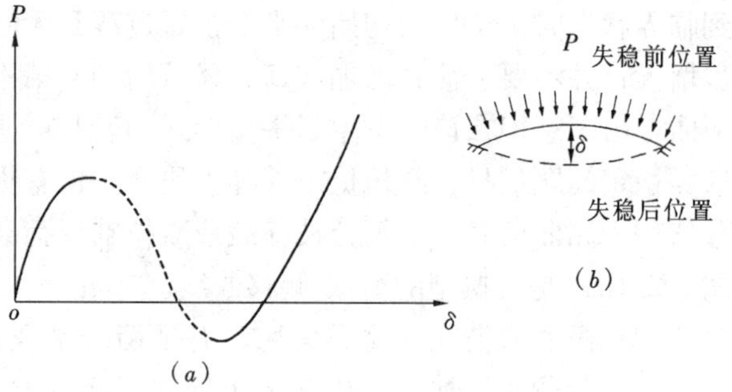

图 3-5　跳跃型失稳的荷载-位移曲线

3.1.3　结构稳定分析的原则

结构稳定分析与经典的结构强度分析的主要区别在于以下几点：

（1）必须考虑几何非线性影响。几何非线性可以包含众多非线性因素，需要根据研究对象的性质加以确定。在分析钢结构和钢构件的稳定性时，考虑的几何非线性有以下三种：第一种为位移和转角都在小变形的范围，但考虑结构变形对外力效应的影响。考虑这种几何非线性的分析方法也称为二阶分析。钢构件、钢框架和钢拱的整体稳定分析都采用这一方法。第二种为考虑大位移但转角仍在小变形范围。钢框架既考虑构件又考虑结构整体失稳的稳定分析时可采用这一方法。第三种为考虑大位移和大转角的非线性分析。网壳结构的稳定、板件考虑屈曲后的稳定以及构件考虑整体与局部相关稳定时的分析应采用这一方法。

（2）必须考虑材料非线性影响。钢结构或钢构件失稳破坏时，一般都会进入弹塑性阶段，因此要了解钢结构或钢构件的真实失稳极限荷载，必须考虑材料非线性的影响。这样，稳定分析就需要采用双非线性即考虑材料非线性和几何非线性的分析方法，使稳定分析增加了很大的难度。

（3）必须考虑结构和构件的初始缺陷。研究指出结构和构件的初始缺陷对稳定荷载的影响是显著而不可忽视的。这些初始缺陷主要包括：构件的初弯曲、荷载的初偏心、结构形体的偏差以及残余应力等。

因此钢结构和钢构件的稳定分析具有不同于一般强度分析的明显特点。

3.1.4　钢构件的整体稳定

钢构件的整体稳定因截面形式的不同和受力状态的不同可以有各种形式。对于轴心受压构件，可以有弯曲失稳、扭转失稳和弯扭失稳；对于受弯构件为弯扭失稳；对于截面对称的单轴压弯构件，在弯矩作用平面内为弯曲失稳，在弯矩作用平面外为弯扭失稳；对于双轴压弯构件为弯扭失稳。对于框架和拱在框架和拱平面内为弯曲失稳，在框架和拱平面外为弯扭失稳。图 3-6 是压杆弯曲失稳的情况。图 3-7 是弯扭失稳的情况。

图 3-6 压杆弯曲失稳

图 3-7 压杆弯扭失稳

钢构件整体失稳的分析将在以后章节中阐述。

3.2 结构和构件的局部失稳、截面的分类

3.2.1 局部失稳的基本概念

结构和构件局部失稳是指结构和构件在保持整体稳定的条件下，结构中的局部构件或构件中的板件已不能承受外荷载的作用而失去稳定。这些局部构件在结构中可以是受压的柱和受弯的梁；在构件中可以是受压的翼缘板和受压的腹板。

由于受压柱和受弯梁的失稳是欧拉屈曲和极值型失稳，从图 3-2 所示的典型荷载-侧移曲线中可以看出，到达临界荷载或失稳极限荷载后，构件仍有一定的承载能力，其值随位移的增加而减小。如从构件的刚度分析，可以看出失稳后构件的刚度在不断退化。如果整个结构是一个超静定体系，而且局部构件的失稳并不使整体结构或结构的局部形成机构时，整个结构不会因局部构件的失稳而失去承载能力。此时，可称结构失去了局部稳定。

构件中受压板件的失稳是屈曲后极值型失稳。从图 3-3 可以看出，当板件承受的荷载达到屈曲荷载时，板件发生屈曲，但未丧失承载能力，屈曲后仍有一定的甚至较大的承载能力。因此构件整体也不会因其受压板件的局部屈曲而失去承载能力，构件可以继续承载，只是局部屈曲的板件会呈现出可以观察到的局部变形。此时称为构件失去了局部稳定，进入屈曲后强度阶段。图 3-8 所示为工形截面压杆翼缘失去局部稳定的情况。

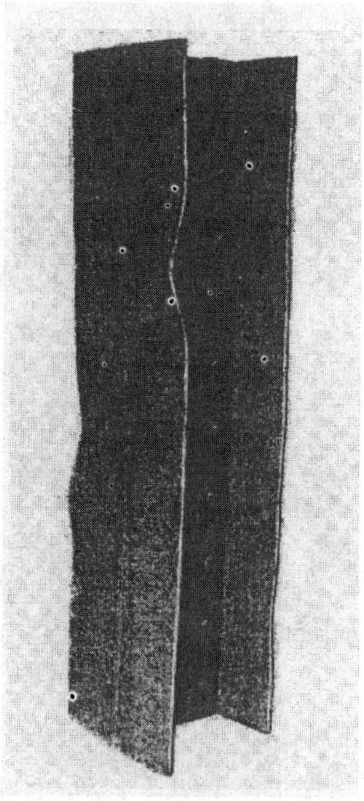

图 3-8　工形截面压杆翼缘失去局部稳定

3.2.2　局部与整体相关稳定

对于局部失稳后仍有屈曲后强度的结构和构件，虽能继续承载，但其最后的整体失稳极限荷载将受到局部失稳的影响而降低。这时出现的整体稳定称为局部与整体相关稳定。

对于在实际工程中是否利用局部稳定后的屈曲后强度有不同的处理方法。第一种是不加以利用，因为构件或板件失稳后会出现明显的变形。第二种是不允许在直接承受动力荷载的结构或构件中利用，如桥梁、吊车梁等。因为在这类结构中动力荷载每作用一次，局部构件和受压板件就会局部失稳一次，每一次局部失稳就会出现一次明显的变形。由于这类结构动力荷载作用频繁，使局部失稳和变形也频繁出现，形成一种“呼吸现象”。呼吸现象会使局部失稳的构件或板件不断受到损伤，当损伤累积到一定程度后就导致断裂，出现所谓低周疲劳断裂或疲劳断裂。也有观点认为，静、动力荷载条件下都可以利用屈曲后强度，但有动力荷载时，局部失稳的临界荷载不能太小以防止呼吸现象的出现。

3.2.3　截面的分类问题

钢结构构件是由板件（平板或曲板）组成的。板件只受拉力时，理论上钢材可以达到屈服甚至更高的强度，但受压力时就存在局部失稳的可能性，而局部失稳的屈曲荷载与板件的宽厚比有关，宽厚比越大，屈曲荷载则越小。因此，构件能达到多大的承载力，以及是否能够发挥其变形能力，就和板件的宽厚比有关。工程设计上，将构件的截面按其板件的宽厚比划分成不同的类别，对应截面不同的承载能力和变形能力。

表 3-1 是截面分类的一个例子（源自我国《钢结构设计标准》GB 50017—2017），给出了常用的工形截面和箱形截面用于压弯构件或受弯构件的截面分类等级与宽厚比的关系。其中，采用的板件最大宽厚比不超过 S1 级的截面，即使在构件受弯形成塑性铰并发生塑性转动时，板件仍不会发生局部失稳。塑性设计时应采用这类截面，因此这类截面称为塑性设计截面，也称特厚实截面。板件符合 S2 级的截面在构件受弯并形成塑性铰但不发生较大的转动时，板件不会发生局部失稳。因此这类截面称为弹塑性设计截面，也称厚实截面。S3 级截面在板件发展一定程度的塑性时不至于发生局部失稳，可进行有限塑性发展的设计。S4 级截面在构件受弯并当边缘纤维达到屈服点时，板件不会发生局部失稳。

这类截面称为弹性设计截面，也称非厚实截面。S5 级截面在应力小于屈服点时也会发生局部失稳，应按利用屈曲后强度的设计方法进行计算。因此这类截面称为超屈曲设计截面，也称纤细截面或薄柔截面。

压弯和受弯构件的截面分类等级 **表 3-1**

构件	截面板件宽厚比等级		S1 级	S2 级	S3 级	S4 级	S5 级
压弯构件（框架柱）	H 形截面	翼缘 b/t	$9\varepsilon_k$	$11\varepsilon_k$	$13\varepsilon_k$	$15\varepsilon_k$	20
		腹板 h_0/t_w	$(33+13\alpha_0^{1.3})\ \varepsilon_k$	$(38+13\alpha_0^{1.39})\ \varepsilon_k$	$(40+18\alpha_0^{1.5})\ \varepsilon_k$	$(45+25\alpha_0^{1.66})\ \varepsilon_k$	250
	箱形截面	壁板（腹板）间翼缘 b_0/t	$30\varepsilon_k$	$35\varepsilon_k$	$40\varepsilon_k$	$45\varepsilon_k$	—
受弯构件（梁）	工字形截面	翼缘 b/t	$9\varepsilon_k$	$11\varepsilon_k$	$13\varepsilon_k$	$15\varepsilon_k$	20
		腹板 h_0/t_w	$65\varepsilon_k$	$72\varepsilon_k$	$93\varepsilon_k$	$124\varepsilon_k$	250
	箱形截面	壁板（腹板）间翼缘 b_0/t	$25\varepsilon_k$	$32\varepsilon_k$	$37\varepsilon_k$	$42\varepsilon_k$	—

注：1. ε_k 为钢号修正系数，其值为 235 与钢材牌号中屈服点数值的比值的平方根；

2. b 为工字形、H 形截面的翼缘外伸宽度，t、h_0、t_w 分别是翼缘厚度、腹板净高和腹板厚度。对轧制型截面，腹板净高不包括翼缘腹板过渡处圆弧段；对于箱形截面，b_0、t 分别为壁板间的距离和壁板厚度，λ 为构件在弯矩平面内的长细比。

3.3 结构的塑性破坏、应（内）力塑性重分布

3.3.1 结构的塑性破坏

结构在不发生整体失稳和局部失稳的条件下，内力将随荷载的增加而增加，当结构构件截面上的内力达到截面的承载力并使结构形成机构时，结构就丧失承载力而破坏。这类破坏称为结构的强度破坏。在杆件系统结构中，结构的强度破坏都由受拉构件或受弯构件的强度破坏所引起。受压构件一般都发生失稳破坏。

受拉构件的破坏一般经历以下几个阶段：首先，截面中的拉应力达到材料的屈服点；其次，受拉构件进入塑性变形，出现明显的伸长；随后材料进入强化阶段，构件截面上的拉应力继续增加；最后，当拉应力达到材料的抗拉强度后，受拉构件被拉断。由于受拉构件在拉断之前会出现明显的伸长，因此很容易被觉察并采取措施加以避免。受拉构件的破坏常发生在地震灾害或不恰当的使用过程中，如在受力的受拉构件上施加电焊。

受弯构件的破坏一般经历以下几个阶段：首先，截面中的边缘纤维应力达到材料的屈服点；其次，截面进入弹塑性受力阶段，逐步形成塑性铰；随后，塑性铰发生塑性转动，结构内力重分布，使其他构件和截面相继出现塑性铰；最后，当塑性铰出现使结构或其局

部形成机构后，结构失去承载能力而倒塌破坏。这个过程同样也会出现很明显的变形，容易被觉察和采取措施。

综上所述可以看出结构强度破坏时会出现明显变形，因此也称塑性破坏或称延性破坏。

事实上结构发生纯粹的强度破坏是很少的，因为在强度破坏过程中出现的明显变形会改变结构的整体受力，使结构某些部位的受力偏离并超出预先计算的数值而引发其他类型的破坏，如失稳破坏等。

3.3.2　应力塑性重分布

钢结构构件在轧制、冷加工和焊接制作等过程中都会在钢构件的截面上产生应力，称为残余应力。这些应力一般都在截面上自相平衡，不形成内力。有时，这些应力的数值可以很大，甚至达到材料的屈服点。图3-9所示为一焊接工字形截面和焊接箱形截面中焊接残余应力的实测结果。焊缝处的拉应力都已达到屈服点。

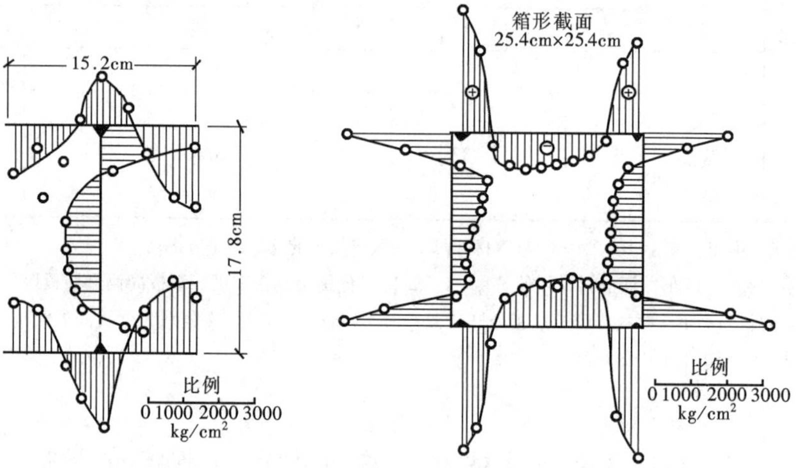

图3-9　焊接残余应力

钢构件不可避免地会有连接节点，有时要开孔或改变截面，在这些部位都会出现应力集中现象，应力集中处的最大应力往往比不考虑应力集中时算得的高很多，甚至达到几倍。图3-10所示为一螺栓连接受拉钢板上的应力集中实测结果，应力集中处的最大应力为92.5N/mm²，比净截面处的平均应力32.7N/mm²高出2.83倍。

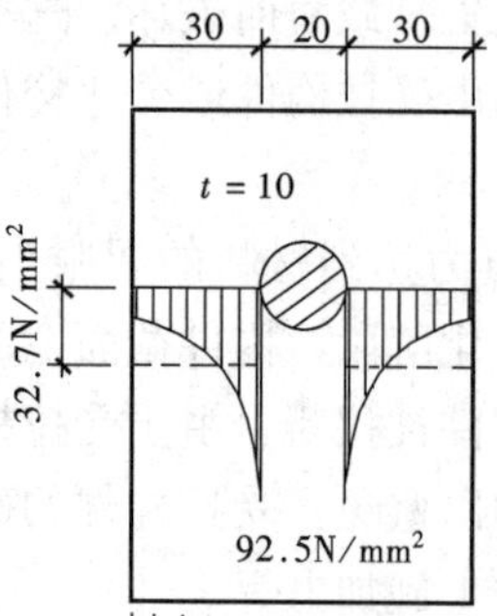

图3-10　螺栓连接受拉钢板的应力集中

在静态荷载和塑性破坏的情况下，这些残余应力的存在或应力集中现象的出现并不影响构件的强度。因为当应力达到屈服点时，由于流幅的存在，不均匀的应力会逐渐趋向平均，出现了应力塑性重分布。因此，只要钢材有足够的塑性，对于受弯构件不论残余应力的分布和数值如何，经过应力塑性重分布后，最终极限状态的应力分布将如图3-11（a）所示，这时截面形成塑性铰。塑性铰的特点是它能在弯矩不变的情况下向弯矩作用方向自由转动。对于受拉构件，不论应力集中现象如何，也不论残余应力的分布和数值如何，最终极限状态的应力分布将如图 3-11（*b*）所示。

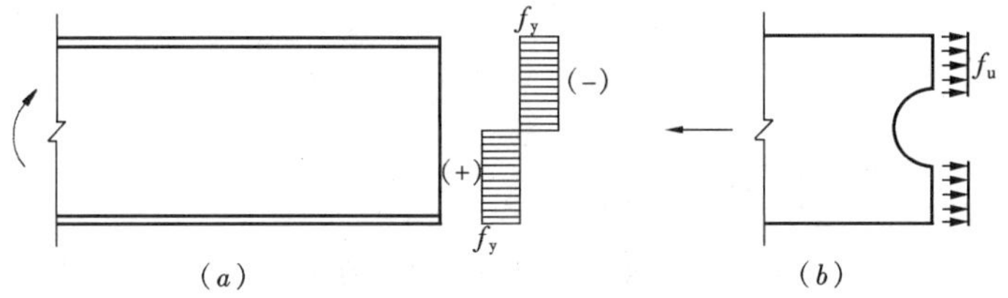

图 3-11　受弯构件和受拉构件的极限应力状态

需要注意的是：残余应力的存在对构件的失稳破坏、脆性断裂以及疲劳破坏等都有明显的影响，应力集中现象对构件的脆性断裂以及疲劳破坏等有极为不利的影响。因此，必须给予足够的重视，应采取措施减少残余应力和应力集中现象。

3.3.3　内力塑性重分布

受弯构件的强度破坏常以截面形成塑性铰为破坏标志。由于它具有延性特征，因此在超静定结构中，一个截面形成塑性铰并不标志结构丧失承载能力。可以利用其延性特征，使超静定结构在荷载作用下相继出现几个塑性铰直至形成机构作为结构承载能力的极限状态。因在设计时利用了塑性性能，因此称为塑性设计。以图 3-12（*a*）所示受均布荷载 q 的固端梁为例，在弹性阶段梁端弯矩 $M_A = M_B = 0.0833ql^2$，跨中弯矩 $M_C = 0.0417ql^2$，如图 3-12（*b*）所示，因梁端弯矩 M_A、M_B 大于跨中弯矩 M_C，梁端先形成塑性铰。设塑性铰的塑性弯矩为 M_P，则形成塑性铰时 $M_A = M_B = M_P$，梁上均布荷载 $q = 12M_P/l^2$。此时梁并未丧失承载能力，仍可继续承担外荷载。当均布荷载继续增加时，梁端维持弯矩 M_P 不变，但能自由转动，在增加的荷载作用下，梁如一根简支梁工作，继续承担增加部分的荷载，直到梁的跨中弯矩也增加到 M_P 并形成塑性铰，如图 3-12（*c*）所示。此时，梁在两端和跨中都出现塑性铰，形成机构，不能继续承担荷载，达到了承载力的极限状态，梁所能承受的极限均布荷载可由图 3-12（*c*）得到 $q_u = 16M_P/l^2$。与梁在两端刚形成塑性铰时的均布荷载相比，荷载值增加了 1/3。

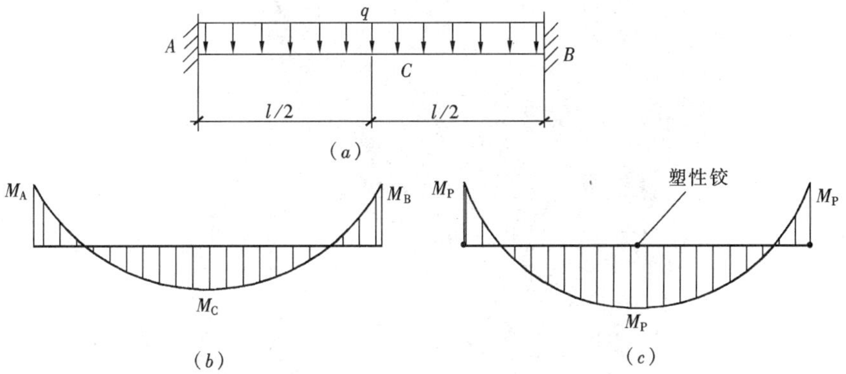

图 3-12　均布荷载固端梁的内力重分布

梁的弯矩图由图 3-12（*b*）逐步转变为图 3-12（*c*），称为内力塑性重分布。塑性设计就是利用内力塑性重分布达到节约用钢的目的。

$$M_A = M_B = \frac{ql^2}{12} = 0.0833ql^2$$

$$M_C = \frac{ql^2}{24} = 0.0417ql^2$$

$$M_P = \frac{ql^2}{16} = 0.0625ql^2$$

如果能保证结构只发生强度延性破坏，就可以用塑性设计对结构进行设计，并能达到明显的经济效益。

3.4　结构的疲劳破坏

3.4.1　疲劳破坏现象

钢材在连续反复荷载作用下会发生疲劳破坏，这在上一章中已作了阐述。这种疲劳破坏在钢结构和钢构件中同样会发生。与钢材发生疲劳破坏的不同处在于钢结构和钢构件由于制作或构造上的原因总会存在缺陷，而这些缺陷就成为裂缝的起源，在疲劳破坏过程中，可以认为不存在裂纹形成这个阶段。因此，钢结构和钢构件疲劳破坏的阶段为裂纹的扩展和最后断裂两个阶段。裂纹的扩展是十分缓慢的，而断裂是在裂纹扩展到一定尺寸的瞬间完成的。在裂纹扩展部分，断口因经反复荷载频繁作用的磨合，表面光滑而且愈近裂纹源愈光滑，而瞬间断裂的裂口比较粗糙并呈颗粒状，具有脆性断裂的特征。图3-13是一吊钩疲劳断裂的断口。断口上部为裂纹扩展部分，表面光滑；下部为瞬间断裂的断口，表面粗糙且呈颗粒状。

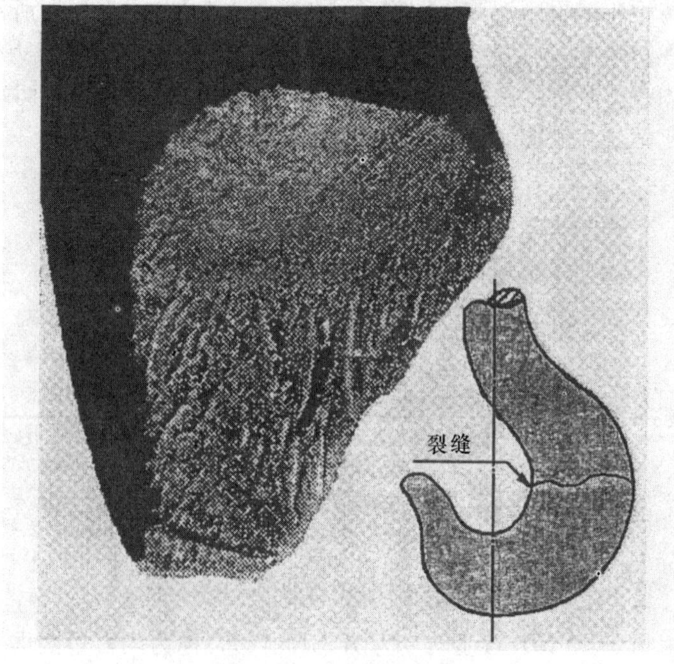

图3-13　吊钩的疲劳断口

3.4.2　影响疲劳强度的因素

在上一章钢材的疲劳破坏中提到影响疲劳强度的主要因素是应力集中。这同样是影响钢结构和钢构件疲劳强度的主要因素。但在钢结构和钢构件中，产生应力集中的原因则极为复杂，因此钢结构和钢构件的疲劳强度的计算比钢材的要困难得多。

钢结构和钢构件在截面突然改变处都会产生应力集中，如梁与柱的连接节点、柱脚、梁和柱的变截面处以及截面开孔等削弱处。此外，对于非焊接结构，有钢材表面的凹凸麻点、刻痕，轧钢时的夹渣、分层，切割边的不平整，冷加工产生的微裂纹以及螺栓孔等等。对于焊接结构还有焊缝外形及其缺陷，缺陷包括气孔、咬肉、夹渣、焊根、起弧和灭弧处的不平整、焊接裂纹等等。

除此之外，还有结构和构件中的残余应力以及结构和构件所处的环境等都会对其疲劳强度有影响。在有腐蚀性介质的环境中，疲劳裂纹扩展的速率会受到不利的影响。

由于影响疲劳强度的因素如此众多，且又交织在一起，因此很难从理论上分析这些因素对疲劳强度的影响。目前都采用实验手段，有时也辅以断裂力学的理论成果。

3.4.3　疲劳强度的确定

近年来，随着疲劳试验设备的发展，疲劳试验已从小试件试验发展到足尺的大型构件实物试验。从试验中，获得了大量与实际结构的外部和内部条件完全一致的疲劳性能的真实数据。大量资料表明，对焊接结构而言，由于焊缝附近存在着很大的焊接残余拉应力，名义上的应力循环特征（应力比）$\rho=\sigma_{\min}/\sigma_{\max}$（$\sigma_{\min}$和$\sigma_{\max}$以绝对值为准，并取拉应力为正，压应力为负）并不代表疲劳裂缝处的应力状态。实际的应力状态为，从受拉屈服点f_y开始变动一个应力幅$\Delta\sigma=\sigma_{\max}-\sigma_{\min}$（与前面的代号不同，此处$\sigma_{\max}$为最大拉应力，取正值；$\sigma_{\min}$为最小拉应力或压应力，拉应力取正值，压应力取负值）。因此，焊接连接或焊接构件的疲劳强度直接与应力幅$\Delta\sigma$有关而与应力比ρ及应力的值$\sigma_{\max}$或$\sigma_{\min}$的关系不是非常密切。

图 3-14 绘出了焊接工字梁和多层翼缘板焊接工字梁两组试验结果。可以看出，不同的最小应力值$\sigma_{\min}$（从$-42.2\sim70\text{N/mm}^2$和从$-70\sim98\text{N/mm}^2$）对应力幅统计破坏循环次数并无明显影响。

图 3-15 绘出了不同钢种的试验结果。可以看出，不同钢种（$f_y=252\sim700\text{N/mm}^2$）在相同应力幅条件下，两种梁的破坏循环次数与钢种关系不密切。

以上试验说明应力幅$\Delta\sigma$是控制各种焊接连接和焊接构件疲劳破坏循环次数的最主要的应力变量。

图 3-14 和图 3-15 的横坐标采用对数坐标$\lg N$，纵坐标也采用对数坐标$\lg\Delta\sigma$，疲劳强度试验结果沿斜直线排列，因此可得应力幅$\Delta\sigma$与疲劳破坏循环次数N之间的关系式为

$$\Delta\sigma=\left(\frac{c}{N}\right)^{\frac{1}{\beta}} \tag{3-1}$$

式中　c、β——系数，由试验得到。

式（3-1）与第 2 章 2.7.2 中用断裂力学得到的式（2-15）一致。

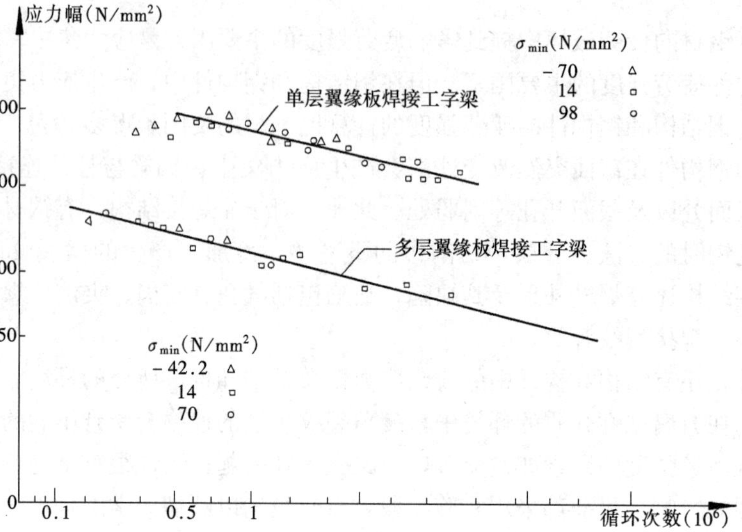

图 3-14　单层及多层翼缘板焊接工字梁的疲劳试验

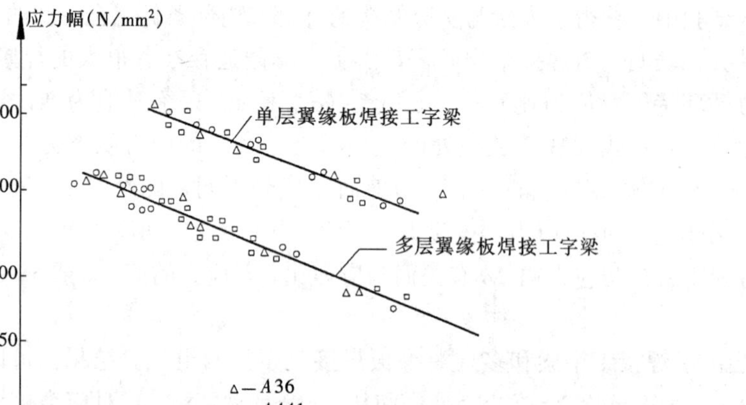

图 3-15　不同钢种单层及多层翼缘板焊接工字梁的疲劳试验

为了能够使上式付诸实用，不必针对每一个实际结构都做一次疲劳试验，可以根据钢结构和钢构件中常用的构造形式选择若干种作为典型形式，按实际结构的要求进行试件制作，然后进行疲劳试验，得到各种典型形式（又称类别）的应力幅 $\Delta\sigma$ 与疲劳破坏循环次数 N 之间的曲线如图 3-16 所示，并由此确定各类别的系数 c 和 β，供设计查用。图中类别 1 具有最小的应力集中，随着类别次序的增加，应力集中也随着增大。

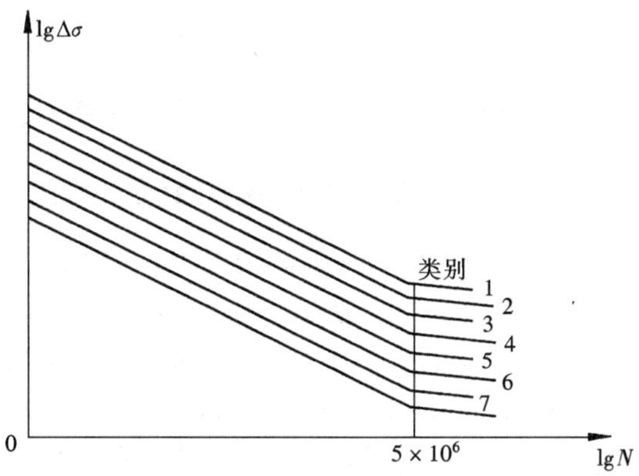

图 3-16　不同类别的 $\Delta\sigma$-N 曲线

3.4.4　几种情况的处理

上面所述疲劳强度的确定是针对焊接结构和常幅应力循环的情况。对于不属于这种情况时，疲劳强度的确定要作适当处理。

对于非焊接结构，主要是残余应力不同。残余应力的影响可以通过经消除残余应力的试件与未消除残余应力的试件的疲劳试验加以对比。图 3-17 是一纵向角焊缝试件在 $N=2\times10^6$ 时的疲劳强度对比试验。可以看出，当 $\rho\geqslant0$ 时影响不大，而当 $\rho<0$ 时影响明显。因此，非焊接结构也采用应力幅准则时，应作调整，一般都采用按下式算得的应力幅进行计算。

$$\Delta\sigma=\sigma_{\max}-\alpha\sigma_{\min} \tag{3-2}$$

式中　α——系数。

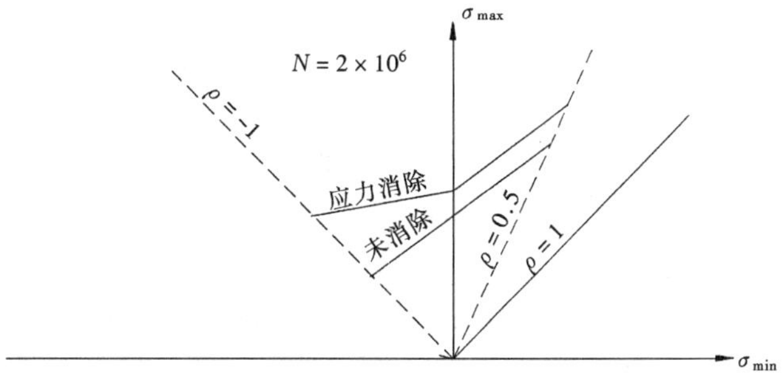

图 3-17　残余应力对疲劳强度的影响

对于非常幅应力循环的情况，如吊车和车辆荷载产生的应力循环，可以采用线性累积损伤准则也叫 Miner 准则来计算。即

$$\Sigma\frac{n_i}{N_i}=1 \tag{3-3}$$

式中 n_i 是应力幅 $\Delta\sigma_i$ 的作用次数，N_i 是应力幅 $\Delta\sigma_i$ 为常量时疲劳破坏的循环次数。由式（3-1）和式（3-3）可得变幅疲劳的等效应力幅 $\Delta\sigma_e$

$$\Delta\sigma_e = \left[\frac{\sum n_i(\Delta\sigma_i)^\beta}{\sum n_i}\right]^{\frac{1}{\beta}} \tag{3-4}$$

这样，变幅疲劳计算就可以用等效应力幅 $\Delta\sigma_e$ 按等幅疲劳计算。

3.4.5 提高疲劳强度和疲劳寿命的措施

提高疲劳强度是在疲劳破坏循环次数给定的情况下，增加应力幅的值；提高疲劳寿命则是在应力幅的值给定的情况下，增加疲劳破坏的循环次数，因此都是提高耐疲劳性能的表现方式。图3-18给出了一个特定的钢构件在给定的应力幅 $\Delta\sigma$ 时的疲劳寿命图。前文已经提到钢构件不可避免地会存在初始缺陷，而这些缺陷往往成为疲劳破坏过程中的初始裂纹点。因此，钢构件的疲劳破坏过程就不存在裂纹形成阶段，只有裂纹扩展和最后断裂两个阶段。图3-18所绘曲线中的 A 点为初始裂纹点，B 为瞬间断裂点，曲线 AB 就是裂纹扩展过程，由 A 到 B 点的荷载循环次数即为构件的疲劳寿命。从图3-18中可以看出，在应力幅给定的情况下，要提高疲劳寿命有两种方法。一个方法是减小初始缺陷，即初始裂纹尺寸，如由 a_1 减小为 a_0，则可增加疲劳寿命 ΔN_1 次。另一个方法是延迟瞬间断裂到 C 点，则可增加疲劳寿命 ΔN_2 次。再从图3-16可以看出，还可用减少应力集中的方法提高疲劳寿命。具体的做法是：

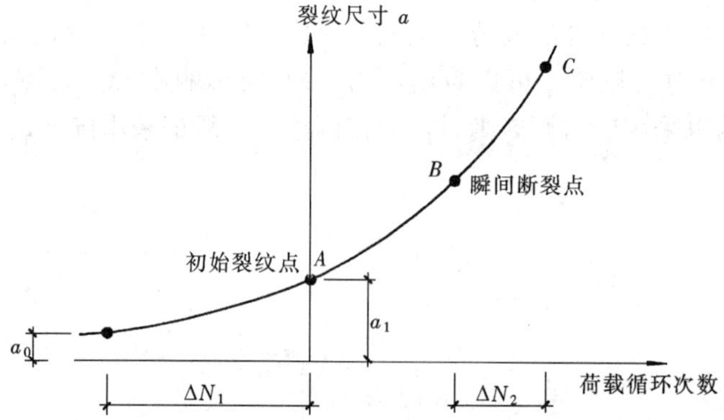

图3-18 疲劳寿命图

（1）采取合理的构造细节设计，尽可能减少应力集中；

（2）严格控制施工质量，以减小初始裂纹尺寸；

（3）采取必要的工艺措施，例如磨去对接焊缝的表面余高部分、对角焊缝打磨焊趾以及对纵向角焊缝打磨端部等减小应力集中程度。

3.4.6 出现疲劳裂缝后结构剩余寿命的估计

钢结构和钢构件的疲劳破坏过程主要是在裂缝扩展阶段，当结构或构件出现宏观裂缝后，还能继续使用多久是一个非常现实的问题。这一问题归结为出现疲劳裂缝后结构剩余寿命的估计问题，需要应用断裂力学来分析。

钢构件在疲劳破坏过程中裂纹尖端塑性区域一般很小，可以采用线弹性断裂力学理论。疲劳裂纹的扩展速率可用第2章的式（2-13）计算，即

$$\frac{da}{dN}=A_1(\Delta K_1)^\beta$$

式中，ΔK_I 为应力强度因子 K_I 的变化幅度，β 及 A_1 为与材料及构造细节有关的常数，对于钢结构

$$\Delta K_\text{I}=\alpha\sqrt{\pi a}\Delta\sigma \tag{3-5}$$

式中　a——裂纹尺寸；

$\Delta\sigma$——应力幅；

α——与裂纹形状、构件几何形状和尺寸等因素有关的系数。

由上两式可求得裂纹由长度 a_1 扩展到长度 a_2 时的荷载循环次数如下：

$$N=(\Delta\sigma)^{-\beta}\left[\frac{1}{A_1}\int_{a_1}^{a_2}\frac{da}{(\alpha\sqrt{\pi a})^\beta}\right] \tag{3-6}$$

如果已知裂纹长度为 a_1，裂纹长度扩展到 a_2 时结构不能使用或断裂，则由上式得到的 N 即为剩余寿命。

由于结构或构件都比较复杂，如何确定式（3-6）中的 A_1、α、β 是一件比较困难的事情，需要针对每一个具体情况进行研究。

3.5　结构的损伤累积破坏

在上一章中已经阐述了在反复荷载作用下材料在弹塑性状态的损伤和损伤累积现象。损伤和损伤累积不仅会降低材料的屈服点、弹性模量和强化系数，而且当损伤累积到某一限值时，损伤部位的钢材会开裂，并最终断裂而破坏。

钢构件在反复荷载作用下也会出现这类情况。在强地震的作用下，钢柱或梁与柱的连接节点会进入弹塑性状态并开始受到损伤。在地面反复运动的作用下，损伤不断累积并导致断裂。严重时还会引起整个结构的倒塌。由于构件损伤累积造成的断裂是在强度很大的反复荷载作用下而反复次数并不很多的情况下发生的，因此也称低周疲劳断裂。其实高周疲劳断裂也是损伤累积造成的，也可归结为一种类型的损伤累积破坏。

影响损伤累积破坏的因素很多，其中最重要的因素是应力集中和材料性能的变脆。为了预防损伤累积破坏，应采取以下措施：

（1）对钢材和焊缝进行无损检测，防止在钢材或焊缝中存在不同类型和不同程度的缺陷，如分层、夹渣、气孔和裂缝等；

（2）妥善设计节点构造细节，防止在钢材中出现三向受拉的应力状态和三向受拉的焊缝，减小三向受拉应力使钢材性能变脆的危险性；

（3）构件和节点构造要尽量减少应力集中，因为应力集中不仅会产生高额应力，而且总会形成三向拉应力；

（4）结构和构件处于低温工作环境时，应选择韧性好的钢材，如限制硫、磷等含量，防止钢材在低温时变脆；

（5）对构造和加工工艺要特别注意防止形成所谓“人工裂缝”。图 3-19 所示即所谓“人工裂缝”的一种形式。在焊接梁柱节点中的下翼缘焊缝时，在工艺上一般采用垫条，施焊完成后，垫条就留在节点中。这样，垫条与梁已连成一体，而与柱之间留下一条缝

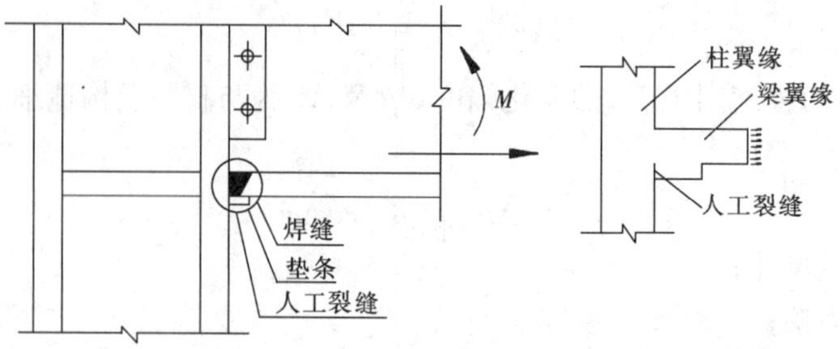

图 3-19　形成“人工裂缝”的一种构造形式

隙，形成所谓的“人工裂缝”。这对于损伤累积断裂是十分不利的。

3.6　结构的脆性断裂破坏

3.6.1　结构脆性断裂破坏的实例

结构的脆性断裂破坏是结构各种可能破坏形式中最令人头痛的一种破坏。脆性断裂破坏前结构没有任何征兆，不出现异样和明显的变形，没有早期裂缝；脆性断裂破坏时，荷载可能很小，甚至没有外荷载作用。脆性断裂的突发性，事先毫无警告，破坏过程的瞬间性，根本来不及补救，大大增加了结构破坏的危险性，因此引起了广泛的注意和重视，并使断裂力学这门学科在 20 世纪 50 年代以来得到了迅速的发展。

图 3-20 是一焊接连接的油轮一断为二的情况，断裂时，油轮正停在船坞，其内力比最大内力小得多。像这类断裂破坏的情况在 20 世纪 40 年代建造的船舶中已有 200 多艘。

图 3-20　焊接油轮一断为二的情况

图 3-21 是一工字钢平放在地上自己一裂为二的情况。

图 3-21　工字钢一裂为二的情况

3.6.2　影响结构脆性断裂的因素

影响结构脆性断裂的因素，从不同的角度出发可以有多种说法，但直接的因素不外是裂纹尺寸、作用应力的方式、大小，以及材料的韧性。

1. 裂纹

断裂力学认为，对脆性断裂必须从结构内部存在微小裂纹的情况出发进行分析。用断裂力学理论可以计算裂纹在荷载和侵蚀性介质下的扩展情况；当裂纹扩展到临界尺寸，脆性断裂就会发生。

线弹性断裂力学指出，当一块板处于平面应变条件下（图 3-22）时，如果应力强度因子

$$K_{\mathrm{I}} = \alpha\sqrt{\pi a\sigma} \geqslant K_{\mathrm{IC}} \tag{3-7}$$

则裂纹将迅速扩展而造成断裂。

上式中：σ 为板所受的拉应力，a 为裂纹尺寸，如图 3-22 所注，α 为系数，与裂纹形状、板的宽度以及应力集中等有关，K_{IC}为断裂韧性，是材料的固有特性，代表材料抵抗断裂的能力，可由试验得到。

当需要采用弹塑性断裂力学时，可以用裂缝张开位移理论（即 COD 理论）。薄板开裂的条件是

$$\frac{8f_{\mathrm{y}}a}{\pi E}\ln\sec\left(\frac{\pi\sigma}{2f_{\mathrm{y}}}\right) \geqslant \delta_{\mathrm{c}} \tag{3-8}$$

式中　f_{y}——材料的屈服点；

δ_{c}——位移的临界值，是材料的固有特性，要通过试验来确定。

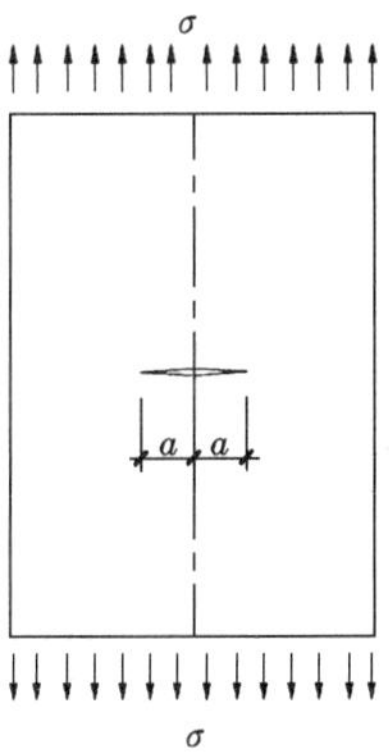

图 3-22　板的裂纹尺寸

结构内部总会存在不同类型和不同程度的缺陷，这些缺陷的存在通常可看成是结构内部的微小裂纹，因此，应尽可能通过控制施工工艺、改善细部设计、加强质量检查等方法减小结构内部的缺陷，也就是减小结构内部的微小裂纹。

2. 应力

分析脆性断裂时，应力 σ 应是构件的实际应力，即应把应力集中和残余应力等因素考虑进去。如果构件中有较严重的应力集中和较大的残余应力则容易引起构件的脆性断裂。构件中的应力集中和残余应力则与构件的构造细节和焊缝位置、施工工艺等有关。在设计时应避免焊缝过于集中、构件截面的突然

变化以及在施焊时会产生严重拘束应力的构造等。

3. 材料

从式（3-7）和式（3-8）可以看出，与脆性断裂有关的因素除裂纹尺寸 a 和应力分布 σ 外，还有材料的固有特征如断裂韧性 K_{IC} 或位移临界值 δ_c 等。K_{IC} 和 δ_c 实际上都是材料韧性的一种表示形式。由于确定 K_{IC} 和 δ_c 的试验方法有一定难度，不易实施，目前大多采用冲击韧性来衡量。

影响材料韧性的因素除了化学成分、冶炼方法、浇铸方式、轧钢工艺、焊接工艺等之外，钢板厚度、应力状态、工作温度和加荷速率等有明显影响。

（1）钢板厚度。厚钢板的韧性低于薄钢板，一个原因是轧制过程造成内部组织的差别，另一个原因是在应力集中条件下，厚板接近于平面应变受力状态，较薄板的平面应力状态更为不利。

（2）应力状态。采用冲击韧性衡量材料的韧性时，冲击试件的开口形状有很大的影响，因开口形状决定了断口处的应力状态。采用夏比 V 形缺口的冲击韧性比采用梅氏 U 形缺口的要低。考虑到夏比 V 形缺口处的应力状态和应力集中程度都比较不利，并能基本覆盖实际结构的应力状态，因此目前都采用这种形式的缺口。

（3）工作温度。材料的冲击韧性与温度有密切关系。第 2 章的图 2-27 给出了冲击韧性和温度关系示意图。从图中可以看出，随着温度的下降，冲击韧性也不断下降。当温度处于 T_1 和 T_2 之间时，冲击韧性下降特别快，也就是从塑性破坏向脆性破坏的过渡区。当温度下降到 T_1 及以下时，材料出现脆性破坏，冲击韧性降得很低，且基本为一常量。因此，当工作温度很低时，所采用材料的冲击韧性不应处于脆性破坏范围，而应接近于塑性破坏时的数值。

（4）加荷速率。这也是一个影响材料韧性的重要因素。图 3-23 给出了三种不同加荷速率时冲击韧性与温度的关系。从图中可以看出对于同一冲击韧性的材料，承受动力荷载时允许的最低使用温度要比承受静力荷载的高得多。图中弹性区为完全脆性断裂，显然采用的材料的韧性应不低于Ⅰ线，宜在Ⅰ、Ⅱ线之间而偏于Ⅱ线。

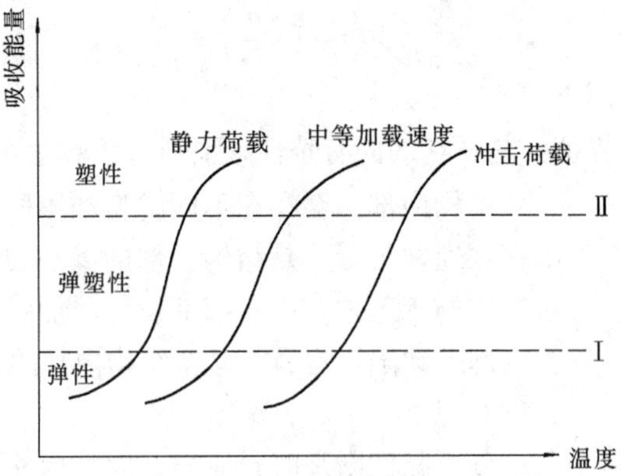

图 3-23　不同加荷速率时的冲击韧性
与温度关系曲线示意图

3.6.3 防止脆性断裂的措施

为防止脆性断裂一般应注意合理设计和选用钢材以及合理制造和安装，在上文有关内容中已述及这方面的要求。

脆性断裂最严重的后果是造成结构倒塌，为了防止出现这种情况，在设计时应注意使荷载能多路径传递。例如采用超静定结构，一旦个别构件断裂，结构仍维持几何稳定时，荷载能通过其他路径传递，结构不致倒塌，可以赢得时间及时补救。又如单跨简支梁结构，可设计成几根梁，上面用板连成整体，当一根梁发生脆性断裂时不致会引起整个结构的垮坍。

3.7 防止钢结构各种破坏的总体思路

以上各节中已经阐述了钢结构可能发生的各种破坏形式。到目前为止，只有整体失稳、局部失稳和强度破坏得到了较为系统和深入的研究，能够通过计算而加以有效的防止；疲劳破坏虽然已经积累了丰富的试验资料，也能通过计算预估疲劳寿命，但仍较多地依赖于经验，在理论上并未得到真正的解决；至于损伤累积破坏和脆性断裂破坏还远未达到能用理论进行分析的阶段，即使采用经验方法也很不完善和成熟。

由于桥梁、重型厂房及其露天车间以及处于地震设防区的结构等所处的工作环境或荷载状况比较恶劣，发生疲劳破坏、损伤累积破坏或脆性断裂破坏的危险性不容忽视，但目前又缺少完善的分析方法加以防止，因此设计者必须予以充分的重视，并应对每一个工程的具体情况具体分析，更多地从设计概念和构造细节方面对防止上述类型的破坏做精心考虑。

如何防止整体失稳、局部失稳以及强度破坏等，将在以下各章中结合构件的不同受力情况分别进行阐述。

第4章 受拉构件及索

4.1 轴心受拉构件

4.1.1 截面形式

轴心受拉构件的截面形式如图 4-1 所示。当受力较小时，可选用热轧型钢和冷弯薄壁型钢，如图 4-1（a）所示。当受力较大时，可选用由型钢或钢板组成的实腹式截面形式，如图 4-1（b）所示。当构件较长且受力较大时，可选用型钢组成的格构式截面形式，如图 4-1（c）所示。

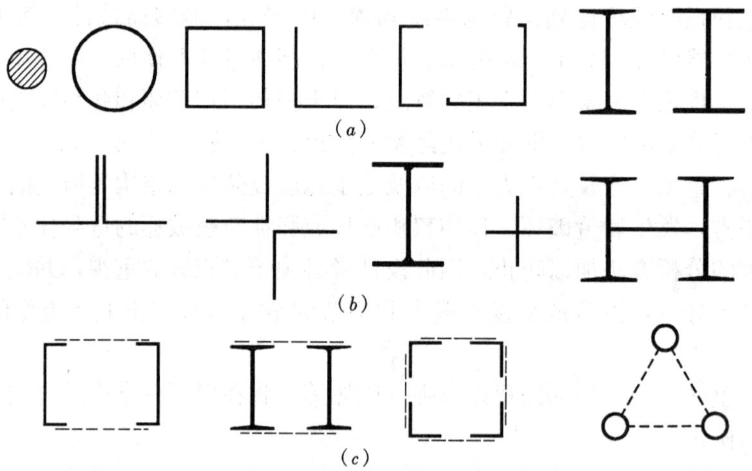

图 4-1 轴心受拉构件的截面形式

4.1.2 轴心受拉构件的强度

1. 截面无削弱时的强度

在轴心受拉构件中，截面上的拉应力是均匀分布的。当拉应力的值达到材料的屈服强度 f_y 时，由于钢材具有强化阶段，轴心受拉构件仍能继续承担荷载，直至截面上的拉应力达到材料的抗拉强度 f_u 时，拉杆才被拉断。当截面上的拉应力超过屈服强度 f_y 后，虽然受拉构件还能承担荷载，但其伸长会明显增加，实际上已不能继续使用。所以应以截面上的拉应力达到屈服强度 f_y 作为轴心受拉构件的强度准则，受拉构件的强度承载力 N_p 为

$$N_p = Af_y \tag{4-1}$$

式中 A——轴心受拉构件的截面面积。

在工程设计时，考虑各种安全度的因素后，应采用比 f_y 小的强度设计值 f_d 进行计算。因此受拉构件的强度承载力设计值 N_d 为

$$N_d = Af_d \tag{4-2}$$

设计时，作用在轴心受拉构件中的外力 N 应满足

$$N \leqslant N_d \tag{4-3}$$

写成应力表达的形式则有

$$\sigma = \frac{N}{A} \leqslant f_d \tag{4-4}$$

2. 截面有削弱时的强度

截面有削弱的轴心受拉构件，在截面削弱处产生应力集中，弹性阶段孔洞边缘应力很大（图 4-2a），一旦材料屈服后，截面内便发生应力重分布，最后由于削弱截面上的平均应力达到钢材的抗拉强度 f_u 而破坏（图 4-2b）。

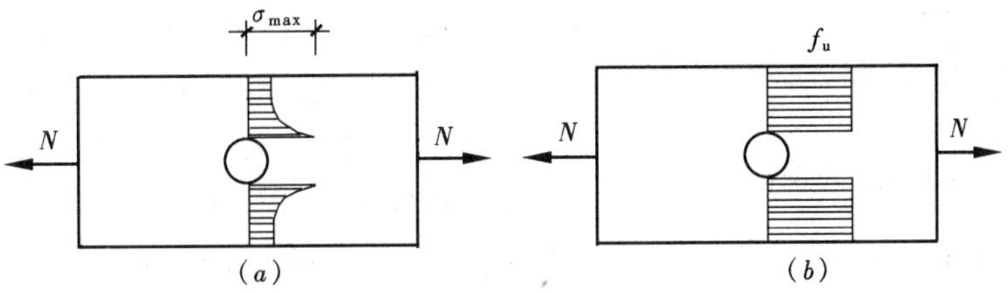

图 4-2 截面削弱处应力分布

由于局部削弱的截面在整个构件长度范围内所占比例较小，这些截面屈服后局部变形的发展对构件整体的伸长变形影响不大，所以，当截面有削弱时，该处截面的承载力极限为

$$N_u = A_n f_u \tag{4-5}$$

式中 A_n——受拉构件的净截面面积。

这样，当受拉构件有截面被孔洞削弱时，构件强度应由式（4-1）和式（4-5）两者控制，即当构件受轴心拉力 N 时，构件不破坏的条件是

$$N \leqslant \min(N_p, N_u) = \min(Af_y, A_n f_u) \tag{4-6}$$

工程设计时，f_y、f_u 分别以强度设计值 f_d、f_{ud} 代入，$f_d = f_y/\gamma_R$，$f_{ud} = f_u/\gamma_{uR}$，因为构件拉断的后果比构件屈服更为严重，故与材料强度有关的系数 γ_R、γ_{uR} 取值不相同，$\gamma_R < \gamma_{uR}$，根据有关资料，各国设计规范中 $\gamma_R/\gamma_{uR} \approx 0.8$。据此，对构件有削弱的截面，设计公式可以表达为

$$N \leqslant A_n f_{ud} = A_n f_d \frac{f_{ud}}{f_d} = A_n f_d \frac{f_u}{f_y} \frac{\gamma_R}{\gamma_{uR}} \approx A_n f_d \times \left(0.8 \frac{f_u}{f_y}\right) \tag{a}$$

结构工程中使用的普通碳素钢和低合金钢的强屈比 f_u/f_y 一般大于 1.25，也即一般情况下

$$A_n f_d < A_n f_d \times \left(0.8 \frac{f_u}{f_y}\right) \tag{b}$$

则截面有削弱的轴心受拉杆件可按下式进行计算

$$N \leqslant A_n f_d \tag{4-7a}$$

或

$$\frac{N}{A_n} \leqslant f_d \tag{4-7b}$$

当钢材强屈比小于1.25时，则仍应按式（4-1）与式（4-5）并考虑钢材设计强度后计算轴心拉杆的承载力。

4.1.3　受拉构件的有效净截面

进行受拉构件强度计算时，应取净截面面积。净截面位置一般在构件的拼接处或构件两端的节点处。在有些连接构造中，净截面不一定都能充分发挥作用。在图4-3所示连接构造，工字形截面上、下翼缘和腹板都有拼接板，力可以通过腹板、翼缘直接传递，因此这种连接构造净截面全部有效。然而如图4-4的连接构造，仅在工字形上、下翼缘设有连接件，当力接近连接处时，截面上应力从均匀分布转为不均匀分布。1-1截面上净截面不能全部发挥作用。设计虽仍可按均匀分布，但应采用有效净截面面积 A_e。设该处净截面面积为 A_n，则它们之比称为净截面效率，其表达式为：

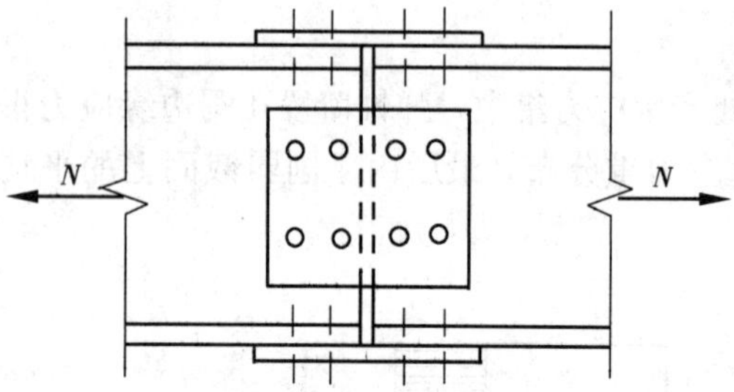

图4-3　工字形截面全部截面连接

$$\eta=\frac{A_e}{A_n} \tag{4-8}$$

根据试验资料，净截面的效率与下列因素有关：

（1）连接长度 l（如图4-4a）；连接长度 l 愈大，净截面的效率 η 也愈大。

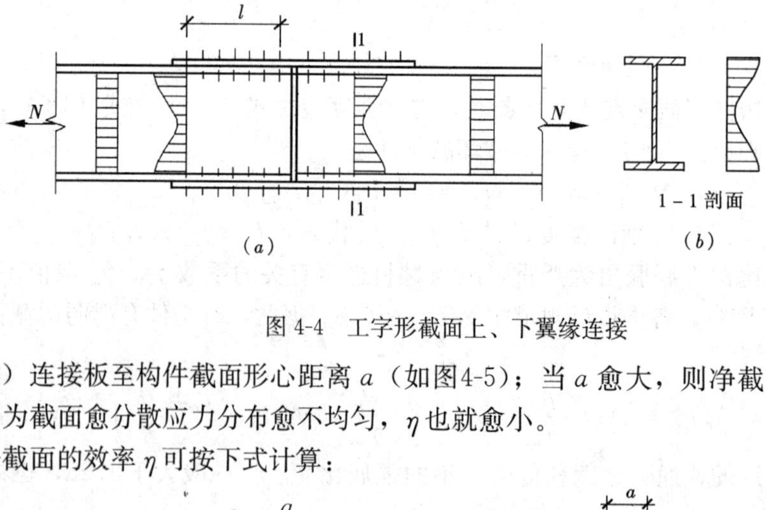

图4-4　工字形截面上、下翼缘连接

（2）连接板至构件截面形心距离 a（如图4-5）；当 a 愈大，则净截面的效率 η 愈小。这是因为截面愈分散应力分布愈不均匀，η 也就愈小。

净截面的效率 η 可按下式计算：

$$\eta=1-\frac{a}{l} \tag{4-9}$$

受拉构件主要由强度控制，构件最危险截面应为截面最薄弱处，即截面连接处，其验算公式为：

$$\frac{N}{\eta A_n}\leqslant f_d \tag{4-10}$$

从式（4-10）可以看出，如连接构造不合理，会使受拉构件截面不能充分发挥作用。因此，在节点连接中

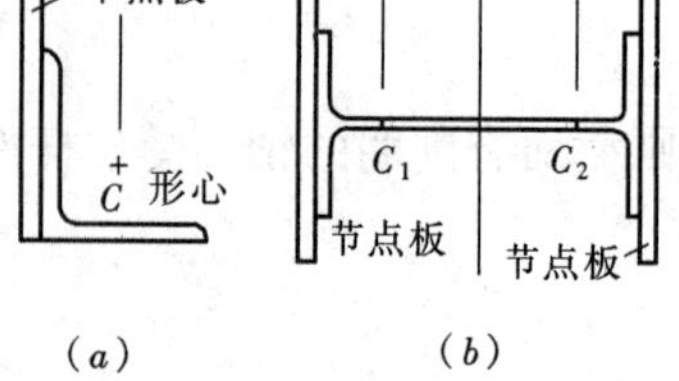

图4-5　截面材料分布情况

应尽量避免产生使 η 降低的构造。

关于 η 取值问题，各国规范并不统一，《钢结构设计标准》GB 50017—2017 规定，角钢单边连接（图 4-5*a*），η=0.85；工字钢仅翼缘连接（图 4-5*b*）η=0.90，仅腹板连接，η=0.70。实际工程中，η 可按相关规范取值或按式（4-9）计算取值。

4.1.4 受拉构件的刚度

为了避免拉杆在制作、运输、安装和使用过程中出现刚度不足现象，应对拉杆的刚度进行控制。拉杆的刚度用长细比来控制，其表达式为：

$$\lambda_{max}=\left(\frac{l_0}{i}\right)_{max}\leqslant[\lambda] \tag{4-11}$$

式中 λ_{max}——拉杆的最大长细比；

l_0——计算拉杆长细比时的计算长度；

i——截面的回转半径；

$[\lambda]$——容许长细比，查有关规范。

【例 4-1】 图 4-6 所示为一 H 型钢截面的轴心受拉构件，承受拉力 N=1250kN，在构件拼接处采用图中所示两种拼接方法，问该处净截面强度是否满足要求。

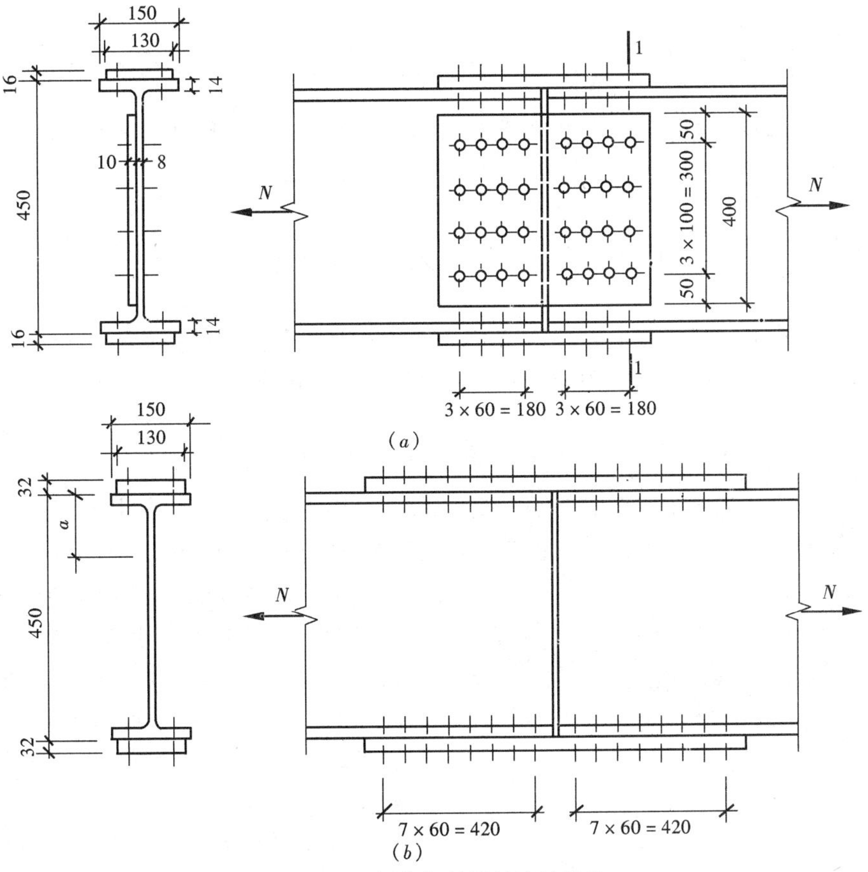

图 4-6 H 型钢拉杆的螺栓连接构造

已知 H 型钢截面规格为 HN450×150×8×14，其截面面积 A=77.49cm^2。

材料用 Q235B，钢材的强度设计值 f_d=215N/mm²。

拼接处采用 M20，A 级螺栓连接，孔径 d_0=20.5mm。

【解】

(1) 验算图 4-6 (*a*) 的拼接节点，它采用腹板和翼缘都设拼接板，1-1 截面上净截面面积为

$$A_n = 77.49 - (2\times 2.05\times 1.4\times 2 + 4\times 2.05\times 0.8) = 59.45\text{cm}^2$$

$$\sigma = \frac{1250\times 10^3}{59.45\times 10^2} = 210.3\text{N/mm}^2 < f_d = 215\text{N/mm}^2\text{,安全。}$$

(2) 验算图 4-6 (*b*) 的拼接节点，它采用翼缘拼接连接，净截面不能充分发挥作用。1-1 截面上净截面面积为：

$$A_n = 77.49 - 4\times 2.05\times 1.4 = 66.01\text{cm}^2$$

净截面有效系数由式 (4-9) 得：

$$a = \frac{(22.5-1.4)\times 0.8\times\left(\frac{22.5-1.4}{2}+1.4\right)+15\times 1.4\times 0.7}{(22.5-1.4)\times 0.8+15\times 1.4} = 5.71\text{cm}$$

$$\eta = 1-\frac{a}{l} = 1-\frac{57.1}{420} = 0.86$$

由式 (4-10) 得：

$$\frac{1250\times 10^3}{66.01\times 10^2\times 0.86} = 220.2\text{N/mm}^2 > f_d = 215\text{N/mm}^2\text{,不安全。}$$

上述计算说明，由于拼接处构造不合理，净截面不能发挥作用，使构件抗拉强度不满足要求。

4.2　索的力学特性和分析方法

索在工程中应用较为广泛，如斜拉桥上的拉索，或悬索桥中的缆索，桅杆结构中的纤绳，建筑结构中索结构、预应力结构和斜拉结构中都应用索。

4.2.1　截　面　形　式

索一般采用高强度钢丝组成的钢绞线、钢丝绳或钢丝索，也可采用圆钢筋。

圆钢筋的强度较低，但由于直径较大，抗锈蚀能力较强，如图 4-7 (*a*)。

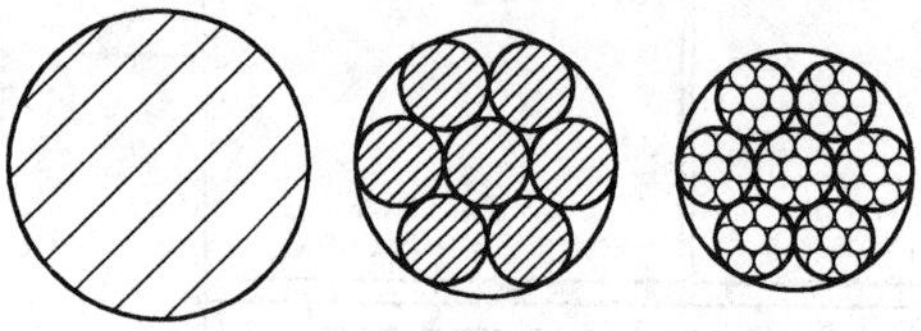

(*a*)　(*b*)　(*c*)

图 4-7　索的截面形式

钢绞线由经热处理的优质低碳素钢经多次冷拔而成的钢丝组成，如图 4-7 (*b*)。钢绞线型式有 (1+6)、(1+6+12)、(1+6+12+18)，它们分别为 1 层、2 层和 3 层等。多层钢丝与其相邻的内层钢丝捻向相反。常用钢丝直径为 4～6mm。

钢丝绳通常由七股钢绞线捻成，如图 4-7 (*c*) 所示，以一股钢绞线作为核心，外层的六股钢绞线沿同一方向缠绕，其标记为 7×7，有时用两层钢绞线，其标记为 7×19，以此类推有 7×37 等。后者表示一股由几根

钢丝组成。

钢丝索由平行的钢丝组成，钢索由 19、37、61 根直径为 4～6mm 的钢丝组成。

4.2.2 单索的受力分析

1. 基本假定

（1）索是理想柔性的，既不能受压，也不能抗弯。这是因为索的截面尺寸与索的长度相比十分微小，截面抗弯刚度很小，可以忽略。

（2）索的材料符合虎克定律。

图 4-8 表示高强度钢索的应力-应变图。加载初期存在一定的松弛变形（图中 01 段），随后基本上呈直线变化（图中 12 段），当接近材料极限强度时，才显示曲线性质（图中 23 段）。钢索在使用前都需施加预应力，可消除 01 段初始非弹性变形，形成图中虚线的应力-应变关系，在很大范围内应力和应变呈正比。

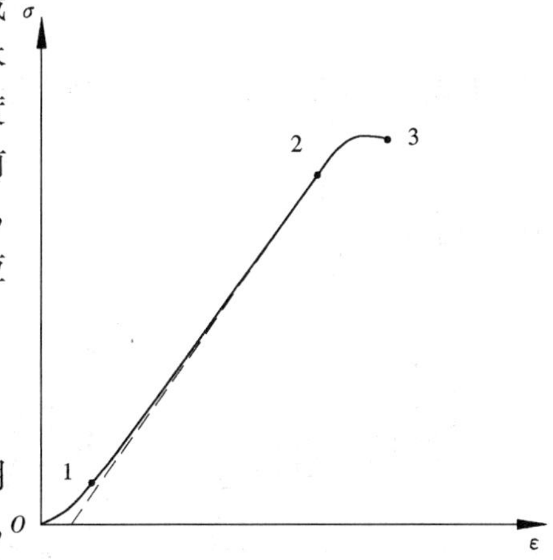

图 4-8 钢索 σ-ε 曲线

2. 索的平衡方程

（1）受沿水平均布荷载作用的索

图 4-9（a）表示沿水平承受一均布荷载 q 作用的索 AB。在索上切出一微段，其水平长度为 $\mathrm{d}x$，索的张力为 T，水平分力为 H，$\mathrm{d}x$ 微段单元上的内力和外力如图 4-9（b）所示。由平衡条件可知：

$$\Sigma X = 0 \qquad \frac{\mathrm{d}H}{\mathrm{d}x}\mathrm{d}x = 0 \tag{a}$$

$$\Sigma Z = 0 \qquad \frac{\mathrm{d}}{\mathrm{d}x}\left(H\frac{\mathrm{d}z}{\mathrm{d}x}\right)\mathrm{d}x + q\mathrm{d}x = 0 \tag{b}$$

由式（b）得

$$\frac{\mathrm{d}^2 z}{\mathrm{d}x^2} = -\frac{q}{H} \tag{4-12}$$

积分两次得

$$z = -\frac{q}{2H}x^2 + C_1 x + C_2 \tag{c}$$

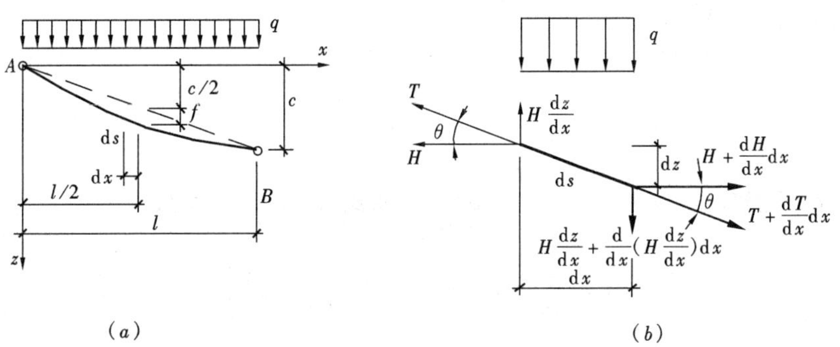

图 4-9 在 q 作用下索的受力

上式是一条抛物线，将图 4-9（a）的边界条件代入式（c），得

$$z=\frac{q}{2H}x(l-x)+\frac{c}{l}x \tag{d}$$

设索中点$\left(x=\frac{l}{2}\right)$处的最大挠度为 f，中点的坐标 z_c 为 $z_c=f+\frac{c}{2}$，代入式（d）得索的挠度与水平张力关系式为：

$$H=\frac{ql^2}{8f} \tag{4-13}$$

索的曲线方程为：

$$z=\frac{4fx(l-x)}{l^2}+\frac{c}{l}x \tag{4-14}$$

当 A、B 两点等高时，$c=0$，上式可写成

$$z=\frac{4fx(l-x)}{l^2} \tag{4-15}$$

索各点的张力为：

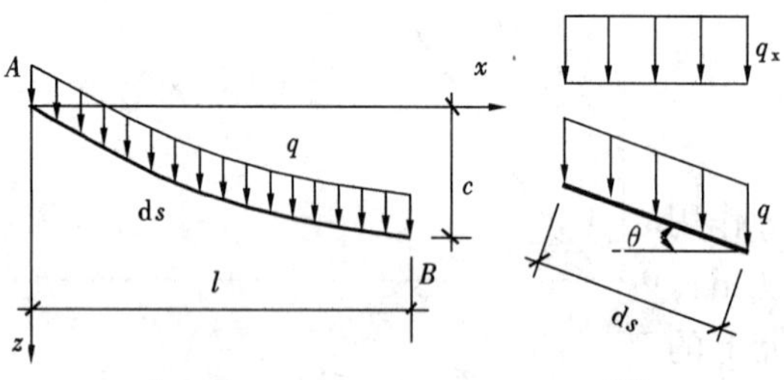

图 4-10　均布荷载 q 沿索长分布

$$T=H\sqrt{1+\left(\frac{dz}{dx}\right)^2} \tag{4-16}$$

当 $\frac{f}{l}\leqslant 0.1$ 时，$\left(\frac{dz}{dx}\right)^2\to 0$，可取

$$T\approx H \tag{4-17}$$

（2）受沿索长均布荷载作用的索

图 4-10 表示沿索长承受一均布荷载 q 作用的索 AB。将沿索长均布荷载 q 等效为沿水平均布的荷载 q_x，则有

$$q_x=q\frac{ds}{dx}=q\sqrt{1+\left(\frac{dz}{dx}\right)^2} \tag{e}$$

将（e）代入式（4-12），经积分后得：

$$z=\frac{H}{q}\left[\cosh\alpha-\cosh\left(\frac{2\beta x}{l}-\alpha\right)\right] \tag{4-18}$$

式中　$\alpha=\sinh^{-1}\left[\frac{\beta\left(\frac{c}{l}\right)}{\sinh\beta}\right]+\beta$

$$\beta=\frac{ql}{2H}$$

当 A、B 两点等高，$c=0$，$\alpha=\beta=\frac{ql}{2H}$，则式（4-18）可写成

$$z=\frac{H}{q}\left[\cosh\alpha-\cosh\left(\frac{qx}{H}-\alpha\right)\right] \tag{4-19}$$

设跨中垂度为 f，当 $x=\frac{1}{2}$，$z=f$，由式（4-19）得

$$f=\frac{H}{q}(\cosh\alpha-1) \tag{4-20}$$

式（4-18）为一悬链线曲线。比较式（4-19）与式（4-15），当 f 相同且 $\frac{f}{l}<0.1$ 时，两条曲线的坐标很接近。由于悬链线曲线表达式较复杂，因此，一般索分析中都采用抛物线曲线而不采用悬链线曲线。

3. 索的长度计算

索的长度 s 可由索的微段长度积分而得，由图 4-9（b）可知：

$$\mathrm{d}s=\sqrt{\mathrm{d}x^2+\mathrm{d}z^2}=\sqrt{1+\left(\frac{\mathrm{d}z}{\mathrm{d}x}\right)^2}\mathrm{d}x \tag{f}$$

$$s=\int_A^B \mathrm{d}s=\int_0^l\sqrt{1+\left(\frac{\mathrm{d}z}{\mathrm{d}x}\right)^2}\mathrm{d}x \tag{g}$$

当 $\frac{f}{l}<0.1$ 时，$\frac{\mathrm{d}z}{\mathrm{d}x}\ll 1$，因此可将上式中的 $\sqrt{1+\left(\frac{\mathrm{d}z}{\mathrm{d}x}\right)^2}$ 按幂级数展开，并只取前二项，得

$$s=\int_0^l\left(1+\frac{1}{2}\left(\frac{\mathrm{d}z}{\mathrm{d}x}\right)^2\right)\mathrm{d}x \tag{h}$$

将式（4-14）代入式（h）得索的长度 s 为：

$$s=l\left(1+\frac{c^2}{2l^2}+\frac{8f^2}{3l^2}\right) \tag{4-21}$$

当 A、B 两点等高，即 $c=0$，则上式可写成

$$s=l\left(1+\frac{8f^2}{3l^2}\right) \tag{4-22}$$

式（4-21）和式（4-22）适用于小垂度，即 $\frac{f}{l}\leqslant 0.1$。对式（4-21）两边求导得：

$$\mathrm{d}f=\frac{3}{16}\frac{l}{f}\mathrm{d}s \tag{i}$$

当 $\frac{f}{l}=0.1$ 时，$\mathrm{d}f=1.875\mathrm{d}s$，说明较小索长变化将引起显著的垂度变化。

4. 索的变形协调方程

图 4-11 所示为一索由初始状态 AB 变位到最终状态 $A'B'$ 的情况，索的始态承受的初始均布荷载为 q_0，索的初始形状为 z_0，初始水平力为 H_0；索的终态承受的均布荷载为 $q(q=q_0+q_1, q_1$ 为另加荷载)，终态形状为 z，终态水平力为 H。由索的几何伸长和内力引起伸长相等，得：

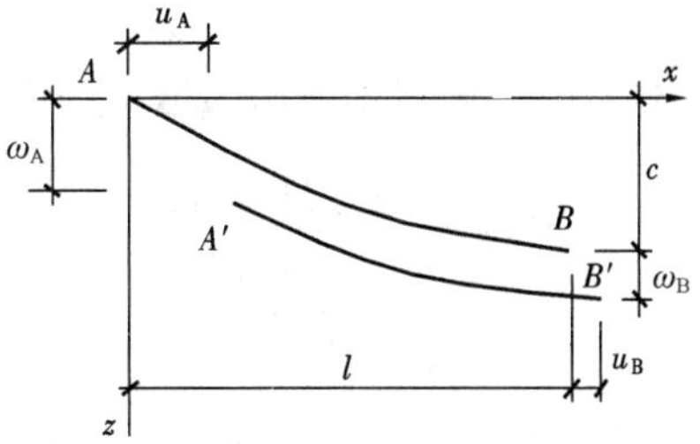

图 4-11　索的变形

$$\frac{H-H_0}{EA}l=u_B-u_A+\frac{1}{2}\int_0^l\left[\left(\frac{\mathrm{d}z}{\mathrm{d}x}\right)^2-\left(\frac{\mathrm{d}z_0}{\mathrm{d}x}\right)^2\right]\mathrm{d}x-\alpha\Delta tl \tag{4-23}$$

式中　u_A、u_B——A、B 支座节点的水平位移；

Δt——温差；

α——索的线膨胀系数。

式（4-23）为索的变形协调方程。

当不考虑支座位移和温差变化影响，由式（4-22）得：

$$\frac{1}{2}\int_0^l\left[\left(\frac{\mathrm{d}z}{\mathrm{d}x}\right)^2-\left(\frac{\mathrm{d}z_0}{\mathrm{d}x}\right)^2\right]\mathrm{d}x=s-s_0=l\left[\left(1+\frac{8f^2}{3l^2}\right)-\left(1+\frac{8f_0^2}{3l^2}\right)\right]$$

$$=\frac{8}{3}\frac{f^2-f_0^2}{l} \tag{j}$$

将式（j）代入式（4-23），可得：

$$H-H_0=\frac{EA}{l^2}\frac{8}{3}(f^2-f_0^2) \tag{k}$$

由式（4-13），上式可写成：

$$H-H_0=\frac{EAl^2}{24}\left(\frac{q^2}{H^2}-\frac{q_0^2}{H_0^2}\right) \tag{4-24}$$

当不考虑初始荷载作用，上式可写成：

$$H-H_0=\frac{EAl^2}{24}\frac{q^2}{H^2} \tag{4-25}$$

从式（4-24）、式（4-25）可看出是一个三次方程式，需用迭代法求解索的最终拉力。

4.2.3　单索的简化计算

索的受力随索的变形而变化，具有很强的非线性，为了简化索的计算，可以引用折算刚度的概念，通过反复迭代确定其精度。这种计算可用只能受拉不能受压的直线拉杆代替索。

索单元的折算刚度可由式（4-23）推出。如不考虑温度影响，由式（4-23）可得

$$\Delta l=u_{\mathrm{B}}-u_{\mathrm{A}}=\frac{l}{EA}(H-H_0)-\frac{l^3}{24}\left(\frac{q^2}{H^2}-\frac{q_0^2}{H_0^2}\right) \tag{l}$$

由式（l）可解得索的内力增量与变形增量的关系：

$$\Delta H=H-H_0=\frac{EA}{l}\cdot\frac{1}{1+\dfrac{EAl^2q_0^2\left(H^2-H_0^2\dfrac{q^2}{q_0^2}\right)}{24(H-H_0)H^2H_0^2}}\Delta l \tag{4-26}$$

因为$\dfrac{f}{l}$很小，$T\approx H$，则上式可写成：

$$\Delta T=T-T_0=\frac{EA}{l}\frac{1}{1+\dfrac{EAl^2q_0^2\left[T^2-T_0^2\left(\dfrac{q}{q_0}\right)^2\right]}{24(T-T_0)T^2T_0^2}}\Delta l \tag{4-27}$$

因此索单元的折算刚度为：

$$K_{\mathrm{s}}=\frac{\Delta T}{\Delta l}=\frac{EA}{l}c \tag{4-28}$$

$$c=\frac{1}{1+\dfrac{EAl^2q_0^2\left[T^2-T_0^2\left(\dfrac{q}{q_0}\right)^2\right]}{24(T-T_0)T^2T_0^2}} \tag{4-29}$$

当 $\dfrac{q}{q_0}=1.0$ 时，则上式可写成：

$$c=\frac{1}{1+\dfrac{EAl^2q_0^2(T+T_0)}{24T^2T_0^2}} \tag{4-30}$$

设 $T\approx T_0$ 则上式可写成：

$$c=\frac{1}{1+\dfrac{EAl^2q_0^2}{12T_0^3}} \tag{4-31}$$

上式即为近似的索单元折算刚度系数。

习　　题

4.1　如图 4-12（a）所示桁架，承受节点荷载 $P=720\text{kN}$，验算下弦杆 AB 是否安全。AB 杆采用 2L100×63×8，钢材采用 Q235A，$f_d=215\text{N/mm}^2$，杆件计算长度 $l_{oy}=12\text{m}$，$l_{ox}=6\text{m}$。在 C 节点处设有安装孔，孔径为 $d_0=21.5\text{mm}$。

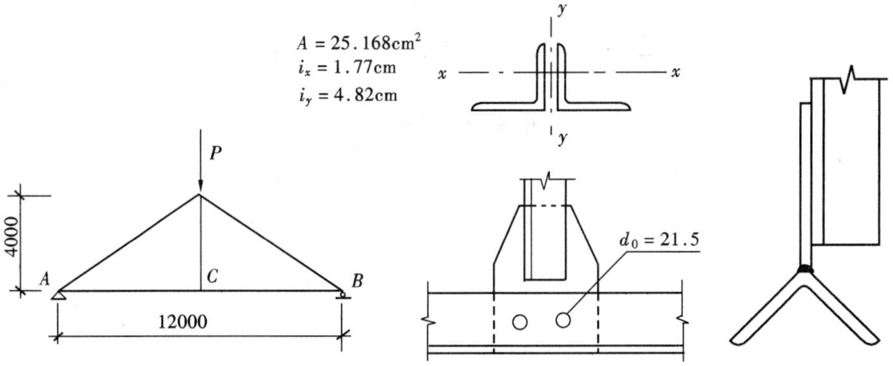

习题 4.1　C 节点构造　　　习题 4.2　C 节点构造

（a）　　　（b）

图 4-12　习题 4.1，4.2

4.2　如图 4-12 中下弦杆采用单角钢 L140×10，杆件计算长度 $l_{oy}=l_{ox}=6\text{m}$。构造见图 4-12（b）。问 AB 杆是否安全。

4.3　如图 4-13（a）所示，一水平向轴心受拉杆件连接于立柱上，截面为 HW125×125。钢材强度设计值 $f_d=215\text{MPa}$，屈服强度 $f_y=235\text{MPa}$，极限抗拉强度 $f_u=400\text{MPa}$，分别计算该杆件在不同连接方式下的强度能否满足要求（假设螺栓均不破坏）。

（1）拉杆左侧用上下两角钢与立柱螺栓连接，螺栓孔直径 $d_0=13.5\text{mm}$（连接截面如图 4-13b 所示），其上拉力设计值 $F=480\text{kN}$。

（2）除上下角钢外在腹板上增设一螺栓连接，且螺栓孔直径 $d_0=13.5\text{mm}$（连接截面如图 4-13c 所示），问此时能承受多大的轴心拉力设计值，并讨论这种开孔方式在工程应用中有何问题。

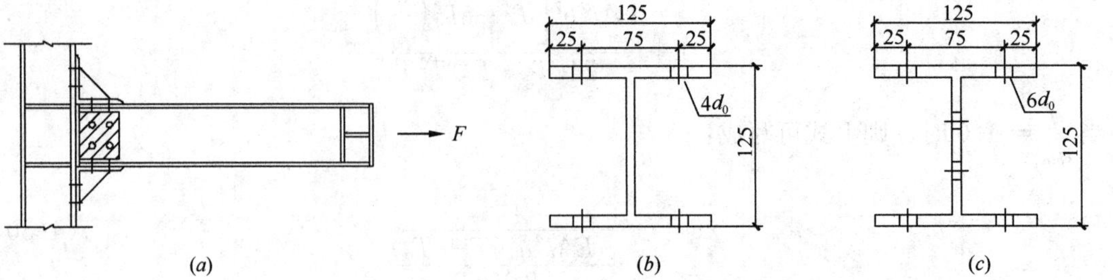

图 4-13　习题 4.3 图

注意：图 4-13 中只表现了轴心拉杆的截面，未表示连接角钢。

4.4　如图 4-14 所示的单索，已知截面积 $A=0.674\text{cm}^2$，弹性模量 $E=1.70\times10^5\text{N/mm}^2$，$l=l_0=8\text{m}$，$c_0=1.25\text{m}$，$c=1.22\text{m}$，$H_0=10\text{kN}$，在初始态的荷载为 $q_0=0.2\text{kN/m}$，在最终态的荷载为 $q=0.5\text{kN/m}$。求初始态的最大垂直变位 f_0 和最终态时的索张力的水平力 H，支座 A、B 的垂直反力 R_A、R_B，索的最大垂直变位 f_0。

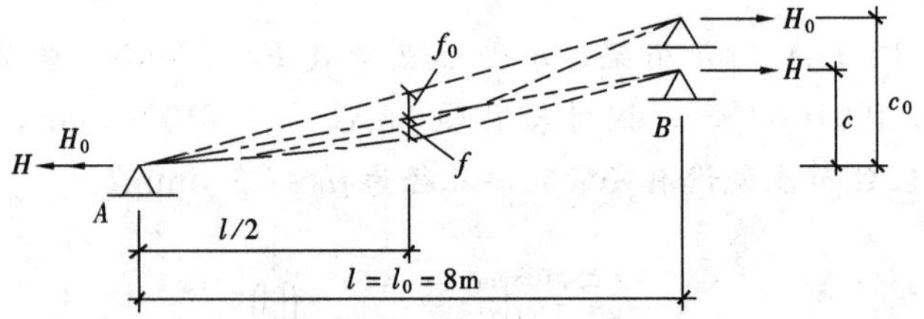

图 4-14　习题 4.4

第5章　轴心受压构件

5.1　轴心受压构件的可能破坏形式

轴心受压构件的可能破坏形式有强度破坏、整体失稳破坏和局部失稳等几种。

5.1.1　截面强度破坏

轴心受压构件的截面如无削弱，一般不会发生强度破坏，因为整体失稳或局部失稳总发生在强度破坏之前。轴心受压构件的截面如有削弱，则有可能在截面削弱处发生强度破坏。

5.1.2　整体失稳破坏

整体失稳破坏是轴心受压构件的主要破坏形式。

轴心受压构件在轴心压力较小时处于稳定平衡状态，如有微小干扰力使其偏离平衡位置，则在干扰力除去后，仍能回复到原先的平衡状态。随着轴心压力的增加，轴心受压构件会由稳定平衡状态逐步过渡到随遇平衡状态，这时如有微小干扰力使其偏离平衡位置，则在干扰力除去后，将停留在新的位置而不能回复到原先的平衡位置。随遇平衡状态也称为临界状态，这时的轴心压力称为临界压力。当轴心压力达到临界压力时，标志着构件发生失稳破坏。

图 5-1　轴心压杆整体失稳的形态

轴心受压构件整体失稳的变形形式与截面形式有密切关系。一般情况下，双轴对称截面如工形截面、H 形截面在失稳时只出现弯曲变形，称为弯曲失稳，如图 5-1（a）所示。单轴对称截面如不对称工形截面、［形截面、T 形截面等，在绕非对称轴失稳时也是弯曲失稳；而绕对称轴失稳时，不仅出现弯曲变形还有扭转变形，称为弯扭失稳，如图 5-1（b）所示。无对称轴的截面如不等肢 L 形截面，在失稳时均为弯扭失稳。对于十字形截面和 Z 形截面，除去出现弯曲失稳外，还可能出现只有扭转变形的扭转失稳，如图 5-1（c）所示。

5.1.3　局　部　失　稳

轴心受压构件中的板件如工形、H 形截面的翼缘和腹板等均处于受压状态，如果板件的宽度与厚度之比较大，就会在压应力作用下局部失稳，出现波浪状的鼓曲变形，如第 3 章图 3-8 所示。对于局部失稳是否要在工程设计中予以防止，实践上有不同的处理办法，这在 3.2.2 节中已有介绍。

5.2　轴心受压构件的强度

截面有局部削弱的轴心受压构件才有可能出现强度破坏，其破坏特征与轴心受拉构件的主要不同点在于不会断裂。当截面应力超过屈服点后，截面应变会迅速增加，并诱发受压板件局部失稳和构件整体失稳。因此，通常以毛截面的平均应力达到屈服点 f_y 为轴心受压构件强度破坏的准则。同时，也要控制其净截面上的应力水平。而工程设计采用的计算公式则是与轴心受拉构件相同的，参见 4.1 节，此处不再重复。

5.3　轴心受压实腹构件的整体稳定

5.3.1　理想轴心压杆的整体稳定

欧拉（Euler）早在 18 世纪就对轴心压杆的整体稳定问题进行了研究，采用的是“理想压杆模型”，即假定杆件是等截面直杆，压力的作用线与截面的形心纵轴重合，材料是完全均匀和弹性的，并得到了著名的欧拉临界力和欧拉临界应力：

$$N_E=\frac{\pi^2 EA}{\lambda^2} \tag{5-1}$$

$$\sigma_E=\frac{\pi^2 E}{\lambda^2} \tag{5-2}$$

式中　N_E——欧拉临界力；

E——材料的弹性模量；

A——压杆的截面面积；

λ——压杆的最大长细比。

当轴心压力 $N<N_E$ 时，压杆维持直线平衡，不发生弯曲；当 $N=N_E$ 时，压杆发生弯曲并处于曲线平衡状态，压杆发生屈曲，也称压杆处于临界状态。因此 N_E 是压杆的屈曲压力；欧拉临界力也因此而得名。

由式（5-2）可知，当材料的弹性模量为定值时（例如钢材），欧拉临界应力只与压杆的长细比有关，σ_E 与 λ 的关系如图 5-2 中的双曲线所示。

1974 年香莱（Shanley）研究了“理想轴心压杆”的非弹性稳定问题，并提出当压力刚超过 N_t 时，杆件就不能维持直线平衡而发生弯曲。N_t 按下式计算

$$N_t=\frac{\pi^2 E_t A}{\lambda^2} \tag{5-3}$$

式中 E_t——压杆屈曲时材料的切线模量，因此 N_t 称为切线模量临界力，用应力表示的 σ_t 称为切线模量临界应力。

$$\sigma_t=\frac{\pi^2 E_t}{\lambda^2} \tag{5-4}$$

σ_t 与 λ 的关系如图 5-2 中的左半段实线所示。

理想轴心压杆屈曲后，其弯曲变形会迅速增加，因此都将屈曲压力和屈曲应力作为压杆的稳定极限承载力和临界应力，考虑安全因素后的设计值，就作为轴心受压杆件的稳定承载力设计值和临界应力设计值。临界应力设计值 σ_{crd} 与长细比 λ 的关系也可如图 5-2 的形式绘出。σ_{crd}-λ 曲线可作为设计轴心受压构件的依据，也称为柱子曲线。

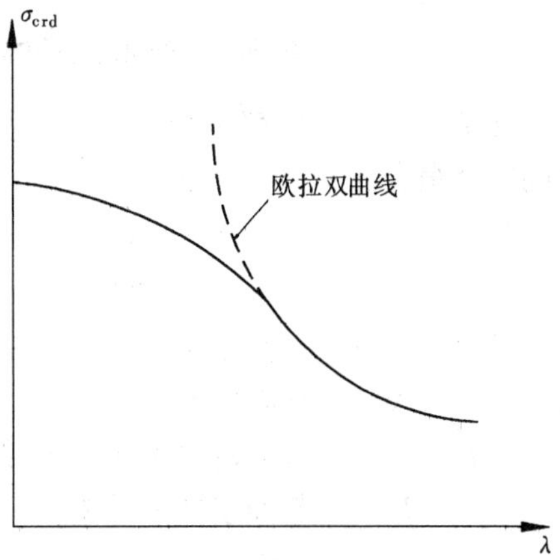

图 5-2 欧拉应力以及切线模量临界应力与长细比的关系曲线

5.3.2 实际轴心压杆的整体稳定

实际轴心压杆与理想轴心压杆有很大区别。实际轴心压杆都带有多种初始缺陷，如杆件的初弯曲、初扭曲、荷载作用的初偏心、制作引起的残余应力，材性的不均匀等等。这些初始缺陷使轴心压杆在受力一开始就会出现弯曲变形，压杆的失稳成为极值型失稳，荷载-侧移曲线如第 3 章图 3-2 的（b）曲线所示。曲线的顶点就是极值型失稳的失稳极限荷载。上述这些初始缺陷对失稳极限荷载值都会有影响，因此实际轴心压杆的稳定极限承载力不再是长细比 λ 的唯一函数。这个情况也得到了大量试验结果的证实。图 5-3 中的各个小点是轴心压杆的稳定试验结果，可以看出试验结果有一个很宽的分布带，这是由试件的各种缺陷的数值各不相同造成的。

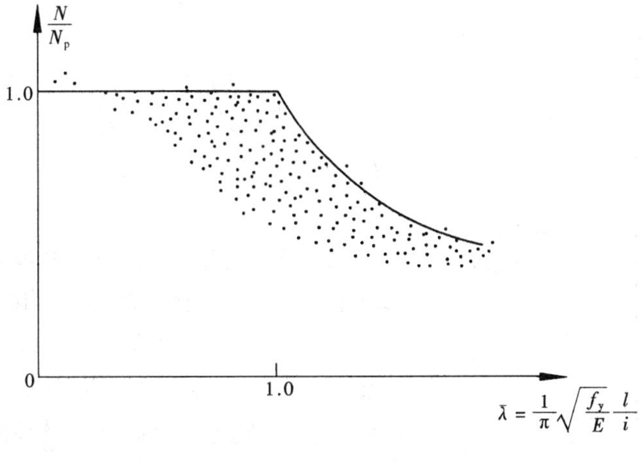

图 5-3 轴心压杆的稳定试验结果

因此，目前世界各国在研究钢结构轴心压杆的整体稳定时，基本上都摒弃了理想轴心压杆的假定，而以具有初始缺陷的实际轴心压杆作为研究的力学模型。

5.3.3 轴心压杆的弯曲失稳、扭转失稳和弯扭失稳

钢结构压杆一般都是开口薄壁杆件。根据开口薄壁杆件理论，具有初始缺陷的轴心压杆的弹性微分方程可以表达为

$$EI_x(v''-v''_0)+Nv-Nx_0\theta=0 \tag{5-5a}$$

$$EI_y(u''-u''_0)+Nu-Ny_0\theta=0 \tag{5-5b}$$

$$EI_\omega(\theta'''-\theta'''_0)-GI_t(\theta'-\theta'_0)-Nx_0v'+Ny_0u'+r_0^2N\theta'-\overline{R}\theta'=0 \tag{5-5c}$$

式中 N——轴心压力；

I_x、I_y——截面对主轴 x 和 y 的惯性矩；

I_ω——截面扇性惯性矩；

I_t——截面的抗扭惯性矩；

u、v、θ——构件剪力中心轴的三个位移分量，即在 x、y 方向的两个位移和绕 z 轴的转动角；

u_0、v_0、θ_0——构件剪力中心轴的三个初始位移分量，即考虑初弯曲和初扭曲等初始缺陷；

x_0、y_0——剪力中心的坐标（剪力中心的概念可参考第6章6.3.6节）；

$$r_0^2=\frac{I_x+I_y}{A}+x_0^2+y_0^2 \tag{5-6}$$

$$\overline{R}=\int_A\sigma_r(x^2+y^2)\mathrm{d}A \tag{5-7}$$

σ_r——截面上的残余应力，以拉应力为正。

方程中的坐标轴系见图5-4。

1. 双轴对称截面的弯曲失稳和扭转失稳

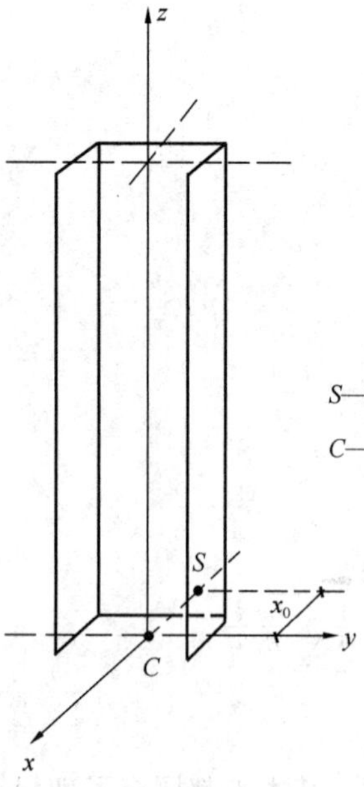

图5-4 轴心压杆的弹性微分方程中的坐标轴系

双轴对称截面（如两翼缘等宽等厚的 H 钢）因其剪力中心与形心重合，有 $x_0=y_0=0$，代入式(5-5)可得

$$EI_x(v''-v''_0)+Nv=0 \tag{5-8a}$$

$$EI_y(u''-u''_0)+Nu=0 \tag{5-8b}$$

$$EI_\omega(\theta'''-\theta'''_0)-GI_t(\theta'-\theta'_0)+r_0^2N\theta'-\overline{R}\theta'=0 \tag{5-8c}$$

式(5-8)说明双轴对称截面轴心压杆在弹性阶段工作时，三个微分方程是互相独立的，可以分别单独研究。在弹塑性阶段，当研究式(5-8a)时，只要截面上的残余应力对称于 y 轴，同时又有 $u_0=0$ 和 $\theta_0=0$，则该式将始终与其他两式无关，可以单独研究。这样，压杆将只发生 y 方向的位移，整体失稳呈弯曲变形状态，成为弯曲失稳。

同样，式(5-8b)也是弯曲失稳，只是弯曲失稳的方向不同而已。

对于式（5-8c），如果残余应力对称于 x 轴和 y 轴分布，同时假定，$u_0=0$，$v_0=0$，则压杆将只发生绕 z 轴的转动，失稳时杆件呈扭转变形状态，称为扭转失稳。

对于理想压杆，则由式（5-8a）、式（5-8b）和式（5-8c）分别求得欧拉弯曲失稳临界力 N_{Ex}、N_{Ey}和欧拉扭转失稳临界力 $N_{\mathrm{E\theta}}$

$$N_{\mathrm{Ex}}=\frac{\pi^2 EI_{\mathrm{x}}}{l_{0\mathrm{x}}^2} \tag{5-9}$$

$$N_{\mathrm{Ey}}=\frac{\pi^2 EI_{\mathrm{y}}}{l_{0\mathrm{y}}^2} \tag{5-10}$$

$$N_{\mathrm{E\theta}}=\left(\frac{\pi^2 EI_{\omega}}{l_{0\theta}^2}+GI_{\mathrm{t}}+\overline{R}\right)\frac{1}{r_0^2} \tag{5-11}$$

式中 $l_{0\mathrm{x}}$、$l_{0\mathrm{y}}$——分别为构件弯曲失稳时绕 x 轴和 y 轴的计算长度；

$l_{0\theta}$——构件扭转失稳时绕 z 轴的计算长度；

$$l_{0\mathrm{x}}=\mu_{\mathrm{x}}l \tag{5-12}$$

$$l_{0\mathrm{y}}=\mu_{\mathrm{y}}l \tag{5-13}$$

$$l_{0\theta}=\mu_{\theta}l \tag{5-14}$$

l——构件长度；

μ_{x}、μ_{y}、μ_{θ}——计算长度系数，由构件的支承条件确定。

对于常见的支承条件，可按表 5-1 取用。

计算长度系数 μ_{x}、μ_{y}、μ_{θ} **表 5-1**

支承条件		μ_{x}、μ_{y} 或 μ_{θ}
弯曲变形	两端简支	$\mu_{\mathrm{x}}=\mu_{\mathrm{y}}=1.0$
	两端固定	$\mu_{\mathrm{x}}=\mu_{\mathrm{y}}=0.5$
	一端简支、一端固定	$\mu_{\mathrm{x}}=\mu_{\mathrm{y}}=0.7$
	一端固定、一端自由	$\mu_{\mathrm{x}}=\mu_{\mathrm{y}}=2.0$
	两端嵌固，但能自由移动	$\mu_{\mathrm{x}}=\mu_{\mathrm{y}}=1.0$
扭转变形	两端不能转动但能自由翘曲	$\mu_{\theta}=1.0$
	两端不能转动也不能翘曲	$\mu_{\theta}=0.5$
	一端不能转动但能自由翘曲 另一端不能转动也不能翘曲	$\mu_{\theta}=0.7$
	一端不能转动也不能翘曲 另一端可自由转动和翘曲	$\mu_{\theta}=2.0$
	两端能自由转动但不能翘曲	$\mu_{\theta}=1.0$

式（5-9）～式（5-11）也可写成另一种形式

$$N_{\mathrm{Ex}}=\frac{\pi^2 EA}{\lambda_{\mathrm{x}}^2} \tag{5-15}$$

$$N_{\mathrm{Ey}}=\frac{\pi^2 EA}{\lambda_{\mathrm{y}}^2} \tag{5-16}$$

$$N_{\mathrm{E\theta}}=\frac{\pi^2 EA}{\lambda_{\theta}^2} \tag{5-17}$$

式中 λ_x、λ_y——分别为构件绕 x 轴、y 轴的长细比；

λ_θ——扭转长细比。

$$\lambda_x = \frac{l_{0x}}{\sqrt{\frac{I_x}{A}}} \tag{5-18}$$

$$\lambda_y = \frac{l_{0y}}{\sqrt{\frac{I_y}{A}}} \tag{5-19}$$

$$\lambda_\theta = \frac{l_{0\theta}}{\sqrt{\frac{I_\omega}{Ar_0^2} + \frac{l_{0\theta}^2}{\pi^2} \cdot \frac{GI_t + \overline{R}}{EAr_0^2}}} \tag{5-20}$$

也可写成欧拉弯曲失稳临界应力 σ_{Ex}、σ_{Ey} 和欧拉扭转失稳临界应力 $\sigma_{E\theta}$ 的形式，即

$$\sigma_{Ex} = \frac{\pi^2 E}{\lambda_x^2} \tag{5-21}$$

$$\sigma_{Ey} = \frac{\pi^2 E}{\lambda_y^2} \tag{5-22}$$

$$\sigma_{E\theta} = \frac{\pi^2 E}{\lambda_\theta^2} \tag{5-23}$$

对于一般的双轴对称截面，弯曲失稳的极限承载力小于扭转失稳，不会出现扭转失稳现象，但对某些特殊截面形式如十字形等，扭转失稳的极限承载力会低于弯曲失稳的极限承载力。图 5-1（*c*）所示就是十字形截面轴心压杆扭转失稳的情况。

2. 单轴对称截面的弯曲失稳和弯扭失稳

单轴对称截面（图 5-5）的剪力中心在对称轴上。设对称轴为 x 轴，则有 $y_0=0$，代入式（5-5）可得

$$EI_x(v'' - v_0'') + Nv - Nx_0\theta = 0 \tag{5-24a}$$

$$EI_y(u'' - u_0'') + Nu = 0 \tag{5-24b}$$

$$EI_\omega(\theta''' - \theta_0''') - GI_t(\theta' - \theta_0') - Nx_0v' + r_0^2N\theta' - \overline{R}\theta' = 0 \tag{5-24c}$$

由式（5-24）可以看出，在弹性阶段，单轴对称截面轴心受压构件的三个微分方程中有两个是相互联立的，即在 y 方向弯曲产生变形 v 时，必定伴随扭转变形 θ，反之亦然。这种形式的失稳称为弯扭失稳。而式（5-24*b*）仍可独立求解，因此单轴对称截面轴心压杆在对称平面内失稳时，仍为弯曲失稳。

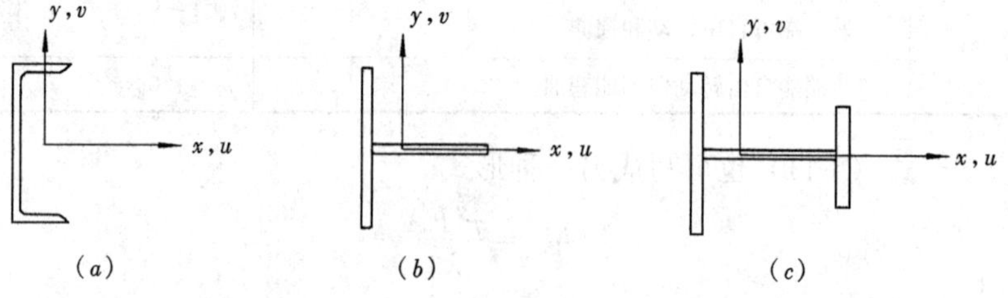

图 5-5 单轴对称截面

3. 不对称截面的弯扭失稳

当压杆的截面无对称轴时，微分方程即为式（5-5）。这三个微分方程是互相联立的，

因此，杆件失稳时必定是弯扭变形状态，属于弯扭失稳。

5.3.4 弯曲失稳的极限承载力

1. 弯曲失稳极限承载力的准则

目前常用的准则有两种，一种采用边缘纤维屈服准则，即当截面边缘纤维的应力达到屈服点时就认为轴心受压构件达到了弯曲失稳极限承载力。另一种则采用稳定极限承载力理论，即当轴心受压构件的压力达到第 3 章图 3-2 所示极值型失稳的顶点时，才达到了弯曲失稳极限承载力。

2. 临界应力 σ_{cr} 按边缘纤维屈服准则的计算方法

弯曲变形的微分方程为式（5-8a），即

$$EI_x(v''-v''_0)+Nv=0 \tag{a}$$

假定压杆为两端简支，杆轴具有正弦曲线的初弯曲，即 $v_0=\Delta_0\sin\frac{\pi z}{l}$，式中 Δ_0 为压杆中点的最大初挠度。由上式可解得压杆中点的最大挠度为

$$\Delta_m=\frac{\Delta_0}{1-\dfrac{N}{N_{Ex}}} \tag{5-25}$$

式中 N_{Ex}——绕 x 轴的欧拉临界力。

由边缘纤维屈服准则可得

$$\frac{N}{A}+\frac{N\Delta_m}{W_x}=f_y \tag{5-26}$$

将式（5-25）代入上式，并解出平均应力 $\sigma_{cr}\left(=\dfrac{N}{A}\right)$后，即得佩利（Perry）公式

$$\sigma_{cr}=\frac{f_y+(1+\varepsilon_0)\sigma_{Ex}}{2}-\sqrt{\left[\frac{f_y+(1+\varepsilon_0)\sigma_{Ex}}{2}\right]^2-f_y\sigma_{Ex}} \tag{5-27}$$

式中 ε_0——初偏心率，$\varepsilon_0=\dfrac{A\Delta_0}{W_x}$； (5-28)

σ_{Ex}——欧拉应力。

给定 ε_0 即可由式求得 σ_{cr}-λ 关系。我国《冷弯薄壁型钢结构技术规范》GB 50018 采用了这个方法，并用下式计算 σ_{cr}/f_y，称为轴心压杆稳定系数 φ。

$$\varphi=\frac{\sigma_{cr}}{f_y}=\frac{1}{2}\left\{1+\frac{1}{\bar{\lambda}^2}(1+\varepsilon_0)-\sqrt{\left[1+\frac{1}{\bar{\lambda}^2}(1+\varepsilon_0)\right]^2-\frac{4}{\bar{\lambda}^2}}\right\} \tag{5-29}$$

式中 φ——轴心压杆稳定系数；

$\bar{\lambda}$——相对长细比；

$$\bar{\lambda}=\frac{\lambda}{\pi}\sqrt{\frac{f_y}{E}} \tag{5-30}$$

ε_0——按表 5-2 取用。

附录 4 附表 4-1 和附表 4-2 给出了我国冷弯薄壁型钢结构技术规范对 Q235 和 Q345 钢计算得到的 φ 值表，可供查用。

初偏心率 ε_0　　表5-2

钢材牌号		ε_0
Q235	$\bar{\lambda}\leqslant 0.5$	$0.25\bar{\lambda}$
	$0.5<\bar{\lambda}\leqslant 1.0$	$0.05+0.15\bar{\lambda}$
	$1.0<\bar{\lambda}$	$0.05+0.15\bar{\lambda}^2$
Q345	$\bar{\lambda}\leqslant 0.5$	$0.23\bar{\lambda}$
	$0.5<\bar{\lambda}\leqslant 1.3$	$0.05+0.13\bar{\lambda}$
	$1.3<\bar{\lambda}$	$0.05+0.10\bar{\lambda}^2$

3. 临界应力 σ_{cr} 按稳定极限承载力理论的计算方法

由于轴心受压构件考虑初始缺陷后的受力属于压弯受力状态，因此其计算方法与压弯构件的完全一样，可参见第7章的7.4的7.4.1之2中的数值计算方法。

采用这种方法可以考虑影响轴心压杆稳定极限承载力的许多因素，如截面的形状和尺寸、材料的力学性能、残余应力的分布和大小、构件的初弯曲和初扭曲、荷载作用点的初偏心、构件的失稳方向等等，因此是比较精确的方法。我国《钢结构设计标准》GB 50017—2017采用了这个方法。

图5-6是12种不同截面尺寸，不同残余应力值和分布以及不同钢材牌号的轴心受压构件用上述方法计算得到的 N_{cr}/N_p-$\bar{\lambda}$ 曲线。

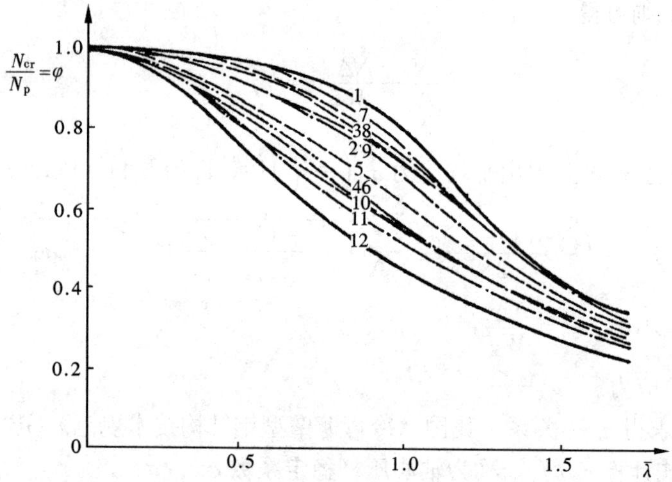

图5-6　几种不同截面轴心受压构件的柱子曲线

从图中可以看出，由于截面形式以及初始缺陷等因素的影响，轴心受压构件的柱子曲线分布在一个相当宽的带状范围内。轴心受压构件的试验结果也说明了这一点，见5.3.2中的图5-3。因此，用单一柱子曲线是不够合理的。现在已有不少国家包括我国在内已经采用多条柱子曲线。

我国钢结构设计规范采用的方法如下：以初弯曲为 $l/1000$，选用不同的截面形式，不同的残余应力模式计算出近200条柱子曲线，这些曲线呈相当宽的带状分布。然后根据数理统计原理，将这些柱子曲线分成 a、b、c、d 四组。这四条平均曲线及其95%的信赖带全部覆盖了这些曲线所组成的分布带。这四条曲线具有如下形式。

当 $\bar{\lambda} \leqslant 0.215$ 时
$$\varphi=\frac{\sigma_{cr}}{f_y}=1-\alpha_1\bar{\lambda}^2 \tag{5-31a}$$

当 $\bar{\lambda} > 0.215$ 时
$$\varphi=\frac{\sigma_{cr}}{f_y}=\frac{1}{2\bar{\lambda}^2}\left[(\alpha_2+\alpha_3\bar{\lambda}+\bar{\lambda}^2)-\sqrt{(\alpha_2+\alpha_3\bar{\lambda}+\bar{\lambda}^2)^2-4\bar{\lambda}^2}\right] \tag{5-31b}$$

式中 α_1、α_2、α_3——系数，根据不同曲线类别按表 5-3 取用。

系数 α_1、α_2、α_3 **表 5-3**

曲线类别		α_1	α_2	α_3
a		0.41	0.986	0.152
b		0.65	0.965	0.300
c	$\bar{\lambda}\leqslant 1.05$	0.73	0.906	0.595
	$\bar{\lambda}>1.05$		1.216	0.302
d	$\bar{\lambda}\leqslant 1.05$	1.35	0.868	0.915
	$\bar{\lambda}>1.05$		1.375	0.432

表 5-4 给出了对应曲线 a、b、c、d 的截面形式。

附录 4 附表 4-3 到附表 4-6 给出了我国《钢结构设计标准》对 a、b、c 和 d 曲线计算得到的 φ 值表，可供查用。

轴心受压构件的截面分类（板厚 $t<40$mm） **表 5-4（a）**

<table>
<tr><th colspan="2">截面形式</th><th>对 x 轴</th><th>对 y 轴</th></tr>
<tr><td colspan="2">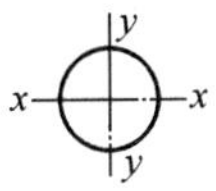轧制</td><td>a 类</td><td>a 类</td></tr>
<tr><td rowspan="2">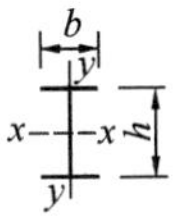轧制</td><td>$b/h\leqslant 0.8$</td><td>a 类</td><td>b 类</td></tr>
<tr><td>$b/h>0.8$</td><td>a* 类</td><td>b* 类</td></tr>
<tr><td colspan="2">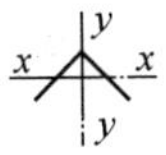轧制等边角钢</td><td>a* 类</td><td>a* 类</td></tr>
<tr><td>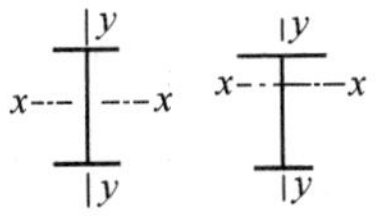焊接、翼缘为焰切边</td><td>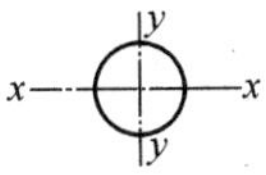焊接</td><td>b 类</td><td>b 类</td></tr>
</table>

续表

截面形式	对 x 轴	对 y 轴
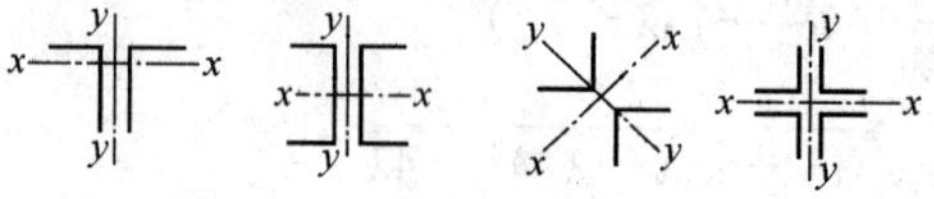 轧制	b 类	b 类
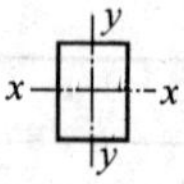 轧制、焊接（板件宽厚比＞20）；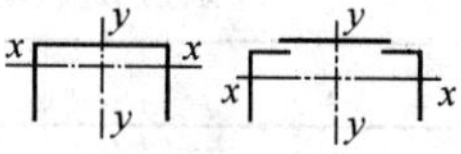 轧制或焊接		
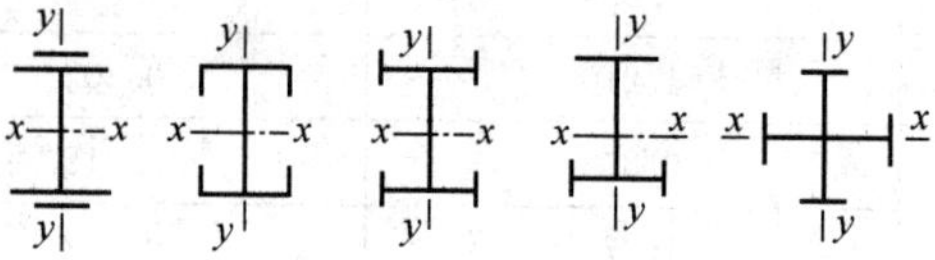 焊接；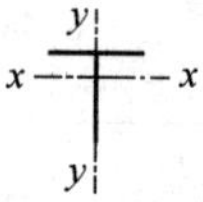 轧制截面和翼缘为焰切边的焊接截面		
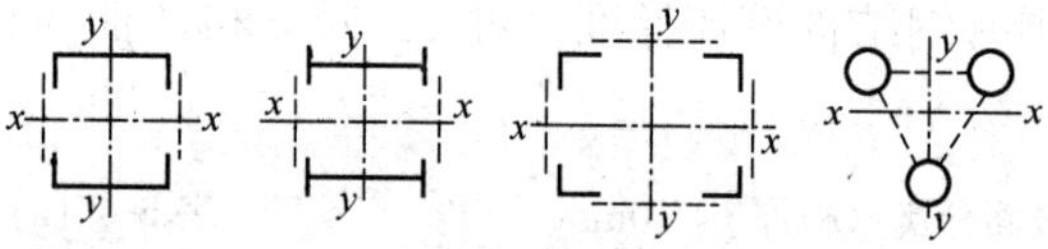 格构式；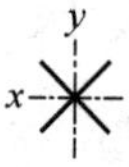 焊接，板件边缘焰切		
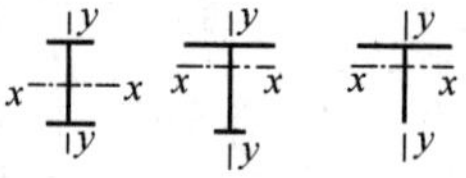 焊接，翼缘为轧制或剪切边	b 类	c 类
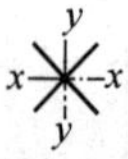 焊接，板件边缘轧制或剪切；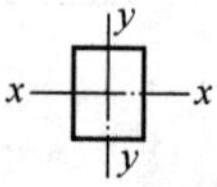 轧制、焊接（板件宽厚比≤20）	c 类	c 类

注：1. a* 类含义为 Q235 钢取 b 类，Q345、Q390、Q420 和 Q460 钢取 a 类；b* 类含义为 Q235 钢取 c 类，Q345、Q390、Q420 和 Q460 钢取 b 类。
2. 无对称轴且剪心和形心不重合的截面，其截面分类可按有对称轴的类似截面确定，如不等边角钢采用等边角钢的类别；当无类似截面时，可取 c 类。

轴心受压构件的截面分类（板厚 $t \geqslant 40$mm）　　**表 5-4（b）**

截面形式		对 x 轴	对 y 轴
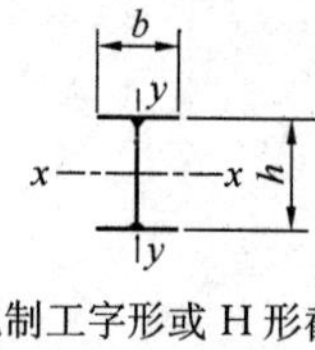 轧制工字形或 H 形截面	$t<80$mm	b 类	c 类
	$t \geqslant 80$mm	c 类	d 类

续表

截面形式		对 x 轴	对 y 轴
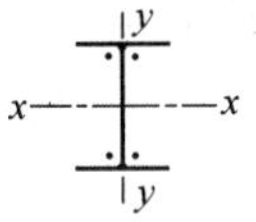 焊接工字形截面	翼缘为焰切边	b类	b类
	翼缘为轧制或剪切边	c类	d类
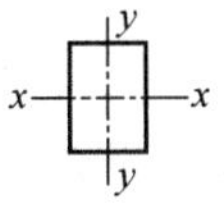 焊接箱形截面	板件宽厚比>20	b类	b类
	板件宽厚比≤20	c类	c类

5.3.5 单轴对称截面弯扭失稳的极限承载力

在5.3.3的2中已经提到，单轴对称截面在对称平面内失稳时为弯曲失稳，因此极限承载力可按上节的公式计算。但在非对称平面内失稳时，为弯扭失稳，因此其极限承载力不同于弯曲失稳时的极限承载力。

5.3.3的2中的式（5-24a）及式（5-24c）就是弹性阶段单轴对称截面弯扭失稳时的微分方程。为了把问题简化，有利于弄清弯扭失稳问题，不考虑初始变形的影响，则有

$$EI_{x}v''+Nv-Nx_{0}\theta=0 \tag{5-32a}$$

$$EI_{\omega}\theta'''-GI_{t}\theta'-Nx_{0}v'+r_{0}^{2}N\theta'-\overline{R}\theta'=0 \tag{5-32b}$$

式中

$$r_{0}^{2}=\frac{I_{x}+I_{y}}{A}+x_{0}^{2} \tag{5-33}$$

以两端全为简支的情况为例，满足支承条件的通解为

$$v=C_{1}\sin\frac{n\pi z}{l} \tag{a}$$

$$\theta=C_{2}\sin\frac{n\pi z}{l} \tag{b}$$

代入式（5-32a）和式（5-32b），并令 $n=1$，以得到最低的临界荷载，则有

$$C_{1}\left(\frac{\pi^{2}EI_{x}}{l^{2}}-N\right)+C_{2}Nx_{0}=0$$

$$C_{1}Nx_{0}+C_{2}\left[\left(\frac{\pi^{2}EI_{\omega}}{l^{2}}+GI_{t}+\overline{R}\right)\frac{1}{r_{0}^{2}}-N\right]r_{0}^{2}=0$$

注意到式（5-9）和式（5-11）上式可写成

$$C_{1}(N_{Ex}-N)+C_{2}Nx_{0}=0 \tag{c}$$

$$C_{1}Nx_{0}+C_{2}(N_{E\theta}-N)r_{0}^{2}=0 \tag{d}$$

弯扭失稳时，必然发生位移 v 和扭转变形 θ。由式（a）和式（b）可知 C_1 和 C_2 必须都不等于零。要使 C_1 和 C_2 都不为零，则由式（c）和式（d）应有特征行列式为零，即

$$\begin{vmatrix} N_{Ex}-N & Nx_{0} \\ Nx_{0} & (N_{E\theta}-N)r_{0}^{2} \end{vmatrix}=0 \tag{e}$$

展开后可得

$$\frac{N}{N_{Ex}}+\frac{N}{N_{E\theta}}-\left(1-\frac{x_0^2}{r_0^2}\right)\frac{N^2}{N_{Ex}N_{E\theta}}=1 \tag{5-34}$$

由式（5-34）可以解得弯扭失稳时的欧拉临界力和临界应力，注意到式（5-15）和式（5-17）后，可得

$$N_{E\omega}=\frac{\pi^2 EA}{\lambda_\omega^2} \tag{5-35}$$

$$\sigma_{E\omega}=\frac{\pi^2 E}{\lambda_\omega^2} \tag{5-36}$$

式中　λ_ω——弯扭失稳时的换算长细比

$$\lambda_\omega^2=\frac{1}{2}(\lambda_x^2+\lambda_\theta^2)+\frac{1}{2}\sqrt{(\lambda_x^2+\lambda_\theta^2)^2-4\left(1-\frac{x_0^2}{r_0^2}\right)\lambda_x^2\lambda_\theta^2} \tag{5-37}$$

采用换算长细比后，弹性阶段的理想轴心压杆的弯扭失稳临界应力的计算公式（5-36）与弯曲失稳临界应力的计算公式（5-21）形式完全一样。这一相似关系也可推广应用到实际轴心压杆的弹塑性阶段的弯扭失稳极限承载应力的计算。

因此，单轴对称截面弯扭失稳的极限承载力的计算可以采用如下方法：先按式（5-37）计算换算长细比，再由式（5-30）计算相对长细比$\bar{\lambda}$，当采用边缘纤维屈服准则式时，可按式（5-29）计算 φ；当采用稳定极限承载力理论时，可按式（5-31）计算 φ。

5.4　轴心受压格构式构件的整体稳定

5.4.1　轴心受压格构式构件绕实轴的整体稳定

图 5-7 所示为几种典型的格构式构件。当格构式构件的两个肢用缀条连系时为缀条构件，如图 5-7（*a*）、（*b*）、（*d*）、（*e*）所示；两个肢用缀板连系时为缀板构件，如图 5-7（*c*）所示。截面上横穿缀条或缀板平面的轴称虚轴，如图 5-7（*a*）、（*b*）、（*c*）中的 x 轴；横穿两个肢的轴为实轴，如图 5-7（*a*）、（*b*）、（*c*）中的 y 轴。图 5-7（*e*）中全为虚轴。

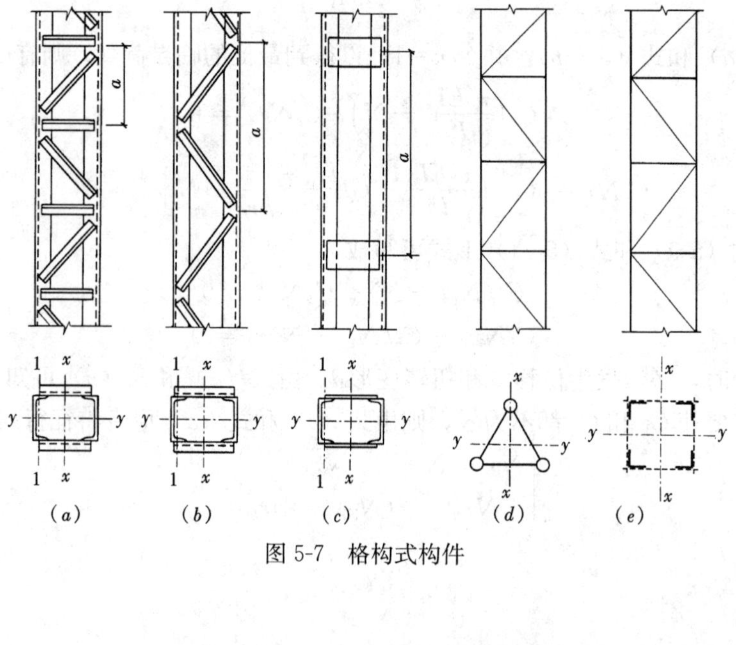

图 5-7　格构式构件

轴心受压格构式构件绕实轴失稳时，它的整体稳定与实腹式压杆相同。因此，其整体稳定的极限承载力计算公式与5.3节一样。

5.4.2 轴心受压格构式构件绕虚轴的整体稳定

格构式压杆绕虚轴失稳时，其整体稳定性与实腹式不完全相同，需要考虑在剪力作用下柱肢和缀条或缀板变形的影响。

图5-8为轴心受压格构式构件弯曲失稳的示意图。构件两端铰支，绕虚轴 x 轴弯曲。任一点 c 的变形 y 由两部分组成：弯曲变形 v_1 和剪切变形 v_2 即

$$v = v_1 + v_2 \tag{a}$$

由弯曲变形关系，有

$$\frac{d^2 v_1}{dz^2} = -\frac{M}{EI_x} = -\frac{Nv}{EI_x} \tag{b}$$

由剪切变形关系，有

$$\frac{dv_2}{dz} = \gamma_1 V = \gamma_1 N \frac{dv}{dz} \tag{c}$$

式中 γ_1——单位剪力作用下的剪切角；

EI_x——格构式构件的抗弯刚度。

由式（a）、式（b）和式（c）可得

$$\frac{d^2 v}{dz^2} + \frac{N}{EI_x(1-N\gamma_1)} v = 0$$

或

$$\frac{d^2 v}{dz^2} + k^2 v = 0 \tag{d}$$

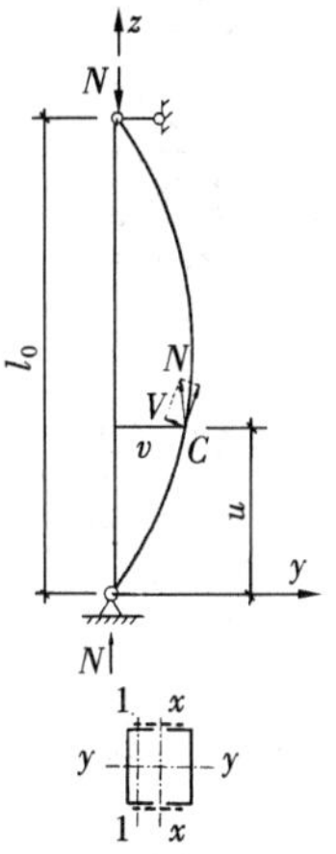

图5-8 轴心受压格构式构件弯曲失稳示意图

式中

$$k^2 = \frac{N}{EI_x(1-N\gamma_1)} \tag{e}$$

符合边界条件的通解为

$$v = A\sin\frac{\pi z}{l} \tag{f}$$

代入式（d），得

$$A\left(k^2 - \frac{\pi^2}{l^2}\right) = 0$$

或

$$k^2 = \frac{\pi^2}{l^2} \tag{g}$$

由式（e）和式（g）得轴心受压格构式构件弯曲失稳的临界力 N_{cr} 为

$$N_{cr} = \frac{\pi^2 EA}{\lambda_x^2 + \pi^2 EA\gamma_1}$$

令

$$\lambda_{0x} = \sqrt{\lambda_x^2 + \pi^2 EA\gamma_1} \tag{5-38}$$

则

$$N_{cr} = \frac{\pi^2 EA}{\lambda_{0x}^2} \tag{5-39}$$

式（5-39）与轴心受压实腹式构件的弯曲失稳临界力公式（5-15）形式完全相同，因此，称 λ_{0x} 为换算长细比。轴心受压格构式构件绕虚轴失稳，采用换算长细比后即可与实腹式构件一样计算。

式（5-38）中的 γ_1 为单位剪力作用下的剪切角度，考虑了缀条或缀板剪切变形的影响，它与缀条的截面尺寸、缀条布置的方式和缀板的截面尺寸、缀板的间距等有关。下面

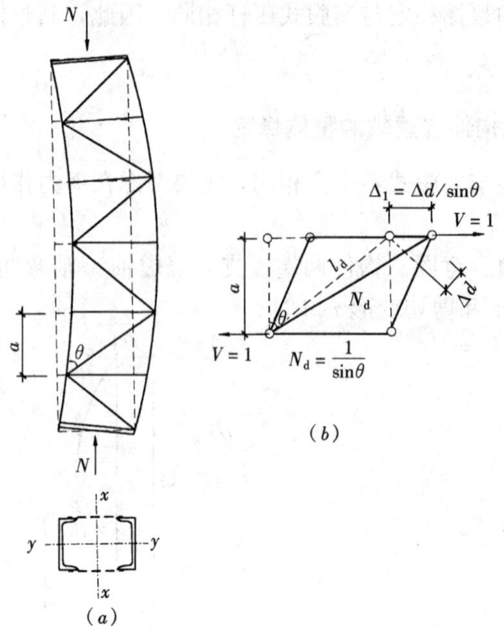

图 5-9 缀条式格构式构件的剪切角变示意图

以图 5-9 所示缀条布置体系为例，说明 γ_1 的计算。

在剪力 $V=1$ 的作用下（图 5-9*b*），斜缀条的伸长 Δd 为

$$\Delta d=\frac{N_{\mathrm{d}}l_{\mathrm{d}}}{EA_{1\mathrm{x}}}=\frac{1}{\sin\theta\cos\theta}\cdot\frac{a}{EA_{1\mathrm{x}}}$$

式中 N_{d}——前后两个平面内斜缀条内力总和；

l_{d}——斜缀条的长度；

$A_{1\mathrm{x}}$——前后两个平面内斜缀条截面面积总和；

a——节间距离；

θ——斜缀条与压杆分肢间的夹角。

得
$$\gamma_1=\frac{\Delta d}{a\sin\theta}=\frac{1}{\sin^2\theta\cos\theta}\cdot\frac{1}{EA_{1\mathrm{x}}} \quad (h)$$

将式（*h*）代入式（5-38），得

$$\lambda_{0\mathrm{x}}=\sqrt{\lambda_{\mathrm{x}}^2+\frac{\pi^2}{\sin^2\theta\cos\theta}\cdot\frac{A}{A_{1\mathrm{x}}}} \quad (i)$$

在实际结构中，θ 一般在 40°～70°范围内，我国《钢结构设计标准》为了实用，将式（*i*）简化为

$$\lambda_{0\mathrm{x}}=\sqrt{\lambda_{\mathrm{x}}^2+27\cdot\frac{A}{A_{1\mathrm{x}}}}$$

格构式构件的换算长细比 λ_0 的计算公式 **表 5-5**

项次	构件截面	缀材类别	计算公式	符号意义
1	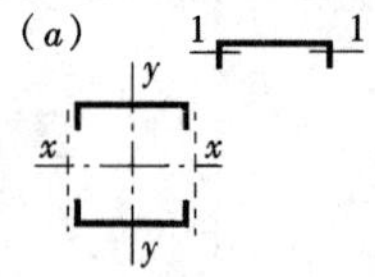	缀板	$\lambda_{0\mathrm{x}}=\sqrt{\lambda_{\mathrm{x}}^2+\lambda_1^2}$	λ_{x}、λ_{y}——整个构件对 x 和 y 轴的长细比； λ_1——单肢对最小刚度轴 1-1 的长细比，其计算长度取：焊接时，为相邻两缀板间的净距离；螺栓连接时，为相邻两缀板边缘螺栓的最近距离； $A_{1\mathrm{x}}$、$A_{1\mathrm{y}}$——构件横截面中垂直于 x 和 y 轴的各斜缀条毛截面面积之和； A_1——构件横截面中各斜缀条毛截面面积之和； θ——构件截面内缀条所在平面与 x 轴的夹角
2		缀条	$\lambda_{0\mathrm{x}}=\sqrt{\lambda_{\mathrm{x}}^2+27\dfrac{A}{A_{1\mathrm{x}}}}$	
3	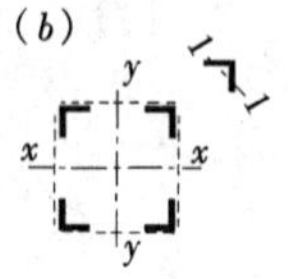	缀板	$\lambda_{0\mathrm{x}}=\sqrt{\lambda_{\mathrm{x}}^2+\lambda_1^2}$ $\lambda_{0\mathrm{y}}=\sqrt{\lambda_{\mathrm{y}}^2+\lambda_1^2}$	
4		缀条	$\lambda_{0\mathrm{x}}=\sqrt{\lambda_{\mathrm{x}}^2+40\dfrac{A}{A_{1\mathrm{x}}}}$ $\lambda_{0\mathrm{y}}=\sqrt{\lambda_{\mathrm{y}}^2+40\dfrac{A}{A_{1\mathrm{y}}}}$	
5	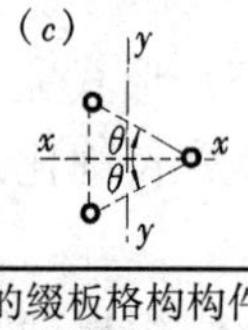	缀条	$\lambda_{0\mathrm{x}}=\sqrt{\lambda_{\mathrm{x}}^2+\dfrac{42A}{A_1(1.5-\cos^2\theta)}}$ $\lambda_{0\mathrm{y}}=\sqrt{\lambda_{\mathrm{y}}^2+\dfrac{42A}{A_1\cos^2\theta}}$	

注：表中的缀板格构构件换算长细比公式的适用条件为 $k_{\mathrm{b}}/k_1\geqslant 6$，$k_{\mathrm{b}}$ 为两侧缀板线刚度之和，$k_{\mathrm{b}}=\sum I_{\mathrm{b}}/c$，$I_{\mathrm{b}}$ 为各侧缀板惯性矩，c 为单肢轴线间距离；k_1 为单肢的线刚度，$k_1=I_1/a$，I_1 为较大单肢绕 1-1 轴的惯性矩，a 为缀板中心距。

其他格构式构件的换算长细比 λ_0 的计算公式，列于表 5-5。当缀板刚度不满足表 5-5 注的要求时，换算长细比 λ_{0x}应按下式计算

$$\lambda_{0x}=\sqrt{\lambda_x^2+\frac{\pi^2}{12}\left(1+2\frac{k_1}{k_b}\right)\lambda_1^2} \tag{5-40}$$

5.5 轴心受压构件的整体稳定计算

由 5.3 和 5.4 的内容可以知道轴心受压构件整体失稳的极限承载力 N_{cr}不论是双轴对称实腹截面还是单轴对称实腹截面或者是格构式截面，都可用下列统一的公式计算

$$N_{cr}=\varphi A f_y \tag{5-41}$$

在工程设计中，则可写成

$$N_{crd}=\varphi A f_d \tag{5-42}$$

设计计算时应使轴心受压构件所受的轴力 N 小于等于整体失稳时的极限承载力设计值 N_{crd}，即

$$N\leqslant\varphi A f_d \tag{5-43}$$

以上各式中 φ——轴心压杆稳定系数，按下列方式计算：

我国《冷弯薄壁型钢结构技术规范》GB 50018 采用式（5-29）；

我国《钢结构设计标准》GB 50017—2017 采用式（5-31）。

在计算 φ 时，应先计算轴心受压构件的长细比，对于单轴对称截面的弯扭失稳，应采用换算长细比，按式（5-37）计算；对于格构式构件绕虚轴弯曲失稳，应采用换算长细比，按表 5-5 计算。

【例 5-1】 已知一轴心受压实腹构件的截面如图 5-10 所示，轴心压力设计值（包括构件自重）$N=2000$kN，计算长度 $l_{0x}=6$m，$l_{0y}=3$m，截面采用焊接组合工字形，翼缘钢板为火焰切割边，钢材为 Q345，屈服点 $f_y=345\text{N/mm}^2$，强度设计值 $f_d=305\text{N/mm}^2$，弹性模量 $E=2.06\times10^5\text{N/mm}^2$，截面无削弱。试计算该轴心受压实腹构件的整体稳定性。

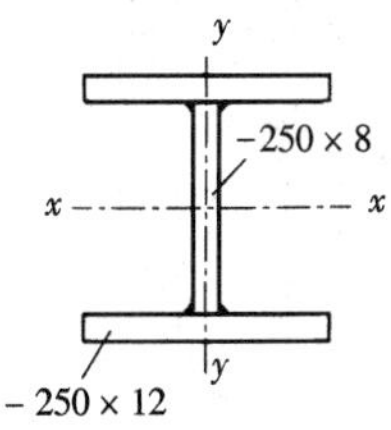

图 5-10 工字形截面轴心受压实腹构件例题

【解】

（1）截面及构件几何性质计算

截面面积 $A=25\times1.2\times2+25\times0.8=80\text{cm}^2$

惯性矩 $I_x=\frac{1}{12}\times(25\times27.4^3-24.2\times25^3)=11345\text{cm}^4$

$I_y=\frac{1}{12}\times(1.2\times25^3\times2+25\times0.8^3)=3126\text{cm}^4$

回转半径 $i_x=\sqrt{\frac{I_x}{A}}=\sqrt{\frac{11345}{80}}=11.91\text{cm}$

$i_y=\sqrt{\frac{I_y}{A}}=\sqrt{\frac{3126}{80}}=6.25\text{cm}$

长细比 $\lambda_x=\frac{l_{0x}}{i_x}=\frac{600}{11.91}=50.4$

$$\lambda_y=\frac{l_{0y}}{i_y}=\frac{300}{6.25}=48.0$$

相对长细比

由表 5-4 知，该截面绕两个主轴的分类相同，均为 b 类。因 $\lambda_x>\lambda_y$，只需计算 $\bar{\lambda}_x$

$$\bar{\lambda}_x=\frac{\lambda_x}{\pi}\sqrt{\frac{f_y}{E}}=\frac{50.4}{\pi}\sqrt{\frac{345}{2.06\times10^5}}=0.6565$$

(2) 整体稳定计算

由式 (5-31*b*) 及表 5-3 可得

$$\varphi=\frac{1}{2\bar{\lambda}^2}\left[(0.965+0.3\bar{\lambda}+\bar{\lambda}^2)-\sqrt{(0.965+0.3\bar{\lambda}+\bar{\lambda}^2)^2-4\bar{\lambda}^2}\right]$$

将 $\bar{\lambda}_x=0.6565$ 代入得

$$\varphi=\frac{1}{0.8620}(1.5929-\sqrt{0.8135})=0.8016$$

或计算 $\lambda_x\sqrt{\frac{f_y}{235}}=50.4\sqrt{\frac{345}{235}}=61.1$，再由附表 4-4 查得 $\varphi\doteq0.802$

$$N_{crd}=\varphi Af_d=0.8016\times80\times10^2\times305=1956\times10^3\text{N}=1956\text{kN}$$
$$<N=2000\text{kN}$$

从计算结果知，轴心压力设计值已超过该构件的整体稳定承载力设计值。考虑到超出幅度为(2000－1956)/1956＝2.2%＜5%，工程设计上仍可接受这一结果。

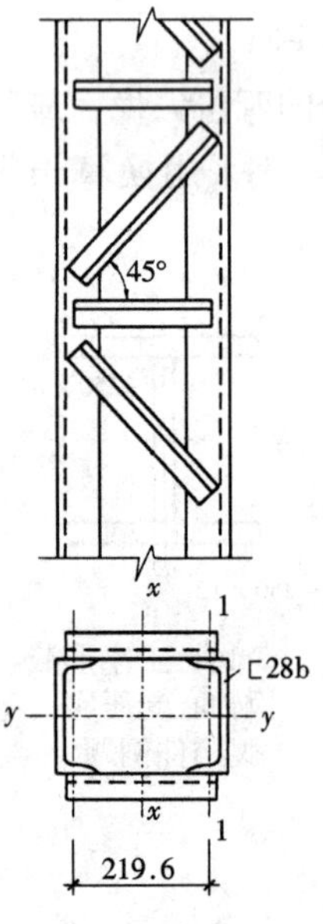

图 5-11　轴心受压缀条格构构件例题

【例 5-2】 图 5-11 所示为一轴心受压焊接缀条格构式构件。截面由两个⊏28b 槽钢组成，缀条截面为等边热轧角钢 L45×4。钢材牌号 Q235B，屈服点 $f_y=235\text{N/mm}^2$，强度设计值 $f_d=215\text{N/mm}^2$。构件长 6m，两端铰接，轴心压力设计值 $N=1600\text{kN}$。试计算该轴心受压缀条格构构件的整体稳定。

【解】

(1) 截面及构件几何性质计算

截面面积 $A=2\times45.634=91.268\text{cm}^2$

惯性矩⊏28b 对弱轴的 $I_1=242\text{cm}^4$

$$I_x=2\times\left[242+45.634\times\left(\frac{21.96}{2}\right)^2\right]=11487\text{cm}^4$$

回转半径　$i_x=\sqrt{\frac{I_x}{A}}=\sqrt{\frac{11487}{91.268}}=11.22\text{cm}$

$$i_y=10.60\text{cm}$$

长细比

$$\lambda_x=\frac{l_{0x}}{i_x}=\frac{600}{11.22}=53.48$$

$$\lambda_y=\frac{l_{0y}}{i_y}=\frac{600}{10.60}=56.60$$

线虚轴换算长细比

缀条用 L45×4，前后两平面缀条总面积 $A_{1x}=2\times3.486=6.97\text{cm}^2$

由表 5-5 得构件相对长细比

$$\lambda_{0x}=\sqrt{\lambda_x^2+27\cdot\frac{A}{A_{1x}}}=\sqrt{53.48^2+27\times\frac{91.268}{6.97}}=56.69$$

由表 5-4 知，格构式截面绕两个主轴的分类相同，均为 b 类。因 $\lambda_{0x}>\lambda_y$，只需计算$\overline{\lambda_{0x}}$

$$\overline{\lambda_{0x}}=\frac{\lambda_{0x}}{\pi}\sqrt{\frac{f_y}{E}}=\frac{56.69}{\pi}\sqrt{\frac{235}{2.06\times10^5}}=0.6095$$

(2) 整体稳定计算

由式 (5-31*b*) 及表 5-3 可得

$$\varphi=\frac{1}{2\bar{\lambda}^2}[(0.965+0.3\bar{\lambda}+\bar{\lambda}^2)-\sqrt{(0.965+0.3\bar{\lambda}+\bar{\lambda}^2)^2-4\bar{\lambda}^2}]$$

将 $\overline{\lambda_{0x}}=0.6095$ 代入，得

$$\varphi=\frac{1}{0.7430}(1.5193-\sqrt{0.8224})=0.8243$$

稳定系数 φ 亦可从附表 4-4 中查取。

$$N_{crd}=\varphi Af_d=0.8243\times91.268\times10^2\times215=1617\times10^3\text{N}$$
$$=1617\text{kN}>N=1600\text{kN}$$

【例 5-3】 图 5-12 所示为一轴心受压焊接缀板格构构件。截面由两个[28b 槽钢组成，缀板尺寸为 −250×200×10，缀板间距为 830mm。钢材牌号为 Q235B，屈服点 $f_y=235\text{N/mm}^2$，强度设计值 $f_d=215\text{N/mm}^2$。构件长 6m，两端铰接，轴心压力设计值 $N=1600\text{kN}$。试计算该轴心受压缀板格构构件的整体稳定。

【解】

(1) 截面及构件几何性质计算

截面面积 $A=2\times45.634=91.268\text{cm}^2$

惯性矩与例 5-2 相同计算

$I_x=11483\text{cm}^4$

回转半径 $i_x=11.22\text{cm}$

$i_y=10.60\text{cm}$

长细比 $\lambda_x=53.48$

$\lambda_y=56.60$

绕虚轴换算长细比

[28b 对弱轴的回转半径 $i_1=2.30\text{cm}$，

惯性矩 $I_1=242\text{cm}^4$

单肢长细比 $\lambda_1=\frac{63}{2.30}=27.39$

缀板 $k_b=\frac{\sum I_b}{c}=\frac{2\times\frac{1\times20^3}{12}}{21.96}=60.72\text{cm}^3$

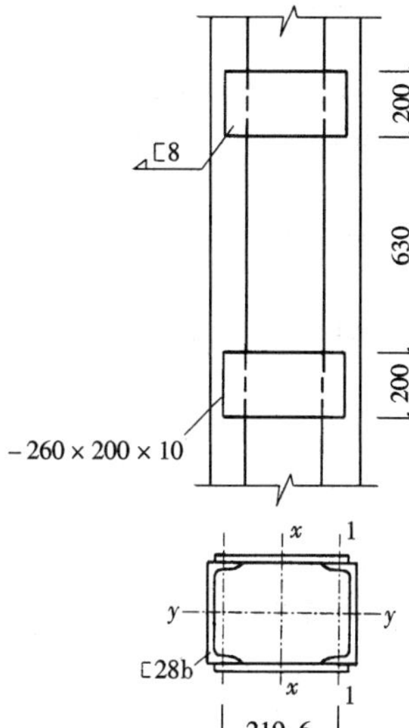

图 5-12 轴心受压缀板格构构件例题

单肢　$k_1=\frac{I_1}{a}=\frac{241.5}{83}=2.91\text{cm}^3$

因 $k_b/k_1=20.8>6$，由表5-5得

换算长细比　$\lambda_{0x}=\sqrt{\lambda_x^2+\lambda_1^2}=\sqrt{53.48^2+27.39^2}=60.09$

构件相对长细比

因截面绕两个主轴的分类均为b类，且 $\lambda_{0x}>\lambda_y$，只需计算 $\overline{\lambda_{0x}}$

$$\overline{\lambda_{0x}}=\frac{\lambda_{0x}}{\pi}\sqrt{\frac{f_y}{E}}=\frac{60.09}{\pi}\sqrt{\frac{235}{2.06\times10^5}}=0.646$$

(2) 整体稳定计算

由式(5-31b)及表5-3可得

$$\varphi=\frac{1}{2\bar{\lambda}^2}\left[(0.965+0.3\bar{\lambda}+\bar{\lambda}^2)-\sqrt{(0.965+0.3\bar{\lambda}+\bar{\lambda}^2)^2-4\bar{\lambda}^2}\right]$$

将 $\bar{\lambda}_x=0.646$ 代入，得

$$\varphi=\frac{1}{0.8346}(1.5761-\sqrt{0.8149})=0.8068$$

$$N_{crd}=\varphi Af_d=0.8068\times91.268\times10^2\times215=1583\times10^3\text{N}=1583\text{kN}$$

不满足 $N=1600\text{kN}<N_{crd}$ 的条件，因为 $(1600-1583)/1583=1.1\%<5\%$，工程设计上可以作为满足要求考虑。

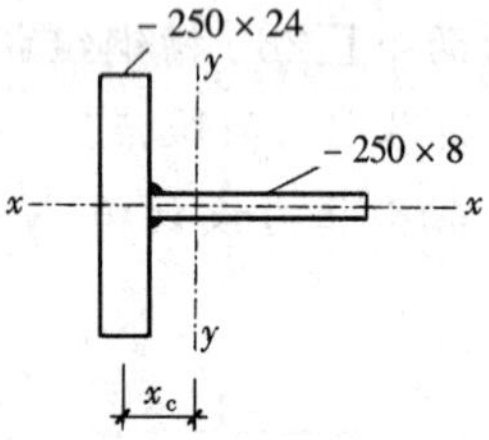

图5-13　T形截面轴心受压实腹构件例题

【例5-4】 图5-13所示为一轴心受压焊接T形截面实腹构件。轴心压力设计值（包括构件自重）$N=2000\text{kN}$，计算长度 $l_{0x}=l_{0y}=l_{0\theta}=3\text{m}$。钢材牌号Q345，屈服点 $f_y=345\text{N/mm}^2$，强度设计值 $f_d=290\text{N/mm}^2$，弹性模量 $E=2.06\times10^5\text{N/mm}^2$，试计算该轴心受压构件的整体稳定性。

【解】

(1) 截面及构件几何性质计算

截面面积　$A=25\times2.4+25\times0.8=80\text{cm}^2$

截面重心　$x_c=\frac{25\times0.8\times(12.5+1.2)}{80}=3.425\text{cm}$

惯性矩　$I_x=\frac{1}{12}(2.4\times25^3+25\times0.8^3)=3126\text{cm}^4$

$$I_y=\frac{1}{12}\times25\times2.4^3+25\times2.4\times3.425^2+\frac{1}{12}\times0.8\times25^3$$
$$+25\times0.8\times(12.5-2.225)^2=3886\text{cm}^4$$

回转半径　$i_x=\sqrt{\frac{I_x}{A}}=\sqrt{\frac{3126}{80}}=6.25\text{cm}$

$$i_y=\sqrt{\frac{I_y}{A}}=\sqrt{\frac{3886}{80}}=6.97\text{cm}$$

长细比　$\lambda_x=\frac{l_{0x}}{i_x}=\frac{300}{6.25}=48$

$$\lambda_y = \frac{l_{0y}}{i_y} = \frac{300}{6.97} = 43$$

因绕 x 轴失稳属于弯扭失稳，按式（5-37）计算换算长细比 λ_ω。

因 T 形截面的剪力中心在翼缘板和腹板中心线的交点，所以剪力中心距形心的距离 x_0 等于 x_c，即

$$x_0 = 3.425\text{cm}, \quad y_0 = 0$$

式（5-37）中的 r_0^2 按式（5-6）计算，得

$$r_0^2 = \frac{I_x + I_y}{A} + x_0^2 + y_0^2 = \frac{3126 + 3886}{80} + 3.425^2$$
$$= 99.38\text{cm}^2$$

式(5-37)中的 λ_θ 按式(5-20)计算，对于 T 形截面，式中的一些截面性质有

$$I_\omega = 0$$

$$I_t = \frac{1}{3}(25 \times 2.4^3 + 25 \times 0.8^3) = 119.5\text{cm}^4$$

G 为材料的剪切模量

$$G = 0.79 \times 10^5 \text{N/mm}^2$$

$\overline{R}$ 为与残余应力有关的量，此处设不考虑残余应力的影响，有

$$\overline{R} = 0$$

代入（5-20），得

$$\lambda_\theta = \frac{l_{0\theta}}{\sqrt{\frac{I_\omega}{Ar_0^2} + \frac{l_{0\theta}^2}{\pi^2} \cdot \frac{GI_t + \overline{R}}{EAr_0^2}}}$$

$$= \frac{3 \times 10^3}{\sqrt{\frac{(3 \times 10^3)^2}{\pi^2} \cdot \frac{0.79 \times 10^5 \times 119.5 \times 10^4}{2.06 \times 10^5 \times 80 \times 10^2 \times 99.38 \times 10^2}}}$$

$$= \frac{3 \times 10^3}{\sqrt{5256.3}} = 41.38$$

由式（5-37）得

$$\lambda_\omega^2 = \frac{1}{2}(\lambda_x^2 + \lambda_\theta^2) + \frac{1}{2}\sqrt{(\lambda_x^2 + \lambda_\theta^2)^2 - 4\left(1 - \frac{x_0^2}{r_0^2}\right)\lambda_x^2\lambda_\theta^2}$$

$$= \frac{1}{2}(48^2 + 41.38^2) + \frac{1}{2}\sqrt{(48^2 + 41.38^2) - 4\left(1 - \frac{3.425^2}{99.38}\right) \times 48^2 \times 41.38^2}$$

$$= \frac{1}{2} \times 4016.3 + \frac{1}{2}\sqrt{2212815.19} = 2751.9$$

$$\lambda_\omega = 52.46$$

相对长细比

由表 5-4 知，这类截面绕强轴属于 b 类曲线，绕弱轴属于 c 类曲线，且本例中 $\lambda_\omega > \lambda_y$，只需计算$\overline{\lambda_\omega}$

$$\overline{\lambda_{\omega}}=\frac{\lambda_{\omega}}{\pi}\sqrt{\frac{f_{y}}{E}}=\frac{52.46}{\pi}\sqrt{\frac{345}{2.06\times10^{5}}}=0.6834$$

(2) 整体稳定计算

由式 (5-31*b*) 及表 5-3 可得

$$\varphi=\frac{1}{2\overline{\lambda}^{2}}\left[(0.906+0.595\overline{\lambda}+\overline{\lambda}^{2})-\sqrt{(0.906+0.595\overline{\lambda}+\overline{\lambda}^{2})^{2}-4\overline{\lambda}^{2}}\right]$$

将 $\overline{\lambda_{\omega}}=0.6834$ 代入,得

$$\varphi=\frac{1}{0.9341}(1.7797-\sqrt{1.2990})=0.6851$$

$$N_{\rm crd}=\varphi Af_{\rm d}=0.6851\times80\times10^{2}\times295=1617\times10^{3}{\rm N}=1617{\rm kN}$$

不满足 $N=2000\text{kN}<N_{\rm crd}$ 的条件。

(3) 讨论

对比例 5-1 和例 5-4 可以看出，例 5-4 的截面只是把例 5-1 的工字形截面的下翼缘并入上翼缘，因此这两种截面绕腹板轴线的惯性矩和长细比是一样的，只因例 5-4 的截面是 T 形截面，在绕腹板轴线失稳时属于弯扭失稳，稳定承载力设计值降低 15%左右。

5.6 轴心受压实腹构件的局部稳定

5.6.1 轴心受压实腹构件局部失稳临界力的准则

目前采用的准则有两种，一种是不允许出现局部失稳，即板件受到的应力 σ 应小于局部失稳的临界应力 $\sigma_{\rm cr}$，即 $\sigma\leqslant\sigma_{\rm cr}$；另一种是允许出现局部失稳，并利用板件屈曲后的强度，要求板件受到的轴力 N 应小于板件发挥屈曲后强度的极限承载力 $N_{\rm u}$，即 $N\leqslant N_{\rm u}$。

5.6.2 轴心受压实腹构件中板件的临界应力

1. 板件的分类

轴心受压实腹构件中的板件按其支承情况可分为以下几种：

(1) 加劲板件，即两纵边均与其他板件相连接的板件，如工字形、H 形和槽形等截面的腹板以及箱形、方矩形管截面的各板件。

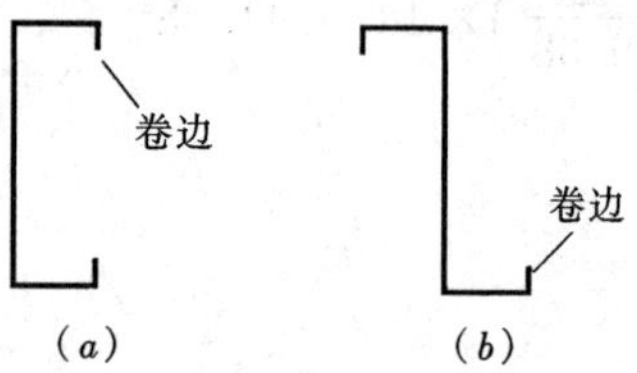

图 5-14 卷边槽钢和卷边 Z 形钢示意图

(2) 非加劲板件，即一纵边与其他板件相连接，另一纵边为自由的板件，如工字形、H 形和槽形等截面的翼缘板以及 T 形和十字形截面的各板件。

(3) 部分加劲板件，即一纵边与其他板件相连接，另一纵边用符合要求的卷边加劲的板件，这类板件在冷弯薄壁型钢中很普遍，如图 5-14 中的卷边槽钢和卷边 Z 形钢等的翼缘。

板件因支承条件不同，在轴心受压时的均匀压应力作用下的临界应力也就不相同。

2. 板件弹性阶段的临界应力

(1) 简支矩形板

图 5-15 所示为一两端受均布压力 $N_x = t\sigma_x$ 的弹性简支矩形薄板，t 为板的厚度。当压力 N_x 逐渐增加到屈曲临界力时，平板就开始屈曲，屈曲挠度用 w 表示。

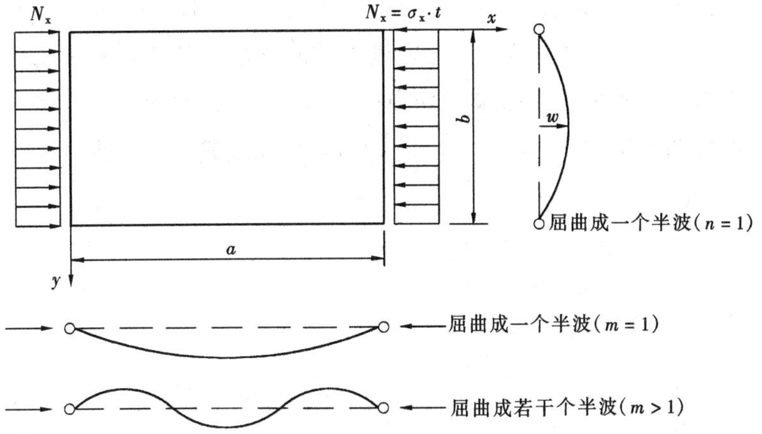

图 5-15 矩形薄板的屈曲

根据弹性理论，板在纵向均布压力作用下，板中面的屈曲平衡微分方程为

$$D\left(\frac{\partial^4 w}{\partial x^4} + 2\frac{\partial^4 w}{\partial x^2 \partial y^2} + \frac{\partial^4 w}{\partial y^4}\right) + N_x \frac{\partial^2 w}{\partial x^2} = 0 \tag{5-44}$$

式中 D——板的单位宽度的抗弯刚度

$$D = \frac{Et^3}{12(1-\nu^2)} \tag{5-45}$$

ν——钢材的泊松比，一般取 0.3。

对于简支矩形板，方程 (5-44) 的解 w 可用下列双重三角级数表示：

$$w = \sum_{m=1}^{\infty}\sum_{n=1}^{\infty} A_{mn} \sin\frac{m\pi x}{a} \sin\frac{n\pi y}{b} \tag{a}$$

上式满足四个简支边处挠度和弯矩均为零的边界条件，式中 m 为 x 方向的半波数，n 为 y 方向的半波数，a 和 b 分别为板的长度和宽度。

将式 (a) 代入式 (5-44)，可得 N_x 的临界值 N_{xcr}：

$$N_{xcr} = \frac{\pi^2 D}{b^2}\left(\frac{mb}{a} + \frac{n^2 a}{mb}\right)^2 \tag{5-46}$$

从上式可以看出，当 $n=1$ 时，N_{xcr} 为最小，其物理意义是：当板屈曲时，沿 y 方向只有一个半波。因此，临界压力为

$$N_{xcr} = \frac{\pi^2 D}{b^2}\left(\frac{mb}{a} + \frac{a}{mb}\right)^2 \tag{5-47a}$$

或
$$N_{xcr}=k\frac{\pi^2 D}{b^2} \tag{5-47b}$$

式中　k——板的稳定系数，对于均匀受压的简支矩形板：

$$k=\left(\frac{mb}{a}+\frac{a}{mb}\right)^2 \tag{5-48}$$

取 x 方向半波数 $m=1$，2，3，4，……，可得图 5-16 所示 k 与 a/b 的关系曲线。图中的实线表示对于任意给定的 a/b 值，k 为最小的曲线段。其物理意义是，当板屈曲时，沿 x 方向总是有 k 为最小值的半波数。如当 $a/b\leqslant\sqrt{2}$时，板屈曲成一个半波；当$\sqrt{2}<a/b<\sqrt{6}$时，板屈曲成两个半波；当$\sqrt{6}<a/b<\sqrt{12}$时，板屈曲成三个半波，等等。

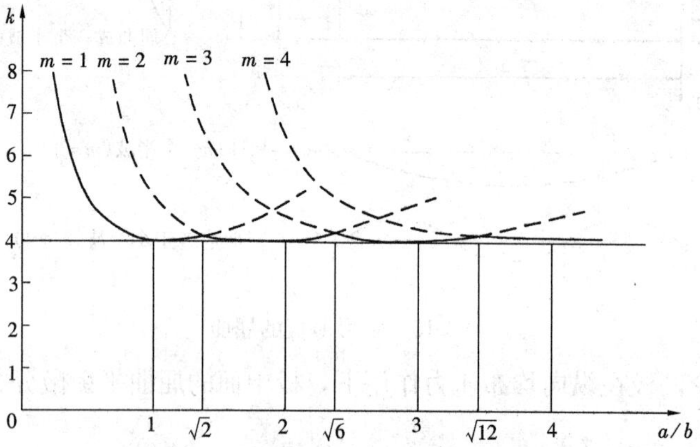

图 5-16　纵向均匀受压简支矩形板的稳定系数 k

从图中还可以看出，最小的稳定系数 $k=4$，在 $a/b>1$ 时，k 值没有多大变化，差不多都等于 4。因此，对于纵向均匀受压的简支矩形板可取

$$k=4 \tag{5-49}$$

将式（5-45）代入式（5-47b）可得临界应力表达式为

$$\sigma_{xcr}=\frac{N_{xcr}}{t}=k\frac{\pi^2 E}{12(1-\nu^2)}\left(\frac{t}{b}\right)^2 \tag{5-50}$$

（2）三边简支，与压力平行的一边为自由的矩形板

这种板的临界应力仍可用式（5-50）表示。根据理论分析，对于较长的板，其稳定系数 k 可以足够精确地用下式计算：

$$k=0.425+\frac{b^2}{a^2} \tag{5-51a}$$

对于很长的板，$a\gg b$，则有

$$k=0.425 \tag{5-51b}$$

（3）三边简支，与压力平行的一边有卷边的矩形板

这种板的临界应力仍可用式（5-50）表示，其稳定系数 k 为

$$k = 1.35 \tag{5-52}$$

（4）其他支承情况的矩形板

其他支承情况的矩形板的临界应力也可用式（5-50）表示，其稳定系数 k 为与压力平行的两边为固定时，

$$k = 6.97 \tag{5-53a}$$

与压力平行的一边为固定，一边为简支时，

$$k = 5.42 \tag{5-53b}$$

与压力平行的一边为固定，一边为自由时，

$$k = 1.28 \tag{5-53c}$$

3. 板组中板件弹性阶段的临界应力

轴心压杆的截面是由多块板件组成的，在计算截面中板件的临界应力时，实际上板组间有相互约束因素。可用两种途径计算：一种是把整个截面一起计算；另一种是把板件从截面中取出，按单块板计算，板组间的相互作用则用约束系数考虑。

当用整个截面计算时，板件的临界应力仍可按式（5-50）计算，式中的稳定系数 k 应采用考虑板组影响后的数值。例如工字形截面腹板的稳定系数见图 5-17。

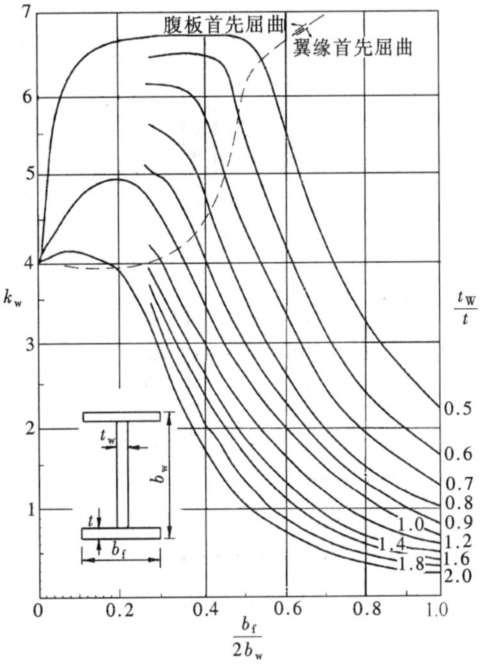

图 5-17　工字形截面腹板的稳定系数

当用约束系数考虑板组间的相互作用时，板件的临界应力也可按式（5-50）计算，式中的 k 值应包括板组间的约束系数，见表 5-6。

板组约束系数和板件的稳定系数　　表 5-6

序号	截面形状	稳定系数 k	约束系数 ζ
(1)	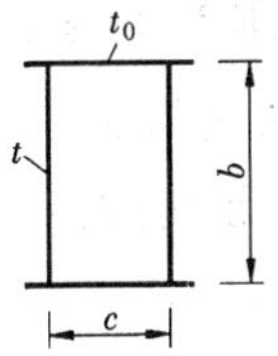	$\left(2+\frac{2}{10\zeta+3}\right)^2$	$\zeta=\left(\frac{t}{t_0}\right)^3\frac{0.38}{1-\left(\frac{tc}{t_0 b}\right)^2}$ 适用范围：$\frac{tc}{t_0 b}\leqslant 1$
(2)	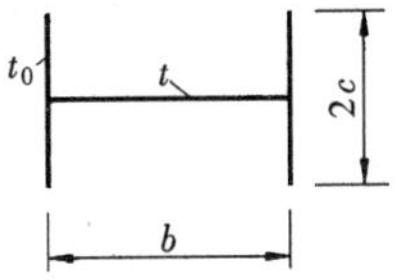		$\zeta=\left(\frac{t}{t_0}\right)^3\frac{0.16+0.056\left(\frac{b}{c}\right)^2}{1-9.4\left(\frac{tc}{t_0 b}\right)^2}$ 适用范围：$9.4\left(\frac{tc}{t_0 b}\right)^2\leqslant 1$

续表

序号	截面形状	稳定系数 k	约束系数 ζ
(3)	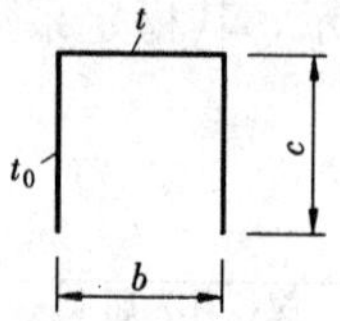	$\left(2+\frac{2}{10\zeta+3}\right)^2$	$\zeta=$（2）的2倍 适用范围：同（2）
(4)	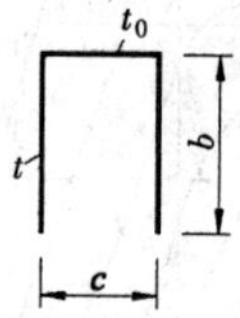		$\zeta=\left(\frac{t}{t_0}\right)^3\frac{c}{b}\frac{1}{1-0.106\left(\frac{tc}{t_0b}\right)^2}$ 适用范围：$9.4\left(\frac{t_0b}{tc}\right)^2\leqslant1$
(5)	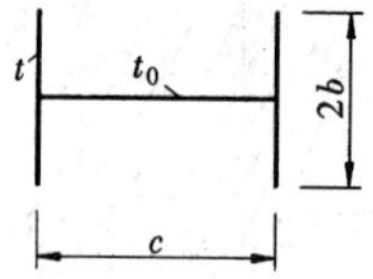	$\left(0.65+\frac{1}{3\zeta+4}\right)^2$	$\zeta=$（4）的2倍 适用范围：同（4）
(6)	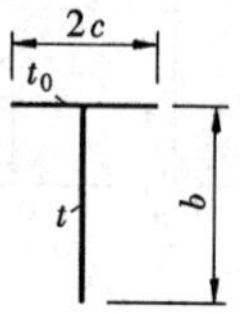		$\zeta=\left(\frac{t}{t_0}\right)^3\frac{1}{1-0.106\left(\frac{tc}{t_0b}\right)^2}$ 适用范围：$0.106\left(\frac{tc}{t_0b}\right)^2\leqslant1$

注：表图中的 c、t_0 为起约束作用的板，b、t 为验算屈曲的板。

考虑板组约束影响时，实用上也可用式（5-54）计算

$$\sigma_{\text{xcr}}=\frac{N_{\text{xcr}}}{t}=\chi\cdot k\frac{\pi^2E}{12(1-\nu^2)}\left(\frac{t}{b}\right)^2 \tag{5-54}$$

式中　χ——板组约束系数，对工字形截面的腹板 $\chi=1.3$。　　(5-55)

4. 板件弹塑性阶段的临界应力

板在弹塑性阶段屈曲时，可近似假定板在 x 方向的抗弯刚度将按比值 E_t/E 减小，x 方向对 y 向的抗扭刚度将按 $\sqrt{E_t/E}$ 减少，而 y 向的抗弯刚度则保持不变，即假定板是正交异性的。根据这一近似假定，则由式（5-44）可得板的弹塑性屈曲微分方程为

$$\psi_tD\frac{\partial^4w}{\partial x^4}+2\sqrt{\psi_t}D\frac{\partial^4w}{\partial x^2\partial y^2}+D\frac{\partial^4w}{\partial y^4}+N_x\frac{\partial^4w}{\partial x^2}=0 \tag{5-56}$$

$$\psi_t=\frac{E_t}{E} \tag{5-57}$$

式中　E_t——材料的切线模量。

采用与弹性屈曲相同的方法，可得弹塑性阶段临界应力

$$\sigma_{\text{xcr}}=\frac{N_{\text{xcr}}}{t}=\sqrt{\psi_t}k\frac{\pi^2E}{12(1-\nu^2)}\left(\frac{t}{b}\right)^2 \tag{5-58}$$

5.6.3 轴心受压实腹构件中板件的屈曲后性能

1. 简支矩形板的屈曲后性能

板屈曲后还会有很大的承载能力，这就是屈曲后强度。板的屈曲后强度来源于板面内横向的薄膜张力，如图 5-18 所示。板面内横向的薄膜张力对板的进一步弯曲起约束作用，使受压板能够继续承受增大的压力。

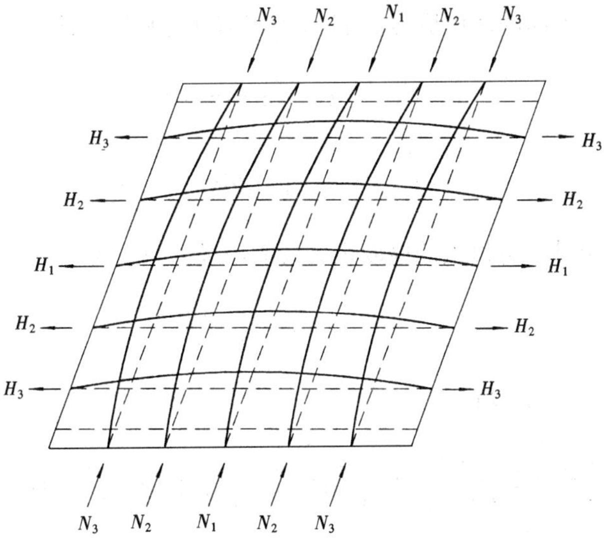

图 5-18 板屈曲后的受力示意图

板屈曲后的分析必须采用板的大挠度理论。纵向受压简支矩形板（图 5-15）的屈曲后大挠度微分方程组为

$$\frac{D}{t}\left(\frac{\partial^4 w}{\partial x^4}+2\frac{\partial^4 w}{\partial x^2\partial y^2}+\frac{\partial^4 w}{\partial y^4}\right)=\frac{\partial^2\phi}{\partial y^2}\frac{\partial^2 w}{\partial x^2}+\frac{\partial^2\phi}{\partial x^2}\frac{\partial^2 w}{\partial y^2}-2\frac{\partial^2\phi}{\partial x\partial y}\frac{\partial^2 w}{\partial x\partial y} \tag{5-59a}$$

$$\frac{1}{E}\left(\frac{\partial^4\phi}{\partial x^4}+2\frac{\partial^4\phi}{\partial x^2\partial y^2}+\frac{\partial^4\phi}{\partial y^4}\right)=\left(\frac{\partial^2 w}{\partial x\partial y}\right)^2-\frac{\partial^2 w}{\partial x^2}\frac{\partial^2 w}{\partial y^2} \tag{5-59b}$$

式中 ϕ 为应力函数。如取压应力为正，则有

$$\frac{\partial^2\phi}{\partial y^2}=-\sigma_{\mathrm{x}} \tag{5-60a}$$

$$\frac{\partial^2\phi}{\partial x^2}=-\sigma_{\mathrm{y}} \tag{5-60b}$$

$$\frac{\partial^2\phi}{\partial x\partial y}=\tau_{\mathrm{xy}} \tag{5-60c}$$

在板的大挠度理论中，平板的变形包括弯曲变形和中面内变形。因此边界条件也应包括弯曲边界条件及面内边界条件。

简支板的弯曲边界条件为

$$\left.\begin{aligned}&(1)\quad x=0,\quad x=a: w=0,\quad \frac{\partial^2 w}{\partial x^2}=0\\&(2)\quad y=0,\quad y=b: w=0,\quad \frac{\partial^2 w}{\partial y^2}=0\end{aligned}\right\}\tag{b}$$

矩形板屈曲后，面内边界条件为

（1）$x=0$，$x=a$，$y=0$，$y=b$：$\tau_{xy}=0$　　(c)

（2）屈曲过程中，板保持矩形轮廓，两纵边能在 x 方向自由移动，y 方向的面内应力 σ_y 的合力应为零；x 方向的面内应力 σ_x 的合力应与外力相等。即

$$\left.\begin{aligned}&y=0, y=b: \int_0^a \sigma_y t\mathrm{d}x=0\\&x=0, x=a: \int_0^b \sigma_x t\mathrm{d}y=N_x b\end{aligned}\right\}\tag{d}$$

根据弯曲边界条件，可设板的挠度表达式的一级近似式为

$$w=f\sin\frac{\pi x}{a}\sin\frac{\pi y}{b}\tag{e}$$

将式（e）代入式（5-59b）得

$$\frac{1}{E}\left(\frac{\partial^4\phi}{\partial x^4}+2\frac{\partial^4\phi}{\partial x^2\partial y^2}+\frac{\partial^4\phi}{\partial y^4}\right)=f^2\frac{\pi^4}{2a^2b^2}\left(\cos\frac{2\pi x}{a}+\cos\frac{2\pi y}{b}\right)\tag{f}$$

解式（f）得

$$\phi=\frac{Ef^2}{32}\left(\cos\frac{2\pi x}{a}+\cos\frac{2\pi y}{b}\right)-\frac{\sigma_{xa}y^2}{2}\tag{5-61}$$

式中　σ_{xa}——$x=0$ 和 $x=a$ 边的平均压应力，

$$\sigma_{xa}=\frac{N_x}{t}\tag{5-62}$$

由式（5-60）得

$$\sigma_x=\frac{Ef^2\pi^2}{8b^2}\cos\frac{2\pi y}{b}+\sigma_{xa}\tag{5-63a}$$

$$\sigma_y=\frac{Ef^2\pi^2}{8a^2}\cos\frac{2\pi x}{a}\tag{5-63b}$$

$$\tau_{xy}=0\tag{5-63c}$$

式（e）及由式（5-61）的应力函数得到的式（5-59）中的 σ_x、σ_y 和 τ_{xy} 分别满足边界条件式（b）～式（d）。

将式（5-61）的应力函数代入式（5-59a）并用伽辽金法求解，则有

$$\int_0^b\int_0^a\left[\frac{D}{t}\left(\frac{\partial^4 w}{\partial x^4}+2\frac{\partial^4 w}{\partial x^2\partial y^2}+\frac{\partial^4 w}{\partial y^4}\right)+\frac{E\pi^2f^2}{8}\left(\frac{1}{b^2}\cos\frac{2\pi y}{b}\frac{\partial^2 w}{\partial x^2}+\frac{1}{a^2}\cos\frac{2\pi x}{a}\frac{\partial^2 w}{\partial y^2}\right)+\sigma_{xa}\frac{\partial^2 w}{\partial x^2}\right]\sin\frac{\pi x}{a}\sin\frac{\pi y}{b}\mathrm{d}x\mathrm{d}y=0$$

再将式（e）的 w 代入上式，解得

$$\sigma_{xa}=\sigma_{xcr}+\frac{E\pi^2 f^2}{8b^2} \tag{5-64}$$

式中 σ_{xcr}——板的屈曲临界力，按式（5-54）计算。

式（5-64）给出了平均应力与屈曲后板的跨中挠度 f 之间的关系，如图 5-19 所示。从图可以看出，当板内的平均应力达到屈曲临界应力时，板开始挠曲，以后板仍能继续承担超过屈曲荷载的轴向压应力，这就是板的屈曲后性能。

由式（5-63）和式（5-64）中消去 f^2 可得

$$\sigma_x=\sigma_{xa}+(\sigma_{xa}-\sigma_{xcr})\cos\frac{2\pi y}{b} \tag{5-65a}$$

$$\sigma_y=(\sigma_{xa}-\sigma_{xcr})\cos\frac{2\pi x}{a} \tag{5-65b}$$

式（5-65）反映了板屈曲后，板面内应力的分布规律，如图 5-20 所示。

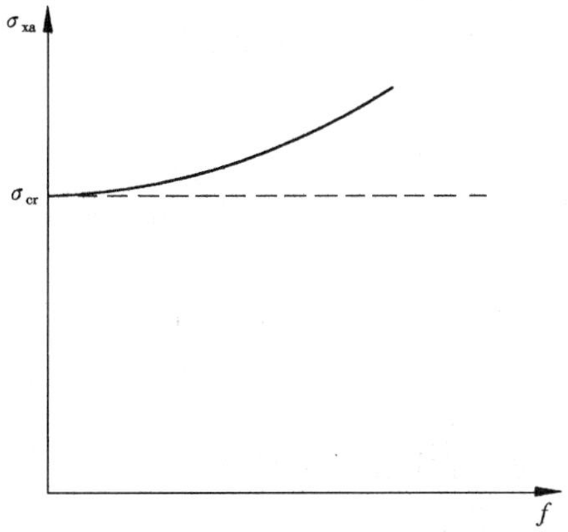

图 5-19　板屈曲后 σ_{xa}-f 关系图

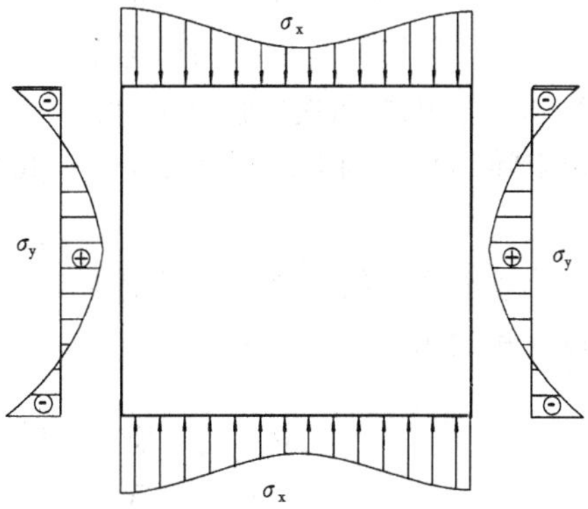

图 5-20　板屈曲后，板面内应力分布规律

从式（5-63）和式（5-65）可以看出，在板屈曲之前，σ_x 是均匀分布的且$\sigma_y=0$。在板屈曲后，σ_x 不再均匀分布，而且产生了 y 方向的应力 σ_y。σ_y 在板的中部区域是拉应力，如图 5-20。正由于这个拉应力，使板在屈曲后仍具有继续承担更大外荷载的能力。

2. 板屈曲后强度的利用

从图 5-19 可见板屈曲后虽能继续承担更大的外荷载，但板的挠度却增长很快，因此板屈曲后强度的利用准则的确定必须考虑挠度的影响，增加了不少难度。目前还很难采用理论分析的方法提出板屈曲后强度利用的计算公式，通常都采用有效宽厚比法并通过实验确定有效宽厚比的计算公式。

有效宽厚比的概念可用图 5-21 说明。图 5-21（a）中的曲线表示板达到屈曲后稳定极限承载力时的中面应力分布情况，它可用图 5-21（b）的受力状况来代替，要求两者的合力一致。图 5-21（b）有应力的部分称为有效部分，其宽度称有效宽度，无应力的部分为失效部分，从截面中扣除，在计算中不予考虑。

有效宽度的计算，都根据试验得到的经验公式。目前最通用的公式为

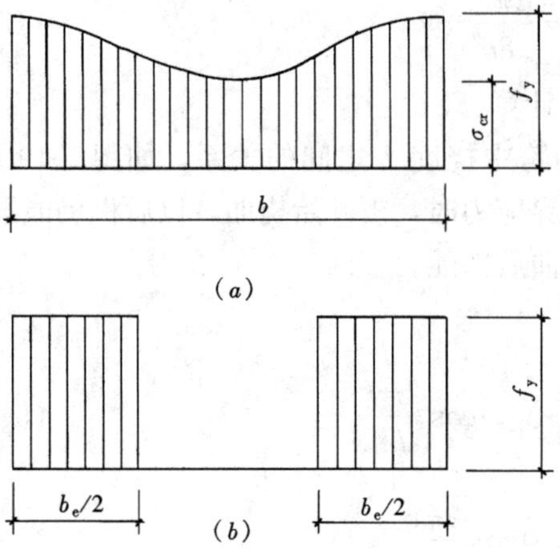

图 5-21　板屈曲后应力分布的简化和有效宽度

$$\frac{b_e}{b}=\frac{1}{\lambda_e}\left(1-0.22\frac{1}{\lambda_e}\right) \tag{5-66}$$

式中　b——板件的实际宽度；

b_e——板件的有效宽度

$$\lambda_e=\sqrt{\frac{\sigma_e}{\sigma_{cr}}} \tag{5-67}$$

σ_{cr}——板件的临界应力；

σ_e——板件采用有效宽度时的应力。

由式（5-50）可得

$$\lambda_e=1.05\left(\frac{b}{t}\right)\sqrt{\frac{\sigma_e}{kE}} \tag{5-68}$$

k——板件失稳的稳定系数。

以上公式是根据均匀受压的加劲板件试验得到的，现也用于其他类型的板件，如非加劲板件和部分加劲板件以及其他受力情况如非均匀受压等。应用的方法是在式(5-68)中的稳定系数 k 取用相应情况的稳定系数。

3. 板组中板件屈曲后强度的利用

板组间的相互约束对板件屈曲后强度的利用是一个十分复杂的问题，至今尚未有很成熟的方法。

目前较为实用的近似方法是仍采用式（5-66）和式（5-68），但在式（5-68）中 k 值应考虑板组间的相互约束。

5.6.4　轴心受压实腹构件的局部稳定计算——采用不允许出现局部失稳准则

按照不允许出现局部失稳准则，轴心受压实腹构件的板件应满足

$$\sigma_{cr}\geqslant\sigma \tag{5-69}$$

对于轴心受压构件而言，应力 σ 应不超过整体稳定的临界应力 φf_y，代入上式可得

$$\sigma_{cr}\geqslant\varphi f_y \tag{5-70}$$

将考虑板组约束影响的弹塑性阶段临界应力公式（5-58）代入，得

$$\sqrt{\psi_t}\chi k\frac{\pi^2E}{12(1-\nu^2)}\left(\frac{t}{b}\right)^2\geqslant\varphi f_y \tag{5-71}$$

由此式可得轴心受压实腹构件中板件不失稳时的宽厚比

$$\frac{b}{t}\leqslant\left[\frac{\sqrt{\psi_t}\chi k\pi^2E}{12(1-\nu^2)\varphi f_y}\right]^{\frac{1}{2}} \tag{5-72}$$

我国钢结构设计规范将有关情况的 k、φ、ψ_t 等代入，得到了表 5-7 所示的轴心受压实腹构件的板件宽厚比限值。

轴心受压实腹构件的板件宽厚比限值 **表 5-7**

项次	截面及板件尺寸	宽厚比限值
1	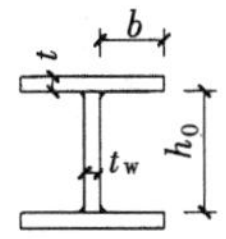	$\frac{b}{t} \leqslant (10+0.1\lambda)\sqrt{\frac{235}{f_y}}$ $\frac{h_0}{t_w} \leqslant (25+0.5\lambda)\sqrt{\frac{235}{f_y}}$
2	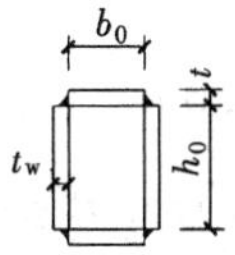	$\frac{b_0}{t}$ 或 $\frac{h_0}{t_w} \leqslant 40\sqrt{\frac{235}{f_y}}$
3	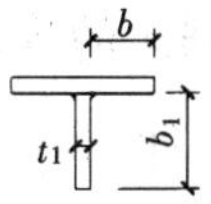	$\frac{b}{t} \leqslant (10+0.1\lambda)\sqrt{\frac{235}{f_y}}$ 焊接 T 形钢 $\frac{b_1}{t_1} \leqslant (13+0.17\lambda)\sqrt{\frac{235}{f_y}}$ 热轧剖分 T 形钢 $\frac{b_1}{t_1} \leqslant (15+0.2\lambda)\sqrt{\frac{235}{f_y}}$
4	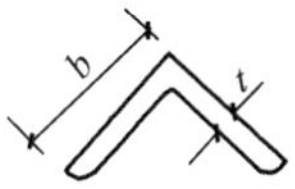	$\lambda \leqslant 80\sqrt{\frac{235}{f_y}}$，$\frac{b_0}{t} \leqslant 15\sqrt{\frac{235}{f_y}}$ $\lambda > 80\sqrt{\frac{235}{f_y}}$，$\frac{b_0}{t} \leqslant 5\sqrt{\frac{235}{f_y}}+0.125\lambda$
5	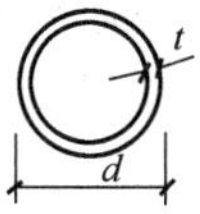	$\frac{d}{t} \leqslant 100\,\frac{235}{f_y}$

注：表中 λ 为 λ_x、λ_y 中的较大值；对项次 1、3，λ 小于 30 时取 30，大于 100 时取 100；对项次 4，b_0 可简单取 $b-2t$。

当轴心压杆实际承受的轴力小于其整体稳定承载力时，依据式（5-70）的准则所得出的宽厚比限值是比较保守的。这时，表 5-7 中规定的限值可以乘以放大系数 $\alpha=\sqrt{\varphi A f_d / N}$。

【例 5-5】 计算例 5-1 中轴心受压实腹构件的局部稳定。

【解】

翼缘
$$\frac{b}{t}=\frac{125-4}{12}=10.08<(10+0.1\lambda)\sqrt{\frac{235}{f_y}}$$
$$=(10+0.1\times 50.4)\sqrt{\frac{235}{345}}=12.41$$

腹板
$$\frac{h_0}{t_w}=\frac{250}{8}=31.25<(25+0.5\lambda)\sqrt{\frac{235}{f_y}}$$
$$=(25+0.5\times 50.4)\sqrt{\frac{235}{345}}=41.43$$

翼缘及腹板的宽厚比都满足表5-7中的宽厚比限值，该压杆中的板件不会发生局部失稳。

【例5-6】 计算例5-4中T形截面轴心受压构件的局部稳定。

【解】

翼缘　$\frac{b}{t}=\frac{125-4}{24}=5.04<(10+0.1\lambda)\sqrt{\frac{235}{f_y}}$

$$=(10+0.1\times52.46)\sqrt{\frac{235}{345}}=12.58$$

腹板　$\frac{b_1}{t_1}=\frac{250}{8}=31.25>(13+0.17\lambda)\sqrt{\frac{235}{f_y}}=18.09$

腹板的宽厚比不满足表5-7中的宽厚比限值，因此在压杆受压时，腹板首先会发生局部失稳。

5.6.5　轴心受压实腹构件利用板件屈曲后强度的稳定计算

轴心受压实腹构件利用板件屈曲后强度时，应先计算板件的有效截面，然后根据截面的有效部分计算有效截面积 A_e，最后按下式计算受压构件的整体稳定

$$N\leqslant\varphi A_e f_d \tag{5-73}$$

式中　A_e——有效净截面：

$$A_e=\sum\rho_i A_i \tag{5-74}$$

A_i——各板件毛截面面积；

ρ_i——各板件的有效截面系数，对于工字形或H形截面的腹板以及箱形截面或方矩管截面的壁板，当不满足表5-7的条件时，ρ_i 按下式计算：

$$\rho_i=\frac{1}{\lambda_p}\left(1-\frac{0.19}{\lambda_p}\right)\leqslant1.0 \tag{5-75}$$

$$\lambda_p=\frac{b/t}{56.2}\sqrt{\frac{f_y}{235}} \tag{5-76}$$

b、t——所计算板件的宽度和厚度。

式（5-75）是对经验公式（5-66）修正后得到的，为我国《钢结构设计标准》GB 50017—2017所采用。

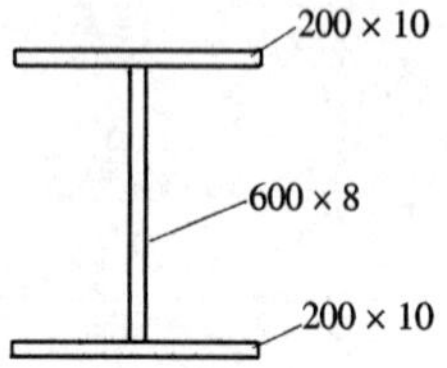

图5-22　例5-7中工字形截面示意图

【例5-7】 根据局部稳定的理论方法和经验公式，计算图5-22所示截面在轴心压力下的承载力。钢材牌号为Q235B，屈服点 $f_y=235\text{N/mm}^2$，弹性模量 $E=2.06\times10^5\text{N/mm}^2$，泊松比 $\nu=0.3$。

【解】

（1）采用不允许出现局部失稳准则

按弹性计算，由式（5-54），临界应力为

$$\sigma_{cr}=\chi k\frac{\pi^2E}{12(1-\nu^2)}\left(\frac{t}{b}\right)^2$$

先按 $\chi=1.0$ 即不考虑板组间相互约束计算，知翼缘临界应力远大于腹板临界应力。

因此，腹板不能对翼缘起有效约束，计算翼缘临界应力时取 $\chi=1.0$。反之，计算腹板临界应力时取 $\chi=1.3$。

翼缘为三边支承，一纵边自由，$k=0.425$

$$\sigma_{\mathrm{crf}}=1.0\times0.425\times\frac{\pi^2\times2.06\times10^5}{12(1-0.3^2)}\left(\frac{10}{100}\right)^2$$
$$=791.29\mathrm{N/mm^2}$$

腹板为四边支承，$k=4.0$

$$\sigma_{\mathrm{crw}}=1.3\times4.0\times\frac{\pi^2\times2.06\times10^5}{12(1-0.3^2)}\left(\frac{8}{600}\right)^2=172.1\mathrm{N/mm^2}$$

要保证腹板不失稳，整个截面上的应力不应超过 σ_{crw}，因此承载力为：

$$N_{\mathrm{u}}=A\sigma_{\mathrm{crw}}=(2\times10\times200+8\times600)\times172.1$$
$$=1514.48\times10^3\mathrm{N}=1514.5\mathrm{kN}$$

(2) 采用利用屈曲后强度准则

有效宽度按目前最通用的经验公式（5-66）和式（5-68）计算即

$$\frac{b_{\mathrm{e}}}{b}=\frac{1}{\lambda_{\mathrm{e}}}\left(1-0.22\frac{1}{\lambda_{\mathrm{e}}}\right)$$

$$\lambda_{\mathrm{e}}=1.05\left(\frac{b}{t}\right)\sqrt{\frac{\sigma_{\mathrm{e}}}{kE}}$$

翼缘：因利用屈曲后强度，σ_{e} 可用到 f_{y} 即 $\sigma_{\mathrm{e}}=235\mathrm{N/mm^2}$，$k=0.425$，

$$\lambda_{\mathrm{e}}=1.05\left(\frac{100}{10}\right)\sqrt{\frac{235}{0.425\times2.06\times10^5}}=0.544$$

$$\frac{b_{\mathrm{e}}}{b}=\frac{1}{0.544}\left(1-\frac{0.22}{0.544}\right)=1.095>1 \quad \text{即全部有效}$$

腹板：$\sigma_{\mathrm{e}}=235\mathrm{N/mm^2}$，$k=4$

$$\lambda_{\mathrm{e}}=1.05\left(\frac{600}{8}\right)\sqrt{\frac{235}{4\times2.06\times10^5}}=1.3299$$

$$\frac{b_{\mathrm{e}}}{b}=\frac{1}{1.3299}\left(1-\frac{0.22}{1.3299}\right)=0.62755$$

腹板的有效宽度为：$b_{\mathrm{e}}=0.62755\times b=376.53\mathrm{mm}$

因此承载力为：

$$N_{\mathrm{u}}=A_{\mathrm{e}}\sigma_{\mathrm{e}}=(2\times10\times200+8\times376.53)\times235$$
$$=1647.88\times10^3\mathrm{N}$$

5.7 轴心受压格构式构件的局部稳定

5.7.1 轴心受压缀条格构构件的局部稳定

轴心受压缀条格构构件的局部稳定包括以下三个内容，即受压构件单肢截面板件的局部稳定、受压构件单肢自身的稳定以及缀条的稳定。

1. 受压构件单肢截面板件的局部稳定

受压构件单肢截面板件的局部稳定计算与5.6.4相同。

2. 受压构件单肢自身的稳定

格构构件的单肢在两个相邻缀条节点之间是一个单独的轴心受压实腹构件，其长细比 $\lambda_1 = a/i_1$，a 为计算长度，取缀条节点间的距离（图5-7a、b），i_1 为单肢绕自身截面1-1轴的回转半径，见图5-7（a）、（b）。

为了保证单肢的稳定性不低于受压构件的整体稳定性，应使 λ_1 不大于整个构件的最大长细比 λ_{max}（即 λ_y 和 λ_{0x} 中的较大值）的0.7倍。

$$\lambda_1 \leqslant 0.7\lambda_{max} \tag{5-77}$$

3. 缀条的稳定

轴心受压格构构件中缀条的实际受力情况不容易确定。构件受力后的压缩、构件的初弯曲、荷载和构造上的偶然偏心以及失稳时的挠曲等均会使缀条受力。通常为先估算轴心受压构件挠曲时产生的剪力，然后计算由此剪力在缀条中产生的内力。

图5-23表示一轴心受压构件挠曲变形的情况。任意截面上的剪力 V 为：

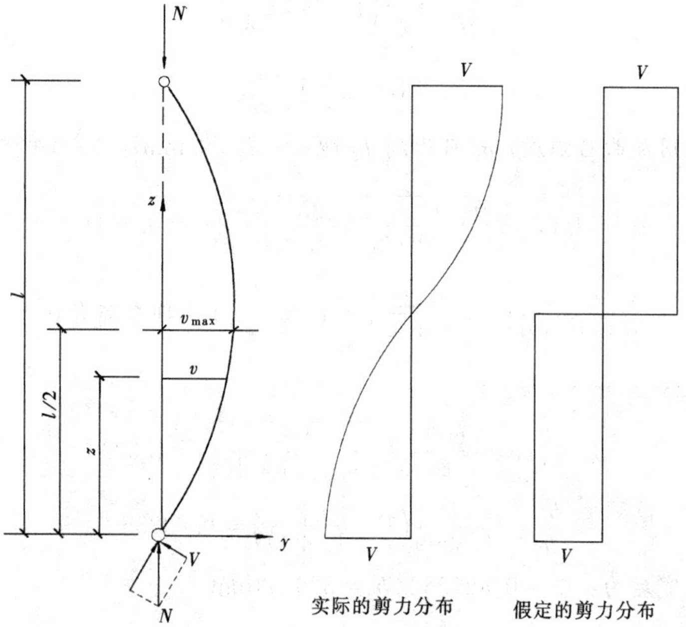

图5-23　轴心受压构件截面上的剪力

$$V = N\frac{\mathrm{d}v}{\mathrm{d}z} \tag{a}$$

设
$$v = v_{max}\sin\frac{\pi z}{l}$$

则由式（a）得
$$V = \frac{\pi N}{l}v_{max}\cos\frac{\pi z}{l}$$

及
$$V_{max} = \frac{\pi N}{l}v_{max} \tag{b}$$

$$\frac{N}{A}+\frac{Nv_{\max}}{I_{x}}\frac{h}{2}=f_{y} \tag{c}$$

令
$$i_{x}=\alpha_{1}h \tag{5-78}$$

式中 h——格构构件截面的高度，即截面在 y 轴方向的高度；

I_x——截面绕 x 轴的惯性矩；

i_x——截面绕 x 轴的回转半径；

α_1——回转半径 i_x 与截面高度间的关系，可由附录 6 附表 6-1 查用。

由式（c）和式（5-78），并注意到 $N=\varphi Af_y$，可得到 $v_{\max}$

$$v_{\max}=2a_{1}i_{x}\frac{1-\varphi}{\varphi} \tag{5-79}$$

由式（b）得
$$V_{\max}=\frac{2\pi a_{1}(1-\varphi)}{\lambda_{x}}Af_{y} \tag{5-80}$$

我国《钢结构设计标准》在分析计算后得到了实用计算公式

$$V_{\max}=\frac{Af_{d}}{85}\sqrt{\frac{f_{y}}{235}} \tag{5-81}$$

在剪力 $V_{\max}$ 作用下，缀条的内力可与桁架的腹杆一样计算。由图 5-24 可得一个斜缀条的内力 N_t 为

$$N_{t}=\frac{V_{1}}{n\cos\alpha} \tag{5-82}$$

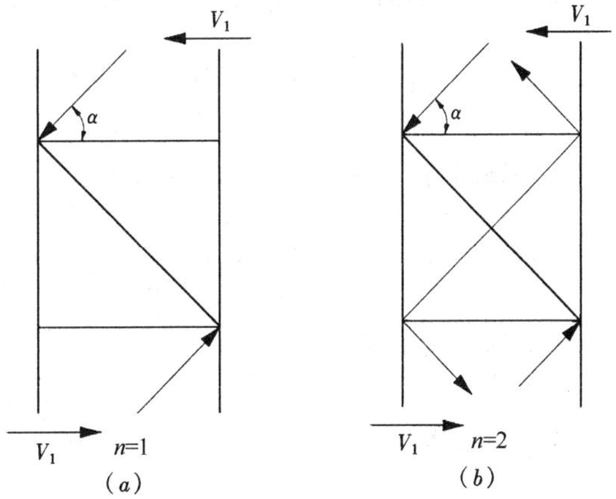

图 5-24 缀条构件的剪力及缀条的内力

式中 V_1——分配到一个缀条面上的剪力；

n——承受剪力 V_1 的斜缀条数，对单缀条 $n=1$，对交叉缀条 $n=2$；

α——缀条的倾角，见图 5-24。

缀条可按轴心受压构件计算，当缀条采用单角钢时，考虑到受力偏心的不利影响，引入折减系数 γ_0，并按下式计算整体稳定

$$\sigma=\frac{N_{t}}{\varphi A_{t}}\leqslant\gamma_{0}f_{d} \tag{5-83}$$

式中 γ_0——折减系数：

等边角钢时 $\gamma_0=0.6+0.0015\lambda$ (5-84)

短边连接的不等边角钢 $\gamma_0=0.5+0.0025\lambda$ (5-85)

长边连接的不等边角钢 $\gamma_0=0.7$ (5-86)

当 γ_0 大于 1.0 时，取 $\gamma_0=1.0$

λ 为按角钢的最小回转半径计算求得的长细比，当 $\lambda<20$ 时，取 $\lambda=20$；

A_t——缀条的截面积；

φ——轴向受压稳定系数，根据缀条最小回转半径求得的长细比计算。

【例 5-8】 计算例 5-2 所示轴心受压焊接缀条格构构件的局部稳定。

【解】

(1) 受压构件单肢截面板件的局部稳定

单肢采用[28b。因型钢板件的宽厚比都能满足表5-7的板件宽厚比限值，不会发生局部失稳。

(2) 受压构件单肢自身的稳定

单肢回转半径　$i_1 = 2.30\text{cm}$

单肢长细比　$\lambda_1 = \dfrac{a}{i_1} = \dfrac{21.96}{2.3} = 9.55$

按式 (5-77) 计算，有

$$\lambda_1 \leqslant 0.7\lambda_{max} = 0.7 \times 56.69 = 39.68$$

满足单肢自身稳定的要求。

(3) 缀条的稳定

轴心受压构件的最大剪力 V_{max} 按式 (5-81) 计算，得

$$V_{max} = \frac{Af_d}{85}\sqrt{\frac{f_y}{235}} = \frac{91.268 \times 10^2 \times 215}{85}\sqrt{\frac{235}{235}} = 23085\text{N}$$

缀条轴压力 N_t 按式 (5-82) 计算，得

$$N_t = \frac{V_1}{n\cos\alpha} = \frac{23085}{2 \times 1 \times \cos45°} = 16324\text{N}$$

缀条的几何性质

截面积　$A_t = 3.486\text{cm}^2$

最小回转半径　$i = 0.89\text{cm}$

长细比　$\lambda = \dfrac{l_t}{i} = \dfrac{21.96}{\cos\theta \times i} = \dfrac{21.96}{0.707 \times 0.89} = 34.9$

相对长细比　$\bar{\lambda} = \dfrac{\lambda}{\pi}\sqrt{\dfrac{f_y}{E}} = \dfrac{34.9}{\pi}\sqrt{\dfrac{235}{2.06 \times 10^5}} = 0.3752$

缀条稳定计算

查表5-4可知应采用b曲线，由式 (5-31*b*) 及表5-3可得

$$\varphi = \frac{1}{2\bar{\lambda}^2}\left[(0.965 + 0.3\bar{\lambda} + \bar{\lambda}^2) - \sqrt{(0.965 + 0.3\bar{\lambda} + \bar{\lambda}^2)^2 - 4\bar{\lambda}^2}\right]$$

将 $\bar{\lambda}=0.3752$ 代入得

$$\varphi = \frac{1}{0.2816}(1.2183 - \sqrt{0.9212}) = 0.918$$

折减系数 γ_0 按式 (5-84) 计算，得

$$\gamma_0 = 0.6 + 0.0015\lambda = 0.6 + 0.0015 \times 34.9 = 0.6524$$

稳定按式 (5-83) 计算得

$$\sigma = \frac{N_t}{\varphi At} = \frac{16324}{0.918 \times 3.486 \times 10^2} = 51\text{N/mm}^2$$

$$\gamma_0 f_d = 0.6524 \times 215 = 140.3\text{N/mm}^2$$

符合式（5-83）的要求，即

$$\sigma = 51\text{N/mm}^2 < \gamma_0 f_d = 140.3\text{N/mm}^2$$

5.7.2 轴心受压缀板格构构件的局部稳定

轴心受压缀板格构构件的局部稳定包括以下三个内容，即受压构件单肢截面板件的局部稳定、受压构件单肢自身的稳定以及缀板的稳定。

1. 受压构件单肢截面板件的局部稳定

受压构件单肢截面板件的局部稳定计算与 5.6.4 相同。

2. 受压构件单肢自身的稳定

图 5-25 为缀板格构构件在剪力作用下的受力示意图。从图中可以看出，受压构件的单肢除轴力外还受弯矩的作用，应按压弯构件计算其稳定性。

我国《钢结构设计标准》经过计算分析，提供了实用的计算公式，即要求

$$\lambda_1 \leqslant 40\sqrt{\frac{235}{f_y}} \tag{5-87a}$$

同时

$$\lambda_1 \leqslant 0.5\lambda_{max} \tag{5-87b}$$

式中 λ_{max}——缀板格构构件的最大长细比。在用式（5-87b）时，当 λ_{max}<50 时，取 λ_{max}=50。

3. 缀板的稳定

缀板格构构件在剪力作用下如一多层刚架，可假定缀板中点和缀板之间各单肢的中点为反弯点如图 5-25 所示。从中取出隔离体如图 5-25（b）就可得到缀板所受的剪力 T 和端部弯矩 M 为

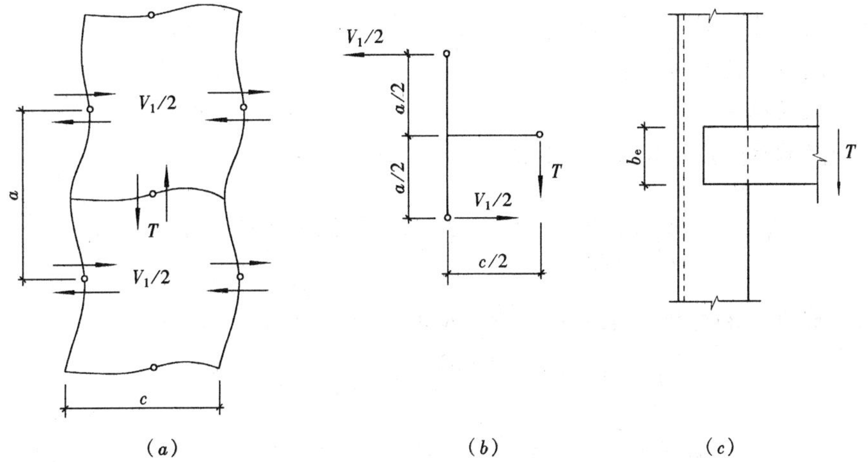

图 5-25 缀板格构构件的剪力及受力分析

$$T = V_1 \frac{a}{c} \tag{5-88}$$

$$M = V_1 \frac{a}{2} \tag{5-89}$$

式中　V_1——分配到一个缀板面上的剪力；

a——缀板中心线间的距离；

c——单肢轴线间的距离。

为了保证缀板的局部稳定，缀板厚度 t_b 应满足

$$t_b \geqslant \frac{c}{40} \tag{5-90}$$

满足这一条件后，缀板可只计算其强度

$$\sigma = \frac{M}{W} \leqslant f_d \tag{5-91}$$

$$\tau = 1.5\frac{T}{bt_b} \leqslant f_{vd} \tag{5-92}$$

式中　W——缀板截面的截面模量；

b——缀板宽度。

【例 5-9】 计算例 5-3 所示轴心受压焊接缀板格构构件的局部稳定，Q235B 的抗剪强度设计值 $f_{vd}=125\text{N/mm}^2$。

【解】

(1) 受压构件单肢截面板件的局部稳定

单肢采用 [28b，板件不会发生局部失稳

(2) 受压构件单肢自身的稳定

单肢回转半径　　$i_1 = 2.30\text{cm}$

单肢长细比　　$\lambda_1 = \dfrac{a_0}{i_1} = \dfrac{63}{2.3} = 27.39$

按式 (5-87) 计算，有　　$\lambda_1 = 27.39 < 40$

$$\lambda_1 = 27.39 < 0.5\lambda_{max} = 0.5 \times 60.09 = 30.05$$

满足单肢自身稳定的要求。

(3) 缀板的稳定

轴心受压构件的最大剪力 V_{max} 按式 (5-87) 计算，得

$$V_{max} = \frac{Af_d}{85}\sqrt{\frac{f_y}{235}} = \frac{91.268 \times 10^2 \times 215}{85}\sqrt{\frac{235}{235}} = 23085\text{N}$$

缀板的剪力 T 和弯矩 M 按式 (5-88) 和式 (5-89) 计算，得

$$T = V_1\frac{a}{c} = \frac{23085}{2} \times \frac{83}{21.96} = 43626\text{N}$$

$$M = V_1\frac{a}{2} = \frac{23085}{2} \times \frac{830}{2} = 4790138\text{N} \cdot \text{mm}$$

缀条因满足

$$t_b = 10\text{mm} \geqslant \frac{c}{40} = \frac{219.6}{40} = 5.49\text{mm}$$

可只作强度计算

缀板强度按式 (5-91) 和式 (5-92) 计算

$$\sigma = \frac{M}{W} = \frac{4790138}{\frac{10 \times 200^2}{6}} = 71.85\text{N/mm}^2 < f_d = 215\text{N/mm}^2$$

$$\tau = 1.5\frac{T}{bt_b} = 1.5 \times \frac{43626}{200 \times 10} = 32.81\text{N/mm}^2 < f_{vd} = 125\text{N/mm}^2$$

缀条强度满足要求。

5.8　轴心受压构件的刚度

与轴心受拉杆件一样，轴心受压构件的刚度也用长细比控制。由于受压构件有失稳破坏的可能，因此其长细比控制比轴心受拉构件更为严格。长细比控制的计算公式为

$$\lambda_{max} \leqslant [\lambda] \tag{5-93}$$

式中　$[\lambda]$ ——受压构件的容许长细比，可查有关规范。

习　　题

5.1　影响轴心受压稳定极限承载力的初始缺陷有哪些？在钢结构设计中应如何考虑？

5.2　某车间工作平台柱高 2.6m，轴心受压，两端铰接。材料用 I16（普通型），Q235 钢，钢材的强度设计值 $f_d=215\text{N/mm}^2$。求轴心受压稳定系数 φ 及其稳定临界荷载。如改用 Q345 钢，$f_d=310\text{N/mm}^2$，则各为多少？

5.3　图 5-26 所示为一轴心受压构件，两端铰接，截面形式为十字形。设在弹塑性范围内 E/G 值保持常数，问在什么条件下，扭转屈曲临界力低于弯曲屈曲临界力，钢材为 Q235。

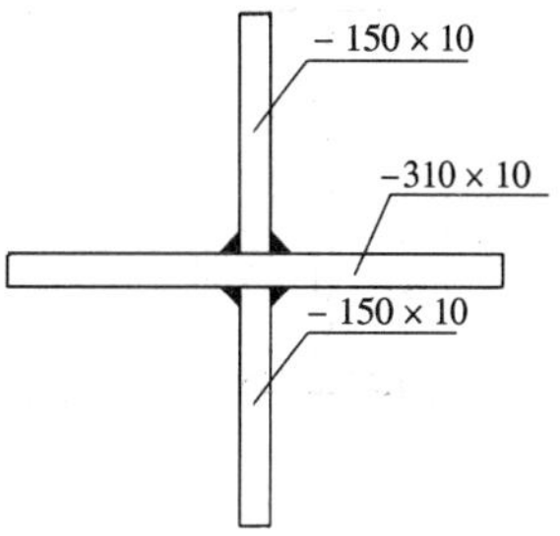

图 5-26　题 5.3

5.4　截面由钢板组成的轴心受压构件，其局部稳定计算公式是按什么准则进行推导得出的。

5.5　两端铰接的轴心受压柱，高 10m，截面由三块钢板焊接而成，翼缘为焰切边，材料为 Q235，强度设计值 $f_d=205\text{N/mm}^2$，承受轴心压力设计值 3000kN（包括自重）。如采用图 5-27 所示的两种截面，计算两种情况下柱是否安全。

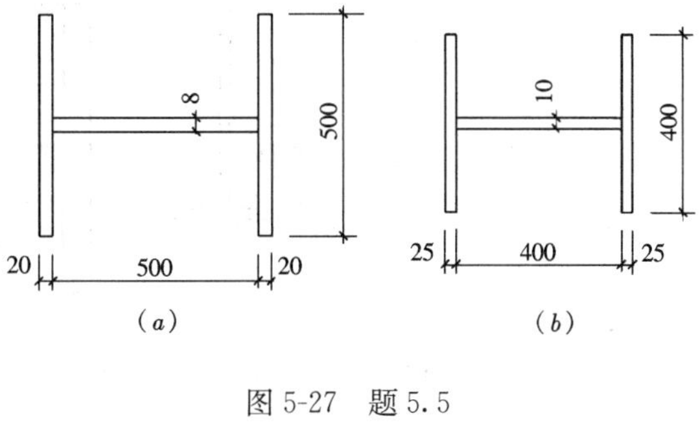

图 5-27　题 5.5

5.6　一轴心受压实腹柱，截面见图5-28。求轴压承载力设计值。计算长度 $l_{0x}=8m$，$l_{0y}=4m$（x 轴为强轴）。截面采用焊接组合工字形，翼缘采用I28a型钢。钢材为Q345，强度设计值 $f_d=310N/mm^2$。

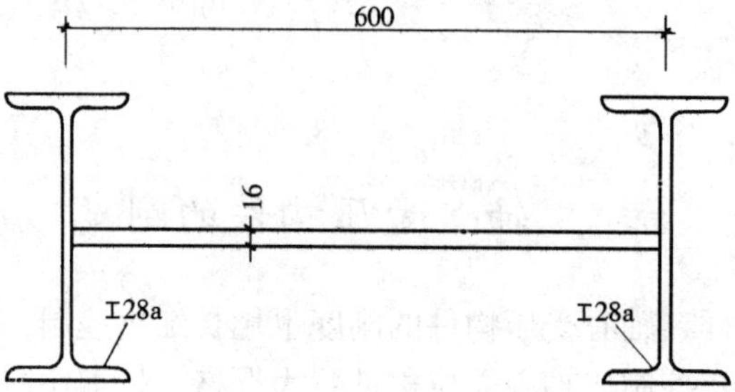

图5-28　题5.6

5.7　一轴心受压缀条柱，柱肢采用工字型钢，如图5-29所示。求轴压承载力设计值。计算长度 $l_{0x}=30m$，$l_{0y}=15m$（x 轴为虚轴），材料为Q235，$f_d=205\ N/mm^2$。

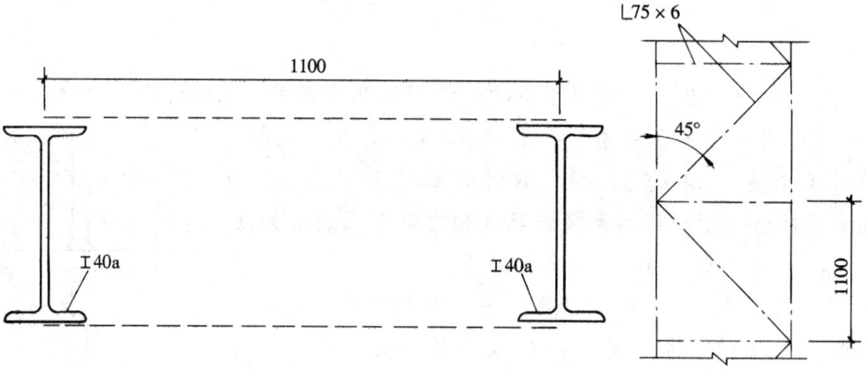

图5-29　题5.7

5.8　验算一轴心受压缀板柱。柱肢采用工字型钢，如图5-30所示。已知轴心压力设计值 $N=2000kN$（包括自重），计算长度 $l_{0x}=20m$，$l_{0y}=10m$（x 轴为虚轴），材料为Q235，$f_d=205N/mm^2$，$f_{vd}=125N/mm^2$。

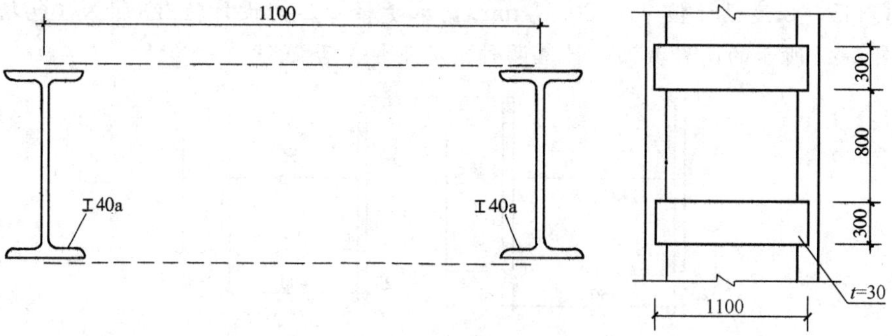

图5-30　题5.8

第6章 受弯构件

6.1 受弯构件的类型与截面

只受弯矩作用或受弯矩与剪力共同作用的构件称为受弯构件。实际工程中，以受弯受剪为主但作用着很小的轴力的构件，也常称为受弯构件。结构中的受弯构件主要以梁的形式出现，通常受弯构件和广义的梁是指同一对象。

按荷载情况不同，构件可能绕一个主轴受弯，也可能绕两个主轴同时受弯。前者称为单向弯曲构件（梁），后者称为双向弯曲或斜弯曲构件（梁）。

按支承条件不同，受弯构件可分为简支梁、连续梁、悬臂梁等。

按在结构体系传力系统中的作用不同，受弯构件分为主梁、次梁等。

按截面形式和尺寸沿构件轴线是否变化，有等截面受弯构件和变截面受弯构件之分。在一些情况下，使用变截面梁可以节省钢材；但也可能会增加制作成本。

按截面构成方式的不同，受弯构件可分实腹式截面和空腹式截面，前者又分为型钢截面与焊接组合截面。

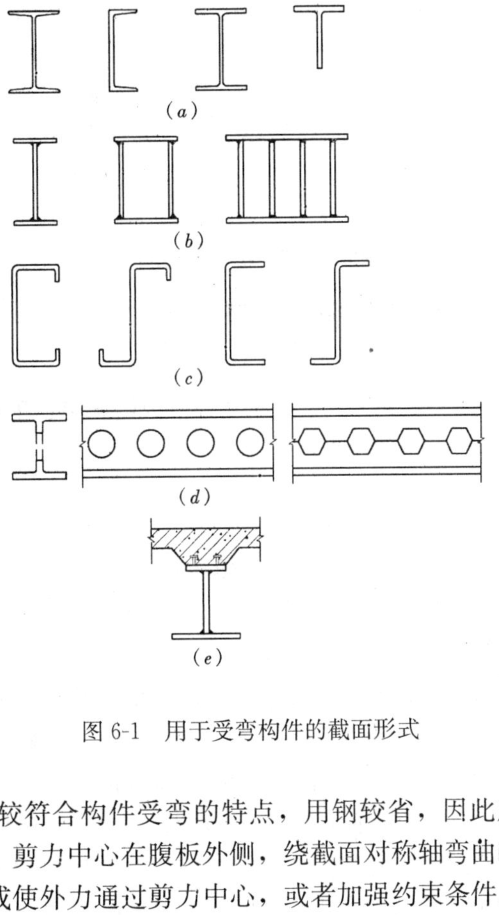

图 6-1　用于受弯构件的截面形式

采用型钢的受弯构件，通常使用工字型钢（也称为Ⅰ形钢）、H 型钢（其截面宽高比大于工字型钢）中的窄翼缘型钢（截面宽高比 0.3～0.5）和槽钢等（图 6-1*a*）。工字型钢与 H 型钢的材料在截面上的分布比较符合构件受弯的特点，用钢较省，因此应用普遍。槽钢翼缘较小，而且截面单轴对称，剪力中心在腹板外侧，绕截面对称轴弯曲时容易发生扭转，使用时常采用一定的措施，或使外力通过剪力中心，或者加强约束条件。

冷弯薄壁型钢（图 6-1*c*）也是经常用于受弯构件的型钢截面。在室温条件下加工成形的冷弯薄壁型钢，板壁一般较薄，多用在承受较小荷载的场合下，例如房屋建筑中的屋面檩条和墙梁。

由于受到轧制设备的限制，当型钢规格不能满足受弯构件的要求，或考虑最大限度地节省钢材时，可采用焊接组合截面（图 6-1*b*）。焊接组合截面由若干钢板，或钢板与型钢连接而成。它的截面比较灵活，有的情况下可使材料的分布更容易满足工程上的各种需要，从而节省钢材。用 3 块钢板组成的工字形截面、4 块钢板组成的箱形截面，以及由若

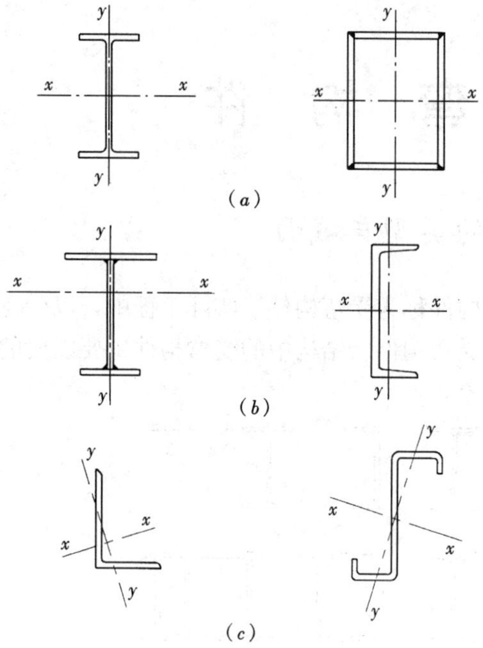

图 6-2　截面的强轴与弱轴

干个箱室组成的多室箱形截面，在工程中应用也很广泛。

空腹式截面（图 6-1d）可以减轻构件的自重，在建筑结构中也方便了管道的通行，对外露的结构构件，有时还能起到空间韵律变化的作用。

除了钢构件外，有用钢筋混凝土和轧制型钢或焊接截面构件构成的组合梁（图 6-1e），其中作为建筑物楼面、桥梁桥面等的混凝土板，也作为梁的组成部分参与抵抗弯矩。

受弯构件有两个正交的形心主轴，如图 6-2 所示的 x 轴与 y 轴。其中绕某一主轴的惯性矩、截面模量最大，称该轴为强轴，相对的另一轴则为弱轴。习惯上把强轴记为 x 轴。对于工字形、箱形及 T 形截面等，最外侧平行于强轴的板称为翼缘，垂直于强轴的板则称为腹板。

6.2　受弯构件的主要破坏形式

6.2.1　截面强度破坏

设一双轴对称工字形的等截面构件，构件两端施加等值同曲率的渐增弯矩 M，并设弯矩使构件截面绕强轴转动（图 6-3）。构件钢材的应力应变关系如图6-4（e）所示。当弯矩较小时（图 6-4f 中的 a 点），整个截面上的正应力都小于材料的屈服点，截面处于弹性受力状态，假如不考虑残余应力的影响，这种状态可以保持到截面最外“纤维”的应力达到屈服点为止（图 6-4a）。之后，随弯矩继续增大（图 6-4f 中的 b 点），截面外侧及其附近的应力相继达到和保持在屈服点的水准上，主轴附近则保留一个弹性核（图 6-4b）。应力达到屈服点的区域称为塑性区，塑性区的应变在应力保持不变的情况下继续发展，截面弯曲刚度仅靠弹性核提供。当弯矩增长使弹性核变得非常小时，相邻两截面在弯矩作用方向几乎可以自由转动。此时，可以把截面上的应力分布简化为图 6-4（c）所示的情况，这种情况可以看作截面达到了抗弯承载力的极限（图 6-4f 中的 c 点）。截面最外边缘及其附近的应力，实际上可能超过屈服点而进入强化状态，真实的应力分布如图 6-4（d）所示，

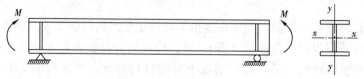

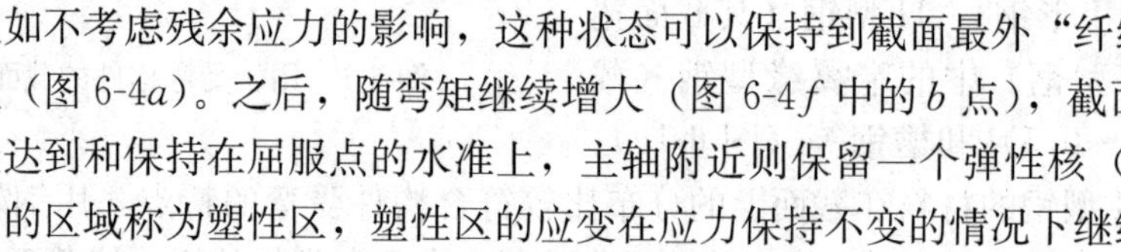

图 6-3　均匀受弯构件

截面的承载能力还可能略增大一些（图 6-4f 的 d 点），但此时因绝大部分材料已进入塑性，截面曲率变得很大，对于工程设计而言，可利用的意义不大。

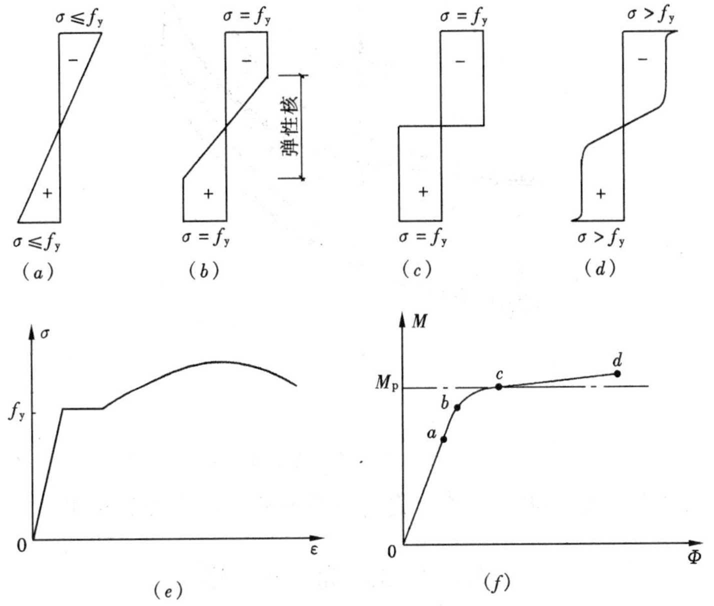

图 6-4　钢材应力应变关系图及受弯截面应力发展

实际工程的受弯构件的截面上都会有剪力。如图 6-5 所示两端简支构件受均布荷载作用，构件支座截面的剪力最大，若其最大剪应力达到材料剪切屈服值，也可视为强度破坏。有时，最大弯矩截面上会同时受到剪力和局部压力的作用，在这种多种应力同时存在的情况下，受弯构件的截面抗弯强度与只受弯矩时相比，会有若干降低。

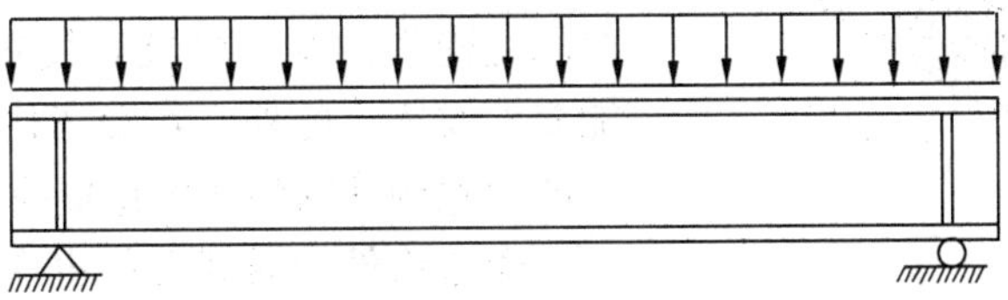

图 6-5　受均布荷载作用的简支梁

受弯构件在反复荷载作用下，有些部位可能发生疲劳裂纹；楼面梁中，由于楼面板的存在，使钢结构受弯构件截面的实际形心上移，形心轴下方最外侧的应力将增大，在强烈地震作用下，这一区域可能发生断裂。

6.2.2 整 体 失 稳

单向受弯构件在荷载作用下，虽然最不利截面上的弯矩或者弯矩与其他内力的组合效应还低于截面的承载强度，但构件可能突然偏离原来的弯曲变形平面，发生侧向挠曲和扭转（图 6-6），称为受弯构件的整体失稳。失稳时构件的材料都处于弹性阶段，称为弹性失稳，不然则称为弹塑性失稳。受弯构件整体失稳后，一般不能再承受更大荷载的作用；不仅如此，若构件在平面外的弯曲及扭转（称为弯扭变形）的发展不能予以抑制，就不能

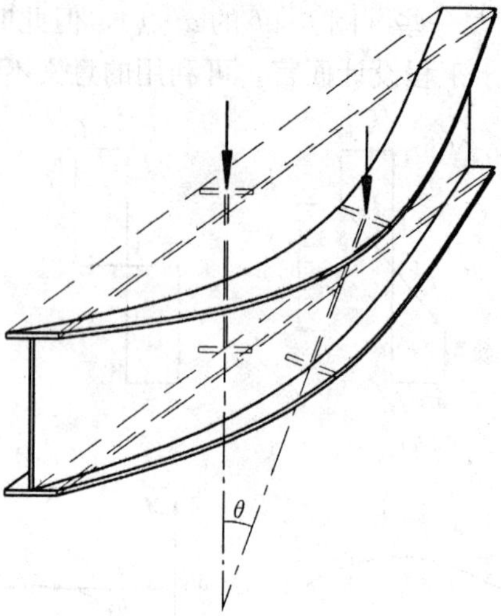

图 6-6 受弯构件的整体失稳

保持构件的静态平衡并发生破坏。整体失稳是受弯构件的主要破坏形式之一。

6.2.3 局部失稳

钢受弯构件的截面大都是由板件组成的。如果板件的宽度与厚度之比太大，在一定的荷载条件下，会出现波浪状的鼓曲变形，这种现象称为局部失稳。与整体失稳不同，若构件仅发生局部失稳，其轴线变形仍可视为发生在弯曲平面内（图 6-7）。板件的局部失稳，虽然不一定使构件立即达到承载极限状态而破坏，但局部失稳会恶化构件的受力性能，使得构件的承载强度不能充分发挥。此外，若受弯构件的翼缘局部失稳，可能导致构件的整体失稳提前发生。

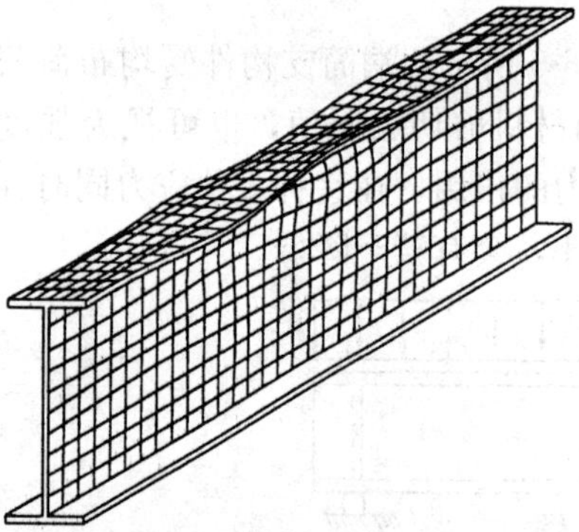

图 6-7 受弯构件的局部失稳

受弯构件的局部失稳也有弹性与弹塑性之分。当板件宽厚比较小时，受弯构件截面上的最大应力能够接近甚至超过屈服点，此后发生的板件鼓曲变形属于弹塑性局部失稳。当截面的板件宽厚比较大成为第 3 章 3.2.3 节中提到的薄柔截面时，板件会在弹性阶段发生局部失稳，板件失稳后还可继续承载，且承载强度比之失稳时还可能有所提高，所以弹性局部失稳说明受弯构件局部遭到破坏，承载性能开始恶化，但不一定作为构件整体遭到破坏的判别准则。

6.3 构件受弯时的截面强度

6.3.1 强度准则

构件受弯时截面强度的设计准则有如下三种：

（1）边缘屈服准则，即截面上边缘纤维的应力达到钢材的屈服点时，就认为受弯构件的截面已达到强度极限，截面上的弯矩称为屈服弯矩。这时除边缘屈服以外，其余区域应力仍在屈服点之下。采取这一准则，对截面只需进行弹性分析。

（2）全截面塑性准则，即以整个截面的内力达到截面承载极限强度的状态作为强度破坏的界限。截面仅受弯矩时，截面的承载极限强度以图 6-4（*c*）为基础进行计算，这时的弯矩称为塑性弯矩或极限弯矩。

（3）有限塑性发展的强度准则，即将截面塑性区限制在某一范围，一旦塑性区达到规定的范围即视为强度破坏。

6.3.2 抗 弯 强 度

1. 单向弯曲时的抗弯强度

（1）按边缘屈服准则分析

设截面上仅作用绕主轴 x 轴的弯矩 M_x，按弹性阶段计算，截面边缘正应力 σ 为

$$\sigma=\frac{M_x}{W_x} \tag{6-1}$$

式中 M_x——绕 x 轴的弯矩；

W_x——对 x 轴的弹性截面模量，或简称截面模量，由于钢材受拉受压时的屈服点可认为是相同的，当截面对 x 轴不对称时，应取对该轴的最小截面模量。

当截面最外边缘的正应力达到屈服点 f_y 时，截面承受的弯矩即屈服弯矩 M_{ex}为

$$M_{ex}=W_xf_y \tag{6-2}$$

相应的屈服弯矩设计值 M_{exd}为

$$M_{exd}=W_xf_d \tag{6-3}$$

式中 f_d——考虑多种可靠度因素后的材料抗弯强度设计值。

按边缘屈服准则，截面抗弯强度的计算公式为

$$M_x\leqslant M_{exd} \tag{6-4}$$

写成应力表达式有

$$\sigma=\frac{M_x}{W_x}\leqslant f_d \tag{6-5}$$

（2）按全截面塑性准则分析

受弯矩作用的截面，边缘屈服后，截面尚有继续承载的能力；随截面曲率增大，截面上各点的应变继续发展，这些点的应力逐步达到屈服强度。根据应力应变关系的理想弹塑性模型，假设整个截面都进入塑性，以图 6-4（*c*）为承载强度极限状态，求得的弯矩即塑性弯矩 M_{px}为

$$M_{px}=W_{px}f_y \tag{6-6}$$

相应的塑性弯矩设计值 M_{pxd}为

$$M_{pxd}=W_{px}f_d \tag{6-7}$$

式中的 W_{px}是绕强轴的塑性截面模量。截面上作用的弯矩不能超过极限弯矩设计值，即

$$M_x\leqslant M_{pxd}=W_{px}f_d \tag{6-8a}$$

或

$$\frac{M_x}{M_{pxd}} \leqslant 1 \tag{6-8b}$$

这就是全截面进入塑性时，截面的抗弯强度计算公式。前文已经提及，由于整体失稳和局部失稳都会降低构件的承载力，所以以式（6-8）作为截面抗弯强度准则时，应以构件不发生整体失稳或局部失稳为条件。不发生局部失稳的条件就是截面应符合第 3 章 3.2.3 节中提到的厚实截面，或按我国《钢结构设计标准》要求，宽厚比等级不应低于 S2 级（见表 3-1）。

W_{px}按以下步骤计算：

1）找出达到极限弯矩时截面的中和轴。它是与弯曲主轴平行的截面面积平分线，该中和轴两边的面积相等。在双轴对称截面中，这条轴就是主轴。

2）分别求两侧面积对中和轴的面积矩，面积矩之和即为塑性截面模量。

对绕弱轴的塑性截面模量按同样方法计算。

【例 6-1】 图 6-8 所示 T 形截面（250×200×10×10），求强轴方向和弱轴方向的塑性截面模量，并与弹性截面模量比较。

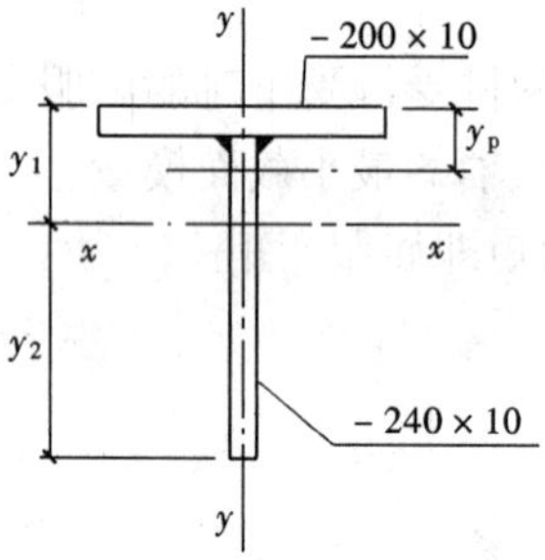

图 6-8　例 6-1

【解】

（1）截面面积

$$A = 200 \times 10 + 240 \times 10 = 4400\text{mm}^2$$

（2）求强轴方向的塑性截面模量

面积平分线距上翼缘最外纤维的距离为

$$y_p = \left(\frac{4400}{2} - 2000\right) \div 10 + 10 = 30\text{mm}$$

求两侧面积对中和轴的面积矩

$$S_u = 200 \times 10 \times (30 - 5) + 20 \times 10 \times 10 = 52000\text{mm}^3$$

$$S_l = 220 \times 10 \times 110 = 242000\text{mm}^3$$

求塑性截面模量

$$W_{px} = S_u + S_l = 294000\text{mm}^3$$

（3）求弱轴方向的塑性截面模量

因为截面对弱轴对称，故可直接计算对中和轴的面积矩之和。

$$W_{py} = \frac{1}{4} \times 10 \times 200^2 + \frac{1}{4} \times 240 \times 10^2 = 106000\text{mm}^3$$

（4）计算对两主轴的弹性截面模量

x 轴距上、下翼缘边缘的距离为

$$y_1 = \frac{200 \times 10 \times 5 + 240 \times 10 \times 130}{4400} \approx 73.2\text{mm}$$

$$y_2 = 250 - 73.2 = 176.8\text{mm}$$

$$I_x = \frac{1}{12} \times 200 \times 10^3 + 200 \times 10 \times (73.2 - 5)^2 + \frac{1}{12} \times 10 \times 240^3 + 240 \times 10 \times (176.8 - 120)^2 \approx 28582123\text{mm}^4$$

$$W_{x1} = 28582123 \div 73.2 = 390466\text{mm}^3$$

$$W_{x2} = 161664\text{mm}^3$$

$$I_y = \frac{1}{12} \times 10 \times 200^3 + \frac{1}{12} \times 240 \times 10^3 \approx 6686667\text{mm}^3$$

$$W_y = 66867\text{mm}^3$$

（5）两方向塑性截面模量与弹性截面模量的比较

$$\gamma_{px} = W_{px}/\min\{W_{x1}, W_{x2}\} = 294000 \div 161664 \approx 1.82$$

$$\gamma_{py} = W_{py}/W_y = 106000 \div 66867 \approx 1.59$$

从上题计算可以看出，当形心主轴 x 轴不是截面的对称轴时，形心主轴 x 轴与塑性中和轴不重合，截面受弯时，随弹性向塑性的发展，中和轴偏离形心主轴 x 轴。

需要说明的是，式（6-6）是全截面都已进入塑性范围时计算得到的，若如同边缘屈服准则那样，从式（6-8*a*）右端项中把 W_{px} 移至左端项，形似应力表达式，实际上并不代表真正的应力状态，因此是毫无意义的。

通常把极限弯矩和屈服弯矩的比值称为截面塑性发展系数，记为 γ_p，不区分 x 轴或 y 轴，统一表示为

$$\gamma_p = \frac{M_p}{M_e} = \frac{W_p}{W} \tag{6-9}$$

钢结构构件常用的工形截面，绕强轴弯曲时塑性截面模量与弹性截面模量之比 γ_{px} 约为 1.1，绕弱轴弯曲时 γ_{py} 约为 1.5；箱形截面约为 1.1。其余截面 γ_{px}、γ_{py} 的大致范围可见表 6-1。由表可知截面极限弯矩值大于屈服弯矩值是显而易见的。

不同形式截面的塑性发展系数 **表 6-1**

截 面 形 式	绕强轴的截面塑性发展系数 γ_{px}	绕弱轴的截面塑性发展系数 γ_{py}
工字形截面	1.12	1.50
槽形截面（热轧钢）	1.20	1.20～1.40
箱形截面	1.12	1.12
圆管截面	1.27	1.27
十字形截面	1.50	1.50
矩形截面	1.50	1.50

（3）按有限塑性发展的强度准则分析

跨中某一最大弯矩截面基本进入塑性后，该截面在保持极限弯矩的条件下形成了一个可动铰，即所谓塑性铰。若形成塑性铰后该受弯构件成为机构，则理论上构件的挠度会无限增长。如果构件截面的应力发展非常接近于这种状态，会造成过大的塑性变形或留下显著的残余变形。为防止这种情况影响受弯构件的使用，工程设计时采取有限塑性发展的准则，限制截面塑性区在截面高度两侧一定范围内发展，即以图 6-4（*b*）的应力状态为设计采用的极限状态，采用有限截面塑性发展系数 γ_x 或 γ_y 来表征按此定义的截面抗弯承载强度的提高，$1<\gamma_x<\gamma_{px}$，$1<\gamma_y<\gamma_{py}$。我国《钢结构设计标准》规定，对工字形截面绕强轴弯曲时 γ_x 取 1.05，绕弱轴弯曲时 γ_y 取 1.2；对箱形截面，γ_x、γ_y 均取 1.05。

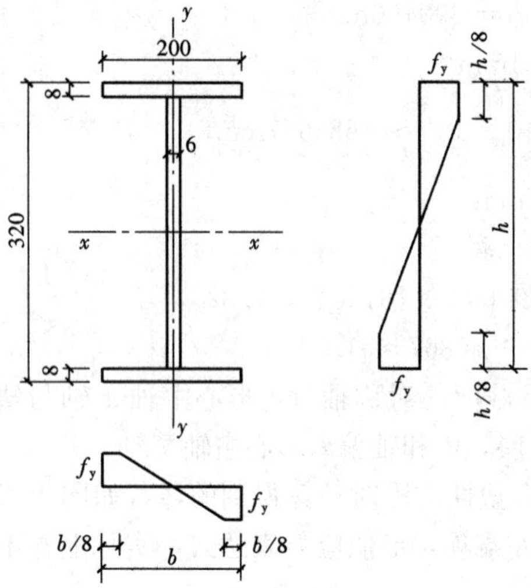

图 6-9　例 6-2

对 x 轴的截面抗弯强度设计值 M_{epx} 可按下式计算

$$M_{epx} = \gamma_x M_{exd} \tag{6-10}$$

截面上作用的弯矩不能超过截面的抗弯强度设计值 M_{epx}，即

$$M_x \leqslant \gamma_x M_{exd} = M_{epx} \tag{6-11a}$$

或

$$\frac{M_x}{M_{epx}} \leqslant 1 \tag{6-11b}$$

【例 6-2】 一工字形截面 320×200×6×8，求绕强轴、弱轴的屈服弯矩、塑性弯矩和截面两边缘塑性区高度占截面高度 1/8 时的弹塑性弯矩。已知屈服强度 f_y=235N/mm²。

【解】

（1）求屈服弯矩

$$I_x = \frac{200 \times 320^3 - 194 \times 304^3}{12} = 91939499\text{mm}^4$$

$$I_y = \frac{2 \times 8 \times 200^3 + 304 \times 6^3}{12} = 10672139\text{mm}^4$$

$$W_x = \frac{91939499}{160} = 574622\text{mm}^3$$

$$W_y = \frac{10672139}{100} = 106721\text{mm}^3$$

$$M_{ex} = 574622 \times 235 = 135036170\text{N} \cdot \text{mm}$$

$$M_{ey} = 106721 \times 235 = 25079435\text{N} \cdot \text{mm}$$

（2）求塑性弯矩

$$W_{px} = 2 \times 200 \times 8 \times 156 + \frac{1}{4} \times 6 \times 304^2 = 637824\text{mm}^3$$

$$W_{py} = \frac{1}{4} \times (2 \times 8 \times 200^2 + 304 \times 6^2) = 162736\text{mm}^3$$

$$M_{px} = 637824 \times 235 = 149888640\text{N} \cdot \text{mm}$$

$$M_{py} = 162736 \times 235 = 38242960\text{N} \cdot \text{mm}$$

或根据表 6-1，求得近似值。

$$M_{px} = \gamma_{px} M_{ex} = 1.12 \times 135036170 = 151240510\text{N} \cdot \text{mm}$$

$$M_{py} = \gamma_{py} M_{ey} = 1.50 \times 25079435 = 37619153\text{N} \cdot \text{mm}$$

（3）求截面塑性区高度在截面高度两侧 1/8 区域时的弯矩

沿截面高度和宽度方向的塑性区深度分别为 $320\times\frac{1}{8}=40\text{mm}$，$200\times\frac{1}{8}=25\text{mm}$。

$$M_{\text{epx}}=2\times[200\times8\times156\times235+6\times32\times(160-8-16)\times235]$$
$$+\frac{1}{6}\times6\times240^2\times235=143120640\text{N}\cdot\text{mm}$$

$$M_{\text{epy}}=4\times8\times25\times87.5\times235+2\times\frac{1}{6}\times8\times150^2\times235$$
$$+\frac{1}{6}\times304\times6^2\times235\times\frac{3}{0.75\times100}=30567146\text{N}\cdot\text{mm}$$

(4) 计算比较

$$M_{\text{px}}:M_{\text{epx}}:M_{\text{ex}}=1.11:1.06:1.0$$

$$M_{\text{py}}:M_{\text{epy}}:M_{\text{ey}}=1.52:1.22:1.0$$

2. 双向弯曲时的抗弯强度

(1) 按边缘屈服准则分析

当绕截面两个主轴分别作用弯矩 M_x、M_y 时，按边缘屈服的强度设计准则，要求截面边缘一点最大弯曲应力不大于材料的屈服强度，即

$$\sigma=\frac{M_x}{W_x}+\frac{M_y}{W_y}\leqslant f_y \tag{6-12}$$

相应的设计公式为

$$\sigma=\frac{M_x}{W_x}+\frac{M_y}{W_y}\leqslant f_d \tag{6-13}$$

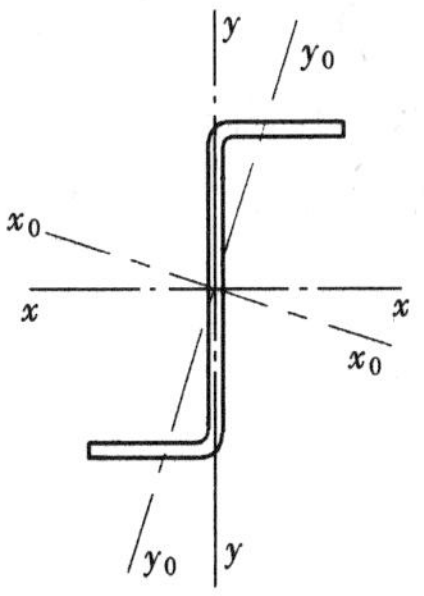

x_0、y_0 为截面形心主轴

x、y 为截面形心轴，分别与腹板垂直或平行

图 6-10 Z形截面的坐标

工程上某些常用的型钢截面如Z形或带卷边的Z形，通常以图 6-10 所示的 x-y 坐标轴给出截面的几何参数。由于式 (6-12) 和式 (6-13) 是关于截面主轴的应力表达式，对这种情况，一般应根据转轴公式求出截面主轴位置及其截面的几何性质，然后应用式 (6-12) 或式(6-13)。

式 (6-12) 和式 (6-13) 可用截面强度来表达

$$\frac{M_x}{M_{\text{ex}}}+\frac{M_y}{M_{\text{ey}}}\leqslant1 \tag{6-14}$$

和

$$\frac{M_x}{M_{\text{exd}}}+\frac{M_y}{M_{\text{eyd}}}\leqslant1 \tag{6-15}$$

式中，M_{ex}、M_{ey}为对应截面两主轴的屈服弯矩，M_{exd}、M_{eyd}为对应的主轴的屈服弯矩设计值。两个或两个以上的内力在一个公式中出现称为相关公式。上述相关公式的临界状态，即取等号时的图形表示，见图 6-11 中曲线 a。由图可见，在边缘屈服准则的提法下，双向弯曲的截面强度相关公式呈直线关系。若截面上作用的双向弯矩在 M_x、M_y 平面上的点落在相关直线靠原点的一侧，说明截面还未到达边缘屈服。

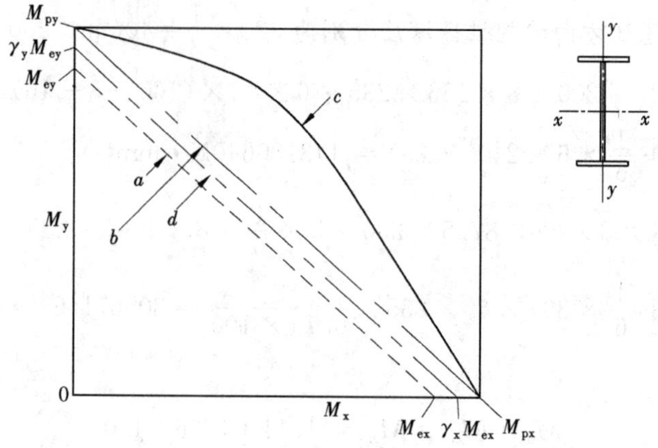

图 6-11　截面强度的相关曲线

（2）按全截面塑性准则分析

当考虑整个截面都进入塑性时，可以用以下方法求出相关公式。首先确定截面上的塑性中和轴位置。这需要知道该轴上一点相对于截面形心的坐标 x_p、y_p 及中和轴相对于截面主轴的转角 θ_p 共三个参数。根据极限状态的假定，截面上各点应力都到达屈服点，按弯曲平衡条件

$$N=\int f_y \mathrm{d}A=0 \tag{a}$$

$$M_x=\int f_y y \mathrm{d}A \tag{b}$$

$$M_y=\int f_y x \mathrm{d}A \tag{c}$$

可以确定这三个参数。这样得到的两方向弯矩的相关关系如图 6-11 中曲线 c 所示，是一关于原点的外凸曲线。在工程应用时，也可将其近似为直线关系或折线关系。当采用近似直线关系时，截面受到的弯矩不应超过式（6-16）和式（6-17）所表示的这种近似的“极限状态”。

$$\frac{M_x}{M_{px}}+\frac{M_y}{M_{py}}\leqslant 1 \tag{6-16}$$

和

$$\frac{M_x}{M_{pxd}}+\frac{M_y}{M_{pyd}}\leqslant 1 \tag{6-17}$$

这种近似的极限状态如图 6-11 中直线 b 所示。

（3）按有限塑性发展的强度准则分析

若把式（6-11）的有限塑性发展时截面抗弯承载强度的概念用于双向受弯，则得

$$\frac{M_x}{\gamma_x M_{ex}}+\frac{M_y}{\gamma_y M_{ey}}\leqslant 1 \tag{6-18}$$

和

$$\frac{M_x}{\gamma_x M_{exd}}+\frac{M_y}{\gamma_y M_{eyd}}\leqslant 1 \tag{6-19}$$

如图 6-11 中直线 d 所示。以上各式推导时，没有考虑受弯构件因有螺栓孔引起的截面削弱，在计算 M_{ex}、M_{exd}、M_{ey}、M_{eyd}、M_{px}、M_{pxd}、M_{py}和 M_{pyd}时，应分别采用构件的净截面参数 W_{nx}、W_{ny}或 W_{npx}、W_{npy}。

我国《钢结构设计标准》采用式（6-19）作为构件截面抗弯强度计算的一般公式。规定当截面板件宽厚比等级为 S1～S3 时，对工字形截面（x 为强轴）取 $\gamma_x=1.05$，$\gamma_y=1.20$，对箱形截面取 $\gamma_x=\gamma_y=1.05$；当截面板件宽厚比等级为 S4、S5 时，取 $\gamma_x=\gamma_y=1.0$；对需要计算疲劳的构件，宜取 $\gamma_x=\gamma_y=1.0$。

6.3.3 抗 剪 强 度

按材料力学，开口截面的剪应力按式（6-20）计算

$$\tau=\frac{V_y S_x}{I_x t} \tag{6-20}$$

式中 V_y——截面上作用的剪力，设与 y 轴平行；

I_x——与剪力作用线垂直的截面主轴的惯性矩；

t——计算点处板件的厚度；

S_x——计算点处对截面主轴的面积矩，对工字形截面、槽形截面腹板上的点，计算 S_x 时的面积取计算点至截面最边缘的面积；对翼缘上的点，则取计算点至翼缘外伸端的面积。

工字形截面上的剪力主要由腹板承受。因此，剪应力也可近似用下式表达

$$\tau=\frac{V_y}{A_w} \tag{6-21}$$

A_w 为腹板面积。用式（6-20）算得的截面最大剪应力与按式（6-21）计算的腹板平均剪应力的比较见图 6-12，可见这种近似是工程上可以接受的。

截面上剪应力最大值达到屈服剪应力，也是强度的一种极限状态，

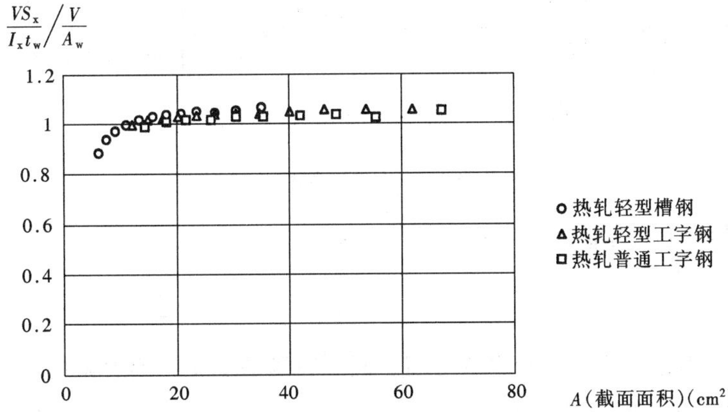

图 6-12 常用型钢截面剪应力计算的比较

$$\tau \leqslant f_{vy} \tag{6-22}$$

在设计时则用

$$\tau \leqslant f_{vyd} \tag{6-23}$$

按式（6-20），截面最大剪应力达到屈服剪应力时对应的屈服剪力为

$$V_{ey} = \frac{I_x t}{S_x} f_{vy} \tag{6-24}$$

屈服剪力设计值为

$$V_{eyd} = \frac{I_x t}{S_x} f_{vyd} \tag{6-25}$$

剪力强度计算改用剪力来表达，则

$$V_y \leqslant V_{ey} \tag{6-26}$$

或

$$V_y \leqslant V_{eyd} \tag{6-27}$$

当开口薄壁截面构件受到沿 x 轴方向的横向力作用时，按下式计算剪应力

$$\tau = \frac{V_x S_y}{I_y t} \tag{6-28}$$

如开口薄壁截面构件受到两个方向剪力作用，则可将式（6-20）、式（6-28）的计算结果叠加。对于截面上有螺栓孔等微小削弱时，工程上仍用毛截面参数进行抗剪强度计算。

6.3.4 局部承压强度

作用在受弯构件上的横向力以分布荷载或集中荷载的形式出现。集中荷载也是有一定分布长度的，不过其分布范围较小而已。对于工字形截面，在集中力作用处的翼缘和腹板交界位置可能出现较大的集中应力。例如，在楼面结构主次梁叠接处主梁的腹板上，以及在吊车轮压作用下吊车梁的腹板上等，见图 6-13。

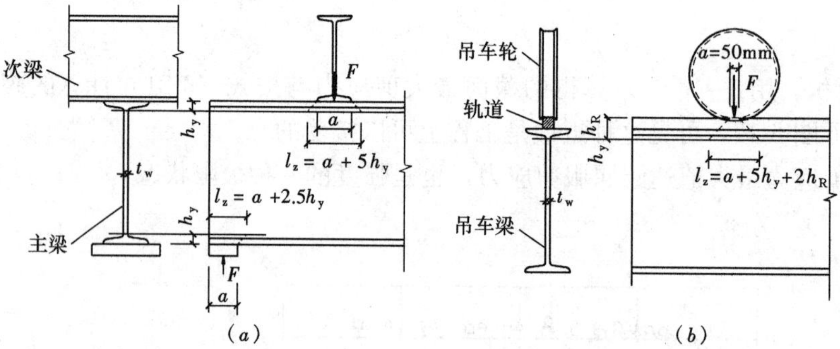

图 6-13 局部承压

梁的腹板边缘处的局部承压力可按下式计算

$$\sigma_c = \frac{F}{t_w l_z} \tag{6-29}$$

式中 F——集中荷载，必要时要考虑荷载的动力系数或集中力增大系数；

t_w——计算点处腹板的厚度；

l_z——集中荷载在腹板计算高度边缘的假定分布长度，可按下式计算

$$l_z = a + 5h_y + 2h_R \tag{6-30}$$

a——集中荷载沿梁跨度方向的支承长度，当吊车轮压作用时，可取为50mm；

h_y——自集中荷载作用面至腹板计算点的距离：腹板的计算点，对轧制钢梁，为腹板与翼缘相接处内弧的起点位置；对焊接组合梁，为腹板与翼缘交界处；

h_R——轨道的高度，对梁顶无轨道的梁 $h_R=0$。

局部承压处的局部承压应力不应超过材料的屈服强度，通常以此作为局部承压的设计准则。受弯构件局部承压强度不能满足这一要求时，一般考虑在集中荷载作用处设置支承加劲肋，如图 6-14 所示。在构件的支座位置处，下翼缘与腹板交界处的局部承压问题，也可采用支承加劲肋的方式加以处理。

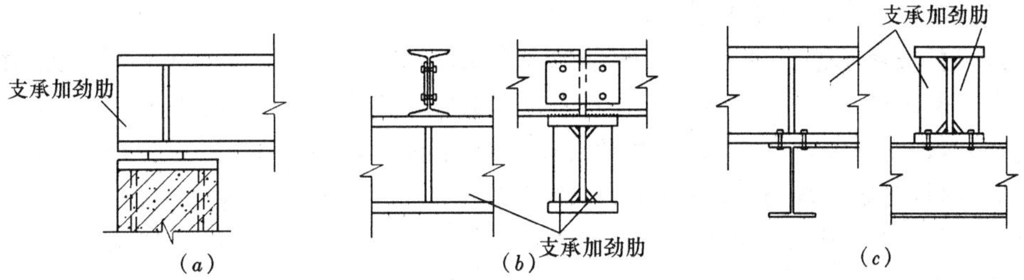

图 6-14 支承加劲肋

图 6-14（c）是受弯构件下翼缘受集中力作用的情况。此时腹板与翼缘交界处受到局部拉力的作用，虽然不是局部承压，其局部应力的性质是相似的，可按同样方式计算与处理。

6.3.5 复合应力与折算应力

受弯构件通常是同时承受剪力和弯矩的。同一个截面上，弯曲正应力最大值的点和剪应力最大值的点一般不在同一位置，在边缘屈服准则的提法下，正应力和剪应力的强度极限可以分别独立考虑。

但是截面上有些部位可能同时产生较大的弯曲应力和较大的剪应力，有时还有局部压应力或拉应力，这就是复合应力状态。在这种情况下，可根据材料力学中第四强度理论来判定这些点是否到达屈服。计算公式如下

$$\sqrt{\sigma^2 + \sigma_c^2 - \sigma\sigma_c + 3\tau^2} \leqslant f_y \tag{6-31}$$

工程设计时，则采用

$$\sqrt{\sigma^2 + \sigma_c^2 - \sigma\sigma_c + 3\tau^2} \leqslant \beta_1 f_d \tag{6-32}$$

式中 σ——弯曲正应力，以拉为正，以压为负；

σ_c——局部承压应力或局部拉应力，与弯曲正应力的方向相垂直，局部应力以拉为正，以压为负；

τ——剪应力；

β_1——强度增大系数，当 σ 与 σ_c 异号时，取 $\beta_1=1.2$；当 σ 与 σ_c 同号或 $\sigma_c=0$ 时，取 $\beta_1=1.1$。

有时将上式不等号左边称为折算应力。

应用公式（6-31）、式（6-32）时，所有的应力应当是发生在同一点的应力。例如工字形焊接组合截面在上翼缘和腹板交接处的弯曲正应力、局部压应力和剪应力。

式（6-32）的右端采用强度增大系数的原因，是考虑到个别点的应力进入塑性后截面还有承载力富余。这已包含了按截面部分进入塑性作为强度准则的考虑。

若以截面完全达到塑性作为极限状态来考虑，截面抗弯承载强度和抗剪承载强度是互相关联的。按理想弹塑性模型考虑，截面能承受的弯矩将低于极限弯矩。一些文献对受剪受弯截面的极限强度作了理论分析。在工程常用截面的范围内，当截面上最大剪力不超过腹板截面的剪切屈服承载力，即$V \leqslant A_w f_{vy}$，在板件不发生局部失稳的条件下，剪力对极限弯矩的影响并不大，可以不予考虑。

【例 6-3】 一简支梁，梁跨7m，焊接组合截面450×150×12×18（mm）。梁上作用均布恒荷载（未含梁自重）17.1kN/m，均布活荷载6.8kN/m，距一端2.5m处，尚有集中恒荷载60kN，支承长度0.2m，荷载作用面距钢梁顶面12cm。此外，梁两端的支承长度各0.1m。钢材屈服强度为235N/mm^2，屈服剪应力136N/mm^2。在工程设计时，荷载系数对恒荷载取1.2，对活荷载取1.4。钢材的抗拉、抗压和抗弯强度设计值f_d为205N/mm^2，抗剪强度设计值f_{vd}为125N/mm^2。考虑上述系数，计算钢梁截面强度。

【解】

（1）计算截面系数

$$A = 10368\text{mm}^2$$

$$I_x = 323046144\text{mm}^4$$

$$W_x = 1435760\text{mm}^3$$

$$S_{xl} = 150 \times 18 \times 216 = 583200\text{mm}^3$$

$$S_{xm} = 583200 + \frac{12 \times 207^2}{2} = 840294\text{mm}^3$$

（2）计算荷载与内力

自重　$g=0.814\text{kN/m}$

均布荷载　$q=1.2\times(17.1+0.814)+1.4\times6.8=31.017\text{kN/m}$

集中荷载　$F=1.2\times60=72\text{kN}$

梁上剪力与弯矩分布见图6-15。

（3）计算截面强度

1）弯曲正应力

C处截面弯矩最大，按边缘屈服准则

$$\frac{M_x}{W_x} = \frac{290.639\times10^6}{1435760} = 202\text{N/mm}^2 < 205\text{N/mm}^2$$

若按有限塑性发展准则（取$\gamma_x=1.05$）得

$$\frac{M_x}{\gamma_x M_{exd}} = 0.940 < 1.0$$

按全截面塑性准则（取$\gamma_{px}=1.12$）得

$$\frac{M_x}{M_{pxd}} = 0.882 < 1.0$$

2）剪应力

A 处截面剪力最大

$$\tau_{max}=\frac{V_y S_{xm}}{I_x t}=\frac{154845\times840294}{323046144\times12}=33.6\text{N/mm}^2<125\text{N/mm}^2$$

3）局部承压应力

A 处虽有很大集中反力，因设置了加劲肋，可不计算局部承压应力。

B 截面处

$$\sigma_c=\frac{72000}{(200+5\times18+2\times120)\times12}=11.3\text{N/mm}^2<205\text{N/mm}^2$$

4）折算应力

B 处左侧截面同时存在很大的弯矩、剪力和局部承压应力，计算腹板与翼缘交界处的分项应力与折算应力

$$\sigma_1=\frac{M_x}{W_x}\times\frac{207}{225}=\frac{290.185\times10^6}{1435760}\times\frac{207}{225}=185.8\text{N/mm}^2$$

$$\tau_1=\frac{V_y S_{x1}}{I_x t}=\frac{77303\times583200}{323046144\times12}=11.6\text{N/mm}^2$$

$$\sigma_c=11.3\text{MPa}$$

$$\sigma_{zs}=\sqrt{185.8^2+11.3^2-185.8\times11.3+3\times11.6^2}=181.5\text{N/mm}^2$$

其值小于钢材抗弯强度设计值。

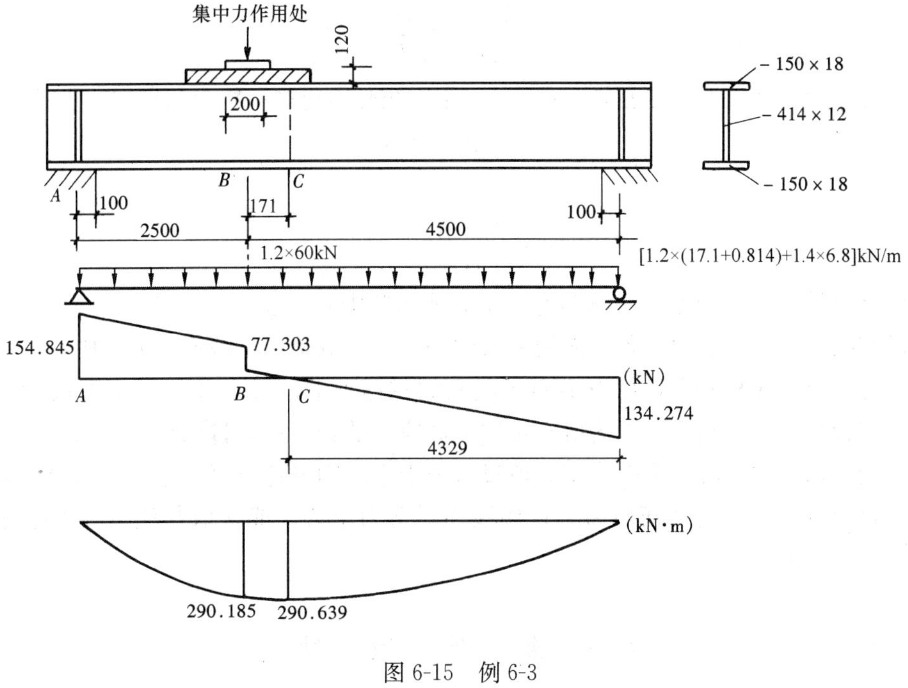

图 6-15 例 6-3

6.3.6 受弯构件的剪力中心

先考察图 6-16 所示槽钢截面受弯构件。设其截面上作用剪力 V_y 和弯矩 M_x。分别按 σ

$=\dfrac{M_x y}{I_x}$ 和 $\tau=\dfrac{V_y S_x}{I_x t}$ 作出弯曲正应力和剪应力的分布图如图 6-16（c）、（d）所示。注意 S_x 是随计算点而变化的系数，对翼缘部分，若翼缘厚度不变，则这部分面积对 x 轴的形心距为常数。所以，边缘至计算点的面积矩随点的移动而线性变化；对腹板部分，面积矩计算时与 y 坐标为平方关系。从剪应力的计算式（6-20）可看出，剪应力沿截面板件厚度大小不变，所以沿着截面的中线（截面板厚的平分线），剪应力在翼缘上的分布呈直线关系，在腹板上呈抛物线关系。

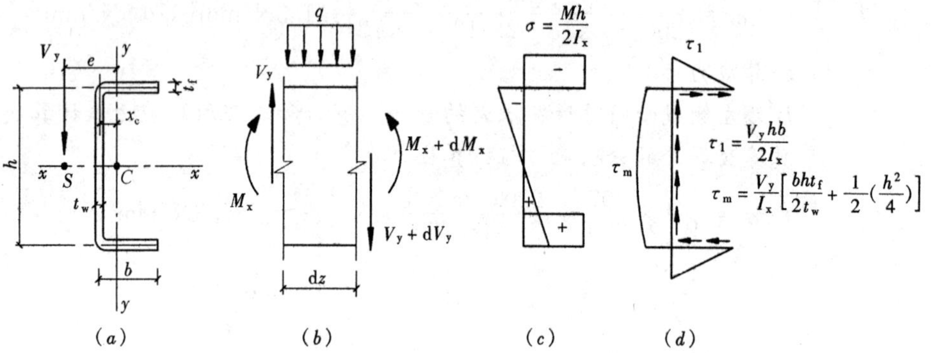

图 6-16　槽形截面的弯曲正应力与剪应力分布

上下翼缘剪应力的合力为零，但形成对于形心的力矩。

$$M_z=\frac{V_y bh}{2I_x}\times\frac{bt_f}{2}\times h \tag{d}$$

欲平衡该力矩使得截面不发生扭转，剪力 V_y 作用线必须通过一特定的点 S，使得

$$V_y(e-x_c)=M_z \tag{e}$$

即

$$e=\frac{b^2h^2t_f}{4I_x}+x_c \tag{6-33}$$

这一特殊点 S 称为剪力中心，也称为弯曲中心或扭转中心。

可以用同样的方法求出各种截面的剪力中心。对于双轴对称截面，剪力中心就是截面的形心；对于单轴对称截面，剪力中心在截面的对称轴上；对 T 形、十字形截面，剪力中心就在多板件的交汇点上，因为所有板件上剪应力的合力均通过该点。

设计受弯构件时，若使横向作用力通过剪力中心，则设计时可不考虑横向力引起的扭转问题；否则也应尽可能使横向力的作用线靠近剪力中心，或采取其他措施来阻止构件扭转。

6.4　构件扭转

6.4.1　自由扭转

若等截面构件受到扭矩作用，但同时满足以下两个条件：

(1) 截面上受等值反向的一对扭矩作用；

(2) 构件端部截面的纵向纤维不受约束。

就是所谓的自由扭转，又称圣文南扭转。自由扭转的特点是：截面上的应力为扭转引起的剪应力；构件单位长度的扭转角处处相等。

开口截面构件自由扭转时，截面上剪应力沿板件厚度呈线性分布，在板件厚度的中央为零，两边缘处达到最大值，这与受横向力作用时不同。

图 6-17 自由扭转

开口截面构件受扭时板件边缘的剪应力可按下式计算：

$$\tau=\frac{M_z t}{I_t} \tag{6-34}$$

其中 I_t——截面的相当极惯性矩，又称圣文南系数，对开口截面：$I_t=\eta\frac{1}{3}\sum_{i=1}^{n}b_i t_i^3$

b_i——组成截面的各板件的宽度（或高度）；

t_i——组成截面的各板件的厚度；

η——型钢修正系数，对槽钢 $\eta=1.12$，T 型钢 $\eta=1.15$，工字型钢 $\eta=1.20$；多板件组成的焊接组合截面，可近似取 $\eta=1.0$。

闭口截面的构件自由扭转时，板件内剪应力沿壁厚方向可以认为是不变的，一点处剪应力可按下式计算

$$\tau=\frac{M_z}{2A_0 t} \tag{6-35}$$

式中 A_0——截面厚度中线所围成的面积。

自由扭转产生的截面剪应力的合力矩是用以平衡外扭矩的，记为 M_k，又称为圣文南扭矩，M_k 与扭转角的关系为

$$M_k=GI_t\theta' \tag{6-36}$$

式中 θ'——单位扭转角。

闭口截面的 I_t 按下式计算

$$I_t=\frac{4A_0^2}{\oint\frac{ds}{t}} \tag{6-37}$$

其中积分是对截面各板件厚度中线的闭路积分。

6.4.2 约束扭转

当受扭构件不满足自由扭转的两个条件时，将会产生约束扭转。以图 6-18 所示工字形截面的悬臂构件为例加以说明。

悬臂构件受扭后，产生绕构件纵轴的扭转角 θ，θ 是纵轴坐标 z 的函数。设 θ 是微小变形，若构件截面外形的投影保持不变，由图 6-18 可知，构件上下翼缘分别有位移 u_1

$$u_1=\frac{h}{2}\theta \tag{a}$$

将一个翼缘作为独立的构件来考察，u_1 即是翼缘沿 x_1 轴的挠度，在微小变形时

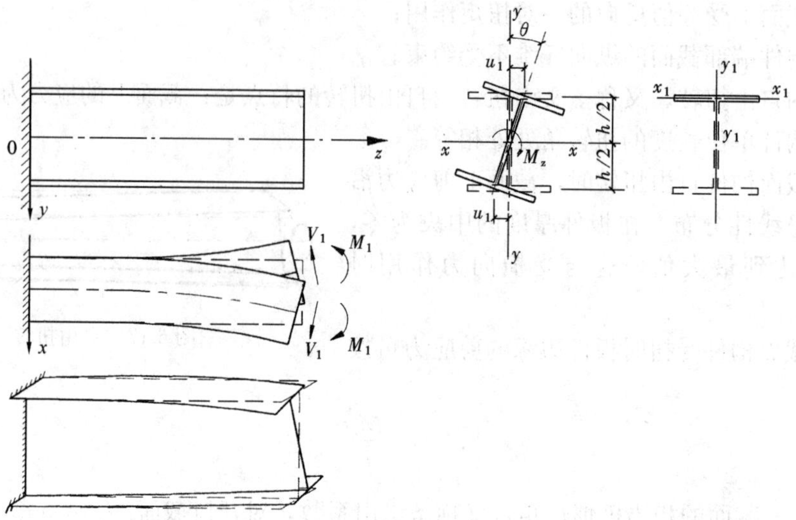

图 6-18 约束扭转

$$M_1 = -EI_1 u_1'' = -EI_1 \frac{h}{2}\theta' \tag{b}$$

其中 I_1——一个翼缘对 y_1-y_1 轴的惯性矩；

M_1——作用在一个翼缘平面内线 y_1-y_1 轴的弯矩。

上下两个翼缘存在着等值反向的弯矩 M_1，虽然这两者的合力矩等于零，但分别存在于截面的不同部位，是一个客观存在的自平衡力系。将这一力偶矩定义为双力矩 B_ω，在约束扭转的工字形截面中，有

$$B_\omega = M_1 h = -EI_1 \frac{h^2}{2}\theta' = -E\frac{b^3 h^2 t_f}{24}\theta' \tag{c}$$

将式（c）中关于截面几何特征的量定义为 I_ω，即

$$I_\omega = \frac{b^3 h^2 t_f}{24} \tag{d}$$

称 I_ω 为扇性惯性矩，或截面翘曲扭转系数。一般可以有表达式

$$B_\omega = -EI_\omega \theta' \tag{6-38}$$

由于 θ 是随轴线 z 变化的，由式（b）知对一个翼缘存在着剪力

$$V_1 = \frac{dM_1}{dz} = -EI_1 \frac{h}{2}\theta''' \tag{e}$$

两个翼缘上的弯矩等值反向，从而两个翼缘上的剪力等值反向，剪力的合力为零，但是对于截面的剪力中心，则形成扭矩 M_ω

$$M_\omega = -EI_1 \frac{h^2}{2}\theta''' \tag{f}$$

或

$$M_{\omega} = -EI_{\omega}\theta''' \tag{6-39}$$

M_{ω} 称为约束扭矩或翘曲扭矩。上式对于开口截面都是适用的。约束扭矩也称为瓦格纳（Wagner）扭矩。

推导中采用了截面外形在平面内投影保持不变的假定，这称为“刚周边假定”。事实上，一般弯曲问题中的平截面假定在这里已变得不适合，这是因为约束扭转时，构件截面已不再保持为平面，这就是所谓的“翘曲”。

以上推导以工字形截面为特例进行说明。在其他截面中，关于 B_{ω}、M_{ω} 虽不能如工字形那么直观，但式（6-38）和式（6-39）具有普遍意义。

6.4.3 翘 曲 应 力

双力矩和约束扭矩分别引起截面上的正应力和剪应力，又称为翘曲正应力和翘曲剪应力。其计算公式分别为[1]

$$\sigma_{\omega} = \frac{B_{\omega}\omega}{I_{\omega}} = \frac{B_{\omega}}{W_{\omega}} \tag{6-40}$$

$$\tau_{\omega} = \frac{M_{\omega}S_{\omega}}{I_{\omega}t} \tag{6-41}$$

式中 ω——应力计算点的扇性坐标；扇性坐标是表示正截面上一点的几何位置的一个几何量，用下式定义

$$\omega = \int_0^p \rho(s)\,\mathrm{d}s \tag{6-42}$$

W_{ω}——截面扇性模量；

$\rho(s)$——从剪力中心出发到 S 的有向线段；在计算点 P 所在的板件厚度中线作切线 S，$\rho(s)$ 是至该切线的垂直线；

S_{ω}——扇性面积矩

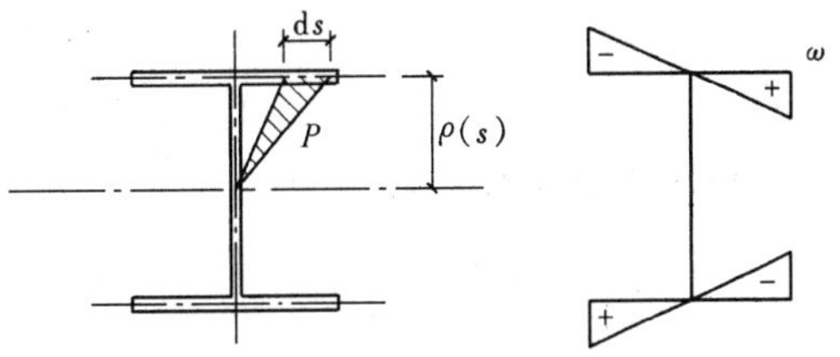

图 6-19 扇性坐标

$$S_{\omega} = \int_s^p \omega\,\mathrm{d}A \tag{6-43}$$

典型截面的扇性坐标分布图、扇性惯性矩和最大扇性面积矩数值见附录 6 附表 6-2。

6.4.4 扭 转 平 衡 方 程

当构件非自由扭转时，外扭矩将由截面上的圣文南扭矩和瓦格纳扭矩共同平衡，即

$$M_{\mathrm{k}} + M_{\omega} = M_{z} \tag{6-44}$$

或

$$GI_{\mathrm{t}}\theta' - EI_{\omega}\theta''' = M_{z} \tag{6-45}$$

找出满足上述微分方程及其边界条件的解，求出位移函数 θ 后，可得到各个截面上的 M_{k}、M_{ω} 及 B_{ω}，从而求出截面上的应力。

[1] 关于翘曲正应力和翘曲剪应力公式的推导可参阅有关薄壁杆件分析的书籍。

【例 6-4】计算开口薄壁截面受弯受扭构件的正应力。冷弯薄壁型钢 C160×60×3（无卷边），两端简支，跨距 6m。通过形心的均布荷载 $q_y=0.999\text{kN/m}$，$q_x=0.044\text{kN/m}$（图 6-20）。计算该构件的弯曲正应力和翘曲正应力。

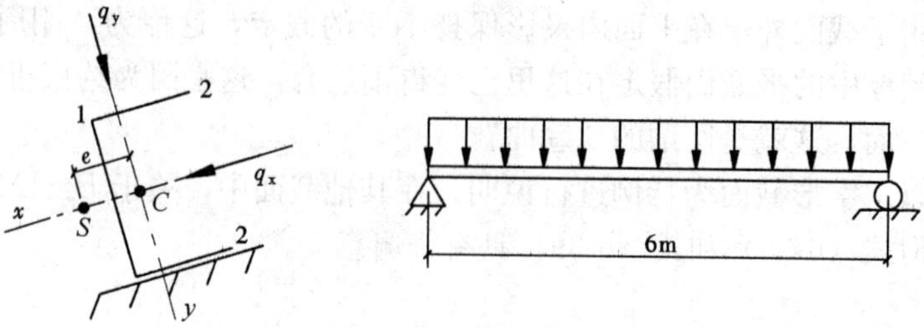

图 6-20　例 6-4

【解】

（1）截面几何系数，由附录 3 附表 3-20 查得

$$e=3.37\text{cm}$$
$$W_x=37.61\text{cm}^3$$
$$W_{y2}=W_{y\min}=5.89\text{cm}^3$$
$$W_{y1}=W_{y\max}=18.79\text{cm}^3$$
$$W_{\omega1}=78.25\text{cm}^4$$
$$W_{\omega2}=38.21\text{cm}^4$$
$$I_t=0.2408\text{cm}^4$$
$$I_\omega=1119.78\text{cm}^6$$

（2）构件弯矩和双力矩

$$M_{x\max}=\frac{q_y l^2}{8}=\frac{0.999\times36}{8}=4.4955\text{kN}\cdot\text{m}$$

$$M_{y\max}=\frac{q_x l^2}{8}=\frac{0.044\times36}{8}=0.198\text{kN}\cdot\text{m}$$

$$B_{\omega\max}=q_y e\frac{EI_\omega}{GI_t}\left[1-\frac{1}{\text{ch}\left(\sqrt{\frac{GI_t}{EI_\omega}}\cdot\frac{l}{2}\right)}\right]$$

$$=\frac{0.999\times33.7}{\dfrac{2408}{2\times1.3\times1119780000}}\left[1-\frac{1}{\text{ch}\left(\sqrt{\dfrac{2408}{2\times1.3\times1119780000}}\times3000\right)}\right]$$

$$=35408982\text{N}\cdot\text{mm}^2$$

（本式引用了 $E/G=2(1+v)$，且取 $v=0.3$）

（3）正应力

$$\sigma_{1(M_x)}=\sigma_{2(M_x)}=\frac{4.4955\times10^6}{37.61\times10^3}=119.5\text{N/mm}^2$$

$$\sigma_{1(M_y)}=\frac{0.198\times10^6}{18.79\times10^3}=10.5\text{N/mm}^2$$

$$\sigma_{2(M_y)}=\frac{0.198\times10^6}{5.89\times10^3}=33.6\text{N/mm}^2$$

$$\sigma_{1(B_\omega)}=\frac{35408982}{782500}=45.3\text{N/mm}^2$$

$$\sigma_{2(B_\omega)}=\frac{35408982}{382100}=92.7\text{N/mm}^2$$

$$\sigma_1=-119.5+10.5+45.3=-63.7\text{N/mm}^2$$

$$\sigma_1'=119.5+10.5-45.3=84.7\text{N/mm}^2$$

$$\sigma_2=-119.5-33.6-92.7=-245.8\text{N/mm}^2$$

$$\sigma_2'=119.5-33.6+92.7=178.6\text{N/mm}^2$$

上述求解中，关于双力矩 B_ω 的公式及 σ_ω 的正负号由附录 6 附表 6-3、附表 6-4 查得。在最危险点，翘曲应力占应力的 1/3 以上。因此工程设计上，当不能保证荷载作用线通过载面剪力中心时，应尽可能采取构造措施，阻止受弯构件的扭转。

6.5 受弯构件整体失稳的弯扭平衡方程及其临界弯矩

6.5.1 平衡微分方程及临界弯矩

受弯构件失稳的平衡方程必须建立在变形之后的位置上。以受纯弯矩作用的双轴对称工字形截面构件为例进行分析。构件两端部为简支约束，这里的简支约束是指沿截面两主轴方向的位移和绕构件纵轴的扭转变形在端部都受到约束，同时弯矩和扭矩为零。

绕强轴单向受弯构件，当弯矩不大时只在弯矩作用平面（弱轴与构件纵轴构成的平面）内发生挠曲变形 v。但当弯矩增大到某一数值时，构件可能突然产生在弯矩作用平面外的侧移 u 和扭转 θ，构件由平面内弯曲状态变为弯扭状态，这就是整体失稳。

受弯构件的受压翼缘类同于压杆，若无腹板的限制，有沿刚度较小方向即翼缘板平面外的方向屈曲的可能，但腹板提供了连续的支承作用，使得这一方向的刚度实际上提高了。于是受压翼缘只可能在翼缘板平面内发生屈曲。一旦这一方向失稳，受弯构件发生侧倾，但构件的受拉部分则以张力的形式抵抗着这种侧倾倾向，因此受压翼缘侧倾严重而受拉部分侧倾较小，整体上形成构件的扭转。

整体失稳发生时的临界弯矩值，可以从建立平衡微分方程入手进行求解。

1. 平衡微分方程及其解

假设受弯构件没有初始几何缺陷，且只发生微小的弹性变形。距端点为 z 处的截面在发生弯扭失稳后，截面主轴和纵轴的切线方向与变形前坐标轴之间产生了一定的夹角，把变形后截面的两主轴方向和构件纵轴切线方向分别记为 ξ、η、ζ，则

$$M_\xi=-EI_xv''\approx M_x \qquad (a)$$

$$M_\eta=-EI_yu''\approx M_x\theta \qquad (b)$$

$$M_\zeta=GI_t\theta'-EI_\omega\theta'''\approx M_xu' \qquad (c)$$

或

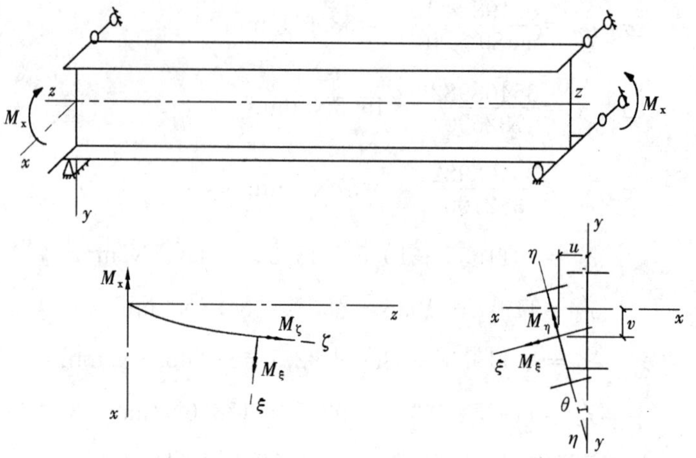

图6-21　受弯构件整体失稳

$$EI_x v'' + M_x = 0 \tag{6-46a}$$

$$EI_y u'' + M_x \theta = 0 \tag{6-46b}$$

$$GI_t \theta' - EI_\omega \theta''' - M_x u' = 0 \tag{6-46c}$$

第一式就是绕强轴的弯曲平衡方程，仅是关于变位 v 的方程，后两式则是变位 u 和 θ 的耦连方程，表现出梁整体失稳的弯扭变形性质。式（6-46c）对 z 求一次导后，用式（6-46b）消去 u，可得关于 θ 的方程

$$EI_\omega \theta^{\mathrm{IV}} - GI_t \theta'' - \frac{M_x^2}{EI_y}\theta = 0 \tag{6-47}$$

设

$$\lambda_1 = \frac{GI_t}{EI_\omega} \tag{d}$$

$$\lambda_2 = \frac{M_x^2}{E^2 I_y I_\omega} \tag{e}$$

$$\alpha_1 = \sqrt{\frac{\lambda_1 + \sqrt{\lambda_1^2 + 4\lambda_2}}{2}} \tag{f}$$

$$\alpha_2 = \sqrt{\frac{-\lambda_1 + \sqrt{\lambda_1^2 + 4\lambda_2}}{2}} \tag{g}$$

方程（6-47）的通解为

$$\theta = c_1 \cosh\alpha_1 z + c_2 \sinh\alpha_1 z + c_3 \sin\alpha_2 z + c_4 \cos\alpha_2 z \tag{h}$$

根据简支约束的边界条件，即扭转角为零，约束扭矩为零（可自由翘曲）

$$\theta_0 = 0,\ \theta_l = 0,\ \theta''_0 = 0,\ \theta''_l = 0 \tag{i}$$

得到一组关于 $c_1 \sim c_4$ 的齐次方程，令其系数组成的行列式为零，求出 $c_1 = c_2 = c_4 = 0$，于是通解式（h）成为

$$\theta = c_3 \sin\frac{n\pi z}{l} \tag{j}$$

将式（j）代入式（6-47）得

$$\left[\frac{EI_{\omega}n^4\pi^4}{l^4}+\frac{GI_{t}n^2\pi^2}{l^2}-\frac{M_x^2}{EI_y}\right]c_3\sin\frac{n\pi z}{l}=0 \tag{k}$$

由于该方程得自失稳发生后的平衡变形，$c_3\neq0$，且对于任意 z 上式要成立，则必须

$$\left[\frac{EI_{\omega}n^4\pi^4}{l^4}+\frac{GI_{t}n^2\pi^2}{l^2}-\frac{M_x^2}{EI_y}\right]=0 \tag{l}$$

满足上式的 M_x 就是整体失稳的临界弯矩，又称弯扭屈曲临界弯矩，当 $n=1$ 时，其有最小值，记为 M_{crx}

$$M_{crx}=\frac{\pi^2EI_y}{l^2}\sqrt{\frac{I_{\omega}}{I_y}\left(1+\frac{GI_tl^2}{\pi^2EI_{\omega}}\right)} \tag{6-48}$$

2. 临界弯矩随支承条件等的变化

当构件的支承条件、荷载作用方式、截面形状等发生改变，则弯扭平衡微分方程式（6-46）及其解式（6-48）将有所不同。以下分述这些变化。

（1）支承条件变化

支承条件的变化引起方程边界条件的变化。式（6-49）给出工字形等双轴对称开口截面构件支承条件变化时临界弯矩的表达式。

$$M_{crx}=\frac{\pi^2EI_y}{(\mu_yl)^2}\sqrt{\frac{I_{\omega}}{I_y}\left[\frac{\mu_y^2}{\mu_{\omega}^2}+\frac{GI_t(\mu_yl)^2}{\pi^2EI_{\omega}}\right]} \tag{6-49}$$

式中 μ_y、μ_{ω}——支承条件决定的约束系数，见表 6-2。

边界条件及其约束系数 **表 6-2**

$z=0$		$z=l$		μ_y	μ_{ω}
u	θ	u	θ		
简支	简支	简支	简支	1	1
固定	固定	固定	固定	0.5	0.5
简支	固定	简支	固定	0.883	0.492
固定	简支	固定	简支	0.434	1
固定	固定	自由	自由	2	2

对于不同的端部支承条件，式（6-49）及表 6-2 的系数，有的是精确解，有的是近似解。

需要注意，之前讨论的两端简支约束受弯构件，其弯矩作用平面内外的无约束长度都是 l；但式（6-48）中的 l，实质为弯矩作用平面外无约束的长度。倘工字形截面受弯构件除两端之外，在跨中有一翼缘外侧向支撑，则式（6-48）中的 l，应为梁跨的一半，即图 6-22 中的 l_1。

（2）荷载作用方式的变化

荷载作用方式改变引起构件上弯矩分布形状的改变。由受弯构件弯扭失稳的机理可知，弯矩分布图形越饱满，受压翼缘的应力分布越均匀，相邻截面之间相互支持作用就越小。所以，若记纯弯曲作用下的临界弯矩（式 6-48）为 M_{ocrx}，则一般荷载作用下的临界弯矩 M_{crx} 为

$$M_{crx}=\beta_1M_{ocrx} \tag{6-50}$$

其中　β_1——荷载作用方式系数，纯弯曲时取1.0；满跨均布荷载时取1.13；跨中中央一点集中荷载时取1.35；两端作用等值反向弯矩时取2.65。

需要说明的是，式（6-50）成立时，假设集中荷载或均布荷载的作用点均在截面的形心处。

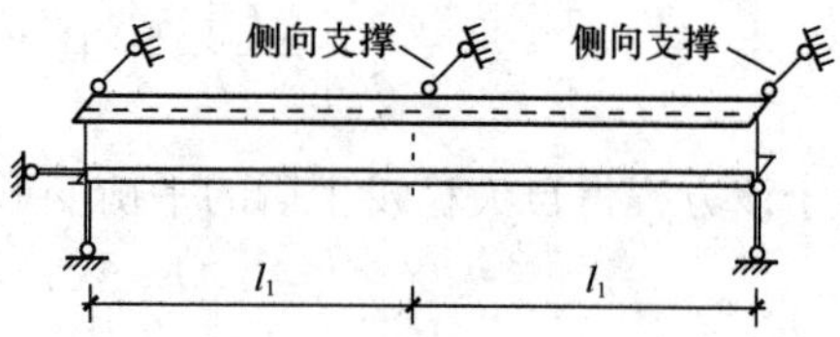

图6-22　梁的侧向支撑约束

（3）截面形式变化

当两端简支构件为单轴对称截面（图6-23），且失稳前外力作用使构件绕非对称轴挠曲时，其临界弯矩表达式为

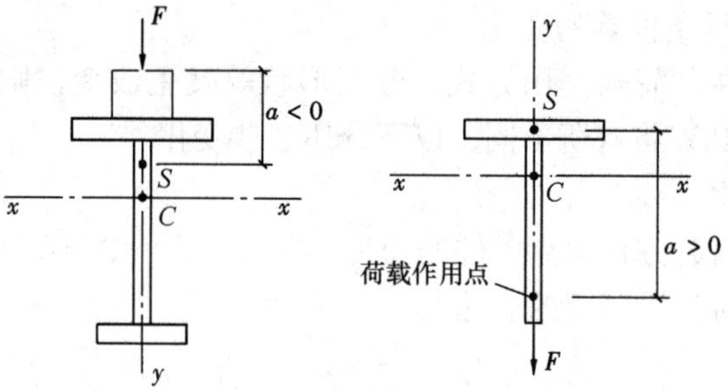

图6-23　单轴对称截面及其荷载作用点

$$M_{crx}=\beta_1\frac{\pi^2EI_y}{l^2}\left[\beta_2a+\beta_3B_y+\sqrt{(\beta_2a+\beta_3B_y)^2+\frac{I_\omega}{I_y}\left(1+\frac{GI_tl^2}{\pi^2EI_\omega}\right)}\right] \tag{6-51}$$

式中　a——横向荷载作用点至截面剪力中心的距离，当荷载作用点到剪力中心的指向与挠曲方向一致时取负，否则取正；

B_y——参数，反映截面不对称的程度

$$B_y=\frac{1}{2I_x}\int_A y(x^2+y^2)\mathrm{d}A-y_0 \tag{6-52}$$

y_0——剪力中心S至形心的距离，当剪力中心到形心的指向与挠曲方向一致时取负，否则取正；

β_2、β_3——与荷载类型有关的系数，纯弯曲时分别为0、1；满跨均布时分别取0.46、0.53；跨中中央一点集中荷载时分别取0.55、0.40。

3. 影响临界弯矩的主要因素

（1）截面的侧向抗弯刚度EI_y、抗扭刚度GI_t和抗翘曲刚度EI_ω愈大，则临界弯矩愈大。

（2）构件侧向支承点的间距l愈小，则临界弯矩愈大。

（3）B_y值愈大则临界弯矩愈大。例如，受压翼缘加强的工字形截面（或翼缘受压的T形截面）的B_y值比受拉翼缘加强的工字形截面（或翼缘受拉的T形截面）的B_y值大，因此前者的临界弯矩比后者的大。

（4）构件受纯弯曲时，弯矩图为矩形，梁中所有截面的弯矩都相等，此时β_1值最小（$\beta_1=1.0$），在其他荷载作用下β_1值均大于1.0。

（5）横向荷载在截面上的作用位置对临界弯矩有影响，式（6-51）中a值愈大则临界

弯矩愈大。因此，对于工字形截面，当横向荷载作用在上翼缘时，a 值为负，易失稳；当荷载作用在下翼缘时，a 值为正，不易失稳。

（6）支承对位移的约束程度愈大，则临界弯矩愈大。

4. 非弹性屈曲

式（6-48）、式（6-49）和式（6-51）都是以弹性范围的弯扭屈曲平衡方程式（6-46）为基础的，仅当临界应力 σ_{cr}（$=M_{crx}/W_x$）不超过比例极限时才适用。较长的受弯构件，临界弯矩较低，因而临界应力较小，易发生弹性弯扭屈曲，较短的受弯构件则可能发生非弹性屈曲。

实际工程的钢构件中都存在着残余应力，因此考察构件材料是否进入非弹性区域必须在结构荷载引起的应力之外加上残余应力的影响。

对于受纯弯曲作用且截面对称于弯矩作用平面的简支构件，经分析它的非弹性弯扭屈曲临界弯矩可采用切线模量理论来表达，即

$$M_{crx}=\frac{\pi^2(EI_y)_t}{l^2}\sqrt{\frac{(EI_\omega)_t}{(EI_y)_t}\left\{1+\frac{[(GI_t)_t+\overline{K}]l^2}{\pi^2(EI_\omega)_t}\right\}} \tag{6-53}$$

式中 $(EI_y)_t$、$(EI_\omega)_t$、$(GI_t)_t$——考虑塑性影响的截面有效刚度，对非弹性区，可取该区域平均应力对应的切线模量，对弹性区，则取弹性模量；

$\overline{K}$——考虑沿构件轴向的应力对扭转影响的瓦格纳效应；

$$\overline{K}=\int_A\sigma[(x_0-x)^2+(y_0-y)^2]\mathrm{d}A \tag{6-54}$$

x_0、y_0——剪力中心在形心主轴坐标系中的坐标；

σ——截面各点上由内力引起的正应力和残余应力之和。

对于非纯弯曲的构件，由于各截面有效刚度分布不同，事实上成为变刚度的梁。其平衡微分方程的求解将十分复杂。

6.5.2 受弯构件整体稳定的计算

1. 整体稳定计算的基本公式

上文的临界弯矩 M_{crx} 常用另一种方式表示，即

$$M_{crx}=\varphi_b M_{ex} \tag{6-55}$$

式中 φ_b——受弯构件的整体稳定系数：

$$\varphi_b=\frac{M_{crx}}{M_{ex}} \tag{6-56}$$

在工程设计中，应采用临界弯矩设计值 M_{crxd}：

$$M_{crxd}=\varphi_b M_{exd} \tag{6-57}$$

每一组给定的荷载引起的构件最大弯矩 M_x 不应超过对应该种荷载作用方式的临界弯矩设计值 M_{crxd}

$$M_x\leqslant M_{crxd} \tag{6-58a}$$

或

$$\frac{M_x}{M_{crxd}}\leqslant 1 \tag{6-58b}$$

上式也可记为

$$M_{\mathrm{x}} \leqslant \varphi_{\mathrm{b}} M_{\mathrm{exd}} \tag{6-59a}$$

或

$$\frac{M_{\mathrm{x}}}{\varphi_{\mathrm{b}} M_{\mathrm{exd}}} \leqslant 1 \tag{6-59b}$$

整体稳定系数 φ_{b} 是构件临界弯矩与屈服弯矩之比。对较长的构件，处于弹性阶段，该值是小于 1.0 的；对于侧向支承间距离较短的构件，如处于弹塑性阶段，则采用弹性假定分析得到的 φ_{b} 可能出现该值大于 1.0 的情况，这时应按弹塑性方法来考虑修正。

工程设计上通常给出 φ_{b} 的近似公式、计算表格或计算曲线。

注意到式（6-3），可以将式（6-59*b*）改写为

$$\frac{M_{\mathrm{x}}}{\varphi_{\mathrm{b}} W_{\mathrm{x}} f_{\mathrm{d}}} \leqslant 1 \tag{6-60}$$

构件的整体稳定主要依赖于构件的整体状况，如端部约束条件、支承间长度及荷载沿构件的分布等，计算整体稳定时采用毛截面几何参数进行计算。

2. 可以不进行受弯构件整体稳定计算的情况

当有足够刚度的铺板（如钢筋混凝土板、钢板）覆盖在受弯构件的受压翼缘上并与其牢固连接，能有效阻止受压翼缘的侧向变形时，可以不考虑构件的整体稳定计算。对单室箱形截面简支梁受压翼缘自由长度 l_1 与其宽度 b_1 之比不超过 $95\dfrac{235}{f_{\mathrm{y}}}$，且 $h/b_0 \leqslant 6$ 时，可不计算构件的整体稳定，这里 b_0 为单室箱形截面两腹板外包线间的距离，h 为截面高度。

6.5.3　双向受弯构件整体稳定的计算

双向受弯构件整体稳定的计算可采用如下公式

$$\frac{M_{\mathrm{x}}}{M_{\mathrm{crxd}}} + \frac{M_{\mathrm{y}}}{M_{\mathrm{eyd}}} \leqslant 1 \tag{6-61}$$

或者考虑截面有限塑性发展时

$$\frac{M_{\mathrm{x}}}{M_{\mathrm{crxd}}} + \frac{M_{\mathrm{y}}}{\gamma_{\mathrm{y}} M_{\mathrm{eyd}}} \leqslant 1 \tag{6-62}$$

式中 x 轴为截面的强轴。

6.6　受弯构件中板件的局部稳定

6.6.1　受弯构件中板件的局部失稳临界应力

受弯构件截面主要由平板组成，其局部失稳是不同约束条件的平板在不同应力分布下的失稳。局部失稳临界应力的一般表达式已由第 5 章 5.6.2 节式（5-54）给出，即

$$\sigma_{\mathrm{cr}} = \chi k \frac{\pi^2 E}{12(1-\nu^2)}\left(\frac{t}{b}\right)^2 \tag{a}$$

1. 受压翼缘的局部稳定

工程构件翼缘的厚度尺寸与截面的高度尺寸相比要小得多，沿着翼缘厚度方向的应力梯度不大，可以近似作为均匀受压板件看待。

在应用式（a）求取失稳临界应力时，t 为受压板件厚度；b 为受压板件宽度，工字形截面受弯构件中，指受压翼缘自腹板边缘（亦可自腹板中线）算起的外挑悬臂长度，箱形截面中，指受压翼缘在两相邻腹板中线间的长度，或是以腹板中线算起的外挑悬臂长度；k 为矩形板稳定系数，工字形翼缘或箱形截面向腹板外侧挑出的翼缘板作为三边简支支承，一边自由的板件考虑，k 可取 0.425，箱形截面两腹板间的翼缘板作为四边支承板看待，k 取 4.0。

2. 腹板的局部稳定

（1）不均匀压力作用时

受纯弯曲作用的腹板属于这种情况。

对四边简支的钢板，k 值的大小与板边缘最大最小压力比 α 和板的长宽比 β 有关。

$$\alpha = \frac{\sigma_{\max} - \sigma_{\min}}{\sigma_{\max}} \tag{6-63}$$

$$\beta = \frac{a}{b} \tag{6-64}$$

式中 $\sigma_{\max}$、$\sigma_{\min}$——板件受压较大一侧边缘与相反一侧边缘的应力（图 6-24），以压应力为正，拉应力为负代入；

a、b——板件长度与宽度。

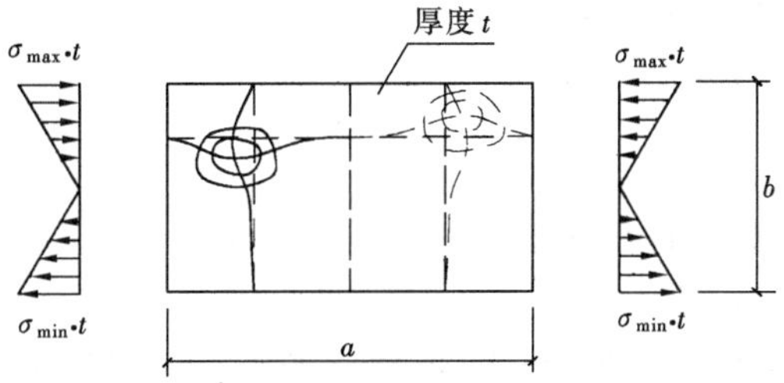

图 6-24 腹板应力分布

k 值与 β 的关系如图 6-25 所示，其最小值可用下列公式近似表达

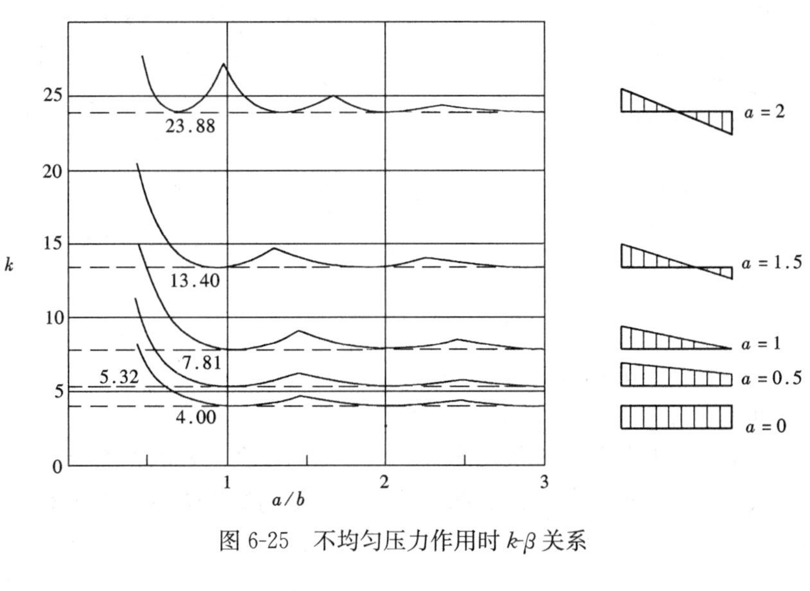

图 6-25 不均匀压力作用时 k-β 关系

当 $0 \leqslant \alpha \leqslant \frac{2}{3}$　　$k_{\min} \approx \frac{4}{1-0.5\alpha}$　　(6-65a)

当 $\frac{2}{3} < \alpha \leqslant 1.4$　　$k_{\min} \approx \frac{4.1}{1-0.474\alpha}$　　(6-65b)

当 $1.4 < \alpha \leqslant 4$　　$k_{\min} \approx 6\alpha^2$　　(6-65c)

通常受弯构件受压翼缘，对腹板边缘的转动起到约束作用。为考虑翼缘的约束作用，计算腹板的临界应力时可乘上弹性嵌固系数 χ，当 $\alpha=2.0$ 时，取 $\chi=1.23\sim1.66$。

当T形截面构件受弯时，腹板的约束条件为三边支承。对于 $\alpha=1.0$ 的板件，当受压较小或受拉边为自由边，另三边为简支支承时，k 值为 1.70，若受压较大侧为完全转动约束，则 k 值为 5.93。

(2) 受均匀剪力作用时

四边简支的矩形板，在均匀分布剪力作用下，失稳时呈现出沿 45°方向倾斜的鼓曲（图 6-26），这个方向与主压应力方向相近。式（a）改写为

$$\tau_{cr} = \chi k \frac{\pi^2 E}{12(1-\nu^2)}\left(\frac{t}{l_{\min}}\right)^2 \tag{b}$$

其中　χ——嵌固系数，可取 1.24；

$$k = 5.34 + \frac{4}{\left(\frac{l_{\max}}{l_{\min}}\right)^2} \tag{6-66}$$

$l_{\max}$、$l_{\min}$——板的较大边和较小边的长度。

(3) 受单边横向压力作用时

承受较大局部荷载或板件太薄时，腹板在靠近压力作用的区域可能发生屈曲（图 6-27）。这种情况下临界应力由下式表达

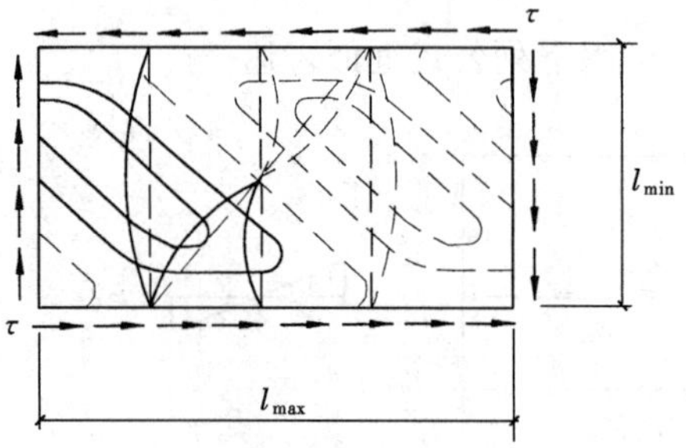

图 6-26　板的剪切屈曲

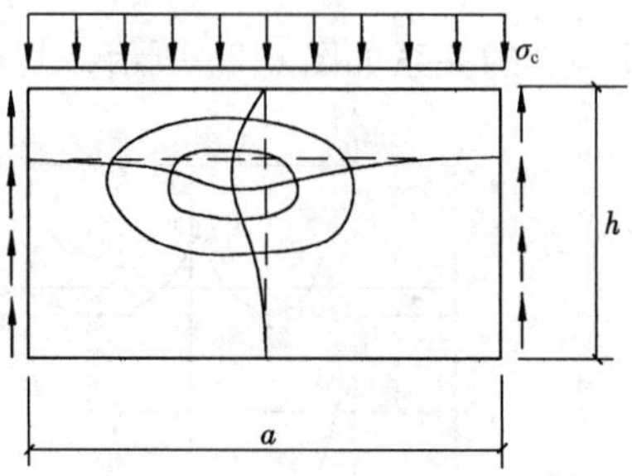

图 6-27　板单边受压时的屈曲

$$\sigma_{c,cr} = C_1\left(100\frac{t}{h}\right)^2 \tag{c}$$

其中 C_1 是与 a/h 有关的系数，临界应力单位为"N/mm^2"。

(4) 腹板在几种分布力同时作用下的屈曲

受几种不同应力同时作用的板的屈曲临界条件相当复杂。板的弹性稳定研究采用相关公式的方法来表达这一屈曲条件，例如四边简支矩形板的稳定临界条件如下：

两边不均匀压力、均匀剪力、单边横向压力同时作用时

$$\left(\frac{\sigma}{\sigma_{cr}}+\frac{\sigma_c}{\sigma_{c,cr}}\right)^2+\left(\frac{\tau}{\tau_{cr}}\right)^2\leqslant 1 \tag{6-67}$$

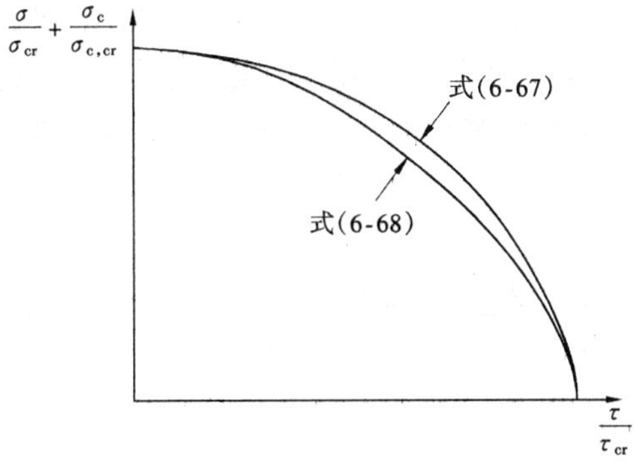

图 6-28 多种分布力下的临界应力曲线

两边均匀压力、均匀剪力、单边横向压力同时作用时

$$\frac{\sigma_c}{\sigma_{cr}}+\frac{\sigma_c}{\sigma_{c,cr}}+\left(\frac{\tau}{\tau_{cr}}\right)^2\leqslant 1 \tag{6-68}$$

式中等号表示临界条件，曲线表示见图 6-28。当两边均匀受压时，其临界状态较低。

式（6-67）和式（6-68）均是一种根据数值分析结果得到的相关公式，具有一定的近似性。因此，除了这种形式的相关公式外，还有其他形式的相关公式。例如：

两边不均匀压力、均匀剪力、单边横向压力同时作用时

$$\left(\frac{\sigma}{\sigma_{cr}}\right)^2+\frac{\sigma_c}{\sigma_{c,cr}}+\left(\frac{\tau}{\tau_{cr}}\right)^2\leqslant 1 \tag{6-67a}$$

两边均匀压力、均匀剪力、单边横向压力同时作用时

$$\frac{\sigma}{\sigma_{cr}}+\left(\frac{\sigma_c}{\sigma_{c,cr}}\right)^2+\left(\frac{\tau}{\tau_{cr}}\right)^2\leqslant 1 \tag{6-68a}$$

6.6.2 保证板件局部稳定的设计准则

为防止板件的局部失稳，有以下几种设计准则：

（1）使板件局部失稳的临界应力不小于材料的屈服强度，承载能力由材料强度控制：

$$\sigma_{cr}\geqslant f_y \tag{6-69}$$

（2）使板件局部失稳的临界应力不小于构件的整体稳定临界应力，承载能力由整体稳定控制：

$$\sigma_{cr}\geqslant\frac{M_{crx}}{W_x} \tag{6-70}$$

（3）使板件局部失稳的临界应力不小于实际工作应力：

$$\sigma_{cr}\geqslant\sigma \tag{6-71}$$

构件若强度起控制作用时，可以按准则（1）、（3）处理；其中准则（3）可能更经济一些，但承载能力储备相对小一些；若整体稳定起控制作用，则可按准则（2）处理。

由于σ_{cr}是板件宽厚比 b/t 与长宽比（a/b 或 l_{min}/l_{max}）的函数，根据上述准则，设计公式可以转化为对板件宽厚比或长宽比的几何要求。详见下述。

6.6.3 防止板件局部失稳的途径

设计准则（1）～（3）都要求局部稳定临界应力足够大。为提高临界应力，从公式（a）、公式（b）和公式（c）知道，可以通过改变板件边界约束条件、改变板件宽厚比、长宽比来达到。具体的途径是设置加劲肋改变板件区格划分，或增大板厚。按照准则（3），改变构件截面，降低工作应力，也是途径之一。

在受弯构件的腹板中，可如图6-29所示设置加劲肋。图6-29（*a*）中设置的为横向加劲肋，图6-29（*b*）设置纵横向加劲肋，图6-29（*c*）在纵横加劲肋之外还设置短加劲肋。加劲肋在腹板平面外提供了较大的刚度，对所围的板域形成支承条件，所以板件的宽厚比和长宽比应按翼缘-加劲肋所分割的板区格进行计算。由板件失稳形式也可以看出，横向加劲肋主要有助于防止剪力作用下的失稳，纵向加劲肋和短加劲肋有助于防止不均匀压力和单边压力下的局部失稳。

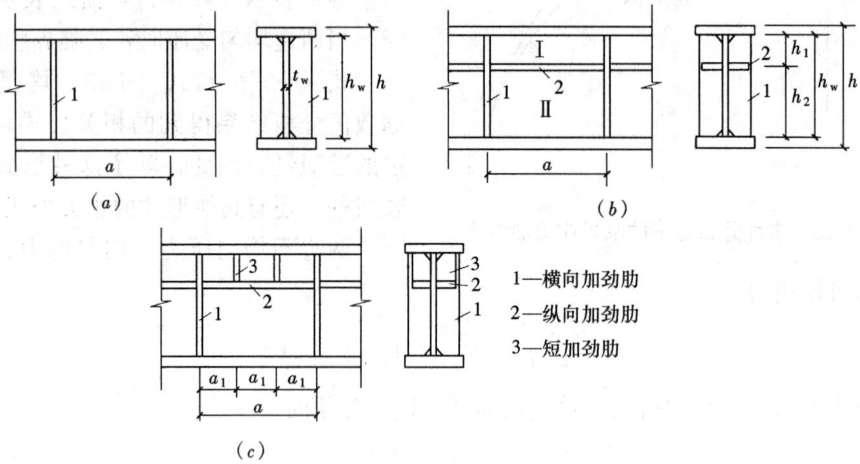

图6-29　加劲肋设置

以建筑结构中的工字形截面钢梁为例说明受弯构件防止局部失稳的处理方法。

1. 工字形截面梁翼缘的局部稳定

以6.6.2中准则（1）来考虑防止外伸翼缘局部失稳的要求。设受压翼缘的平均受压应力最大可达$0.95f_y$，则根据式（*a*）

$$\sigma_{cr}=\frac{k\pi^2E}{12(1-\nu^2)}\left(\frac{t}{b}\right)^2\geqslant 0.95f_y \qquad (d)$$

得

$$\frac{b}{t}\leqslant\sqrt{\frac{k\pi^2E}{12(1-\nu^2)\times 0.95f_y}}=18.8\sqrt{\frac{235}{f_y}} \qquad (e)$$

考虑到构件中实际上有残余应力，初始不平整也可能导致板局部失稳提前发生，所比σ_{cr}比弹性理论公式要小一些。在设计中，采用

$$\frac{b}{t}\leqslant 15\sqrt{\frac{235}{f_y}} \qquad (6\text{-}72)$$

作为防止板件局部失稳的要求。公式（*e*）求解时引入Q235钢屈服点235N/mm²与其他牌号钢屈服点的比值，使得最终表达式可以方便地适用于不同强度的钢材。如果截面设计时考虑有限塑性发展，则上式中右端的15要改为13，即符合表3-1中S3等级的要求。

2. 工字形截面梁腹板防止局部失稳的板件宽厚比的要求

同样根据准则（1）的形式进行讨论。

（1）只受均匀剪力作用

式（6-69）的左边用式（*b*）和式（6-66）代入，用a和h_w分别代替l_{max}和l_{min}，右边

用 $f_{vy}=f_y/\sqrt{3}$代入，当设 $a/h_w=2$ 时，可得

$$\frac{h_w}{t_w}\leqslant\sqrt{\left(5.34+\frac{4}{2^2}\right)\frac{1.24\times\pi^2\times2.06\times10^5}{12\times(1-0.3^2)}\times\frac{\sqrt{3}}{235}\times\frac{235}{f_y}}$$

$$=104\sqrt{\frac{235}{f_y}} \tag{6-73}$$

（2）只受单边横向压力作用时

式（6-69）的左边用式（c）代入，用 t_w 和 h_w 分别代替 t 和 h，并设 $a/h_w=2$，根据分析 $C_1=166$，则可得

$$\frac{h_w}{t_w}\leqslant 84\sqrt{\frac{235}{f_y}} \tag{6-74}$$

（3）两对边弯曲应力作用时

根据同样方法，在式（a）中取 $\chi=1.61$ 可由式（6-69）的设计准则得

$$\frac{h_w}{t_w}\leqslant 174\sqrt{\frac{235}{f_y}} \tag{6-75}$$

根据以上分析，当 $\frac{h_w}{t_w}\leqslant 84\sqrt{\frac{235}{f_y}}$ 时，腹板在均匀剪力、单边横向压力或对边不均匀压力（或剪应力、局部压应力、弯曲应力）单独作用下，局部失稳不会先于钢材屈服而发生；而 $\frac{h_w}{t_w}\leqslant 104\sqrt{\frac{235}{f_y}}$ 时，在剪力或弯矩单独作用下不会发生局部失稳；当 $\frac{h_w}{t_w}\leqslant 174\sqrt{\frac{235}{f_y}}$ 时，在弯矩作用下不会发生局部失稳。

需要注意的是：

1）推导式（6-73）和式（6-74）时，假设 $a/h_w=2.0$，推导式（6-75）时假设 $\alpha=2.0$，如果变化这些条件，结论将有所不同。

2）以 6.6.2 中准则（1）作为控制要求来保证腹板局部稳定，常常是一种偏严的要求。例如梁的腹板受到的剪应力通常并不大，假若其剪应力只达到屈服剪应力 f_{vy}的 0.7 倍，则当 a/h_w 趋向无穷（可看作梁中间不设横向加劲肋的情况），只要 $\frac{h_w}{t_w}\leqslant 114\sqrt{\frac{235}{f_y}}$ 就不会发生剪应力作用下的局部失稳。

3）实际构件中，剪应力不会完全是均匀分布的，所使用的公式带有近似性。

工程设计中，根据式（6-73）～式（6-75）可以去判别是否需要设置加劲肋；如果需要，则在确定了加劲肋的间距后，还应进行各个区格的稳定计算。

3. 腹板加劲肋区格的稳定计算

梁的加劲肋有多种不同的布置形式。对加劲肋所围的腹板局部稳定计算可以采用式（6-67）或式（6-68）。工程应用中，考虑可能发生弹塑性局部失稳的情况，可按如下方法进行计算。

（1）仅用横向加劲肋加强的腹板（图 6-29a）

腹板各区格按下式计算局部稳定性：

$$\left(\frac{\sigma}{\sigma_{cr}}\right)^2+\left(\frac{\tau}{\tau_{cr}}\right)^2+\frac{\sigma_c}{\sigma_{c,cr}}\leqslant 1 \tag{6-76}$$

式中 σ——所计算腹板区格内，由平均弯矩产生的腹板计算高度边缘的弯曲压应力；

τ——所计算腹板区格内，由平均剪力产生的腹板平均剪应力，按 $\tau=V_y/(h_w t_w)$ 计算；

σ_c——腹板计算高度边缘的局部压应力，按公式（6-29）计算，不考虑动力系数或集中力增大系数；

σ_{cr}、τ_{cr}、$\sigma_{c,cr}$——各种应力单独作用下的临界应力，按下列方法计算；

1）σ_{cr}按下列公式计算：

当 $\lambda_b\leqslant 0.85$ 时：

$$\sigma_{cr}=f_d \tag{6-77a}$$

当 $0.85<\lambda_b\leqslant 1.25$ 时：

$$\sigma_{cr}=[1-0.75(\lambda_b-0.85)]f_d \tag{6-77b}$$

当 $\lambda_b>1.25$ 时：

$$\sigma_{cr}=1.1f_d/\lambda_b^2 \tag{6-77c}$$

式中 λ_b——用于腹板受弯计算时的通用高厚比。

当梁受压翼缘扭转受到约束时：

$$\lambda_b=\frac{2h_c/t_w}{177}\sqrt{\frac{f_y}{235}} \tag{6-77d}$$

当梁受压翼缘扭转未受到约束时：

$$\lambda_b=\frac{2h_c/t_w}{153}\sqrt{\frac{f_y}{235}} \tag{6-77e}$$

h_c——梁腹板弯曲受压区高度，对双轴对称截面 $2h_c=h_0$。

2）τ_{cr}按下列公式计算：

当 $\lambda_s\leqslant 0.8$ 时：

$$\tau_{cr}=f_{vd} \tag{6-78a}$$

当 $0.8<\lambda_s\leqslant 1.2$ 时：

$$\tau_{cr}=[1-0.59(\lambda_s-0.8)]f_{vd} \tag{6-78b}$$

当 $\lambda_s>1.2$ 时：

$$\tau_{cr}=1.1f_{vd}/\lambda_s^2 \tag{6-78c}$$

式中 λ_s——用于腹板受剪计算时的通用高厚比。

当 $a/h_0\leqslant 1.0$ 时：

$$\lambda_s=\frac{h_0/t_w}{37\eta\sqrt{4+5.34(h_0/a)^2}}\sqrt{\frac{f_y}{235}} \tag{6-78d}$$

当 $a/h_0>1.0$ 时：

$$\lambda_s=\frac{h_0/t_w}{37\eta\sqrt{5.34+4(h_0/a)^2}}\sqrt{\frac{f_y}{235}} \tag{6-78e}$$

式中 η 为系数，对简支梁取 1.11，框架梁梁端最大应力区取 1。

3）$\sigma_{c,cr}$按下列公式计算：

当$\lambda_c \leqslant 0.9$时：

$$\sigma_{c,cr} = f_d \tag{6-79a}$$

当$0.9 < \lambda_c \leqslant 1.2$时：

$$\sigma_{c,cr} = [1 - 0.79(\lambda_c - 0.9)] f_d \tag{6-79b}$$

当$\lambda_c > 1.2$时：

$$\sigma_{c,cr} = 1.1 f_d / \lambda_c^2 \tag{6-79c}$$

式中 λ_c——用于腹板受局部压力计算时的通用高厚比。

当$0.5 \leqslant a/h_0 \leqslant 1.5$时：

$$\lambda_c = \frac{h_0/t_w}{28\sqrt{10.9 + 13.4(1.83 - a/h_0)^3}}\sqrt{\frac{f_y}{235}} \tag{6-79d}$$

当$1.5 < a/h_0 \leqslant 2.0$时：

$$\lambda_c = \frac{h_0/t_w}{28\sqrt{18.9 - 5a/h_0}}\sqrt{\frac{f_y}{235}} \tag{6-79e}$$

以上各式中的h_0为腹板的计算高度，对轧制型钢梁，为腹板上、下翼缘相接处两内弧起点间的距离；对焊接组合梁，为腹板高度；对高强度螺栓连接组合梁，为上、下翼缘与腹板连接的高强度螺栓线间的最近距离。

（2）同时用横向加劲肋和纵向加劲肋加强的腹板（图 6-29*b*）其局部稳定性按下列公式计算：

1）受压翼缘与纵向加劲肋之间的区格：

$$\frac{\sigma}{\sigma_{cr1}} + \left(\frac{\tau}{\tau_{cr1}}\right)^2 + \left(\frac{\sigma_c}{\sigma_{c,cr1}}\right)^2 \leqslant 1.0 \tag{6-80}$$

式中 σ_{cr1}、τ_{cr1}、$\sigma_{c,cr1}$分别按下列方法计算：

①σ_{cr1}按公式（6-77）计算，但式中的λ_b改用下列λ_{b1}代替。

当梁受压翼缘扭转受到约束时：

$$\lambda_{b1} = \frac{h_1/t_w}{75}\sqrt{\frac{f_y}{235}} \tag{6-81}$$

当梁受压翼缘扭转未受到约束时：

$$\lambda_{b1} = \frac{h_1/t_w}{64}\sqrt{\frac{f_y}{235}} \tag{6-82}$$

②τ_{cr1}按公式（6-78）计算，将式中的h_0改为h_1。

③$\sigma_{c,cr1}$按公式（6-77）计算，但式中的λ_b改用下列λ_{c1}代替。

当梁受压翼缘扭转受到约束时：

$$\lambda_{c1} = \frac{h_1/t_w}{56}\sqrt{\frac{f_y}{235}} \tag{6-83a}$$

当梁受压翼缘扭转未受到约束时：

$$\lambda_{c1} = \frac{h_1/t_w}{40}\sqrt{\frac{f_y}{235}} \tag{6-83b}$$

2）受拉翼缘与纵向加劲肋之间的区格：

$$\left(\frac{\sigma_2}{\sigma_{cr2}}\right)^2 + \left(\frac{\tau}{\tau_{cr2}}\right)^2 + \frac{\sigma_{c2}}{\sigma_{c,cr2}} \leqslant 1.0 \tag{6-84}$$

式中　σ_2——所计算区格内由平均弯矩产生的腹板在纵向加劲肋处的弯曲压应力；

σ_{c2}——腹板在纵向加劲肋处的横向压应力，取 $0.3\sigma_c$。

① σ_{cr2}按公式（6-77）计算，但式中的 λ_b 改用下列 λ_{b2}代替。

$$\lambda_{b2} = \frac{h_2/t_w}{194}\sqrt{\frac{f_y}{235}} \tag{6-85}$$

② τ_{cr2}按公式（6-78）计算，将式中的 h_0 改为 h_2（$h_2=h_0-h_1$）。

③ $\sigma_{c,cr2}$按公式（6-79）计算，但式中的 h_0 改为 h_2，当 $a/h_2>2$ 时，取 $a/h_2=2$。

（3）在受压翼缘与纵向加劲肋之间设有短加劲肋的区格（图 6-29c），其局部稳定性按式（6-80）计算。该式中的σ_{cr1}仍按式（6-80）规定计算；τ_{cr1}按式（6-78）计算，但将 h_0 和 a 改为h_1 和 a_1；$\sigma_{c,cr1}$按式（6-77）计算，但式中 λ_b 改用下列 λ_{c1}代替。

当梁受压翼缘扭转受到约束时：

$$\lambda_{c1} = \frac{a_1/t_w}{87}\sqrt{\frac{f_y}{235}} \tag{6-86a}$$

当梁受压翼缘扭转未受到约束时：

$$\lambda_{c1} = \frac{a_1/t_w}{73}\sqrt{\frac{f_y}{235}} \tag{6-86b}$$

对 $a_1/h_1>1.2$ 的区格，公式（6-86）右侧应乘以 $1/\left(0.4+0.5\frac{a_1}{h_1}\right)^{\frac{1}{2}}$。

6.6.4　考虑屈曲后强度的截面承载力

第 5 章已经介绍了板件屈曲后强度的概念及其考虑屈曲后强度的计算方法。本章介绍受弯构件截面的屈曲后强度。考虑屈曲后强度的设计计算方法有两种基本形式，一是采用有效宽度的概念，考虑截面发生屈曲的部分退出工作，二是降低设计用的强度值。

1. 受弯构件中受压板件屈曲后的承载强度

工字形截面、槽形截面等的受压外伸翼缘，虽然是一边自由的板件，也存在屈曲后的强度。板件一旦失稳，近腹板处的承载强度还能有所提高，如图 6-30 所示。但屈曲后继续承载的潜力不是很大，计算也很复杂，一般在工程设计中不考虑利用其屈曲后强度。

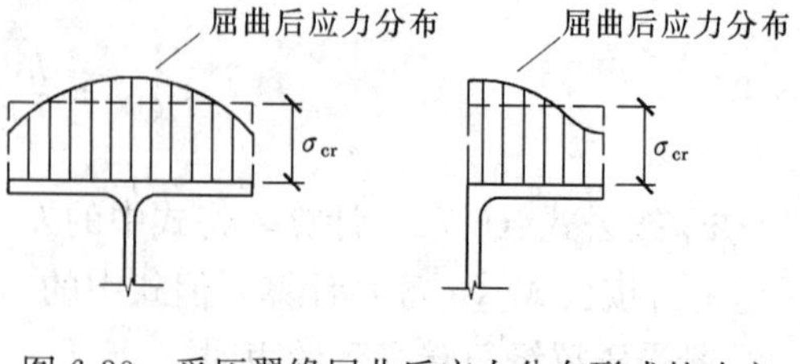

图 6-30　受压翼缘屈曲后应力分布形式的改变

受弯构件的腹板发生失稳后中和轴下移、压应力增长非线性化（图 6-31），屈曲部分的纵向纤维有伸长的趋势，影响压应力的发展，但腹板靠近受压翼缘处仍可保持应力增长。在这种情况下，仍可采用受压有效宽度的概念。

双轴对称工字形截面采用图 6-31（b）的有效宽厚比模式时，若设 $h_e = 30t_w$，则考虑腹板弯曲屈曲后的截面最大抗弯承载力可表达为

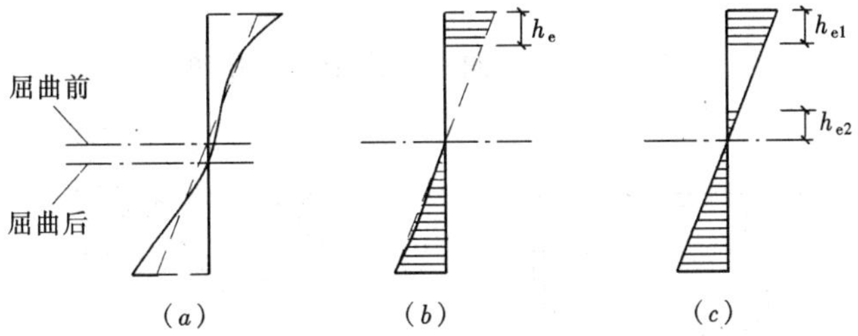

图 6-31 腹板受弯曲应力作用屈曲后的应力分布

$$M_{eux} = \beta_c M_{ex} \tag{6-87}$$

式中 β_c——腹板受弯局部失稳后边缘屈服弯矩的折减系数：

$$\beta_c = 1 - 0.0005 \frac{A_w}{A_f}\left(\frac{h_0}{t_w} - 5.7\sqrt{\frac{E}{f_y}}\right) \tag{6-88}$$

A_f，A_w——一个翼缘和腹板的面积；

h_0——梁截面中翼缘中线形成的高度，$h_0 = h - t_f$；

h——梁的外包高度。

式（6-88）中的 $5.7\sqrt{E/f_y}$ 可写为 $169\sqrt{235/f_y}$，此值接近于腹板受弯局部失稳时的临界宽厚比即式（6-75）的限值。当 h_0/t_w 小于此值时，β_c 将大于 1.0，表明在弹性范围内不必考虑腹板局部失稳引起的抗弯强度的降低；当 h_0/t_w 大于此值时，β_c 将小于 1.0，表明在局部失稳情况下，截面抗弯承载力达不到边缘屈服弯矩，但并非不能承载。式（6-87）的本质是将截面抗弯强度适当降低，属于上述计算方法的第二种形式。

双轴对称工字形截面采用图（6-31c）的模式时，有效宽度的计算可以采用如下公式

$$h_{e1} = 0.4h_e \tag{6-89a}$$

$$h_{e2} = 0.6h_e \tag{6-89b}$$

$$\left.\begin{aligned}
&\text{当}\frac{h_w}{t_w}\sqrt{\frac{f_y}{235}} \leqslant 93\text{ 时}, h_e = \frac{1}{2}h_w \\
&\text{当 } 93 < \frac{h_w}{t_w}\sqrt{\frac{f_y}{235}} < 240\text{ 时}, h_e = \left(37.2 + 0.1\frac{h_w}{t_w}\sqrt{\frac{f_y}{235}}\right)t_w\sqrt{\frac{235}{f_y}} \\
&\text{当 } 240 \leqslant \frac{h_w}{t_w}\sqrt{\frac{f_y}{235}}\text{ 时}, h_e = 61.2t_w\sqrt{\frac{235}{f_y}}
\end{aligned}\right\} \tag{6-90}$$

然后按上述有效截面及其分布计算在边缘屈服准则下的截面抗弯承载能力。

2. 构件受剪时板件屈曲后的承载强度

简支梁的腹板设有横向加劲肋，加劲肋与翼缘所围区间在剪力作用下发生局部失稳后，主压应力不能增长，而主拉应力还可以随外荷载的增加而增加（图 6-32b），因此还有继续承载的能力。到达极限状态时，梁的上下翼缘犹如桁架的上下弦，横向加劲肋如同受压竖杆，失稳区段内的斜向张力带则起到受拉斜杆的作用（图6-32c）。这种状况可以持续到翼缘板上也出现塑性铰，整个板格成为机构为止（图 6-33）。

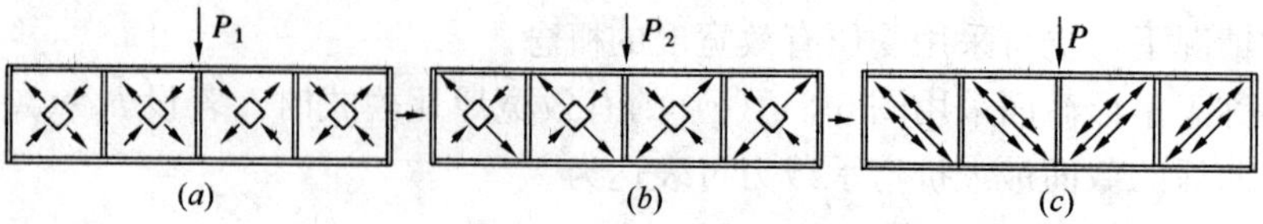

图 6-32　受剪屈曲后形成桁架机制的模式

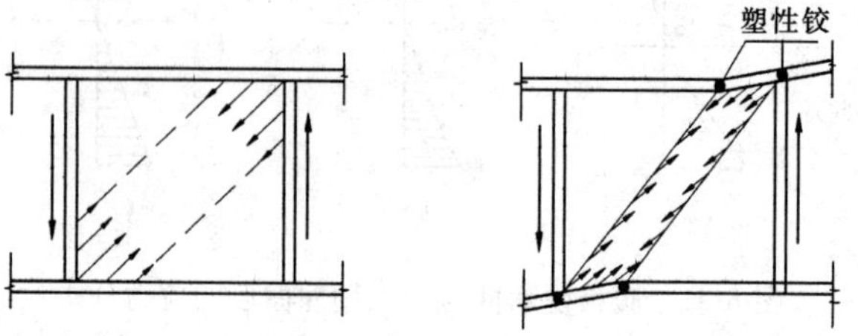

图 6-33　剪切作用下板格形成机构的模式

(a) 张力场下的桁架机制；(b) 机构状态

如何考虑张力带有不同的假定和模型，一般计算比较复杂。本章介绍一种实用的工程计算方法。

考虑仅由截面的腹板承剪，但材料的承剪强度是折减过的屈服剪应力

$$\tau_{vd} = \beta_\tau f_{vd} \tag{6-91}$$

式中　β_τ——考虑腹板受剪屈曲的折减系数，β_τ 按下式计算

当 $\frac{h_w}{t_w}\sqrt{\frac{f_y}{235}} \leqslant 30\sqrt{k_\tau}$ 时：

$$\beta_\tau = 1.0 \tag{6-92a}$$

当 $30\sqrt{k_\tau} < \frac{h_w}{t_w}\sqrt{\frac{f_y}{235}} \leqslant 45\sqrt{k_\tau}$ 时：

$$\beta_\tau = 1.5 - \frac{1}{60\sqrt{k_\tau}}\left(\frac{h_w}{t_w}\sqrt{\frac{f_y}{235}}\right) \tag{6-92b}$$

当 $\frac{h_w}{t_w}\sqrt{\frac{f_y}{235}} \geqslant 45\sqrt{k_\tau}$ 时：

$$\beta_\tau = 33.75\sqrt{k_\tau}\left(\frac{t_w}{h_w}\sqrt{\frac{235}{f_y}}\right) \tag{6-92c}$$

其中　k_τ——受剪腹板的屈曲系数。

$$\left.\begin{aligned}&\text{当}\frac{a}{h_w} \leqslant 1\text{ 时}，\quad k_\tau = 4 + \frac{5.34}{\left(\frac{a}{h_w}\right)^2}\\&\text{当}\frac{a}{h_w} > 1\text{ 时}，k_\tau = 5.34 + \frac{4}{\left(\frac{a}{h_w}\right)^2}\end{aligned}\right\} \tag{6-93}$$

截面能够安全承剪的条件是

$$V_y \leqslant V_d = h_w t_w \tau_{vd} \tag{6-94}$$

这一方法是用降低截面承剪的设计强度来反映局部失稳的影响。

式（6-90）和式（6-92）是根据数值分析结果得到的计算公式，我国《钢结构设计标准》则采用了另一种表达形式，即下面的式（6-99）和式（6-100）。

3. 同时受弯受剪的板屈曲后的承载强度

实际工程中的受弯构件通常都同时受到剪力和弯矩的作用，但当截面的剪力较小时，可不考虑其对截面抗弯承载力的影响；反之，则应考虑两种局部失稳对抗弯抗剪承载力的影响。我国《钢结构设计标准》对双轴对称工字形截面受弯构件采用如下计算公式反映这一关系

$$\left(\frac{V}{0.5V_u}-1\right)^2+\frac{M-M_f}{M_{eu}-M_f}\leqslant 1 \tag{6-95}$$

$$M_f=\left(A_{f1}\frac{h_1^2}{h_2}+A_{f2}h_2\right)f_d \tag{6-96}$$

式中 M、V——梁的同一截面上同时产生的弯矩和剪力设计值；

计算时，当 $V<0.5V_u$，取 $V=0.5V_u$；当 $M<M_f$，取 $M=M_f$；

M_f——梁两翼缘所承担的弯矩设计值；

A_{f1}、h_1——较大翼缘的截面积及其形心至梁中和轴的距离；

A_{f2}、h_2——较小翼缘的截面积及其形心至梁中和轴的距离；

M_{eu}、V_u——梁抗弯和抗剪承载力设计值。

M_{eu}按下列公式计算：

$$M_{eu}=\gamma_x\alpha_e W_x f_d \tag{6-97}$$

$$\alpha_e=1-\frac{(1-\rho)h_c^3t_w}{2I_x} \tag{6-98}$$

式中 α_e——梁截面模量考虑腹板有效高度的折减系数；

I_x——按梁截面全部有效算得的绕 x 轴的惯性矩；

h_c——按梁截面全部有效算得的腹板受压区高度；

γ_x——梁截面塑性发展系数；

ρ——腹板受压区有效高度系数。

当 $\lambda_b\leqslant 0.85$ 时：

$$\rho=1.0 \tag{6-99a}$$

当 $0.85<\lambda_b\leqslant 1.25$ 时：

$$\rho=1-0.82(\lambda_b-0.85) \tag{6-99b}$$

当 $\lambda_b>1.25$ 时：

$$\rho=\frac{1}{\lambda_b}\left(1-\frac{0.2}{\lambda_b}\right) \tag{6-99c}$$

式中 λ_b——用于腹板受弯计算时的通用高厚比，按公式（6-77d）、式（6-77e）计算。

V_u 按下列公式计算：

当 $\lambda_s\leqslant 0.8$ 时：

$$V_u=h_wt_wf_{vd} \tag{6-100a}$$

当 $0.8<\lambda_s\leqslant 1.2$ 时：

$$V_u = h_w t_w f_{vd}[1-0.5(\lambda_s-0.8)] \tag{6-100b}$$

当 $\lambda_s>1.2$ 时：

$$V_u = h_w t_w f_{vd}/\lambda_s^{1.2} \tag{6-100c}$$

式中　λ_s——用于腹板受剪计算时的通用高厚比，按公式（6-78d）、式（6-78e）计算。

当组合梁仅配置支座加劲肋时，取公式（6-78e）中的 $h_0/a=0$。

4. 利用局部屈曲后强度的意义

钢构件要完全防止局部失稳可以采用增大板厚，设置加劲肋等措施。这都要求耗用较多的钢材，例如，设腹板面积占整个截面面积的50%，当腹板由6mm增大到8mm，构件的用钢量就会增加16%以上。另一方面，板件发生局部失稳并不意味着构件承载能力的丧失，而且构件最终承载强度还可能高于局部失稳时的截面抗力。因此，工程设计中不一定处处都以防止板件局部失稳作为设计准则。这样做可以使截面布置得更舒展，以较少的钢材来达到构件整体稳定的要求和刚度的要求。

在计算中，如果板件的宽厚比超过了局部失稳临界值对应的要求，在计算构件强度、稳定性时要考虑截面的有效宽度，或采用适当降低截面（材料）设计强度的方法。工程设计中，由于考虑了各种安全系数使得实际工作应力较小，在日常使用的条件下一般不会观察到明显的局部失稳现象。

如果板件失稳临界应力超过比例极限，则板件已进入非弹性状态。失稳临界应力越接近材料屈服点，其屈曲后的承载能力提高就越有限。

另外需要注意：当承受反复荷载时，局部失稳后的变形容易造成疲劳破坏；同时，构件的承载性能也将逐步恶化。在这类荷载条件下，一般不考虑利用屈曲后强度。当结构设计时，考虑利用材料的塑性，例如进行塑性设计时，局部失稳将使构件塑性不能充分发展，也不得利用屈曲后强度。

6.7　受弯构件的变形和变形能力

6.7.1　受弯构件的挠度计算

受弯构件变形太大，会妨碍正常使用，导致依附于受弯构件的其他部件损坏。工程设计中，通常有限制受弯构件竖向挠度的要求。其一般表达式为

$$\delta \leqslant [\delta] \tag{6-101}$$

式中　δ——受弯构件在荷载作用下产生的最大挠度或跨中挠度，根据力学的方法和设计规范的要求计算；

$[\delta]$——人为规定的挠度限值。

对于按边缘屈服准则设计的构件，其材料可认为处于弹性范围内。挠度 δ 可以按材料力学、结构力学的方法算出。对于按部分截面塑性发展和按全截面塑性准则设计的构件，则要求在正常使用状况下（其荷载小于极限状态时的荷载），限制其竖向挠度，通常此时的荷载效应也不会使材料超出弹性范围，一般仍可按上述方法计算。

由于挠度是构件整体的力学行为，所以采用毛截面参数进行计算。

6.7.2　受弯构件的变形能力

当构件设计要求利用塑性应力重分布，或者在结构设计中必须考虑地震作用引起的弹塑性变形时，都要求受弯构件有足够的变形能力。所谓变形能力，指在构件进入塑性和在发展变形过程中，结构承载力不致丧失或下降过快的能力（图 6-34 曲线 a）。构件发生整体失稳或局部失稳，都会降低截面极限承载强度，使构件在达到内力重分配之前已出现承载强度的下降；其次也使反复荷载下抗力——变形的滞回环面积减小。因此，在上述两种情况下，必须采取措施防止整体弯扭失稳，必须使得板件不发生弹性阶段的失稳，而且在弹塑性阶段也有足够的局部稳定性。

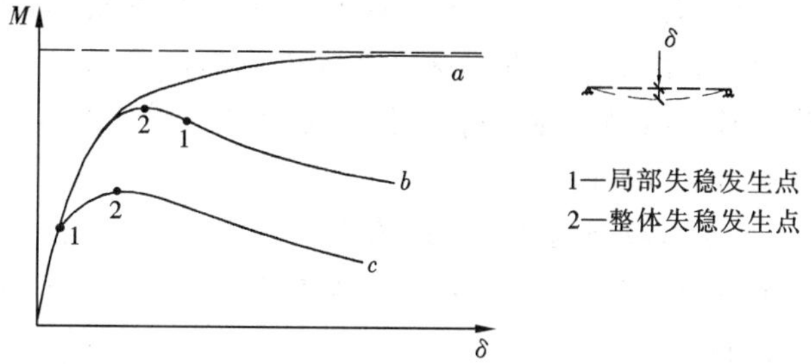

图 6-34　受弯构件的承载能力与变形

习　题

6.1　外伸梁上作用均布恒载标准值 $q_1=4.0\text{kN/m}$（未含梁自重），均布活荷载标准值 $q_2=10\text{kN/m}$，支座间跨中作用集中荷载（活荷载）$F=15\text{kN}$，如图 6-35 所示。梁在 A、B、C、D 各点设有侧向支撑防止整体失稳。拟用热轧普通工字钢作构件，试选择重量最轻的截面型号。计算时，荷载分项系数对恒载取 1.2，对活荷载取 1.4，钢材抗拉、抗压和抗弯强度设计值取 205N/mm^2，抗剪强度设计值取 120N/mm^2，挠度容许值跨中为 $l_2/400$，外伸端为 $2l_1/250$。按截面有限塑性发展准则设计，有限截面塑性发展系数取 1.05。

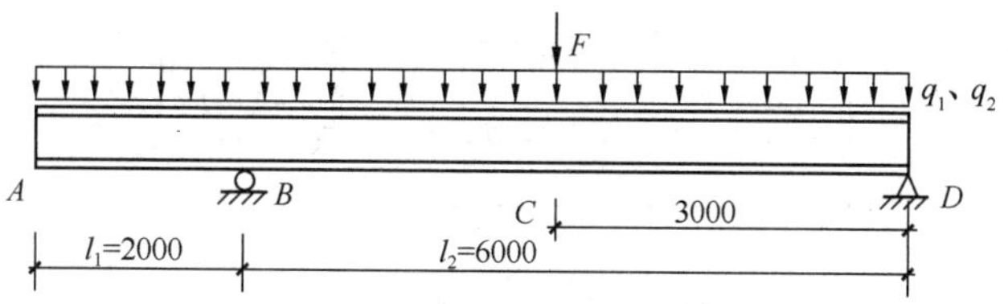

图 6-35　题 6.1

6.2　工字形焊接组合截面简支梁，其上密铺刚性板可以阻止弯曲平面外变形，如图 6-36 所示。梁上均布荷载（包括梁自重）$q=4\text{kN/m}$，跨中已有一集中荷载 $F_0=90\text{kN}$，现需在距右端 4m 处设一集中荷载 F_1。集中力作用处已有支承加劲肋保证局部承压有足够强度。问根据边缘屈服准则，F_1 最大可达多少。设各集中荷载的作用位置距梁顶面为

120mm，分布长度为120mm。钢材的强度设计值取为300N/mm²。另在所有的已知荷载和所有未知荷载中，都已包含有关荷载的分项系数。

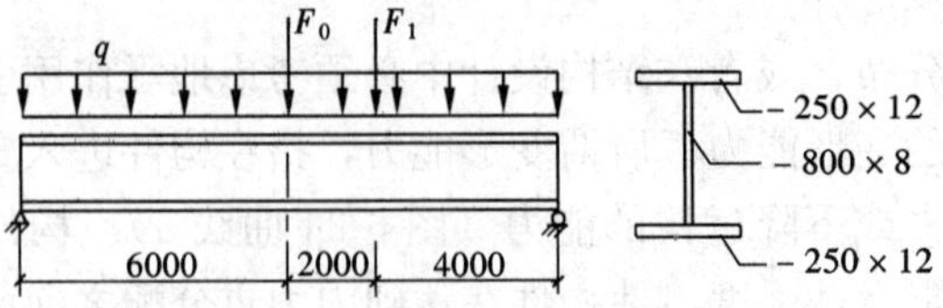

图6-36　题6.2

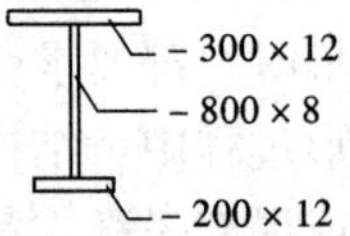

图6-37　题6.3

6.3　同上题，仅梁的截面为如图6-37所示。

6.4　一卷边Z形冷弯薄壁型钢，截面规格160×60×20×2.5，用于屋面檩条，跨度6m，如图6-38所示。作用于其上的均布荷载垂直于地面，q=1.4kN/m。设檩条在给定荷载下不会发生整体失稳，按边缘屈服准则作强度计算。所给荷载条件中已包含分项系数。钢材强度设计值取为210N/mm²。

6.5　一双轴对称工字形截面构件，一端固定，一端外挑4.0m，沿构件长度无侧向支承，悬挑端部下挂一重载F，如图6-39所示。若不计构件自重，F最大值为多少。钢材强度设计值取为215N/mm²。

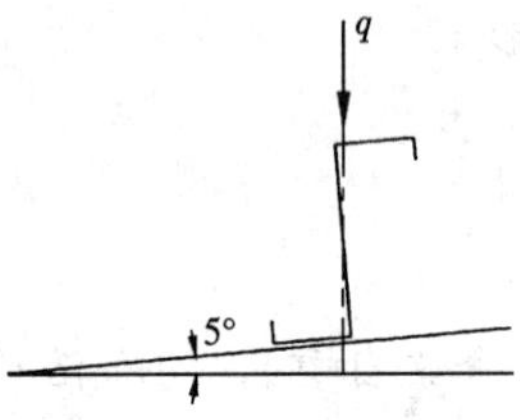

图6-38　题6.4

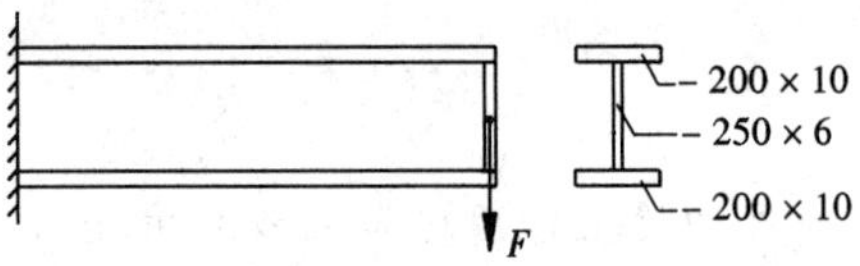

图6-39　题6.5

6.6　一双轴对称工字形截面构件，两端简支，除两端外无侧向支承，跨中作用一集中荷载F=480kN，如图6-40所示。如以保证构件的整体稳定为控制条件，构件的最大长度l的上限是多少。设钢材的屈服点为235N/mm²（计算本题时不考虑各种分项系数）。

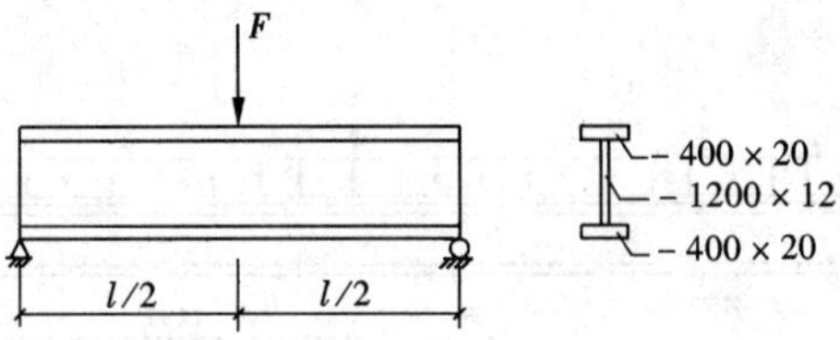

图6-40　题6.6

第 7 章　拉弯和压弯构件

7.1　拉弯和压弯构件的类型与截面形式

拉弯或压弯构件受到沿杆轴方向的轴力和绕截面形心主轴的弯矩作用。如果只有绕截面一个形心主轴的弯矩，称为单向拉弯或压弯构件；绕两个形心主轴都有弯矩时，称为双向拉弯或压弯构件。

建筑框架中的钢柱大多是典型的压弯构件；高层建筑受很大水平力作用时，结构的倾覆力矩会在柱中产生拉力，使柱成为拉弯构件。钢桁架中的弦杆和腹杆若比较粗短，加上端部有很强的转动约束时，也是拉弯或压弯构件。

拉弯和压弯构件的截面形式按其组成方式区分，可以有型钢（图 7-1*a*、*b*)、钢板焊接组合截面（图 7-1*c*、*g*）或型钢与型钢、型钢与钢板的组合截面（图 7-1*d*、*e*、*f*、*h*、*i*）；以几何特征分，可以有开口截面，也可以有闭口截面（图 7-1*g*～*j*)，有双轴对称也有单轴对称截面；除了实腹式截面外（图 7-1*a*～*j*)，为了提高截面的抗弯刚度，还常常采用格构式截面（图 7-1*k*～*p*)。此外，构件截面沿轴线可以变化，例如，工业建筑中的阶形柱（图 7-2*a*)、楔形柱（图 7-2*b*）等。截面形式的选择，取决于构件的用途、荷载、制作、施工、用钢量等诸多因素。不同的截面形式，在计算方法上会有若干差别。

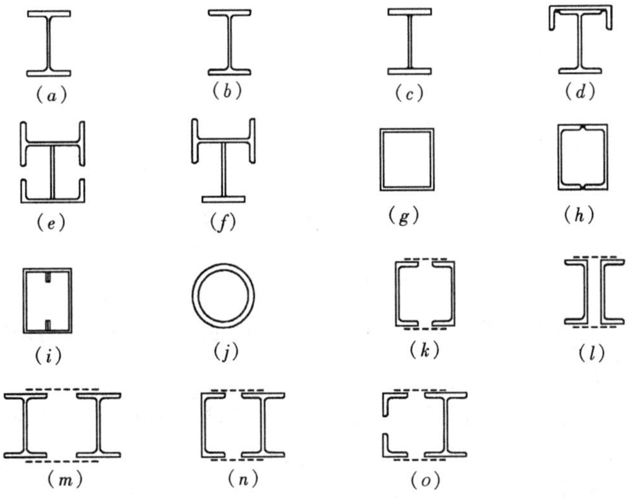

图 7-1　压弯构件截面形式

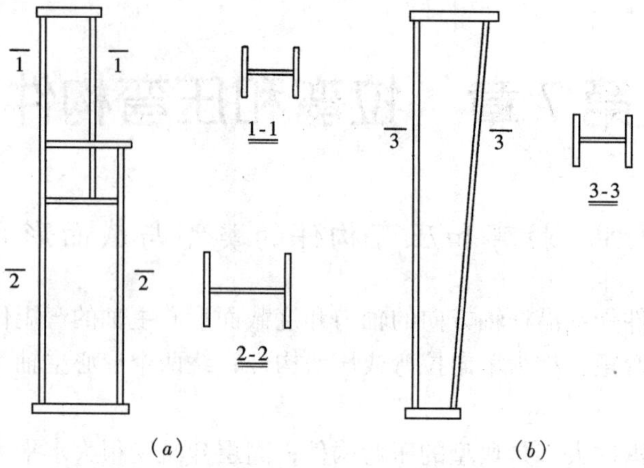

图 7-2　截面沿构件轴线变化的压弯构件

7.2　拉弯和压弯构件的破坏形式

拉弯和压弯构件的破坏形式有强度破坏、整体失稳破坏和局部失稳破坏等。

在轴力、弯矩作用下构件截面上应力的发展与受弯构件截面有相似之处。单向压弯构件截面应力发展情况的一例见图 7-3。强度破坏指截面的一部分或全部应力都达到甚至超过钢材屈服点的状况。内力最大的截面、等截面构件中因孔洞等原因局部削弱较多的截面、变截面构件中内力相对大而截面相对小的截面可能首先到达这一状况。

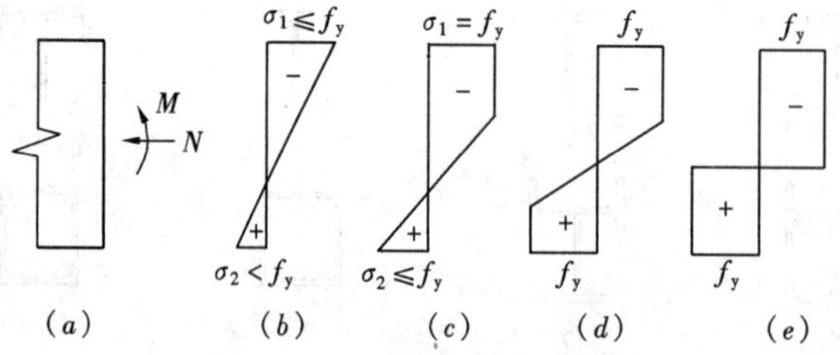

图 7-3　单向压弯构件截面的应力发展

压弯构件可能发生整体失稳破坏。单向压弯构件的整体失稳分为弯矩作用平面内和弯矩作用平面外两种情况。

先考察弯矩作用平面内失稳的情况。设一构件的轴压力作用点与截面某一主轴有一偏心，称为偏心受压构件。随轴压力增大，构件各截面弯矩也增大。如果有足够的约束防止弯矩作用平面外的侧移和变形，平面内跨中最大横向位移与构件压力的关系如图 7-4 中曲线所示。这可以反映一般压弯构件的情况。从图中可以注意到，压弯构件在弯矩作用平面内不存在分枝现象，这与理想轴心压杆不同。其次，工程设计中进行结构分析时，一般采用小位移假定，只考虑内外力在结构初始位置的平衡，当然也不考虑初始几何缺陷等的影响，即采用一阶分析；而压弯构件平面内失稳则与轴力引起的“二阶效应”有关，即需要考虑轴压力对杆轴水平变位 δ 所产生附加弯矩的影响，通常将其称为 P-δ 效应。二阶效应是一种非线性效应。可以设想，如果按一阶分析得到的横向变位为 δ_0，则轴压力在其上引起的弯矩 $N\delta_0$ 一定又造成横向变位增量 δ_1。因此轴压力与变位的关系呈现非线性。随着构件截面边缘开始进入塑性之后，截面内弹性区不断缩小，截面上拉应力合力与压应力合力间的力臂在缩短，内弯矩的增量在减小，而外弯矩增量却随轴压力增大而非线性增长，使轴压力与变位间呈现出更明显的非线性。当截面上代表抗力的轴力和内弯矩不能满足这一平衡时，构件就达到了稳定极限状态，也即图 7-4 中曲线的极值点 D。压弯构件在到达极值点之后，不能负担更大的轴压力，这类失稳被称为极值失稳。曲线在极值点之后的部分称为下降段或负刚度段。需要注意的是，在曲线的极值点，构件的最大内力截面不一定到达全塑性状态（如图 7-3e），而这种全塑性状态可能发生在轴压承载力下降段的某点 D'处。

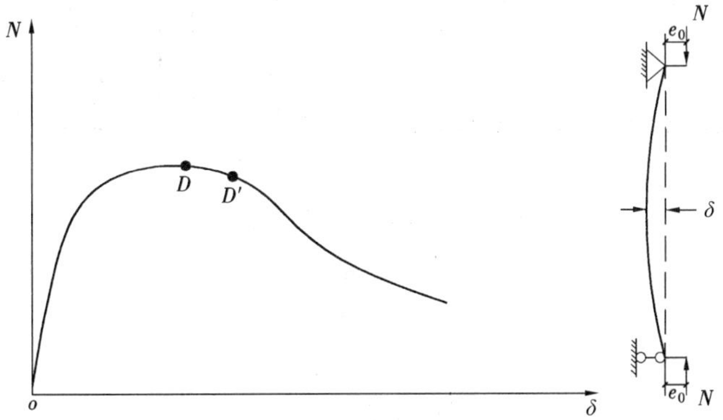

图 7-4 单向压弯构件平面内失稳的轴力—位移曲线

在一个主轴平面内弯曲的构件，在压力和弯矩作用下，发生弯曲平面外的侧移与扭转，称为压弯构件平面外的整体失稳，又称弯扭失稳。假如构件各截面的几何与物理中心是理想直线，弯矩也只是作用在一个平面内，则这种失稳具有屈曲失稳的特点。

对拉弯构件而言，当弯矩作用很大时，也有发生整体失稳的可能性。

局部失稳一般发生在构件的受压翼缘和腹板，或受较大剪力作用的板件。局部失稳对构件的影响，可以参考有关轴心受力构件和受弯构件的叙述。

7.3 拉弯和压弯构件的截面强度

7.3.1 截面强度计算准则

拉弯和压弯构件截面正应力分别由轴力和弯矩引起。弹性阶段，正应力在截面上线性分布。随着塑性的发展，截面上受拉和受压区的应力分别趋近钢材的屈服点。拉弯和压弯构件截面正应力的发展规律与受弯构件截面相似，因此计算其截面强度时，也可取边缘屈服准则、全截面屈服准则或部分发展塑性准则。

拉弯构件和压弯构件的不同受力特点，在于除承受弯矩作用外，前者受轴向拉力作用而后者受轴向压力作用。假如构件不发生整体失稳和局部失稳，则拉弯和压弯构件的截面承载极限状态可视为一致。以下讨论以拉弯构件为例。

7.3.2 单向拉弯构件的截面强度

1. 按边缘屈服准则计算时的强度

构件截面在轴心拉力 N 和绕一个主轴 x 轴的弯矩 M_x 作用下，截面边缘处的最大应力达到屈服点时（图 7-5），其强度计算公式为：

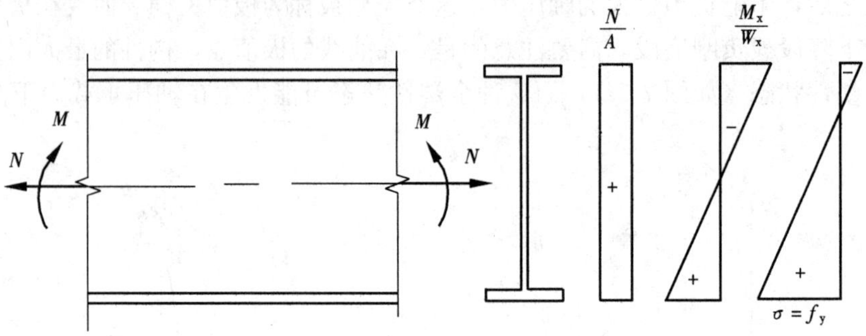

图 7-5 单向拉弯构件应力分布

$$\sigma=\frac{N}{A}+\frac{M_x}{W_x}\leqslant f_y \tag{7-1a}$$

或

$$\frac{N}{N_p}+\frac{M_x}{M_{ex}}\leqslant 1 \tag{7-1b}$$

式中 N、M_x——截面上的轴力和弯矩；

A——截面面积；

W_x——绕截面主轴 x 轴的截面模量；

N_p——屈服轴力，$N_p=Af_y$；

M_{ex}——屈服弯矩，$M_{ex}=W_xf_y$。

设计时应考虑截面削弱和最大应力应低于强度设计值 f_d，则上式可写成：

$$\sigma=\frac{N}{A_n}+\frac{M_x}{W_{nx}}\leqslant f_d \tag{7-2a}$$

或

$$\frac{N}{N_{pd}}+\frac{M_x}{M_{exd}}\leqslant 1 \tag{7-2b}$$

式中 A_n——净截面面积；

W_{nx}——绕截面主轴 x 轴的净截面模量；

N_{pd}——屈服轴力设计值，$N_{pd}=A_nf_d$；

M_{exd}——屈服弯矩设计值，$M_{exd}=W_{nx}f_d$。

2. 按全截面屈服准则计算时的强度

在轴力和弯矩共同作用下全截面进入塑性时，截面上应力分布不仅与轴力 N 的大小有关，也和构件截面组成方式有关。如双轴对称工字形截面拉弯构件绕强轴 x 轴受弯时，若中和轴在腹板内，全截面达到塑性时的应力分布如图 7-6*a* 所示，腹板受压屈服区的高度为 ch_0，相应受拉区高度为 $(1-c)h_0$。

将应力图分解为与 M_x（图 7-6*b*）和 N（图 7-6*c*）相平衡的两部分，由平衡条件得：

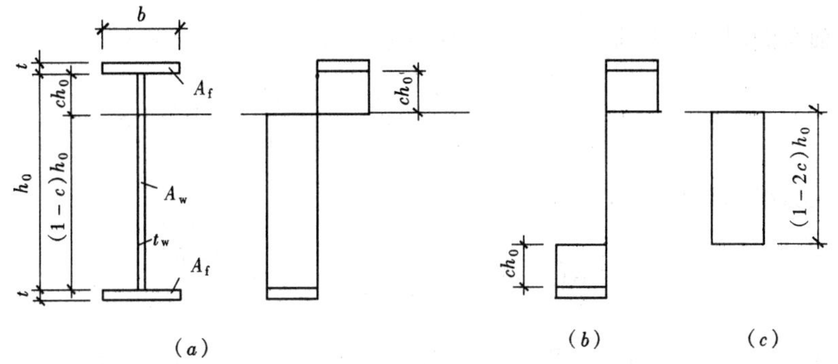

图 7-6 单向拉弯构件全截面屈服时的应力分布

$$N = f_y(1-2c)A_w \tag{a}$$

$$M_x = f_y[(h_0+t)A_f + c(1-c)h_0A_w] \tag{b}$$

式中 A_w——腹板面积，$A_w = h_0t_w$；

A_f——翼缘面积，$A_f = bt$。

从以上两式消去 c，得

$$M_x = f_y\left[(h_0+t)A_f + \frac{1}{4}A_wh_0\left(1-\frac{N^2}{A_W^2f_y^2}\right)\right] \tag{c}$$

令
$$\frac{A_f}{A_w} = p \tag{d}$$

则
$$A = A_w(1+2p) = \xi A_w \tag{e}$$

式中
$$\xi = 1+2p \tag{f}$$

截面完全达到受拉屈服时，

$$N_p = Af_y \tag{g}$$

截面完全受弯而屈服时，

$$\begin{aligned} M_{px} &= \left[A_f(h_0+t)+\frac{1}{4}A_wh_0\right]f_y \\ &= \frac{N_p}{\xi}\left[p(h_0+t)+\frac{h_0}{4}\right] = W_{px}f_y \end{aligned} \tag{h}$$

将以上关系式代入式（*c*）得

$$\frac{M_x}{M_{px}} + \frac{\xi^2h_0}{4p(h_0+t)+h_0}\left(\frac{N}{N_p}\right)^2 = 1 \tag{i}$$

若设 $\alpha = A_w/2A_f$，$\beta = t/h_0$，则式(i) 可写为：

$$\frac{M_x}{M_{px}} + \frac{(1+\alpha)^2}{\alpha[2(1+\beta)+a]}\left(\frac{N}{N_p}\right)^2 = 1 \tag{7-3a}$$

若中和轴在翼缘内，依同样原理可得

$$\frac{N}{N_p}+\frac{2+\alpha+\beta}{\alpha[2(1+\alpha)+(1+2\beta)]}\left(\frac{M_x}{M_{px}}\right)=1 \qquad (7\text{-}3b)$$

当绕弱轴弯曲时，中和轴在腹板内，其表达式为：

$$\frac{\alpha(1+\alpha^2)}{1+2\alpha^2\beta}\left(\frac{N}{N_p}\right)^2+\frac{M_y}{M_{py}}=1 \qquad (7\text{-}3c)$$

中和轴在翼缘内，其表达式为：

$$\frac{1}{1-\alpha}\left(\frac{N}{N_p}\right)^2-\frac{2\alpha}{1-\alpha}\frac{N}{N_p}+\frac{1+2\alpha^2\beta}{1-\alpha^2}\frac{M_y}{M_{py}}=1 \qquad (7\text{-}3d)$$

式（7-3）是拉弯构件全截面塑性条件下的轴力—弯矩相关曲线。

图7-7绘出工字形截面通常比例尺寸情况下轴力 N 和绕强轴弯矩 M_x 的相关曲线的范围，从图中可以看出，曲线均呈凸形，对于绕弱轴弯曲的情况和其他形式截面也是一样。因此在设计中为了简化，可以偏安全地采用直线关系式（即图7-7中虚线），其表达式（不区分 x 轴或 y 轴）为：

$$\frac{N}{N_p}+\frac{M}{M_p}=1 \quad 或 \quad \frac{N}{Af_y}+\frac{M}{W_pf_y}=1 \qquad (7\text{-}4)$$

式中　W_p——截面塑性模量。

设计时考虑截面削弱和强度设计值 f_d，则式（7-4）可写成：

$$\frac{N}{A_n}+\frac{M}{W_{np}}\leqslant f_d \qquad (7\text{-}5)$$

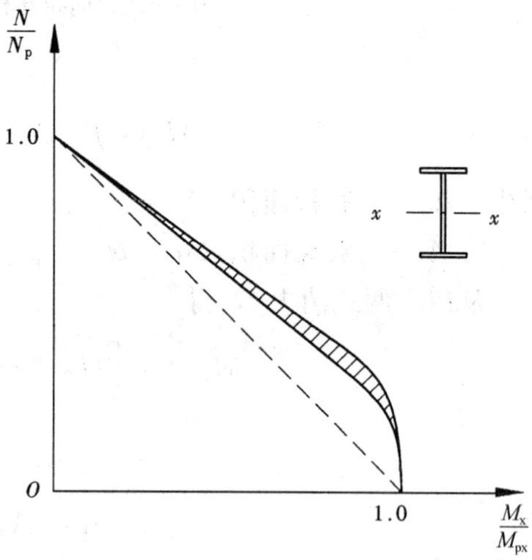

图7-7　拉弯构件截面极限强度相关曲线

式中　A_n，W_{np}——截面净截面面积和净截面塑性模量。

对于工字形截面绕强轴弯曲的情况，若要求比式（7-5）更好的近似程度，可以采用两直线来代替，其表达式为：

$$当\frac{N}{N_p}\leqslant 0.13时，\qquad \frac{M_x}{M_{px}}=1$$

$$当\frac{N}{N_p}>0.13时，\qquad \frac{N}{N_p}+\frac{1}{1.15}\frac{M_x}{M_{px}}=1 \qquad (7\text{-}6)$$

设计时考虑截面削弱的影响和强度设计值 f_d，上式可写成：

$$当\frac{N}{A_nf_d}\leqslant 0.13时，\qquad \frac{M_x}{W_{npx}}\leqslant f_d$$

$$当\frac{N}{A_nf_d}>0.13时，\qquad \frac{N}{A_n}+\frac{1}{1.15}\frac{M_x}{W_{npx}}\leqslant f_d \qquad (7\text{-}7)$$

式中　A_n——净截面面积；

W_{npx}——绕主轴 x 轴的净截面塑性模量。

3. 按部分发展塑性准则计算时的强度

构件在轴力和弯矩作用下一部分截面进入塑性，另一部分截面还处于弹性阶段时，其应力分布如图 7-8 所示。

式（7-1）和式（7-4）都是直线关系，两式差别在左端第二项，式（7-1）采用弹性截面模量 W，应力处于弹性阶段；式（7-4）采用塑性截面模量 W_p，应力处于全截面进入塑性阶段。对应力处于弹塑性时，也可采用直线关系式，即

$$\frac{N}{Af_y}+\frac{M_x}{\gamma W_x f_y}=1 \tag{7-8}$$

设计时考虑截面削弱和采用强度设计值 f_d，则式（7-8）可写成：

$$\frac{N}{A_n}+\frac{M_x}{\gamma W_{nx}}\leqslant f_d \tag{7-9}$$

式中　γ——截面塑性发展系数，$\gamma W_{nx}<W_{npx}$。

图 7-9 表示式（7-1）、式（7-3）、式（7-4）、式（7-6）和式（7-8）的 N-M_x 曲线，从中可以看出拉弯构件不同计算公式之间的关系。

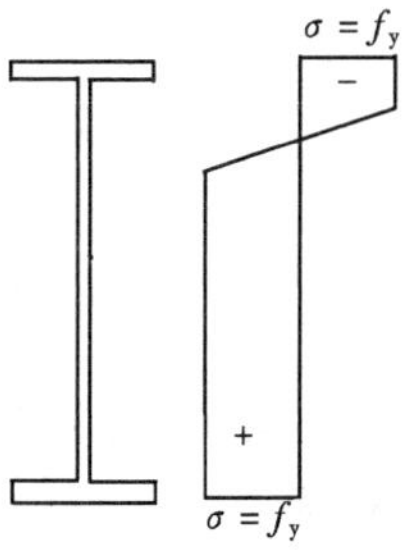

图 7-8　单向拉弯构件截面弹塑性应力分布

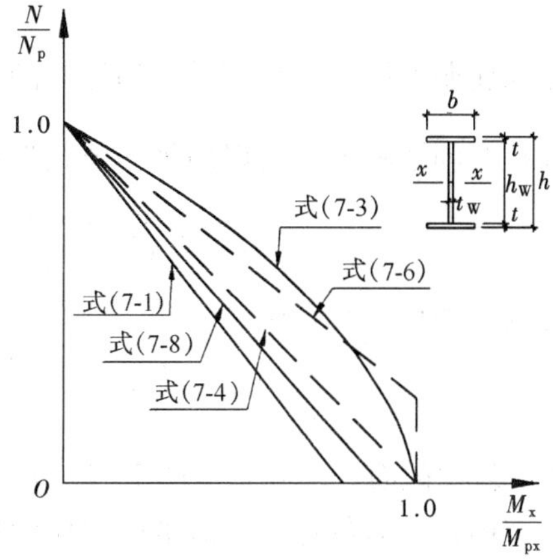

图 7-9　工字形截面 N-M_x 曲线

【例 7-1】 一承受静力荷载的拉弯构件，已知 $N=1200\text{kN}$，$M_x=129\text{kN}\cdot\text{m}$，塑性发展系数 $\gamma=1.05$，截面采用 I45a，$A_n=102.446\text{cm}^2$，$W_{nx}=1430\text{cm}^3$，$W_{npx}\approx 1.12W_{nx}$，材料为 Q235A，$f_d=205\text{N/mm}^2$。验算该截面强度。

【解】

（1）按边缘屈服准则计算

$$\sigma=\frac{N}{A_n}+\frac{M_x}{W_{nx}}=\frac{1200\times10^3}{102.446\times10^2}+\frac{129\times10^6}{1430\times10^3}=207.3\text{N/mm}^2>f_d=205\text{N/mm}^2$$

虽然边缘最大拉应力超过钢材强度设计值，工程计算上一般能够接受 $\sigma<1.05f_d$ 的结果。本例属于这种情况。

（2）按部分发展塑性准则计算

$$\sigma = \frac{N}{A_n} + \frac{M_x}{\gamma W_{nx}} = \frac{1200 \times 10^3}{102.446 \times 10^2} + \frac{129 \times 10^6}{1.05 \times 1430 \times 10^3}$$
$$= 203.0 \text{N/mm}^2 < f_d = 205 \text{N/mm}^2$$

(3) 按全截面屈服准则计算

$$\sigma = \frac{N}{A_n} + \frac{M_x}{W_{npx}} = \frac{1200 \times 10^3}{102.446 \times 10^2} + \frac{129 \times 10^6}{1.12 \times 1430 \times 10^3}$$
$$= 197.7 \text{N/mm}^2 < f_d = 205 \text{N/mm}^2$$

7.3.3 双向拉弯构件的截面强度

若采用边缘屈服准则，则

$$\frac{N}{A} + \frac{M_x}{W_x} + \frac{M_y}{W_{ey}} \leqslant f_y \tag{7-10a}$$

或用直线相关公式表示其对应的极限状态，即

$$\frac{N}{N_p} + \frac{M_x}{M_{ex}} + \frac{M_y}{M_{ey}} = 1 \tag{7-10b}$$

若采用全截面屈服准则，全截面进入塑性时的极限状态方程一般为$\frac{N}{N_p}$、$\frac{M_x}{M_{px}}$、$\frac{M_y}{M_{py}}$的曲面方程，与平面拉弯问题相似，可以用平面公式近似地表示极限状态方程，即

$$\frac{N}{N_p} + \frac{M_x}{M_{px}} + \frac{M_y}{M_{py}} = 1 \tag{7-11}$$

若采用部分发展塑性准则，则

$$\frac{N}{N_p} + \frac{M_x}{\gamma_x M_{ex}} + \frac{M_y}{\gamma_y M_{ey}} = 1 \tag{7-12}$$

对图 7-1 所示各种截面，除圆管（图 7-1j）外，式（7-10）～式（7-12）都是适用的。但对圆管截面，双向拉弯时的边缘屈服准则对应的极限状态方程为

$$\frac{N}{N_p} + \frac{\sqrt{M_x^2 + M_y^2}}{M_e} = 1 \tag{7-13}$$

读者可以类推出相应全截面塑性和部分发展塑性时圆管截面的极限状态方程。

双向拉弯截面的强度相关公式的图形表示见图 7-10。事实上，图 7-9 所示单向拉弯极限强度相关曲线是图 7-10 所示双向拉弯极限强度相关曲面在$\frac{N}{N_p} - \frac{M_x}{M_{px}}$平面上的投影。从图 7-10 中可以看出，截面强度极限状态是在内力空间的一个曲面，这个曲面具有外凸的性质。在结构弹塑性分析中，有一种方法是把应力空间屈服函数的概念拓展到内力空间上，从而使塑性力学的基本概念可以用到这一范围。

拉弯构件除轴力、弯矩以外，往往还有剪力存在，有时还有扭矩作用。当用边缘屈服准则进行强度设计时，可以不考虑这些内力分量的影响；但由材料力学中的强度理论，可以知道截面上的剪应力与应力屈服面是相关的，因此以全截面塑性状态为准则时，事实上存在剪力的影响。对工程构件的研究表明，当构件长度大于截面高度 6 倍左右后，剪力对截面强度的影响并不很大，因此在工程设计公式上，通常仍采用比较简单的仅考虑轴力和

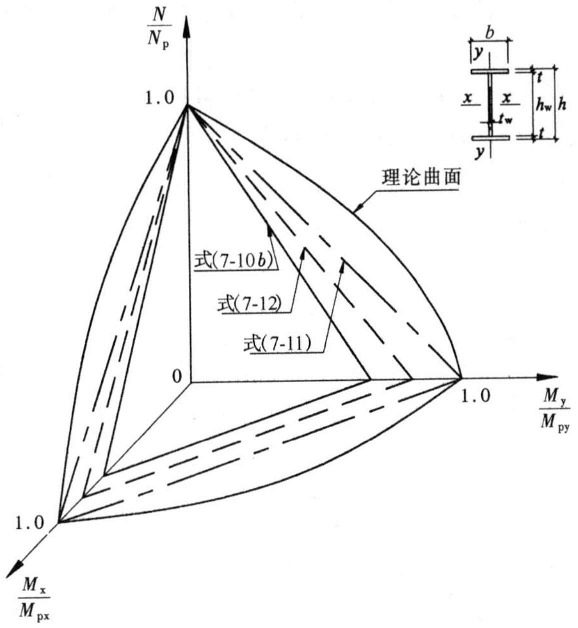

图 7-10 双向拉弯构件极限强度相关曲面

弯矩因素的相关公式。

考虑截面削弱和采用强度设计值 f_d，则式（7-10a）、式（7-11）和式（7-12）可写成：

$$\frac{N}{A_n}+\frac{M_x}{W_{nx}}+\frac{M_y}{W_{ny}}\leqslant f_d \tag{7-14}$$

$$\frac{N}{A_n}+\frac{M_x}{W_{npx}}+\frac{M_y}{W_{npy}}\leqslant f_d \tag{7-15}$$

$$\frac{N}{A_n}+\frac{M_x}{\gamma_x W_{nx}}+\frac{M_y}{\gamma_y W_{ny}}\leqslant f_d \tag{7-16}$$

对圆管截面拉弯构件，《钢结构设计标准》采用的计算公式形式如下：

$$\frac{N}{A_n}+\frac{\sqrt{M_x^2+M_y^2}}{\gamma_m W_n}\leqslant f_d \tag{7-17}$$

式中 γ_m——圆管截面塑性发展系数，当圆管径厚比$\leqslant 90\dfrac{235}{f_y}$（相当于 S3 级或高于 S3 级）时取 1.15，否则取 1.0。

前已提及，压弯构件截面强度计算与拉弯构件强度计算方法相同，只需用轴压力或轴压力设计值代替各公式中的轴拉力或轴拉力设计值。

7.4 压弯构件的整体稳定

7.4.1 单向压弯构件的平面内整体稳定

如前所述，压弯构件的平面内整体失稳属于极值型失稳，在到达构件极限承载力时，构件已进入塑性。但在工程设计上，也可以将边缘屈服准则作为构件失效的准则。

1. 压弯构件的边缘屈服准则

设一压弯构件（图7-11），两端偏心距相同且在受力过程中保持不变。构件任一截面上的内弯矩应为 $N(e_y+v)$，其中 v 是构件在弯曲平面内的挠度。由平衡方程

$$EI_x v''+Nv=-Ne_y \tag{a}$$

令

$$\frac{N}{EI_x}=\alpha^2 \tag{b}$$

可得

$$v=\frac{e_y}{\cos\frac{\alpha l}{2}}\left[\cos\left(\frac{\alpha l}{2}-\alpha z\right)-\cos\frac{\alpha l}{2}\right]$$

$$=\frac{M_{0x}}{N\cos\frac{\alpha l}{2}}\left[\cos\left(\frac{\alpha l}{2}-\alpha z\right)-\cos\frac{\alpha l}{2}\right] \tag{7-18}$$

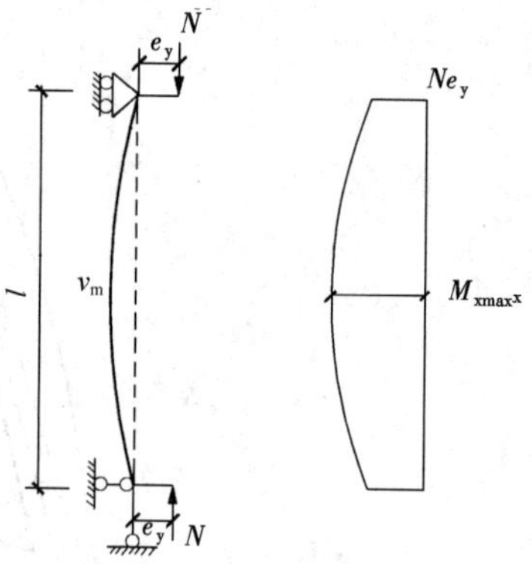

图7-11　压弯构件

其中　M_{0x}——不考虑二阶效应时的截面弯矩，此处 $M_{0x}=Ne_y$，最大弯矩在跨中

$$M_{x\max}=-EI_x v''\big|_{z=\frac{l}{2}}=\frac{M_{0x}}{\cos\frac{\alpha l}{2}} \tag{7-19}$$

由于 $\cos\frac{\alpha l}{2}$ 是小于1的数。可见跨中弯矩值比一阶弯矩 M_{0x} 要大。

按弯矩最大截面的边缘纤维达到屈服，有

$$\frac{N}{A}+\frac{M_{0x}}{W_x\cos\frac{\alpha l}{2}}=f_y \tag{7-20}$$

或

$$\frac{N}{A}\left(1+\frac{e_yA}{W_x}\sec\frac{\alpha l}{2}\right)=f_y \tag{c}$$

记 $\varepsilon_{0y}=\frac{e_yA}{W_x}$ 为偏心率，$\sigma=\frac{N}{A}$ 为截面平均应力，可得

$$\frac{\sigma}{f_y}=\frac{1}{1+\varepsilon_{0y}\sec\frac{\alpha l}{2}} \tag{7-21}$$

上式中 $\sec\frac{\alpha l}{2}$ 是考虑构件挠曲的二阶效应的因子，其值总是大于1的（当压力为零时才为1）。因此考虑二阶效应后构件达到截面边缘屈服时可以承受的平均应力低于只考虑一阶效应时的情况。

第5章已叙述了具有初始挠度 $v_0=v_{0m}\sin\frac{\pi z}{l}$ 的受压构件，并可得出

$$M_{xmax}=\frac{Nv_{0m}}{1-\frac{N}{N_{Ex}}} \tag{7-22}$$

上式中 Nv_{0m} 是只考虑轴力与初始挠度因素的弯矩。对比式（7-19）、式（7-22）可以看出因子 $\frac{1}{\cos\frac{\alpha l}{2}}$、$\frac{1}{1-\frac{N}{N_{Ex}}}$ 相当于对一阶弯矩的放大系数。由于 $\frac{\alpha l}{2}$ 可以写为 $\left(\sqrt{\frac{N}{N_{Ex}}}\frac{\pi}{2}\right)$，所以这两个放大系数都与轴压力的大小有关（图 7-12）。当 N 愈接近于 N_{Ex}，一阶弯矩被放大得愈多。在许多情况下，可以近似地用放大因子来考虑与构件挠曲有关的二阶效应的影响。

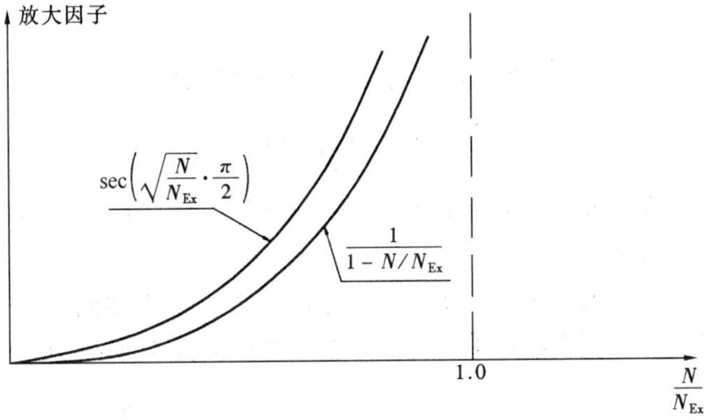

图 7-12 放大因子

对于由宽厚比相当大的板件组成的截面，例如冷弯薄壁型钢构件，在全截面发展塑性的可能性较小，一般以边缘屈服准则作为构件稳定承载力的设计准则。

2. 极限承载力

压弯构件平面内稳定的极限承载力一般由以下方式确定：第一，根据大量试验数据，用统计的办法确定；第二，根据力学模型，采用数值分析方法确定，并用必要的试验数据予以验证。

前一种方法客观、直接，其结果可以包含材料、制作、加载、约束等各方面的复杂情况，但是成本较大，难以准确区分不同因素的影响，事实上也不可能对工程构件在各种条件下的极限承载力都通过试验来确定。另一方面，由于构件进入弹塑性之后，截面刚度沿轴线发生了变化，除少数情况外，难以得到弹性范围内那种简洁明了的解析解，所以，往往通过采用半解析半数值方法或数值方法去求取极限承载力。数值分析的方法可以弥补前述试验方法的不足，但数值方法必须经过必要的试验验证。

这里介绍一种数值计算方法。

图 7-13（a）为一具有初弯曲 u_0 的压弯构件。截面上可以有任意已知分布的残余应力，应力应变关系可以根据材料予以设定，两端初偏心 e_0 可以不相同，支座可以是弹性嵌固，两端的弹性嵌固常数可以不同。根据图 7-13（a）所示的受力情况，可得绕 y 轴弯曲时的平衡方程如下

$$-M_{iy}+N(u_p+u_0+e_0)=0 \tag{d}$$

式中 u_p——由压力 N 产生的附加位移；

M_{iy}——内弯矩。

在弹性阶段

$$M_{iy}=-EI_y u_p'' \tag{e}$$

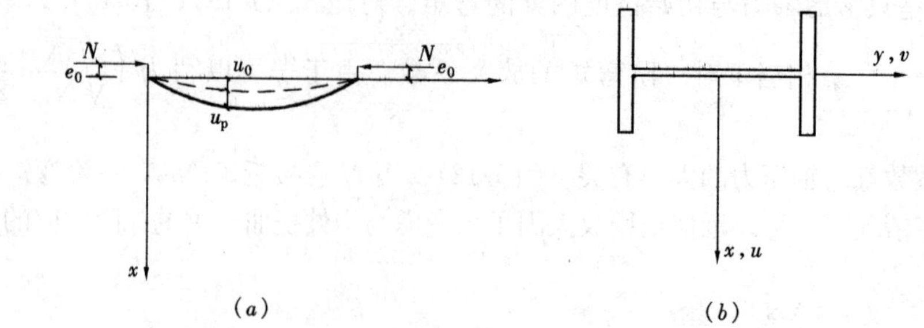

图 7-13　具有初弯曲的压弯构件

在弹塑性阶段

$$M_{iy}=\int_A \sigma x\,\mathrm{d}A \tag{f}$$

第一步，先将构件分成 n 段，各段长度不一定相等，如图 7-14（a）所示。

第二步，给定压力 N。

第三步，假定 A 端由压力产生的转角 θ_{pa} 的值，开始从 A 端向 B 端逐段计算。

第四步，按式（d）计算第一段中点，即点 1/2 处的曲率 $\phi_{p\frac{1}{2}}$，步骤如下：

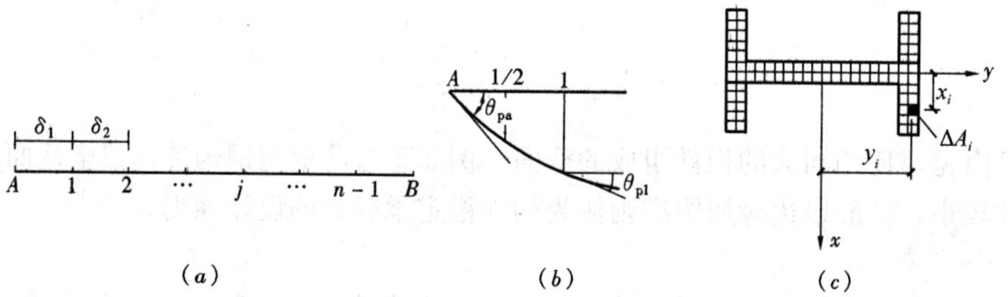

图 7-14　数值积分中构件的分段和截面分块

（1）将构件的截面划分成 m 个小单元，如图 7-14（c）所示。

（2）假设截面形心处平均应变 $\bar{\varepsilon}_{p\frac{1}{2}}$ 和截面的曲率 $\phi_{p\frac{1}{2}}$ 的值。

（3）按下式计算截面上各小单元面积中心点的应变

$$\varepsilon_i=\phi_{p\frac{1}{2}}x_i+\bar{\varepsilon}_{p\frac{1}{2}}+\frac{\sigma_{ri}}{E} \tag{g}$$

式中的应变和应力均以拉应变和拉应力为正，最后一项是相应于该点的残余应力的应变。

（4）根据应力-应变关系确定各小单元面积中心点的应力 σ_i。

（5）先用下式校核正应力 σ_i 的合力是否等于压力 N

$$N-\sum_{i=1}^{m}\sigma_i\Delta A_i=0 \tag{h}$$

若式（h）不能满足，则调整平均应变 $\bar{\varepsilon}_{p\frac{1}{2}}$，重复步骤（3）～（5），直到式（$h$）得到满足为止。

（6）按式（f）计算 $M_{y\frac{1}{2}}$

$$M_{y\frac{1}{2}}=\sum_{i=1}^{m}\sigma_i x_i\Delta A_i \tag{i}$$

（7）按下式计算 $u_{p\frac{1}{2}}$

$$u_{p\frac{1}{2}} = u_{pa} + \theta_{pa} \cdot \frac{\delta_1}{2} - \phi_{p\frac{1}{2}} \frac{\delta_1^2}{8} \tag{j}$$

式中 u_{pa}——已知的支座 A 处位移。

（8）按式（d）校核内外弯矩是否相等

$$-M_{y\frac{1}{2}} + N(u_{p\frac{1}{2}} + u_{0\frac{1}{2}} + e_0) = 0 \tag{k}$$

若式（k）不能满足，则调整曲率 $\phi_{p\frac{1}{2}}$，重复步骤（3）～（8）直到式（k）得到满足为止。

第五步，按下式计算第一段末，即点 1 处位移 u_{p1} 和转角 θ_{p1}

$$u_{p1} = u_{pa} + \theta_{pa}\delta_1 - \frac{1}{2}\phi_{p\frac{1}{2}}\delta_1^2 \tag{l}$$

$$\theta_{p1} = \theta_{pa} - \phi_{p\frac{1}{2}}\delta_1$$

第六步，转入下一段的计算，重复第四步、第五步，一直到最后一段。

第七步，根据所求得的 u_{pb}，复核 B 端支承条件是否满足。如果不满足，则调整 θ_{pa} 值，重复第三步到第七步，直到 u_{pb} 得到满足为止。

第八步，为了考虑加载历史的影响，在完成上述计算后，应将截面上每一小单元的应力和应变记录下来，作为下一级荷载时的起始点。

完成第一步至第八步计算后，便得到了构件的荷载-位移曲线中的一个点。

第九步，给定下一级的荷载 N，重复第三步至第八步，即可逐步得到构件荷载-位移曲线图 7-15 的上升段。

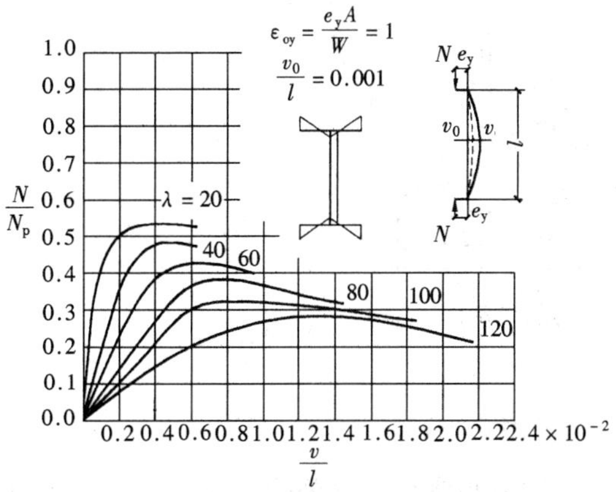

图 7-15 不同长细比下压弯构件的轴力-变形曲线

第十步，当到达某一级荷载时，如果第七步的调整不能完成，也就是说出现发散现象，即说明该构件已经到达它的极限承载力，进入了不稳定状态。刚开始出现这种情况的荷载就是构件的稳定极限承载力。这时已到达了图 7-15 中荷载-位移曲线的顶点。

第十一步，为了得到荷载-位移曲线的下降段，可以改用给定 θ_{pa}，调整压力 N 的办法，完成第四步至第八步的计算。

根据这些方法通常可以得到如图 7-15 所示的曲线族。

若将参数 ε_{oy} 加以改变，可以得到在不同端弯矩作用下的相类似的曲线族。把具有一定长度的构件在极限状态时的轴压承载力与最大截面弯矩作成曲线，就是构件承载力的相关曲线。图 7-16 是其中的一个例子。$\lambda=0$ 的曲线，实质上是截面强度的相关曲线，当 λ 渐次增大后，构件将由整体失稳控制其承载能力。曲线与纵轴的交点 $\left(\frac{M}{M_p}=0\right)$ 反映了轴向受压构件的稳定承载力。$\frac{N}{N_p}=0$ 时曲线与横轴交于一点，这是假定无弯曲平面外失稳的结果。值得注意的是，当构件由平面内整体稳定控制时，曲线将失去对于原点外凸的特征。

以图 7-15 所示各曲线的顶点为纵坐标，构件的长细比为横坐标，还可以得图 7-17 中

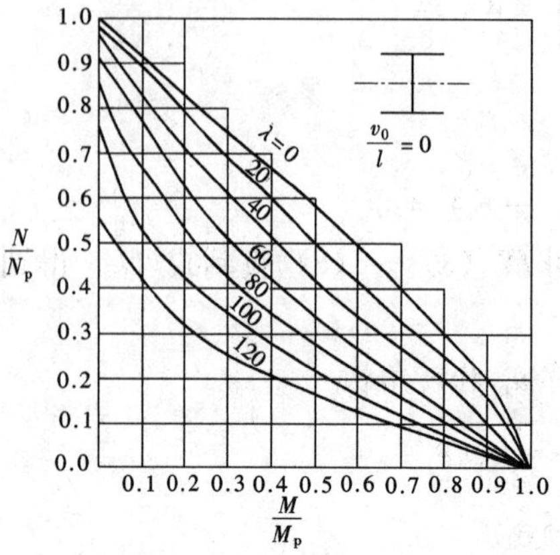

图 7-16　压弯构件的相关曲线

相对偏心 ε=1.0 的曲线。同样可得 ε 为其他值的曲线。若已知构件长细比、相对偏心，即可以从图 7-17 查出构件的平面内稳定承载力。而图中的纵坐标可以看作压弯构件的稳定系数 φ_e。

3. 构件在弯矩作用平面内稳定承载力的实用相关公式

构件在弯矩作用平面内稳定承载力的计算有两种方式。一是采用单项表达式

$$N_u = \varphi_e N_p = \varphi_e A f_y \qquad (7\text{-}23)$$

其中 φ_e 为考虑轴力与弯矩共同作用下构件的平面内整体稳定系数。

从形式上 φ_e 是相对偏心 ε 的函数。但由于构件上弯矩分布的不同情况、构件截面形式、截面尺寸、初始几何缺陷、端部约束条件等的差别都对 φ_e 有不同程度的影响，单项表达式用一个 φ_e 来表达上述这些因素将会十分复杂，对使用是不方便的。

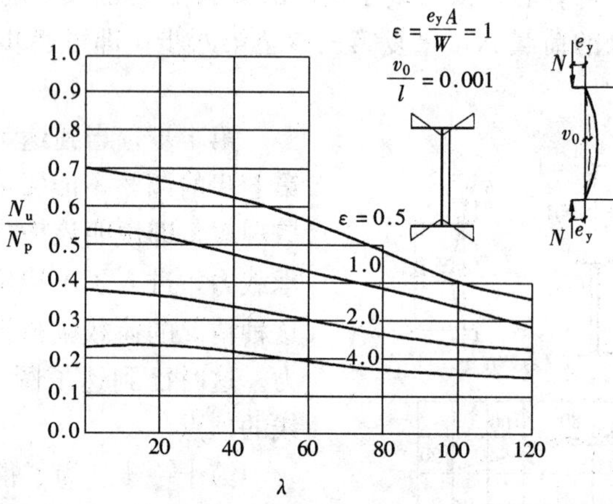

图 7-17　压弯构件的柱子曲线

平面内稳定承载力计算的另一种方法是采用轴力和弯矩相关公式的方式。如采用边缘屈服准则，可以建立如下关系

$$\frac{N}{N_p} + \frac{M_x + N\delta_0}{M_{ex}\left(1 - \dfrac{N}{N_{Ex}}\right)} = 1 \qquad (m)$$

式中　N——构件上作用的轴向压力；

$M_x + N\delta_0$——构件截面上由横向力或初力矩引起的一阶弯矩以及考虑初始挠曲 δ_0 产生的弯矩；

$\dfrac{1}{\left(1 - \dfrac{N}{N_{Ex}}\right)}$——考虑二阶弯矩的放大因子；

N_p——截面屈服轴力；

M_{ex}——由最大受压纤维确定的截面屈服弯矩，$M_{ex}=W_{x1}f_y$；

W_{x1}——最大受压纤维的毛截面模量。

令式（m）中 $M_x=0$，则满足式（m）关系的 N 成为有初始缺陷的轴心压杆的临界力 N_{0x}，在此情况下，由式（m）解出

$$\delta_0=\frac{W_{x1}(Af_y-N_{0x})(N_{Ex}-N_{0x})}{AN_{0x}N_{Ex}} \tag{n}$$

将式（n）代入式（m），注意到 $N_{0x}=\varphi_x Af_y$，并引入弯矩非均匀分布时的等效弯矩系数 β_{mx}，可得

$$\frac{N}{\varphi_x Af_y}+\frac{\beta_{mx}M_x}{W_{x1}f_y\left(1-\varphi_x\frac{N}{N_{Ex}}\right)}=1 \tag{7-24}$$

对于绕虚轴弯曲的格构式压弯构件以及冷弯薄壁型钢实腹式压弯构件，可以用上式作为设计公式的依据。对于其他型钢截面或大多数组合截面的压弯构件，则可以利用截面上的塑性发展。经与试验数据的比较，引入若干修正后，可采用下式作为设计公式的依据

$$\frac{N}{\varphi_x Af_y}+\frac{\beta_{mx}M_x}{\gamma_x W_{x1}f_y\left(1-0.8\frac{N}{N_{Ex}}\right)}=1 \tag{7-25}$$

当在不对称工字形截面、T 形截面压弯构件中，弯矩使较大翼缘受压时，对较小翼缘侧，还应补充如下计算

$$\left|\frac{N}{Af_y}-\frac{\beta_{mx}M_x}{\gamma_x W_{x2}f_y\left(1-1.25\frac{N}{N_{Ex}}\right)}\right|=1 \tag{7-26}$$

式中　W_{x2}——弯矩作用平面内受压较小翼缘的毛截面模量。

在工程设计中，式（7-24）～式（7-26）中的屈服点 f_y 应用强度设计值 f_d 代替，则以上各式成为：

采用边缘屈服准则时，即对于绕虚轴弯曲的格构式压弯构件

$$\frac{N}{\varphi_x A}+\frac{\beta_{mx}M_x}{W_{x1}\left(1-\varphi_x\frac{N}{N'_{Ex}}\right)}\leqslant f_d \tag{7-27a}$$

但当 $\varphi_x>0.8$ 时，上式可能高估构件承载力，因此，《钢结构设计标准》采用式（7-27b）进行实际构件计算

$$\frac{N}{\varphi_x A}+\frac{\beta_{mx}M_x}{W_{x1}\left(1-\frac{N}{N'_{Ex}}\right)}\leqslant f_d \tag{7-27b}$$

采用稳定极限承载力准则时，即对于实腹式压弯构件和绕实轴弯曲的格构式压弯构件

$$\frac{N}{\varphi_x A}+\frac{\beta_{mx}M_x}{\gamma_x W_{x1}\left(1-0.8\frac{N}{N'_{Ex}}\right)}\leqslant f_d \tag{7-28}$$

对于不对称的工字形截面、T 形截面且弯矩使较大的翼缘受压时，还应计算

$$\left|\frac{N}{A}-\frac{\beta_{mx}M_x}{\gamma_x W_{x2}\left(1-1.25\frac{N}{N'_{Ex}}\right)}\right|\leqslant f_d \tag{7-29}$$

其中 $N'_{Ex}=\pi^2 EA/(1.1\lambda_x^2)$，相当于按强度设计值将 N_{Ex} 予以折减。

在式中，引入等效弯矩系数的原因，是将非均匀分布的弯矩当量化为均匀分布的弯矩。等效弯矩系数可采用以下数值：

（1）无侧移框架柱和两端支承的构件：

1）无横向荷载作用时

$$\beta_{mx}=0.6+0.4\frac{M_2}{M_1} \tag{7-30a}$$

式中，M_1、M_2 是构件两端弯矩，构件无反弯点时取同号，构件有反弯点时取异号 $|M_1|\geqslant|M_2|$。

2）无端弯矩但有横向荷载作用时

跨中单个集中荷载时，

$$\beta_{mx}=1-0.36N/N_{Ex} \tag{7-30b}$$

全跨均布荷载时，

$$\beta_{mx}=1-0.18N/N_{Ex} \tag{7-30c}$$

3）端弯矩和横向荷载同时作用时，式（7-25）等的 $\beta_{mx}M_x$ 替换为

$$\beta_{mx}M_x=\beta_{mqx}M_{qx}+\beta_{m1x}M_1 \tag{7-30d}$$

式中　M_{qx}——横向荷载产生的弯矩最大值；

β_{mqx}——按（7-30b）或（7-30c）计算；

β_{m1x}——按式（7-30a）计算。

（2）有侧移框架柱和悬臂构件：

1）有横向荷载的柱脚铰接的单层框架柱和多层框架的底层柱，$\beta_{mx}=1.0$；

2）自由端作用有弯矩的悬臂柱

$$\beta_{mx}=1-0.36(1-m)N/N_{Ex} \tag{7-30e}$$

式中　m——自由端弯矩与固定端弯矩之比，当弯矩图无反弯点时取正号，有反弯点时取负号。

3）除以上规定之外的框架柱

$$\beta_{mx}=1-0.36N/N_{Ex} \tag{7-30f}$$

7.4.2　单向压弯构件的平面外整体稳定

1. 平面外弯扭屈曲的临界力

假定双轴对称截面的压弯构件没有弯矩作用平面外的初始几何缺陷（初挠度与初扭转），其平面外失稳的平衡微分方程为

$$EI_y u''+Nu+M_x\theta=0 \tag{7-31a}$$

$$EI_\omega\theta'''-GI_t\theta'+M_x u'+(r_0^2N-\overline{R})\theta'=0 \tag{7-31b}$$

式中　M_x——端弯矩，当为偏心压变构件且两端偏心一致时 $M_x=Ne_y$，e_y 为构件端部的偏心距。

平面外的侧移 u 和绕构件纵轴的扭转变形 θ 耦联出现，说明平面外整体失稳呈现弯扭状态。对于两端简支支承的构件，分别设解为 $u=c_1\sin\frac{\pi z}{l}$ 和 $\theta=c_2\sin\frac{\pi z}{l}$，代入式（7-31）

后得到

$$c_1(N_{Ey}-N)-c_2Ne_y=0$$
$$-c_1N_{ey}+c_2r_0^2(N_\theta-N)=0 \tag{o}$$

式中 N_{Ey}——构件仅受轴压时绕 y 轴弯曲屈曲的临界力

$$N_{Ey}=\frac{\pi^2EI_y}{l^2} \tag{7-32a}$$

N_θ——构件仅受轴压时绕 z 轴扭转屈曲的临界力

$$N_\theta=\frac{\dfrac{\pi^2EI_\omega}{l^2}+GI_t+\overline{R}}{r_0^2} \tag{7-32b}$$

因构件失稳时 c_1、c_2 不为零，故式（o）的系数行列式必须为零。由此看出，这一给定的问题具有屈曲问题的数学特征。令系数行列式为零得到

$$(N_{Ey}-N)(N_\theta-N)-N^2\frac{e_y^2}{r_0^2}=0$$

或

$$\left(1-\frac{N}{N_{Ey}}\right)\left(1-\frac{N}{N_\theta}\right)-\frac{N^2}{N_{Ey}N_\theta}\frac{e_y^2}{r_0^2}=0 \tag{7-33}$$

注意到式（6-48），则

$$N_{Ey}N_\theta r_0^2=\frac{\pi^2EI_y}{l^2}\left(\frac{\pi^2EI_\omega}{l^2}+GI_t+\overline{R}\right)$$
$$=\left(\frac{\pi^2E}{l^2}\right)^2I_yI_\omega\left(1+\frac{GI_t+\overline{R}}{\pi^2EI_\omega}l^2\right)=M_{crx}^2 \tag{p}$$

令 $M_x=Ne_y$，则式（7-33）可以写为

$$\left(1-\frac{N}{N_{Ey}}\right)\left(1-\frac{N}{N_\theta}\right)-\frac{M_x^2}{M_{crx}^2}=0 \tag{7-34}$$

实际结构构件的情况远非如上各种规定那样简单理想。如果截面只有一个对称轴，扭转中心与截面形心不重合，平衡方程及其解的形式都会发生改变。此外构件比较粗短时，可能发生弹塑性失稳；构件有初始几何缺陷时，平面外稳定承载力也将成为极值型的问题；当构件截面单轴对称而弯曲平面不在对称轴平面内，或者截面无对称轴时，构件在截面两主轴方向的弯曲失稳和纵轴的扭转失稳将耦联在一起。在这些情况下，通常采用数值解法或试验方法来确定构件的失稳临界力。

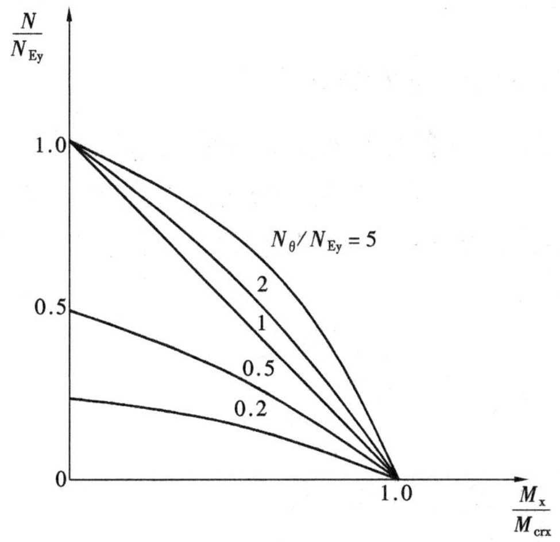

图 7-18 单向压弯构件平面外失稳的相关曲线

2. 平面外稳定承载力的实用计算公式

式（7-34）可绘成图 7-18 的形式，$\dfrac{N}{N_{Ey}}-\dfrac{M_x}{M_{crx}}$ 的曲线形式依赖于系数 $\dfrac{N_\theta}{N_{Ey}}$。根据钢结构构件常用的截面形式分析，

绝大多数情况下$\frac{N_{\theta}}{N_{Ey}}$都大于1.0，可以近似采用直线方程

$$\frac{N}{N_{Ey}}+\frac{M_x}{M_{crx}}=1 \tag{7-35}$$

作为构件平面外稳定与否的判别式。

将实际工程中计算表达式$\varphi_y N_p$和$\varphi_b M_{ex}$分别替换N_{Ey}和M_{crx}，并引入考虑弯矩非均匀分布时的弯矩等效系数β_{tx}，得到

$$\frac{N}{\varphi_y A f_y}+\frac{\beta_{tx}M_x}{\varphi_b W_x f_y}=1 \tag{7-36}$$

在工程设计中，用强度设计值f_d代替屈服点f_y，并考虑到闭口截面的情况，引入系数η，则上式成为

$$\frac{N}{\varphi_y A}+\eta\frac{\beta_{tx}M_x}{\varphi_b W_x}\leqslant f_d \tag{7-37}$$

式中　φ_b——受弯构件的整体稳定系数；

η——截面影响系数，闭口截面时取0.7，其他截面取1.0；

β_{tx}——计算平面外稳定时的弯矩等效系数，可采用以下数值：

（1）在弯矩作用平面外有支承的构件，应根据两相邻支承点间构件段内的荷载和内力情况确定：

1）构件段无横向荷载作用时

$$\beta_{tx}=0.65+0.35\frac{M_2}{M_1} \tag{7-38a}$$

M_1和M_2是构件段在弯矩作用平面内的端弯矩，使构件段产生同向曲率时取同号，反之取异号，且$|M_1|\geqslant|M_2|$。

2）构件段内有端弯矩和横向荷载作用时

使构件段产生同向曲率，$\beta_{tx}=1.0$；

使构件段产生反向曲率，$\beta_{tx}=0.85$。　(7-38b)

3）构件段内无端弯矩但有横向荷载作用时，$\beta_{tx}=1.0$。　(7-38c)

（2）弯矩作用平面外为悬臂构件，$\beta_{tx}=1.0$。　(7-38d)

7.4.3　双向压弯构件的稳定承载力计算

双向压弯构件的稳定承载力与N、M_x、M_y三者的比例有关，无法给出解析解，只能采用数值解。对于实腹式构件可给出实用计算公式。因为双向压弯构件当两方向弯矩很小时，应接近非理想压杆受压力时的情况，当某一方向的弯矩很小时，应接近平面压弯问题，因此稳定承载力计算可采用以下的近似公式

$$\frac{N}{\varphi_x A f_y}+\frac{\beta_{mx}M_x}{\gamma_x W_{x1} f_y\left(1-0.8\frac{N}{N_{Ex}}\right)}+\frac{\beta_{ty}M_y}{\varphi_b W_{y1} f_y}=1 \tag{7-39a}$$

$$\frac{N}{\varphi_y A f_y}+\frac{\beta_{my}M_y}{\gamma_y W_{y1} f_y\left(1-0.8\frac{N}{N_{Ey}}\right)}+\frac{\beta_{tx}M_x}{\varphi_b W_{x1} f_y}=1 \tag{7-39b}$$

在工程设计中,应为

$$\frac{N}{\varphi_x A}+\frac{\beta_{mx}M_x}{\gamma_x W_{x1}\left(1-0.8\dfrac{N}{N'_{Ex}}\right)}+\eta\frac{\beta_{ty}M_y}{\varphi_b W_{y1}}\leqslant f_d \tag{7-40a}$$

$$\frac{N}{\varphi_y A}+\frac{\beta_{my}M_y}{\gamma_y W_{y1}\left(1-0.8\dfrac{N}{N'_{Ey}}\right)}+\eta\frac{\beta_{tx}M_x}{\varphi_b W_{x1}}\leqslant f_d \tag{7-40b}$$

【例 7-2】 计算图 7-19 所示构件的整体稳定性。设该构件在弯矩作用平面内，两端为无侧移点，且计算长度系数 $\mu_x=0.67$；在弯矩作用平面外，柱顶、柱底为无侧移，在距柱底 6m 处有一平面外支撑点，该支撑点处有柱子牛腿，牛腿上部和下部的计算长度系数都为 $\mu_y=1.0$。该构件计算轴向受压整体稳定系数时，按 b 曲线公式计算，即

当 $\bar{\lambda}=\dfrac{\lambda}{\pi}\sqrt{\dfrac{f_y}{E}}\leqslant 0.215$ 时，$\varphi=1-0.65\bar{\lambda}^2$；

当 $\bar{\lambda}>0.215$ 时，$\varphi=\dfrac{1}{2\bar{\lambda}^2}\left[0.965+0.300\bar{\lambda}+\bar{\lambda}^2-\sqrt{(0.965+0.300\bar{\lambda}+\bar{\lambda}^2)^2-4\bar{\lambda}^2}\right]$

计算弯曲整体稳定系数 φ_b 时，近似取 $\varphi_b=1.07-\lambda_y^2/44000$。钢材的屈服强度为 235MPa，强度设计值 $f_d=205\text{N/mm}^2$

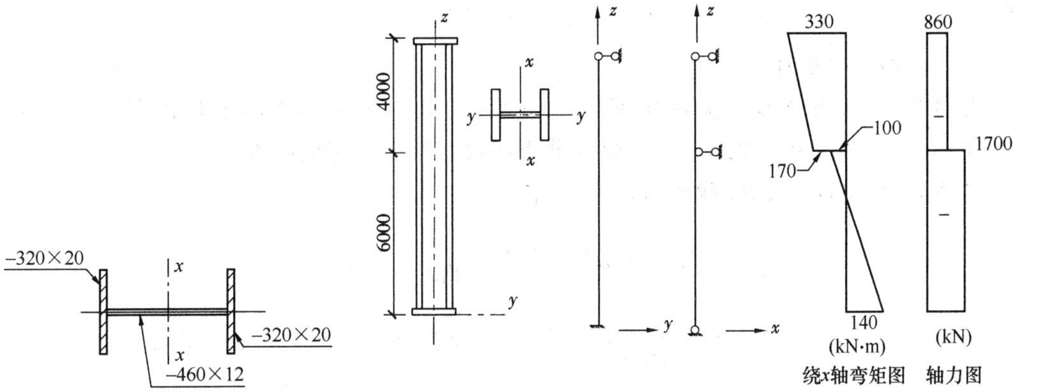

图 7-19　例 7-2

【解】

(1) 确定构件整体稳定计算的有关系数

$A=320\times20\times2+460\times12=18320\text{mm}^2$

$I_x=\dfrac{1}{12}\times(320\times500^3-308\times460^3)=83504.3\times10^4\text{mm}^4$

$W_x=\dfrac{83504.3\times10^4}{250}=3340.2\times10^3\text{mm}^3$，$i_x=\sqrt{\dfrac{I_x}{A}}=\sqrt{\dfrac{83504.3\times10^4}{18320}}=213\text{mm}$

$\lambda_x=\dfrac{0.67\times10000}{213}=31.5$

$\bar{\lambda}=\dfrac{\lambda_x}{\pi}\sqrt{\dfrac{f_y}{E}}=\dfrac{31.5}{\pi}\sqrt{\dfrac{235}{2.06\times10^5}}=0.3387$

$\varphi=\dfrac{1}{2\bar{\lambda}^2}\left[0.965+0.300\bar{\lambda}+\bar{\lambda}^2-\sqrt{(0.965+0.300\bar{\lambda}+\bar{\lambda}^2)^2-4\bar{\lambda}^2}\right]$

$\quad=\dfrac{1}{0.2294}(1.1813-\sqrt{0.9367})=0.930$

$I_y=(320^3\times20\times2+460\times12^3)\div12=10929\times10^4\text{mm}^4$

$$i_y = \sqrt{\frac{10929 \times 10^4}{18320}} \approx 77\text{mm}$$

上柱段 $$\lambda_{y1} = \frac{4000}{77} = 51.9$$

$$\overline{\lambda_{y1}} = \frac{51.9}{\pi}\sqrt{\frac{235}{2.06 \times 10^5}} = 0.5580 > 0.215$$

$$\varphi_{y1} = \frac{1}{0.6227}[1.4438 - \sqrt{0.8391}] = 0.848$$

$$\varphi_{b1} = 1.07 - \frac{51.9^2}{44000} \approx 1.00$$

下柱段 $$\lambda_{y2} = \frac{6000}{77} = 77.9$$

$$\overline{\lambda_{y2}} = \frac{77.9}{\pi}\sqrt{\frac{235}{2.06 \times 10^5}} = 0.8375 > 0.215$$

$$\varphi_{y2} = \frac{1}{1.4028}(1.9177 - \sqrt{0.8719}) = 0.701$$

$$\varphi_{b2} = 1.07 - \frac{77.9^2}{44000} \approx 0.932$$

（2）平面内稳定计算

由图7-19弯矩分布，上柱段 $V_A =$（330－170）/4＝40kN，下柱段 $V_B =$［100－（－140)］/6＝240/6＝40kN，上下柱段剪力一致，跨中没有横向力。

应用式（7-25），其 β_{mx} 按式（7-30a）取

$$\beta_{mx} = 0.6 - 0.4 \times \frac{140}{330} = 0.43$$

$$N_{Ex} = \frac{\pi^2 \times 2.06 \times 10^5 \times 18320}{31.5^2} = 37538 \times 10^3\text{N} = 37538\text{kN}$$

由式（7-28）得

$$\frac{1700 \times 10^3}{0.93 \times 18300 \times 205} + \frac{0.43 \times 330 \times 10^6}{1.05 \times 3340.2 \times 10^3 \left(1 - \frac{0.8 \times 1700}{37538/1.1}\right) \times 205}$$

$$= 0.487 + 0.206 = 0.693 < 1.0$$

（3）平面外稳定计算

牛腿以上柱段 β_{tx} 按式（7-38a）取

$$\beta_{tx} = 0.65 + 0.35 \times \frac{170}{330} = 0.830$$

由式（7-37）得

$$\frac{860 \times 10^3}{0.848 \times 18320 \times 205} + \frac{0.830 \times 330 \times 10^6}{1.0 \times 3340.2 \times 10^3 \times 205}$$

$$= 0.270 + 0.400 = 0.670 < 1.0$$

牛腿以下柱段 β_{tx} 按式（7-38a）取

$$\beta_{tx} = 0.65 - 0.35 \times \frac{100}{140} = 0.4$$

由式（7-36）得

$$\frac{1700\times10^3}{0.701\times18320\times205}+\frac{0.4\times140\times10^6}{0.932\times3340.2\times10^3\times205}$$
$$=0.646+0.0877=0.734<1.0$$

7.5 格构式压弯构件

7.5.1 格构式压弯构件的截面形式

格构式构件有双肢、三肢或四肢等形式，但在以单向压弯为主的情况下，通常采用双肢的形式。当构件中弯矩不大，或可能出现正负号弯矩，但两者绝对值相差不多时，可用对称的截面形式（图 7-1*k*～*m*）；如果弯矩较大且弯矩符号不变，或正负号弯矩的绝对值相差较大时，常用不对称截面，并把较大的肢件放在较大弯矩产生压应力的一侧（图 7-1*n*，*p*）。本节主要介绍用于单向压弯的双肢格构式构件。

7.5.2 稳 定 计 算

1. 整体稳定计算

双肢压弯格构式构件的截面一般是绕虚轴（通常记为 x 轴）的惯性矩和截面模量较大，该轴是弯曲轴。弯矩作用平面内的稳定性计算，采用式（7-27*b*）。通常在计算格构式构件绕虚轴的截面模量 $W_x=I_x/y_0$ 时，y_0 按图 7-20 的规定取用。需要注意式中轴心受压构件的整体稳定系数 φ_x，应按换算长细比 λ_{0x} 计算。换算长细比的概念和计算方法详见第 5 章。弯矩作用平面外的稳定性，将转变为单肢在弯矩作用平面外的稳定计算，详见以下叙述。

工程上也可能出现以实轴（通常记为 y 轴）为弯曲轴的情况。此时弯矩作用平面内外的稳定计算均与实腹式构件相同，但在计算平面外稳定性时，利用公式（7-36）或式（7-37），长细比取该方向的换算长细比，φ_b 取 1.0。

2. 单肢稳定计算

当弯矩绕虚轴作用时，可以按下式确定两肢杆的轴力（图 7-21）

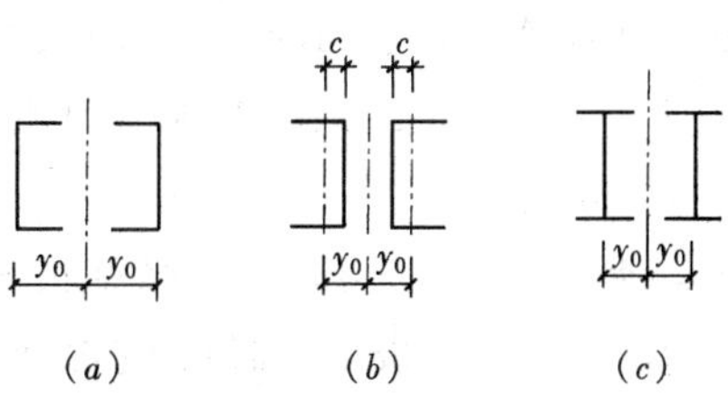

图 7-20 格构式截面 y_0 的取值

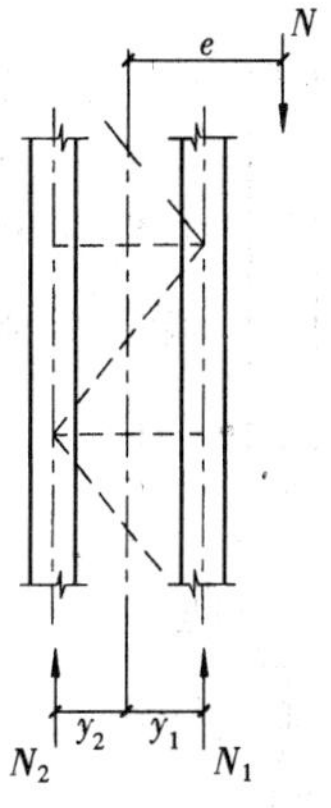

图 7-21 格构式构件单肢的轴力计算

$$N_1 = \frac{y_2 + e}{y_1 + y_2} N \tag{7-41a}$$

$$N_2 = N - N_1 \tag{7-41b}$$

式中　e——偏心距，可根据计算构件段的最大弯矩与轴力计算。

对缀条式构件的肢件，可以按轴心受力构件计算单肢在上述轴力作用下的稳定性。单肢在弯矩作用平面内的计算长度，取缀条体系节间的轴线距离；在弯矩作用平面外，取两相邻侧向支承点之间的距离。

对缀板式构件的单肢，计算平面内稳定性时，尚要考虑剪力引起的局部弯矩。缀板式构件的剪力可取以下两式中的较大者：

$$V = \frac{\Delta M}{\Delta H} \tag{7-42}$$

$$V = \frac{A f_d}{85} \sqrt{\frac{f_y}{235}} \tag{7-43}$$

式中　ΔM——缀板节间的弯矩增量；

ΔH——缀板节间的轴线高度；

A——缀板式构件两肢件的毛截面面积之和；

f_d——钢材强度的设计值。

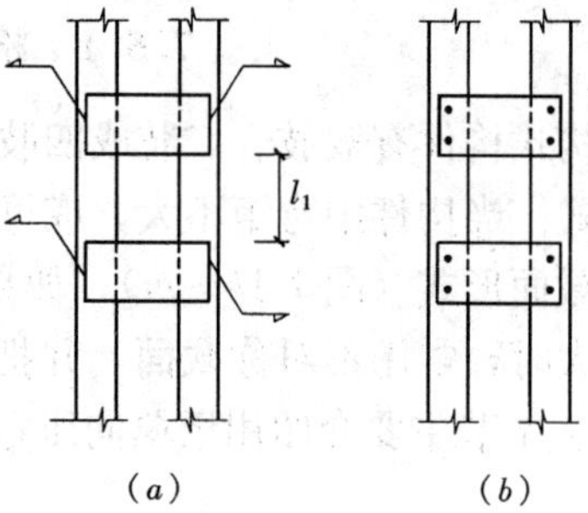

图7-22　缀板式构件单肢在平面内的计算长度

确定剪力后，可根据第5章图5-25（b）的示意图确定单肢上的弯矩，然后将一个节间的单肢视作压弯构件，计算其平面内稳定性。若缀板是焊接的，肢杆计算长度 l_1 取两相邻缀板间净距；若缀板用螺栓连系，则取相邻两缀板最边缘螺栓间距离（图7-22）。计算缀板式构件肢件在弯矩作用平面外稳定时，仍视为轴心压杆，计算长度取两相邻侧向支承点间的轴线距离。

3. 缀条稳定计算

在缀条式格构构件中，缀条承受构件剪力引起的拉力或压力。对缀条受压，应按轴心压杆计算其稳定性。具体可参见第5章有关内容。

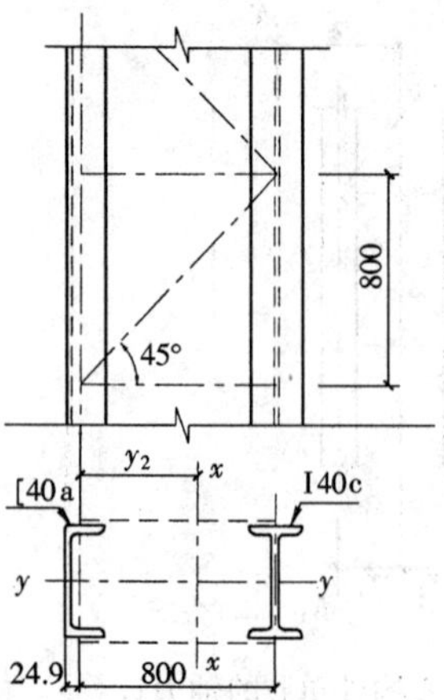

图7-23　例7-3

【例7-3】　一框架底层压弯柱柱段，已知该柱段的轴压力 N=1990kN，压力偏于右肢，偏心弯矩 M_x=696.5kN·m；在弯矩作用平面内，该柱段为悬臂柱，柱段长8m；弯矩作用平面外为两端铰支柱，且柱的中点处有侧向支承。钢材为Q235。截面的有关数据如下（见图7-23）：

右肢截面为I40c，面积 A=102.11cm^2，强轴惯性矩 I_{y_1}=23900cm^4，回转半径 i_{y_1}=15.2cm；弱轴惯性矩 I_{x_1}=727cm^4，回转半径 i_{x_1}=2.65cm。

左肢截面为[40a，面积 A=75.07cm^2，强轴惯性矩 I_{y_2}=17600cm^4，回转半径 i_{y_2}=15.3cm；弱轴惯性矩 I_{x_2}=592cm^4，回转半径 i_{x_2}=2.81cm。

缀条截面为L56×8，面积 A=8.367cm^2，最小回转半径

$i_{\min}=1.09\text{cm}$。

计算该构件的稳定性（按屈服点计算）。

【解】

（1）截面几何性质计算

截面面积 $A=102.11+75.07=177.18\text{cm}^2$

截面形心 $y_2=\dfrac{102.11\times80}{177.18}=46.1\text{cm}$

截面对虚轴的惯性矩及截面模量

$$I_x=727+102.11\times33.9^2+592+75.07\times46.1^2$$
$$=278204\text{cm}^4$$

$$W_{1x}=\frac{278204}{33.9}=8207\text{cm}^3$$

$$W_{2x}=\frac{278204}{46.1+2.49}=5726\text{cm}^3$$

回转半径 $i_x=\sqrt{\dfrac{I_x}{A}}=\sqrt{\dfrac{278204}{177.18}}=39.6\text{cm}$

虚轴方向长细比 $\lambda_x=\dfrac{l_{0x}}{i_x}=\dfrac{800\times2}{39.6}=40.4$

换算长细比 $\lambda_{0x}=\sqrt{\lambda_x^2+27\dfrac{A}{A_{1x}}}=\sqrt{40.4^2+27\times\dfrac{177.18}{8.367\times2}}=43.8$

因 $\overline{\lambda_x}=\dfrac{43.8}{\pi}\sqrt{\dfrac{235}{2.06\times10^5}}=0.417$，按轴心受压构件稳定系数计算公式得

$$\varphi_x=0.883$$

实轴方向长细比 $\lambda_y=\dfrac{l_{0y}}{i_y}=\dfrac{400}{\sqrt{\dfrac{23900+17600}{177.18}}}=26.1$

（2）稳定性计算

1）平面内整体稳定

$$N_{Ex}=\frac{\pi^2EA}{\lambda_{0x}^2}=\frac{\pi^2\times206000\times17718}{43.8^2}=18777\times10^3\text{N}=18777\text{kN}$$

$$\frac{N}{\varphi_xA}+\frac{\beta_{mx}M_x}{W_{1x}\left(1-\dfrac{N}{N_{Ex}}\right)}=\frac{1990\times10^3}{0.883\times17718}+\frac{1.0\times696.5\times10^6}{8207\times10^3\left(1-\dfrac{1990}{18777}\right)}$$
$$=222.1<235\text{N/mm}^2$$

2）分肢稳定

柱子偏心距

$$e_0=\frac{M}{N}=\frac{696.5}{1990}=0.35\text{m}$$

两分肢所受的轴力

$$N_1=\frac{N(y_2+e_0)}{c}=\frac{1990\times(46.1+35)}{80}=2017\text{kN}$$

$$N_2 = 1990 - 2017 = -27\text{kN}(\text{拉力})$$

受压分肢在弯矩平面内的长细比

$$\lambda_{x1} = \frac{l_{x1}}{i_{x1右肢}} = \frac{80}{2.65} = 30.2$$

受压分肢在弯矩平面外的长细比

$$\lambda_{y1} = \frac{l_{y1}}{i_{y1右肢}} = \frac{400}{15.3} = 26.1$$

因轧制钢I40c翼缘宽与截面高度之比小于0.8，其绕 y_1、x_1 轴的轴心压杆分类分别属于a、b类，显然 φ_{x1} 有较小值。按轴心受压构件稳定系数计算公式得

$$\varphi_{x1} = 0.935$$

$$\frac{N}{\varphi_{x1}A_{右肢}} = \frac{2017 \times 10^3}{0.935 \times 10211} = 211.3 < 235\text{N/mm}^2$$

3）缀条稳定

因斜缀条长于横缀条，且前者的计算内力大于后者，故只需验算斜缀条。

柱段计算剪力

$$V = \frac{Af}{85}\sqrt{\frac{f_y}{235}} = \frac{17718 \times 235}{85}\sqrt{\frac{235}{235}} = 48982\text{N}$$

一个斜缀条受力

$$N_1 = \frac{V_1}{\cos\alpha} = \frac{48982}{2 \times \cos45^\circ} = 34636\text{N}$$

斜缀条长细比

$$\lambda = \frac{80}{\cos45^\circ \times 1.09} = 103.8$$

得 $\varphi = 0.530$

折减系数　$\gamma_0 = 0.6 + 0.0015 \times 103.8 = 0.756$

则

$$\frac{N}{\varphi A \gamma_0} = \frac{34636}{0.530 \times 836.7 \times 0.756} = 103.3 < 235\text{N/mm}^2$$

7.6　压弯构件的局部稳定

7.6.1　压弯构件板件的局部屈曲临界应力

除了圆管截面以外，实腹式构件板件局部稳定都表现为受压翼缘和受有压应力作用的腹板的稳定。如同第6章说明的那样，即使是以剪应力为主的板件，由于主应力中有压应力，其局部失稳也是在压应力作用下产生的。受压翼缘的屈曲应力可按两对边均匀受压的板件考虑，腹板的屈曲应力按两对边不均匀受压与剪力共同作用的板件考虑。有关临界应力的表达式已分别在第5章、第6章给出。

7.6.2　关于压弯构件板件中局部稳定的设计准则

1. 不允许板件发生局部失稳的准则

不允许板件发生局部失稳的准则是令局部屈曲临界应力大于钢材屈服强度或大于构件的整体稳定临界应力。在实用上则将保证局部稳定的要求转化为对板件宽厚比的限制。

我国《钢结构设计标准》GB 50017—2017 按此准则，得到压弯构件翼缘宽厚比的限制如下：

对外伸翼缘板

$$\frac{b}{t} \leqslant 15\sqrt{\frac{235}{f_y}} \tag{7-44a}$$

当截面设计时考虑有限塑性发展，则上式右端的 15 改为 13。

两边支承翼缘板

$$\frac{b_0}{t} \leqslant 45\sqrt{\frac{235}{f_y}} \tag{7-44b}$$

其考虑方法与梁的翼缘相同，详见第 6 章。式（7-44）中的 b、b_0、t 等的含义见图 7-24 所示。图中也给出了腹板高度 h_w 和厚度 t_w 的示意。

当截面设计时考虑有限塑性发展，则应参考第 3 章表 3-1 中不超过 S3 级的要求。

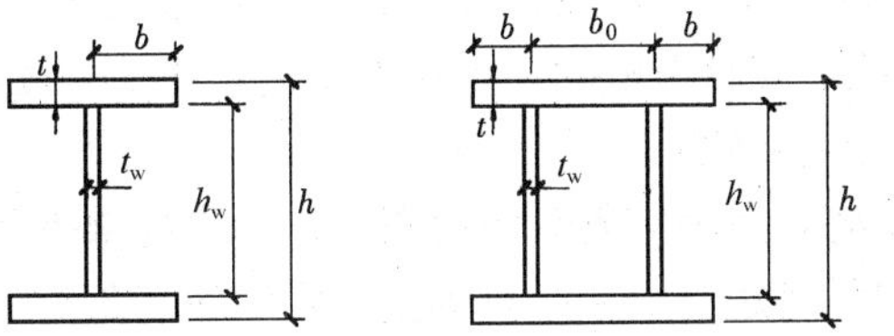

图 7-24 宽厚比限制中的截面尺寸示意

如果由实际荷载引起的应力较小，使用式（7-44）将有很大的富余，这是因为公式要求板件的局部屈曲临界应力高于材料的屈服强度。此时，可以将式(7-44)用下式代替

$$\frac{b}{t} \leqslant 15\sqrt{\frac{235}{\sigma}} \tag{7-45a}$$

或

$$\frac{b_0}{t} \leqslant 45\sqrt{\frac{235}{\sigma}} \tag{7-45b}$$

式中 σ——受压翼缘上的最大应力。

式（7-49）的含义是板件局部屈曲临界应力应大于实际应力。使用式(7-49)，可以使得截面设计时材料布置得更加舒展，提高截面弱轴方向的回转半径。

腹板的宽厚比限值，按不同的截面形式予以分别规定。

（1）工字形截面

压弯构件腹板的局部失稳，是在不均匀压力和剪力的共同作用下发生的，可以引入两个系数来表述两者的影响，即

$$\alpha_0 = \frac{\sigma_{max} - \sigma_{min}}{\sigma_{max}} \tag{7-46}$$

式中 σ_{max}——腹板计算高度边缘的最大压应力；

σ_{min}——腹板计算高度另一边缘相应的应力，压应力为正，拉应力为负。

与剪应力有关的系数

$$\beta_0 = \frac{\tau}{\sigma_{\max}} \tag{7-47}$$

但根据设计资料分析，β_0 值一般可取 0.2～0.3。在这一给定的剪应力范围内，可以计算出临界应力与 h_w/t_w 的关系；此外还需考虑腹板在弹塑性状态下局部失稳的影响，而腹板的弹塑性发展深度与构件的长细比是有关的。我国《钢结构设计标准》要求采用边缘屈服准则时腹板的宽厚比应满足

$$\frac{h_w}{t_w} \leqslant (45 + 25\alpha_0^{1.66})\sqrt{\frac{235}{f_y}} \tag{7-48}$$

如考虑截面塑性发展，则

$$\frac{h_w}{t_w} \leqslant (40 + 18\alpha_0^{1.5})\sqrt{\frac{235}{f_y}} \tag{7-49}$$

（2）箱形截面

当采用边缘屈服准则时，箱形截面腹板的 h_w/t_w 不应大于第 3 章表 3-1 中 H 形截面腹板 S4 级的要求；当考虑截面塑性发展时，不应大于同表中 H 形截面腹板 S3 级的要求。

2. 考虑利用屈曲后强度的准则

按这一准则进行设计时，采用有效截面的概念，考虑局部失稳后的截面承载力和构件承载力。第 6 章已经介绍，三边支承一边自由板屈曲后强度不高；工程上主要考虑四边支承板屈曲后强度的利用。有效截面面积的一种算法是：只考虑支承边附近各 $20t_w\sqrt{\frac{235}{f_y}}$ 宽幅范围内的板有效，按此截面进行强度和构件整体稳定的计算，但计算构件长细比时截面回转半径仍可按毛截面取。

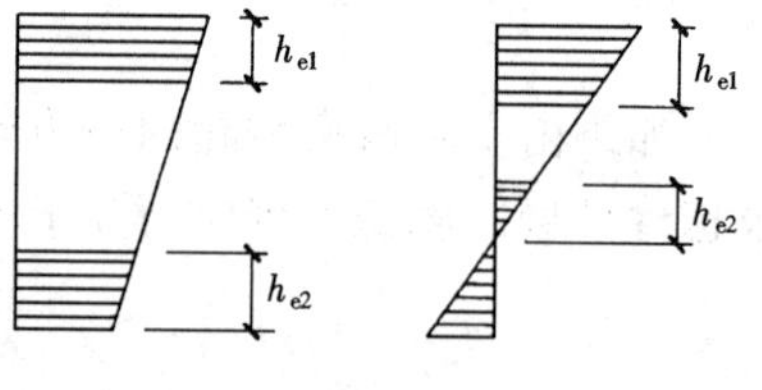

图 7-25　有效截面示意

有效截面面积的另一种算法与截面上的正应力分布有关，在第 5 章已经提出，由于考虑屈曲后强度的复杂性，其采用准则尚未取得统一，因此不同的国家或同一国家的不同规范都会有不同的计算方法。下面介绍一种用于轻型钢结构的具体算法（图 7-25）。关于冷弯薄壁型钢结构中的计算方法可参阅有关规范。

（1）计算腹板边缘的应力比 ψ

$$\psi = \frac{\sigma_{\min}}{\sigma_{\max}} \tag{7-50}$$

式中，腹板边缘应力的符号规定同式（7-45）。

（2）计算受压高度系数 ξ

当 $\psi \geqslant 0$ 时，
$$\xi = 1 \tag{7-51a}$$

当 $\psi < 0$ 时，
$$\xi = \frac{1}{1-\psi} \tag{7-51b}$$

（3）计算受压腹板屈曲系数 k_σ

当 $-1 \leqslant \psi \leqslant -\frac{1}{3}$ 时， $k_\sigma = 9.8 + 1.65\psi + 15.75\psi^2$ (7-52a)

当 $-\frac{1}{3} < \psi \leqslant 1$ 时， $k_\sigma = 7.8 - 8.15\psi + 4.35\psi^2$ (7-52b)

(4) 确定受压范围的有效高度 h_e

当 $\frac{h_w}{t_w}\sqrt{\frac{f_y}{235}} \leqslant 19\sqrt{k_\sigma}$ 时：

$$h_e = \xi h_w \tag{7-53a}$$

当 $19\sqrt{k_\sigma} < \frac{h_w}{t_w}\sqrt{\frac{f_y}{235}} < 49\sqrt{k_\sigma}$ 时：

$$h_e = \left(\frac{76}{5}\sqrt{k_\sigma} + \frac{1}{5}\frac{h_w}{t_w}\sqrt{\frac{f_y}{235}}\right)\xi t_w\sqrt{\frac{235}{f_y}} \tag{7-53b}$$

当 $\frac{h_w}{t_w}\sqrt{\frac{f_y}{235}} \geqslant 49\sqrt{k_\sigma}$ 时：

$$h_e = 25\sqrt{k_\sigma}\xi t_w\sqrt{\frac{235}{f_y}} \tag{7-53c}$$

(5) 确定有效高度 h_e 在受压范围两端的分布

当 $\psi \geqslant 0$ 时，即全腹板受压时：

$$h_{e1} = 2h_e/(5-\psi) \tag{7-54a}$$

$$h_{e2} = h_e - h_{e1} \tag{7-54b}$$

当 $\psi < 0$ 时，即腹板部分受压时：

$$h_{e1} = 0.4h_e \tag{7-54c}$$

$$h_{e2} = 0.6h_e \tag{7-54d}$$

根据所确定的有效宽度及其分布，重新计算截面的有效面积和有效截面模量，再进行各种计算。

式 (7-50) ～式 (7-54) 仅考虑了正应力引起的局部失稳后有效截面的计算。对工字形截面绕强轴单向压弯的构件，当截面上有剪力作用时，按边缘屈服准则，可以采用下列公式计算：

当 $V \leqslant 0.5V_d$ 时：

$$\frac{M_x}{M_e^N} \leqslant 1 \tag{7-55a}$$

当 $V > 0.5V_d$ 时，

$$\frac{M_x - M_f^N}{M_e^N - M_f^N} + \left(\frac{V}{0.5V_d} - 1\right)^2 \leqslant 1 \tag{7-55b}$$

式中 V_d——考虑剪切作用下屈曲后强度的抗剪承载力，按式 (6-91) ～式 (6-94) 计算。

$$M_f^N = M_f - \frac{N(h_w + t)}{2} \tag{7-56}$$

$$M_f = A_f(h_w + t)f_y \tag{7-57}$$

$$M_e^N = M_{eff,x} - \frac{NW_{eff,x}}{A_{eff,x}} \tag{7-58}$$

$W_{eff,x}$、$A_{eff,x}$——按式（7-53）确定的有效截面模量和有效截面面积。

7.7　拉弯和压弯构件的刚度

工程设计上，作为单个构件，拉弯和压弯构件都用容许长细比作为刚度控制条件，表达式与式（4-11）、式（5-93）相同。

习　题

7.1　一压弯构件的受力支承及截面如图7-26所示。焊接组合截面的钢板为焰切边。设材料为Q235，钢板强度设计值为215N/mm²，计算其截面强度和弯矩作用平面内的稳定性。

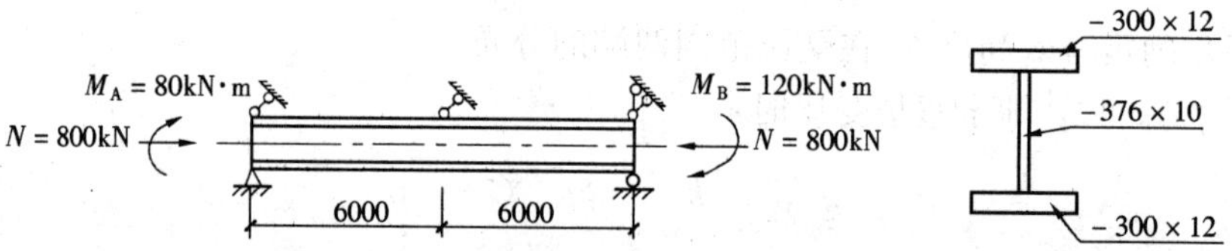

图7-26　习题7.1

7.2　某压弯缀条式格构构件，截面如图7-27所示，构件平面内外计算长度l_{0x}=29.3m，l_{0y}=18.2m。已知轴压力（含自重）N=2500kN，问可以承受的最大偏心弯矩M_x为多少。设钢材牌号为Q235，N与M_x均为设计值，钢材强度设计值取205N/mm²。

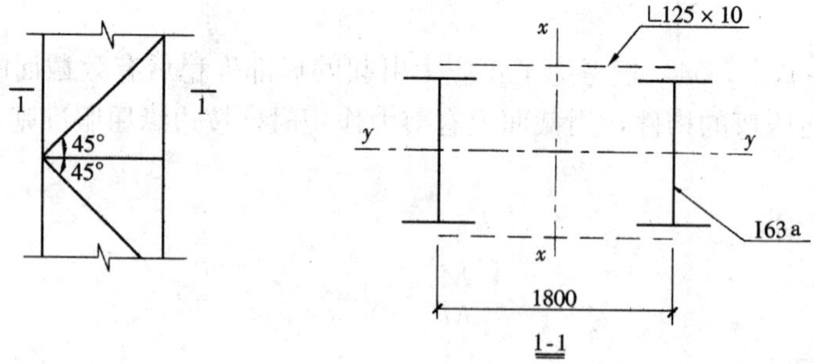

图7-27　习题7.2

7.3　一压弯构件长15m，两端在截面两主轴方向均为铰接，承受轴心压力设计值N=1000kN，中央截面有集中力设计值F=150kN。支座处及构件三分点处有两个平面外支承点（图7-28）。钢材强度设计值为310N/mm²。按所给荷载，选择具有最小重量的宽翼缘H型钢（HW型）。计算中用到的系数$\varphi_b = 1.07 - \frac{\lambda_y^2}{44000} \times \frac{f_y}{235} \leqslant 1.0$。

7.4　如图 7-29 所示拉弯构件，承受轴力 $N=1500\text{kN}$，钢材为 Q235B，$f_d=215\text{N/mm}^2$，$f_y=235\text{N/mm}^2$。问

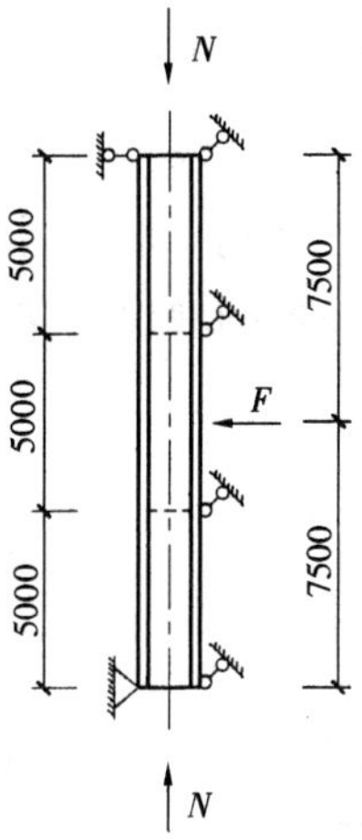

图 7-28　习题 7.3

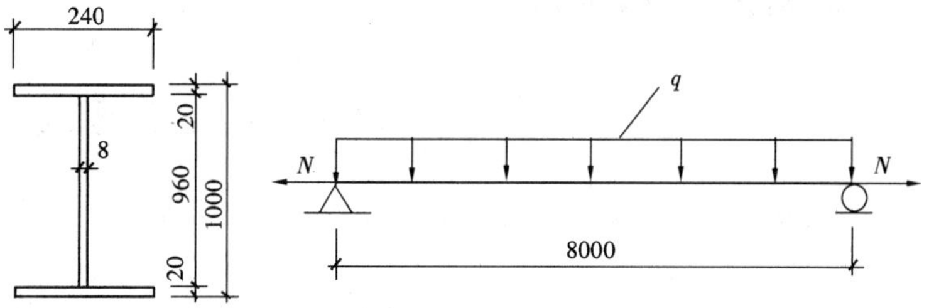

图 7-29　习题 7.4

(1) 按式 (7-2) 计算，容许 q 值是多少？

(2) 按式 (7-7) 计算，容许 q 值是多少？

(3) 按式 (7-9) 计算，容许 q 值是多少？

(4) 该杆件是否应考虑稳定问题？

7.5　如图 7-30 所示双向拉弯构件，截面为 H400×300×8×12，钢材用 Q345B，$f_d=305\text{N/mm}^2$，$f_y=345\text{N/mm}^2$，$N=1070\text{kN}$，$M_x=161\text{kN}\cdot\text{m}$，$M_y=38\ \text{kN}\cdot\text{m}$。问

(1) 按式 (7-14) 计算是否满足强度要求？

(2) 按式 (7-15) 计算是否满足强度要求？

(3) 按式 (7-16) 计算是否满足强度要求？

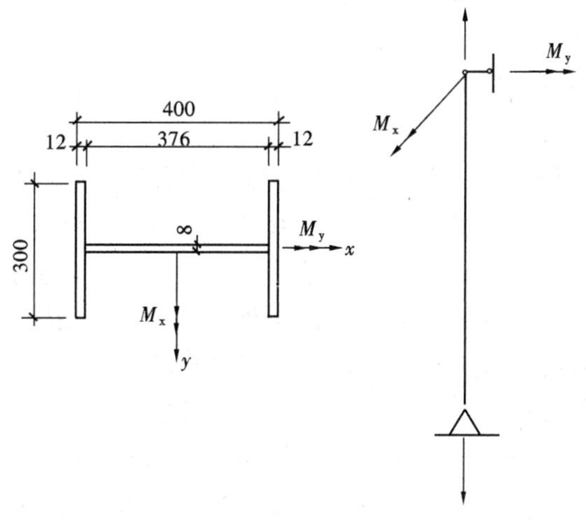

图 7-30　习题 7.5

第8章 钢结构的连接

钢结构的基本构件由钢板、型钢等连接而成，如梁、柱、桁架等，运到工地后通过安装连接成整体结构，如厂房、桥梁等。因此在钢结构中，连接占有很重要的地位，设计任何钢结构都会遇到连接问题。

8.1 钢结构的连接方式

钢结构的连接通常有焊接、铆接和螺栓连接（如图 8-1 所示）。

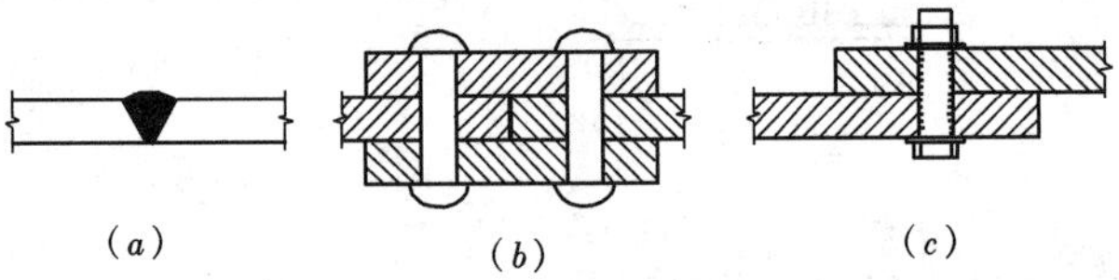

图 8-1 钢结构的连接方式
（*a*）焊接连接；（*b*）铆钉连接；（*c*）螺栓连接

焊接连接是现代钢结构最主要的连接方式，它的优点是任何形状的结构都可用焊缝连接，构造简单。焊接连接一般不需拼接材料，省钢省工，而且能实现自动化操作，生产效率较高。目前土木工程中焊接结构占绝对优势。但是，焊缝质量易受材料和操作的影响，因此对钢材材性要求较高。高强度钢更要有严格的焊接工艺，焊缝质量要通过多种途径的检验来保证。

铆钉连接需要先在构件上开孔，用加热的铆钉进行铆合，有时也可用常温的铆钉进行铆合，但需要较大的铆合力。铆钉连接由于费钢费工，现在很少采用。但是，铆钉连接传力可靠，韧性和塑性较好，质量易于检查，对经常受动力荷载作用，荷载较大和跨度较大的结构，有时仍然采用铆接结构。

螺栓连接采用的螺栓有普通螺栓和高强度螺栓之分。普通螺栓的优点是装卸便利，不需特殊设备。普通螺栓分 C 级螺栓和 A、B 级螺栓两种。C 级螺栓直径与孔径相差 1.0～1.5mm，便于安装，但螺杆与钢板孔壁不够紧密，螺栓不宜受剪。A、B 级螺栓的栓杆与栓孔的加工都有严格要求，受力性能较 C 级螺栓为好，但费用较高。

高强度螺栓是用强度较高的钢材制作，安装时通过特制的扳手，以较大的扭矩上紧螺帽，使螺杆产生很大的预应力。高强度螺栓的预应力把被连接的部件夹紧，使部件的接触面间产生很大的摩擦力，外力通过摩擦力来传递。这种连接称为高强度螺栓摩擦型连接。它的优点是加工方便，对构件的削弱较小，可拆换，能承受动力荷载，耐疲劳，韧性和塑性好，包含了普通螺栓和铆钉的各自优点，目前已成为代替铆接的优良连接。此外，高强度螺栓也可同普通螺栓一样，依靠螺杆和螺孔之间的承压来受力。这种连接称为高强度螺栓承压型连接。

除上述常用连接外，在薄钢结构中还经常采用射钉、自攻螺钉和焊钉等连接方式。射钉和自攻螺钉主要用于薄板之间的连接，如压型钢板与梁连接。具有安装操作方便的特点。焊钉用于混凝土与钢板连接，使两种材料能共同工作。

8.2　焊接连接的特性

8.2.1　焊　接　方　法

钢结构的焊接方法最常用的有以下几种，电弧焊、电渣焊、电阻焊和气焊。

1. 电弧焊

电弧焊是利用通电后焊条和焊件之间产生的强大电弧提供热源，熔化焊条，滴落在焊件上被电弧吹成的小凹槽的熔池中，并与焊件熔化部分结成焊缝，将两焊件连接成一整体。电弧焊的焊缝质量比较可靠，是最常用的一种焊接方法。

电弧焊分为手工电弧焊（图 8-2）和自动或半自动电弧焊（图 8-3）。

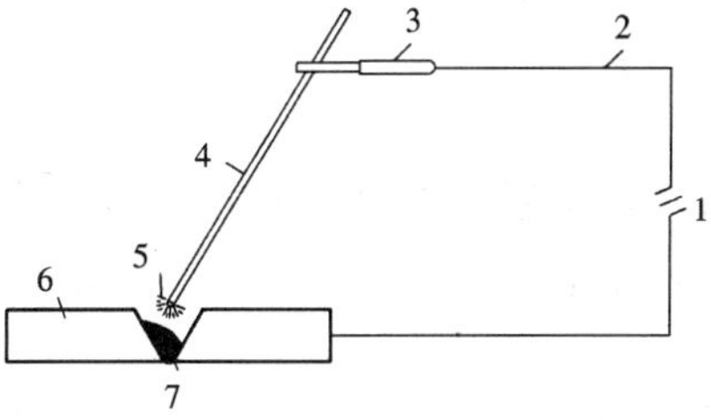

图 8-2　手工电弧焊

1—电源；2—导线；3—夹具；4—焊条；5—电弧；6—焊件；7—焊缝

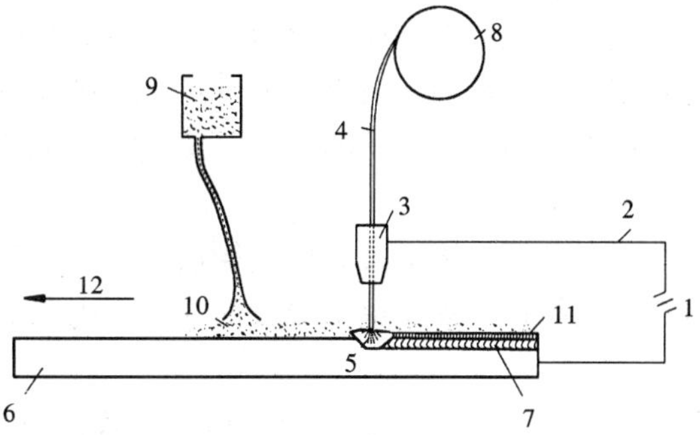

图 8-3　自动电弧焊

1—电源；2—导线；3—夹具；4—焊丝；5—电弧；6—焊件；7—焊缝；8—转盘；9—漏斗；10—焊剂；11—熔化的焊剂；12—移动方向

手工电弧焊在通电后，涂有焊药的焊条与焊件之间产生电弧，熔化焊条而形成焊缝。焊药则随焊条熔化而形成熔渣覆盖在焊缝上，同时产生一种气体，隔离空气与熔化的液体金属，使它不与外界空气接触，保护焊缝不受空气中有害气体影响。手工电弧焊焊条应与焊件的金属强度相适应。对 Q235 的钢焊件宜用 E43 型系列焊条，对 Q345 的钢焊件宜用 E50 型系列焊条，对 Q390 和 Q420 的钢焊件宜用 E55 型系列焊条。当不同钢种的钢材连接时，宜用与低强度钢材相适应的焊条。碳素钢焊件的手工电弧焊焊条型号见附录 2 附表 2-1，焊条特性参见《非合金钢及细晶粒钢焊条》GB/T 5117—2012；低合金钢焊件的手工电弧焊焊条型号见附录 2 附表 2-2，相应焊条特性见《热强钢焊条》GB/T 5118—2012。

自动或半自动埋弧焊条采用没有涂层的焊丝，插入从漏斗中流出的覆盖在被焊金属上面的焊剂中，通电后由于电弧作用熔化焊剂，熔化后的焊剂浮在熔化金属表面保护熔化金属，使之不与外界空气接触，有时焊剂还可提供给焊缝必要的合金元素，以此改善焊缝质量。焊接进行时，焊接设备或焊体自行移动，焊剂不断由漏斗漏下，电弧完全被埋在焊剂之内。同时，绕在转盘上的焊丝也不断自动熔化和下降进行焊接。这种焊接方法称为埋弧焊，如焊剂采用气体（如 CO_2），称为气体保护焊。对 Q235 的焊件，可采用 H08，H08A，H08MnA 等焊丝配合高锰、高硅型焊剂；对 Q345、Q390 和 Q420 焊件，可采用 H08A、H08E 焊丝配合高锰型焊剂，也可采用 H08Mn，H08MnA 焊丝配合中锰型焊剂或高锰型焊剂，或采用 H10Mn2 配合无锰型或低锰型焊剂。自动埋弧焊和半自动焊焊丝和焊剂的配合及其与熔敷金属力学性能的关系列于附录 2 附表 2-3 和附表 2-4，详细信息参见《埋弧焊用非合金钢及细晶粒钢实心焊丝、药芯焊丝和焊丝-焊剂组合分类要求》GB/T 5293—2018 和《埋弧焊用热强钢实心焊丝、药芯焊丝和焊丝-焊剂组合分类要求》GB/T 12470—2018。自动焊的焊缝质量均匀，塑性好，冲击韧性高，抗腐蚀性强。半自动焊除人工操作前进外，其余与自动焊相同。

2. 电渣焊

电渣焊是电弧焊的一种，常用于高层建筑等钢结构中箱形柱或构件的内部横隔板与柱的焊接。

电渣焊又分为消耗熔嘴式电渣焊和非消耗熔嘴式电渣焊。

消耗熔嘴式电渣焊以电流通过液态熔渣所产生的电阻热作为热源的熔化焊方法。焊接时在焊缝部位直接插入熔嘴，通过熔嘴直接连续送入焊丝，用电阻热将焊丝和熔嘴熔融。随着熔嘴和不断送入焊丝的熔化，使渣池逐步上升而形成焊缝。

3. 电阻焊

电阻焊利用电流通过焊件接触点表面产生的热量来熔化金属，再通过压力使其焊合。薄壁型钢的焊接常采用电阻焊（图 8-4）。电阻焊适用于板叠厚度不超过 12mm 的焊接。

4. 气焊

气焊是利用乙炔在氧气中燃烧而形成的火焰来熔化焊条，形成焊缝（图 8-5）。气焊用于薄钢板或小型结构中。

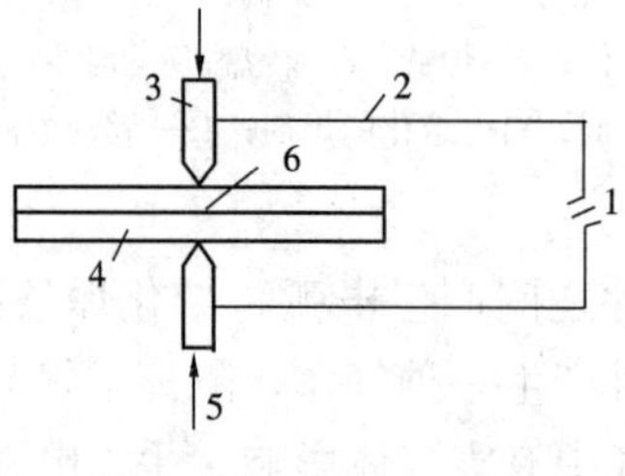

图 8-4　电阻焊

1—电源；2—导线；3—夹头；
4—焊件；5—压力；6—焊缝

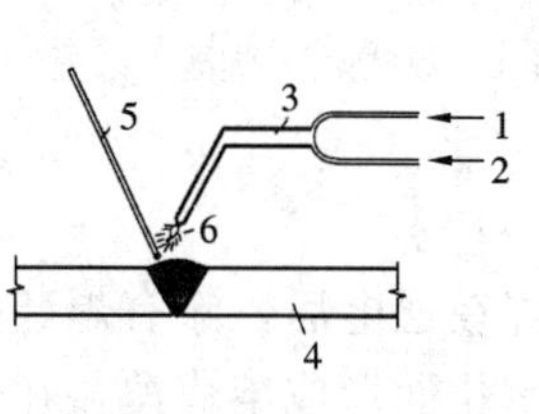

图 8-5　气焊

1—乙炔；2—氧气；3—焊枪；
4—焊件；5—焊条；6—火焰

8.2.2 焊缝连接形式

焊缝连接形式可按构件相对位置，构造和施焊位置来划分。

1. 按构件的相对位置分

焊接的连接形式按构件的相对位置可分为平接，搭接和顶接三种类型（图 8-6）。

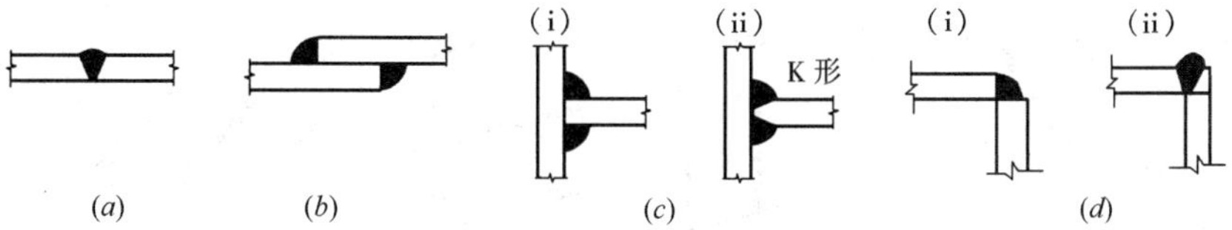

图 8-6 焊接连接形式

(a) 平接；(b) 搭接；(c) 顶接（T 形连接）；(d) 顶接（角接）

2. 按构造分

焊接连接形式按构造可分为对接焊缝和角焊缝两种形式。图 8-6 中的平接和顶接（K 形焊缝）为对接焊缝；搭接和顶接为角焊缝。采用对接焊缝，如厚度较大就需要将焊件接触边剖口，采用角焊缝则不需剖口。

对接焊缝一般焊透全厚度，但有时也可不焊透全厚度（图 8-7）。

对接焊缝按作用力的方向可分为直缝和斜缝（图 8-8）。

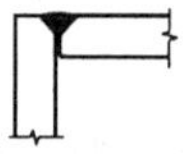

图 8-7 部分焊透对接焊缝图

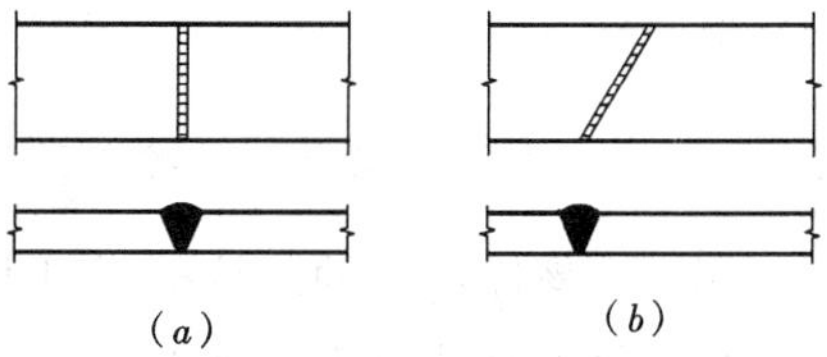

图 8-8 直缝与斜缝示意图

(a) 直缝；(b) 斜缝

角焊缝按作用力的方向与焊缝长度方向的关系可分为侧面角焊缝和正面角焊缝（图 8-9）。它沿长度方向的布置分连续焊缝和断续焊缝（图 8-10）。连续焊缝受力情况较好，断续焊缝容易引起应力集中现象，重要结构应避免采用，但可用于一些次要的构件或次要的焊接连接中。

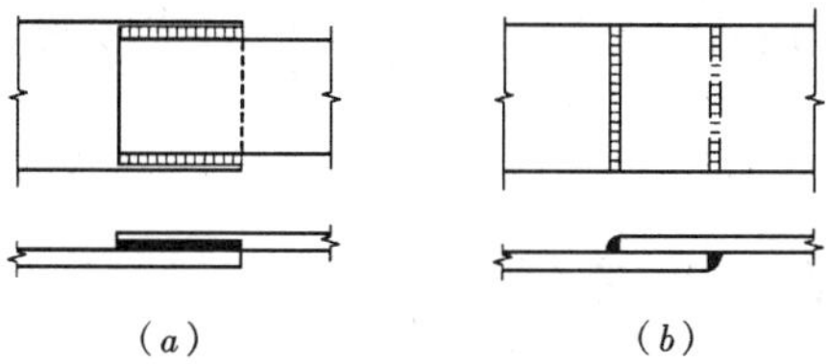

图 8-9 侧面角焊缝和正面角焊缝示意图

(a) 侧面角焊缝；(b) 正面角焊缝

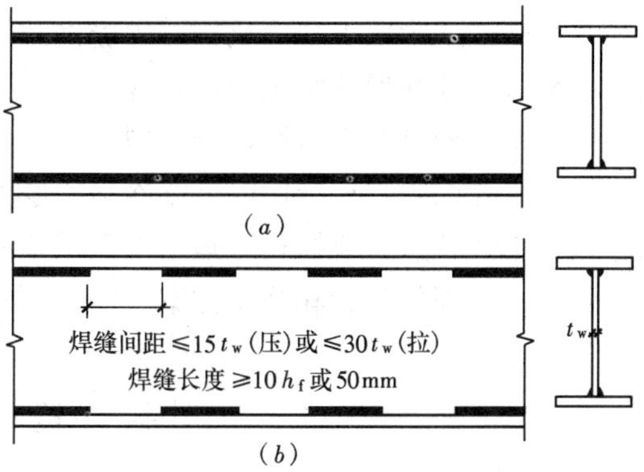

图 8-10 连续焊缝和断续焊缝示意图

(a) 连续焊缝；(b) 断续焊缝

3. 按施焊位置分

焊缝按施焊位置分俯焊、立焊、横焊和仰焊等几种（图 8-11）。

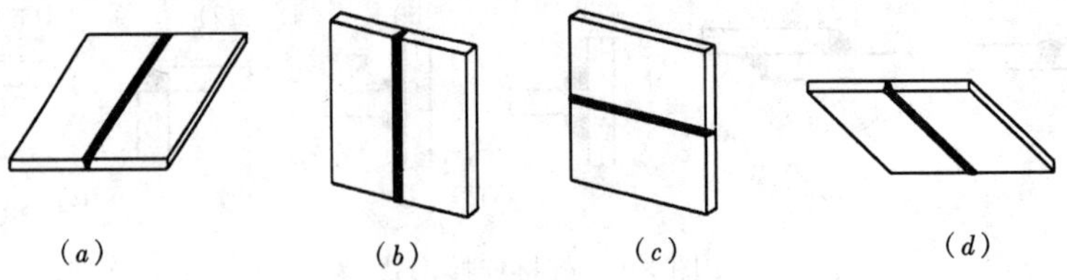

图 8-11　焊缝的施焊位置

(*a*) 俯焊；(*b*) 立焊；(*c*) 横焊；(*d*) 仰焊

俯焊的焊接工作最方便，质量也最好，应尽量采用。立焊和横焊的质量及生产效率比俯焊差一些；仰焊的操作条件最差，焊缝质量不易保证，因此应尽量避免采用。有时因构造需要，在一条焊缝中有俯焊、仰焊和立焊（或横焊），称它为全方位焊接。

焊缝的焊接位置是由连接构造决定的，在设计焊接结构时要尽量采用便于俯焊的焊接构造。要避免焊缝立体交叉和在一处集中大量焊缝，同时焊缝的布置要尽量避开最大应力区且对称于构件形心。

8.2.3　焊接结构的优缺点

焊接连接与铆钉、螺栓连接的比较有下列优点：

(1) 不需要在钢材上打孔钻眼，既省工省时，又不使材料的截面积受到减损，使材料得到充分利用；

(2) 任何形状的构件都可直接连接，一般不需要辅助零件，使连接构造简单，传力路线短，适应面广；

(3) 焊接连接的气密性和水密性都较好，结构刚性也较大，结构的整体性较好。

但是，焊缝连接也存在下列问题：

(1) 由于高温作用在焊缝附近形成热影响区，钢材的金相组织和机械性能发生变化，材质变脆；

(2) 焊接的残余应力会使结构发生脆性破坏和降低压杆稳定的临界荷载，同时残余变形还会使构件尺寸和形状发生变化；

(3) 焊接结构具有连续性，局部裂缝一经发生便容易扩展到整体。

由于以上原因，焊接结构的低温冷脆问题就比较突出。设计焊接结构时，应经常考虑焊接连接的上述特点，要扬长避短。遇到重要的焊接结构，结构设计与焊接工艺要密切配合，取得一个完满的设计和施工方案。

8.3　对接焊缝的构造和计算

8.3.1　对接焊缝的构造

对接焊缝的形式有直边缝、单边V形缝，双边V形缝、U形缝、K形缝、X形缝等（图 8-12）。

当焊件厚度很小时（$t \leqslant 6$mm，t 为钢板厚度），可采用直边缝。对于一般厚度（$t=$

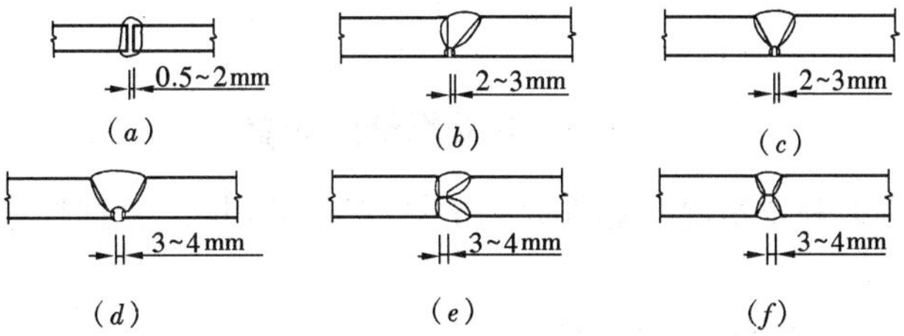

图 8-12 对接焊缝的构造

(a) 直边缝；(b) 单边 V 形缝；(c) 双边 V 形缝；(d) U 形缝；
(e) K 形缝；(f) X 形缝

6～16mm）的焊件，因为直边缝不易焊透，可采用有斜坡口的单边 V 形缝或双边 V 形缝，斜坡口和焊缝根部共同形成一个焊条能够运转的施焊空间，使焊缝易于焊透。对于较厚的焊件（$t \geqslant 16$mm），则应采用 V 形缝、U 形缝、K 形缝、X 形缝。其中 V 形缝和 U 形缝为单面施焊，但在焊缝根部还需补焊。对于没有条件补焊时，要事先在根部加垫板（图 8-13）。当焊件可随意翻转施焊时，使用 K 形缝和 X 形缝较好。

对接焊缝的优点是用料经济，传力平顺均匀，没有明显的应力集中，对于承受动力荷载作用的焊接结构，采用对接焊缝最为有利。但对接焊缝的焊件边缘需要进行剖口加工，焊件长度必须精确，施焊时焊件要保持一定的间隙。对接焊缝的起点和终点，常因不能熔透而出现凹形的焊口，受力后易出现裂缝及应力集中。为避免出现这种不利情况，施焊时常将焊缝两端施焊至引弧板上，然后再将多余的部分割掉（图 8-14）。采用引弧板是很麻烦的，在工厂焊接时可采用引弧板，在工地焊接时，除了受动力荷载的结构外，一般不用引弧板，而是在计算时将焊缝两端各减去一连接板件最小厚度 t。

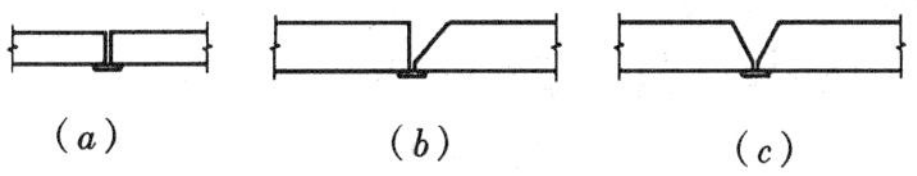

图 8-13 根部加垫板

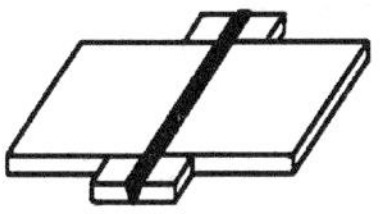

图 8-14 对接焊缝的引弧板

在钢板厚度或宽度有变化的焊接中，为了使构件传力均匀，应在板的一侧或两侧做成坡度不大于 1∶2.5 的斜角，形成平缓的过渡（图 8-15）。

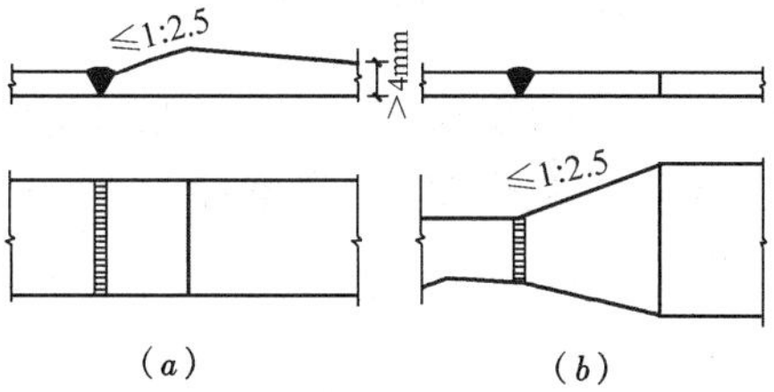

图 8-15 不同厚度或宽度的钢板连接

(a) 改变厚度；(b) 改变宽度

8.3.2 对接焊缝的强度

由于对接焊缝形成了被连接构件截面的一部分，一般希望焊缝的强度不低于母材的强度。对于对接焊缝的抗压强度能够做到，但抗拉强度就不一定能够做到，因为焊缝中的缺陷如气泡、夹渣、裂纹等对焊缝抗拉强度的影响随焊缝质量检验标准的要求不同而有所不同。我国钢结构施工及验收规范中，将对接焊缝的质量检验标准分为三级：三级检验为只要求通过外观检查，二级检验为要求通过外观检查和超声波探伤检查，一级检验为要求通过外观检查、超声波探伤检查和 x 射线检查。对应不同检验标准的对接焊缝抗拉强度参阅附录 2

附表2-1。

8.3.3　对接焊缝的计算

对接焊缝中的应力分布情况与焊件原来的情况基本相同。根据焊缝受力情况分述焊缝的计算公式。

1. 轴心受力的对接焊缝计算（图 8-16）

对接焊缝轴心受力是指作用力通过焊件截面形心，且垂直焊缝长度方向，其计算公式为：

$$\sigma = \frac{N}{l_w t} \leqslant f_t^w \text{ 或 } f_c^w \qquad (8\text{-}1)$$

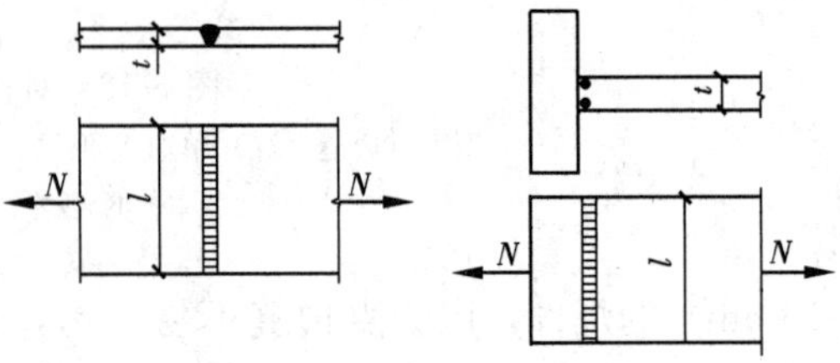

（a）　（b）

图 8-16　轴心受力的对接焊缝连接

（a）平接接头；（b）顶接接头

式中　N——轴心拉力或压力；

l_w——焊缝的计算长度，当未采用引弧板时取实际长度减去 $2t$，采用引弧板时，取焊缝实际长度，即

$$l_w = l - 2t \qquad \text{（未采用引弧板）}$$

$$l_w = l \qquad \text{（采用引弧板）}$$

式中　t——在对接接头中为连接件的较小厚度，在 T 形连接中为腹板厚度；

l——焊缝的实际长度（mm）；

f_t^w、f_c^w——对接焊缝的抗拉、抗压强度设计值，抗压焊缝和一、二级抗拉焊缝同母材，三级抗拉焊缝为母材的 85%。

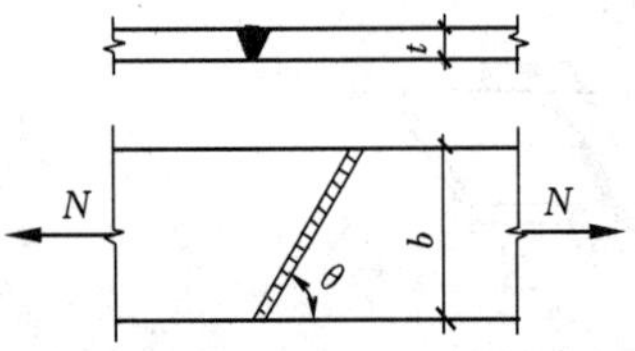

图 8-17　斜向受力的对接焊缝

2. 斜向受力的对接焊缝的计算（图 8-17）

对接焊缝斜向受力是指作用力通过焊缝重心，且与焊缝长度方向呈 θ 夹角，其计算公式为：

$$\sigma = \frac{N\sin\theta}{l_w t} \qquad (8\text{-}2)$$

$$\tau = \frac{N\cos\theta}{l_w t} \qquad (8\text{-}3)$$

式中　θ——焊缝长度方向与作用力方向间的夹角；

l_w——斜向焊缝计算长度，即

$$l_w = b/\sin\theta - 2t \qquad \text{（无引弧板）}$$

$$l_w = b/\sin\theta \qquad \text{（有引弧板）}$$

b——焊件的宽度。

斜向受力的焊缝用在焊缝强度低于构件强度的平接中，采用斜缝后承载能力可以提高，抗动力荷载也较好，但材料较费。

斜缝分别按正应力和剪应力验算是近似的。当 $\tan\theta \leqslant 1.5$ 时，焊缝强度可不必计算。

3. 受剪力作用的对接焊缝计算（图 8-18）

对接焊缝受剪是指作用力通过焊缝形心，且平行焊缝长度方向，其计算公式为：

$$\tau = \frac{VS_w}{I_w t} \leqslant f_v^w \qquad (8\text{-}4)$$

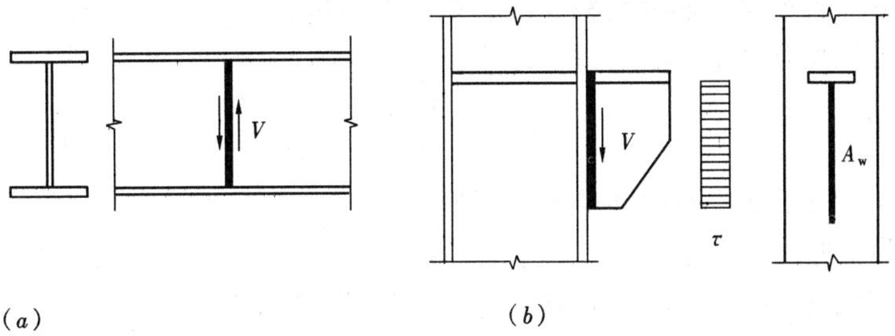

图 8-18 受剪的焊缝

式中 V——焊缝承受的剪力；

I_w——焊缝计算截面对其中和轴的惯性矩；

S_w——计算剪应力处以上焊缝计算截面对中和轴的面积矩；

f_v^w——对接焊缝的抗剪强度设计值。

对于梁柱节点处的牛腿（图 8-18b），假定剪力由腹板承受，且剪应力均匀分布，其计算公式为：

$$\tau = \frac{V}{A_w} \leqslant f_v^w \tag{8-5}$$

式中 A_w——牛腿处腹板的焊缝计算面积。

4. 弯矩和剪力共同作用的对接焊缝计算（图 8-19）

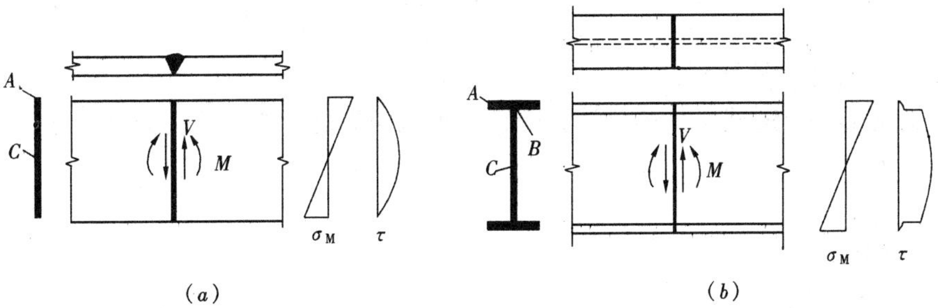

图 8-19 弯矩和剪力共同作用下的对接焊缝

弯矩作用下焊缝产生正应力，剪力作用下焊缝产生剪应力，其应力分布见图 8-19。弯矩作用下焊缝截面上 A 点正应力最大，其计算公式为：

$$\sigma_M = \frac{M}{W_w} \tag{8-6}$$

式中 W_w——焊缝计算截面的截面模量。

剪力作用下焊缝截面上 C 点剪应力最大，可按式（8-4）计算。

对于工字形、箱形等构件，在腹板与翼缘交接处，如图 8-19，焊缝截面的 B 点同时受有较大的正应力 σ_1 和较大的剪应力 τ_1 作用，还应计算折算应力。其公式为：

$$\sigma_f = \sqrt{\sigma_1^2 + 3\tau_1^2} \leqslant 1.1 f_t^w \tag{8-7}$$

式中 σ_1——腹板与翼缘交接处焊缝正应力；

$$\sigma_1 = \frac{M}{W_w}\frac{h_0}{h}$$

h_0，h——分别为焊缝截面处腹板高度、截面总高度；

τ_1——腹板与翼缘交接处焊缝剪应力；

$$\tau_1 = \frac{VS_1}{I_w t}$$

S_1——B 点以上面积对中和轴的面积矩；

t——腹板厚度。

5. 轴力、弯矩和剪力共同作用下的对接焊缝计算（图 8-20）

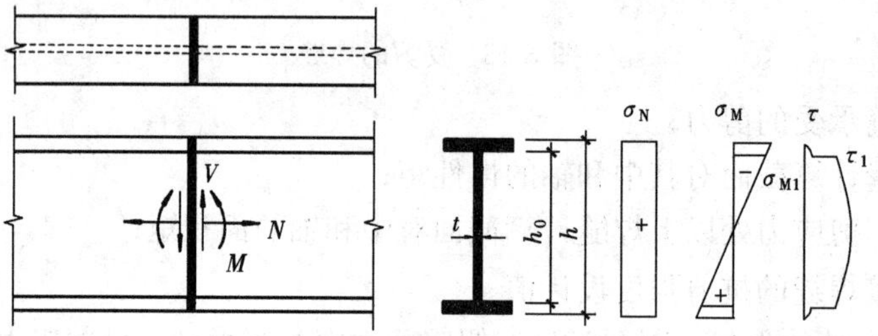

图 8-20　轴力、弯矩和剪力共同作用下的对接焊缝

轴力和弯矩作用下对焊缝产生正应力，剪力作用下产生剪应力，其计算公式为：

$$\sigma_{max} = \sigma_N + \sigma_M = \frac{N}{A_w} + \frac{M}{W_w} \tag{8-8}$$

$$\tau_{max} = \frac{V_{max} S_w}{I_w t} \tag{8-9}$$

式中　A_w——焊缝计算面积。

对于工字形、箱形截面，还要计算腹板与翼缘交界处的折算应力，其公式为：

$$\sigma_f = \sqrt{(\sigma_N + \sigma_{M1})^2 + 3\tau_1^2} \leqslant 1.1 f_t^w \tag{8-10}$$

式中　$\sigma_{M1} = \dfrac{M}{W_w}\dfrac{h_0}{h}$

$\tau_1 = \dfrac{VS_1}{I_w t}$

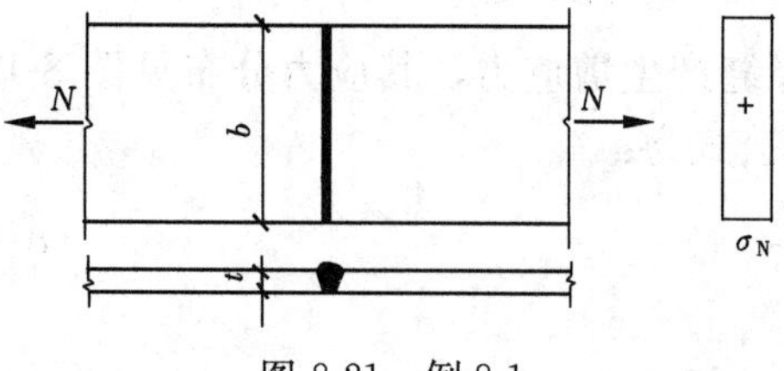

图 8-21　例 8-1

【例 8-1】 如图 8-21 所示两块钢板采用对接焊缝。已知钢板宽度为 600mm，板厚为 8mm，轴心拉力 N=1000kN，钢材为 Q235，焊条用 E43 型，手工焊，不采用引弧板。问焊缝承受的最大应力是多少？

【解】 因轴力通过焊缝重心，假定焊缝受力均匀分布，可按式（8-1）计算。不采用引弧板，则 l_w 为：

$$l_w = l - 2 \times t = 600 - 2 \times 8 = 584\text{mm}$$

$$\sigma_N = \frac{N}{l_w t} = \frac{1000 \times 10^3}{584 \times 8} = 214\text{N/mm}^2$$

【例 8-2】 一工字形梁，跨度 12m，在跨中作用集中力 P=20kN。在离支座 4m 处有一拼接焊缝（采用对接焊缝），如图 8-22 所示。已知截面尺寸为：b=100mm，t_f=10mm，梁高 h=200mm，腹板厚度 t_w=8mm。钢材采用 Q345，焊条 E50 型，自动焊，施焊时采用引弧板。

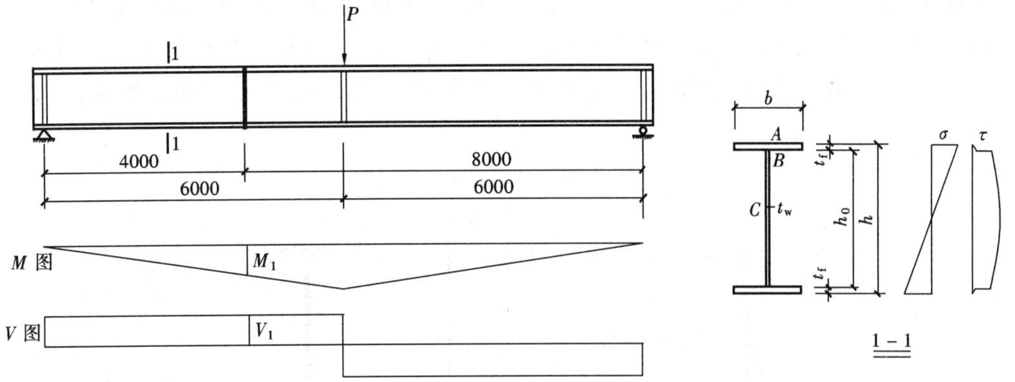

图 8-22 例 8-2

求拼接处焊缝受力。

【解】

(1) 首先求出焊缝处受力

$$M_1 = \frac{P}{2} \times a = \frac{20}{2} \times 4 = 40\text{kN} \cdot \text{m}$$

$$V_1 = \frac{P}{2} = \frac{20}{2} = 10\text{kN}$$

(2) 计算焊缝截面特性

$$I_w = \frac{1}{12} \times [100 \times 200^3 - (100 - 8) \times (200 - 2 \times 10)^3] = 0.2196 \times 10^8 \text{mm}^4$$

$$W_w = \frac{I_w}{h/2} = \frac{0.2196 \times 10^8}{200/2} = 0.2196 \times 10^6 \text{mm}^3$$

(3) 焊缝计算

计算 A 点正应力

$$\sigma_M = \frac{M_1}{W_w} = \frac{40 \times 10^6}{0.2196 \times 10^6} = 182.1\text{N/mm}^2$$

计算 C 点剪应力

$$S = 100 \times 10 \times 95 + \frac{1}{8} \times 8 \times 180^2 = 0.1274 \times 10^6 \text{mm}^3$$

$$\tau = \frac{V_1 S}{I_w t_w} = \frac{10 \times 10^3 \times 0.1274 \times 10^6}{0.2196 \times 10^8 \times 8} = 7.3\text{N/mm}^2$$

计算 B 点折算应力

$$\sigma_1 = \frac{M}{W_w} \frac{h_0}{h} = \frac{40 \times 10^6}{0.2196 \times 10^6} \times \frac{180}{200} = 163.9\text{N/mm}^2$$

$$S_1 = 100 \times 10 \times 95 = 95000\text{mm}^3$$

$$\tau_1 = \frac{V_1 S_1}{I_w t_w} = \frac{10 \times 10^3 \times 95000}{0.2196 \times 10^8 \times 8} = 5.4\text{N/mm}^2$$

$$\sigma_f = \sqrt{\sigma_1^2 + 3\tau^2} = \sqrt{163.9^2 + 3 \times 5.4^2} = 164.2\text{N/mm}^2$$

【例 8-3】 计算牛腿的连接（图 8-23）。已知牛腿截面尺寸为：翼缘板宽度 $b_1=120\text{mm}$，厚度 $t_1=12\text{mm}$，腹板高度 $h=200\text{mm}$，厚度 $t=10\text{mm}$。作用力 $F=150\text{kN}$，距离焊缝 $e=150\text{mm}$。钢板用 Q390，手工焊，焊条 E55 型，施焊时不用引弧板。求焊缝受力。

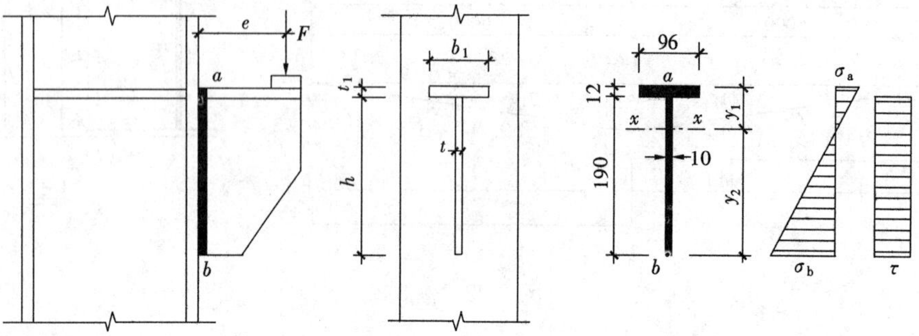

图 8-23　例 8-3

【解】

（1）首先求出焊缝受力

从图中可知，作用力 F 距焊缝重心距离为 e，应将 F 力移至焊缝重心，并加上弯矩 M，故焊缝受剪力和弯矩，其值为：

$$M=Fe=150\times0.15=22.5\text{kN}\cdot\text{m}$$

$$V=F=150\text{kN}$$

（2）求焊缝截面特性

先计算焊缝截面的形心轴 x-x 的位置。因不用引弧板，计算时水平焊缝两端各减去 t_1，竖向焊缝下端应减去 t，其上端与水平焊缝相连，焊缝质量可以保证，故可不减。剪应力沿焊缝均匀分布。

$$y_1=\frac{(120-2\times12)\times12\times6+(200-10)\times10\times\left(\dfrac{200-10}{2}+12\right)}{(120-2\times12)\times12+(200-10)\times10}=68.9\text{mm}$$

$$y_2=(200-10+12)-68.9=133.1\text{mm}$$

$$I_{wx}=\frac{10\times190^3}{12}+190\times10\times\left(133.1-\frac{190}{2}\right)^2+96\times12\times(68.9-6)^2=0.1303\times10^8\text{mm}^4$$

$$A_w=190\times10=1900\text{mm}^2$$

（3）焊缝应力计算

从应力图（图 8-23）来看，b 点正应力最大，a、b 点剪应力相等，故只需验算 b 点的折算应力。

$$\sigma_M^b=\frac{My_2}{I_w}=\frac{22.5\times10^6\times133.1}{0.1303\times10^8}=229.8\text{N/mm}^2$$

$$\tau^b=\frac{V}{A_w}=\frac{150\times10^3}{1900}=78.9\text{N/mm}^2$$

$$\sigma_f^b=\sqrt{(\sigma_M^b)^2+3(\tau^b)^2}=\sqrt{(229.8)^2+3\times78.9^2}=267.4\text{N/mm}^2$$

8.4　角焊缝的构造和计算

8.4.1　角焊缝的构造和计算

角焊缝可分为直角角焊缝和斜角角焊缝（图 8-24）。

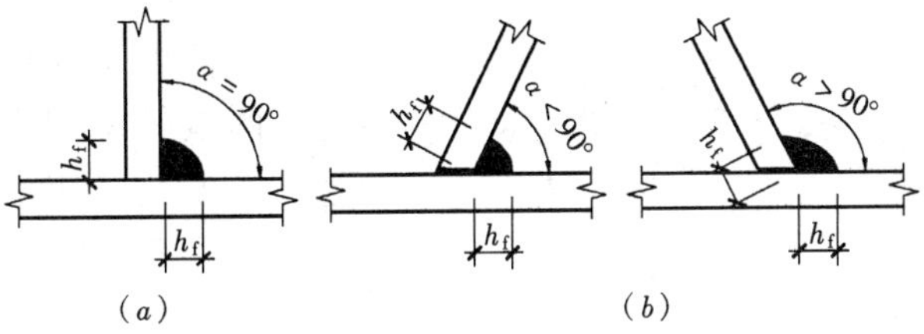

图 8-24　角焊缝形式

直角角焊缝的截面形式有等边直角焊缝、不等边直角焊缝（平坡焊缝）和等边凹形直角焊缝（深熔焊缝）等几种（图 8-25）。一般情况下用等边直角焊缝，当为正面角焊缝（端缝）时，由于这种焊缝受力时力线弯折，应力集中现象较严重，在焊缝根角上形成高峰应力，易于开裂。因此在承受动力荷载的连接中，可采用平坡或深熔焊缝。

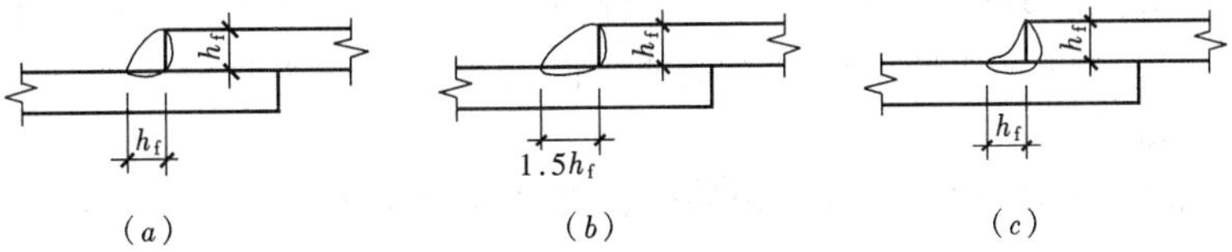

图 8-25　直角角焊缝的截面形式
(*a*) 普通焊缝；(*b*) 平坡焊缝；(*c*) 深熔焊缝

在 T 形接头连接中，当焊件连接件相互垂直时，采用两边直角角焊缝或单边直角角焊缝。当焊件连接件不相互垂直时，采用斜角角焊缝，连接件间的角度不宜小于 60°（图 8-26）。

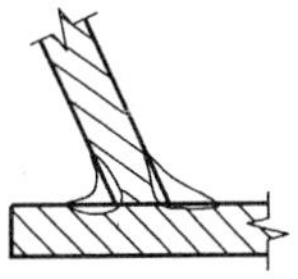

图 8-26　T 形连接中的斜角角焊缝

角焊缝的焊脚尺寸是指焊缝根角至焊缝外边的尺寸（见图 8-24），焊脚尺寸不宜太小，以保证焊缝的最小承载能力，并防止因热输入量过小而使母材热影响区冷却过快而形成硬化组织或产生裂缝。当母材厚度 $t \leqslant 6$mm 时，$h_f \geqslant 3$mm；$6 < t \leqslant 12$mm 时，$h_f \geqslant 5$mm；$12 < t \leqslant 20$mm 时，$h_f \geqslant 6$mm；$t > 20$mm 时，$h_f \geqslant 8$mm。其中，采用不预热的非低氢焊接方法进行焊接时，t 取为焊接接头中较厚焊件厚度；采用预热的非低氢焊接方法或低氢焊接方法进行焊接时，t 取为焊接接头中较薄焊件厚度。承受动荷载的角焊缝最小焊脚尺寸为 5mm。

角焊缝的焊脚尺寸不宜太大，以避免焊缝穿透较薄的焊件。h_f 不宜大于较薄焊件厚度的 1.2 倍（钢管结构除外）。在板边缘的角焊缝，当板厚 $t \leqslant 6$mm，$h_f \leqslant t$；当 $t > 6$mm 时，$h_f \leqslant t-(1 \sim 2)$ mm。圆孔或槽孔内的 h_f 不宜大于圆孔直径的 1/3 或槽孔短径的 1/3。

角焊缝的长度不宜过小，侧面角焊缝和正面角焊缝的计算长度不得小于 $8h_f$ 和 40mm，因为长度过小会使杆件局部加热严重，且起弧、落弧坑相距太近，加上一些可能产生的缺陷，使焊缝不够可靠。侧面角焊缝的计算长度也不宜大于 $60h_f$。当大于上述规定时，焊缝的承载力应乘以折减系数 $\alpha_f=1.5-\dfrac{l_w}{120h_f}$，且不小于 0.5。这是因为侧面角焊缝应力沿长度分布不均匀，两端较中间大，焊缝越长其差别也越大，太长时侧面角焊缝两端应力可先达到极限而破坏，此时焊缝中部还未充分发挥其承载力。若内力沿侧面角焊缝全长均匀分布，例如工字梁的腹板与翼缘连接焊缝，其计算长度不受此限。

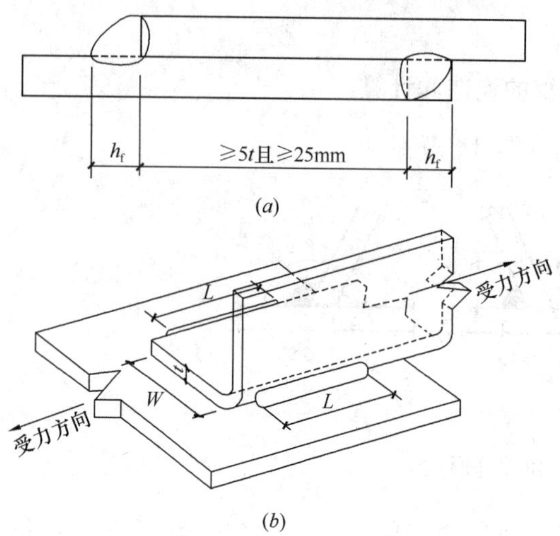

图 8-27　角焊缝要求

(a) 搭接接头双角焊缝的要求；(b) 纵向角焊缝的最小长度

t—t_1 和 t_2 中较小者；h_f—焊脚尺寸，按设计要求

对于采用角焊缝传递轴向力的部件，其搭接接头最小搭接长度应为较薄件厚度的 5 倍，且不应小于 25mm（图 8-27a），并应施焊纵向或横向双角焊缝。对于只采用侧面角焊缝连接的型钢构件，其端部宽度 W 不应大于 200mm（图 8-27b）；当宽度 W 大于 200mm 时，应加正面角焊缝或中间塞焊，且每条侧面角焊缝长度 L 不应小于两焊缝之间的宽度 W。

当侧面角焊缝的端部在构件的转角处时，宜连续绕转角加焊一段长度，此长度为 $2h_f$（图 8-28a）。杆件与节点板的连接焊缝一般采用两面侧面角焊缝，也可用三面围焊（图 8-28b），角钢焊件也可用 L 形围焊（图 8-28c），所有围焊的转角必须连续施焊。

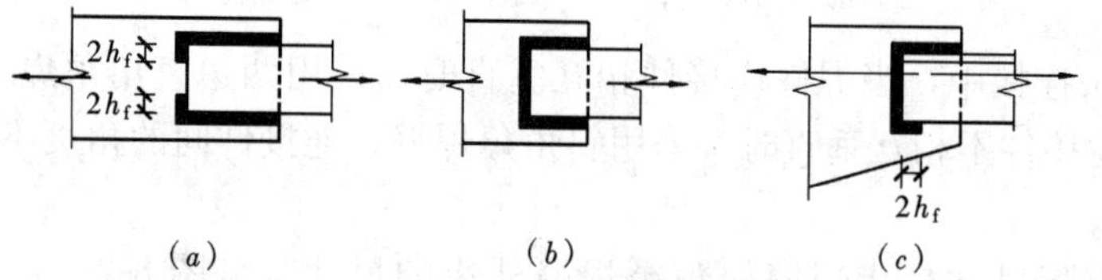

图 8-28　杆件与节点板的角焊缝连接

(a) 两面侧焊；(b) 三面围焊；(c) L 形围焊

受动力荷载的结构中，严禁采用断续坡口焊缝和断续角焊缝。受动力荷载作用而不需要进行疲劳验算的构件，当构件端部用两边纵向角焊缝连接时，每条焊缝长度不应小于两侧焊缝之间的距离，同时两侧焊缝之间的距离不应大于 $16t$，t 为较薄焊件的厚度。

8.4.2　角焊缝的受力特点及强度

角焊缝中正面角焊缝的应力状态要比侧面角焊缝复杂得多，应力集中现象明显，塑性性能差。根据试验结果，正面角焊缝的破坏强度比侧面角焊缝的破坏强度要高一些，二者之比约为 1.35～1.55。

1. 焊缝破坏面

不论正面角焊缝或侧面角焊缝，直角角焊缝破坏面假定沿焊脚 $\alpha/2$ 面破坏，α 为焊脚边的夹角。破坏面上焊缝厚度称为有效厚度 h_e 或计算厚度（图 8-29a）。其值为：

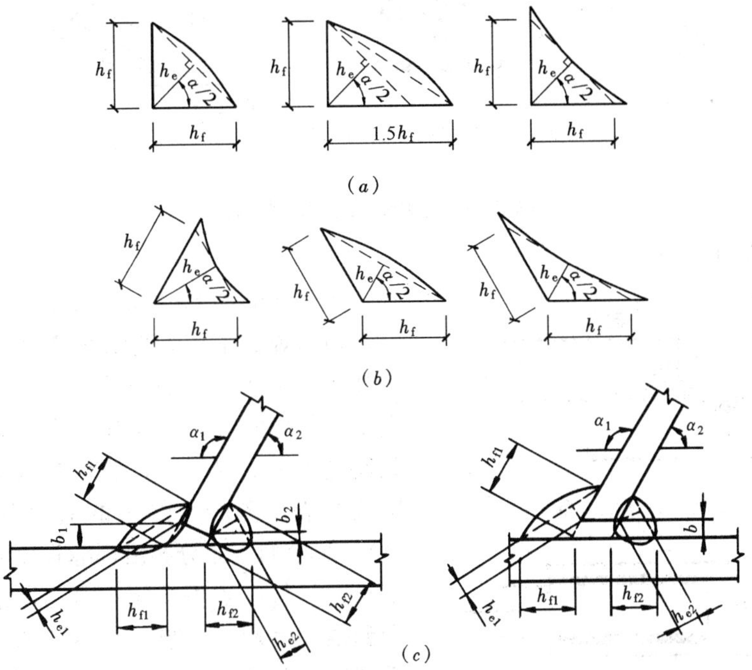

图 8-29 角焊缝截面

（a）直角角焊缝；（b）斜角角焊缝；（c）T 形接头的根部间隙和焊缝截面

$$h_e = h_f \cos\frac{\alpha}{2} = 0.7h_f \tag{8-11}$$

斜角角焊缝（图 8-29b）有效厚度 h_e，根据图 8-29（c）的不同构造情况，按下式计算

当根部间隙 b、b_1 或 $b_2 \leqslant 1.5$mm 时 $h_e = h_f\cos\frac{\alpha}{2}$ (8-12a)

当根部间隙 b、b_1 或 $b_2 > 1.5$mm 但 $\leqslant 5$mm 时

$$h_e = \left[h_f - \frac{b\ (或\ b_1、b_2)}{\sin\alpha}\right]\cos\frac{\alpha}{2} \tag{8-12b}$$

焊缝的破坏面又称为角焊缝的有效截面。

2. 角焊缝破坏面（有效截面）上的应力

在外力作用下，直角角焊缝有效截面上产生三个方向应力，即 $\sigma_\perp$、$\tau_\perp$、$\tau_{/\!/}$（图 8-30a）。三个方向应力与焊缝强度间的关系，根据试验研究，可用下式表示：

$$\sqrt{\sigma_\perp^2 + 3(\tau_\perp^2 + \tau_{/\!/}^2)} = \sqrt{3}f_f^w \tag{8-13}$$

式中 $\sigma_\perp$——垂直于角焊缝有效截面上的正应力；

$\tau_\perp$——有效截面上垂直于焊缝长度方向的剪应力；

$\tau_{/\!/}$——有效截面上平行于焊缝长度方向的剪应力；

f_f^w——角焊缝的强度设计值。

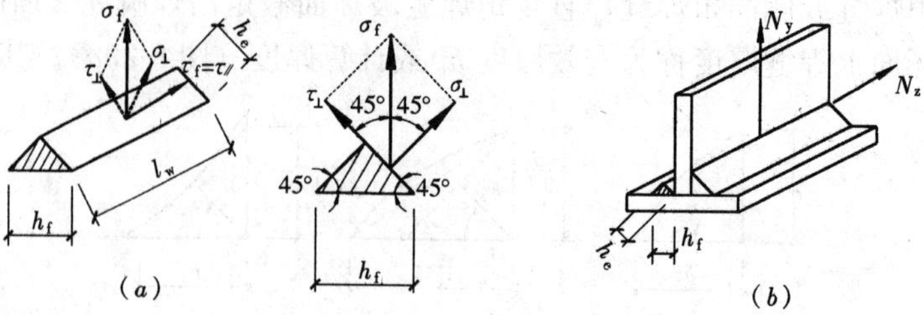

图 8-30　焊缝有效截面上的应力

3. 角焊缝的强度

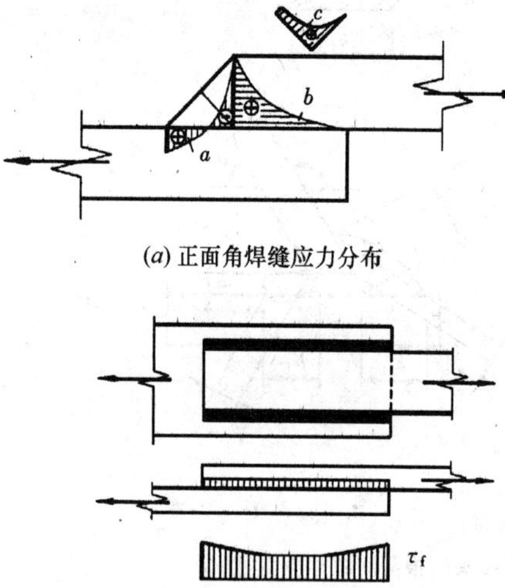

(a) 正面角焊缝应力分布

(b) 侧面角焊缝应力分布

图 8-31　焊缝的应力分布

角焊缝的应力分布比较复杂，正面角焊缝与侧面角焊缝工作性能差别较大。正面角焊缝在外力作用下应力分布见图 8-31（a），从图中看出，焊缝的根部产生应力集中，通常总是在根脚处首先出现裂缝，然后扩及整个焊缝截面以致断裂。侧面角焊缝的应力分布见图 8-31（b），焊缝的应力分布沿焊缝长度并不均匀，焊缝长度越长，越不均匀。因此，角焊缝的强度受到很多因素的影响，有明显的分散性。根据系列试验和理论研究成果，采用附录 2 附表 2-5 和附表 2-7 所规定的强度以及下面介绍的计算方法，可以得到安全可靠的结果。

4. 实用计算方法

由式（8-13）可得到角焊缝的计算公式如下：

$$\sqrt{\sigma_\perp^2+3(\tau_\perp^2+\tau_{/\!/}^2)}\leqslant\sqrt{3}f_f^w \tag{a}$$

式（a）使用不方便，可以通过下述变换得到实用的计算公式。

图 8-30（b）中，外力 N_y 垂直于焊缝长度方向，且通过焊缝重心，沿焊缝长度产生平均应力 σ_f，其值为：

$$\sigma_f=\frac{N_y}{h_e l_w} \tag{b}$$

σ_f 不是正应力，也不是剪应力，可分解为 $\sigma_\perp$ 与 $\tau_\perp$，对直角角焊缝来说：

$$\sigma_\perp=\tau_\perp=\frac{\sigma_f}{\sqrt{2}} \tag{c}$$

另外，外力 N_z 平行于焊缝长度方向，且通过焊缝重心，沿焊缝长度方向产生平均剪应力 τ_f，其值为：

$$\tau_f=\frac{N_z}{h_e l_w}=\tau_{/\!/} \tag{d}$$

式中 h_e——焊缝的有效厚度，对直角角焊缝取 $h_e=0.7h_f$；

l_w——焊缝计算长度。

将式（c）中的 $\sigma_\perp$、$\tau_\perp$ 和式（d）$\tau_{/\!/}$ 代入式（a），经整理后可得：

$$\sqrt{\left(\frac{\sigma_f}{\beta_f}\right)^2+\tau_f^2}\leqslant f_f^w \tag{8-14}$$

式中 β_f——正面角焊缝的强度设计值增大系数，对直角角焊缝 $\beta_f=\sqrt{\frac{3}{2}}=1.22$，但对直接承受动力荷载结构中的角焊缝，由于正面角焊缝的刚度大，韧性差，应取 $\beta_f=1.0$，对斜角角焊缝 $\beta_f=1.0$；

σ_f——按焊缝有效截面计算，垂直于焊缝长度方向的应力；

τ_f——按焊缝有效截面计算，沿焊缝长度方向的剪应力。

上述实用计算方法虽然与实际情况有一定出入，但通过大量试验证明是可以保证安全的，已为大多数国家所采用。

8.4.3 角焊缝的计算

1. 轴心力（拉力、压力和剪力）作用下角焊缝的计算

如图 8-32 所示，通过焊缝重心作用一轴向力 N，轴向力与焊缝长度方向夹角为 θ。

首先将外力 N 分解为平行焊缝长度方向的分力 V 和垂直焊缝长度方向的分力 N_1

$$\left.\begin{aligned}N_1&=N\sin\theta\\V&=N\cos\theta\end{aligned}\right\} \tag{e}$$

N_1 引起焊缝应力

$$\sigma_f=\frac{N_1}{\sum h_e l_w}=\frac{N_1}{A_f} \tag{f}$$

由 V 引起焊缝应力

$$\tau_f=\frac{V}{\sum h_e l_w}=\frac{V}{A_f} \tag{g}$$

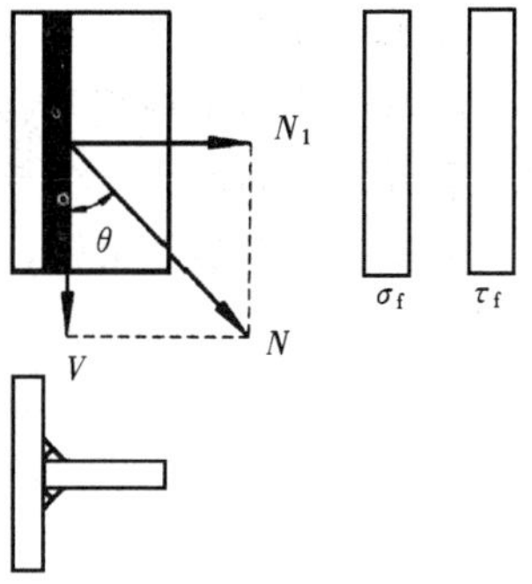

图 8-32 轴心力作用下的角焊缝

将 σ_f、τ_f 代入式（18-14）得焊缝计算公式为：

$$\sqrt{\left(\frac{N_1}{A_f\beta_f}\right)^2+\left(\frac{V}{A_f}\right)^2}\leqslant f_f^w \tag{8-15}$$

式中 N_1——垂直于焊缝长度方向的分力；

V——平行于焊缝长度方向的分力；

A_f——角焊缝有效截面面积，$A_f=\sum h_e l_w$；

h_e——角焊缝有效厚度，对于直角角焊缝，$h_e=0.7h_f$；对于斜角角焊缝按式（8-12）计算；

h_f——角焊缝的焊脚尺寸；

l_w——角焊缝的计算长度，为实际长度减去焊缝起点和终点各 h_f；

β_f——正面角焊缝（端焊缝）的强度设计值增大系数，直角角焊缝：对承受静力荷载和间接承受动力荷载的结构，$\beta_f=1.22$；对直接承受动力荷载的结构，

$\beta_f=1.0$；斜角角焊缝，$\beta_t=1.0$；

f_f^w——角焊缝的强度设计值。

当$\theta=90°$时，$V=0$，$N_1=N$，力垂直于焊缝长度方向（正面角焊缝受力），式(8-15)可写为：

$$\frac{N}{\sum h_e l_w} \leqslant \beta_f f_f^w \tag{8-16}$$

或

$$\frac{N}{A_f} \leqslant \beta_f f_f^w$$

当$\theta=0°$时，$N_1=0$，$V=N$，力平行于焊缝长度方向（侧面角焊缝受力），式(8-15)可写为：

$$\frac{N}{\sum h_e l_w} \leqslant f_f^w \tag{8-17}$$

或

$$\frac{N}{A_f} \leqslant f_f^w$$

在动力荷载作用下，取$\beta_f=1.0$，式（8-16）与式（8-17）相同。

从上式可看出，当$\beta_f=1.0$时，只要力通过焊缝形心，不论外力与焊缝长度方向夹角为多少，均可按式（8-17）计算。

2. 轴心力作用下，角钢与其他构件连接的角焊缝计算

角钢用侧面角焊缝连接时（图8-33），由于角钢截面形心到肢背和肢尖的距离不相等，靠近形心的肢背焊缝承受较大的内力。设N_1和N_2分别为角钢肢背与肢尖焊缝承担的内力，由平衡条件可知：

$$N_1+N_2=N$$
$$N_1e_1=N_2e_2$$
$$e_1+e_2=b$$

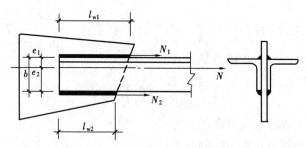

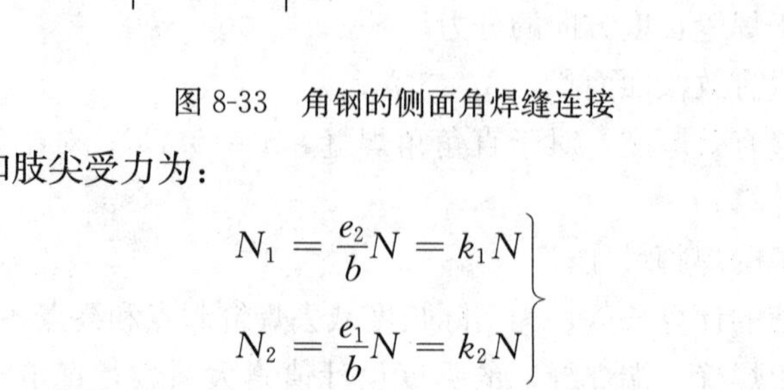

图8-33　角钢的侧面角焊缝连接

解上式得肢背和肢尖受力为：

$$\left.\begin{aligned} N_1=\frac{e_2}{b}N=k_1N \\ N_2=\frac{e_1}{b}N=k_2N \end{aligned}\right\} \tag{8-18}$$

式中　N——角钢承受的轴心力；

k_1、k_2——角钢角焊缝的内力分配系数，按表 8-1 采用。

角钢角焊缝的内力分配系数 **表 8-1**

角钢类型	连接形式	内力分配系数	
		肢背 k_1	肢尖 k_2
等肢角钢	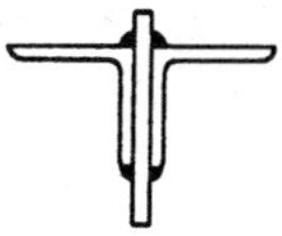	0.70	0.30
不等肢角钢短肢连接	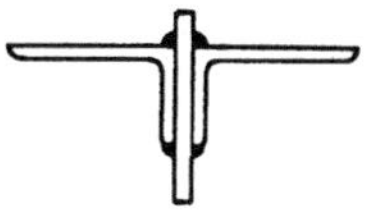	0.75	0.25
不等肢角钢长肢连接	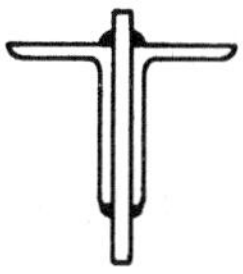	0.65	0.35

在 N_1、N_2 作用下，侧面角焊缝的焊缝计算公式为：

$$\left.\begin{aligned}\frac{N_1}{\sum 0.7h_{f1}l_{w1}} \leqslant f_f^w \\ \frac{N_2}{\sum 0.7h_{f2}l_{w2}} \leqslant f_f^w\end{aligned}\right\} \tag{8-19}$$

式中 h_{f1}、h_{f2}——分别为肢背、肢尖的焊脚尺寸；

l_{w1}、l_{w2}——分别为肢背、肢尖的焊缝计算长度，每条焊缝为实际长度减去 $2h_f$。

角钢用三面围焊时（图 8-34a），既要照顾到焊缝形心线基本上与角钢形心线一致，又要考虑到侧面角焊缝与正面角焊缝计算的区别。计算时先选定正面角焊缝的焊脚尺寸 h_{f3}，并算出它所能承受的内力：

$$N_3 = \beta_f \sum 0.7h_{f3}l_{w3}f_f^w \tag{8-20a}$$

式中 h_{f3}——正面角焊缝的焊脚尺寸；

l_{w3}——正面角焊缝的焊缝计算长度，$l_{w3}=b$（b 为角钢的肢宽）。

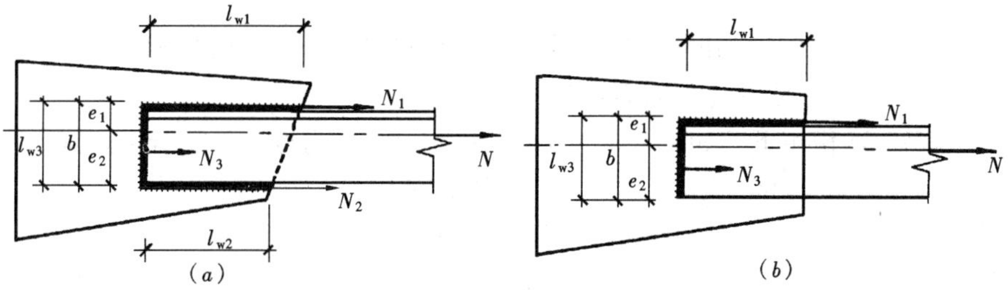

图 8-34 角钢角焊缝围焊的计算

通过平衡关系得肢背和肢尖侧焊缝受力为：

$$N_1 = k_1 N - \frac{1}{2} N_3 \tag{8-20b}$$

$$N_2 = k_2 N - \frac{1}{2} N_3 \tag{8-20c}$$

在 N_1 和 N_2 作用下，侧面角焊缝的计算公式与式（8-19）相同。

当采用L形围焊时（图8-34*b*），令 $N_2=0$，由式（8-20*c*）得：

$$\left.\begin{aligned} N_3 &= 2k_2 N \\ N_1 &= k_1 N - k_2 N = (k_1 - k_2) N \end{aligned}\right\} \tag{8-21}$$

L形围焊角焊缝计算公式为：

$$\left.\begin{aligned} \frac{N_3}{\sum 0.7 h_{f3} l_{w3}} &\leqslant \beta_f f_f^w \\ \frac{N_1}{\sum 0.7 h_{f1} l_{w1}} &\leqslant f_f^w \end{aligned}\right\} \tag{8-22}$$

3. 在轴力、剪力和弯矩共同作用下的角焊缝计算

角焊缝在轴力、剪力和弯矩作用下的内力，根据焊缝所处位置和刚度等因素确定。角焊缝在各种外力作用下的内力计算原则是：

（1）首先求单独外力作用下角焊缝的应力，并判断该应力对焊缝产生正面角焊缝受力（垂直于焊缝长度方向），还是侧面角焊缝受力（平行于焊缝长度方向）。正面角焊缝受力用 σ_f 表示，侧面角焊缝受力用 τ_f 表示。

（2）采用叠加原理，将各种外力作用下的焊缝应力进行叠加。叠加时注意应取焊缝截面上同一点的应力进行叠加，而不能用各种外力作用下产生最大应力进行叠加。因此，应根据单独外力作用下产生应力分布情况判断最危险点进行计算。

（3）在轴力 N 作用下，在焊缝有效截面上产生均匀应力，即

$$\sigma_f^N (\tau_f^N) = \frac{N}{A_f} \tag{8-23}$$

式中　σ_f^N（τ_f^N）——由轴力 N 在正面角焊缝（侧面角焊缝）中产生的应力；

A_f——焊缝有效截面面积。

（4）在剪力 V 作用下，根据与焊缝连接件的刚度来判断哪一部分焊缝截面承受剪力作用，在受剪截面上应力分布是均匀的，即

$$\tau_f^V (\sigma_f^V) = \frac{V}{A'_f} \tag{8-24}$$

式中　τ_f^V（σ_f^V）——剪力 V 在侧面角焊缝（正面角焊缝）中产生的应力；

A'_f——焊缝受剪截面面积。

（5）在弯矩 M 作用下，如图8-35（*a*）所示，焊缝应力按三角形分布，即

$$\sigma_f^M (\tau_f^M) = \frac{My}{I_f} \tag{8-25a}$$

或

$$\sigma_{f_{max}}^M (\tau_{f_{max}}^M) = \frac{M}{W_f} \tag{8-25b}$$

式中　σ_f^M（τ_f^M）——弯矩在焊缝中产生的正面角焊缝应力（侧面角焊缝应力）；

I_f、W_f——焊缝计算截面对形心的惯性矩及截面模量；

y——形心距计算处距离。

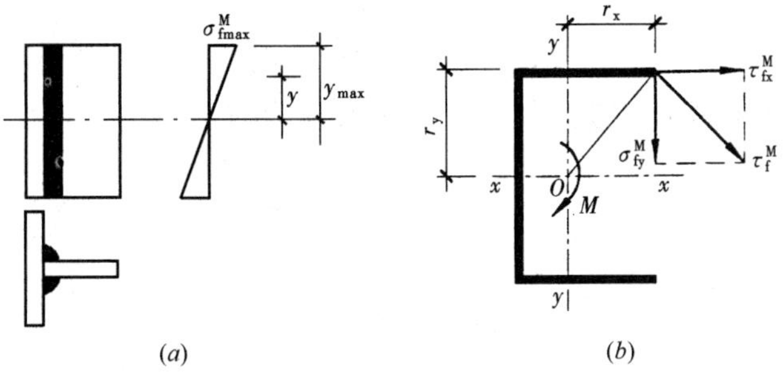

图 8-35 弯矩和扭矩作用下的角焊缝应力

(a) 弯矩作用；(b) 扭矩作用

图 8-35 (b) 所示为在弯矩作用下焊缝承受扭矩的情况，其应力表达式为：

$$\tau_f^M = \frac{Mr}{I_f} \tag{8-26}$$

或

$$\left.\begin{aligned}\sigma_{fy}^M &= \frac{Mr_x}{I_f}\\ \tau_{fx}^M &= \frac{Mr_y}{I_f}\end{aligned}\right\} \tag{8-27}$$

式中 τ_{fx}^M、σ_{fy}^M——由弯矩在焊缝中产生的侧面角焊缝应力、正面角焊缝应力；

I_f——焊缝计算截面对形心的惯性矩，即

$$I_f = I_{fx} + I_{fy} \tag{8-28}$$

r_x、r_y——焊缝形心至验算点在 x、y 方向的距离；

I_{fx}、I_{fy}——焊缝计算截面对 x、y 轴的惯性矩。

下面叙述几种常见直角角焊缝在轴力、剪力和弯矩作用下的计算方法：

(1) 梁柱连接节点（图 8-36）

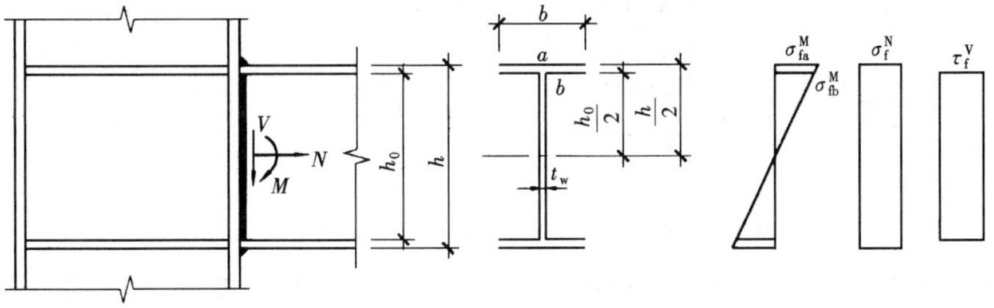

图 8-36 轴力、剪力和弯矩作用下的角焊缝受力

在轴力 N 作用下（正面角焊缝受力）

$$\sigma_f^N = \frac{N}{A_f} \tag{h}$$

在剪力 V 作用下（侧面角焊缝受力），仅考虑与梁柱连接的竖直焊缝受剪力作用，

$$\tau_f^V = \frac{V}{A'_f} \tag{i}$$

$$A'_f = 2 \times 0.7h_f \times h_0 \tag{8-29}$$

在弯矩作用下（正面角焊缝受力），产生 a 点应力为：

$$\sigma_{fa}^M = \frac{M}{W_f} \tag{j}$$

b 点应力为：

$$\sigma_{fb}^M = \frac{M}{W_f}\frac{h_0}{h} \tag{k}$$

在轴力、剪力和弯矩共同作用下，焊缝最危险点为 a、b 两点。"a" 点 $\tau_f = 0$，$\sigma_f = \sigma_{fa}^M + \sigma_f^N$，由式（8-14）得

$$\frac{\sigma_{fa}^M + \sigma_f^N}{\beta_f} \leqslant f_f^w$$

或

$$\frac{M}{W_f} + \frac{N}{A_f} \leqslant \beta_f f_f^w \tag{8-30a}$$

"b" 点 $\tau_f = \tau_f^V$，$\sigma_f = \sigma_{fb}^M + \sigma_f^N$，由式（8-14）得：

$$\sqrt{\left(\frac{\sigma_{fb}^M + \sigma_f^N}{\beta_f}\right)^2 + \tau_f^{V^2}} \leqslant f_f^w$$

或

$$\sqrt{\frac{1}{\beta_f^2}\left(\frac{M}{W_f}\frac{h_0}{h} + \frac{N}{A_f}\right)^2 + \left(\frac{V}{A'_f}\right)^2} \leqslant f_f^w \tag{8-30b}$$

（2）柱的牛腿节点（图 8-37）

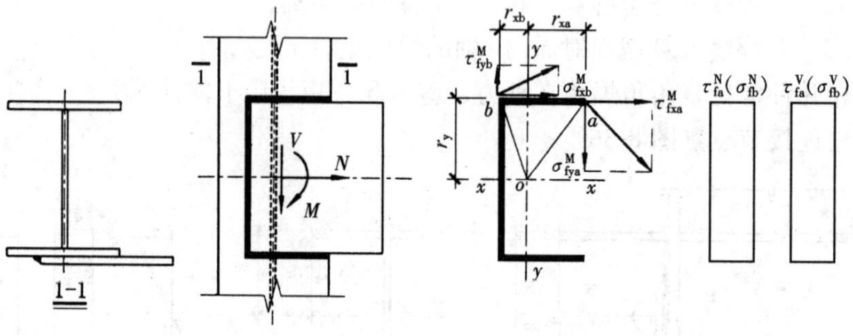

图 8-37 轴力、剪力和弯矩作用下牛腿角焊缝应力

在轴力作用下，"a" 点焊缝是侧面角焊缝受力，"b" 点焊缝是正面角焊缝受力，其值为：

$$\tau_{fa}^N = \sigma_{fb}^N = \frac{N}{A_f} \quad (\rightarrow) \tag{l}$$

在剪力作用下，三面围焊焊缝均可承受剪力，$A'_f = A_f$，对 "a" 点是正面角焊缝受力，"b" 点是侧面角焊缝受力，其值为：

$$\sigma_{fa}^{V}=\tau_{fb}^{V}=\frac{V}{A_f}\quad(\downarrow)\tag{m}$$

在弯矩作用下，“a”点应力为：

$$\tau_{fxa}^{M}=\frac{Mr_y}{I_f}=\frac{Mr_y}{I_{fx}+I_{fy}}\quad(\rightarrow)\tag{n}$$

$$\sigma_{fya}^{M}=\frac{Mr_{xa}}{I_f}=\frac{Mr_{xa}}{I_{fx}+I_{fy}}\quad(\downarrow)\tag{o}$$

“b”点的应力为：

$$\sigma_{fxb}^{M}=\frac{Mr_y}{I_f}=\frac{Mr_y}{I_{fx}+I_{fy}}\quad(\rightarrow)\tag{p}$$

$$\tau_{fyb}^{M}=\frac{Mr_{xb}}{I_f}=\frac{Mr_{xb}}{I_{fx}+I_{fy}}\quad(\uparrow)\tag{q}$$

在弯矩、轴力、剪力共同作用下，焊缝最危险点为“a”、“b”两点中的某点。“a”点计算公式，由式（8-14）得

$$\sqrt{\left(\frac{\sigma_{fya}^{M}+\sigma_{fa}^{V}}{\beta_f}\right)^2+(\tau_{fxa}^{M}+\tau_{fa}^{N})^2}\leqslant f_f^w\tag{8-31}$$

“b”点竖向焊缝的计算公式，由式（8-14）得

$$\sqrt{\left(\frac{\sigma_{fxb}^{M}+\sigma_{fb}^{N}}{\beta_f}\right)^2+(\tau_{fb}^{V}-\tau_{fyb}^{M})^2}\leqslant f_f^w\tag{8-32}$$

【例 8-4】 计算盖板连接，$N=930$kN（静力荷载），钢材用 Q235，采用直角角焊缝。焊条 E43 型，焊脚尺寸 $h_f=6$mm，其余尺寸见图 8-38。求焊缝受力。

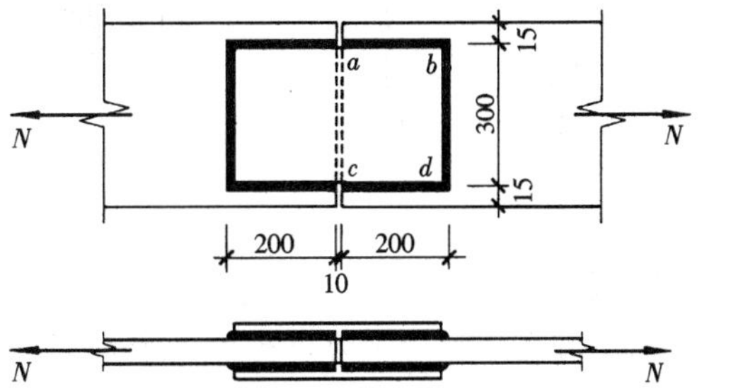

图 8-38　例 8-4

【解】

盖板与连接板采用三面围焊，N 作用在焊缝截面形心上。在 N 作用下，使焊缝 bd 段产生正面角焊缝受力，ab 段和 dc 段产生侧面角焊缝受力。

焊缝有效面积计算时，可考虑正面角焊缝强度提高的因素，其值为：

$$\begin{aligned}A_f&=0.7h_f(\beta_f l_{w1}+l_{w2})\\&=0.7\times6\times[1.22\times300\times2+4\times(200-6)]\\&=6334\text{mm}^2\end{aligned}$$

焊缝受力：

$$\tau_f=\frac{N}{A_f}=\frac{930\times10^3}{6334}=146.8\text{N/mm}^2$$

【例 8-5】 计算三面围焊的角钢连接（图 8-34a），角钢为 2L140×10，连接板厚度 $t=12$mm，承受静荷载 $N=1000$kN。钢材为 Q235B，焊条 E43 型，焊脚尺寸为 $h_f=8$mm，焊缝强度设计值 $f_f^w=160\text{N/mm}^2$。求角钢两侧所需焊缝长度。

【解】

首先按式（8-20a）计算正面角焊缝所能承受的力

$$N_3=1.22\times0.7\times8\times2\times140\times160=306.1\text{kN}$$

由式（8-20b、c）和表 8-1 焊缝内力分配系数得

$$N_1=0.7\times1000-\frac{1}{2}\times306.1=547\text{kN}$$

$$N_2=0.3\times1000-\frac{1}{2}\times306.1=147\text{kN}$$

根据式（8-19）得肢背和肢尖的焊缝长度：

$$l_{w1}=\frac{547\times10^3}{2\times0.7\times8\times160}+8=313\text{mm}，取 l_{w1}=320\text{mm}$$

$$l_{w2}=\frac{147\times10^3}{2\times0.7\times8\times160}+8=90\text{mm}，取 l_{w2}=90\text{mm}$$

【例 8-6】 计算牛腿连接，采用直角角焊缝，$h_f=10$mm。牛腿尺寸见图 8-39。距离焊缝 $e=150$mm 处有一竖向力 $F=150$kN（静力荷载）。钢材为 Q390，焊条 E55 型。求焊缝最不利点应力。

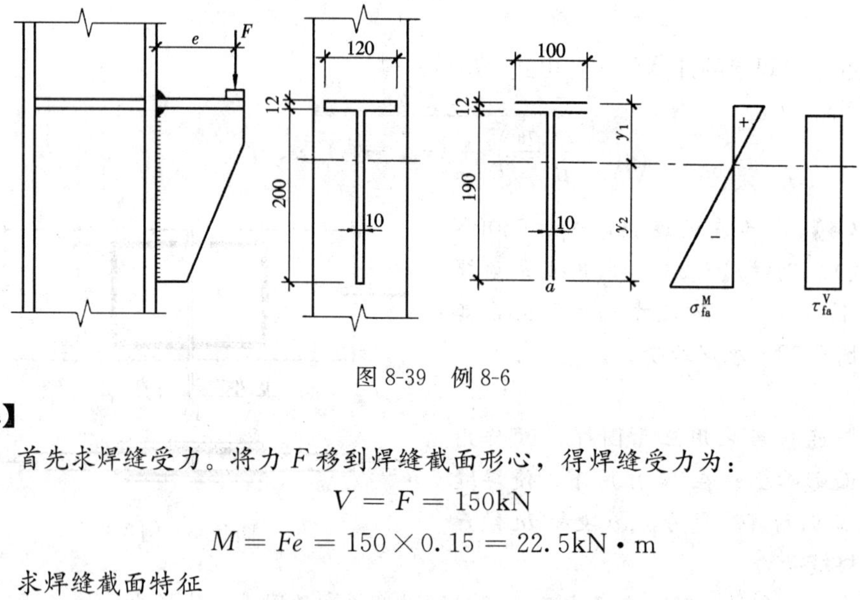

图 8-39　例 8-6

【解】

（1）首先求焊缝受力。将力 F 移到焊缝截面形心，得焊缝受力为：

$$V=F=150\text{kN}$$

$$M=Fe=150\times0.15=22.5\text{kN}\cdot\text{m}$$

（2）求焊缝截面特征

求水平焊缝面积

$$A_{f1}=0.7\times10\times[(120-20)+(120-10-20)]=1330\text{mm}^2$$

求竖向焊缝面积

$$A'_f=0.7\times10\times[2\times(200-10)]=2660\text{mm}^2$$

焊缝总面积

$$A_f=A'_f+A_{f1}=2660+1330=3990\text{mm}^2$$

求焊缝形心至水平板顶面距离

$$y_1=\frac{\left[(100-10)\times12+2\times190\times\left(\frac{190}{2}+12\right)\right]\times0.7\times10}{3990}=73.2\text{mm}$$

$$y_2 = 190 + 12 - 73.2 = 128.8\text{mm}$$

求焊缝惯性矩

$$I_f = \left\{100 \times 73.2^2 + (100-10) \times (73.2-12)^2 + 2 \times \left[\frac{1}{12} \times 190^3 + 190 \times \left(128.8 - \frac{190}{2}\right)^2\right]\right\} \times 0.7 \times 10$$

$$= 1715.1 \times 10^4 \text{mm}^4$$

水平焊缝绕自身轴惯性矩很小，计算时忽略。

(3) 焊缝受力分析

在剪力作用下，焊缝应力分布为矩形。在弯矩作用下，焊缝应力分布为三角形。从应力分布来看，最危险点为 a 点，其值为：

$$\tau_{fa}^{v} = \frac{V}{A'_f} = \frac{150 \times 10^3}{2660} = 56.4\text{N/mm}^2$$

$$\sigma_{fa}^{M} = \frac{My_2}{I_f} = \frac{22.5 \times 10^6 \times 128.8}{1715.1 \times 10^4} = 169.0\text{N/mm}^2$$

"a" 点应力为

$$\sigma_a = \sqrt{\left(\frac{169.0}{1.22}\right)^2 + 56.4^2} = 149.6\text{N/mm}^2$$

【例 8-7】 如图 8-40 所示牛腿连接，采用三面围焊直角角焊缝。钢材用 Q235，焊条 E43 型，$h_f=10$mm。在 a 点作用一水平力 $P_1=50$kN，竖向力 $P_2=200$kN，$e_1=20$cm，$e_2=50$cm。求焊缝最不利点应力。

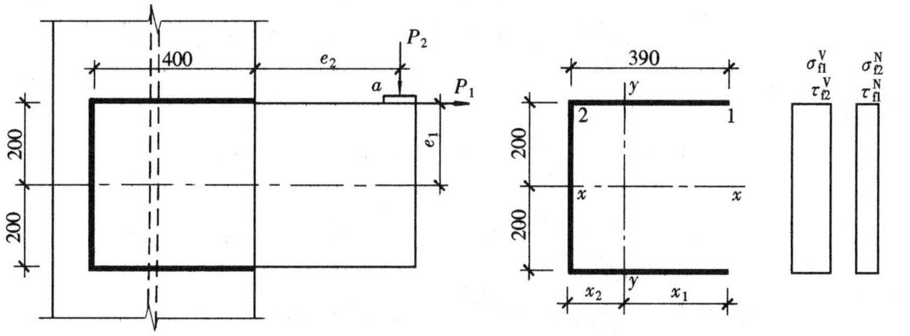

图 8-40 例 8-7

【解】

(1) 首先求焊缝形心至竖向焊缝距离 x_2

$$x_2 = \frac{0.7 \times 10 \times \left[2 \times (400-10) \times \frac{400-10}{2}\right]}{0.7 \times 10 \times [2 \times (400-10) + 400]} = 128.9\text{mm}$$

(2) 求焊缝受力

将 P_1、P_2 移至焊缝形心，得焊缝受力为：

$$V = P_2 = 200\text{kN}$$

$$N = P_1 = 50\text{kN}$$

$$M = P_1 \times e_1 + P_2 \times (e_2 + 10 + x_1)$$
$$= 50 \times 0.2 + 200 \times [0.5 + 0.01 + (0.39 - 0.129)]$$
$$= 164.2\text{kN} \cdot \text{m}$$

(3) 求焊缝几何特性

$$A_{\mathrm{f}}=0.7\times10\times(2\times390+400)=8260\mathrm{mm}^2$$

$$x_1=390-128.9=261.1\mathrm{mm}$$

$$I_{\mathrm{x}}=\left(2\times390\times200^2+\frac{1}{12}\times400^3\right)\times0.7\times10$$

$$=2.5573\times10^8\mathrm{mm}^4$$

$$I_{\mathrm{y}}=\left\{2\times\left[\frac{1}{12}\times390^3+390\times\left(261.1-\frac{390}{2}\right)^2\right]+400\times128.9^2\right\}\times0.7\times10$$

$$=1.3958\times10^8\mathrm{mm}^4$$

$$I_{\mathrm{f}}=I_{\mathrm{x}}+I_{\mathrm{y}}=2.5573\times10^8+1.3958\times10^8=3.9531\times10^8\mathrm{mm}^4$$

(4) 求焊缝应力

从焊缝应力分布来看，最危险点为“1”、“2”两点。

“1”点的焊缝应力：

$$\tau_{\mathrm{f1}}^{\mathrm{N}}=\frac{50\times10^3}{8260}=6.1\mathrm{N/mm}^2\qquad(\rightarrow)$$

$$\sigma_{\mathrm{f1}}^{\mathrm{V}}=\frac{200\times10^3}{8260}=24.2\mathrm{N/mm}^2\qquad(\downarrow)$$

$$\tau_{\mathrm{fx1}}^{\mathrm{M}}=\frac{Mr_{\mathrm{y}}}{I_{\mathrm{f}}}=\frac{164.2\times10^6\times200}{3.9531\times10^8}=83.1\mathrm{N/mm}^2\qquad(\rightarrow)$$

$$\sigma_{\mathrm{fy1}}^{\mathrm{M}}=\frac{Mr_{\mathrm{x1}}}{I_{\mathrm{f}}}=\frac{164.2\times10^6\times261.1}{3.9531\times10^8}=108.5\mathrm{N/mm}^2(\downarrow)$$

$$\sigma_1=\sqrt{\left(\frac{24.2+108.5}{1.22}\right)^2+(6.1+83.1)^2}=140.7\mathrm{N/mm}^2$$

“2”点的焊缝应力：

$$\sigma_{\mathrm{f2}}^{\mathrm{N}}=\frac{50\times10^3}{8260}=6.1\mathrm{N/mm}^2\qquad(\rightarrow)$$

$$\tau_{\mathrm{f2}}^{\mathrm{V}}=\frac{200\times10^3}{8260}=24.2\mathrm{N/mm}^2\qquad(\downarrow)$$

$$\sigma_{\mathrm{f2}}^{\mathrm{M}}=\frac{164.2\times10^6\times200}{3.9531\times10^8}=83.1\mathrm{N/mm}^2\qquad(\rightarrow)$$

$$\tau_{\mathrm{f2}}^{\mathrm{M}}=\frac{164.2\times10^6\times128.9}{3.9531\times10^8}=53.5\mathrm{N/mm}^2\qquad(\uparrow)$$

$$\sigma_2=\sqrt{\left(\frac{6.1+83.1}{1.22}\right)^2+(24.2-53.5)^2}=78.8\mathrm{N/mm}^2$$

【例 8-8】 如图 8-41 所示梁的连接，已知拼接中心处弯矩值 $M_{\mathrm{x}}=552.12\mathrm{kN\cdot m}$，剪力值 $V_{\mathrm{y}}=392\mathrm{kN}$，求分配到翼缘盖板和腹板盖板连接焊缝上的内力。

【解】

设拼接中心的弯矩分别由翼缘和腹板负担，剪力则由腹板负担。弯矩按钢梁翼缘和腹板的刚度分配。

全截面惯性矩

$$I_{\mathrm{x}}=\frac{1}{12}(300\times640^3-288\times600^3)=13.6960\times10^8\mathrm{mm}^4$$

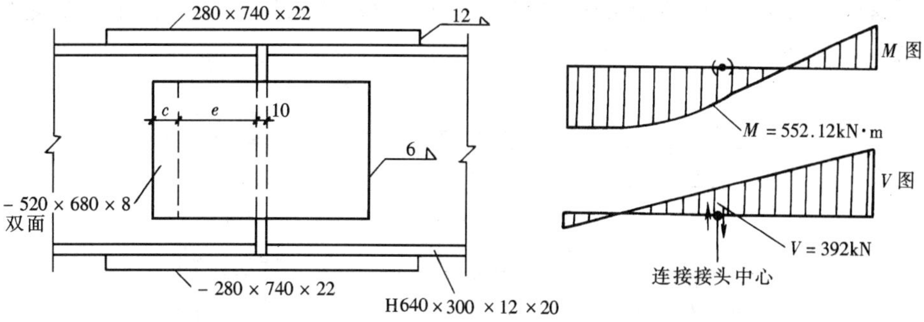

图 8-41 例 8-8

腹板惯性矩

$$I_{xw}=\frac{1}{12}\times 12\times 600^3=2.1600\times 10^8\text{mm}^4$$

翼缘惯性矩

$$I_{xf}=I_x-I_{xw}=13.6960\times 10^8-2.1600\times 10^8=11.5360\times 10^8\text{mm}^4$$

分配到翼缘的弯矩

$$M_{xf}=\frac{I_{xf}}{I_x}M_x=\frac{11.5360}{13.6960}\times 552.12=465.0\text{kN}\cdot\text{m}$$

分配到腹板上的弯矩

$$M_{xw}=\frac{I_{xw}}{I_x}M_x=\frac{2.1600}{13.6960}\times 552.12=87.1\text{kN}\cdot\text{m}$$

翼缘盖板焊缝上受到的内力为通过三面围焊焊缝群中心线的轴力 N_{fw}

$$N_{fw}=\frac{M_{xf}}{h}=\frac{465.1}{0.640-0.02}\approx 750.0\text{kN}$$

腹板盖板在梁拼缝处受弯矩 M_{xw} 和剪力 V_y，应放到焊缝群形心计算。盖板的竖边至焊缝群中心的距离

$$c=\frac{520\times 0+2\times\left(\frac{680-10}{2}-6\right)^2\times\frac{1}{2}}{520+2\times\left(\frac{680-10}{2}-6\right)}\approx 91.9\text{mm}$$

则盖板左半部分前后两侧焊缝群所承受的内力为

剪力 $V_w=V_y=392\text{kN}$

扭矩 $M_w=M_{xw}+V_ye$

$$=87.1+392\times\left(\frac{0.680}{2}-0.0919\right)\approx 184.3\text{kN}\cdot\text{m}$$

8.4.4 部分焊透对接焊缝的计算

在钢结构设计中，有时遇到板件较厚，而板件间连接受力较小，且要求焊接结构的外

观齐平美观时，可采用部分焊透的对接焊缝（图8-42*a*、*b*、*d*、*e*、*f*）和T形对接与角接组合焊缝（图8-42*c*）。

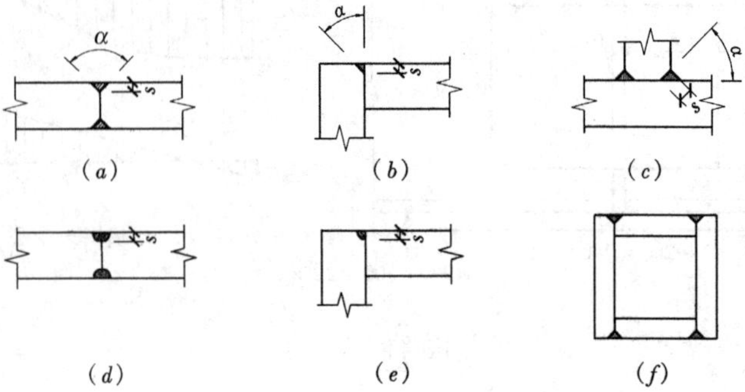

图8-42　部分焊透的对接焊缝

(*a*)、(*f*) V形坡口；(*b*) 单边V形坡口；(*c*) K形坡口；(*d*) U形坡口；(*e*) J形坡口

部分焊透的对接焊缝和T形对接与角接组合焊缝的工作情况与角焊缝有些类似，故规定按角焊缝进行计算。计算时注意两点：

(1) 在垂直于焊缝长度方向的压力作用下，$\beta_f=1.22$；其他受力情况，$\beta_f=1.0$；

(2) 有效厚度应取为：

对V形坡口　　　　当$\alpha \geqslant 60°$时，$h_e=s$

　　　　　　　　　当$\alpha < 60°$时，$h_e=0.75s$

对单边V形和K形坡口，当$\alpha=45°\pm5°$时，$h_e=s-3$

对U形和J形坡口　　　$h_e=s$

s为坡口深度，即根部至焊缝表面（不考虑余高）的最短距离（见图8-42）。

α为V形、单边V形或K形坡口角度。

当熔合线处焊缝截面边长等于或接近于最短距离s时（图8-42*b*、*c*、*e*），抗剪强度设计值应按角焊缝的强度设计值乘以0.9。

8.5　焊接应力和焊接变形

钢结构在焊接过程中，局部区域受到高温作用，引起不均匀的加热和冷却，使构件产生焊接变形。由于在冷却时，焊缝和焊缝附近的钢材不能自由收缩，受到约束而产生焊接应力。焊接变形和焊接应力是焊接结构的主要问题之一，它将影响结构的实际工作。

8.5.1　焊接应力的产生原因和对钢结构的影响

焊接应力有纵向应力、横向应力和厚度方向应力。纵向应力指沿焊缝长度方向的应力，横向应力是垂直于焊缝长度方向且平行于构件表面的应力，厚度方向应力则是垂直于焊缝长度方向且垂直于构件表面的应力。这三种应力都是收缩变形引起的。

1. 纵向焊接应力

在两块钢板上施焊时，钢板上产生不均匀的温度场，焊缝附近温度最高达1600℃以上，其邻近区域温度较低，而且下降很快（图8-43）。

由于不均匀温度场，产生了不均匀的膨胀。焊缝附近高温处的钢材膨胀最大，稍远区域温度稍低，膨胀较小。膨胀大的区域受到周围膨胀小的区域的限制，产生了热塑性压缩。冷却时钢材收缩，焊缝区受到两侧钢材的限制而产生纵向拉力，两侧因中间焊缝收缩而产生纵向压力，这就是纵向收缩引起的纵向应力，如图（8-44*a*）所示。

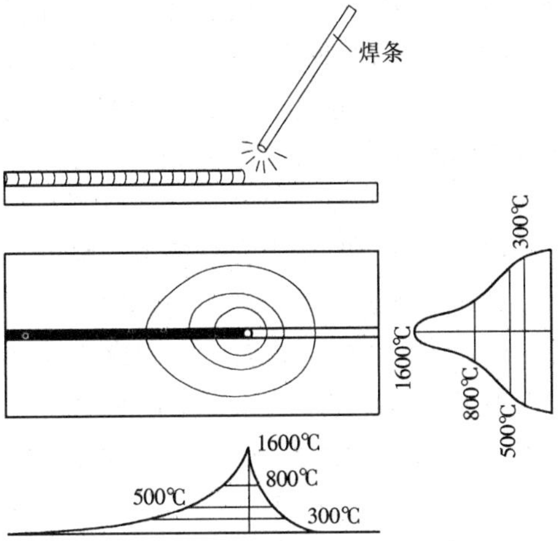

图 8-43 焊接时焊缝附近温度场

三块钢板拼成的工字钢（图 8-44*b*），腹板与翼缘用焊缝顶接，翼缘与腹板连接处因焊缝收缩受到两边钢板的阻碍而产生纵向拉应力，两边因中间收缩而产生压应力，因而形成中部焊缝区受拉而两边钢板受压的纵向应力。腹板纵向应力分布则相反，由于腹板上下翼缘焊缝收缩受到腹板中间钢板的阻碍而受拉，腹板中间受压，因而形成中间钢板受压而两边焊缝区受拉的纵向应力。

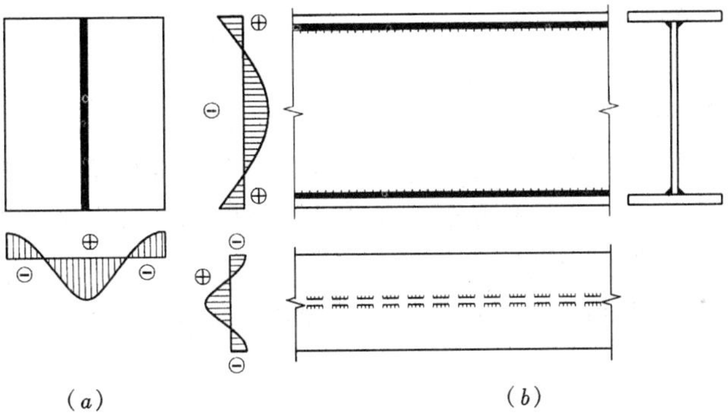

图 8-44 焊缝纵向收缩引起纵应力

2. 横向焊接应力

垂直于焊缝的横向焊接应力由两部分组成：一部分是焊缝纵向收缩，使两块钢板趋向于形成反方向的弯曲变形，实际上焊缝将两块板联成整体，在两块板的中间产生横向拉应力，两端则产生压应力（图 8-45*a*）；另一部分由于焊缝在施焊过程中冷却时间的不同，先焊的焊缝已经凝固，且具有一定强度，会阻止后焊焊缝在横向自由膨胀，使它发生横向塑性压缩变形。当先焊部分凝固后，中间焊缝部分逐渐冷却，后焊部分开始冷却，这三部

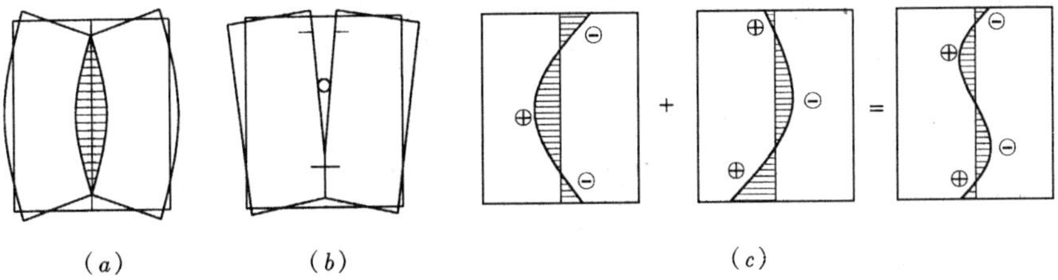

图 8-45 焊缝的横向应力

分产生杠杆作用，结果后焊部分收缩而受拉，先焊部分因杠杆作用也受拉，中间部分受压（图8-45*b*）。这两种横向应力叠加成最后的横向应力（图8-45*c*）。

横向收缩引起的横向应力与施焊方向和先后次序有关，这是由于焊缝冷却时间不同而产生不同的应力分布（图8-46）。

3. 厚度方向焊接应力

焊接厚钢板时，焊缝与钢板接触面和与空气接触面散热较快而先冷却结硬，中间后冷却而收缩受到阻碍，形成中间焊缝受拉，四周受压的状态。因而焊缝除了纵向和横向应力σ_x、σ_y之外，在厚度方向还出现应力σ_z（图8-47）。当钢板厚度＜25mm时，厚度方向的应力不大，但板厚≥50mm时，厚度方向应力可达50N/mm^{2}左右。

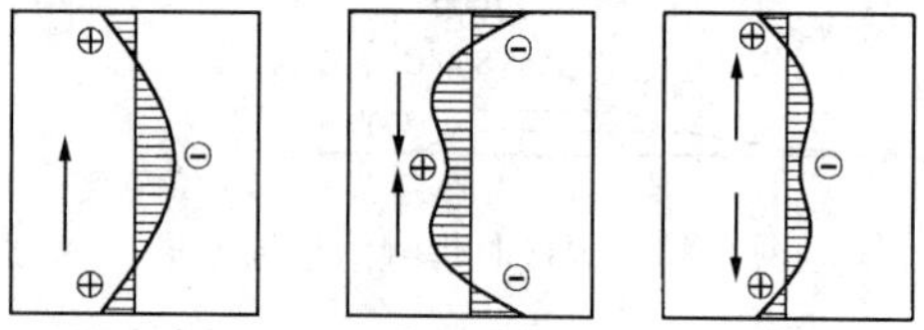

(*a*)　(*b*)　(*c*)

图8-46　不同施焊方向时，横向收缩引起的横向应力

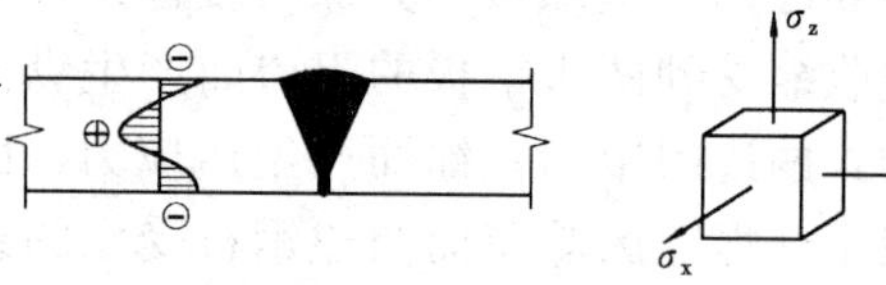

(*a*)　(*b*)

图8-47　厚度方向的焊接应力

4. 焊接应力的影响

焊接应力对在常温下承受静力荷载结构的承载能力没有影响，因为焊接应力加上外力引起的应力达到屈服点后，应力不再增大，外力由两侧弹性区承担，直到全截面达到屈服点为止。这可用图8-48作简要说明。

图8-48（*b*）表示一受拉构件中的焊接应力情况，σ_r为焊接压应力。

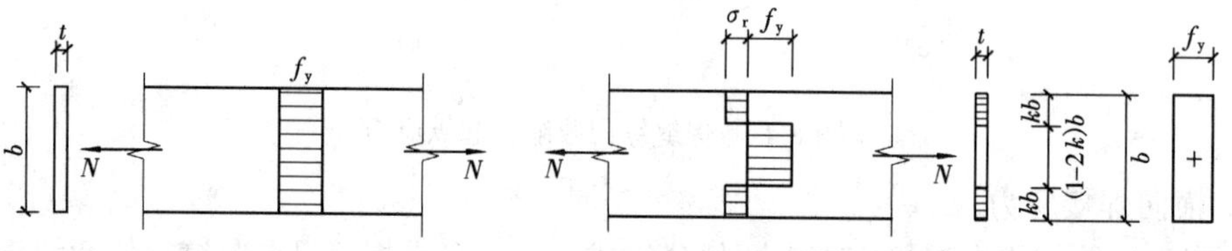

(*a*)　(*b*)

图8-48　有焊接应力截面的强度

当构件无焊接应力时，由图8-48（*a*）可得其承载力值为：

$$N = btf_y \tag{a}$$

当构件有焊接应力时，由图8-48（*b*）可得其承载力值为：

$$N = 2kbt(\sigma_r + f_y) \tag{b}$$

由于焊接应力是自平衡应力，故

$$2kbt\sigma_r = (1-2k)btf_y$$

解得

$$\sigma_r = \frac{1-2k}{2k}f_y$$

将σ_r代入式（*b*）得

$$N = 2kbt\left(\frac{1-2k}{2k}f_{\mathrm{y}} + f_{\mathrm{y}}\right) = btf_{\mathrm{y}}$$

这与无焊接应力的钢板承载能力相同。

虽然在常温和静载作用下，焊接应力对构件的强度没有什么影响，但对其刚度则有影响。

由于焊缝中存在三向应力（图 8-47*b*），阻碍了塑性变形，使裂缝易发生和发展，因此焊接应力将使疲劳强度降低。此外，焊接应力还会降低压杆稳定性和使构件提前进入塑性工作阶段。

8.5.2 焊接变形的产生和防止

焊接变形与焊接应力相伴而生。在焊接过程中，由于焊区的收缩变形，构件总要产生一些局部鼓起、歪曲、弯曲或扭曲等，这是焊接结构的很大缺点。焊接变形包括纵向收缩、横向收缩、弯曲变形、角变形、波浪变形、扭曲变形等（图 8-49）。

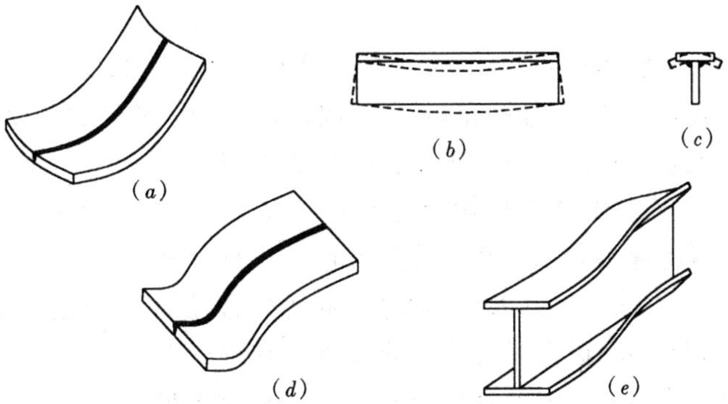

图 8-49 焊接变形

(*a*) 纵向收缩和横向收缩；(*b*) 弯曲变形；(*c*) 角变形；(*d*) 波浪变形；(*e*) 扭曲变形

减少焊接变形和焊接应力的方法有：

(1) 采取适当的焊接次序，例如钢板对接时采用分段焊（图 8-50*a*），厚度方向分层焊（图 8-50*b*），钢板分块拼焊（图 8-50*c*），工字形截面的中的 T 形连接时采用对角跳焊（图 8-50*d*）。

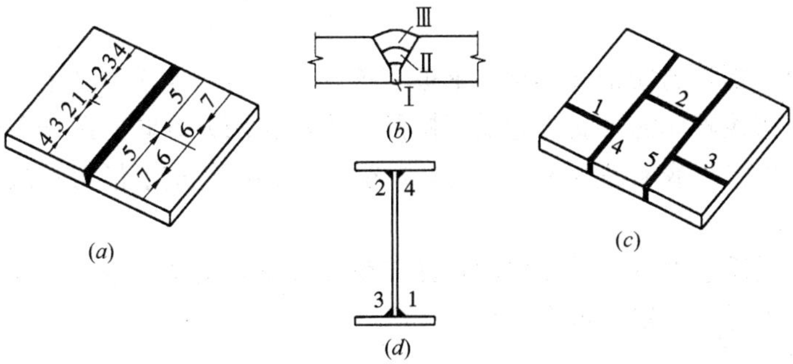

图 8-50 合理的焊接次序

(2) 尽可能采用对称焊缝，使其变形相反而相互抵消，并在保证安全的前提下，避免焊缝厚度过大。

(3) 施焊前使构件有一个和焊接变形相反的预变形。例如在T形连接中将翼缘预弯，使焊接后产生焊接变形与预变形抵消（图8-51*a*）。在对接中使接缝处预变形（图8-51*b*），以便在焊接后产生的焊接变形与之抵消。采用预变形方法可以减少焊接后的变形量，但不会根除焊接应力。

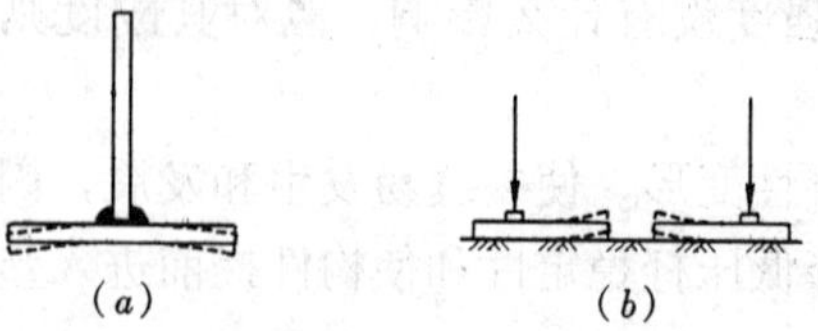

图8-51 减少焊接变形的措施

(4) 对于小尺寸的杆件，在焊前预热，或焊后回火加热到600℃左右，然后缓慢冷却，可消除焊接应力。焊接后对焊件进行锤击，也可减少焊接应力与焊接变形。此外，也可采用机械法校正来消除焊接变形。

8.6 普通螺栓连接的构造和计算

普通螺栓分A、B级和C级。A、B级普通螺栓的性能等级有5.6级、8.8级和10.9级，一般由优质碳素钢中的45号钢和35号钢制成，其制作精度和螺栓孔的精度、孔壁表面粗糙度等要求都比较严格。C级普通螺栓的性能等级属于4.6、4.8级，一般由普通碳素钢Q235B钢制成，其制作精度和螺栓的允许偏差、孔壁表面粗糙度等要求都比A、B级普通螺栓为低，因此成本较低。B级普通螺栓的螺杆直径较螺孔直径小0.2～0.5mm，而C级普通螺栓的螺杆直径较螺孔直径小1.0～1.5mm，受剪时工作性能较差，在螺栓群中各螺栓所受剪力也不均匀，因此宜用于承受沿其杆轴方向的受拉连接中。C级普通螺栓的拆装比较方便，常用于安装连接及可拆卸的结构以及不重要结构的受剪连接中。在受到拉剪联合作用的安装连接中，可设计成螺栓受拉、支托受剪的连接形式，如图8-52所示。

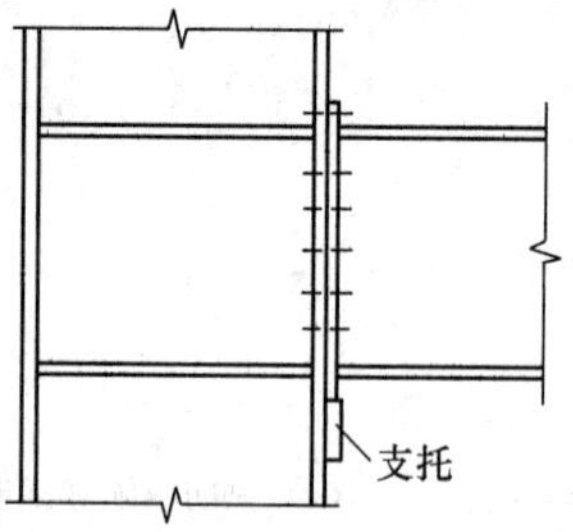

图8-52 安装连接示意图

8.6.1 螺栓的排列和构造要求

螺栓在构件上的布置、排列应满足受力要求、构造要求和施工要求。

1. 受力要求

在受力方向，螺栓的端距过小时，钢板有剪断的可能。当各排螺栓距和线距过小时，构件有沿直线或折线破坏的可能。对受压构件，当沿作用力方向的螺栓距过大时，在被连接的板件间易发生张口或臌曲现象。因此，从受力的角度规定了最大和最小的容许间距。

2. 构造要求

当螺栓距及线距过大时，被连接的构件接触面就不够紧密，潮气容易浸入缝隙而产生腐蚀，所以规定了螺栓的最大容许间距。

3. 施工要求

要保证一定的空间，便于转动螺栓扳手，因此规定了螺栓最小容许间距。

根据上述要求，钢板上螺栓的排列规定见图8-53和表8-2。

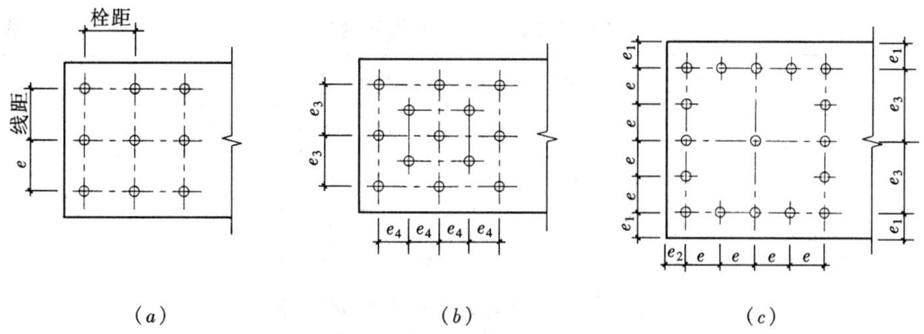

图 8-53 钢板上螺栓的排列

(a) 钢板上的并列螺栓；(b) 钢板上的错列螺栓；(c) 钢板上的螺栓容许间距

螺栓或铆钉的孔距、边距和端距容许值 **表 8-2**

<table>
<tr><th>名 称</th><th colspan="4">位 置 和 方 向</th><th>最大容许距离
(取两者的较小值)</th><th>最小容许距离</th></tr>
<tr><td rowspan="5">中心间距</td><td colspan="4">外排（垂直内力方向或顺内力方向）</td><td>$8d_0$ 或 $12t$</td><td rowspan="5">$3d_0$</td></tr>
<tr><td rowspan="3">中间排</td><td colspan="3">垂直内力方向</td><td>$16d_0$ 或 $24t$</td></tr>
<tr><td colspan="2" rowspan="2">顺内力方向</td><td>构件受压力</td><td>$12d_0$ 或 $18t$</td></tr>
<tr><td>构件受拉力</td><td>$16d_0$ 或 $24t$</td></tr>
<tr><td colspan="4">沿对角线方向</td><td>—</td></tr>
<tr><td rowspan="4">中心至构件边缘距离</td><td colspan="4">顺内力方向</td><td rowspan="4">$4d_0$ 或 $8t$</td><td>$2d_0$</td></tr>
<tr><td rowspan="3">垂直内力方向</td><td colspan="3">剪切边或手工气割边</td><td rowspan="2">$1.5d_0$</td></tr>
<tr><td colspan="2" rowspan="2">轧制边、自动气割或锯割边</td><td>高强度螺栓</td></tr>
<tr><td>其他螺栓或铆钉</td><td>$1.2d_0$</td></tr>
</table>

注：1. d_0 为螺栓或铆钉的孔径，对槽孔为短向尺寸；t 为外层较薄板件的厚度。

2. 钢板边缘与刚性构件（如角钢、槽钢等）相连的螺栓或铆钉的最大间距，可按中间排的数值采用。

型钢上的螺栓的排列规定见图 8-54 和表 8-3～表 8-5。

角钢上螺栓容许最小间距 **表 8-3**

肢宽		40	45	50	56	63	70	75	80	90	100	110	125	140	160	180	200
单行	e	25	25	30	30	35	40	40	45	50	55	60	70				
	d_0	12	13	14	15.5	17.5	20	21.5	21.5	23.5	23.5	26	26				
双行错列	e_1												55	60	70	70	80
	e_2												90	100	120	140	160
	d_0												23.5	23.5	26	26	26
双行并列	e_1														60	70	80
	e_2														130	140	160
	d_0														23.5	23.5	26

工字钢和槽钢腹板上的螺栓容许距离　　表 8-4

工字钢型号	12	14	16	18	20	22	25	28	32	36	40	45	50	56	63
线距 $c_{\min}$	40	45	45	45	50	50	55	60	60	65	70	75	75	75	75
槽钢型号	12	14	16	18	20	22	25	28	32	38	40				
线距 $c_{\min}$	40	45	50	50	55	55	55	60	65	70	75				

工字钢和槽钢翼缘上的螺栓容许距离　　表 8-5

工字钢型号	12	14	16	18	20	22	25	28	32	36	40	45	50	56	63
线距 $e_{\min}$	40	40	50	55	60	65	65	70	75	80	80	85	90	95	95
槽钢型号	12	14	16	18	20	22	25	28	32	38	40				
线距 $e_{\min}$	30	35	35	40	40	45	45	45	50	56	60				

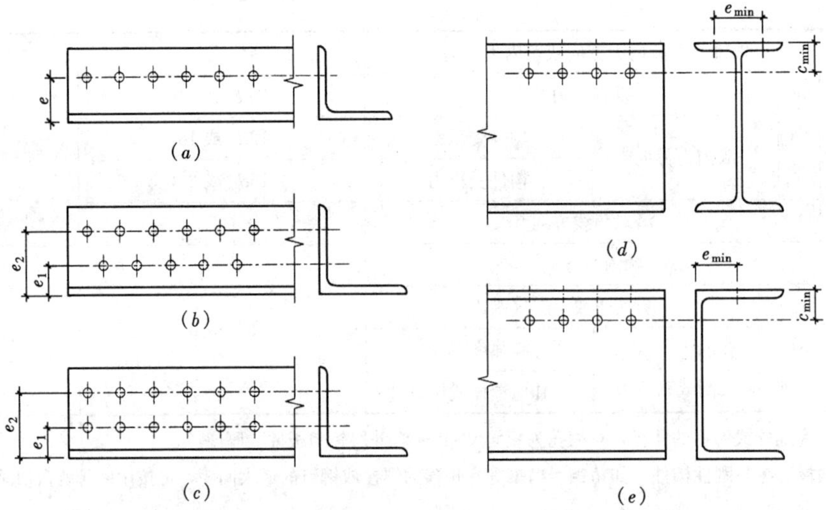

图 8-54　型钢的螺栓排列

(*a*) 角钢单排螺栓；(*b*) 角钢双排错列螺栓；(*c*) 角钢双排并列螺栓；
(*d*) 工字钢螺栓排列；(*e*) 槽钢螺栓排列

8.6.2　普通螺栓的工作性能

普通螺栓按受力情况可以分为剪力螺栓和拉力螺栓。当外力垂直于螺杆时，该螺栓为剪力螺栓（图 8-55*a*），当外力平行于螺杆时，该螺栓为拉力螺栓（图 8-55*b*）。

1. 剪力螺栓的工作性能

剪力螺栓连接在受力以后，当外力并不大时，由构件间的摩擦力来传递外力。当外力继续增大而超过极限摩擦力后，构件之间出现相对滑移，螺栓开始接触构件的孔壁而受剪，孔壁则受压（图 8-56）。

剪力螺栓的破坏可能出现五种破坏形式：一种是螺杆剪切破坏（图 8-57*a*）；一种是

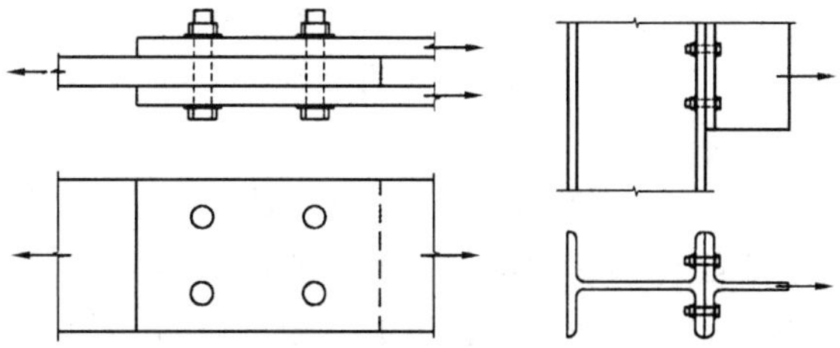

（*a*）　（*b*）

图 8-55　剪力螺栓与拉力螺栓

（*a*）剪力螺栓；（*b*）拉力螺栓

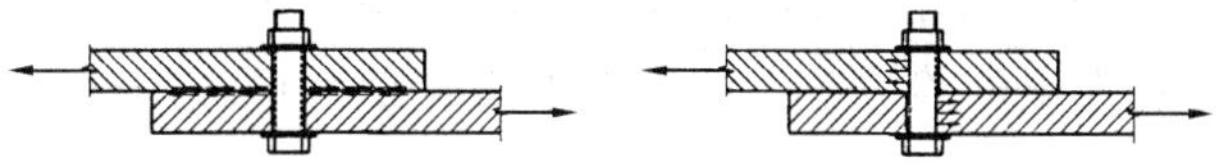

（*a*）　（*b*）

图 8-56　剪力螺栓连接的工作性能

（*a*）螺栓连接受力不大时，靠钢板间的摩擦力来传递；

（*b*）螺栓连接受力较大时，靠孔壁受压和螺杆受剪来传力

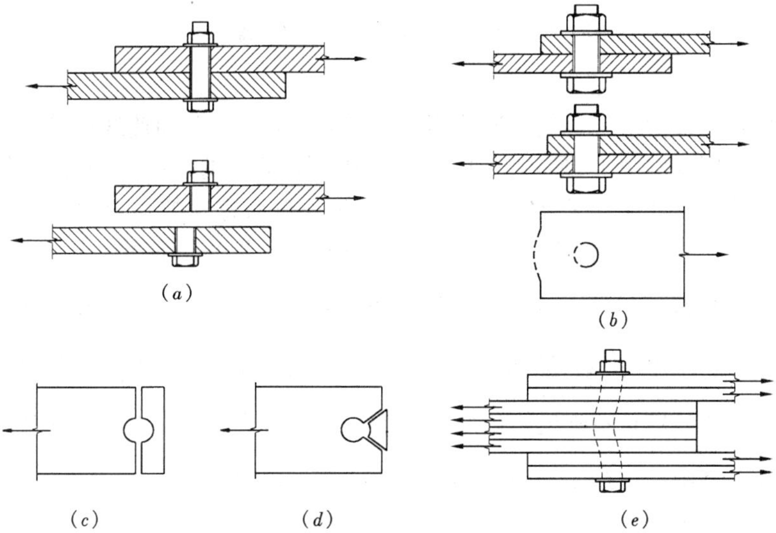

图 8-57　剪力螺栓的破坏情况

钢板孔壁挤压破坏（图 8-57*b*）；一种是构件本身还有可能由于截面开孔削弱过多而破坏（图 8-57*c*）；一种是由于钢板端部的螺孔端距太小而被剪坏（图 8-57*d*）；一种是由于钢板太厚，螺杆直径太小，发生螺杆弯曲破坏（图 8-57*e*）。后两种破坏用限制螺距和螺杆杆长 $l \leqslant 5d$（d 为螺栓直径）等构造措施来防止。

一个剪力螺栓的受剪承载力设计值按下列两式计算：

受剪承载力

$$N_{\mathrm{v}}^{\mathrm{b}} = n_{\mathrm{v}} \frac{\pi d^2}{4} f_{\mathrm{v}}^{\mathrm{b}} \tag{8-33}$$

承压承载力

$$N_c^b = d\sum t f_c^b \tag{8-34}$$

取二者中最小值，即

$$[N]_V^b = \min[N_c^b, N_v^b] \tag{8-35}$$

式中　$[N]_V^b$——一个剪力螺栓的受剪承载力设计值；

n_v——每个螺栓的受剪面数目，单剪（图8-58a）n_v=1.0，双剪（图8-58b）n_v=2.0；

d——螺杆直径；

$\sum t$——在不同受力方向中一个受力方向承压构件总厚度的较小值，单剪(图8-58a)时，$\sum t$取较小的厚度；双剪（图8-58b）时，$\sum t=\min|b, a+c|$；

f_v^b、f_c^b——分别为螺栓的抗剪、承压强度设计值，可按附录2附表2-5和附表2-8的规定采用。

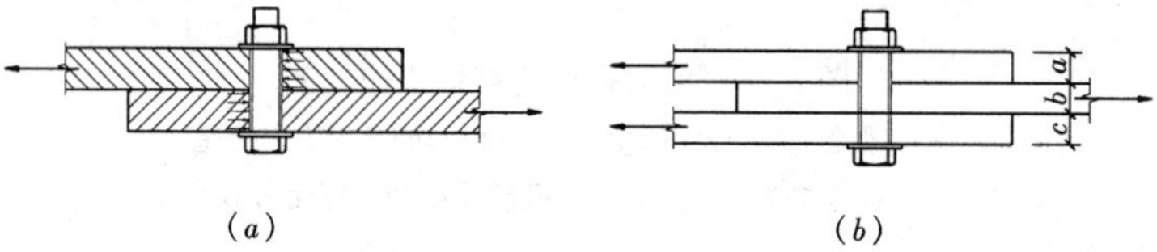

图8-58　剪力螺栓的受剪面数目和承压厚度

2. 拉力螺栓的工作性能

在受拉螺栓连接中，外力使被连接构件的接触面互相脱开而使螺栓受拉，最后螺栓被拉断而破坏。在图8-59（a）所示的T形连接中，构件A的拉力T先由剪力螺栓传递给拼接角钢B，然后通过拉力螺栓传递给C。角钢的刚度对螺栓的拉力大小影响很大。如果角钢刚度不很大，在$T/2$作用下角钢的一个肢（与拉力螺栓垂直的肢）发生较大的变形，起杠杆作用，在角钢外侧产生撬力Q（图8-59b)。螺栓受力$P_f=\dfrac{T}{2}+Q$，角钢的刚度愈小，撬力Q愈大。实际计算中Q值很难计算。目前采用不考虑撬力Q，即螺栓拉力只采用$P_f=\dfrac{T}{2}$，而将拉力螺栓的抗拉强度降低处理。此外，在构造上也可以采取一些措施来减少或消除Q，如在角钢中设加劲肋（图8-59c）或增加角钢厚度等。

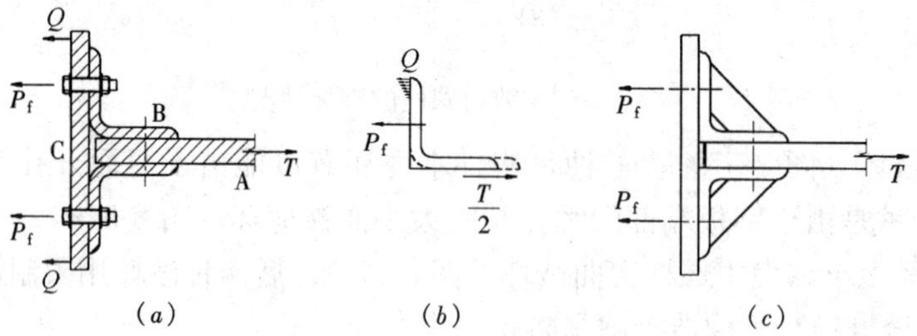

图8-59　拉力螺栓受力状态

一个拉力螺栓承载力计算公式为：

$$N_t^b = \frac{\pi d_e^2}{4} f_t^b \tag{8-36}$$

式中 d_e——螺栓有效直径，查表 8-6 或按 $d_e=d-0.9382p$ 计算；

p——螺栓螺距，查表 8-6；

f_t^b——螺栓抗拉强度设计值，可按附录 2 附表 2-5 和附表 2-8 的规定采用。

螺栓的有效面积 **表 8-6**

螺栓直径 d (mm)	螺距 p (mm)	螺栓有效直径 d_e (mm)	螺栓有效面积 A_e (mm^2)	螺栓直径 d (mm)	螺距 p (mm)	螺栓有效直径 d_e (mm)	螺栓有效面积 A_e (mm^2)
16	2	14.1236	156.7	52	5	47.3090	1758
18	2.5	15.6545	192.5	56	5.5	50.8399	2030
20	2.5	17.6545	244.8	60	5.5	54.8399	2362
22	2.5	19.6545	303.4	64	6	58.3708	2676
24	3	21.1854	352.5	68	6	62.3708	3055
27	3	24.1854	459.4	72	6	66.3708	3460
30	3.5	26.7163	560.6	76	6	70.3708	3889
33	3.5	29.7163	693.6	80	6	74.3708	4344
36	4	32.2472	816.7	85	6	79.3708	4948
39	4	35.2472	975.8	90	6	84.3708	5591
42	4.5	37.7781	1121	95	6	89.3708	6273
45	4.5	40.7781	1306	100	6	94.3708	6995
48	5	43.3090	1473				

8.6.3 剪力螺栓群的计算

螺栓群的计算是在单个螺栓计算的基础上进行的。

1. 在轴心力作用下的计算

当外力通过螺栓群形心时，如螺栓连接处于弹性阶段，螺栓群中的各螺栓受力不等，两端螺栓较中间的受力为大（图 8-60*a*）；当外力再继续增大，使受力大的螺栓超过弹性极限而达到塑性阶段，各螺栓承担的荷载逐渐接近，最后趋于相等（图 8-60*b*）直到破坏。计算时可假定所有螺栓受力相等，并用下式算出所需要的螺栓数目：

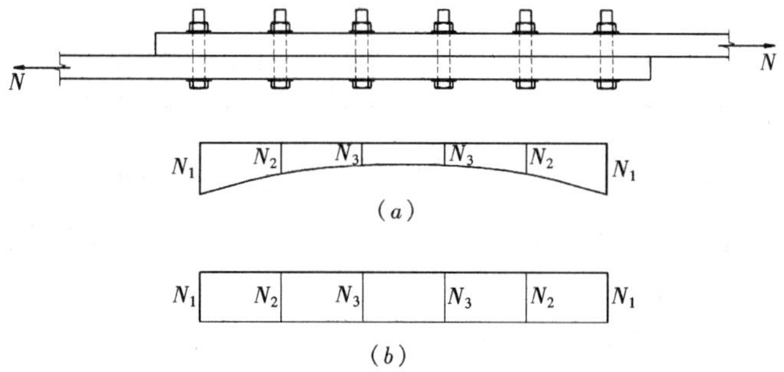

图 8-60 螺栓群的不均匀受力状态

(*a*) 弹性阶段受力状态；(*b*) 塑性阶段受力状态

$$n=\frac{N}{\eta[N]_V^b} \tag{8-37}$$

式中 N——连接件中的轴心受力；

$[N]_V^b$——一个螺栓抗剪承载力设计值，由式（8-35）求得；

η——折减系数，与在构件节点处或拼接接头的一端，螺栓沿轴心受力方向的连接长度 l_1 和螺栓孔径 d_0 之比有关（图 8-61）。

$$\left.\begin{array}{ll} l_1/d_0 \leqslant 15 & \eta = 1.0 \\ 15 < l_1/d_0 \leqslant 60 & \eta = 1.1 - \dfrac{l_1}{150d_0} \\ l_1/d_0 \geqslant 60 & \eta = 0.7 \end{array}\right\} \tag{8-38}$$

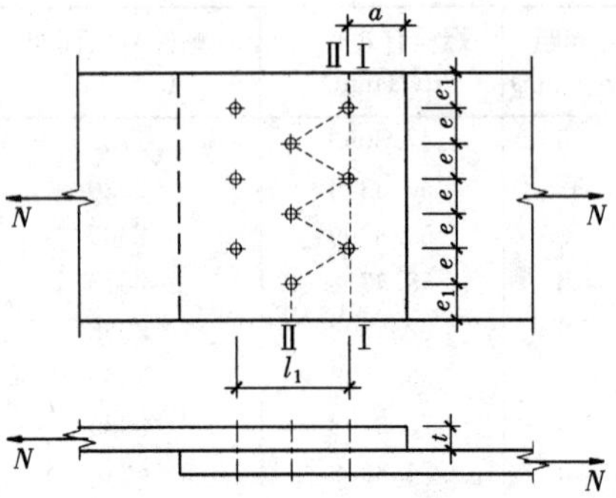

图 8-61　轴向力作用下的剪力螺栓群

由于螺栓孔削弱了构件的截面，因此在排列好所需的螺栓后，还需验算构件净截面强度（图 8-61），其表达式为：

$$\sigma = \frac{N}{A_n} \leqslant f_d \tag{8-39}$$

式中　A_n——构件净截面面积，根据螺栓排列型式取Ⅰ-Ⅰ或Ⅱ-Ⅱ截面进行计算。

2. 在轴力、剪力和扭矩共同作用下的计算

螺栓群在通过其形心的剪力 V 和轴力 N 作用下，每个螺栓受力相同，每个螺栓受力为：

$$N^v = \frac{V}{n} \quad (\downarrow) \tag{8-40a}$$

$$N^N = \frac{N}{n} \quad (\rightarrow) \tag{8-40b}$$

螺栓群在扭矩作用下，每个螺栓实际受剪。计算时假定连接构件是绝对刚性的，螺栓则是弹性的，所以螺栓都绕螺栓群的形心旋转，其受力大小与到螺栓群形心的距离成正比，方向与螺栓到形心的连线垂直（图 8-62）。

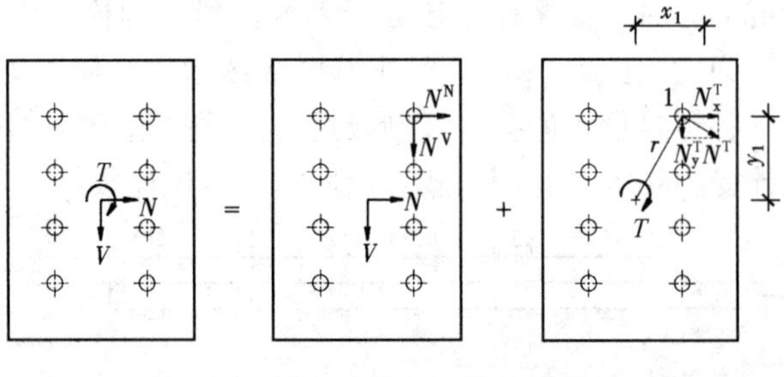

图 8-62　在 N、V、T 共同作用下受剪螺栓群的受力情况

设螺栓 1、2…n 到螺栓群形心 O 点的距离为 r_1，r_2…r_n，各螺栓承受的力分别为 N_1^T、N_2^T…N_n^T。根据平衡条件得：

$$M = N_1^T r_1 + N_2^T r_2 + \cdots + N_n^T r_n \tag{a}$$

螺栓受力大小与其形心的距离成正比，即

$$\frac{N_1^T}{r_1} = \frac{N_2^T}{r_2} = \cdots = \frac{N_n^T}{r_n} \tag{b}$$

将上式代入式（a）得

$$T = \frac{N_1^T}{r_1}(r_1^2 + r_2^2 + \cdots + r_n^2) = \frac{N_1^T}{r_1}\sum_{i=1}^{n} r_i^2$$

或

$$N_1^{\mathrm{T}} = \frac{Tr_1}{\sum r^2} \tag{8-41}$$

从图 8-62 看出，N_1^{T} 离形心最远，其受力最大，将它分解成 N_{1x}^{T} 和 N_{1y}^{T}。

$$N_{1x}^{\mathrm{T}} = N_1^{\mathrm{T}}\frac{y_1}{r_1} = \frac{Ty_1}{\sum r^2} = \frac{Ty_1}{\sum(x^2+y^2)}(\rightarrow) \tag{8-42a}$$

$$N_{1y}^{\mathrm{T}} = N_1^{\mathrm{T}}\frac{x_1}{r_1} = \frac{Tx_1}{\sum r^2} = \frac{Tx_1}{\sum(x^2+y^2)}(\downarrow) \tag{8-42b}$$

在轴力、剪力和扭矩共同作用下，螺栓 1 的受力为：

$$N_1 = \sqrt{(N_{1x}^{\mathrm{T}}+N^{\mathrm{N}})^2+(N_{1y}^{\mathrm{T}}+N^{\mathrm{v}})^2} \leqslant [N]_{\mathrm{v}}^{\mathrm{b}} \tag{8-43}$$

当螺栓群布置在一个狭长带时，当 $x_1>3y_1$，可以认为所有 $y=0$，则式(8-43)可写成：

$$\sqrt{\left(\frac{N}{n}\right)^2+\left(\frac{Tx_1}{\sum x^2}+\frac{V}{n}\right)^2} \leqslant [N]_{\mathrm{v}}^{\mathrm{b}} \tag{8-44a}$$

当 $y_1>3x_1$，可以认为所有 $x=0$，则式（8-43）可写成：

$$\sqrt{\left(\frac{V}{n}\right)^2+\left(\frac{Ty_1}{\sum y^2}+\frac{N}{n}\right)^2} \leqslant [N]_{\mathrm{v}}^{\mathrm{b}} \tag{8-44b}$$

8.6.4 拉力螺栓群的计算

1. 在轴力作用下的计算

当外力通过螺栓群形心（图 8-63），假定所有拉力螺栓受力相等，所需的螺栓数目为：

$$n = \frac{N}{N_{\mathrm{t}}^{\mathrm{b}}} \tag{8-45}$$

式中 N——螺栓群承受的轴向力；

$N_{\mathrm{t}}^{\mathrm{b}}$——一个拉力螺栓的承载力设计值，按式（8-36）计算。

2. 在轴力和弯矩作用下的计算

图 8-64（a）为受轴力 N 和弯矩 M 共同作用的螺栓群，其受力情况有两种：即 M/N 较小时和 M/N 较大时。

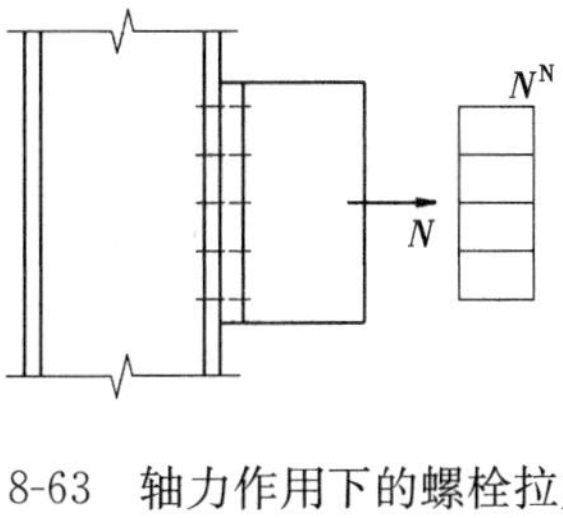

图 8-63 轴力作用下的螺栓拉力

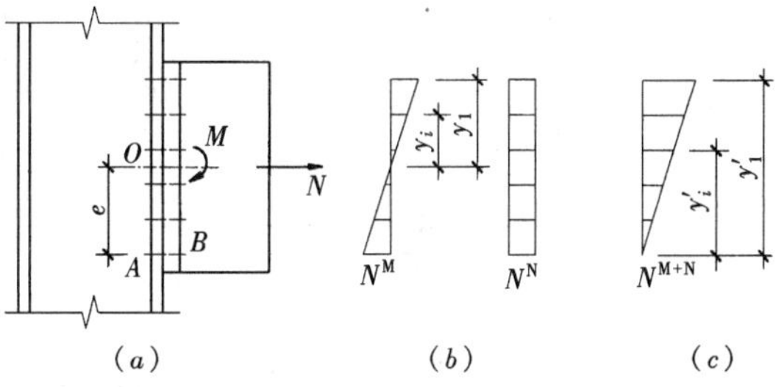

图 8-64 在弯矩和轴力共同作用下拉力螺栓群的受力情况

（1）当 M/N 较小时，构件 B 绕螺栓群的形心 O 转动（图 8-64b），在 M 作用下，螺栓受力为 $N^{\mathrm{M}}=\dfrac{My}{\sum y_i^2}$；在轴力 N 作用下，螺栓受力 $N^{\mathrm{N}}=\dfrac{N}{n}$，螺栓群的最大和最小螺栓受

力为：

$$N_{\min} = \frac{N}{n} - \frac{My_1}{\sum y_i^2} \tag{8-46a}$$

$$N_{\max} = \frac{N}{n} + \frac{My_1}{\sum y_i^2} \tag{8-46b}$$

式中　n——螺栓数；

y_i——各螺栓到螺栓群形心 O 点的距离；

y_1——y_i 中的最大值。

当由式（8-46a）算得的 $N_{\min}>0$ 时，说明所有螺栓均受拉，构件 B 绕螺栓群的形心 O 转动。最大受力螺栓应满足如下要求：

$$N_{\max} \leqslant N_t^b \tag{8-47}$$

式中　$N_{\max}$——在 N 和 M 共同作用下螺栓的最大拉力，按式（8-46b）计算。

（2）当由式（8-46a）算得的 $N_{\min}<0$ 时，由于 M/N 较大，在弯矩 M 作用下构件 B 绕 A 点（底排螺栓）转动（图 8-64c），根据平衡条件可求得螺栓的最大受力为：

$$N_{\max} = \frac{(M+Ne)y'_1}{\sum y'^2_i} \tag{8-48}$$

式中　e——轴向力到螺栓转动中心（图 8-64a 的 A 点）的距离；

y'_i——各螺栓到 A 点的距离；

y'_1——y'_i 中的最大值。

8.6.5　剪-拉螺栓群的计算

图 8-65 表示在轴力 N、剪力 V 和弯矩 M 共同作用下的螺栓群受力。当设支托（图 8-65a）时剪力 V 由支托承受，螺栓只受弯和轴力引起的拉力，按式（8-46）到式（8-48）计算。

当不设支托时（图 8-65b），螺栓不仅受拉力，还承受由剪力 V 引起的剪力 N_V。

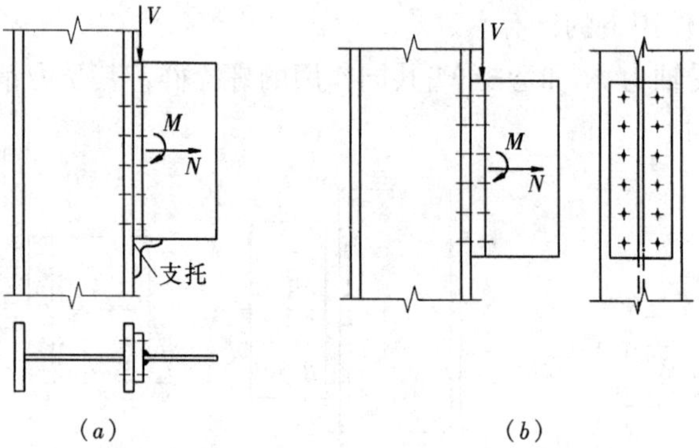

图 8-65　在 N、V、M 共同作用下剪-拉螺栓群的受力情况

螺栓在同时承受拉力和剪力作用下按下式计算：

$$\sqrt{\left(\frac{N_v}{N_v^b}\right)^2 + \left(\frac{N_t}{N_t^b}\right)^2} \leqslant 1 \tag{8-49}$$

$$N_V = \frac{V}{n} \leqslant N_c^b \tag{8-50}$$

式中 N_v^b——一个剪力螺栓的抗剪承载力设计值，按式（8-33）计算；

N_c^b——一个剪力螺栓的承压承载力设计值，按式（8-34）计算；

N_t^b——一个拉力螺栓的承载力设计值，按式（8-36）计算；

N_t——一个螺栓所承受的最大拉力，由式（8-46）到式（8-48）计算。

【例 8-9】 图 8-66 所示为角钢拼接节点，采用 C 级普通螺栓连接。角钢截面为 L75×5，轴心拉力 N=120kN，拼接角钢采用与构件相同的截面，材料用 Q235。螺栓直径 d=20mm，孔径 d_0=21.5mm，螺栓抗剪强度设计值 f_v^b=140N/mm²，承压强度设计值 f_c^b=305N/mm²，钢材抗拉强度设计值 f=215N/mm²。试设计该拼接节点。

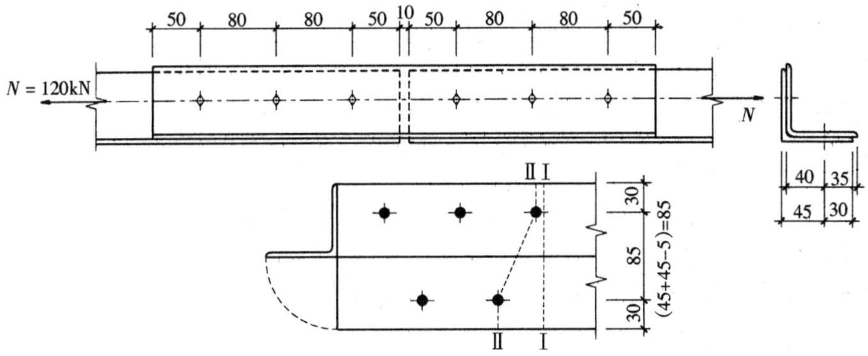

图 8-66 例 8-8

【解】

(1) 螺栓计算

一个螺栓的抗剪承载力设计值按式（8-33）为：

$$N_v^b = n_v \frac{\pi d^2}{4} \times f_v^b = 1 \times \frac{\pi \times (20)^2}{4} \times 140 = 43982\text{N}$$

一个螺栓的承压承载力设计值按式（8-34）为：

$$N_c^b = d \sum t f_c^b = 20 \times 5 \times 305 = 30500\text{N}$$

$$[N]_V^b = 30500\text{N}$$

构件一侧所需的螺栓数

$$n = \frac{N}{[N]_V^b} = \frac{120000}{30500} = 3.93$$

每侧用 5 只螺栓，为了安排紧凑，在角钢两肢上交错排列。

(2) 构件强度验算

将角钢展开（图 8-66），角钢的毛截面面积为 A=7.412cm²。

Ⅰ-Ⅰ截面的净面积

$$A'_n = A - n_1 d_0 t = 7.412 - 1 \times 2.15 \times 0.5 = 6.337\text{cm}^2$$

Ⅱ-Ⅱ截面的净面积为：

$$A''_n = 7.412 - 8.5 \times 0.5 + (\sqrt{4^2 + 8.5^2} - 2 \times 2.15) \times 0.5 = 5.709\text{cm}^2$$

$$\sigma = \frac{N}{A_n} = \frac{120000}{5.709 \times 10^2} = 210.2\text{N/mm}^2 < 215\text{N/mm}^2$$

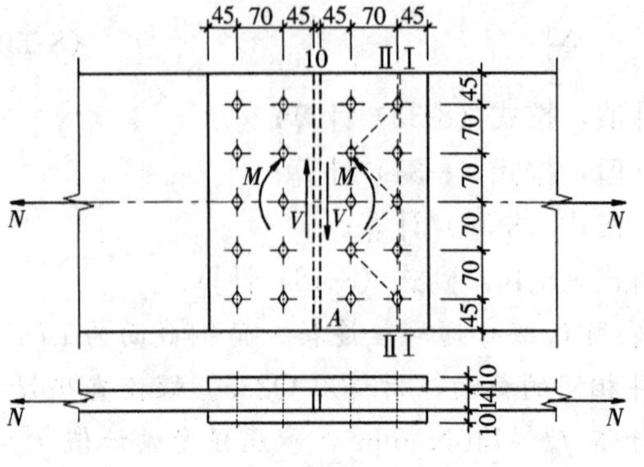

图8-67　例8-10

【例8-10】 图8-67所示为一钢板用双盖板拼接的构造图。采用A级5.6级普通螺栓。被拼接的钢板为370×14（mm），钢材为Q235。作用在拼接中心处的弯矩 M=49kN·m，剪力 V=300kN，轴向拉力 N=300kN。螺栓M20，孔径20.5mm。A级5.6级螺栓抗剪强度设计值 $f_v^b=190\text{N/mm}^2$，螺栓承压强度设计值 $f_c^b=405\text{N/mm}^2$，Q235钢的抗拉强度设计值 $f_d=215\text{N/mm}^2$，抗剪强度设计值 $f_{vd}=125\text{N/mm}^2$。试验算螺栓和拼接处钢板是否安全。

【解】

首先计算一个螺栓的承载力。按式（8-33）、（8-34）得：

$$N_v^b=n_v\frac{\pi d^2}{4}\times f_v^b=2\times\frac{\pi\times(20)^2}{4}\times190=119380\text{N}$$

$$N_c^b=d\sum tf_c^b=20\times14\times405=113400\text{N}$$

然后计算螺栓的最大内力

将剪力 V 移至螺栓群形心，所引起的附加弯矩为

$$M_1=300\times\left(4.5+0.5+\frac{7.0}{2}\right)=2550\text{kN}\cdot\text{cm}=25.5\text{kN}\cdot\text{m}$$

作用于螺栓群形心处的弯矩（扭矩）　　M=49+25.5=74.5kN·m

螺栓的最大内力由式（8-42）和式（8-43）得

$$N_{1x}^M=\frac{My_1}{\sum r^2}=\frac{74.5\times10^6\times140}{10\times35^2+4\times70^2+4\times140^2}=\frac{74.5\times10^6\times140}{110250}=94603\text{N}$$

$$N_{1y}^M=\frac{Mx_1}{\sum r^2}=\frac{74.5\times10^6\times35}{110250}=23650\text{N}$$

$$N_{1y}^V=\frac{V}{n}=\frac{300\times10^3}{10}=30000\text{N}$$

$$N_{1x}^N=\frac{N}{n}=\frac{300\times10^3}{10}=30000\text{N}$$

由 M、N、V 的方向可知右侧连接板左下角螺栓 A 受力最大，为

$$\begin{aligned}N_1^{M,N,V}&=\sqrt{(N_{1x}^M+N_{1x}^N)^2+(N_{1y}^M+N_{1y}^V)^2}\\&=\sqrt{(94603+30000)^2+(23650+30000)^2}\\&=135687\text{N}>[N]_V^b=113400\text{N}\quad\text{不安全}\end{aligned}$$

最后，验算钢板净截面强度。由图可见，对并列螺栓，Ⅱ-Ⅱ净截面比Ⅰ-Ⅰ净截面大，所以只须验算Ⅰ-Ⅰ净截面。

$$A_n'=37\times1.4-2.05\times1.4\times5=37.45\text{cm}^2$$

$$I_n=\frac{37^3\times1.4}{12}-2\times1.4\times2.05\times(14^2+7^2)=4503\text{cm}^4$$

$$W_n=\frac{4503}{18.5}=243.4\text{cm}^3$$

$$S_n = \frac{1.4 \times 37^2}{8} - 1.4 \times 2.05 \times (14 + 7) = 179.3\text{cm}^3$$

$$\text{正应力}\ \sigma_n = \frac{300 \times 10^3}{37.45 \times 10^2} + \frac{(49 + 300 \times 0.120) \times 10^6}{243.4 \times 10^3}$$

$$= 429.3\text{N/mm}^2 > 215\text{N/mm}^2 \quad \text{不安全}$$

$$\text{剪应力} \quad \tau_{max} = \frac{300 \times 10^3 \times 179.3 \times 10^3}{4503 \times 10^4 \times 14} = 85.3\text{N/mm}^2 < f_{vd} = 125\text{N/mm}^2$$

由于 σ_n 出现在钢板边缘，τ_{max} 出现在钢板中间，所以不必求折算应力。

【例 8-11】 设有一牛腿，用 C 级螺栓连接于钢柱上，牛腿下有一支托板以受剪力（图 8-68），钢材为 Q235 钢。螺栓采用 M20，栓距 70mm，抗拉强度设计值 $f_t^b = 170\text{N/mm}^2$。荷载 $V = 100\text{kN}$，作用点距离柱翼缘表面为 200mm，水平轴向力 $N = 120\text{kN}$。验算螺栓强度和支托焊缝，采用焊条 E43，角焊缝强度设计值 $f_f^N = 160\text{N/mm}^2$（图 8-68）。如改用 A 级 5.6 级螺栓，可否不用支托承担。

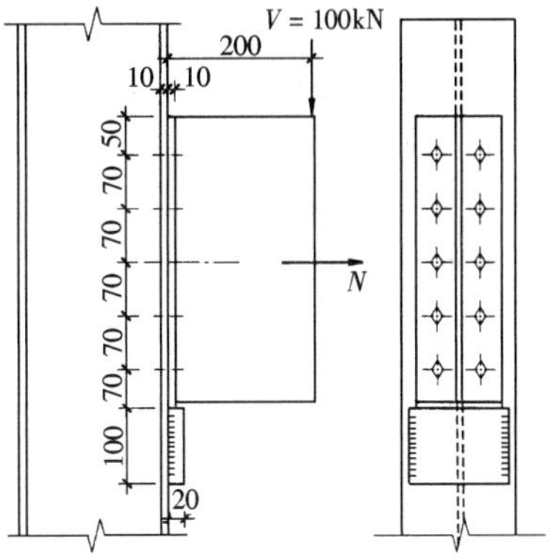

图 8-68　例 8-11

【解】

C 级螺栓，承受 $N = 120\text{kN}$ 和由 $V = 100\text{kN}$ 引起的弯矩，假定剪力 $V = 100\text{kN}$ 完全由支托承担。

一个抗拉螺栓的承载力设计值按式（8-34）为：

$$N_t^b = \frac{\pi d_e^2}{4} \times f_t^b = \frac{\pi \times (17.6545)^2}{4} \times 170 = 41615\text{N}$$

先假定牛腿绕螺栓群形心转动，最外排的螺栓拉力按式（8-46a）计算：

$$N_{min} = \frac{N}{n} - \frac{My_1}{\sum y_i^2} = \frac{120 \times 10^3}{10} - \frac{100 \times 10^3 \times 200 \times 140}{4 \times (70^2 + 140^2)}$$

$$= 12000 - 28570 < 0$$

计算结果说明连接下部受压，这时构件应绕底排螺栓转动，顶排螺栓则按式（8-48）计算，得：

$$N_{max} = \frac{(M + Ne)y'_1}{\sum y'^2_i} = \frac{(100 \times 10^3 \times 200 + 120 \times 10^3 \times 140) \times 280}{2(70^2 + 140^2 + 210^2 + 280^2)}$$

$$= 35050\text{N} < 41615\text{N} \qquad \text{安全}$$

支托承受剪力 $V = 100\text{kN}$，用焊缝 $h_f = 8\text{mm}$ 按式（8-17）得：

$$\tau_f = \frac{V}{h_e l_w} = \frac{100 \times 10^3}{2 \times 0.7 \times 8 \times (100 - 16)} = 106.3\text{N/mm}^2 < 160\text{N/mm}^2$$

计算结果 $\tau_t < f_f^w$，安全。

如果改用 A 级 5.6 级螺栓，抗拉强度设计值为 $f_t^b = 210\text{N/mm}^2$，抗剪强度设计值为 $f_v^b = 190\text{N/mm}^2$，螺栓承压强度设计值为 $f_c^b = 405\text{N/mm}^2$。按式（8-36）得：

$$N_t^b = \frac{\pi d_e^2}{4} \times f_t^b = \frac{\pi \times 17.6545^2}{4} \times 210 = 51407\text{N}$$

抗剪螺栓承载力按式（8-33）、式（8-34）得：

$$N_v^b = n_v \frac{\pi d^2}{4} \times f_v^b = 1 \times \frac{\pi \times (20)^2}{4} \times 190 = 59690\text{N}$$

$$N_c^b = d \Sigma t f_c^b = 20 \times 10 \times 405 = 81000\text{N}$$

每个螺栓承受的剪力为

$$N_v = \frac{V}{n} = \frac{100 \times 10^3}{10} = 10000\text{N}$$

螺栓最大拉力与前相同，$N_{max}=35050\text{N}$。

拉-剪螺栓应按式（8-49）和式（8-50）计算，得

$$\sqrt{\left(\frac{N_v}{N_v^b}\right)^2 + \left(\frac{N_{max}}{N_t^b}\right)^2} = \sqrt{\left(\frac{10000}{59690}\right)^2 + \left(\frac{35050}{51407}\right)^2} = 0.702 < 1$$

$$N_v = 10000\text{N} < N_c^b = 81000\text{N}$$

改用A级5.6级螺栓，可取消支托。

8.7　高强度螺栓连接的构造和计算

8.7.1　高强度螺栓的工作性能

高强度螺栓的杆身、螺帽和垫圈都要用抗拉强度很高的钢材制作。螺杆一般采用20MnTiB钢、35VB钢和45号钢、35号钢（仅限8.8级）制成，螺帽和垫圈用45号钢或35号钢制成，且都要经过热处理以提高其强度。45号钢、35号钢的淬透性不够理想且抵抗应力腐蚀断裂的性能较差，只适用于直径不大于20mm的高强度螺栓；20MnTiB钢只适用于直径不大于24mm的高强度螺栓。

高强度螺栓的预拉力是通过扭紧螺帽实现的。一般采用扭矩法和扭剪法。扭矩法是采用可直接显示扭矩的特制扳手，根据事先测定的扭矩和螺栓拉力之间的关系施加扭矩，使之达到预定预拉力。扭剪法是采用扭剪型高强度螺栓，该螺栓端部设有梅花头，拧紧螺帽时，靠拧断螺栓梅花头切口处截面来控制预拉力值。

高强度螺栓连接有摩擦型和承压型两种。高强度螺栓承压型连接只能采用标准圆孔，摩擦型连接可采用标准圆孔、大圆孔和槽孔，孔型尺寸可按表8-7采用。

高强度螺栓连接的孔型尺寸匹配（mm）　　**表8-7**

螺栓公称直径			M12	M16	M20	M22	M24	M27	M30
孔型	标准圆孔	直径	13.5	17.5	22	24	26	30	33
	大圆孔	直径	16	20	24	28	30	35	38
	槽孔	短向	13.5	17.5	22	24	26	30	33
		长向	22	30	37	40	45	50	55

在外力作用下，高强度螺栓承受剪力或拉力。现分述其工作性能。

1. 高强度螺栓摩擦型连接的抗剪工作性能

高强度螺栓安装时将螺栓拧紧，使螺杆产生预拉力压紧构件接触面，靠接触面的摩擦

力来阻止其相互滑移，以达到传递外力的目的。高强度螺栓摩擦型连接与普通螺栓连接的重要区别，就是完全不靠螺杆的抗剪和孔壁的承压来传力，而是靠钢板间接触面的摩擦力传力。

2. 高强度螺栓承压型连接的抗剪工作性能

高强度螺栓承压型连接的传力特征是剪力超过摩擦力时，构件之间发生相对滑移，螺杆杆身与孔壁接触，使螺杆受剪和孔壁受压，破坏形式与普通螺栓相同。

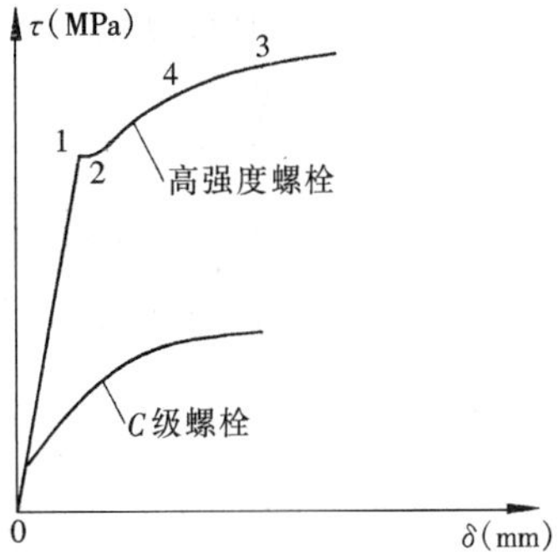

图 8-69 单个螺栓受剪工作

图 8-69 表示单个螺栓受剪时的工作曲线，曲线上“1”点为摩擦型连接受剪承载力极限值，曲线上“3”点为承压型连接受剪承载力极限值。曲线 1～2 段为剪力超过摩擦力时构件间发生滑移，从图中可以看出，承压型连接的剪切变形比摩擦型连接大。当采用承压型连接时，在正常使用极限状态下，螺栓连接应不出现滑移现象。

3. 高强度螺栓连接的抗拉工作性能

高强度螺栓连接由于预拉力作用，构件间在承受外力作用前已经有较大的挤压力，高强度螺栓受到外拉力作用时，首先要抵消这种挤压力，在克服挤压力之前，螺杆的预拉力基本不变。

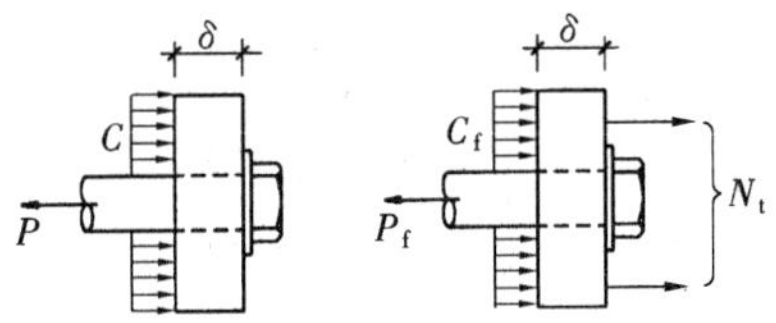

图 8-70 高强度螺栓受拉

如图 8-70（a）所示，高强度螺栓在外力作用之前，螺杆受预拉力 P，钢板接触面上产生挤压力 C，因钢板刚度很大，挤压应力分布均匀。挤压力 C 与预拉力 P 相平衡，即：

$$C = P \tag{a}$$

在外力 N_t 作用下，螺栓拉力由 P 增至 P_f，钢板接触面上挤压力由 C 降至 C_f，见图 8-70（b），由平衡条件得：

$$P_f = C_f + N_t \tag{b}$$

在外力作用下，螺杆的伸长量应等于构件压缩的恢复量。设螺杆截面面积为 A_d，钢板厚度为 δ，钢板挤压面积为 A_c，由变形关系可得：

$$\Delta a = \frac{(P_f - P)\delta}{EA_d} \tag{c}$$

$$\Delta b = \frac{(C - C_f)\delta}{EA_c} \tag{d}$$

式中 Δa——螺杆在 δ 长度内的伸长量；

Δb——钢板在 δ 长度内的恢复量。

$$\Delta a = \Delta b$$

$$P_f = P + \frac{N_t}{1 + A_c/A_d} = P + 0.1N \tag{e}$$

一般 $A_c \gg A_d$，上式右边第二项约等于第一项的 0.05～0.1，故可以认为 $P_f \approx (1.05 \sim 1.1)P$。

8.7.2 高强度螺栓摩擦型连接的抗剪计算

1. 摩擦型连接中高强度螺栓抗剪承载力设计值

摩擦型连接中高强度螺栓的抗剪承载力的大小与其传力摩擦面的抗剪滑移系数和对钢板的预压力有关（图 8-71）。

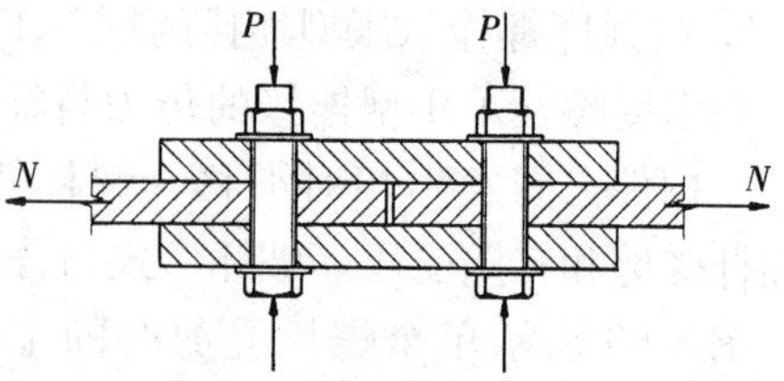

图 8-71 高强度螺栓连接中的内力传递

一个高强度螺栓的抗剪承载力设计值为：

$$N_v^b = 0.9kn_f\mu P \qquad (8\text{-}51)$$

式中 k——孔型系数，标准圆孔取 1.0，大圆孔取 0.85，内力与槽孔长向垂直时取 0.7，内力与槽孔长向平行时取 0.6；

n_f——传力摩擦面数目；

μ——摩擦面的抗滑移系数，按表 8-8 采用；

P——一个高强度螺栓的预拉力，按表 8-9 采用。

摩擦面的抗滑移系数 μ 值 **表 8-8**

连接处构件接触面的处理方法	构件的钢材牌号		
	Q235 钢	Q345 钢或 Q390 钢	Q420 钢或 Q460 钢
喷硬质石英砂或铸钢棱角砂	0.45	0.45	0.45
抛丸(喷砂)	0.40	0.40	0.40
钢丝刷清除浮锈或未经处理的干净轧制面	0.30	0.35	—

注：1. 钢丝刷除锈方向应与受力方向垂直；
2. 当连接构件采用不同钢材牌号时，μ 按相应较低强度者取值；
3. 采用其他方法处理时，其处理工艺及抗滑移系数值均需经试验确定。

一个高强度螺栓的预拉力 P 值（kN） **表 8-9**

螺栓的性能等级	螺 栓 公 称 直 径 (mm)						
	M12	M16	M20	M22	M24	M27	M30
8.8 级	45	80	125	150	175	230	280
10.9 级	55	100	155	190	225	290	355

高强度螺栓预拉力取值应考虑：①在扭紧螺栓时扭矩使螺栓产生的剪力将降低螺栓的抗拉承载力，其影响系数考虑为 1.2；②施加预应力时补偿应力损失的超张拉，该超张拉系数为 0.9；③螺栓材质的不均匀性，引入折减系数 0.9；④由于以螺栓的抗拉强度为准，为安全起见再引入一个附加安全系数 0.9。预拉力设计值由下式计算：

$$P = 0.9 \times 0.9 \times 0.9 f_u \cdot A_e / 1.2 = 0.6075 f_u \cdot A_e \qquad (f)$$

式中 f_u——高强度螺栓的最低抗拉强度；

A_e——高强度螺栓的有效面积，查表 8-6。

2. 高强度螺栓群连接的计算

(1) 轴力作用下的计算（图 8-72）

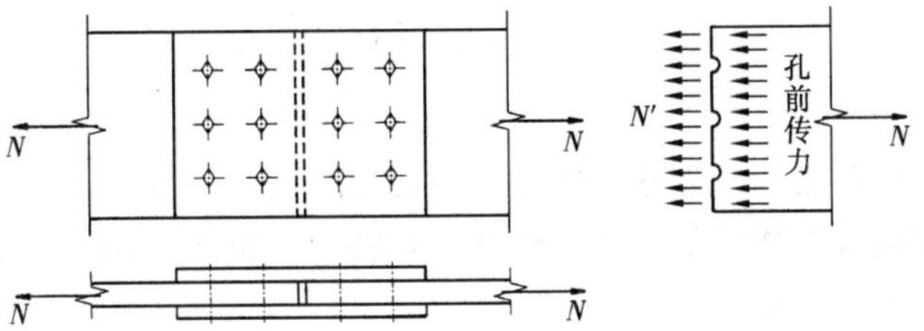

图 8-72 轴力作用下的高强度螺栓连接

轴力 N 通过螺栓群形心，每个高强度螺栓的受力为：

$$\frac{N}{n} \leqslant N_{\mathrm{V}}^{\mathrm{b}} \tag{8-52}$$

式中 $N_{\mathrm{V}}^{\mathrm{b}}$——一个高强度螺栓的抗剪承载力，按式（8-51）计算。

高强度螺栓摩擦型连接中的构件净截面强度计算与普通螺栓连接不同，被连接钢板最危险截面在第一排螺栓孔处（图 8-72）。但在这个截面上，连接所传递的力 N 已有一部分由于摩擦力作用在孔前传递，所以净截面上的拉力 $N'<N$。根据试验结果，孔前传力系数可取 0.5，即第一排高强度螺栓所分担的内力，已有 50%在孔前摩擦面中传递。

设连接一侧的螺栓数为 n，所计算截面（最外列螺栓处）上的螺栓数为 n_1，则构件净截面所受力为

$$N' = N - 0.5\frac{N}{n} \times n_1 = N\left(1 - 0.5\frac{n_1}{n}\right) \tag{8-53}$$

净截面强度计算公式

$$\sigma = \frac{N'}{A_{\mathrm{n}}} \leqslant f \tag{8-54}$$

通过以上分析可以看出，在高强度螺栓连接中，开孔对构件截面的削弱影响较普通螺栓连接小，这也是节约钢材的一个途径。

（2）在轴力、剪力和扭矩作用下的计算

高强度螺栓群在轴力 N、剪力 V 和扭矩 T 作用下抗剪计算方法与普通螺栓一样，按式（8-43）或式（8-44）计算，式中右端项即一个螺栓的抗剪承载力设计值则按式（8-51）计算。

8.7.3 高强度螺栓摩擦型连接的抗拉计算

1. 摩擦型连接中高强度螺栓抗拉承载力设计值

试验表明，当外拉力过大时，螺栓将发生松弛现象，这对连接抗剪性能是不利的，故规定一个高强度螺栓抗拉承载力设计值为：

$$N_{\mathrm{t}}^{\mathrm{b}} = 0.8P \tag{8-55}$$

式中 P——螺栓的预拉力。

2. 高强度螺栓连接计算

（1）轴力作用下的计算

如图 8-63 所示，将普通螺栓改用高强度螺栓，因力通过螺栓群中心，每个螺栓所受外力相同，一个螺栓的受力应符合下列公式的要求：

$$\frac{N}{n} \leqslant 0.8P \tag{8-56}$$

式中　n——螺栓数。

（2）高强度螺栓群在弯矩和轴力作用下的计算

高强度螺栓群在弯矩作用下，受力时绕形心转动，见图 8-64（a）、（b）。在弯矩和轴力共同作用下，按下式计算：

$$N_{\mathrm{t}} = \frac{N}{n} + \frac{My_1}{\Sigma y_i^2} \leqslant 0.8P \tag{8-57}$$

式中符号定义见式（8-46b）。

8.7.4　高强度螺栓摩擦型连接，同时承受剪力和拉力的计算

1. 高强度螺栓摩擦型连接同时承受剪力和拉力的承载力公式

高强度螺栓摩擦型连接同时承受剪力 N_{V} 和拉力 N_{t} 时，拉力 N_{t} 作用下，构件接触面上挤压力变为 $P-N_{\mathrm{t}}$，同时摩擦系数也下降。考虑这些影响，其承载力采用直线相关公式表达：

$$\frac{N_{\mathrm{V}}}{N_{\mathrm{V}}^{\mathrm{b}}} + \frac{N_{\mathrm{t}}}{N_{\mathrm{t}}^{\mathrm{b}}} \leqslant 1.0 \tag{8-58}$$

式中　N_{V}、N_{t}——分别为某个高强度螺栓所承受的剪力和拉力；

$N_{\mathrm{V}}^{\mathrm{b}}$、$N_{\mathrm{t}}^{\mathrm{b}}$——一个高强度螺栓的拉剪、抗拉承载力设计值。

2. 同时承受拉力、剪力和弯矩作用的高强度螺栓群的计算

如图 8-73 所示，M、N 作用下使螺栓承受拉力，V 作用下使螺栓承受剪力，计算时分开进行。

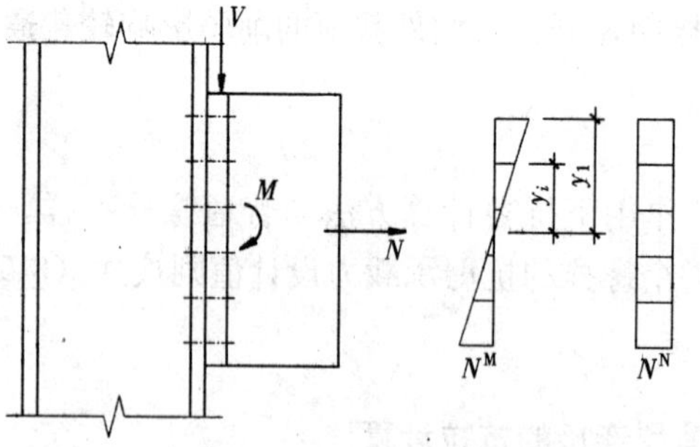

图 8-73　在 N、V、M 共同作用下高强度螺栓连接的受力情况

在弯矩 M 和轴力 N 作用下，高强度螺栓最大拉力为：

$$N_{\mathrm{t}} = \frac{N}{n} + \frac{My_1}{\Sigma y_i^2} \leqslant 0.8P \tag{8-59}$$

式中　n——螺栓群数；

y_1——螺栓群中心至最外一列螺栓距离；

y_i——第 i 列螺栓至螺栓群中心距离。

该螺栓承受的剪力为：

$$N_{\mathrm{V}} = \frac{V}{n} \tag{8-60}$$

将式（8-59）和式（8-60）代入式（8-58），即可验算拉-剪共同作用下高强度螺栓群的安全性。

8.7.5　高强度螺栓承压型连接的计算

承压型连接中高强度螺栓采用的钢材与摩擦型连接中的高强度螺栓相同。预应力也相同，但构件接触面可以不进行抗滑移处理，仅需清除油污及浮锈。因容许被连接构件之间

产生滑移，所以抗剪连接计算方法与普通螺栓相同。

在螺栓杆轴方向受拉的承压型连接中，每个高强度螺栓的抗拉承载力设计值为 $N_t=\frac{\pi de^2}{4}f_t^b$。同时承受剪力和杆轴方向拉力的高强度螺栓，应按下式计算：

$$\sqrt{\left(\frac{N_V}{N_V^b}\right)^2+\left(\frac{N_t}{N_t^b}\right)^2}\leqslant 1 \tag{8-61}$$

和

$$N_V\leqslant\frac{N_c^b}{1.2} \tag{8-62}$$

式中 N_V、N_t——某个高强度螺栓所承受的剪力和拉力；

N_V^b、N_t^b、N_c^b——一个高强度螺栓的抗剪、抗拉和承压承载力设计值，N_V^b 和 N_c^b 按式（8-33）和式（8-34）计算，其强度设计值可按附录 2 附表 2-5 和附表 2-8 的规定采用。

公式（8-62）右边分母 1.2 是考虑由于螺栓杆轴方向的外拉力使孔壁承压强度的设计值有所降低之故。

高强度螺栓承压型连接仅用于承受静力荷载和间接承受动力荷载的连接中。

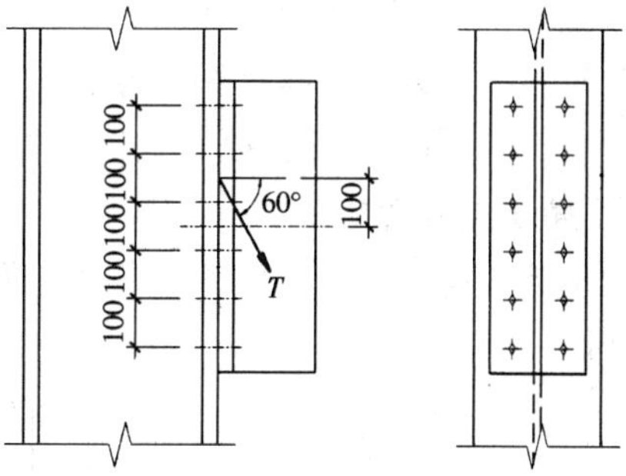

图 8-74 例 8-12

【例 8-12】 如图 8-74 所示为一受斜向偏心力作用的高强度螺栓摩擦型连接，偏心力 $T=540\text{kN}$，钢材为 Q235，螺栓用 10.9 级的 M20 高强度螺栓，构件接触面采用喷砂处理。核算螺栓是否安全。

【解】

10.9 级 M20 高强度螺栓，查表 8-9 得预拉力 $P=155\text{kN}$，摩擦系数 $\mu=0.40$（表8-8）。

作用于螺栓群形心处的内力为：

$$N=540\times\cos60°=270\text{kN}$$

$$V=540\times\sin60°=468\text{kN}$$

$$M=N\cdot e=270\times10=2700\text{kN}\cdot\text{cm}$$

连接中，受力最大螺栓承受的拉力和剪力分别按式（8-59）和式（8-60）计算：

$$N_t=\frac{270}{12}+\frac{2700\times25}{4\times(5^2+15^2+25^2)}=41.8\text{kN}$$

$$N_V=\frac{468}{12}=39\text{kN}$$

单个高强度螺栓抗剪、抗拉承载力设计值为：

$$N_V^b=0.9kn_f uP=0.9\times1\times1\times0.40\times155=55.8\text{kN}$$

$$N_t^b=0.8P=0.8\times155=124\text{kN}$$

高强度拉-剪螺栓应按式（8-58）计算，得

$$\frac{N_V}{N_V^b}+\frac{N_t}{N_t^b}=\frac{39}{55.8}+\frac{41.8}{124}=1.04>1$$

不安全。

思考题

8.1　工字形对接焊缝在轴力、剪力、弯矩共同作用下应进行哪些项目的验算（图 8-75)?

8.2　工字形角焊缝在轴力、剪力、弯矩共同作用下应进行哪些项目的验算（图 8-76)?

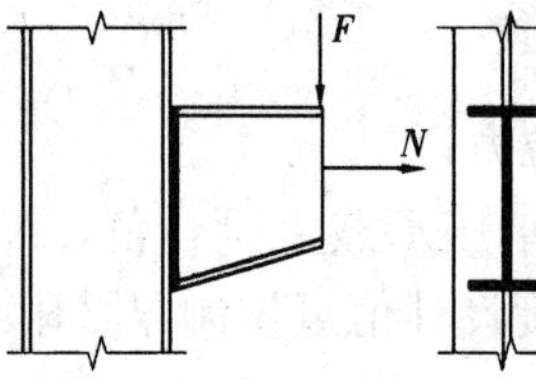

图 8-75　思考题 8.1

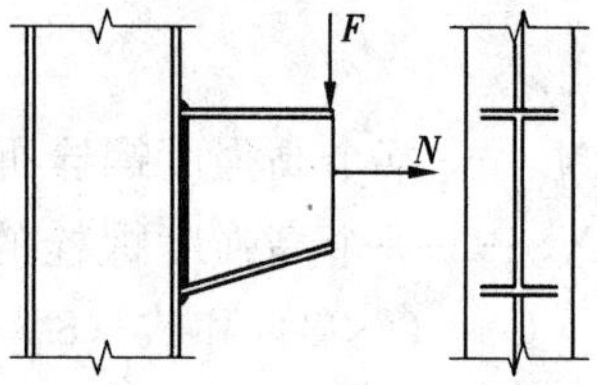

图 8-76　思考题 8.2

8.3　牛腿对接焊缝和一般工字形梁的对接焊缝有何不同?

8.4　角焊缝在弯矩、轴力、剪力、扭矩作用下的焊缝强度是按哪种形式计算的? 与对接焊缝有何区别?

8.5　对接焊缝（图 8-77*a*）与角焊缝（图 8-77*b*）受相同的斜向拉力，其计算有何异同?

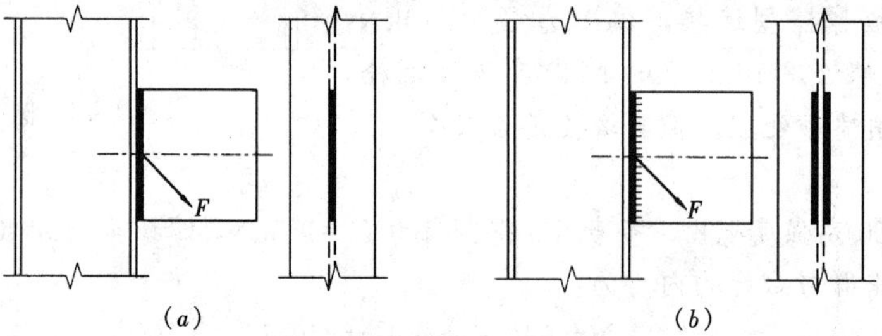

图 8-77　思考题 8.5

8.6　在梁的连接中，腹板螺栓群受剪力、轴力、弯矩共同作用时，判断螺栓受力情况。如何验算螺栓强度（图 8-78)?

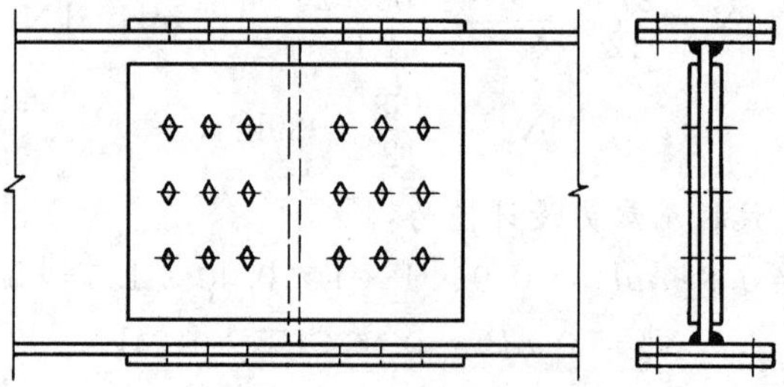

图 8-78　思考题 8.6

8.7　用角钢连接的牛腿（图 8-79），*a* 列螺栓与 *b* 列螺栓如何计算?

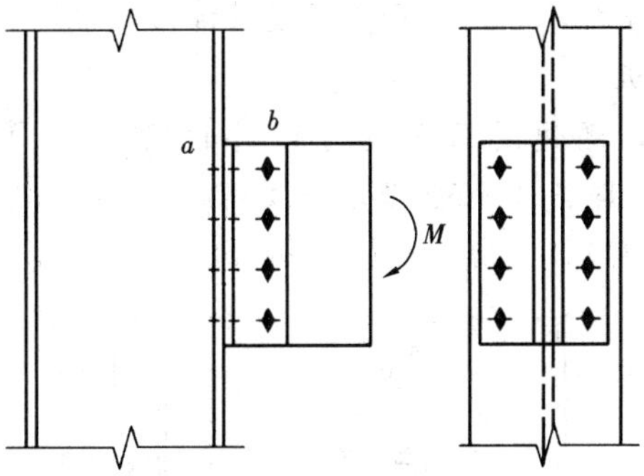

图 8-79　思考题 8.7

8.8　高强度螺栓的预拉力起什么作用？预拉力的大小与承载能力有什么关系？高强度螺栓与普通螺栓的计算有什么区别？高强度螺栓摩擦型连接与高强度螺栓承压型连接有什么区别？

习　　题

8.1　图 8-80 中，I32a 牛腿用对接焊缝与柱连接。钢材为 Q235 钢，焊条用 E43 型，手工焊，用Ⅱ级焊缝的检验质量标准。对接焊缝的抗压强度设计值 $f_c^w=215\ \mathrm{N/mm^2}$，抗拉强度设计值 $f_t^w=215\ \mathrm{N/mm^2}$，抗剪强度设计值 $f_v^w=125\mathrm{N/mm^2}$。已知：I32a 的截面面积 $A=67.156\mathrm{cm^2}$；截面模量 $W_x=692.2\mathrm{cm^3}$，腹板截面面积 $A_w=25.4\mathrm{cm^2}$。试求连接部位能承载的外力 F 的最大值（施焊时加引弧板）。

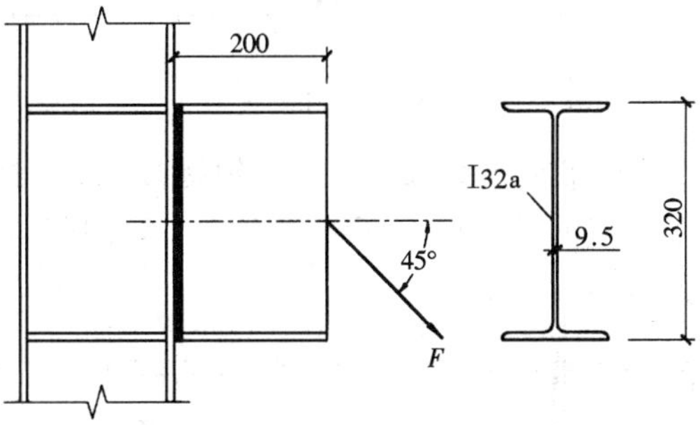

图 8-80　习题 8.1

8.2　焊接工字形梁，截面如图 8-81 所示。腹板上设置一条工厂拼接的对接焊缝，拼接处承受 $M=2800\mathrm{kN\cdot m}$，$V=700\mathrm{kN}$，钢材为 Q235 钢，焊条用 E43 型，采用半自动

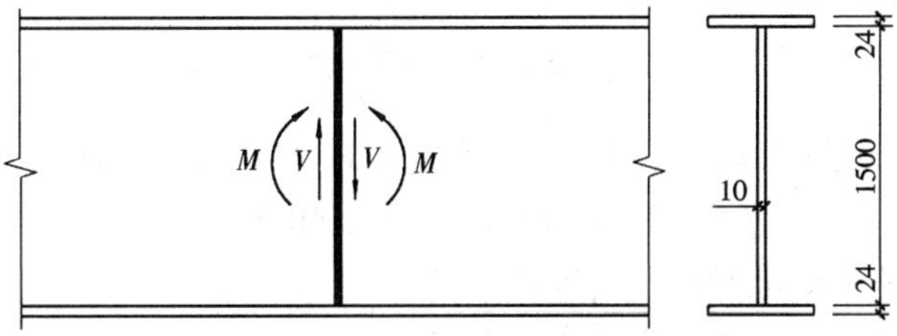

图 8-81　习题 8.2

焊，用Ⅱ级焊缝的检验质量标准，对接焊缝强度设计值与习题8.1相同。问焊缝是否满足受力要求（施焊时加引弧板）？

8.3 有一支托角钢，两边用角焊缝与轧制H型钢柱翼缘相连（图8-82）。N=400kN，钢材为Q345钢，焊条为E50型，手工焊，f_f^w=200N/mm²。试确定焊缝焊脚尺寸。

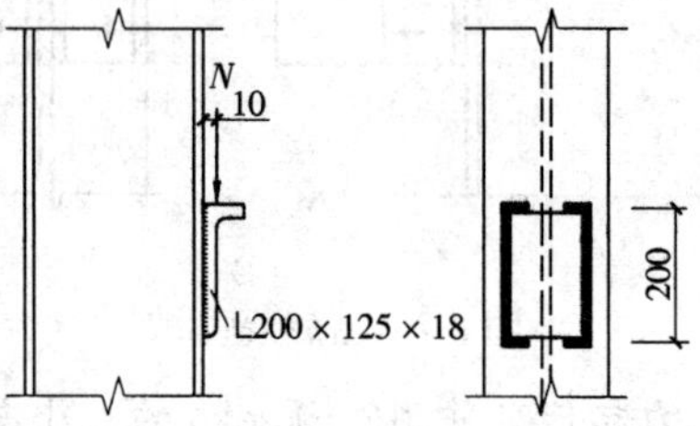

图8-82 习题8.3

8.4 有一工字形钢梁，采用I50a（Q235钢），承受荷载如图8-83所示。F=125kN，因长度不够而用对接坡口焊缝连接。焊条采用E43型，手工焊，焊缝质量属Ⅱ级，对接焊缝抗拉强度设计值f_t^w=205N/mm²，抗剪强度设计值f_v^w=120N/mm²。验算此焊缝受力时是否安全（施焊时加引弧板）。

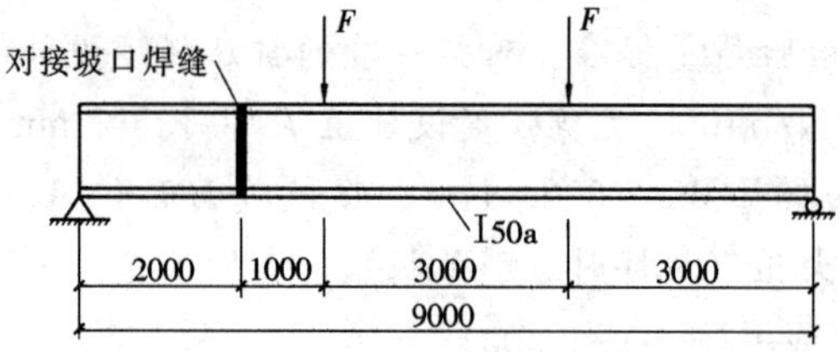

图8-83 习题8.4

8.5 图8-84所示的牛腿用角焊缝与柱连接。钢材为Q235钢，焊条用E43型，手工焊，角焊缝强度设计值f_f^w=160N/mm²。T=350kN，验算焊缝的受力。

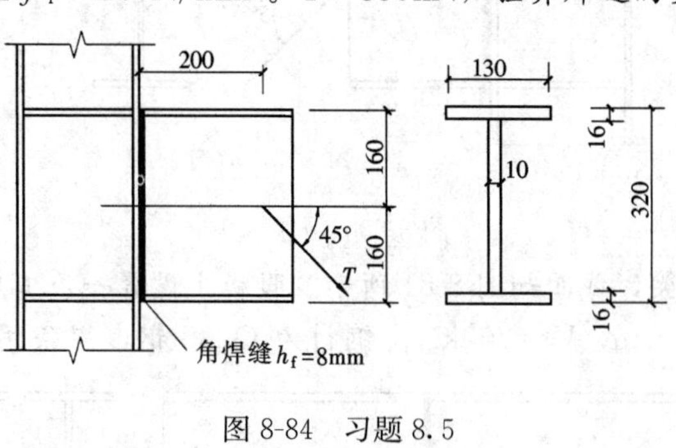

图8-84 习题8.5

8.6 计算图8-85所示的工字形截面焊接梁在距支座5m拼接处的角焊缝。钢材为Q345钢，焊条为E50型，f_f^w=200N/mm²，F=200kN。

问：(1) 腹板拼接处是否满足要求？

(2) 确定翼缘拼接板焊缝焊脚尺寸和长度。

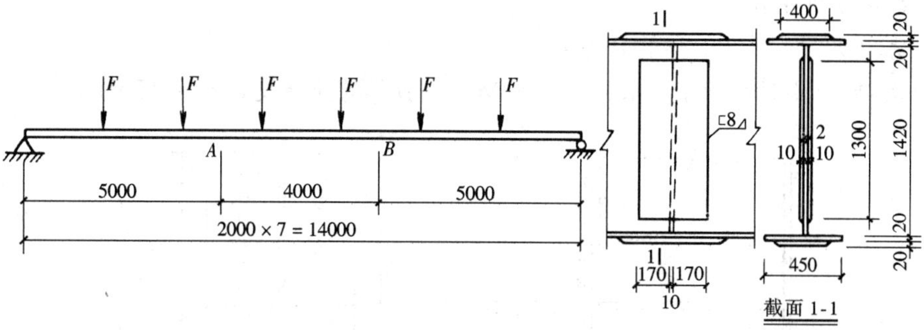

图 8-85 习题 8.6

8.7 验算图 8-86 中桁架节点焊缝"A"是否满足要求，确定焊缝"B"、"C"的长度。已知焊缝 A 的角焊缝 $h_f=10$mm，焊缝 B、C 的角焊缝 $h_f=6$mm。钢材为 Q235B 钢。焊条用 E43 型，手工焊，$f_f^w=160\text{N/mm}^2$。在不利组合下杆件力为 $N_1=150$kN，$N_2=489.41$kN，$N_3=230$kN，$N_4=14.1$kN，$N_5=250$kN。

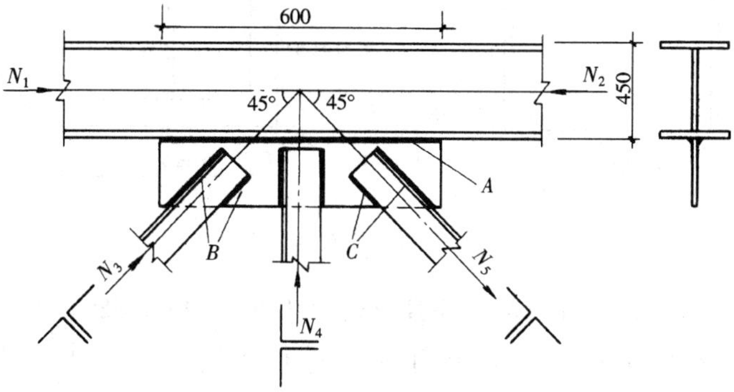

图 8-86 习题 8.7

8.8 验算图 8-87 所示的角焊缝是否安全。已知：钢材为 Q345 钢，焊条为 E50 型，手工焊，$h_f=10$mm，$f_f^w=200\text{N/mm}^2$，$F=160$kN。

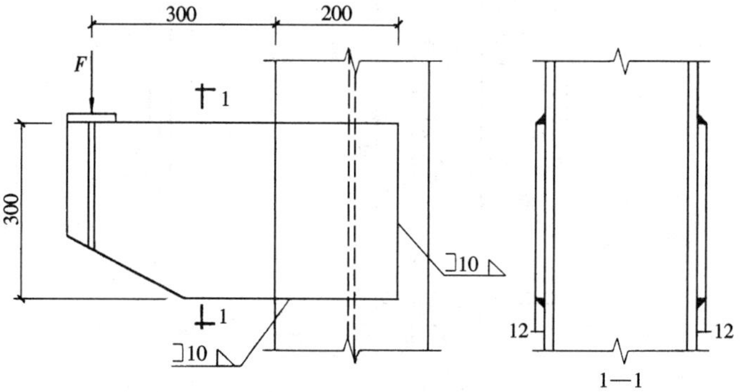

图 8-87 习题 8.8

8.9 图 8-88 所示为一梁柱连接，$M=100\text{kN}\cdot\text{m}$，$V=600$kN。钢材为 Q235C 钢。剪力 V 由支托承受，焊条用 E43 型，角焊缝的强度设计值 $f_f^w=160\text{N/mm}^2$，端板厚

14mm，支托厚20mm。

(1) 求角焊缝"A"的焊脚尺寸 h_f。

(2) 弯矩 M 由螺栓承受，4.8级螺栓M24，验算螺栓强度。$f_t^b=170N/mm^2$。

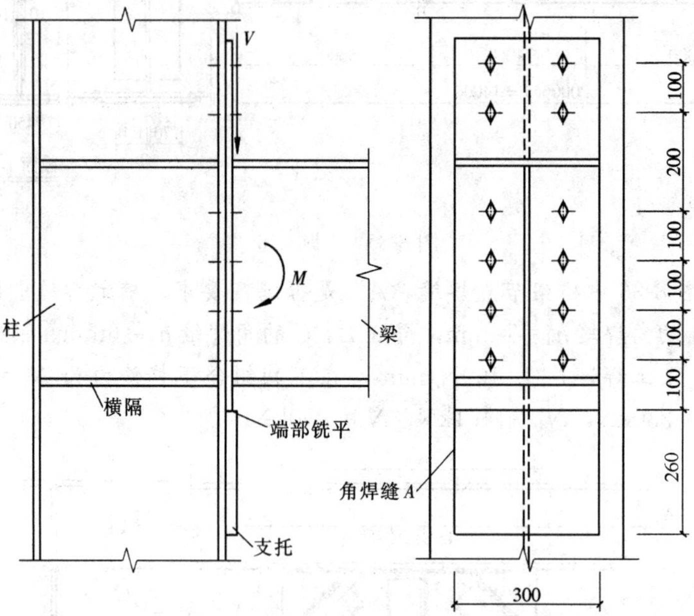

图8-88　习题8.9

8.10　确定图8-89所示A级螺栓连接中的力 F 值。螺栓M20，$N=250kN$，钢板采用Q235B，厚度均为 $t=10mm$，螺栓材料为45号钢（8.8级），$f_v^b=320N/mm^2$，$f_c^b=405N/mm^2$。

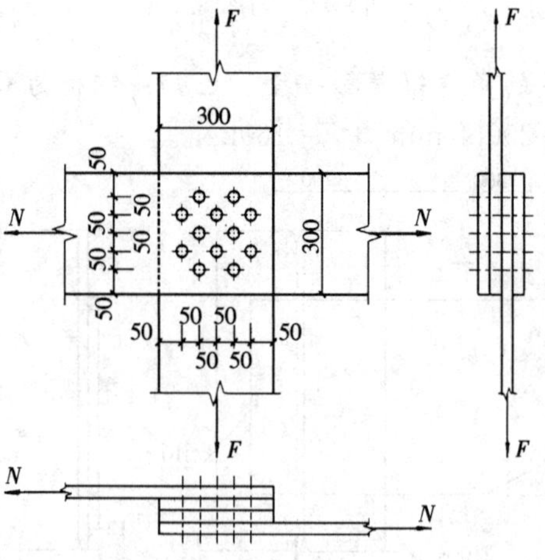

图8-89　习题8.10

8.11　图8-90所示的螺栓连接，验算其受力。已知：钢材为Q235B钢，螺栓为C级普通螺栓，螺栓M20，$F=70kN$，螺栓抗拉强度设计值 $f_t^b=170N/mm^2$。

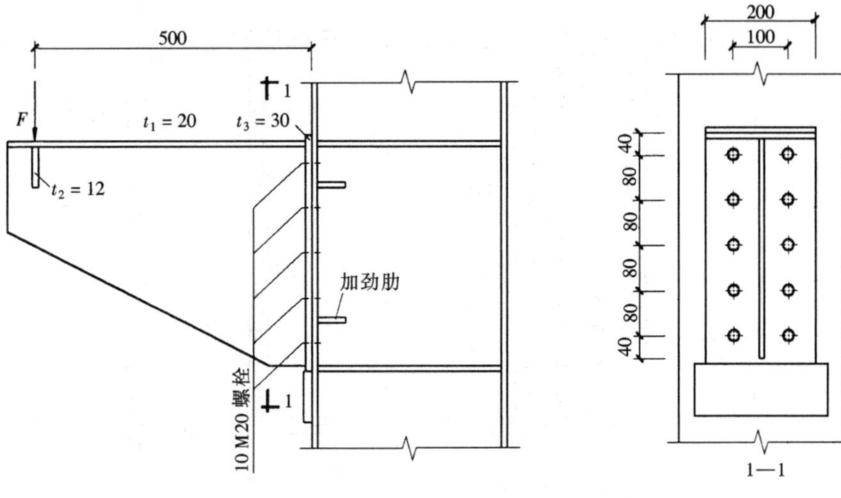

图 8-90 习题 8.11

8.12 图 8-91 所示的螺栓连接采用 45 号钢，A 级 8.8 级螺栓，直径 d=16mm，孔径 d_0=16.5mm，f_v^b=320N/mm²，f_c^b=405N/mm²。钢板是 Q235 钢，钢板厚度 12mm，抗拉强度设计值 f=215N/mm²。求此连接能承受的 F_{max}值。

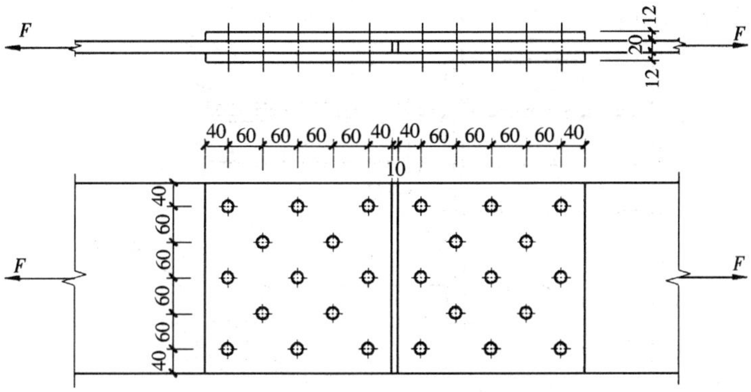

图 8-91 习题 8.12

8.13 习题 8.12 中，将普通螺栓改用 M20（d=20mm）的 10.9 级高强度螺栓摩擦型连接，孔径 d_0=22mm。求此连接能承受的 F_{max}值。注：钢板表面未处理，仅用钢丝刷清理浮锈，钢板仍为 Q235 钢。

8.14 将习题 8.6 中梁的拼接改用高强度螺栓承压型连接，改后构造如图 8-92 所示，高强度螺栓的钢材为 10.9 级，梁的钢板用 Q235B，螺栓 M20，梁连接处的接触面采用喷砂处理，螺栓的强度设计值 f_v^b=310N/mm²，f_c^b=470N/mm²。

（1）确定翼缘接头处螺栓数目和连接板尺寸；

（2）验算腹板拼接螺栓是否满足要求。

8.15 图 8-93 所示是屋架与柱的连接节点。钢材为 Q235B，焊条用 E43 型，手工焊。C 级普通螺栓用 Q235B 钢。已知：f_f^w=160N/mm²，f_t^b=170N/mm²。

（1）验算角焊缝 A 的强度，确定角焊缝 B、C、D 的最小长度，焊缝厚度 h_f=10mm。

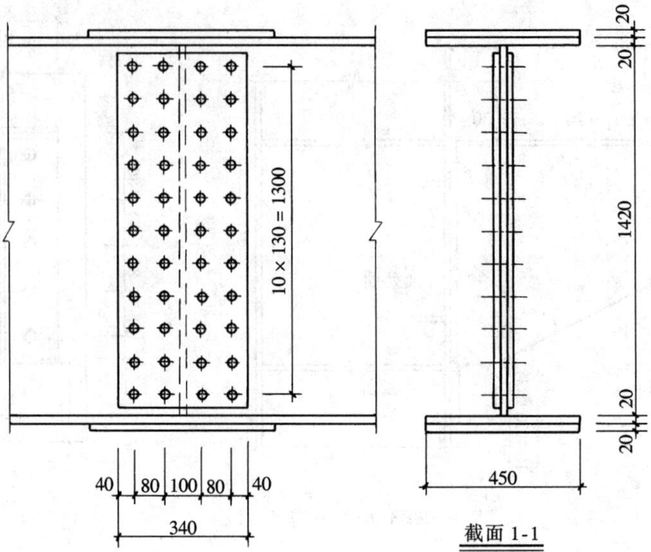

图 8-92 习题 8.14

(2) 验算连接于钢柱的普通螺栓的强度，假定螺栓不受剪力（即连接处竖向力由支托承受）。螺栓直径为 24mm。

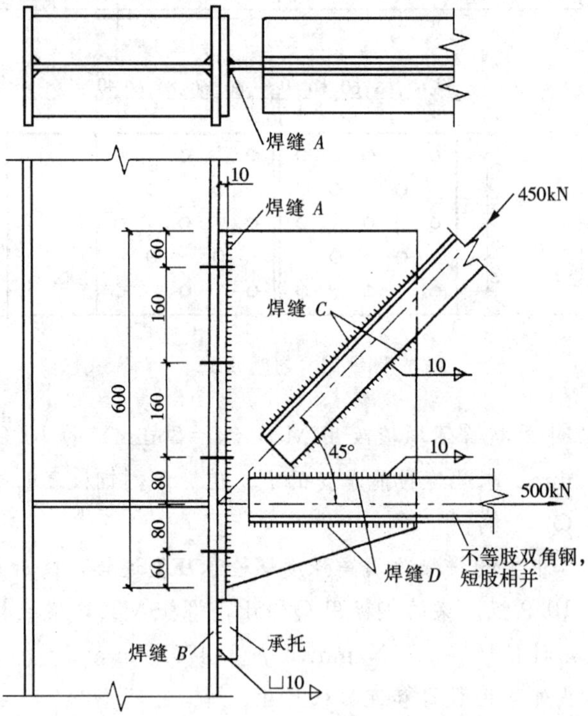

图 8-93 习题 8.15

第9章　桁架、单层刚架与拱

9.1　桁　　架

9.1.1　桁架的用途和结构组成

桁架是由杆件组成的几何不变体，既可作为独立的结构，又可作为结构体系的一个单元发挥承载作用。广义的桁架所对应的工程范围很广，例如简支或连续支承的竖向桁架可用于桥梁、屋架（图 9-1*a*），水平放置的桁架可用于工业厂房中的吊车制动系统、墙面抗风支承（图 9-1*b*），输电塔、微波塔、缀条柱等则是直立的悬臂式桁架（图 9-1*c*）。前两类桁架可看作是格构式抗弯构件，本节主要介绍这两类桁架。后一类桁架，或作为塔式结构处理，或作为格构式柱按空腹式受压或压弯构件处理。

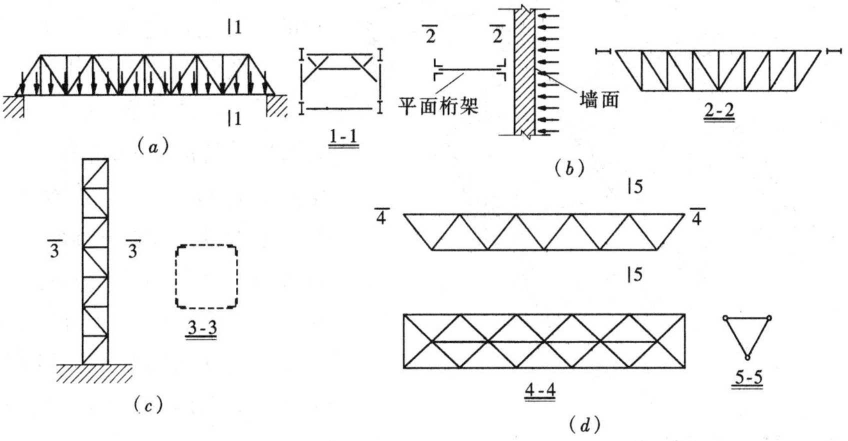

图 9-1　桁架结构

（*a*）竖向桁架；（*b*）水平桁架；（*c*）直立悬臂桁架；（*d*）空间桁架

桁架有平面桁架和空间桁架之分。图 9-1（*b*）是典型的平面桁架，图 9-1（*a*）的剖面从形式上看，具有空间构架的几何构成，但其主要受力是两榀平行的竖向桁架，一般仍作为平面桁架分析和设计。图 9-1（*d*）是跨度较大时采用的一种屋架或檩条形式，具有空间桁架的特征。

平面桁架在其自身平面内有很大的刚度，能负担很大的横向荷载，但其平面外的刚度很小。对于可能发生的侧向荷载，以及考虑平面外的稳定性，一般需要有平面外的支承。平面外支承可以由多种方式实现。如对图 9-1（*a*）的组成共同工作的两榀桁架，在其上下弦平面分别形成几何不变的体系，可以起到这种作用。图 9-1（*b*）中，利用墙面对桁架起面外支承作用。桁架平面外支承一般的形式是采用支撑系统。例如图 9-2 所示屋盖结构，平面桁架作为承受屋面竖向荷载的主要承重构件，称为屋架。在屋架上弦平面内，可

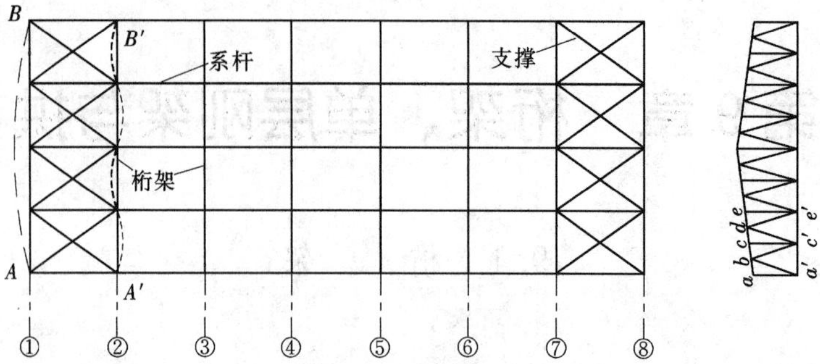

图 9-2　屋盖上弦平面的横向水平支撑

设置各种支撑，图中所示上弦平面的横向水平支撑就是其中的一种。当不设置这种支撑时，屋架的受压弦杆可能发生如①轴处虚线所示的失稳波形。一旦设置了这类支撑，两相邻屋架上弦就形成了几何不变的体系，受压弦杆可能的失稳波形如②轴处虚线所示。比之前一种情况，显然减少了受压弦杆在桁架平面外的计算长度，提高了整体稳定的承载力。端开间（轴线①与②之间、⑦与⑧之间）以外的部分，通过设置系杆，成为依托于支撑开间的几何不变体。从图 9-2 中还可以发现，两相邻屋架的弦杆和横向水平支撑实际上又形成了一水平桁架 $ABA'B'$，可以作为抵抗屋架桁架平面外侧向力的结构。类似的给桁架提供平面外支承点的方式，也可通过交叉桁架体系的方法实现（图 9-3），各榀桁架既承受自身平面内作用的荷载，又为相垂直的桁架提供侧向支承刚度。

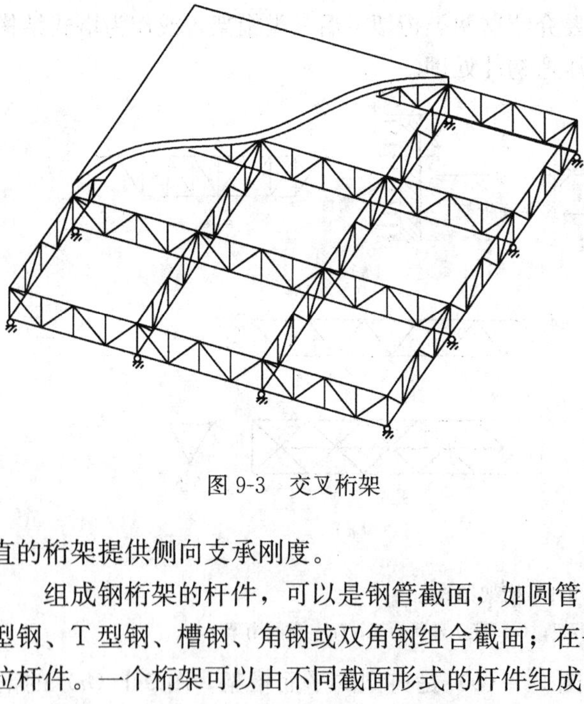

图 9-3　交叉桁架

组成钢桁架的杆件，可以是钢管截面，如圆管、矩形或方形钢管，轧制的 I 型钢、H 型钢、T 型钢、槽钢、角钢或双角钢组合截面；在一些轻型桁架中，也可使用圆钢作为受拉杆件。一个桁架可以由不同截面形式的杆件组成。

在工厂制作时，桁架的弦杆是连续的。当钢材长度不够，或选用的截面有变化时，经过拼接接头的过渡，整体上还是连续的。桁架的竖腹杆、斜腹杆和弦杆之间的连接，一种方式是直接连接（图 9-4c），一种方式是通过节点板连接（图 9-4b）。

平面桁架中相连杆件的轴线，在交汇处应尽可能交于一点，例如图 9-2 中 cd，ed，$c'd$，$e'd$应交汇于 d 点，以减少交汇处力的偏心，该点所在局部范围是桁架结构的节点。桁架弦杆上两相邻节点间的长度称为节间长度。如图 9-2 中 cd 间的连线是该处上弦的节间长度，$c'e'$是该处下弦的节间长度。作为桁架平面外支承的杆件（支撑斜杆、竖杆、系杆）一般也应交在平面杆件交汇的节点上。

钢结构平面桁架设计的主要工作内容有：确定几何外形，布置杆件，选择杆件截面，

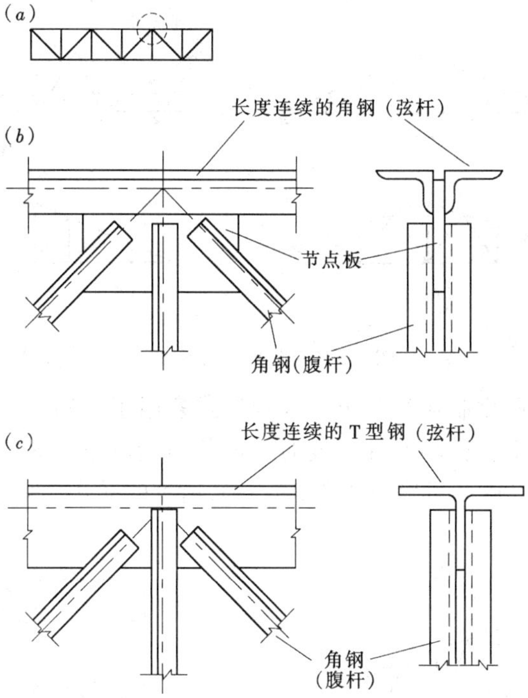

图 9-4　桁架杆件采用节点板与不采用节点板的连接方式
(a) 节点部位；(b) 节点板连接方式；(c) 无节点板连接方式

以及桁架平面外的支撑布置，内力分析，杆件的强度、稳定性和构件刚度校核，节点设计。

9.1.2 几何构成设计

1. 桁架外形

桁架外形设计需考虑结构用途、荷载特点、与其他构件的连接要求等。

三角形桁架通常用于坡度较大的屋架。降雪量大、雨水量大而集中的地区建造房屋的屋盖较多采用这种形式；有单侧均匀充足采光要求的工业厂房屋盖和有较大悬挑的雨篷等也采用这种形式（图 9-5）。除悬挑式桁架外（图 9-5*d*），三角形桁架端部不能承受弯矩，整体上杆件截面利用不尽合理，因而一般用于跨度不大的情况。

梯形桁架（图 9-6）的外形可以调整到与弯矩分布的图形相近似，无论是简支桁架还是连续桁架，都可以使得大部分弦杆的内力比较均匀，因而效率较高。梯形桁架端部有一定高度，上下弦杆都与柱子或其他支承结构相连的话，上下弦杆的拉压轴力形成一对力偶，可以抵抗端弯矩，类似两端刚接的抗弯构件，对结构整体提供较大的刚度。梯形桁架广泛地应用于较大跨度的屋架、桥桁等结构。这种桁架用于屋架时，由于上弦坡度较小，要注意屋面对于防水的要求。

平行弦桁架（也称矩形桁架，见图 9-7）的上下弦平行，腹杆长度一致，杆件类型

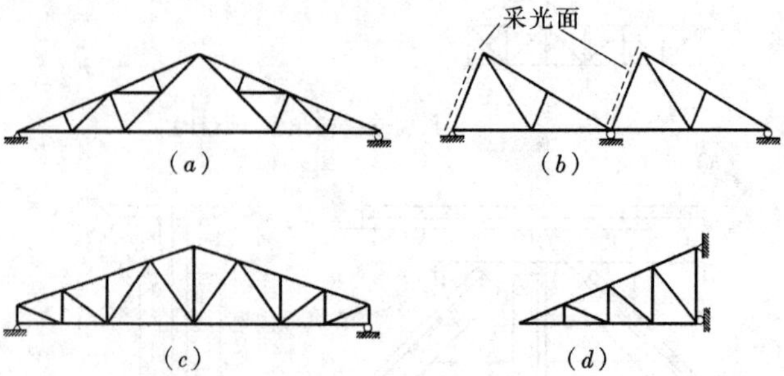

图9-5　三角形平面桁架

少，易满足标准化、工业化制作的要求。这种形式多用于桥桁、厂房中的托架、抗风桁架。平行弦桁架端部上下弦杆均与柱相连时，可负担端弯矩。平行弦桁架用于连续桁架时，在支座处适当加高高度，可成为如图9-7（*e*）所示的样式。空间桁架一般也采用平行弦的形式。

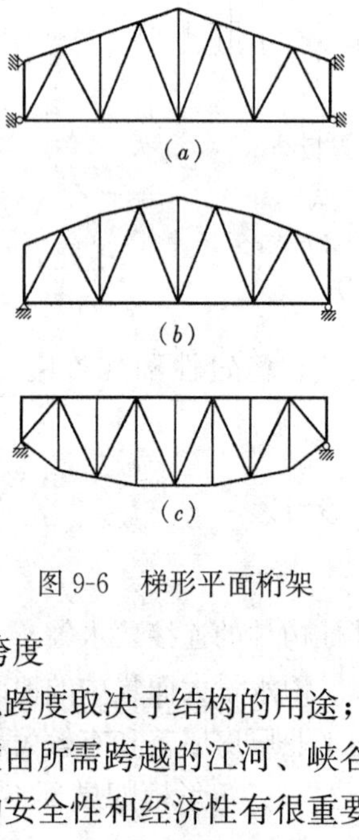

图9-6　梯形平面桁架

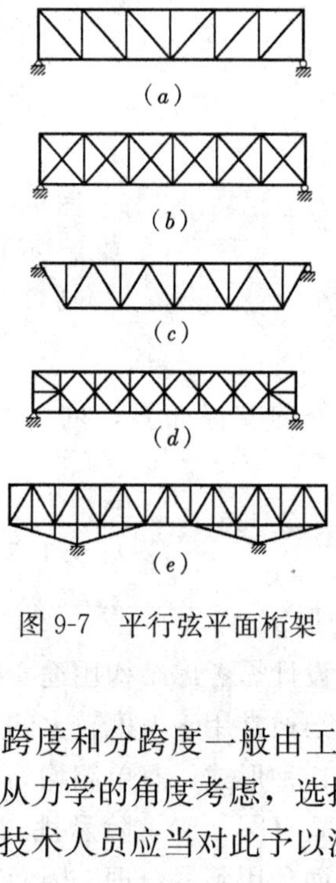

图9-7　平行弦平面桁架

2. 桁架跨度

桁架的总跨度取决于结构的用途；工业厂房的总跨度和分跨度一般由工艺要求确定，桥梁的总跨度由所需跨越的江河、峡谷的距离决定。从力学的角度考虑，选择合理的分跨点，对结构的安全性和经济性有很重要的作用，结构技术人员应当对此予以注意。

3. 桁架高度

桁架高度较大时，弦杆受力较小，但带来腹杆增大。设计初选桁架高度，需兼顾荷载特点、经济指标、刚度要求以及规划、选型和其他方面的要求。

4. 节间

节间长度较小时，弦杆在桁架平面内的计算长度将减少，一定条件下可以节约用钢。但过多的节点设置也使节点用钢量增大，同时增加制作费用。此外，节间长度确定还与荷载作用位置有关。

9.1.3 内 力 分 析

计算桁架结构内力时，一般采用如下基本假定：

(1) 节点均为铰接；

(2) 杆件轴线平直且都在同一平面内，相交于节点中心；

(3) 荷载作用线均在桁架平面内，且通过桁架的节点。

完全符合上述假定的桁架，其杆件只受轴力作用。但实际上，桁架节点处相交的杆件无论采用直接连接方式还是节点板连接方式，都难以实现纯粹的“铰”，杆件端部或多或少有一定的转动约束。当杆件比较柔细时，这种约束作用较弱，杆件内力以轴力为主；当杆件较粗短时，则产生一定程度的弯矩，但这种弯矩引起的应力相对轴力引起的应力在数值上较小，分别称之为次弯矩与次应力。所谓较柔细、较粗短，与杆件长度和截面高度之比、截面形式、杆件在节点的连接构造都有关系。此外，节点处杆件轴线不一定交汇于一点，节点处由于力的偏心而产生杆端弯矩，也是次弯矩的一种。重要的结构应对次弯矩的数值和影响作专项分析。桁架中荷载作用线不通过上弦或下弦的节点时，称为节间荷载。与节点荷载不同，节间荷载引起节间弯矩，计算时一般将节间荷载等效到节点上以计算杆件轴力，然后将弦杆作为连续支承的受弯构件计算其弯矩（图 9-8）。

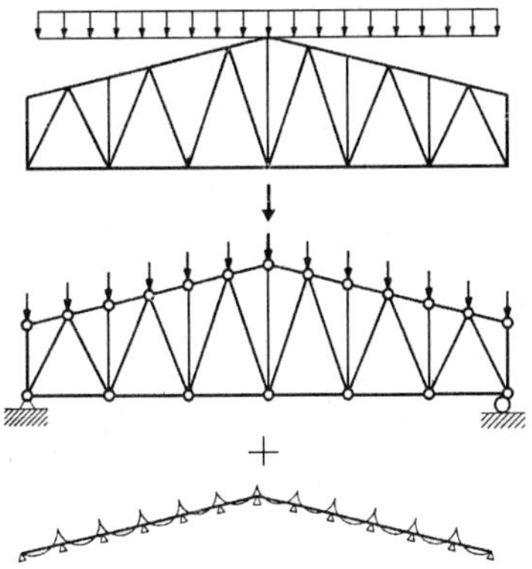

图 9-8 桁架弦杆有节间荷载时的内力计算

桁架中交叉布置的斜腹杆有的受拉，有的受压。受压杆件应有足够的抗弯刚度以保持杆件整体稳定承载力。但有些情况下，可考虑杆件只在受拉时起作用，受压时则认为其可能失稳而退出工作。例如图 9-9 所示桁架中虚线所示杆件（如 ab'）在受力分析时不予考虑，但当荷载 P 反向作用时就应反过来，认为 $a'b$ 退出工作而 ab' 起作用。这样，超静定问题可以用静定方法近似解决。但是只有当斜腹杆相当细长时，这种分析方法才与实际情况比较相符。当桁架承受的荷载较大，且反复作用时，为保证结构的良好性能，一般不采用这种处理方式，而将腹杆设计成既可受拉也可受压。

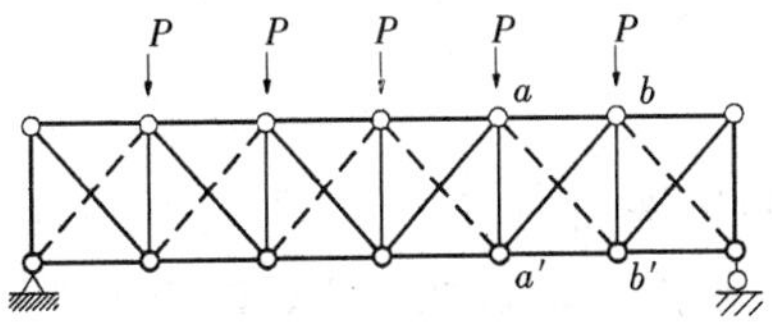

图 9-9 受压斜腹杆退出工作后的计算简图

桁架在使用中，受到多种可变荷载的作用时，结构分析要考虑若干种荷载同时出现时对结构造成的不利影响。这种不利影响在不同的荷载组合中出现的部位不一样，甚至杆件的内力符号也会发生变化，需要进行若干种荷载组合以求得结构设计时的控制内力。

当桁架以承受移动荷载为主时，如桥桁结构，则需要应用内力影响线的计算原理，求出各杆件的控制内力。两端简支平行桁架（图 9-10a）在下弦单位移动荷载作用下，上下弦杆、斜腹杆和竖杆的内力影响线，分别如图 9-10（b）、（c）、（d）所示，图中 $l_1=\alpha L=(n-m-1)d$。图 9-10（b）中，求下弦 $a'b'$、$b'c'$的内力影响线时将 l_1 置于节点 b'处，求上弦 ab 的内力影响线时，将 l_1 置于节点 a，求

上弦 bc 的内力影响线时将 l_1 置于节点 c。本图适用于上下弦杆的内力绝对值，上弦受压，下弦受拉，图中未标出内力符号。图 9-10（c）所示为斜腹杆 bc' 的内力影响线。图 9-10（d）为竖杆 bb' 的内力影响线，而杆 aa'、cc' 在下弦移动荷载作用下的内力均为零。

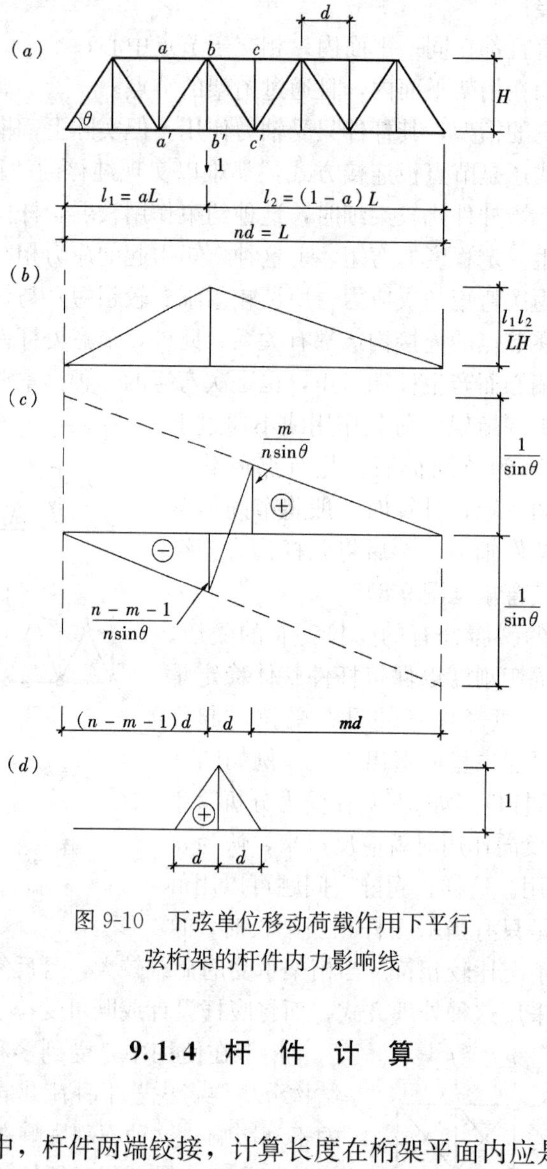

图 9-10　下弦单位移动荷载作用下平行弦桁架的杆件内力影响线

9.1.4 杆件计算

1. 杆件计算长度

理想的桁架结构中，杆件两端铰接，计算长度在桁架平面内应是节点中心间的距离，在桁架平面外，是侧向支承间的距离。但节点是具有一定刚度的，加上相邻的受拉杆件的约束作用，使得杆件端部的约束介于刚接和铰接之间；拉杆越多，约束作用越大，相邻拉杆的截面相对越大，约束作用也就越大。在这种情况下，杆件的计算长度小于节点中心间的或侧向支承间的几何长度。杆件计算长度用公式：

$$l_{0x} = \mu_x l_x \tag{9-1a}$$

$$l_{0y} = \mu_y l_y \tag{9-1b}$$

式中　l_x、l_y——平面内与平面外的几何长度；

μ_x、μ_y——平面内与平面外的计算长度系数，在桁架杆件中，μ_x、μ_y 是小于或等于 1.0 的数值。

确定桁架杆件计算长度时，会遇到桁架平面外侧向支承点间有若干个节间，而各节间轴力不等的情况。验算杆件整体稳定承载力时，通常取该范围内各节间中的最大内力，而由于较小压力或拉力节间的存在，杆件的稳定承载力实际上高于杆件承受单一轴压力的情况。对此，可用修正计算长度系数的方法来反映。在钢结构屋架计算时，当屋架弦杆侧向支承点间距离为两个节间长度，且两个节间弦杆轴力不相等时（图 9-11*a*），弦杆在平面外的计算长度系数可按下式计算：

$$\mu_y = 0.75 + 0.25\frac{N_2}{N_1} \tag{9-2}$$

当算得 $\mu_y < 0.5$ 时取为 0.5。

式中 N_1——较大压力，计算时取正号；

N_2——较小压力或拉力，计算时压力取正号，拉力取负号。

再分式腹杆体系中受压腹杆在平面外的计算长度系数也按式（9-2）计算（图 9-11*b*）。

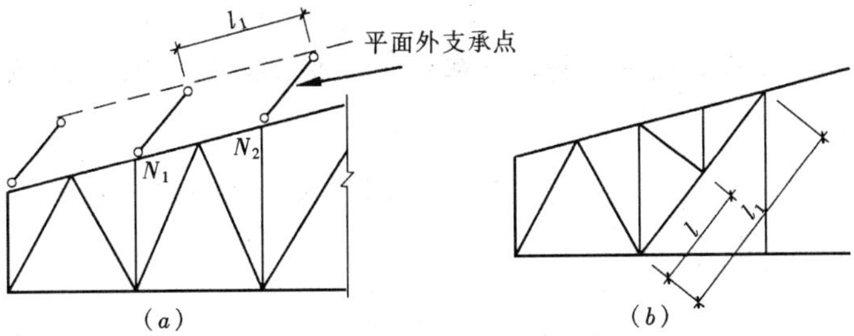

图 9-11 杆件轴压力在侧向支承点之间有变化的示意图

2. 杆件的容许长细比

杆件长细比过大，在运输和安装过程中容易因刚度不足而产生弯曲，在动力荷载作用下振幅较大，在自重作用下有可见挠度。为此，对桁架杆件应按各种设计标准的容许长细比进行控制，即：

$$\lambda \leqslant [\lambda] \tag{9-3}$$

式中 λ、$[\lambda]$——分别为杆件长细比和容许长细比。

【例 9-1】 图 9-12 所示为一梯形屋架及其上弦平面内的支撑布置。确定屋架上弦的计算长度。

【解】

（1）杆件几何长度

由上弦坡度 1∶10，得上弦平面内节间长度 1507mm。

（2）杆件计算长度

桁架平面内的计算长度 l_{0x} 即为节间长度

$$l_{0x} = 1507\text{mm}$$

桁架平面外的计算长度 l_{0y} 应分两种情况考虑：

侧向支承点 g、i 之间因杆件 $g—h$、$h—i$ 的内力相等，则

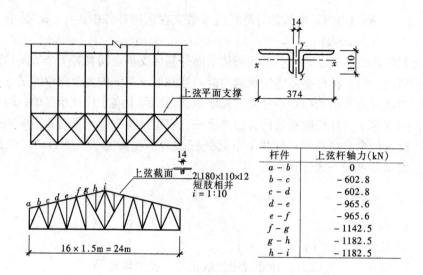

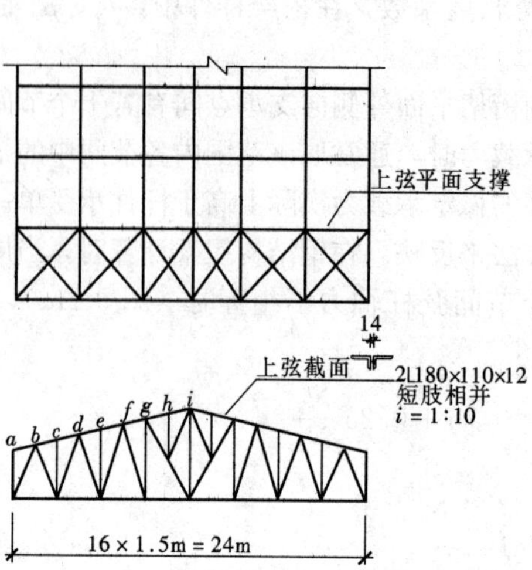

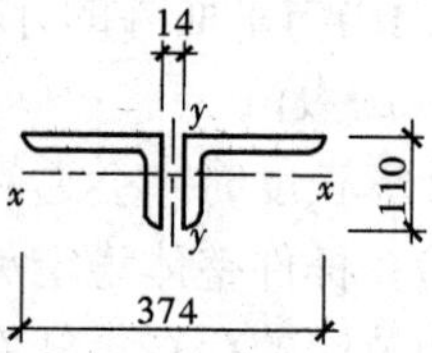

杆件	上弦杆轴力(kN)
a - b	0
b - c	- 602.8
c - d	- 602.8
d - e	- 965.6
e - f	- 965.6
f - g	- 1142.5
g - h	- 1182.5
h - i	- 1182.5

图 9-12　例 9-1

$$l_{0y} = 1507 \times 2 = 3014\text{mm}$$

其余侧向支承点之间，需考虑杆件相邻杆件内力不等的影响，根据式（9-2）

ad 之间

$$l_{0y} = 0.75 \times 1507 \times 3 = 3390.8\text{mm}$$

dg 之间

$$l_{0y} = \left(0.75 + 0.25\,\frac{965.6}{1142.5}\right) \times 1507 \times 3 = 4346.0\text{mm}$$

9.2　单　层　刚　架

9.2.1　刚架的结构形式

在建筑物、构筑物中，广泛使用着框架系统。仅以钢柱-梁构件构成的框架体系称为纯框架或无支撑框架（图 9-13*a*、*b*、*c*），在框架平面内设有支撑的称为带支撑框架（图 9-13*d*、*e*）。框架的实腹式梁可代之以桁架。

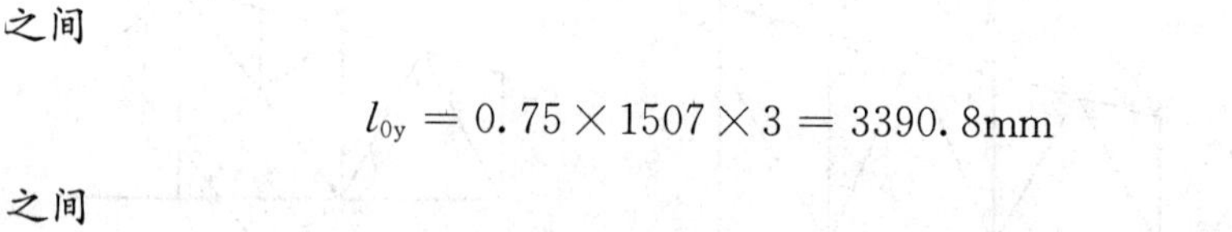

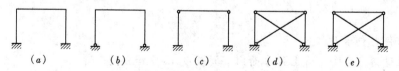

图 9-13　平面框架

框架的梁柱构件之间可以采用铰接、刚接与半刚性节点。在力学模型上，铰接节点完全不能传递弯矩，铰接相连的两杆可以任意相对转动；刚接节点不仅能传递弯矩，相连两杆间不应有相对转动；半刚性节点则介于其中，能起传递弯矩的作用，但相连杆件之间有一定程度的相对转动（图 9-14）。实际结构中杆件的节点性质总是介于铰接与刚接之间，究竟偏向哪一种情况，主要依节点的构造细节而定，依其抵抗相对转动的能力而定。目前，关于铰接节点和刚接节点的计算方法比较明确，关于半刚性节点已有许多研究成果，但确定其计算参数仍必须通过试验，因此，工程上大量使用的主要是接近铰接或接近刚接的节点方式。

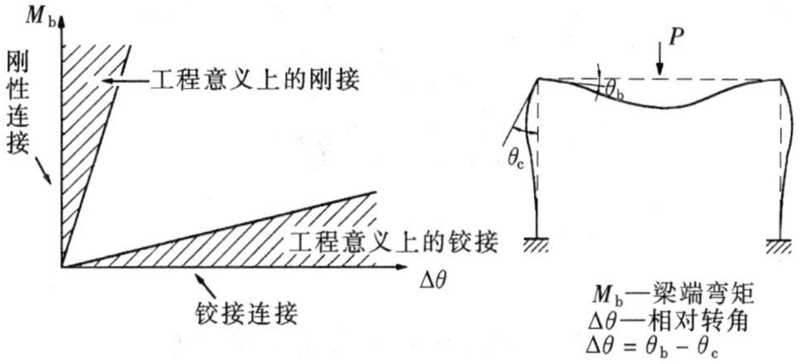

图 9-14 框架梁柱的节点性质

横梁两端与柱刚接，不论横梁是实腹式或格构式（桁架），也不论柱脚与基础是刚接还是铰接，一般称之为刚架。横梁与柱铰接，包括桁架端部与柱铰接，而柱脚刚接，一般称之为排架。梁柱间及柱脚都采用铰接节点的框架，必须设置支撑构件实现几何不变的构成。

单层刚架虽是最简单的一种框架形式，但跨数及各跨跨度、各跨高度、横梁形式间的不同组合，使得单层刚架有许多形式，图 9-15 是其中的一些例子。图 9-15（*e*）所示的系统，虽然有一根横梁两端铰接于柱，从整体看，仍可视为刚架。

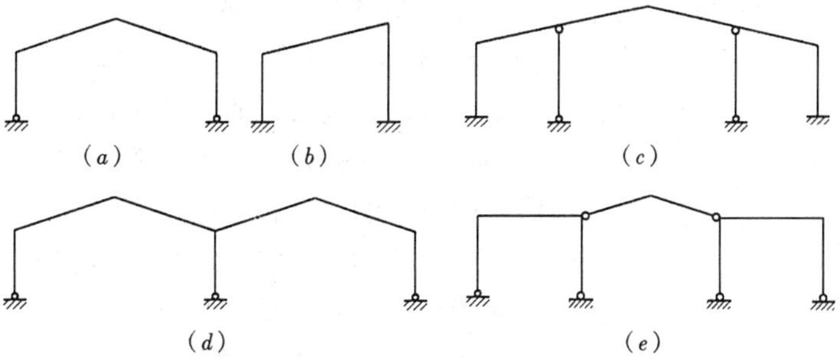

图 9-15 单层平面刚架

刚架在平面之外，必须有纵向连系构件使之与各平行的刚架连成一体，形成空间框架。纵向连系构件与相邻两刚架的连接，在无特殊需要时，一般采用铰接节点。为了保证结构在纵向几何不变和梁柱构件在刚架平面外的稳定性，还必须设置斜支撑系统。这些支撑构件与梁柱构件的交点可以成为梁柱构件平面外的侧向支承点，如图 9-16 中的 *a*、*b*、*c*、*d*、*e*、*f*、*g* 点。实腹式梁柱构件可以采用各种型钢截面或焊接组合截面。

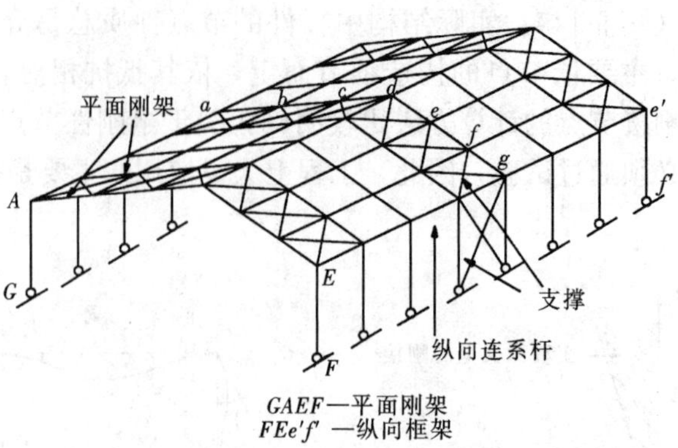

图 9-16　平面框架在平面外的支承

9.2.2　刚架的构件形式及其计算

刚架的构件有实腹式和格构式之分，也可以按截面是否变化分为等截面构件、阶梯式构件和连续变截面构件。以腹板高度连续变化的 H 形实腹式截面为梁柱构件的单层刚架，在负荷不大的工业和仓储建筑中得到广泛应用。

刚架构件主要有柱、梁、檩条、墙梁等，其设计计算原理和方法详见第 4 章至第 7 章有关内容。

9.2.3　刚架的整体稳定

1. 刚架稳定的整体性概念

刚架中可能含有轴心受力构件、受弯构件和压弯构件（分别如图 9-17 中的两端铰接柱、横梁及边柱）。刚架的稳定与单个构件的整体稳定不同，它与整个系统的状况有关。因为，构件的约束条件与相邻构件间的节点性质、相邻构件的刚度及受力性质有关，而且，当某一构件临近失稳时，结构体系内还会发生荷载传递路线的改变，构件之间产生依赖与支持作用。如图 9-17 中整体刚度较小的 BB'若有虚线所示的弯曲失稳趋势，两刚度较大的边柱的负载将会增加，边柱失稳的临界力可能低于单独计算时的稳定承载能力。

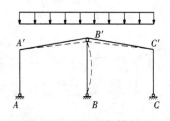

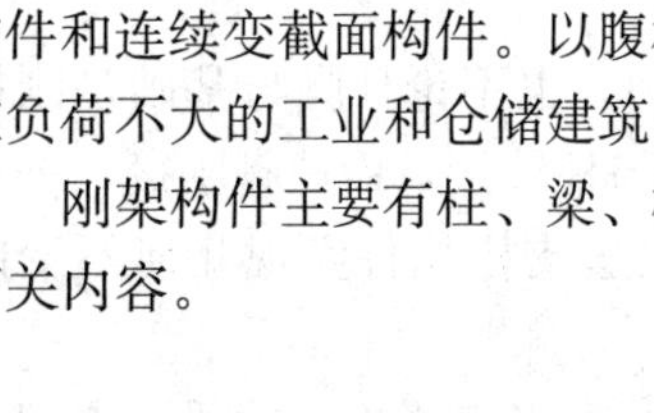

图 9-17　平面刚架构件在失稳时的互相支持

2. 无侧移失稳与有侧移失稳

刚架稳定分析的又一个重要问题是确定刚架的失稳模式，这对于计算刚架的稳定承载力是很重要的。图 9-18（a）所示单跨对称刚架，受两相同的柱顶集中力作用，假定横梁刚度相对于柱可视为无限刚性，则在图 9-18（b）的对称失稳模式中，单根结构柱的稳定承载力为 $4\pi^2 EI/H^2$，在图 9-18（c）的反对称失稳模式中，仅为 $\pi^2 EI/H^2$。显然后者远低于前者。这里假定刚架在弹性范围内失稳，且不考虑不对称失稳时柱轴向变形的不同。H 为柱高。

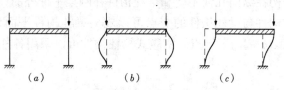

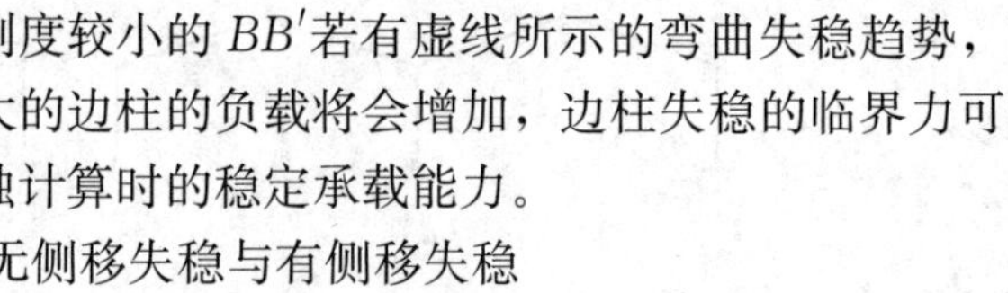

图 9-18　平面刚架的失稳模式

刚架柱虽然有一定的抗侧刚度，但这种抗侧刚度较小。对称失稳模式只有在刚架的抗侧刚度很大时可近似实现。很大的抗侧刚度可以由刚架平面内的抗侧墙体（钢板墙、钢筋混凝土墙）、支撑等实现（图 9-19*a*、*b*），这些构件称之为抗侧构件。当抗侧构件所在平面与刚架平行但不重合时，可通过具有足够刚性的屋面或楼面的连接（图 9-19*c*），使得无抗侧构件的刚架也能限制水平位移的发展，起到与抗侧刚度很大的刚架相近的效果。这类刚架称为无侧移刚架。除此以外，发生反对称失稳的刚架称为有侧移刚架。刚架究竟归入哪一类，不仅看刚架是否设有抗侧构件，还与抗侧构件的抗侧刚度有关；虽然有支撑等构件，但水平抗侧刚度较小时，也称为弱支撑刚架，介于无侧移刚架与有侧移刚架之间。

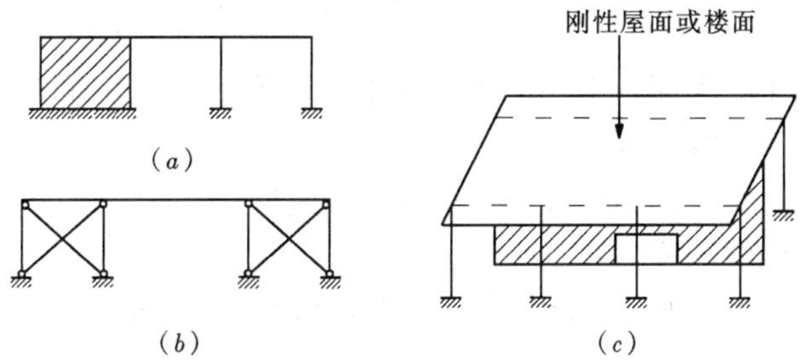

图 9-19 无侧移刚架

3. 刚架稳定承载力的计算

经验的方法是将刚架稳定简化为柱的稳定来计算。由于单层刚架只是一般框架的一个特例，所以理论推导是基于多层框架模型的。假定框架中梁柱为等截面构件，相互刚接，柱只在最高层柱顶受相同的压力 N 的作用，各柱同时失稳。取以某一柱为中心的子结构出来，无侧移和有侧移框架柱的计算简图示于图 9-20（*b*）、（*c*）。应用考虑轴向压力作用的转角位移法，可以分别求得如下两个关于框架柱失稳的临界条件公式：

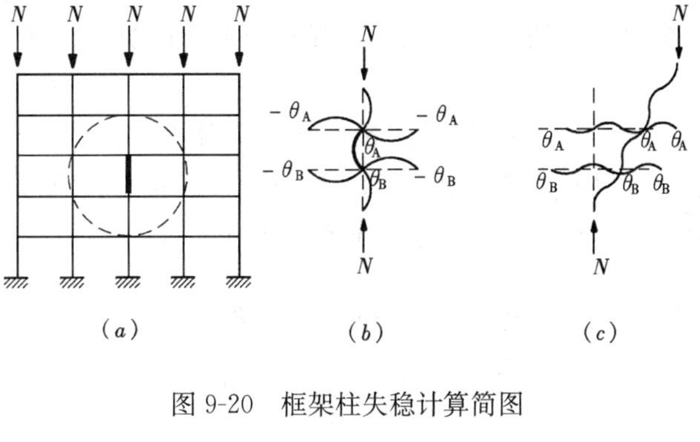

图 9-20 框架柱失稳计算简图

对无侧移框架柱

$$\left[\left(\frac{\pi}{\mu}\right)^2+2(K_1+K_2)-4K_1K_2\right]\frac{\pi}{\mu}\sin\frac{\pi}{\mu}$$

$$-2\left[(K_1+K_2)\left(\frac{\pi^2}{\mu}\right)+4K_1K_2\right]\cos\frac{\pi}{\mu}+8K_1K_2=0 \tag{9-4}$$

对有侧移框架柱

$$\left[36K_1K_2-\left(\frac{\pi}{\mu}\right)^2\right]\sin\frac{\pi}{\mu}+6(K_1+K_2)\frac{\pi}{\mu}\cos\frac{\pi}{\mu}=0 \tag{9-5}$$

式中　μ——无量纲系数

$$\mu=\frac{\pi}{l}\sqrt{\frac{EI}{N}} \tag{9-6}$$

K_1、K_2——分别为交于柱上下两端的横梁线刚度之和与柱线刚度之和的比值

$$K_1=\frac{\sum i_{b1}}{i_1+i} \tag{9-7}$$

$$K_2=\frac{\sum i_{b2}}{i_2+i} \tag{9-8}$$

i_{b1}、i_{b2}——分别为交于柱上端或下端的各梁线刚度；某一横梁与所计算的柱铰接时，该梁线刚度取0；

i_1、i_2——分别为所计算柱的上层柱与下层柱的线刚度；

i——所计算柱的线刚度。

当柱脚与基础刚接时，K_2 视为无穷；柱脚铰接时，K_2 视为零。在单层刚架中，K_1 中的 i_1 应取为0。

由于式（9-4）、式（9-5）是假定在柱子失稳时的临界条件，所以，无量纲参数 μ 的定义式中，N 即为失稳时的临界力 N_E，这样式（9-6）可写为：$N_E=\frac{\pi^2EI}{\mu^2l^2}$，也即 μ 为柱子的计算长度系数。由式（9-4）、式（9-5）求出 μ，就可以确定柱子的计算长度，从而求出柱子的稳定承载力。

从以上过程看出，系数 μ 分别考虑了刚架柱有无侧移、梁端约束的影响、上下柱约束的影响，因而单柱的稳定计算可以在某种程度上反映刚架整体稳定的系统性特点。但同时也可看出，轴力对各层各柱都相同的假定、柱子同时失稳的假定、各梁柱之间都是刚接的假定，以及未考虑水平力作用的假定，都与实际框架工作情况有区别，实际应用时，如有必要还可予以修正。

由式（9-4）或式（9-5）求 μ，要求解超越方程。附录6中附表6-1、附表6-2提供了根据不同的 K_1、K_2 值算得的数值可供查阅。式（9-4）、式（9-5）也可分别简化为下列近似公式，以直接求取无侧移框架柱和有侧移框架柱的 μ 值。

无侧移框架柱：$$\mu=\frac{3+1.4(K_1+K_2)+0.64K_1K_2}{3+2(K_1+K_2)+1.28K_1K_2} \tag{9-9a}$$

有侧移框架柱：$$\mu=\sqrt{\frac{1.6+4(K_1+K_2)+7.5K_1K_2}{K_1+K_2+7.5K_1K_2}} \tag{9-9b}$$

刚架稳定承载力的比较准确的算法，是直接采用非线性分析的理论，建立起数值计算格式，利用计算机求解。但工程设计一般需计算大量的荷载组合情况，而非线性分析在理论上是不适用迭加原理的，因而完全意义上的非线性分析方法还未普遍为工程设计采用。

用于轻型屋面材料和小吨位吊车的工业厂房建筑的单层刚架中，较多地采用改变截面高度的楔形构件形式，以使沿构件长度的截面模量分布规律与弯矩图分布规律相符，达到充分利用钢材、节约造价的目的。这类变截面柱的整体稳定承载力计算时，不能简单地套

用本节的计算长度系数公式。

【例 9-2】确定图 9-21 所示单层刚架各柱的长细比。

【解】

本框架为有侧移框架，两斜梁长分别为 1802.8cm 和 905.5cm。

A 轴柱

$$K_1=\frac{\frac{102250}{1802.8}}{\frac{172000}{600}}=0.198, K_2\text{ 可视为无穷}$$

由附录 5 附表 5-2，$\mu_{x1}\approx1.52$

$\lambda_{x1}=1.52\times\frac{600}{28.6}\approx31.9$

B 轴柱

$$K_1=\frac{\frac{102250}{1802.8}+\frac{21700}{905.5}}{\frac{254000}{700}}=0.222，K_2\text{ 可视为零}$$

由附录 5 附表 5-2，$\mu_{x2}\approx3.33$

$\lambda_{x2}=3.33\times\frac{700}{32.3}\approx72.2$

C 轴柱

$$K_1=\frac{\frac{21700}{905.5}}{\frac{172000}{600}}=0.084，K_2\text{ 可视为无穷}$$

由附录 5 附表 5-2，$\mu_{x3}\approx1.74$

$\lambda_{x3}=1.74\times\frac{600}{28.6}\approx36.5$

由于梁对柱的转动约束是有限约束，对 A、C 轴柱，其计算长度系数都要大于 0.7，对 B 轴柱，计算长度系数大于 2.0。

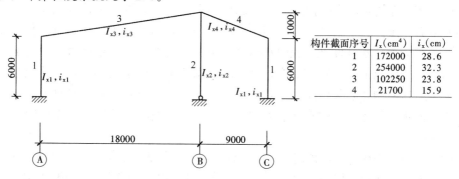

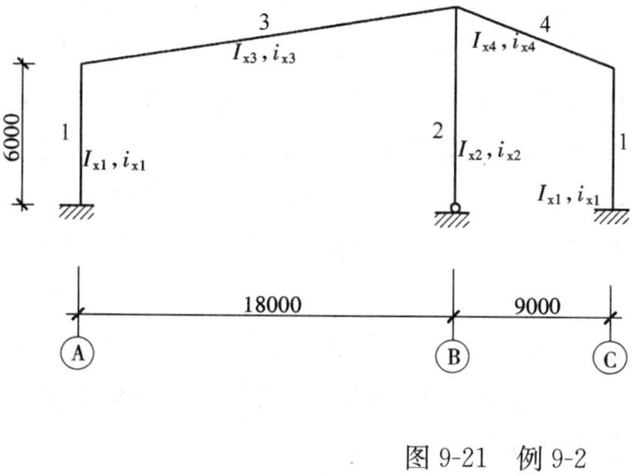

构件截面序号	$I_x(cm^4)$	$i_x(cm)$
1	172000	28.6
2	254000	32.3
3	102250	23.8
4	21700	15.9

图 9-21　例 9-2

【例 9-3】 若图 9-21 中 B、C 轴之间有刚性足够大的支撑，使刚架可视为无侧移刚架，求各柱长细比。

【解】

由前题所得的 K_1、K_2 值，查附录 5 附表 5-1 得

A 轴柱 $\lambda_{x1}=0.711\times\frac{600}{28.6}=14.9$

B 轴柱 $\lambda_{x2}=0.961\times\frac{700}{32.3}=20.8$

C 轴柱 $\lambda_{x3}=0.723\times\frac{600}{28.6}=15.2$

9.2.4 刚架的塑性设计

1. 塑性设计概念

塑性设计的概念在第 3 章 3.3.3 中已经提到，对于一个两端固定的工字形梁承受均布垂直荷载 q 时，由边缘设计准则，梁上最大均布荷载 $q_1=12M_{ex}/l^2$，M_{ex}为屈服弯矩，l 为梁跨。根据有限塑性发展的强度准则，荷载可达 $q_2=12\gamma_x M_{ex}/l^2\cong1.05q_1$。若端部截面到达极限弯矩，则荷载可达 $q_3=12M_p/l^2=12\gamma_{px}M_{ex}/l^2\cong1.12q_1$。此时，梁端在保持弯矩 M_p 不变的情况下，发生较大的转动，形成所谓“塑性铰”，梁跨内部的弯矩继续增大，直到跨中弯矩达到 M_p 时，梁变成机构而到达承载能力的极限状态。此时，极限荷载 q_u 可达到：

$$q_4=\frac{16M_p}{l^2}\cong1.33q_3\cong1.50q_1$$

可见，梁极限状态的负载比仅利用两端截面的极限强度要提高 33%，比边缘屈服准则提高 50%。这种以结构在荷载作用下形成机构为极限状态的设计方法即为塑性设计，其宗旨是利用截面完全塑性之后构件内力的塑性重分布。塑性设计与截面的极限弯矩作为强度准则不是等同的概念。

2. 结构可进行塑性设计的必要条件

（1）结构在达到内力塑性重分布形成机构之前，不允许发生构件的局部失稳。局部失稳发生后，虽然有些条件下可以利用屈曲后强度，但承载力不能达到截面完全塑性时的强度，且会导致塑性发展过程中承载力的退化。为此，构件的板件宽厚比必须有严格的控制。需要注意的是，在第 5 章、第 6 章、第 7 章曾分别给出了板件不发生弹性局部失稳的宽厚比限制，若板件正好满足这些限制条件，虽然可以说在弹性阶段可能避免局部失稳，但仍不能保证板件在塑性发展过程中不发生失稳。采用塑性设计时应满足表 3-1 中 S1 级的要求。

（2）结构不能在形成机构前，发生整体失稳。整体失稳将直接导致承载力的下降。

（3）不采用格构式构件（图 9-22*c*）。这类构件在边缘屈服后，截面向腹部发展塑性的余地很小，难以有效地实现整个构件上的内力重分布。

（4）单个构件（如两柱之间的梁，单个柱）不采用截面沿杆轴连续变化（如楔形杆

件）或突然改变（如上下柱截面不等）的所谓变截面柱、阶梯式柱（图9-22*a*、*b*）。

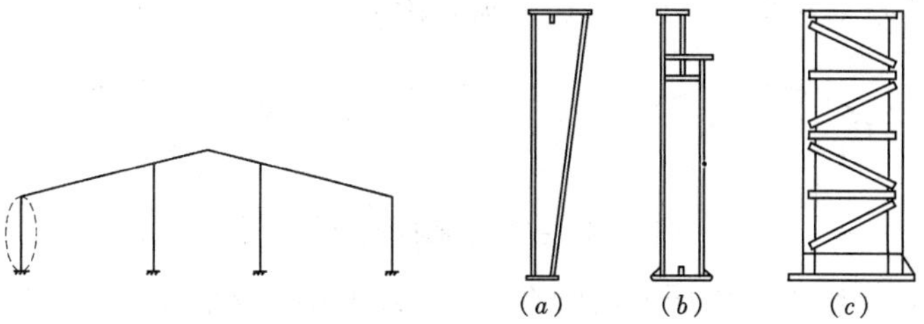

图 9-22 不应用于塑性设计中的构件形状示例

（5）采用塑性设计的刚架不直接承受动力荷载。

9.3 拱

9.3.1 拱的类型与用途

拱主要用于跨度较大并以承受竖向荷载为主的工程结构，例如桥梁结构以及建筑结构的屋盖、顶棚等。

实腹式钢拱的截面可以采用圆钢管、矩形或方形钢管、工字型钢或焊接组合截面等形式。拱可以是等截面构件的，也可为变截面的。采用钢管时内部灌入混凝土，有助于提高构件的强度、稳定性和刚度，但也增加了结构的重量。

两端刚接的拱（图 9-23*a*）能提供较大的结构刚度，对抵抗弯矩较有利，但其超静定次数高，对地基变形和温度作用较敏感。跨度不大的拱，两端支座可处理成铰接，称为两铰拱，两铰拱制作、安装简单（图 9-23*b*）；若中央另有一铰，则是三铰拱（图 9-23*c*）。设计拱结构时，处理支座推力是一个重要问题；有时可以将拱的两端用拉杆连接起来（图 9-23*d*）。拱与拉杆间连以竖杆，构成拱架（图 9-23*e*）。

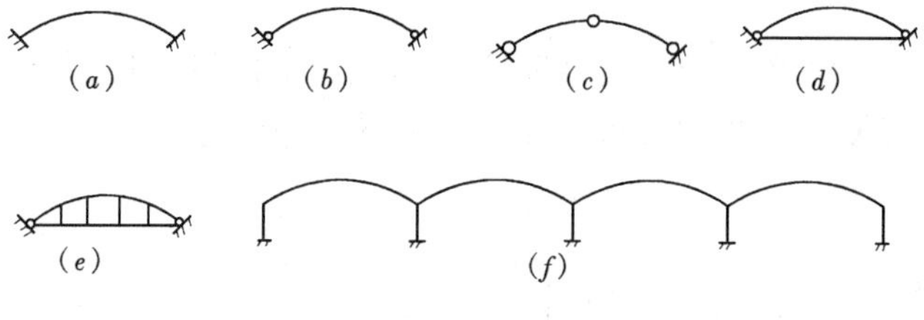

图 9-23 拱的外形

拱的轴线有圆弧线、抛物线、倒置的悬链线及其他形式。不同轴线形式的拱，受力性能有差别。

除了单跨拱以外，有连续拱（图 9-23*f*）。本节介绍单跨拱的有关知识。

9.3.2 拱轴平面内的整体稳定

1. 拱轴平面内失稳的形式与平衡微分方程

受竖向荷载或径向荷载作用的拱，如同理想轴心受压直杆由直线平衡方式突然会变化到弯曲平衡方式那样，也可能从仅有轴向变形的状态变为弯曲状态，如图 9-24 所示。图 9-24（*a*）、（*b*）为反对称失稳，9-24（*c*）为对称失稳。

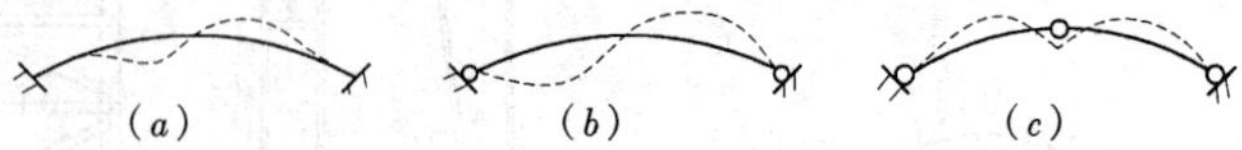

图 9-24 拱轴平面内的整体失稳

假设失稳时，拱轴不发生压缩，则在图 9-25 所示曲线坐标下，按失稳变形后位置建立的拱在平面内的弹性平衡微分方程为

$$\left[EI_{x}\left(v''+\frac{v}{R^{2}}\right)\right]'''+\left[\frac{EI_{x}}{R^{2}}\left(v''+\frac{v}{R^{2}}\right)\right]'=\frac{\mathrm{d}q_{r}}{\mathrm{d}s}-\frac{q_{s}}{R} \tag{9-10}$$

式中 I_x—— 截面惯性矩，绕与拱轴平面垂直的截面主轴；

ds—— 拱轴上的微弧；

R—— 拱轴上的微弧所对应的曲率半径；

v—— 拱轴沿径向的挠度；

q_r、q_s—— 沿径向和切向的等效分布荷载，考虑了横向力和轴向力的影响。

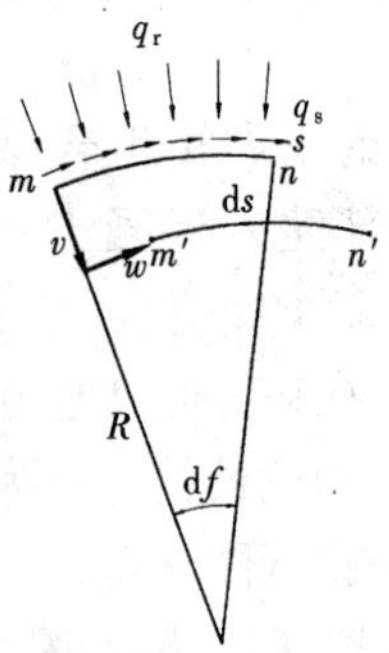

图 9-25 拱的曲线坐标

式（9-10）适用于等截面或变截面的拱，适用于单纯受压拱和压弯拱。

2. 单纯受压拱平面内失稳的临界荷载

以下三种情况将形成单纯受压拱（图 9-26）：

（1）抛物线拱承受沿水平线均匀分布的竖向荷载；

（2）悬链线拱承受沿拱轴均匀分布的竖向荷载；

（3）圆弧拱承受沿拱轴均匀分布的径向荷载。

单纯受压等截面拱平面内弹性稳定的临界荷载值可表达为：

$$q_{cr}=\alpha_1\frac{EI_x}{l^3} \tag{9-11}$$

式中 α_1—— 拱的平面内整体稳定临界荷载系数，与拱的曲线形式、支座条件及拱的矢跨比 f/l 有关，f 是拱的初始矢高，α_1 的具体数值见表 9-1；

l——拱的水平跨度。

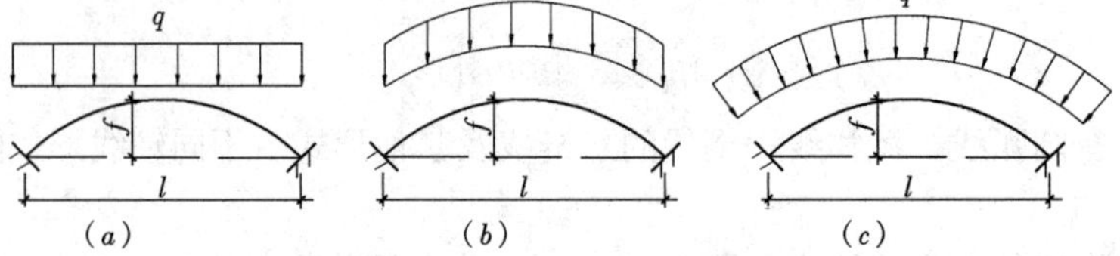

图 9-26 三种单纯受压拱

式（9-10）基于无初始缺陷的理想拱。考虑实际工程构件存在的缺陷，使用表 9-1 时，应对拱的平面内整体稳定临界荷载系数予以适当降低。

单纯受压拱平面内整体稳定临界荷载系数 **表 9-1**

拱轴类型	矢跨比 f/l	无铰拱	两铰拱	三铰拱
抛物线	0.1	60.9	29.1	22.5
	0.2	103.1	46.1	39.6
	0.3	120.1	49.5	49.5
	0.4	117.5	45.0	45.0
	0.5	105.3	38.2	38.0
悬链线	0.1	60.1	28.7	
	0.2	98.0	43.5	
	0.3	107.4	43.2	
	0.4	97.2	35.3	
	0.5	79.3	26.5	
圆弧线	0.1	58.9	28.4	22.2
	0.2	90.4	39.3	33.5
	0.3	93.4	40.9	34.9
	0.4	90.7	32.8	30.2
	0.5	64.0	24.0	24.0

在前述三种单纯受压拱中，虽然任意截面都仅受轴力作用，但只有圆弧拱的轴压力沿拱轴不变，其余情况下，拱内压力自拱顶向拱趾递增。以距支座四分之一跨度处拱截面的轴力为代表，将平面内弹性失稳时该点的轴力记为名义屈曲临界压力 N_{crx}。

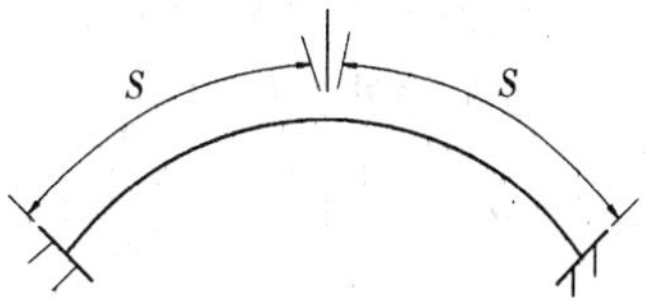

图 9-27 拱轴半长示意

$$N_{crx} = \frac{\pi^2 EI_x}{K_s^2 S^2} \tag{9-12}$$

式中 S—— 拱轴长度的一半（图 9-27）；

K_s—— 等效计算长度系数，详见表 9-2。

这里对 K_s 值稍加讨论。由图 9-24 看出，无铰拱发生反对称失稳时，其屈曲半波长类似于一根一端固定他端铰接、长度等于 S 的直杆；两铰拱的屈曲半波长则相当于两端铰接长为 S 的直杆的情况。前者 K_s 值接近于 0.7，后者则稍大于 1.0（参见表 9-2）。由此可见，如若确定拱失稳时的半波长，可以根据轴心压杆的整体稳定系数确定其承载力。

3. 非纯压拱的稳定性

单纯受压拱只有在少数限定的条件下才能实现；工程结构的几何条件、约束条件和荷载条件中，只要不能同时满足这些条件，就会在拱内造成压力、弯矩和剪力。这样，拱的稳定承载力问题就是第二类稳定问题，即极限承载力问题。

单纯受压拱平面内整体稳定名义屈曲临界压力的等效计算长度系数 **表 9-2**

拱轴类型	矢跨比 f/l	无铰拱	两铰拱	三铰拱
抛物线	0.1	0.70	1.02	1.14
	0.2	0.69	1.04	1.11
	0.3	0.70	1.10	1.10
	0.4	0.71	1.12	1.12
	0.5	0.72	1.15	1.15

续表

拱轴类型	矢跨比 f/l	无铰拱	两铰拱	三铰拱
悬链线	0.1	0.70	1.01	
	0.2	0.69	1.04	
	0.3	0.68	1.10	
	0.4	0.72	1.17	
	0.5	0.73	1.24	
圆弧线	0.1	0.70	1.01	1.14
	0.2	0.70	1.07	1.15
	0.3	0.70	1.06	1.15
	0.4	0.71	1.11	1.15
	0.5	0.71	1.15	1.15

非纯压拱的稳定承载力计算，尚无普遍适用于不同类型拱的公式，一般需要应用数值分析方法。

9.3.3　拱轴平面外的整体稳定

1. 拱轴平面外稳定的平衡微分方程

拱轴平面外失稳具有弯扭失稳的特征，其稳定平衡微分方程表达为

$$-\left[EI_{\mathrm{y}}\left(u''-\frac{\theta}{R}\right)\right]''+\left[\frac{GI_{\mathrm{t}}}{R}\left(\theta'+\frac{u'}{R}\right)\right]'-\left[\frac{EI_{\omega}}{R}\left(\theta'+\frac{u'}{R}\right)'\right]''+N\left(-u''+\frac{\theta}{R}\right)-q_{\xi}=0 \tag{9-13a}$$

$$\left[GI_{\mathrm{t}}\left(\theta'+\frac{u'}{R}\right)\right]'-\left[EI_{\omega}\left(\theta'+\frac{u'}{R}\right)'\right]''+\frac{EI_{\mathrm{y}}}{R}\left(u''-\frac{\theta}{R}\right)+m_{\zeta}=0 \tag{9-13b}$$

式中　u、θ——分别为拱轴在平面外的侧移与绕轴线切向的转角；

I_{y}、I_{t}、I_{ω}——分别为截面绕形心主轴 y（拱轴平面内的截面主轴）的惯性矩、截面相当惯性矩（圣文南系数）与翘曲惯性矩；

q_{ξ}、m_{ζ}——沿失稳后截面主轴（指向拱轴平面外）方向的分布荷载和绕拱轴切向的分布弯矩。

2. 平面外稳定的临界压力

对开口薄壁等截面圆弧拱承受径向荷载时的平面外稳定临界压力，方程式（9-13）有如下近似解

$$N_{\mathrm{cry}}=\frac{\pi^2 EI_{\mathrm{y}}}{K_{\mathrm{R}}^2R^2} \tag{9-14}$$

式中

$$K_{\mathrm{R}}=\sqrt{\frac{\beta^2\left[1+\gamma\left(\frac{\beta}{\pi}\right)^2\right]}{\mu\left[\left(\frac{\pi}{\beta}\right)^2+1/\gamma\right]+\left[1-\left(\frac{\beta}{\pi}\right)^2\right]^2}} \tag{9-15}$$

β——圆弧拱所夹圆心角；

$$\mu=\frac{EI_{\omega}}{GI_{\mathrm{t}}R^2} \tag{9-16}$$

$$\gamma = \frac{EI_{y}}{GI_{t}} \tag{9-17}$$

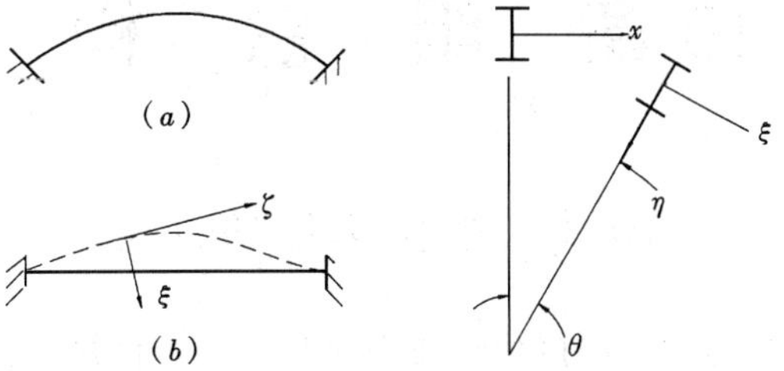

图 9-28 拱轴平面外的整体失稳

(a) 拱轴平面内；(b) 拱轴平面外

第10章 组 合 构 件

10.1 组合构件的分类

将钢结构常用的轧制型钢、焊接型钢或板材与混凝土材料组合起来，形成一种不同于钢筋混凝土构件的钢-混凝土组合构件，可以更有效地利用这两种材料各自的优点。这种组合结构构件已在工程结构中得到越来越广泛的应用。

目前经常使用的组合构件主要有组合板、组合梁（受弯构件）、钢管混凝土构件（轴心受压或偏心受力构件）以及型钢混凝土构件（又称钢骨混凝土或劲性混凝土构件）。

组合板由压型钢板和混凝土构成，主要用于具有承重要求的板材，例如建筑结构中的楼面板、桥梁中的桥面板等。在施工过程中，压型钢板作为底模，在混凝土结硬产生强度之前，承受支承跨度之间的混凝土湿重和施工荷载；混凝土产生强度之后，则由混凝土和压型钢板共同工作，承受施加在板面上的荷载。如果板的设计中不考虑在使用阶段由压型钢板承担截面上部分或全部的拉力，则不能称之为组合板。压型钢板与混凝土可以共同工作的前提是两种材料之间的界面上能够互相传递剪力。工程中有如下一些处理方法：①在压型钢板的肋上冲压抗剪齿槽，有时也可在平板部分设置凹凸齿槽（图 10-1*a*、*b*）；②将压型钢板制成倒梯形的开口（图 10-1*c*）或具有棱角的凸肋，增加混凝土与板之间的咬合作用（图 10-1*d*）；③压型钢板上加焊横向钢筋（图 10-1*e*）等。这些措施的效果各不相同，一般需经过试验，确定其叠合面上的抗剪能力。

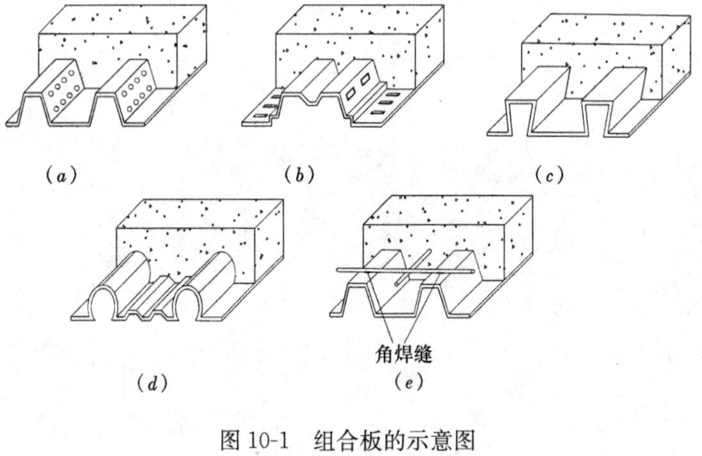

图 10-1 组合板的示意图

组合梁是钢梁与混凝土板（图 10-2*a*）或组合板（图 10-2*b*）通过抗剪键连接后形成的构件。钢梁在施工阶段承受未达到预期强度的混凝土板重及施工荷载；在使用阶段，则以组合构件的整体作用负担除自重以外的其他恒载、活载。比起只用钢梁承重的情况，显然组合梁可以节约钢材。

钢管混凝土构件以钢管的形式分，有方钢管或矩形钢管混凝土构件（图 10-3*a*～*c*），

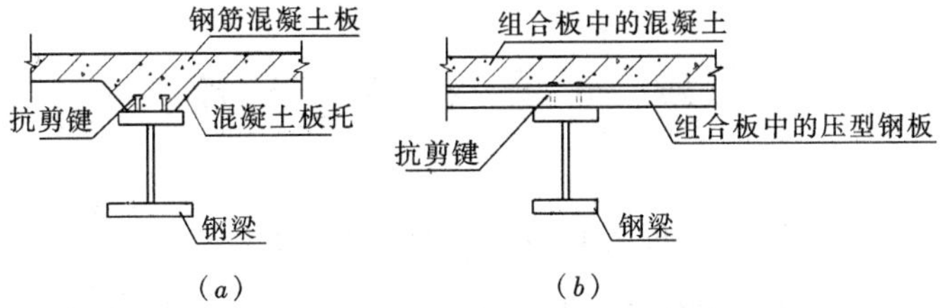

图 10-2　组合梁截面示意图

圆钢管混凝土构件（图 10-3$d\sim f$）。以混凝土与钢管的相对位置分，有内填式（图 10-3a、d）、外包式（图 10-3b、e）和内填外包式（图 10-3c、f）。钢管内部的填充混凝土中，一般不配置钢筋。有外包混凝土时，为使外包混凝土与钢管成为一个整体，配置纵向钢筋及箍筋。钢管混凝土多用于柱子，也有用于其他受压或受弯构件中的实例。在施工中，钢管可以承受上部的结构荷载，无需像钢筋混凝土柱那样，等待柱子有足够的强度之后，才能往上继续施工。外周的钢管对内填混凝土起到约束作用，使得这类构件中的混凝土在以受压为主的工作条件下，因三向受压而提高强度及塑性；对钢管而言，无论是内填或外包混凝土都对其局部稳定性起有利作用。外包的混凝土除在整体上提高了构件的强度和刚度，对于钢管还起到防腐防火的作用。近年来，工程界也在研制中空夹层钢管混凝土构件（图 10-3$g\sim i$），因其自重相对较轻，而刚度、承载力较大，在桥墩、大型结构物的支柱中具有应用潜力。工程上用得比较多的是内填式钢管混凝土构件。本章有关内容只讨论这类构件。

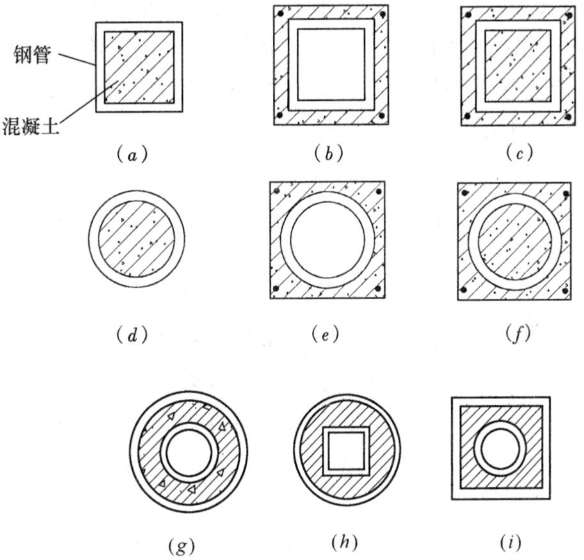

图 10-3　钢管混凝土构件截面示意图

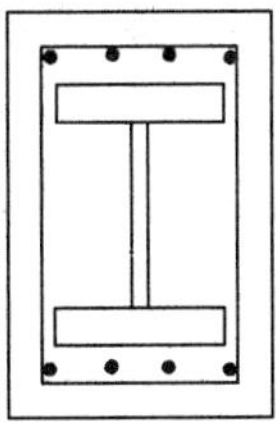

图 10-4　型钢混凝土构件截面示意

型钢混凝土构件与一般钢筋混凝土构件的区别在于构件内部配有热轧的或焊接组合的钢构件（图 10-4）。型钢的配置，使得构件在混凝土局部压溃之后，依靠钢骨的作用仍能维持相当大的承载力。对于较粗短的构件，在一般钢筋混凝土构件易遭受剪切破坏的情况下，由于实腹式钢骨的存在，仍能保持构件有足够的延性。型钢混凝土构件可以用作柱或梁。

以下简要介绍组合板、组合梁和钢管混凝土构件的承载性能和承载能力计算。

10.2 组合板的强度

10.2.1 施工阶段的计算

如前所述，组合板中的压型钢板在施工阶段将承受混凝土湿重和施工荷载。施工阶段的计算，实质上是压型钢板的计算。压型钢板可以看作正交异性钢板，因强边方向的截面刚度远大于弱边方向，因此，只考虑荷载沿强边方向传递（参见图10-5）的情况。因压型钢板的搁置方式不同，有简支板与连续板两种情况。简支板只需计算对于正弯矩的抗弯强度，连续板需计算对于正负弯矩的抗弯强度。抗弯强度的设计计算公式与一般受弯构件相同，即

$$M \leqslant W f_{\mathrm{d}} \tag{10-1}$$

式中 M——设计时采用压型钢板在单波宽度范围内的弯矩值，单波宽度的定义见图10-5(*b*)；

W——压型钢板单波宽度的有效截面模量，应取 $W=\min\{W_{\mathrm{ec}}, W_{\mathrm{et}}\}$，$W_{\mathrm{ec}}$、$W_{\mathrm{et}}$ 分别为翼缘受压和受拉边缘的有效截面模量，有效截面模量可根据压型钢板的有效宽度组成的有效截面求出；

f_{d}——压型钢板的强度设计值。

对施工阶段的压型钢板还需计算挠度，

$$\delta \leqslant [\delta] \tag{10-2}$$

式中 δ——压型钢板的最大挠度，用有效截面按材料力学或结构力学的方法计算；

$[\delta]$——板的容许挠度。

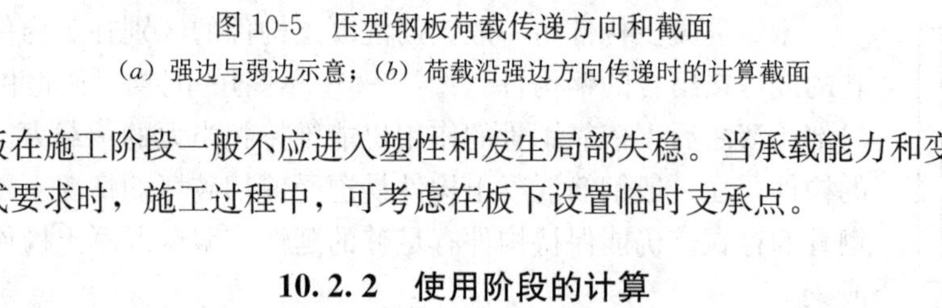

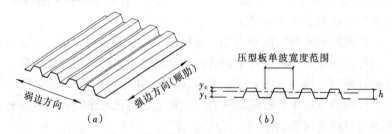

图10-5 压型钢板荷载传递方向和截面

(*a*) 强边与弱边示意；(*b*) 荷载沿强边方向传递时的计算截面

压型钢板在施工阶段一般不应进入塑性和发生局部失稳。当承载能力和变形能力不能满足以上两式要求时，施工过程中，可考虑在板下设置临时支承点。

10.2.2 使用阶段的计算

1. 压型钢板与混凝土叠合面上的纵向抗剪承载力

压型钢板与混凝土界面上的纵向粘结力不被破坏是组合板得以工作的前提。纵向粘结承载力的大小与压型钢板的截面型式、抗剪齿槽（或其他抗剪件）和混凝土强度有关，很难给出理论计算公式，一般需经过试验确定，其具体方法可按有关规范采用。组合板除需

确保纵向抗剪承载力外，尚需计算以下内容。

2. 板的正截面抗弯承载力

组合板正截面抗弯承载力按截面极限状态计算，且只考虑承受正弯矩的情况。按此原则，到达截面极限状态时，混凝土应达其抗弯强度，压型钢板应达到材料的屈服点。组合板的正截面强度计算截面是垂直于压型板强边方向的截面。

(1) 中和轴在压型钢板顶面以上的混凝土截面内（图 10-6）时，由平衡条件

$$\Sigma N = A_p f_y - xbf_{ck} = 0 \quad (a)$$

可得

$$x = \frac{A_p f_y}{bf_{ck}} \leqslant h_c \quad (b)$$

式中 A_p——压型钢板在单波宽度内的截面面积；

b——压型钢板单波宽度；

x——组合板受压高度；

f_y、f_{ck}——压型钢板屈服点与组合板混凝土的抗压强度；

h_c——压型钢板顶面以上混凝土的计算厚度。

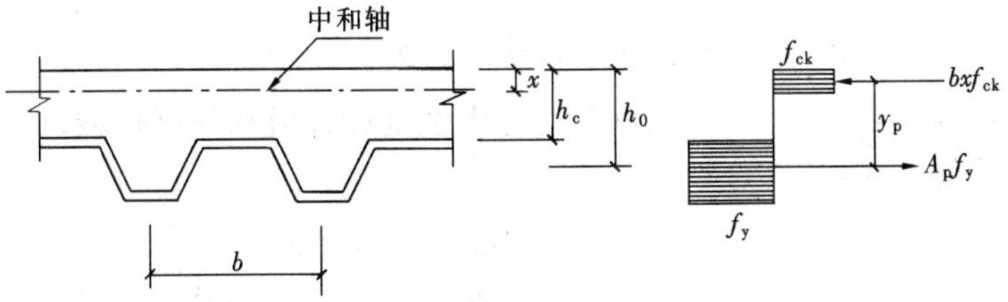

图 10-6 组合板正截面抗弯强度计算简图之一

因此，截面抗弯承载力为

$$M_p = xby_p f_{ck} \quad (c)$$

式中 y_p——压型钢板截面应力合力至混凝土受压正截面应力合力点的距离：

$$y_p = h_0 - \frac{x}{2} \quad (10\text{-}3)$$

h_0——压型钢板截面形心至混凝土顶面的高度，又称组合板的有效高度。

在设计公式中，考虑到压型钢板没有类似受拉钢筋那样的混凝土保护层，以及中和轴附近的材料强度发挥不充分等原因，对材料的强度设计值还要加以一定的折减，因此设计公式应分别表达为

$$x = \frac{A_p f_d}{bf_c} \leqslant h_c \quad (10\text{-}4)$$

$$M_{pd} = xby_p \gamma_c f_c \quad (10\text{-}5)$$

$$M \leqslant M_{pd} \quad (10\text{-}6)$$

式中 f_d、f_c——压型钢板钢材的强度设计值与混凝土抗压强度设计值；

γ_c——混凝土强度的折减系数，根据试验可取 0.8；

M_{pd}——组合板单波宽度抗弯强度设计值；

M——组合板单波宽度内的弯矩。

一般还规定，当按式（10-4）算得的 $x > 0.55h_0$ 时取 $x = 0.55h_0$。

（2）中和轴在压型钢板截面高度范围内，也即当 $A_p f_y \geqslant bh_c f_{ck}$ 时，由图 10-7 可知，若略去压型钢板高度范围内受压混凝土的贡献，有

$$M_p = h_c b y_{p1} f_{ck} + A_{p2} y_{p2} f_y \tag{d}$$

式中　y_{p1}——压型钢板受拉区截面应力合力至受压区混凝土截面应力合力点之间的距离；

y_{p2}——压型钢板受拉区截面应力合力至压型钢板受压区截面应力合力之间的距离；

A_{p2}——中和轴以上压型钢板单波宽度内的截面面积，A_{p2} 可由以下平衡条件解出

$$h_c b f_{ck} + A_{p2} f_y = (A - A_{p2}) f_y \tag{e}$$

y_{p1}、y_{p2} 的具体数值应根据不同的压型钢板板型具体计算。

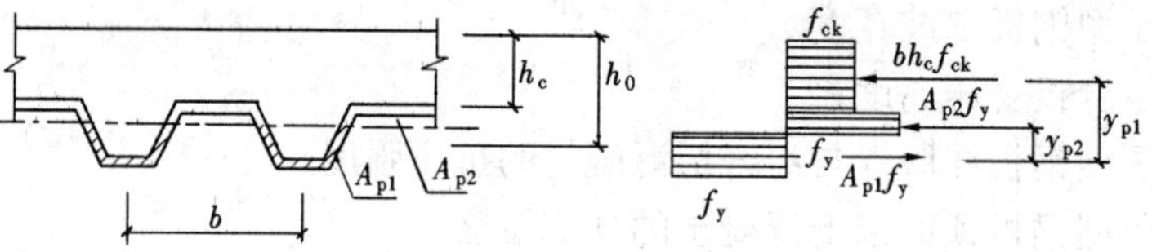

图 10-7　组合板正截面抗弯强度计算简图之二

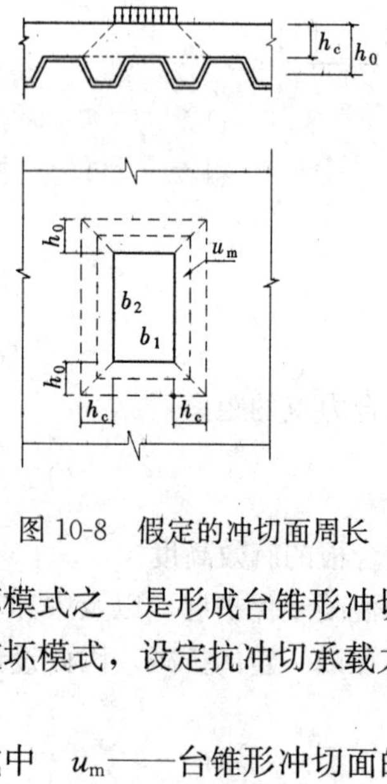

图 10-8　假定的冲切面周长

设计时，考虑强度设计值和强度折减，公式（d）、（e）分别表达为

$$M_{pd} = h_c b y_{p1} \gamma_c f_c + A_{p2} y_{p2} \gamma_s f_d \tag{10-7}$$

$$h_c b f_c + A_{p2} f_d = (A - A_{p2}) f_d \tag{10-8}$$

式中　γ_c、γ_s——依试验数据均取 0.8。

（3）组合板的斜截面抗剪承载力

组合板单波宽度抗剪承载力设计值按下式计算

$$V_d = 0.7 f_t b h_0 \tag{10-9}$$

式中　f_t——混凝土轴心抗拉强度设计值。

（4）组合板受集中力作用时的抗冲切承载力

在一定分布范围的集中荷载作用下，组合板可能的破坏模式之一是形成台锥形冲切面，其底面一般在压型钢板顶面处（见图 10-8）。根据这一破坏模式，设定抗冲切承载力设计值按下式计算

$$F_d = 0.6 f_t u_m h_c \tag{10-10}$$

式中　u_m——台锥形冲切面的平均周长计算值；

$$u_m = 2h_c + 2h_0 + 2b_1 + 2b_2 \tag{10-11}$$

b_1、b_2——集中荷载分布范围的尺寸。

10.3　组 合 梁 的 强 度

10.3.1　组 合 梁 的 截 面

组合梁由钢梁与钢筋混凝土板或组合板构成，以下将钢筋混凝土板或组合板称为

翼板。

钢梁可以是热轧工字型钢、工字形焊接组合截面或采用蜂窝梁。当采用焊接工字形组合截面时，可以使上翼缘宽度较窄，板厚较薄（图 10-2a），这是因为当组合梁受正弯矩作用时，中和轴在组合截面的较高位置，靠近上翼缘。

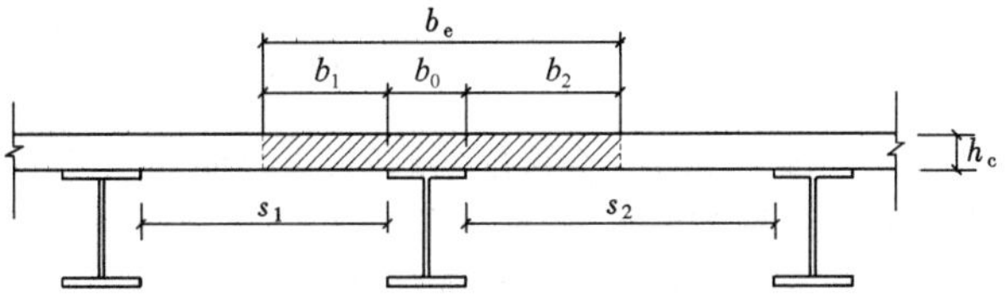

图 10-9 组合梁中板的有效宽度

钢筋混凝土板与钢梁连接处，为了提高板对钢梁反力引起的冲切力的抵抗作用，可以设置混凝土板托（图 10-2a）。通常钢筋混凝土板或组合板的宽度远大于钢梁的宽度，在作为组合截面考虑时，目前在工程设计中，一般按下式考虑板的有效宽度（图 10-9）。

$$b_e = b_0 + b_1 + b_2 \tag{10-12}$$

式中 b_0——钢梁上翼缘宽度，当有板托时，取板托顶部宽度；

b_1、b_2——梁两侧的混凝土板的计算宽度（图 10-9），当塑性中和轴位于混凝土板内时，取梁等效跨径 l_e 的 1/6，对简支组合梁，l_e 取梁跨，对连续组合梁，中间跨正弯矩区取梁跨的 0.6 倍，边跨正弯矩区取梁跨的 0.8 倍，支座负弯矩区取相邻两跨跨度之和的 20%；且 b_1 和 b_2 不应超过相邻钢梁间净距 s 的 1/2，在一侧为悬臂板时，不应超过板的实际外伸长度。

10.3.2 组合梁的截面抗弯强度

1. 按弹性理论计算的截面抗弯强度

按弹性理论计算截面抗弯强度时，钢梁截面的边缘最大应力不能超过钢材的屈服点，且截面上其余部分应力均应小于屈服点，混凝土的最大边缘应力不能超过其抗压强度或抗拉强度。

以下讨论受正弯矩作用的截面。

在施工阶段，相应的荷载全部由钢梁承受，此时，钢梁的截面抗弯承载力为

$$M_{se} = \min\{W_{s1}, W_{s2}\} f_y \tag{10-13}$$

式中 W_{s1}、W_{s2}——分别为钢梁上下翼缘最外侧纤维的截面模量。

施工阶段的荷载引起的弯矩 M_{I} 应当满足下式

$$M_{\mathrm{I}} \leqslant M_{se} \tag{10-14}$$

在工程设计中，应以钢材的强度设计值 f_d 替换式（10-13）中的 f_y。施工阶段结束后，施工活荷载已经撤除，钢梁翼缘最外侧已有混凝土板（或组合板）与钢梁等结构恒载产生的应力 σ_{s1}、σ_{s2}；作为组合梁的整体效应，整个截面在翼板上边缘、钢梁的上下边缘的应力分别为 σ_0、$\sigma_1 + \sigma_{s1}$、$\sigma_2 + \sigma_{s2}$（图 10-10）。此处

$$\sigma_{s1} = M_{\mathrm{IP}} / W_{s1} \tag{10-15}$$

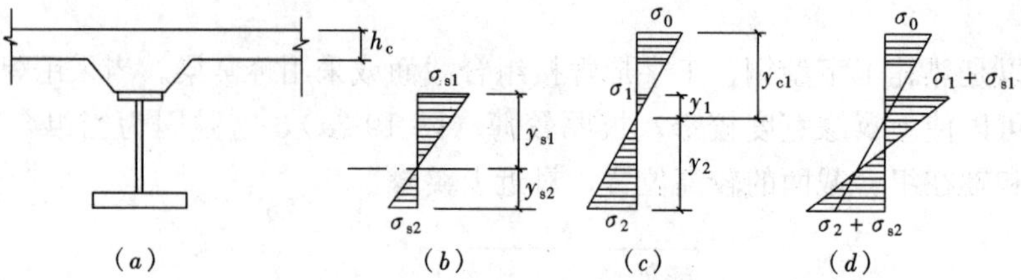

图 10-10　组合梁截面中的应力分布

(a) 组合梁；(b) 施工阶段后在钢梁中产生的应力；(c) 使用阶段在组合截面中产生的应力；(d) 组合截面中的实际应力分布

$$\sigma_{s2}=M_{IP}/W_{s2} \tag{10-16}$$

$$\sigma_0=\alpha_E M_{\text{II}}\,y_{c1}/I_{sc} \tag{10-17}$$

$$\sigma_1=M_{\text{II}}\,y_1/I_{sc} \tag{10-18}$$

$$\sigma_2=M_{\text{II}}\,y_2/I_{sc} \tag{10-19}$$

式中　M_{IP}——施工阶段的恒载在钢梁截面产生的弯矩；

M_{II}——施工阶段荷载以外的各种荷载在组合梁截面产生的弯矩；

y_{c1}——翼板顶面至组合梁截面形心的距离；

y_1——钢梁顶面至组合梁截面形心的距离；

y_2——钢梁底面至组合梁截面形心的距离；

I_{sc}——组合截面的惯性矩；

α_E——混凝土弹性模量与钢材弹性模量的比值；

$$\alpha_E=\frac{E_c}{E} \tag{10-20}$$

计算组合截面惯性矩时，先把翼板的面积折算为钢材面积，即

$$A_{ce}=\frac{E_c A_c}{E}=\alpha_E A_c \tag{10-21}$$

式中　A_c——有效宽度内钢筋混凝土翼板的面积，钢筋混凝土板的托板面积和组合板中压型钢板顶面以下部分的混凝土面积不计入其中。

折算后的翼板面积形心仍在原来的形心位置处，然后可以按照单一材料（钢材）求取组合梁截面的形心和其惯性矩。但是在按材料力学公式计算混凝土截面应力时，应当如式(10-17) 那样，用系数 α_E 进行换算。这是由于组合截面的抗弯刚度可表达为

$$EI_{sc}=E_c I_c+EI \tag{a}$$

其中，I_c、I 分别为组合梁中翼板部分和钢梁部分对组合截面惯性矩的贡献。按材料力学公式，若截面承受弯矩 M 时产生曲率 ϕ，则有

$$M=(E_c I_c+EI)\phi \tag{b}$$

和

$$\sigma_0=\varepsilon_0 E_c=y_{c1}\phi E_c \tag{c}$$

消去 ϕ 之后就有

$$\sigma_0=\frac{My_{c1}}{E_c I_c+EI}E_c=\frac{My_{c1}}{\frac{E_c}{E}I_c+I}\frac{E_c}{E}=\frac{\alpha_E M y_{c1}}{I_{sc}} \tag{d}$$

2. 按塑性理论计算的截面抗弯承载力

按塑性理论计算截面抗弯承载力时，假定组合截面中的钢梁和纵向钢筋受拉或受压都

达到屈服；塑性中和轴受压一侧混凝土都达到抗压强度，而受拉一侧混凝土的强度不予考虑。这时，整个截面都达到了极限状态。由于塑性发展已引起了构件内力的重新分布，因此，在计算荷载效应时，不考虑如弹性理论计算时那样将两阶段应力迭加的问题。

(1) 承受正弯矩作用的截面

当 $Af_y \leqslant b_e h_c f_{ck}$ 时，塑性中和轴位于混凝土翼板内（图 10-11），此时，组合梁截面中和轴至翼板顶面距离

$$x = \frac{Af_y}{b_e f_{ck}} \tag{10-22}$$

组合截面的抗弯承载强度

$$M_p = b_e x f_{ck} y_p \tag{10-23}$$

式中 A——钢梁面积；

b_e——混凝土翼板的有效宽度；

f_{ck}——混凝土抗压强度；

y_p——钢梁截面应力合力至混凝土受压区应力合力之间的距离。

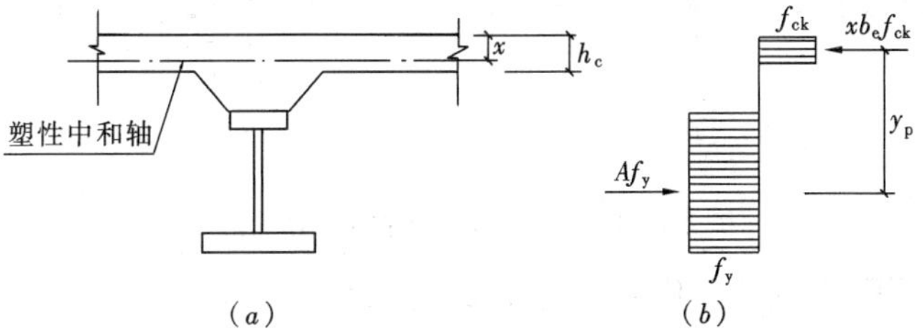

图 10-11 承受正弯矩时塑性中和轴在翼板内的计算简图

当 $Af_y > b_e h_c f_{ck}$ 时，塑性中和轴位于钢梁截面内（图 10-12），截面的抗弯承载强度

$$M_p = b_e h_c f_{ck} y_{p1} + A_p f_y y_{p2} \tag{10-24}$$

式中 y_{p1}——钢梁受拉区应力合力至混凝土翼板截面应力合力之间的距离；

y_{p2}——钢梁受拉区应力合力至钢梁受压区应力合力之间的距离；

A_p——钢梁受压区截面面积，可由平衡条件计算

$$A_p f_y + b_e h_c f_{ck} = (A - A_p) f_y \tag{10-25}$$

工程设计中，应用混凝土和钢材的强度设计值 f_c 和 f_d 代替式（10-23）～式（10-25）中的 f_{ck} 和 f_y。

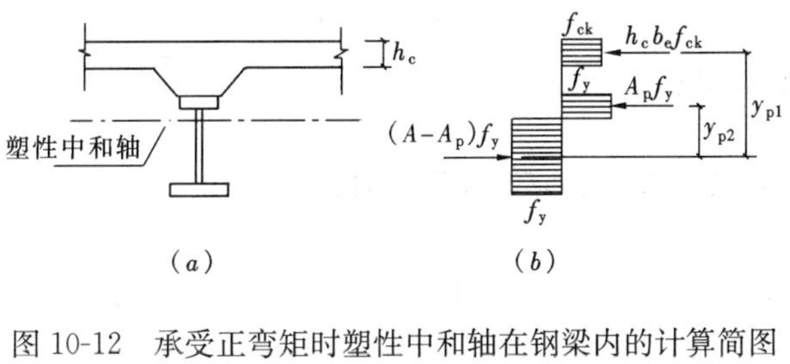

图 10-12 承受正弯矩时塑性中和轴在钢梁内的计算简图

(2) 承受负弯矩的截面

一般在翼板有效宽度范围内配置的纵向钢筋或压型钢板面积不会超过钢梁的面积，所

以，塑性中和轴都在钢梁截面内。根据平衡条件可确定钢梁受压区面积，然后由已知的钢梁截面几何尺寸可以计算出塑性中和轴的位置。

$$A_p f_y = (A - A_p) f_y + \sum A_s f_{sy} \tag{10-26}$$

式中　A_p——钢梁受压面积；

$\sum A_s$——纵向钢筋或压型钢板面积；

f_{sy}——纵向钢筋或压型钢板的屈服点。

参照图 10-13 的计算简图，可知此时截面的抗弯强度

$$M_p = \sum A_s f_{sy} y_{p1} + (A - A_p) f_y y_{p2} \tag{10-27}$$

式中　y_{p1}——纵向钢筋或压型钢板的应力合力至钢梁受压区应力合力之间的距离；

y_{p2}——钢梁受拉区应力合力至受压区应力合力之间的距离。

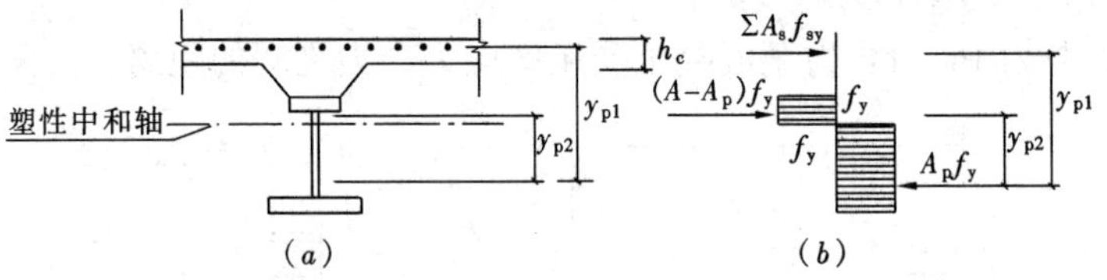

图 10-13　承受负弯矩时的计算简图

工程设计中，用强度设计值代替式（10-26）、式（10-27）中的材料屈服点。

无论正负弯矩作用的截面，荷载引起的内力弯矩 M 应不大于按式（10-23）、式（10-24）或式（10-27）确定的截面抗弯强度设计值。

从式（10-22）～式（10-27）可以看出，组合梁截面的极限弯矩由截面的几何构成和材料强度确定，强度公式用到的各个距离参数 y 也都不依赖于荷载作用方式与大小。

当按塑性理论计算截面抗弯承载力时，应注意对钢梁板件的宽厚比加以严格限制，防止在全截面进入塑性前发生局部失稳。

10.3.3　组合梁截面抗剪承载力

组合梁截面的全部剪力 V 假定由钢梁腹板承受，其截面抗剪承载力为

$$V_p = h_w t_w f_{vy} \tag{10-28}$$

改为设计表达式

$$V_{pd} = h_w t_w f_{vd} \tag{10-29}$$

式中　h_w——钢梁腹板高度；

t_w——钢梁腹板厚度；

f_{vy}、f_{vd}——钢材受剪屈服点及对应的强度设计值。

工程设计应满足

$$V \leqslant V_{pd} \tag{10-30}$$

10.3.4　组合梁的工作条件

组合梁若没有有效的连接件传递翼板与钢梁之间的剪力，两部分就不能共同工作，而

是成为两个平行的独立单元去承受横向力作用。所以，以钢梁顶面为界，在此处设置的连接件必须传递的剪力就是界面上部传至下部或下部传至上部的纵向力。以组合梁抗弯承载力达到极限状态为例，当受正弯矩作用且塑性中和轴在翼板内时，界面上需传递的剪力为

$$V_e = Af_y \tag{10-31a}$$

或

$$V_e = Af_d \tag{10-31b}$$

塑性中和轴在钢梁内时

$$V_e = b_{ce}h_c f_{ck} \tag{10-32a}$$

或

$$V_e = b_{ce}h_c f_c \tag{10-32b}$$

当受负弯矩作用时

$$V_e = \sum A_s f_{sy} \tag{10-33a}$$

或

$$V_e = \sum A_s f_{sd} \tag{10-33b}$$

这些剪力值不应超过连接件的抗剪承载力。连接件抗剪承载力的计算可以查阅有关的设计规定或手册。

当连接件的抗剪承载力小于以上公式时，形成所谓“部分抗剪连接组合梁”，在这种情况下有关梁截面抗弯强度的计算就不同于10.3.2节的各项公式，应另作考虑。

10.4　钢管混凝土柱的强度和稳定性

10.4.1　钢管混凝土柱的力学性能

1. 承载能力

长期的试验观察表明，钢管混凝土构件的承载能力不是同形状、同面积的两种材料各自承载能力之和。以内填混凝土钢管短柱为例，若单独取钢管做轴压试验，无论圆管、方管或矩形管，钢管可能在全截面屈服之前屈曲，也可能在屈服之后发生弹塑性局部失稳；单独取素混凝土柱做轴压试验，则可观察到明显的纵向裂纹早期发生的现象。当取钢管混凝土短柱试件进行轴压试验时，所得到的极限承载力均高于两者分别试验得到的承载力之和。从机理上分析：①内填混凝土（称为核心混凝土）的存在，抑制了钢管的局部屈曲变形。例如圆钢管、方钢管发生的局部失稳模式，通常如图10-14（*a*）、（*b*）所示，一旦有内填混凝土，向内凹进的变形即受阻止：圆钢管菱状的反对称失稳模式被阻止，方钢管类似四边简支板的屈曲失稳模式被阻止。当转为如图10-15所示的外凸式对称失稳模式时，两者的稳定承载能力都能得到提高。②混凝土受压后，随轴压荷载增长而向外挤胀，使得钢管产生横向拉力，钢管即使发生局部失稳，仍能在拉力场帮助下继续承载。③核心混凝土在微裂膨胀后将受到钢管的约束作用，在圆钢管中，这种约束作用十分明显，称之为套箍作用。在方钢管中，也有这种效应，但在角隅部分较强。混凝土受三向压力作用后，纵向受压的承载能力大大提高。钢管约束作用的强弱与截面中的含钢率有关，一般的，含钢率大，约束作用就大；在构件的面积和形状不变的情况下，含钢率增大，意味着钢管的径厚比或宽厚比变小。

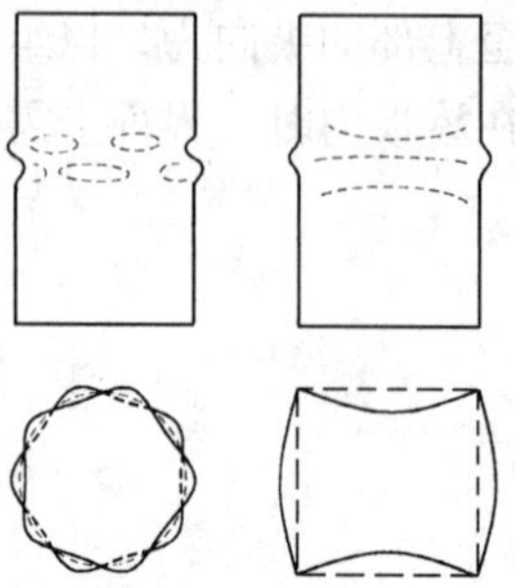

（a）　（b）

图 10-14　空钢管的局部屈曲模式

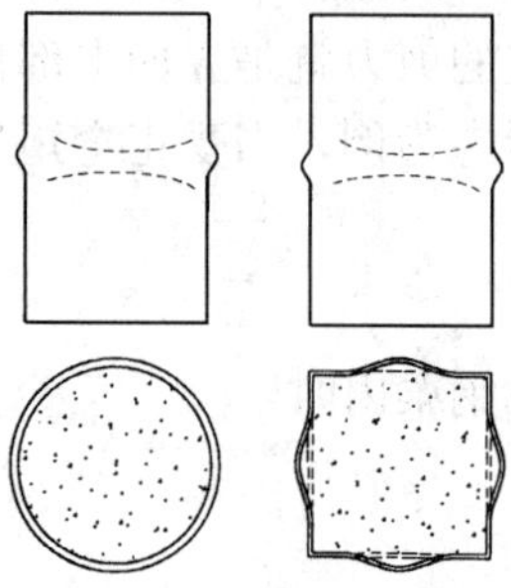

（a）　（b）

图 10-15　内填混凝土的钢管局部屈曲模式

2. 变形能力

钢管因混凝土的作用而提高了整体刚度，又因局部稳定性和整体稳定性的提高而改善了承载中的变形能力，混凝土也因成为约束混凝土而提高了塑性，综合起来，钢管混凝土构件具有良好的延性。

10.4.2　方形与矩形钢管混凝土柱的强度和稳定

1. 轴心受压构件

(1) 方（矩形）钢管混凝土轴压构件的截面承载力计算，一般采用简单叠加法，即：

$$N_{rp} = Af_y + A_c f_{ck} \tag{10-34}$$

式中　A、A_c——分别为钢管与核心混凝土的截面积；

f_y——钢材屈服点；

f_{ck}——混凝土的轴心抗压强度标准值。

虽然根据试验数据分析，方（矩形）钢管混凝土轴压构件的实际承载能力要比式(10-34) 高出 10%～40%，但简单叠加法已经排除了钢管因局部失稳导致的强度降低和混凝土因横向拉应变而产生的强度损失，是适合于工程应用的。工程设计时，应用材料强度设计值 f_d、f_c代替 f_y、f_{ck}。

(2) 轴心受压柱的整体稳定应满足下式

$$N \leqslant \varphi N_{rpd} \tag{10-35}$$

式中　φ——方（矩形）钢管混凝土构件的轴心受压稳定系数。可按第 5 章介绍的轴心受压钢构件 b 曲线取值。计算长细比时构件截面的回转半径 i 按下式取用

$$i = \sqrt{\frac{I + I_c \dfrac{E_c}{E}}{A + A_c \dfrac{f_c}{f_d}}} \tag{10-36}$$

式中　I、I_c——钢管与混凝土截面的惯性矩。

2. 单向压弯构件

(1) 根据极限状态假定，钢管混凝土柱截面在中和轴受拉一侧的混凝土退出工作，受压侧则达到混凝土轴心抗压强度 f_c，而受拉受压侧钢材均达到屈服点 f_y（图 10-16）。

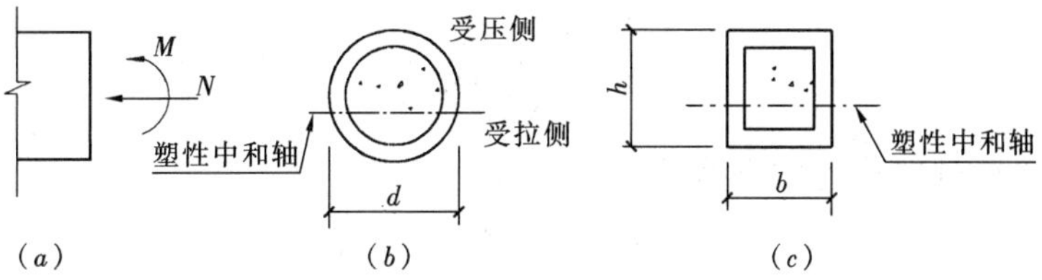

图 10-16 单向压弯构件极限状态

按图 10-16，得到的 N-M 关系曲线如图 10-17 所示。在工程上，可以用分段直线或单一直线偏安全的表达截面强度的相关关系。

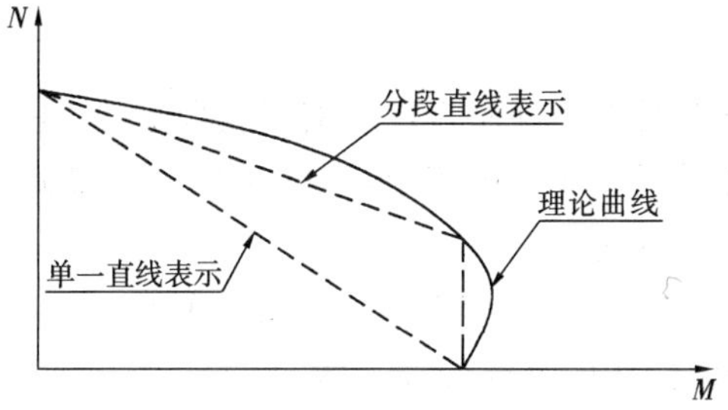

图 10-17 压弯构件截面的 N-M 关系

根据国内外试验资料的比较，一个主平面内压弯的矩形或方钢管的截面承载力设计公式可按式（10-37）采用

$$\frac{N}{N_{\rm rpd}}+(1-\alpha_{\rm c})\frac{M}{M_{\rm rpd}}\leqslant 1 \tag{10-37a}$$

以及

$$\frac{M}{M_{\rm rpd}}\leqslant 1 \tag{10-37b}$$

式中 $N_{\rm rpd}$——轴心受压截面承载力设计值，用 $f_{\rm d}$、$f_{\rm c}$ 代替式（10-34）中 $f_{\rm y}$、$f_{\rm ck}$ 后得到；

$M_{\rm rpd}$——截面的抗弯极限承载力设计值；

$$M_{\rm rpd}=[0.5A(h-2t-d_{\rm n})+bt(t+d_{\rm n})]f_{\rm d} \tag{10-38}$$

h、b——矩形钢管分别垂直和平行于弯曲轴的截面外包尺寸（图 10-16）；

t——钢管厚度；

$d_{\rm n}$——系数；

$$d_{\rm n}=\frac{A-2bt}{(b-2t)\dfrac{f_{\rm c}}{f_{\rm d}}+4t} \tag{10-39}$$

$\alpha_{\rm c}$——受压构件中混凝土的工作承担系数，可按下式计算：

$$\alpha_{\rm c}=\frac{f_{\rm cd}A_{\rm c}}{f_{\rm d}A+f_{\rm c}A_{\rm c}} \tag{10-40}$$

（2）一个主平面内受弯的矩形或方钢管混凝土压弯构件在弯矩作用平面内的整体稳定性应同时满足下列两式的要求：

$$\frac{N}{\varphi_{\rm x}N_{\rm rpd}}+(1-\alpha_{\rm c})\frac{\beta M}{\left(1-0.8\dfrac{N}{N'_{\rm E}}\right)M_{\rm rpd}}\leqslant 1 \tag{10-41}$$

$$\frac{\beta M}{\left(1-0.8\frac{N}{N'_{\mathrm{E}}}\right)M_{\mathrm{rpd}}}\leqslant 1 \tag{10-42}$$

弯矩作用平面外的稳定性应满足：

$$\frac{N}{\varphi_{\mathrm{y}}N_{\mathrm{rpd}}}+\frac{\beta M}{1.4M_{\mathrm{rpd}}}\leqslant 1 \tag{10-43}$$

式中　$N'_{\mathrm{E}}=N_{\mathrm{rpd}}\dfrac{\pi^2 E}{1.1\lambda^2 f_{\mathrm{y}}}$，其余符号参见本节其他公式和第7章有关公式的说明。

10.4.3　圆钢管混凝土柱的承载能力和稳定

1. 轴心受压构件

相对方（矩形）钢管混凝土构件而言，圆钢管混凝土构件的截面承载力采用简单迭加公式往往偏于保守，因此可以考虑约束作用，对承载力予以提高。圆钢管混凝土构件轴心受压时的截面承载力可以表示为

$$N_{\mathrm{cp}}=Af_{\mathrm{y}}+(1+\xi_{\mathrm{c}})A_{\mathrm{c}}f_{\mathrm{ck}} \tag{10-44}$$

式中　ξ_{c}——考虑钢管约束作用的强度提高系数。

$$\xi_{\mathrm{c}}=\sqrt{\frac{f_{\mathrm{y}}}{f_{\mathrm{ck}}}\frac{A}{A_{\mathrm{c}}}} \tag{10-45}$$

上式可以变形为

$$\xi_{\mathrm{c}}=\sqrt{\frac{f_{\mathrm{y}}}{f_{\mathrm{ck}}}\frac{\rho_{\mathrm{s}}}{1-\rho_{\mathrm{s}}}} \tag{10-46}$$

式中　ρ_{s}——截面含钢率。

$$\rho_{\mathrm{s}}=\frac{A}{A+A_{\mathrm{c}}} \tag{10-47}$$

可见这样定义的提高系数随钢材强度的提高和截面含钢量的增大而增大。虽然在公式（10-44）中，强度提高系数 ξ_{c} 乘在有关混凝土强度的项前，如前面已经说明的那样，钢管混凝土构件承载力的提高也包含着钢管承载力提高的因素。

用于工程设计时，应用材料强度设计值 f_{d}、f_{c}代替式（10-44）中的 f_{y}、f_{ck}。

2. 圆钢管混凝土构件轴心受压稳定计算公式的表达为

$$N\leqslant\varphi N_{\mathrm{cpd}} \tag{10-48}$$

式中　N_{cpd}——轴心受压截面强度设计值，用 f_{d}、f_{c}代替式（10-44）中 f_{y}、f_{ck}后得到；

φ——钢管混凝土构件的轴心受压稳定系数，根据试验数据分析，对圆钢管混凝土构件可取

当 $l_0/d\leqslant 4$ 时，

$$\varphi=1 \tag{10-49a}$$

当 $l_0/d>4$ 时，

$$\varphi=1-0.115\sqrt{\frac{l_0}{d}-4} \tag{10-49b}$$

l_0——圆钢管混凝土柱的等效计算长度，与柱子的几何长度、约束条件、弯矩分布形式等有关；

d——圆钢管外径。

3. 单向压弯构件

参照极限状态假定图式（图 10-17）进行分析，两端铰接钢管柱的相关公式可表达为

$$当\frac{N}{N_{cp}} \geqslant 0.26 时，\frac{N}{N_{cp}} + 0.74\frac{M}{M_{cp}} = 1 \tag{10-50a}$$

$$当\frac{N}{N_{cp}} < 0.26 时，\frac{M}{M_{cp}} = 1 \tag{10-50b}$$

式中 M_{cp}——受弯构件截面极限承载力。

根据试验分析，M_{cp}可近似表达为

$$M_{cp} = 0.4r_c N_{cp} \tag{10-51}$$

式中 r_c——钢管内半径。

第 11 章　钢结构构件及节点的抗震性能

11.1　荷载性质与构件性能

荷载性质可按静力荷载和动力荷载分类。结构设计时，可把无动力效应的荷载如恒载和动力效应可以略去的其他荷载都看作静力荷载。但是，有些情况，当动力效应不能忽视时，则必须按动力荷载处理。例如，对高度很大而又细长的高楼，跨度很大而又扁平的桥梁，引起结构振动的风荷载需作为动力荷载考虑；至于吊车荷载、地震作用等，都属于动力荷载的范围。结构计算时，许多情况下可以避免直接采用动力分析的方法，而用等效的动力系数或荷载增大系数等将荷载的动力效应转变为静力荷载效应。

钢结构承受的荷载性质也可按单调荷载和反复荷载分类。单调荷载指的是外界作用以单向增加的方式施加到结构上，直至结构（或构件）到达其规定的极限承载力。反复荷载则指外界作用不仅往复地改变大小，而且改变构件内力的方向，如使压力变为拉力，正弯矩变为负弯矩等等。如果这种反复荷载引起的构件内力始终不超过钢材的弹性极限，在相当大的反复循环次数下需要考虑疲劳破坏，其他情况下则可以按承受单调荷载来考虑。

地震作用是反复荷载，又是动力荷载。但与在相当大的反复循环次数下发生的高周疲劳现象不同，在地震作用下，钢结构在极短的时间内，经受若干次大幅度的反复荷载作用，可能使结构构件内力多次超过屈服承载力。在这种情况下钢结构构件的性能与仅承受静力荷载时有较大的差别。本章主要讨论在这种反复动力荷载作用下钢结构构件的弹塑性性能。

11.2　轴心受力构件的滞回性能

11.2.1　单调加载下的应力-应变曲线及延性系数

设有一给定截面（如工字形截面）的轴心受力构件，材料为普通碳素结构钢或低合金结构钢。根据拉伸试验得到的应力应变关系如图 11-1 中 A 所示。制成的工字形截面短柱在轴心压力作用下的平均应力和平均应变关系如图中 B 所示。与材料拉伸曲线不同，短柱受压曲线一般没有明显的屈服平台，这是因为实际构件的截面内部总有残余应力，即使受到均匀分布的外力，截面的实际应力（荷载引起的应力迭加上残余应力）是不均匀的，故截面上各点不是同时进入塑性。将受拉试件按实际构件截面制作后得到的结果也会类似。短柱受压曲线与材料拉伸曲线的另一不同，是其极限承载力对

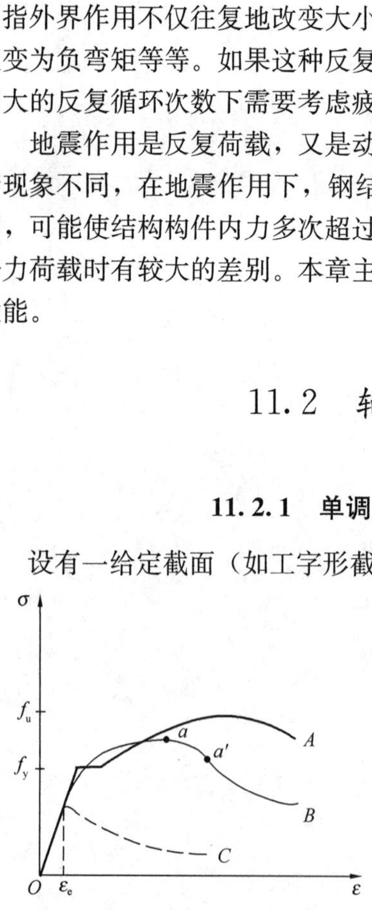

图 11-1　不同试验对象的试件平均应力-应变曲线

应的平均应力要低于抗拉强度，它的失效通常受板件弹性的或弹塑性的局部失稳影响。当构件有较大的长度时，其极限承载力对应的截面平均应力将会更加降低，在构件整体弹性失稳的情况下，截面平均应力是低于屈服强度的（图 11-1 中曲线 C）。由此便可了解构件的荷载-变形性状不是材料应力-应变关系的简单类推。

对于钢结构材料，工程上多用伸长率的大小表示其塑性性能的优劣。对构件也同样有一个塑性性能的定量评价。对短柱曲线 B，将曲线 B 离开初始直线的应变记为 ε_e，以此作为基准，则

$$\mu = \frac{\varepsilon_a}{\varepsilon_e} \tag{11-1}$$

可以作为一塑性性能的评价指标，称为延性系数。其中 ε_a 是极限荷载对应的平均应变值。

对延性系数也可采用下式表达

$$\mu = \frac{\varepsilon_a}{\varepsilon_e} - 1 \tag{11-2}$$

当 $\mu=0$ 时，表示构件无延性，失效发生在弹性范围。显然 μ 值越大，构件的塑性性能（构件在弹性范围后继续抵抗外界荷载的能力）越好。从轴心受压短柱和长柱的例子可以看出，材料塑性指标固然与构件的塑性性能有关，但构件的宽厚比（与局部稳定有关）、长细比（与整体稳定有关）是影响钢结构构件塑性性能的主要因素。对要求有良好塑性性能的构件，应保证其局部稳定、整体稳定的承载力超过构件的屈服承载力。

由试验曲线确定 ε_e 是比较困难的，一种近似的方法是直接以屈服应变 $\varepsilon_y=f_y/E$ 代替 ε_e，代入定义式（11-1）或式（11-2）。

11.2.2 轴心受力构件的滞回曲线

设计一个对轴心受力构件施加反复荷载的试验，构件的宽厚比足够小使加载中不会发生局部失稳。加载过程为，使构件从产生压缩变形开始在［$-\delta_0$，$+\delta_0$］区间循环若干次，然后在［$-2\delta_0$，$+2\delta_0$］，［$-3\delta_0$，$+3\delta_0$］，［$-4\delta_0$，$+4\delta_0$］……各循环若干次，直至某一循环中，构件发生断裂或其承载力降到加载过程中出现的试件最大承载力的某一百分比时停止试验（图 11-2）。在确定 δ_0 的绝对值时，要求在此变形范围内构件已达到屈服承载力或经过了整体失稳的极限点承载力。

图 11-3（a）为一轴心受力构件在反复荷载作用下的荷载-变形的试验曲线，图 11-3（b）将同一规格试件分别在单调受拉、受压荷载下得到的荷载-变形曲线叠放在一个图中。把图 11-3（a）这样反复循环的荷载-变形曲线称为滞回曲线，其构成的封闭图形也称为滞回环。相应的，把图 11-3（b）的曲线称为骨架曲线。如果把滞回曲线在各个变形幅值中达到的荷载峰值依次连起来，其形状与骨架曲线非常近似，这也是骨架曲线称呼之由来。

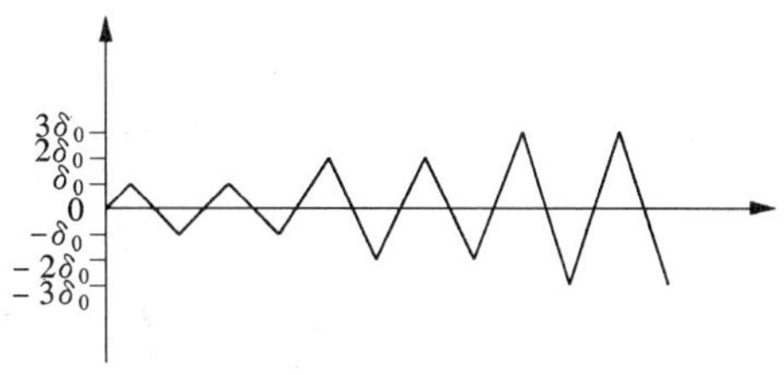

图 11-2 对轴心受力构件施加反复荷载的试验程序

滞回曲线是以变形为横轴，荷载为纵轴作出的图形，曲线所围面积具有能量的量纲，

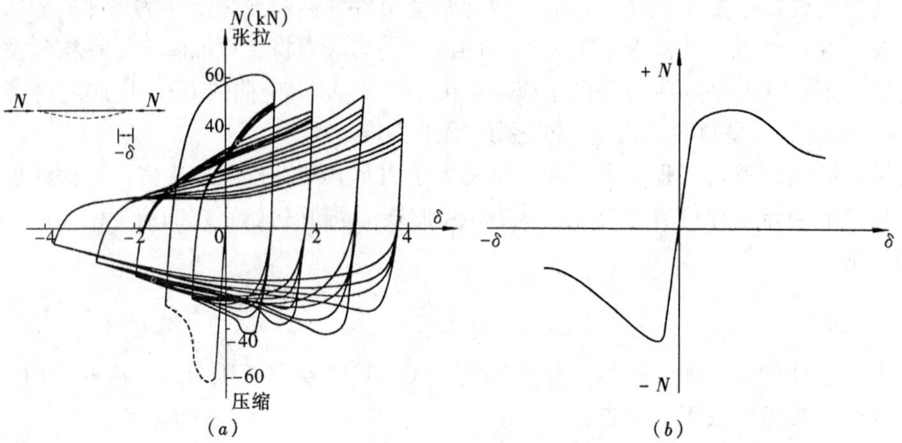

图 11-3　轴心受力构件的荷载-变形曲线

它反映了在反复荷载作用下，构件通过塑性变形能对外界输入功进行消耗。在同一种的循环位移程序下，滞回曲线所围的面积越大，也即在每一循环中达到的承载力值越高，滞回曲线环越饱满，表明构件的塑性变形能越大。可以认为，塑性变形能是构件的一种性能指标，它综合反映了构件的承载能力和变形能力，也是构件承载能力的一个指标。

11.2.3　轴心受力构件滞回曲线的模型化

中等长细比的轴心受力构件，其滞回曲线模型可按图 11-4（*a*）所示建立。曲线初始斜率和在受拉时的卸载斜率都由弹性刚度确定。受压到达 *A* 点时，构件失稳弯曲。若压缩变形继续，则截面上塑性逐渐开展。如同单调受压时失稳后的曲线（图 11-1 中 *C* 曲线）一样，抗压承载力与构件刚度随之下降。*B* 点是由于地震反向作用，压力开始减小，到达 *C* 点时，构件截面受拉最大处开始发展塑性。当构件恢复原长后，刚度又有所上升，直至达到受拉屈服。拿这一模型与图 11-3（*a*）比较，它未考虑构件首次失稳后，再次受压失稳时临界荷载的降低，也未反映强度退化对多次受拉屈服的影响。但作为一个简单的模型，它还是反映了反复荷载作用下构件的特征。

长细比较大的构件，受压失稳时的临界力很低，其滞回模型可如图 11-4（*b*）所示。

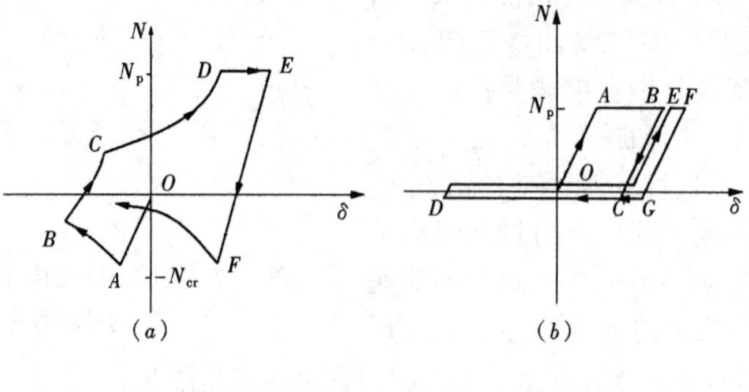

图 11-4　反复荷载作用下轴心受力钢构件的滞回模型

11.3　受弯构件的滞回性能

11.3.1　单调加载下受弯构件的弹塑性性能

承受均匀弯矩的简支梁，根据单调加载试验结果，将其梁端弯矩与转角用 M_p 和 θ_p 无量纲化后，作出的曲线如图 11-5 所示。M_p 是截面的极限弯矩，θ_p 是按弹性理论计算的相对于 M_p 时的转角值。对一给定截面的梁，随着弯曲平面外长细比的增加，梁发生弯扭失稳从而导致承载能力下降时的变形相应减小。从各曲线顶点作曲线初始斜率的平行线，则曲线-平行线-横轴所围成的面积表征了梁因失稳导致承载力下降为止所消耗的塑性变形能。为了更直接地定义这一指标，同样可以定义延性系数

$$\mu=\frac{\theta_u}{\theta_p} \tag{11-3}$$

或

$$\mu=\frac{\theta_u}{\theta_p}-1 \tag{11-4}$$

其中 θ_u 为弯矩-变形曲线上极值点（图 11-5 各曲线中 a、b、c、d 点）对应的变形。

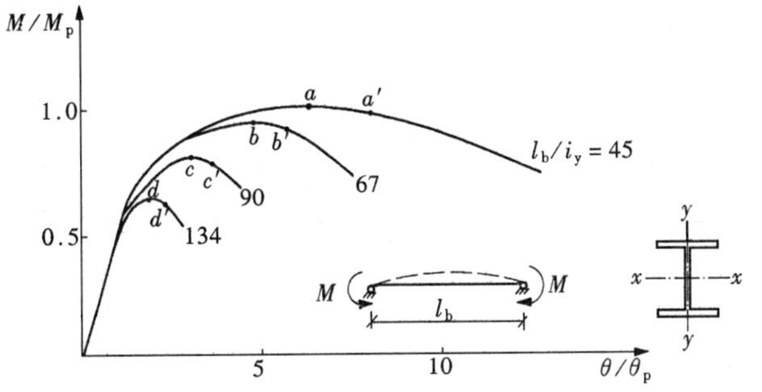

图 11-5　简支梁单调加载时的弯矩-变形曲线

延性系数的定义是相对的。例如可以用边缘屈服弯矩 M_e 对应的弹性变形 θ_e 作为基准值。研究工作中，也常用承载能力下降到某一程度，例如承载能力下降到最大承载弯矩 90%时（如同图形曲线上 a'、b'、c'、d'）对应的变形作为 θ_u，这样定义的延性系数，还可以反映最大承载力后构件强度退化的程度。

受弯构件的最大承载力也可能因为局部失稳的发生而低于截面的极限承载弯矩，或者到达截面极限承载弯矩后，因弹塑性局部失稳而导致承载力和刚度的迅速退化。

11.3.2　反复荷载下受弯构件的滞回曲线及简化模型

两端简支钢梁在集中力反复作用下的跨中弯矩-梁端转角变形的一个试验曲线如图 11-6 所示。这是试验所得的滞回曲线。从这一曲线，可以读到以下信息：

（1）梁在最初 n 次的循环中屈服弯矩是渐次增长的。首次屈服之后，梁的翼缘附近材料已经历了一次应变硬化的过程。这种后屈服弯矩高于首次屈服弯矩的现象，只有避免局部失稳或整体失稳的早期发生、材料的强化效应能够发挥时才出现。

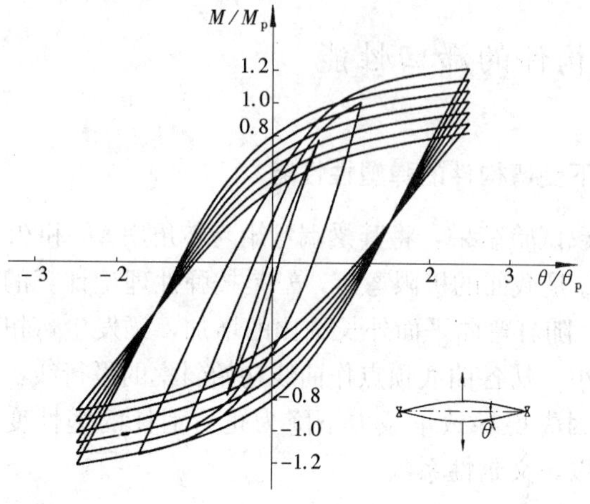

图 11-6　反复荷载作用下受弯构件的滞回曲线

(2) 梁在各个加载循环中发生卸载时，卸载开始点的斜率大体与加载开始点的斜率相同，接着发生弯曲，表现出构件刚度的某种"软化"，这是材料的 Bauschinger 效应所致。当塑性变形的循环次数增加后，对应同一变形可达到的弯矩值明显下降。这往往是由于梁翼缘或腹板弹塑性局部失稳引起截面性状劣化所致。

(3) 试验还表明用同一规格的构件在单调荷载下的弯矩-变形曲线的形状，可以预计该种构件在反复荷载下强度退化出现的早晚以及强度退化的程度。

在结构抗震分析时，所建立的受弯构件滞回模型，视力学模型的不同，可按 M-Φ 曲线的形式或 M-θ 曲线的形式建立。图 11-7 是以 M-Φ 形式建立的几种模型。模型 (a) 是理想的弹塑性模型，模型 (b) 是双线形模型，可以反映钢构件的强化效应，并以卸载指向时的屈服弯矩降低来间接表达 Bauschinger 效应。模型 (c) 可以综合反映强化、退化、Bauschinger 效应等，但模型表达较复杂。

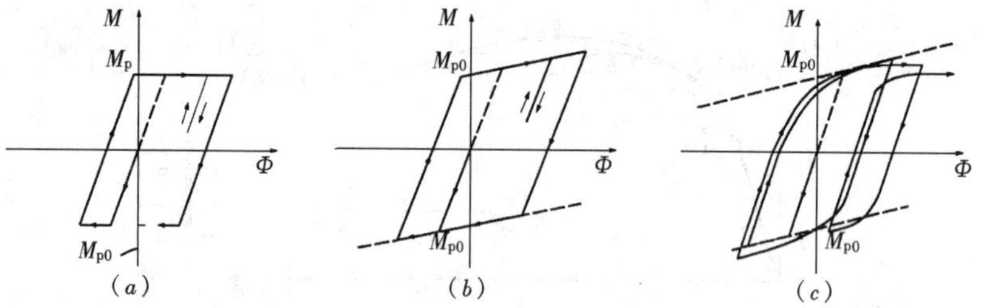

图 11-7　受弯构件的简化滞回模型

11.4　压弯构件的滞回性能

讨论单向压弯构件的情况。层数不高的建筑结构中的钢柱，受到的轴力主要由竖向荷载引起，且在水平力作用下变化不大，可以看作是轴力一定的构件。对同一规格的悬臂柱固定轴力为某一值，施加端部水平力，这可以看作是横梁刚度很大时反弯点在柱中点时构件的一半。以水平力 F 与 F_p 之比为纵轴，$F_p = M_p/H$，水平位移与构件高度 H 之比作为横轴，可得到如图 11-8 所示的单调加载曲线。当构件足够粗短时，不发生弯曲平面外的弯扭失稳，其承载力取决于计入轴力影响之后的截面极限弯矩（参见第 7 章）。当轴力较小时，由于强化作用，极限承载力可以有所上升，直至发生弹塑性局部失稳，使构件承载力开始下降（本例中如 $N/N_p = 0.1$ 时）。当轴力加大到一定程度后，材料强化引起的屈服后承载力上升被轴力引起的二阶效应所抵消，直至塑性发展到一定程度板件局部失稳，构件承载力出现退化（本例中 $N/N_p = 0.2$ 的情况）。当轴力进一步增大后，构件一旦屈服，强度立即退化，板件局部失稳只是加大刚度退化。要保证构件有良好的塑性变形性能，则防止构件整体失稳、局部失稳，控制轴压力大小是重要的。

在反复荷载作用下，上述轴力比较小的构件和轴力比较大构件的滞回曲线各如图 11-9（*a*）、（*b*）所示。两者滞回曲线所围面积相差很大。

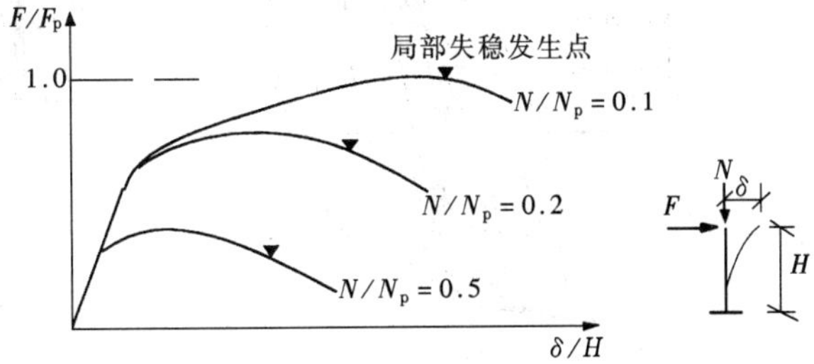

图 11-8 悬臂柱的单调加载曲线

对一般静力荷载，工程设计中主要关心极限承载力的大小，但对地震那样反复作用的荷载，通常工程设计时要求构件有很强的变形能力以耗散地面运动对结构的能量投入。这种变形能力就是结构经历很大变形但仍能保持一定承载力水准的能力。如果这种能力仅靠构件的延性即其良好的塑性变形能力提供，则就要求构件的滞回性能能充分反映这种塑性。

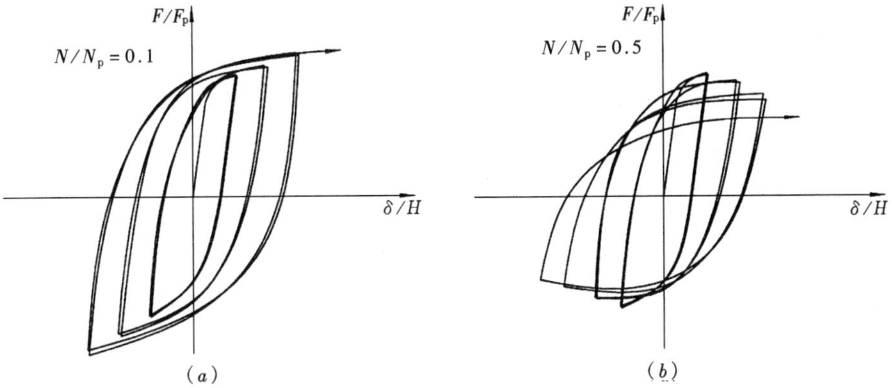

图 11-9 单向压弯构件的滞回曲线

11.5 节点的滞回性能

框架结构刚性连接的梁柱节点，其滞回性能受到如下因素的影响：

1. 节点域钢板的厚度

如果节点域钢板很薄，就易于发生剪切变形，导致节点域承载力的降低。增大节点域钢板的厚度或设置加劲肋，有助于提高抗弯节点域的刚度、承载力和稳定性。

2. 节点域周围梁柱构件翼缘、腹板及加劲肋的约束

约束越强，则节点域刚度和承载力越高。

3. 连接的方式

梁翼缘、腹板均采用全焊接或翼缘焊接、腹板用高强度螺栓连接时，节点域滞回曲线呈稳定的纺锤形（图 11-10*a*），当翼缘、腹板都用角钢连接时，由于螺栓的相对滑移以及连接板或角钢的变形，滞回曲线将呈捏拢状的收束形（图 11-10*b*）。

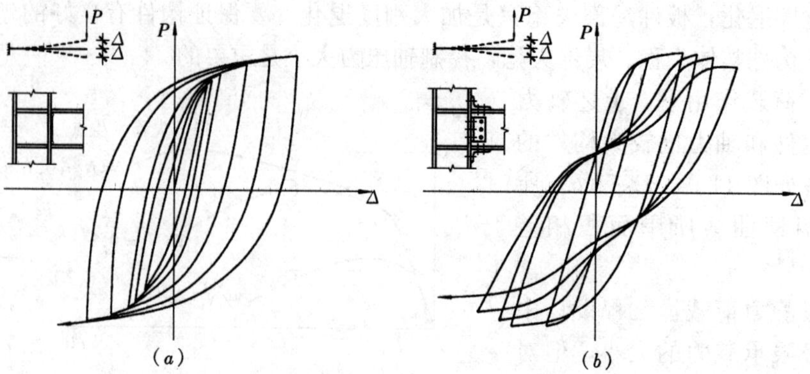

图 11-10　节点连接方式和滞回特性

附录 1 钢结构用主要钢材牌号的化学成分和机械性能

碳素结构钢钢材的牌号和化学成分（按 GB/T 700—2006） **附表 1-1**

牌号	等级	厚度（或直径）(mm)	脱氧方法	化学成分（质量分数）(%)，不大于				
				C	Si	Mn	P	S
Q195	—	—	F、Z	0.12	0.30	0.50	0.035	0.040
Q215	A	—	F、Z	0.15	0.35	1.20	0.045	0.050
	B							0.045
Q235	A	—	F、Z	0.22	0.35	1.40	0.045	0.050
	B			0.20				0.045
	C		Z	0.17			0.040	0.040
	D		TZ				0.035	0.035
Q275	A	—	F、Z	0.24	0.35	1.50	0.045	0.050
	B	≤40	Z	0.21			0.045	0.045
		>40		0.22				
	C	—	Z	0.20			0.040	0.040
	D		TZ				0.035	0.035

碳素结构钢钢材的机械性能（按 GB/T 700—2006） **附表 1-2**

牌号	等级	屈服强度 (N/mm^2)，不小于						抗拉强度 N/mm^2	断后伸长率 (%)，不小于					冲击试验（V 形缺口）	
		厚度（或直径）(mm)							厚度（或直径）(mm)					温度 (℃)	冲击吸收功（纵向）(J)不小于
		≤16	>16~40	>40~60	>60~100	>100~150	>150~200		≤40	>40~60	>60~100	>100~150	>150~200		
Q195	—	195	185	—	—	—	—	315~430	33	—	—	—	—	—	—
Q215	A	215	205	195	185	175	165	335~450	31	30	29	27	26	—	—
	B													+20	27

续表

牌号	等级	屈服强度（N/mm²），不小于						抗拉强度 N/mm²	断后伸长率（%），不小于					冲击试验（V形缺口）	
		厚度（或直径）（mm）							厚度（或直径）（mm）					温度（℃）	冲击吸收功（纵向）(J)不小于
		≤16	>16～40	>40～60	>60～100	>100～150	>150～200		≤40	>40～60	>60～100	>100～150	>150～200		
Q235	A	235	225	215	215	195	185	370～500	26	25	24	22	21	—	—
	B													+20	27
	C													0	
	D													−20	
Q275	A	275	265	255	245	225	215	410～540	22	21	20	18	17	—	—
	B													+20	27
	C													0	
	D													−20	

注：厚度大于100mm的钢材，抗拉强度下限允许降低20N/mm²。

碳素结构钢钢材的冷弯试验和试样方向（按GB/T 700—2006）　　**附表1-3**

牌　号	试　样　方　向	冷弯试验　180°　$B=2a$	
		钢材厚度（或直径）（mm）	
		≤60	>60～100
		弯心直径 d	
Q195	纵	0	—
	横	$0.5a$	
Q215	纵	$0.5a$	$1.5a$
	横	a	$2a$
Q235	纵	a	$2a$
	横	$1.5a$	$2.5a$
Q275	纵	$1.5a$	$2.5a$
	横	$2a$	$3a$

注：B为试样宽度，a为试样厚度（或直径）。

附表 1-4

低合金高强度结构钢的牌号和化学成分（按 GB/T 1591—2008）

牌　号	质量等级	化学成分（质量分数）（%）														
		C	Si	Mn	P	S	Nb	V	Ti	Cr	Ni	Cu	N	Mo	B	Als
					不大于											不小于
Q345	A	≤0. 20	≤0. 50	≤1. 70	0. 035	0. 035	0. 07	0. 15	0. 20	0. 30	0. 50	0. 30	0. 012	0. 10	—	—
	B				0. 035	0. 035										
	C				0. 030	0. 030										0. 015
	D	≤0. 18			0. 030	0. 025										
	E				0. 025	0. 020										
Q390	A	≤0. 20	≤0. 50	≤1. 70	0. 035	0. 035	0. 07	0. 20	0. 20	0. 30	0. 50	0. 30	0. 015	0. 10	—	—
	B				0. 035	0. 035										
	C				0. 030	0. 030										0. 015
	D				0. 030	0. 025										
	E				0. 025	0. 020										
Q420	A	≤0. 20	≤0. 50	≤1. 70	0. 035	0. 035	0. 07	0. 20	0. 20	0. 30	0. 80	0. 30	0. 015	0. 20	—	—
	B				0. 035	0. 035										
	C				0. 030	0. 030										0. 015
	D				0. 030	0. 025										
	E				0. 025	0. 020										

续表

牌号	质量等级	化学成分（质量分数）（%）														
		C	Si	Mn	P	S	Nb	V	Ti	Cr	Ni	Cu	N	Mo	B	Als
					不大于											不小于
Q460	C	≤0.20	≤0.60	≤1.80	0.030	0.030	0.11	0.20	0.20	0.30	0.80	0.55	0.015	0.20	0.004	0.015
	D				0.030	0.025										
	E				0.025	0.020										
Q500	C	≤0.18	≤0.60	≤1.80	0.030	0.030	0.11	0.12	0.20	0.60	0.80	0.55	0.015	0.20	0.004	0.015
	D				0.030	0.025										
	E				0.025	0.020										
Q550	C	≤0.18	≤0.60	≤2.00	0.030	0.030	0.11	0.12	0.20	0.80	0.80	0.80	0.015	0.30	0.004	0.015
	D				0.030	0.025										
	E				0.025	0.020										
Q620	C	≤0.18	≤0.60	≤2.00	0.030	0.030	0.11	0.12	0.20	1.00	0.80	0.80	0.015	0.30	0.004	0.015
	D				0.030	0.025										
	E				0.025	0.020										
Q690	C	≤0.18	≤0.60	≤2.00	0.030	0.030	0.11	0.12	0.20	1.00	0.80	0.80	0.015	0.30	0.004	0.015
	D				0.030	0.025										
	E				0.025	0.020										

注：型材及棒材P、S含量可提高0.005%，其中A级钢上限可为0.045%。

附表 1-5

低合金高强度结构钢的拉伸性能（按 GB/T 1591—2008）

<table>
<tr><th rowspan="4">牌号</th><th rowspan="4">质量等级</th><th colspan="22">拉伸试验</th></tr>
<tr><th colspan="9" rowspan="2">以下公称厚度（直径，边长）下屈服强度（MPa）</th><th colspan="7" rowspan="2">以下公称厚度（直径，边长）抗拉强度（MPa）</th><th colspan="6">断后伸长率（%）</th></tr>
<tr><th colspan="6">公称厚度（直径，边长）</th></tr>
<tr><th>≤16mm</th><th>>16～40mm</th><th>>40～63mm</th><th>>63～80mm</th><th>>80～100mm</th><th>>100～150mm</th><th>>150～200mm</th><th>>200～250mm</th><th>>250～400mm</th><th>≤40mm</th><th>>40～63mm</th><th>>63～80mm</th><th>>80～100mm</th><th>>100～150mm</th><th>>150～250mm</th><th>>250～400mm</th><th>≤40mm</th><th>>40～63mm</th><th>>63～100mm</th><th>>100～150mm</th><th>>150～250mm</th><th>>250～400mm</th></tr>
<tr><td rowspan="5">Q345</td><td>A</td><td rowspan="5">≥345</td><td rowspan="5">≥335</td><td rowspan="5">≥325</td><td rowspan="5">≥315</td><td rowspan="5">≥305</td><td rowspan="5">≥285</td><td rowspan="5">≥275</td><td rowspan="5">≥265</td><td rowspan="3">—</td><td rowspan="5">470～630</td><td rowspan="5">470～630</td><td rowspan="5">470～630</td><td rowspan="5">470～630</td><td rowspan="5">450～600</td><td rowspan="5">450～600</td><td rowspan="3">—</td><td rowspan="2">≥20</td><td rowspan="2">≥19</td><td rowspan="2">≥19</td><td rowspan="2">≥18</td><td rowspan="2">≥17</td><td rowspan="3">—</td></tr>
<tr><td>B</td></tr>
<tr><td>C</td><td rowspan="3">≥21</td><td rowspan="3">≥20</td><td rowspan="3">≥20</td><td rowspan="3">≥19</td><td rowspan="3">≥18</td></tr>
<tr><td>D</td><td rowspan="2">≥265</td><td rowspan="2">450～600</td><td rowspan="2">≥17</td></tr>
<tr><td>E</td></tr>
<tr><td rowspan="5">Q390</td><td>A</td><td rowspan="5">≥390</td><td rowspan="5">≥370</td><td rowspan="5">≥350</td><td rowspan="5">≥330</td><td rowspan="5">≥330</td><td rowspan="5">≥310</td><td rowspan="5">—</td><td rowspan="5">—</td><td rowspan="5">—</td><td rowspan="5">490～650</td><td rowspan="5">490～650</td><td rowspan="5">490～650</td><td rowspan="5">490～650</td><td rowspan="5">470～620</td><td rowspan="5">—</td><td rowspan="5">—</td><td rowspan="5">≥20</td><td rowspan="5">≥19</td><td rowspan="5">≥19</td><td rowspan="5">≥18</td><td rowspan="5">—</td><td rowspan="5">—</td></tr>
<tr><td>B</td></tr>
<tr><td>C</td></tr>
<tr><td>D</td></tr>
<tr><td>E</td></tr>
<tr><td rowspan="5">Q420</td><td>A</td><td rowspan="5">≥420</td><td rowspan="5">≥400</td><td rowspan="5">≥380</td><td rowspan="5">≥360</td><td rowspan="5">≥360</td><td rowspan="5">≥340</td><td rowspan="5">—</td><td rowspan="5">—</td><td rowspan="5">—</td><td rowspan="5">520～680</td><td rowspan="5">520～680</td><td rowspan="5">520～680</td><td rowspan="5">520～680</td><td rowspan="5">500～650</td><td rowspan="5">—</td><td rowspan="5">—</td><td rowspan="5">≥19</td><td rowspan="5">≥18</td><td rowspan="5">≥18</td><td rowspan="5">≥18</td><td rowspan="5">—</td><td rowspan="5">—</td></tr>
<tr><td>B</td></tr>
<tr><td>C</td></tr>
<tr><td>D</td></tr>
<tr><td>E</td></tr>
</table>

续表

牌号	质量等级	拉伸试验																					
		以下公称厚度（直径，边长）下屈服强度（MPa）									以下公称厚度（直径，边长）抗拉强度（MPa）							断后伸长率（%）					
																		公称厚度（直径，边长）					
		≤16mm	>16～40mm	>40～63mm	>63～80mm	>80～100mm	>100～150mm	>150～200mm	>200～250mm	>250～400mm	≤40mm	>40～63mm	>63～80mm	>80～100mm	>100～150mm	>150～250mm	>250～400mm	≤40mm	>40～63mm	>63～100mm	>100～150mm	>150～250mm	>250～400mm
Q460	C																						
	D	≥460	≥440	≥420	≥400	≥400	≥380	—	—	—	550～720	550～720	550～720	550～720	530～700	—	—	≥17	≥16	≥16	≥16	—	—
	E																						
Q500	C																						
	D	≥500	≥480	≥470	≥450	≥440	—	—	—	—	610～770	600～760	590～750	540～730	—	—	—	≥17	≥17	≥17	—	—	—
	E																						
Q550	C																						
	D	≥550	≥530	≥520	≥500	≥490	—	—	—	—	670～830	620～810	600～790	590～780	—	—	—	≥16	≥16	≥16	—	—	—
	E																						
Q620	C																						
	D	≥620	≥600	≥590	≥570	—	—	—	—	—	710～880	690～880	670～860	—	—	—	—	≥15	≥15	≥15	—	—	—
	E																						
Q690	C																						
	D	≥690	≥670	≥660	≥640	—	—	—	—	—	770～940	750～920	730～900	—	—	—	—	≥14	≥14	≥14	—	—	—
	E																						

注：1. 当屈服不明显时，可测量残余延伸率为0.2%时的应力代替下屈服强度。

2. 宽度不小于600mm扁平材，拉伸试验取横向试样；宽度小于600mm的扁平材、型材及棒材取纵向试样，断后伸长率最小值相应提高1%（绝对值）。

低合金高强度结构钢夏比（V 形）冲击试验的试验温度和冲击吸收能量（按 GB/T 1591—2008）

附表 1-6

<table>
<tr><th rowspan="3">牌 号</th><th rowspan="3">质量等级</th><th rowspan="3">试验温度（℃）</th><th colspan="3">冲击吸收能量（J）</th></tr>
<tr><th colspan="3">公称厚度（直径、边长）</th></tr>
<tr><th>12～150mm</th><th>>150～250mm</th><th>>250～400mm</th></tr>
<tr><td rowspan="4">Q345</td><td>B</td><td>20</td><td rowspan="4">≥34</td><td rowspan="4">≥27</td><td rowspan="2">—</td></tr>
<tr><td>C</td><td>0</td></tr>
<tr><td>D</td><td>−20</td><td rowspan="2">27</td></tr>
<tr><td>E</td><td>−40</td></tr>
<tr><td rowspan="4">Q390</td><td>B</td><td>20</td><td rowspan="4">≥34</td><td rowspan="4">—</td><td rowspan="4">—</td></tr>
<tr><td>C</td><td>0</td></tr>
<tr><td>D</td><td>−20</td></tr>
<tr><td>E</td><td>−40</td></tr>
<tr><td rowspan="4">Q420</td><td>B</td><td>20</td><td rowspan="4">≥34</td><td rowspan="4">—</td><td rowspan="4">—</td></tr>
<tr><td>C</td><td>0</td></tr>
<tr><td>D</td><td>−20</td></tr>
<tr><td>E</td><td>−40</td></tr>
<tr><td rowspan="3">Q460</td><td>C</td><td>0</td><td rowspan="3">≥34</td><td>—</td><td>—</td></tr>
<tr><td>D</td><td>−20</td><td>—</td><td>—</td></tr>
<tr><td>E</td><td>−40</td><td>—</td><td>—</td></tr>
<tr><td rowspan="3">Q500、Q550、Q620、Q690</td><td>C</td><td>0</td><td>≥55</td><td>—</td><td>—</td></tr>
<tr><td>D</td><td>−20</td><td>≥47</td><td>—</td><td>—</td></tr>
<tr><td>E</td><td>−40</td><td>≥31</td><td>—</td><td>—</td></tr>
</table>

低合金高强度结构钢弯曲试验（按 GB/T 1591—2008） **附表 1-7**

<table>
<tr><th rowspan="3">牌 号</th><th rowspan="3">试 样 方 向</th><th colspan="2">180°弯曲试验［d＝弯心直径，a＝试样厚度（直径）］</th></tr>
<tr><th colspan="2">钢材厚度（直径，边长）</th></tr>
<tr><th>≤16mm</th><th>>16～100mm</th></tr>
<tr><td>Q345
Q390
Q420
Q460</td><td>宽度不小于 600mm 扁平材，拉伸试验取横向试样。宽度小于 600mm 的扁平材、型材及棒材取纵向试样</td><td>2a</td><td>3a</td></tr>
</table>

附录 2 焊接材料特性以及钢材、焊缝和螺栓连接的强度设计值

附录 2-1 碳钢焊条型号及熔敷金属的抗拉强度（按 GB/T 5117—2012）

焊条型号表示法：

E ×× ××

——表示药皮类型（后一组 ××）

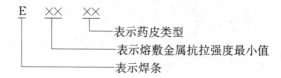

——表示熔敷金属抗拉强度最小值（前一组 ××）

——表示焊条（E）

熔敷金属抗拉强度代号 **附表 2-1(a)**

抗拉强度代号	最小抗拉强度值 MPa	抗拉强度代号	最小抗拉强度值 MPa
43	430	55	550
50	490	57	570

药皮类型代号 **附表 2-1(b)**

代号	药皮类型	焊接位置	电流类型
03	钛型	全位置*	交流和直流正、反接
10	纤维素	全位置	直流反接
11	纤维素	全位置	交流和直流反接
12	金红石	全位置*	交流和直流正接
13	金红石	全位置*	交流和直流正、反接
14	金红石＋铁粉	全位置*	交流和直流正、反接
15	碱性	全位置*	直流反接
16	碱性	全位置*	交流和直流反接
18	碱性＋铁粉	全位置*	交流和直流反接
19	钛铁矿	全位置*	交流和直流正、反接
20	氧化铁	平焊、平角焊	交流和直流正接
24	金红石＋铁粉	平焊、平角焊	交流和直流正、反接
27	氧化铁＋铁粉	平焊、平角焊	交流和直流正、反接
28	碱性＋铁粉	平焊、平角焊、横焊	交流和直流反接
40	不做规定	由制造商确定	
45	碱性	全位置	直流反接
48	碱性	全位置	交流和直流反接

注：* 此处“全位置”并不一定包含向下立焊，由制造商确定。

附录 2-2　低合金钢焊条型号及熔敷金属的抗拉强度（按 GB/T 5118—2012）

焊条型号表示法：

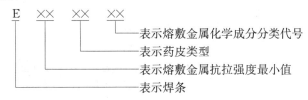

E　××　××　××

××（第三组）——表示熔敷金属化学成分分类代号

××（第二组）——表示药皮类型

××（第一组）——表示熔敷金属抗拉强度最小值

E——表示焊条

熔敷金属抗拉强度代号　　**附表 2-2(a)**

抗拉强度代号	最小抗拉强度值 MPa	抗拉强度代号	最小抗拉强度值 MPa
50	490	55	550
52	520	62	620

药皮类型代号　　**附表 2-2(b)**

代号	药皮类型	焊接位置	电流类型
03	钛型	全位置#	交流和直流正、反接
10*	纤维素	全位置	直流反接
11*	纤维素	全位置	交流和直流反接
13	金红石	全位置#	交流和直流正、反接
15	碱性	全位置#	直流反接
16	碱性	全位置#	交流和直流反接
18	碱性＋铁粉	全位置（向下立焊除外）	交流和直流反接
19*	钛铁矿	全位置#	交流和直流正、反接
20*	氧化铁	平焊、平角焊	交流和直流正接
27*	氧化铁＋铁粉	平焊、平角焊	交流和直流正接
40	不做规定	由制造商确定	

注：1. * 仅限于熔敷金属化学成分代号 1M3；

2. # 此处“全位置”并不一定包含向下立焊，由制造商确定。

熔敷金属化学成分分类代号　　**附表 2-2(c)**

分类代号	主要化学成分的名义含量
−1M3	此类焊条中含有 Mo，Mo 是在非合金钢焊条基础上的唯一添加合金元素。数字 1 约等于名义上 Mn 含量两倍的整数，字母“M”表示 Mo，数字 3 表示 Mo 的名义含量，大约 0.5%。
−×C×M×	对于含铬-钼的热强钢，标识“C”前的整数表示 Cr 的名义含量，“M”前的整数表示 Mo 的名义含量。对于 Cr 或者 Mo，如果名义含量少于 1%，则字母前不标记数字。如果在 Cr 和 Mo 之外还加入了 W、V、B、Nb 等合金成分，则按照此顺序，加于铬和钼标记之后。标识末尾的“L”表示含碳量较低。最后一个字母后的数字表示成分有所改变。
−G	其他成分

附录 2-3　埋弧焊用碳钢焊丝-焊剂组合分类（按 GB/T 5293—2018）

焊丝-焊剂组合分类表示法：

S　××Y　×　AB - SU××

- SU××——表示实心焊丝型号
- AB——表示焊剂类型
- ×——表示冲击吸收能量不小于 27J 的试验温度代号
- ××Y——表示在焊态下多道焊熔敷金属抗拉强度最小值或者双面单道焊焊接接头抗拉强度最小值
- S——表示埋弧焊用焊丝 - 焊剂组合

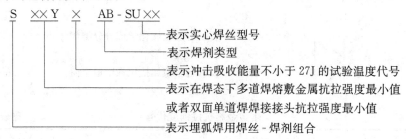

多道焊熔敷金属抗拉强度代号　　**附表 2-3(a)**

抗拉强度代号	抗拉强度（MPa）	屈服强度（MPa）	断后伸长率（%）
43X	430～600	≥330	≥20
49X	490～670	≥390	≥18
55X	550～740	≥460	≥17
57X	570～770	≥490	≥17

注：X 是“A”或者“P”，“A”指在焊态条件下试验；“P”指在焊后热处理条件下试验。

双面单道焊焊接接头抗拉强度代号　　**附表 2-3(b)**

抗拉强度代号	抗拉强度（MPa）	抗拉强度代号	抗拉强度（MPa）
43S	≥430	55S	≥550
49S	≥490	57S	≥570

冲击试验温度代号　　**附表 2-3(c)**

冲击试验温度代号	冲击吸收能量（KV_2）不小于 27J 时的试验温度（℃）
Z	无要求
Y	+20
0	0
2	−20
3	−30
4	−40
5	−50
6	−60
7	−70
8	−80
9	−90
10	−100

注：如果冲击试验温度代号后附加了字母“U”，则冲击吸收能量（KV_2）不小于 47J。

焊丝型号及其对应冶金牌号分类 **附表 2-3(d)**

焊丝型号	冶金牌号分类	焊丝型号	冶金牌号分类
SU08	H08	SU1M3TiB	H10MnMoTiB
SU08A	H08A	SU2M1	H12MnMo
SU08E	H08E	SU3M1	H12Mn2Mo
SU08C	H08C	SU2M3	H11MnMo
SU10	H11Mn2	SU2M3TiB	H11MnMoTiB
SU11	H11Mn	SU3M3	H10MnMo
SU111	H11MnSi	SU4M1	H13Mn2Mo
SU12	H12MnSi	SU4M3	H14Mn2Mo
SU13	H15	SU4M31	H10Mn2SiMo
SU21	H10Mn	SU4M32	H11Mn2Mo
SU22	H12Mn	SU5M3	H11Mn3Mo
SU23	H13MnSi	SUN2	H11MnNi
SU24	H13MnSiTi	SUN21	H08MnSiNi
SU25	H14MnSi	SUN3	H11MnNi2
SU26	H08Mn	SUN31	H11Mn2Ni2
SU27	H15Mn	SUN5	H12MnNi2
SU28	H10MnSi	SUN7	H10MnNi3
SU31	H11Mn2Si	SUCC	H11MnCr
SU32	H12Mn2Si	SUN1C1C	H08MnCrNiCu
SU33	H12Mn2	SUNCC1	H10MnCrNiCu
SU34	H10Mn2	SUNCC3	H11MnCrNiCu
SU35	H10Mn2Ni	SUN1M3	H13Mn2NiMo
SU41	H15Mn2	SUN2M1	H10MnNiMo
SU42	H13Mn2Si	SUN2M3	H12MnNiMo
SU43	H13Mn2	SUN2M31	H11Mn2NiMo
SU44	H08Mn2Si	SUN2M32	H12Mn2NiMo
SU45	H08Mn2SiA	SUN3M3	H11MnNi2Mo
SU51	H11Mn3	SUN3M31	H11Mn2Ni2Mo
SUM3	H08MnMo	SUN4M1	H15MnNi2Mo
SUM31	H08Mn2Mo	SUG	HG
SU1M3	H09MnMo		

附录 2-4　埋弧焊用低合金钢焊丝-焊剂组合分类（按 GB/T 12470—2018）

焊丝-焊剂组合分类表示法：

S　××　×　AB - SU××

- SU××——表示实心焊丝型号
- AB——表示焊剂类型
- ×——表示冲击吸收能量（KV_2）不小于 27J 试验温度代号
- ××——表示在焊后热处理条件下熔敷金属抗拉强度最小值
- S——表示埋弧焊用焊丝 - 焊剂组合

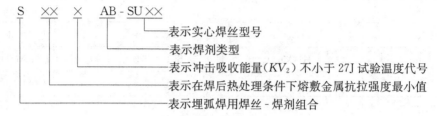

熔敷金属抗拉强度代号　　**附表 2-4(a)**

抗拉强度代号	抗拉强度（MPa）	屈服强度（MPa）	断后伸长率（%）
49	490～660	≥400	≥20
55	550～700	≥470	≥18
62	620～760	≥540	≥15
69	690～830	≥610	≥14

冲击试验温度代号　　**附表 2-4(b)**

冲击试验温度代号	冲击吸收能量（KV_2）不小于 27J 时的试验温度（℃）
Z	无要求
Y	＋20
0	0
2	－20
3	－30
4	－40

焊丝型号及其对应冶金牌号分类　　**附表 2-4(c)**

焊丝型号	冶金牌号分类	焊丝型号	冶金牌号分类
SU1M31	H13MnMo	SU1CM2	H08CrMo
SU3M31	H15MnMo	SU1CM3	H13CrMo
SU4M32	H11Mn2Mo	SU1CMV	H08CrMoV
SU4M33	H15Mn2Mo	SU1CMH	H18CrMo
SUCM	H07CrMo	SU1CMVH	H30CrMoV
SUCM1	H12CrMo	SU2C1M	H10Cr3Mo
SUCM2	H10CrMo	SU2C1M1	H12Cr3Mo
SUC1MH	H19CrMo	SU2C1M2	H13Cr3Mo
SU1CM	H11CrMo	SU2C1MV	H10Cr3MoV
SU1CM1	H14CrMo	SU5CM	H08MnCr6Mo

续表

焊丝型号	冶金牌号分类	焊丝型号	冶金牌号分类
SU5CM1	H12MnCr5Mo	SU9C1MV	H10MnCr9NiMoV
SU5CMH	H33MnCr5Mo	SU9C1MV1	H09MnCr9NiMoV
SU9C1M	H09MnCr9Mo	SU9C1MV2	H09Mn2Cr9NiMoV

附录 2-5　强度设计值的换算关系

强度设计值的换算关系　　**附表 2-5**

材料和连接种类			应力种类	换算关系
钢材	抗拉、抗压和抗弯		Q235 钢	$f = f_y/\gamma_R = \frac{f_y}{1.090}$
			Q345 钢、Q390 钢、Q420 钢	$f = f_y/\gamma_R = \frac{f_y}{1.125}$
	抗剪			$f_v = f/\sqrt{3}$
	端面承压（刨平顶紧）		Q235 钢	$f_{ce} = f_u/1.15$
			Q345 钢、Q390 钢、Q420 钢、Q460 钢	$f_{ce} = f_u/1.175$
焊缝	对接焊缝	抗压		$f_c^w = f$
		抗拉	焊缝质量为一级、二级	$f_t^w = f$
			焊缝质量为三级	$f_c^w = 0.85f$
		抗剪		$f_v^w = f_v$
	角焊缝	抗拉、抗压和抗剪	Q235 钢	$f_f^w = 0.38f_u^w$
			Q345 钢、Q390 钢、Q420 钢、Q460 钢	$f_f^w = 0.41f_u^w$
螺栓连接	普通螺栓	C 级螺栓	抗拉	$f_t^b = 0.42f_u^b$
			抗剪	$f_v^b = 0.35f_u^b$
			承压	$f_c^b = 0.82f_u$
		A 级、B 级螺栓	抗拉	$f_t^b = 0.42f_u^b$（5.6 级） $f_t^b = 0.50f_u^b$（8.8 级）
			抗剪	$f_v^b = 0.38f_u^b$（5.6 级） $f_v^b = 0.40f_u^b$（8.8 级）
			承压	$f_c^b = 1.08f_u$
	承压型高强度螺栓		抗拉	$f_t^b = 0.48f_u^b$
			抗剪	$f_v^b = 0.30f_u^b$
			承压	$f_c^b = 1.26f_u$
	锚栓		抗拉	$f_t^a = 0.38f_u^b$
钢铸件			抗拉、抗压和抗弯	$f = f_y/1.282$
			抗剪	$f_v = f/\sqrt{3}$
			端面承压（刨平顶紧）	$f_{ce} = 0.65f_u$

注：f_y 为钢材或钢铸件的屈服点；f_u 为钢材或钢铸件的最小抗拉强度；f_u^r 为铆钉钢的抗拉强度；f_u^b 为螺栓的抗拉强度（对普通螺栓为公称抗拉强度，对高强度螺栓为最小抗拉强度）；f_u^w 为熔敷金属的抗拉强度。

各换算关系式左边为强度设计值。

附录 2-6　钢材的强度设计值

钢材的强度设计值（N/mm^2）（按 GB 50017—2017）　　**附表 2-6**

钢材牌号		钢材厚度或直径（mm）	强度设计值			屈服强度 f_y	抗拉强度 f_u
			抗拉、抗压、抗弯 f	抗剪 f_v	端面承压（刨平顶紧）f_{ce}		
碳素结构钢	Q235	≤16	215	125	320	235	370
		>16，≤40	205	120		225	
		>40，≤100	200	115		215	
低合金高强度结构钢	Q345	≤16	305	175	400	345	470
		>16，≤40	295	170		335	
		>40，≤63	290	165		325	
		>63，≤80	280	160		315	
		>80，≤100	270	155		305	
	Q390	≤16	345	200	415	390	490
		>16，≤40	330	190		370	
		>40，≤63	310	180		350	
		>63，≤100	295	170		330	
	Q420	≤16	375	215	440	420	520
		>16，≤40	355	205		400	
		>40，≤63	320	185		380	
		>63，≤100	305	175		360	
	Q460	≤16	410	235	470	460	550
		>16，≤40	390	225		440	
		>40，≤63	355	205		420	
		>63，≤100	340	195		400	

注：表中直径指实芯棒材直径，厚度系指计算点的钢材或钢管壁厚度，对轴心受力构件系指截面中较厚板件的厚度。

附录 2-7　焊缝的强度设计值

焊缝的强度设计值（N/mm²）（按 GB 50017—2017）　　**附表 2-7**

焊接方法和焊条型号	构件钢材 牌号	构件钢材 厚度或直径（mm）	对接焊缝强度设计值 抗压 f_c^w	焊缝质量为下列等级时，抗拉 f_t^w 一级、二级	焊缝质量为下列等级时，抗拉 f_t^w 三级	抗剪 f_v^w	角焊缝强度设计值 抗拉、抗压和抗剪 f_f^w	对接焊缝抗拉强度 f_u^w	角焊缝抗拉、抗压和抗剪强度 f_u^f
自动焊、半自动焊和 E43 型焊条手工焊	Q235	≤16	215	215	185	125	160	415	240
		>16，≤40	205	205	175	120			
		>40，≤100	200	200	170	115			
自动焊、半自动焊和 E50、E55 型焊条手工焊	Q345	≤16	305	305	260	175	200	480(E50) 540(E55)	280(E50) 315(E55)
		>16，≤40	295	295	250	170			
		>40，≤63	290	290	245	165			
		>63，≤80	280	280	240	160			
		>80，≤100	270	270	230	155			
	Q390	≤16	345	345	295	200	200(E50) 220(E55)		
		>16，≤40	330	330	280	190			
		>40，≤63	310	310	265	180			
		>63，≤100	295	295	250	170			
自动焊、半自动焊和 E55、E60 型焊条手工焊	Q420	≤16	375	375	320	215	220(E55) 240(E60)	540(E55) 590(E60)	315(E55) 340(E60)
		>16，≤40	355	355	300	205			
		>40，≤63	320	320	270	185			
		>63，≤100	305	305	260	175			
自动焊、半自动焊和 E55、E60 型焊条手工焊	Q460	≤16	410	410	350	235	220(E55) 240(E60)	540(E55) 590(E60)	315(E55) 340(E60)
		>16，≤40	390	390	330	225			
		>40，≤63	355	355	300	205			
		>63，≤100	340	340	290	195			
自动焊、半自动焊和 E50、E55 型焊条手工焊	Q345GJ	>16，≤35	310	310	265	180	200	480(E50) 540(E55)	280(E50) 315(E55)
		>35，≤50	290	290	245	170			
		>50，≤100	285	285	240	165			

注：计算下列情况的连接时，表中规定的强度设计值应乘以相应的折减系数；几种情况同时存在时，其折减系数应连乘：

（1）施工条件较差的高空安装焊缝乘以系数 0.9；

（2）进行无垫板的单面施焊对接焊缝的连接计算应乘折减系数 0.85。

附录 2-8　螺栓连接的强度设计值

螺栓连接的强度设计值（N/mm²）（按 GB 50017—2017）　**附表 2-8**

螺栓的性能等级、锚栓和构件钢材的牌号		强度设计值										高强度螺栓的抗拉强度 f_u^b
		普通螺栓						锚栓	承压型连接或网架用高强度螺栓			
		C 级螺栓			A 级、B 级螺栓							
		抗拉 f_t^b	抗剪 f_v^b	承压 f_c^b	抗拉 f_t^b	抗剪 f_v^b	承压 f_c^b	抗拉 f_t^a	抗拉 f_t^b	抗剪 f_v^b	承压 f_c^b	
普通螺栓	4.6 级、4.8 级	170	140	—	—	—	—	—	—	—	—	—
	5.6 级	—	—	—	210	190	—	—	—	—	—	—
	8.8 级	—	—	—	400	320	—	—	—	—	—	—
锚栓	Q235	—	—	—	—	—	—	140	—	—	—	—
	Q345	—	—	—	—	—	—	180	—	—	—	—
	Q390	—	—	—	—	—	—	185	—	—	—	—
承压型连接高强度螺栓	8.8 级	—	—	—	—	—	—	—	400	250	—	830
	10.9 级	—	—	—	—	—	—	—	500	310	—	1040
螺栓球节点用高强度螺栓	9.8 级	—	—	—	—	—	—	—	385	—	—	—
	10.9 级	—	—	—	—	—	—	—	430	—	—	—
构件钢材牌号	Q235	—	—	305	—	—	405	—	—	—	470	—
	Q345	—	—	385	—	—	510	—	—	—	590	—
	Q390	—	—	400	—	—	530	—	—	—	615	—
	Q420	—	—	425	—	—	560	—	—	—	655	—
	Q460	—	—	450	—	—	595	—	—	—	695	—
	Q345GJ	—	—	400	—	—	530	—	—	—	615	—

注：1. A 级螺栓用于 $d \leqslant 24$mm 和 $L \leqslant 10d$ 或 $L \leqslant 150$mm（按较小值）的螺栓；B 级螺栓用于 $d > 24$mm 和 $L > 10d$ 或 $L > 150$mm（按较小值）的螺栓；d 为公称直径，L 为螺栓公称长度。

2. A、B 级螺栓孔的精度和孔壁表面粗糙度，C 级螺栓孔的允许偏差和孔壁表面粗糙度，均应符合现行国家标准《钢结构工程施工质量验收规范》GB 50205 的要求。

3. 用于螺栓球节点网架的高强度螺栓，M12～M36 为 10.9 级，M39～M64 为 9.8 级。

附录3　常用钢材及型钢截面特性表

热轧圆钢和方钢的尺寸及理论重量（按 GB/T 702—2017）　　**附表 3-1**

圆钢公称直径 d(mm)	理论重量(kg/m)		圆钢公称直径 d(mm)	理论重量(kg/m)	
方钢公称边长 a(mm)	圆钢	方钢	方钢公称边长 a(mm)	圆钢	方钢
5.5	0.187	0.237	75	34.7	44.2
6	0.222	0.283	80	39.5	50.2
6.5	0.260	0.332	85	44.5	56.7
7	0.302	0.385	90	49.9	63.6
8	0.395	0.502	95	55.6	70.8
9	0.499	0.636	100	61.7	78.5
10	0.617	0.785	105	68.0	86.5
11	0.746	0.950	110	74.6	95.0
12	0.888	1.13	115	81.5	104
13	1.04	1.33	120	88.8	113
14	1.21	1.54	125	96.3	123
15	1.39	1.77	130	104	133
16	1.58	2.01	135	112	143
17	1.78	2.27	140	121	154
18	2.00	2.54	145	130	165
19	2.23	2.83	150	139	177
20	2.47	3.14	155	148	189
21	2.72	3.46	160	158	201
22	2.98	3.80	165	168	214
23	3.26	4.15	170	178	227
24	3.55	4.52	180	200	254
25	3.85	4.91	190	223	283
26	4.17	5.31	200	247	314
27	4.49	5.72	210	272	323
28	4.83	6.15	220	298	344
29	5.19	6.60	230	326	364
30	5.55	7.07	240	355	385
31	5.92	7.54	250	385	406
32	6.31	8.04	260	417	426
33	6.71	8.55	270	449	447
34	7.13	9.07	280	483	468
35	7.55	9.62	290	519	488
36	7.99	10.2	300	555	509
38	8.90	11.3	310	592	
40	9.86	12.6	320	631	
42	10.9	13.8	330	671	
45	12.5	15.9	340	713	
48	14.2	18.1	350	755	
50	15.4	19.6	360	799	
53	17.3	22.1	370	844	
55	18.7	23.7	380	890	
56	19.3	24.6			
58	20.7	26.4			
60	22.2	28.3			
63	24.5	31.2			
65	26.0	33.2			
68	28.5	36.3			
70	30.2	38.5			

热轧扁钢的尺寸及理论重量（按GB/T 702—2017） **附表 3-2**

公称宽度 mm	厚度（mm）																								
	3	4	5	6	7	8	9	10	11	12	14	16	18	20	22	25	28	30	32	36	40	45	50	56	60
	理论重量（kg/m）																								
10	0.24	0.31	0.39	0.47	0.55	0.63																			
12	0.28	0.38	0.47	0.57	0.66	0.75																			
14	0.33	0.44	0.55	0.66	0.77	0.88																			
16	0.38	0.50	0.63	0.75	0.88	1.00	1.15	1.26																	
18	0.42	0.57	0.71	0.85	0.99	1.13	1.27	1.41																	
20	0.47	0.63	0.78	0.94	1.10	1.26	1.41	1.57	1.73	1.88															
22	0.52	0.69	0.86	1.04	1.21	1.38	1.55	1.73	1.90	2.07															
25	0.59	0.78	0.98	1.18	1.37	1.57	1.77	1.96	2.16	2.36	2.75	3.14													
28	0.66	0.88	1.10	1.32	1.54	1.76	1.98	2.20	2.42	2.64	3.08	3.53													
30	0.71	0.94	1.18	1.41	1.65	1.88	2.12	2.36	2.59	2.83	3.30	3.77	4.24	4.71											
32	0.75	1.00	1.26	1.51	1.76	2.01	2.26	2.55	2.76	3.01	3.52	4.02	4.52	5.02											
35	0.82	1.10	1.37	1.65	1.92	2.20	2.47	2.75	3.02	3.30	3.85	4.40	4.95	5.50	6.04	6.87	7.69								
40	0.94	1.26	1.57	1.88	2.20	2.51	2.83	3.14	3.45	3.77	4.40	5.02	5.65	6.28	6.91	7.85	8.79								
45	1.06	1.41	1.77	2.12	2.47	2.83	3.18	3.53	3.89	4.24	4.95	5.65	6.36	7.07	7.77	8.83	9.89	10.60	11.30	12.72					
50	1.18	1.57	1.96	2.36	2.75	3.14	3.53	3.93	4.32	4.71	5.50	6.28	7.06	7.85	8.64	9.81	10.99	11.78	12.56	14.13					
55		1.73	2.16	2.59	3.02	3.45	3.89	4.32	4.75	5.18	6.04	6.91	7.77	8.64	9.50	10.79	12.09	12.95	13.82	15.54					
60		1.88	2.36	2.83	3.30	3.77	4.24	4.71	5.18	5.65	6.59	7.54	8.48	9.42	10.36	11.78	13.19	14.13	15.07	16.96	18.84	21.20			
65		2.04	2.55	3.06	3.57	4.08	4.59	5.10	5.61	6.12	7.14	8.16	9.18	10.20	11.23	12.76	14.29	15.31	16.33	18.37	20.41	22.96			
70		2.20	2.75	3.30	3.85	4.40	4.95	5.50	6.04	6.59	7.69	8.79	9.89	10.99	12.09	13.74	15.39	16.49	17.58	19.78	21.98	24.73			
75		2.36	2.94	3.53	4.12	4.71	5.30	5.89	6.48	7.07	8.24	9.42	10.60	11.78	12.95	14.72	16.48	17.66	18.84	21.20	23.55	26.49			
80		2.51	3.14	3.77	4.40	5.02	5.65	6.28	6.91	7.54	8.79	10.05	11.30	12.56	13.82	15.70	17.58	18.84	20.10	22.61	25.12	28.26	31.40	35.17	
85			3.34	4.00	4.67	5.34	6.01	6.67	7.34	8.01	9.34	10.68	12.01	13.34	14.68	16.68	18.68	20.02	21.35	24.02	26.69	30.03	33.36	37.37	40.04
90			3.53	4.24	4.95	5.65	6.36	7.07	7.77	8.48	9.89	11.30	12.72	14.13	15.54	17.66	19.78	21.20	22.61	25.43	28.26	31.79	35.32	39.56	42.39
95			3.73	4.47	5.22	5.97	6.71	7.46	8.20	8.95	10.44	11.93	13.42	14.92	16.41	18.64	20.88	22.37	23.86	26.85	29.83	33.56	37.29	41.76	44.74
100			3.92	4.71	5.50	6.28	7.06	7.85	8.64	9.42	10.99	12.56	14.13	15.70	17.27	19.62	21.98	23.55	25.12	28.26	31.40	35.32	39.25	43.96	47.10
105			4.12	4.95	5.77	6.59	7.42	8.24	9.07	9.89	11.54	13.19	14.84	16.48	18.13	20.61	23.08	24.73	26.38	29.67	32.97	37.09	41.21	46.16	49.46
110			4.32	5.18	6.04	6.91	7.77	8.64	9.50	10.36	12.09	13.82	15.54	17.27	19.00	21.59	24.18	25.90	27.63	31.09	34.54	38.86	43.18	48.36	51.81
120			4.71	5.65	6.59	7.54	8.48	9.42	10.36	11.30	13.19	15.07	16.96	18.84	20.72	23.55	26.38	28.26	30.14	33.91	37.68	42.39	47.10	52.75	56.52
125				5.89	6.87	7.85	8.83	9.81	10.79	11.78	13.74	15.70	17.66	19.62	21.58	24.53	27.48	29.44	31.40	35.32	39.25	44.16	49.06	54.95	58.88
130				6.12	7.14	8.61	9.18	10.20	11.23	12.25	14.29	16.33	18.37	20.41	22.45	25.51	28.57	30.62	32.66	36.74	40.82	45.92	51.02	57.15	61.23
140					7.69	8.79	9.89	10.99	12.09	13.19	15.39	17.58	19.78	21.98	24.18	27.48	30.77	32.97	35.17	39.56	43.96	49.46	54.95	61.54	65.94
150					8.24	9.42	10.60	11.78	12.95	14.13	16.48	18.84	21.20	23.55	25.90	29.44	32.97	35.32	37.68	42.39	47.10	52.99	58.88	65.94	70.65
160					8.79	10.05	11.30	12.56	13.82	15.07	17.58	20.10	22.61	25.12	27.63	31.40	35.17	37.68	40.19	45.22	50.24	56.52	62.80	70.34	75.36
180					9.89	11.30	12.72	14.13	15.54	16.96	19.78	22.61	25.43	28.26	31.09	35.32	39.56	42.39	45.22	50.87	56.52	63.58	70.65	79.13	84.78
200					10.99	12.56	14.13	15.70	17.27	18.84	21.98	25.12	28.26	31.40	34.54	39.25	43.96	47.10	50.24	56.52	62.80	70.65	78.50	87.92	94.20

等边角钢截面尺寸、截面面积、理论重量及截面特性（按 GB/T 706—2008）　　**附表 3-3**

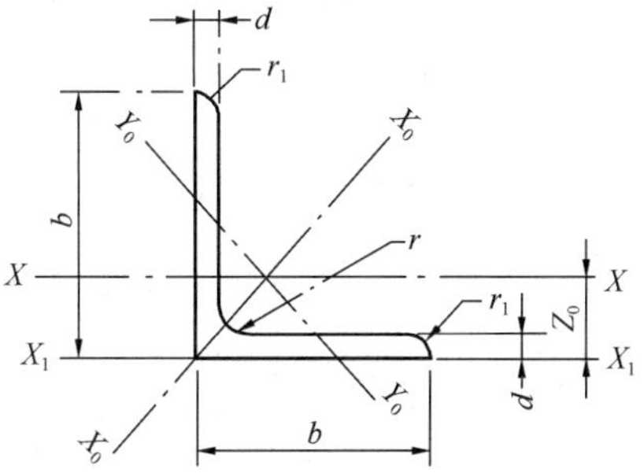

b—边宽度；

d—边厚度；

r—内圆弧半径；

r_1—边端圆弧半径；

$r_1=d/3$（边端圆弧半径）；

z_0—重心距离。

型号	截面尺寸 (mm)			截面面积 (cm^2)	理论重量 (kg/m)	外表面积 (m^2/m)	惯性矩 (cm^4)				回转半径/cm			截面模量 (cm^3)			重心距离 (cm)
	b	d	r				I_x	I_{x1}	I_{x0}	I_{y0}	i_x	i_{x0}	i_{y0}	W_x	W_{x0}	W_{y0}	Z_0
2	20	3	3.5	1.132	0.889	0.078	0.40	0.81	0.63	0.17	0.59	0.75	0.39	0.29	0.45	0.20	0.60
		4		1.459	1.145	0.077	0.50	1.09	0.78	0.22	0.58	0.73	0.38	0.36	0.55	0.24	0.64
2.5	25	3		1.432	1.124	0.098	0.82	1.57	1.29	0.34	0.76	0.95	0.49	0.46	0.73	0.33	0.73
		4		1.859	1.459	0.097	1.03	2.11	1.62	0.43	0.74	0.93	0.48	0.59	0.92	0.40	0.76
3.0	30	3	4.5	1.749	1.373	0.117	1.46	2.71	2.31	0.61	0.91	1.15	0.59	0.68	1.09	0.51	0.85
		4		2.276	1.786	0.117	1.84	3.63	2.92	0.77	0.90	1.13	0.58	0.87	1.37	0.62	0.89
3.6	36	3		2.109	1.656	0.141	2.58	4.68	4.09	1.07	1.11	1.39	0.71	0.99	1.61	0.76	1.00
		4		2.756	2.163	0.141	3.29	6.25	5.22	1.37	1.09	1.38	0.70	1.28	2.05	0.93	1.04
		5		3.382	2.654	0.141	3.95	7.84	6.24	1.65	1.08	1.36	0.70	1.56	2.45	1.00	1.07
4	40	3	5	2.359	1.852	0.157	3.59	6.41	5.69	1.49	1.23	1.55	0.79	1.23	2.01	0.96	1.09
		4		3.086	2.422	0.157	4.60	8.56	7.29	1.91	1.22	1.54	0.79	1.60	2.58	1.19	1.13
		5		3.791	2.976	0.156	5.53	10.74	8.76	2.30	1.21	1.52	0.78	1.96	3.10	1.39	1.17
4.5	45	3		2.659	2.088	0.177	5.17	9.12	8.20	2.14	1.40	1.76	0.89	1.58	2.58	1.24	1.22
		4		3.486	2.736	0.177	6.65	12.18	10.56	2.75	1.38	1.74	0.89	2.05	3.32	1.54	1.26
		5		4.292	3.369	0.176	8.04	15.2	12.74	3.33	1.37	1.72	0.88	2.51	4.00	1.81	1.30
		6		5.076	3.985	0.176	9.33	18.36	14.76	3.89	1.36	1.70	0.8	2.95	4.64	2.06	1.33
5	50	3	5.5	2.971	2.332	0.197	7.18	12.5	11.37	2.98	1.55	1.96	1.00	1.96	3.22	1.57	1.34
		4		3.897	3.059	0.197	9.26	16.69	14.70	3.82	1.54	1.94	0.99	2.56	4.16	1.96	1.38
		5		4.803	3.770	0.196	11.21	20.90	17.79	4.64	1.53	1.92	0.98	3.13	5.03	2.31	1.42
		6		5.688	4.465	0.196	13.05	25.14	20.68	5.42	1.52	1.91	0.98	3.68	5.85	2.63	1.46

续表

型号	截面尺寸 (mm)			截面面积 (cm^2)	理论重量 (kg/m)	外表面积 (m^2/m)	惯性矩 (cm^4)				回转半径 (cm)			截面模量 (cm^3)			重心距离 (cm)
	b	d	r				I_x	I_{x1}	I_{x0}	I_{y0}	i_x	i_{x0}	i_{y0}	W_x	W_{x0}	W_{y0}	Z_0
5.6	56	3	6	3.343	2.624	0.221	10.19	17.56	16.14	4.24	1.75	2.20	1.13	2.48	4.08	2.02	1.48
		4		4.390	3.446	0.220	13.18	23.43	20.92	5.46	1.73	2.18	1.11	3.24	5.28	2.52	1.53
		5		5.415	4.251	0.220	16.02	29.33	25.42	6.61	1.72	2.17	1.10	3.97	6.42	2.98	1.57
		6		6.420	5.040	0.220	18.69	35.26	29.66	7.73	1.71	2.15	1.10	4.68	7.49	3.40	1.61
		7		7.404	5.812	0.219	21.23	41.23	33.63	8.82	1.69	2.13	1.09	5.36	8.49	3.80	1.64
		8		8.367	6.568	0.219	23.63	47.24	37.37	9.89	1.68	2.11	1.09	6.03	9.44	4.16	1.68
6	60	5	6.5	5.829	4.576	0.236	19.89	36.05	31.57	8.21	1.85	2.33	1.19	4.59	7.44	3.48	1.67
		6		6.914	5.427	0.235	23.25	43.33	36.89	9.60	1.83	2.31	1.18	5.41	8.70	3.98	1.70
		7		7.977	6.262	0.235	26.44	50.65	41.92	10.96	1.82	2.29	1.17	6.21	9.88	4.45	1.74
		8		9.020	7.081	0.235	29.47	58.02	46.66	12.28	1.81	2.27	1.17	6.98	11.00	4.88	1.78
6.3	63	4	7	4.978	3.907	0.248	19.03	33.35	30.17	7.89	1.96	2.46	1.26	4.13	6.78	3.29	1.70
		5		6.143	4.822	0.248	23.17	41.73	36.77	9.57	1.94	2.45	1.25	5.08	8.25	3.90	1.74
		6		7.288	5.721	0.247	27.12	50.14	43.03	11.20	1.93	2.43	1.24	6.00	9.66	4.46	1.78
		7		8.412	6.603	0.247	30.87	58.60	48.96	12.79	1.92	2.41	1.23	6.88	10.99	4.98	1.82
		8		9.515	7.469	0.247	34.46	67.11	54.56	14.33	1.90	2.40	1.23	7.75	12.25	5.47	1.85
		10		11.657	9.151	0.246	41.09	84.31	64.85	17.33	1.88	2.36	1.22	9.39	14.56	6.36	1.93
7	70	4	8	5.570	4.372	0.275	26.39	45.74	41.80	10.99	2.18	2.74	1.40	5.14	8.44	4.17	1.86
		5		6.875	5.397	0.275	32.21	57.21	51.08	13.31	2.16	2.73	1.39	6.32	10.32	4.95	1.91
		6		8.160	6.406	0.275	37.77	68.73	59.93	15.61	2.15	2.71	1.38	7.48	12.11	5.67	1.95
		7		9.424	7.398	0.275	43.09	80.29	68.35	17.82	2.14	2.69	1.38	8.59	13.81	6.34	1.99
		8		10.667	8.373	0.274	48.17	91.92	76.37	19.98	2.12	2.68	1.37	9.68	15.43	6.98	2.03
7.5	75	5	9	7.412	5.818	0.295	39.97	70.56	63.30	16.63	2.33	2.92	1.50	7.32	11.94	5.77	2.04
		6		8.797	6.905	0.294	46.95	84.55	74.38	19.51	2.31	2.90	1.49	8.64	14.02	6.67	2.07
		7		10.160	7.976	0.294	53.57	98.71	84.96	22.18	2.30	2.89	1.48	9.93	16.02	7.44	2.11
		8		11.503	9.030	0.294	59.96	112.97	95.07	24.86	2.28	2.88	1.47	11.20	17.93	8.19	2.15
		9		12.825	10.068	0.294	66.10	127.30	104.71	27.48	2.27	2.86	1.46	12.43	19.75	8.89	2.18
		10		14.126	11.089	0.293	71.98	141.71	113.92	30.05	2.26	2.84	1.46	13.64	21.48	9.56	2.22
8	80	5		7.912	6.211	0.315	48.79	85.36	77.33	20.25	2.48	3.13	1.60	8.34	13.67	6.66	2.15
		6		9.397	7.376	0.314	57.35	102.50	90.98	23.72	2.47	3.11	1.59	9.87	16.08	7.65	2.19
		7		10.860	8.525	0.314	65.58	119.70	104.07	27.09	2.46	3.10	1.58	11.37	18.40	8.58	2.23
		8		12.303	9.658	0.314	73.49	136.97	116.60	30.39	2.44	3.08	1.57	12.83	20.61	9.46	2.27
		9		13.725	10.774	0.314	81.11	154.31	128.60	33.61	2.43	3.06	1.56	14.25	22.73	10.29	2.31
		10		15.126	11.874	0.313	88.43	171.74	140.09	36.77	2.42	3.04	1.56	15.64	24.76	11.08	2.35

续表

型号	截面尺寸(mm)			截面面积(cm²)	理论重量(kg/m)	外表面积(m²/m)	惯性矩(cm⁴)				回转半径(cm)			截面模量(cm³)			重心距离(cm)
	b	d	r				I_x	I_{x1}	I_{x0}	I_{y0}	i_x	i_{x0}	i_{y0}	W_x	W_{x0}	W_{y0}	Z_0
9	90	6	10	10.637	8.350	0.354	82.77	145.87	131.26	34.28	2.79	3.51	1.80	12.61	20.63	9.95	2.44
		7		12.301	9.656	0.354	94.83	170.30	150.47	39.18	2.78	3.50	1.78	14.54	23.64	11.19	2.48
		8		13.944	10.946	0.353	106.47	194.80	168.97	43.97	2.76	3.48	1.78	16.42	26.55	12.35	2.52
		9		15.566	12.219	0.353	117.72	219.39	186.77	48.66	2.75	3.46	1.77	18.27	29.35	13.46	2.56
		10		17.167	13.476	0.353	128.58	244.07	203.90	53.26	2.74	3.45	1.76	20.07	32.04	14.52	2.59
		12		20.306	15.940	0.352	149.22	293.76	236.21	62.22	2.71	3.41	1.75	23.57	37.12	16.49	2.67
10	100	6	12	11.932	9.366	0.393	114.95	200.07	181.98	47.92	3.10	3.90	2.00	15.68	25.74	12.69	2.67
		7		13.796	10.830	0.393	131.86	233.54	208.97	54.74	3.09	3.89	1.99	18.10	29.55	14.26	2.71
		8		15.638	12.276	0.393	148.24	267.09	235.07	61.41	3.08	3.88	1.98	20.47	33.24	15.75	2.76
		9		17.462	13.708	0.392	164.12	300.73	260.30	67.95	3.07	3.86	1.97	22.79	36.81	17.18	2.80
		10		19.261	15.120	0.392	179.51	334.48	284.68	74.35	3.05	3.84	1.96	25.06	40.26	18.54	2.84
		12		22.800	17.898	0.391	208.90	402.34	330.95	86.84	3.03	3.81	1.95	29.48	46.80	21.08	2.91
		14		26.256	20.611	0.391	236.53	470.75	374.06	99.00	3.00	3.77	1.94	33.73	52.90	23.44	2.99
		16		29.627	23.257	0.390	262.53	539.80	414.16	110.89	2.98	3.74	1.94	37.82	58.57	25.63	3.06
11	110	7		15.196	11.928	0.433	177.16	310.64	280.94	73.38	3.41	4.30	2.20	22.05	36.12	17.51	2.96
		8		17.238	13.535	0.433	199.46	355.20	316.49	82.42	3.40	4.28	2.19	24.95	40.69	19.39	3.01
		10		21.261	16.690	0.432	242.19	444.65	384.39	99.98	3.38	4.25	2.17	30.60	49.42	22.91	3.09
		12		25.200	19.782	0.431	282.55	534.60	448.17	116.93	3.35	4.22	2.15	36.05	57.62	26.15	3.16
		14		29.056	22.809	0.431	320.71	625.16	508.01	133.40	3.32	4.18	2.14	41.31	65.31	29.14	3.24
12.5	125	8	14	19.750	15.504	0.492	297.03	521.01	470.89	123.16	3.88	4.88	2.50	32.52	53.28	25.86	3.37
		10		24.373	19.133	0.491	361.67	651.93	573.89	149.46	3.85	4.85	2.48	39.97	64.93	30.62	3.45
		12		28.912	22.696	0.491	423.16	783.42	671.44	174.88	3.83	4.82	2.46	41.17	75.96	35.03	3.53
		14		33.367	26.193	0.490	481.65	915.61	763.73	199.57	3.80	4.78	2.45	54.16	86.41	39.13	3.61
		16		37.739	29.625	0.489	537.31	1048.62	850.98	223.65	3.77	4.75	2.43	60.93	96.28	42.96	3.68
14	140	10		27.373	21.488	0.551	514.65	915.11	817.27	212.04	4.34	5.46	2.78	50.58	82.56	39.20	3.82
		12		32.512	25.522	0.551	603.68	1099.28	958.79	248.57	4.31	5.43	2.76	59.80	96.85	45.02	3.90
		14		37.567	29.490	0.550	688.81	1284.22	1093.56	284.06	4.28	5.40	2.75	68.75	110.47	50.45	3.98
		16		42.539	33.393	0.549	770.24	1470.07	1221.81	318.67	4.26	5.36	2.74	77.46	123.42	55.55	4.06
15	150	8		23.750	18.644	0.592	521.37	899.55	827.49	215.25	4.69	5.90	3.01	47.36	78.02	38.14	3.99
		10		29.373	23.058	0.591	637.50	1125.09	1012.79	262.21	4.66	5.87	2.99	58.35	95.49	45.51	4.08
		12		34.912	27.406	0.591	748.85	1351.26	1189.97	307.73	4.63	5.84	2.97	69.04	112.19	52.38	4.15
		14		40.367	31.688	0.590	855.64	1578.25	1359.30	351.98	4.60	5.80	2.95	79.45	128.16	58.83	4.23
		15		43.063	33.804	0.590	907.39	1692.10	1441.09	373.69	4.59	5.78	2.95	84.56	135.87	61.90	4.27
		16		45.739	35.905	0.589	958.08	1806.21	1521.02	395.14	4.58	5.77	2.94	89.59	143.40	64.89	4.31

续表

型号	截面尺寸 (mm)			截面面积 (cm²)	理论重量 (kg/m)	外表面积 (m²/m)	惯性矩 (cm⁴)				回转半径 (cm)			截面模量 (cm³)			重心距离 (cm)
	b	d	r				I_x	I_{x1}	I_{x0}	I_{y0}	i_x	i_{x0}	i_{y0}	W_x	W_{x0}	W_{y0}	Z_0
16	160	10	16	31.502	24.729	0.630	779.53	1365.33	1237.30	321.76	4.98	6.27	3.20	66.70	109.36	52.76	4.31
		12		37.441	29.391	0.630	916.58	1639.57	1455.68	377.49	4.95	6.24	3.18	78.98	128.67	60.74	4.39
		14		43.296	33.987	0.629	1048.36	1914.68	1665.02	431.70	4.92	6.20	3.16	90.95	147.17	68.24	4.47
		16		49.067	38.518	0.629	1175.08	2190.82	1865.57	484.59	4.89	6.17	3.14	102.63	164.89	75.31	4.55
18	180	12		42.241	33.159	0.710	1321.35	2332.80	2100.10	542.61	5.59	7.05	3.58	100.82	165.00	78.41	4.89
		14		48.896	38.383	0.709	1514.48	2723.48	2407.42	621.53	5.56	7.02	3.56	116.25	189.14	88.38	4.97
		16		55.467	43.542	0.709	1700.99	3115.29	2703.37	698.60	5.54	6.98	3.55	131.13	212.40	97.83	5.05
		18		61.055	48.634	0.708	1875.12	3502.43	2988.24	762.01	5.50	6.94	3.51	145.64	234.78	105.14	5.13
20	200	14	18	54.642	42.894	0.788	2103.55	3734.10	3343.26	863.83	6.20	7.82	3.98	144.70	236.40	111.82	5.46
		16		62.013	48.680	0.788	2366.15	4270.39	3760.89	971.41	6.18	7.79	3.96	163.65	265.93	123.96	5.54
		18		69.301	54.401	0.787	2620.64	4808.13	4164.54	1076.74	6.15	7.75	3.94	182.22	294.48	135.52	5.62
		20		76.505	60.056	0.787	2867.30	5347.51	4554.55	1180.04	6.12	7.72	3.93	200.42	322.06	146.55	5.69
		24		90.661	71.168	0.785	3338.25	6457.16	5294.97	1381.53	6.07	7.64	3.90	236.17	374.41	166.65	5.87
22	220	16	21	68.664	53.901	0.866	3187.36	5681.62	5063.73	1310.99	6.81	8.59	4.37	199.55	325.51	153.81	6.03
		18		76.752	60.250	0.866	3534.30	6395.93	5615.32	1453.27	6.79	8.55	4.35	222.37	360.97	168.29	6.11
		20		84.756	66.533	0.865	3871.49	7112.04	6150.08	1592.90	6.76	8.52	4.34	244.77	395.34	182.16	6.18
		22		92.676	72.751	0.865	4199.23	7830.19	6668.37	1730.10	6.73	8.48	4.32	266.78	428.66	195.45	6.26
		24		100.512	78.902	0.864	4517.83	8550.57	7170.55	1865.11	6.70	8.45	4.31	288.39	460.94	208.21	6.33
		26		108.264	84.987	0.864	4827.58	9273.39	7656.98	1998.17	6.68	8.41	4.30	309.62	492.21	220.49	6.41
25	250	18	24	87.842	68.956	0.985	5268.22	9379.11	8369.04	2167.41	7.74	9.76	4.97	290.12	473.42	224.03	6.84
		20		97.045	76.180	0.984	5779.34	10426.97	9181.94	2376.74	7.72	9.73	4.95	319.66	519.41	242.85	6.92
		24		115.201	90.433	0.983	6763.93	12529.74	10742.67	2785.19	7.66	9.66	4.92	377.34	607.70	278.38	7.07
		26		124.154	97.461	0.982	7238.08	13585.18	11491.33	2984.84	7.63	9.62	4.90	405.50	650.05	295.19	7.15
		28		133.022	104.422	0.982	7700.60	14643.62	12219.39	3181.81	7.61	9.58	4.89	433.22	691.23	311.42	7.22
		30		141.807	111.318	0.981	8151.80	15706.30	12927.26	3376.34	7.58	9.55	4.88	460.51	731.28	327.12	7.30
		32		150.508	118.149	0.981	8592.01	16770.41	13615.32	3568.71	7.56	9.51	4.87	487.39	770.20	342.33	7.37
		35		163.402	128.271	0.980	9232.44	18374.95	14611.16	3853.72	7.52	9.46	4.86	526.97	826.53	364.30	7.48

附表 3-4

不等边角钢截面尺寸、截面面积、理论重量及截面特性（按 GB/T 706—2008）

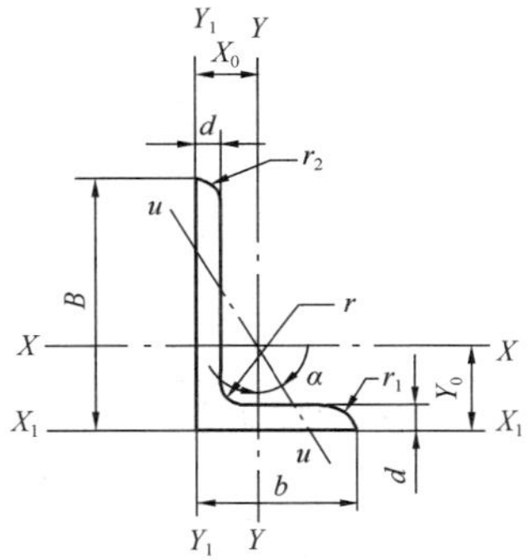

B—长边宽度；
b—短边宽度；
d—边厚度；
r—内圆弧半径；
r_1—边端圆弧半径（$=d/3$）；
X_0—重心距离；
Y_0—重心距离。

型号	截面尺寸 (mm)				截面面积	理论重量	外表面积	惯性矩 (cm^4)					回转半径 (cm)			截面模量 (cm^3)			tanα	重心距离 (cm)	
	B	b	d	r	(cm^2)	(kg/m)	(m^2/m)	I_x	I_{x1}	I_y	I_{y1}	I_u	i_x	i_y	i_u	W_x	W_y	W_u		X_0	Y_0
2.5/1.6	25	16	3	3.5	1.162	0.912	0.080	0.70	1.56	0.22	0.43	0.14	0.78	0.44	0.34	0.43	0.19	0.16	0.392	0.42	0.86
			4		1.499	1.176	0.079	0.88	2.09	0.27	0.59	0.17	0.77	0.43	0.34	0.55	0.24	0.20	0.381	0.46	1.86
3.2/2	32	20	3		1.492	1.171	0.102	1.53	3.27	0.46	0.82	0.28	1.01	0.55	0.43	0.72	0.30	0.25	0.382	0.49	0.90
			4		1.939	1.522	0.101	1.93	4.37	0.57	1.12	0.35	1.00	0.54	0.42	0.93	0.39	0.32	0.374	0.53	1.08
4/2.5	40	25	3	4	1.890	1.484	0.127	3.08	5.39	0.93	1.59	0.56	1.28	0.70	0.54	1.15	0.49	0.40	0.385	0.59	1.12
			4		2.467	1.936	0.127	3.93	8.53	1.18	2.14	0.71	1.36	0.69	0.54	1.49	0.63	0.52	0.381	0.63	1.32
4.5/2.8	45	28	3	5	2.149	1.687	0.143	445	9.10	1.34	2.23	0.80	1.44	0.79	0.61	1.47	0.62	0.51	0.383	0.64	1.37
			4		2.806	2.203	0.143	5.69	12.13	1.70	3.00	1.02	1.42	0.78	0.60	1.91	0.80	0.66	0.380	0.68	1.47
5/3.2	50	32	3	5.5	2.431	1.908	0.161	6.24	12.49	2.02	3.31	1.20	1.60	0.91	0.70	1.84	0.82	0.68	0.404	0.73	1.51
			4		3.177	2.494	0.160	8.02	16.65	2.58	4.45	1.53	1.59	0.90	0.69	2.39	1.06	0.87	0.402	0.77	1.60
5.6/3.6	56	36	3	6	2.743	2.153	0.181	8.88	17.54	2.92	4.70	1.73	1.80	1.03	0.79	2.32	1.05	0.87	0.408	0.80	1.65
			4		3.590	2.818	0.180	11.45	23.39	3.76	6.33	2.23	1.79	1.02	0.79	3.03	1.37	1.13	0.408	0.85	1.78
			5		4.415	3.466	0.180	13.86	29.25	4.49	7.94	2.67	1.77	1.01	0.78	3.71	1.65	1.36	0.404	0.88	1.82

续表

型号	截面尺寸 (mm)				截面面积	理论重量	外表面积	惯性矩 (cm^4)					回转半径 (cm)			截面模量 (cm^3)			tanα	重心距离 (cm)	
	B	b	d	r	(cm^2)	(kg/m)	(m^2/m)	I_x	I_{x1}	I_y	I_{y1}	I_u	i_x	i_y	i_u	W_x	W_y	W_u		X_0	Y_0
6.3/4	63	40	4	7	4.058	3.185	0.202	16.49	33.30	5.23	8.63	3.12	2.02	1.14	0.88	3.87	1.70	1.40	0.398	0.92	1.87
			5		4.993	3.920	0.202	20.02	41.63	6.31	10.86	3.76	2.00	1.12	0.87	4.74	2.07	1.71	0.396	0.95	2.04
			6		5.908	4.638	0.201	23.36	49.98	7.29	13.12	4.34	1.96	1.11	0.86	5.59	2.43	1.99	0.393	0.99	2.08
			7		6.802	5.339	0.201	26.53	58.07	8.24	15.47	4.97	1.98	1.10	0.86	6.40	2.78	2.29	0.389	1.03	2.12
7/4.5	70	45	4	7.5	4.547	3.570	0.226	23.17	45.92	7.55	12.26	4.40	2.26	1.29	0.98	4.86	2.17	1.77	0.410	1.02	2.15
			5		5.609	4.403	0.225	27.95	57.10	9.13	15.39	5.40	2.23	1.28	0.98	5.92	2.65	2.19	0.407	1.06	2.24
			6		6.647	5.218	0.225	32.54	68.35	10.62	18.58	6.35	2.21	1.26	0.98	6.95	3.12	2.59	0.404	1.09	2.28
			7		7.657	6.011	0.225	37.22	79.99	12.01	21.84	7.16	2.20	1.25	0.97	8.03	3.57	2.94	0.402	1.13	2.32
7.5/5	75	50	5	8	6.125	4.808	0.245	34.86	70.00	12.61	21.04	7.41	2.39	1.44	1.10	6.83	3.30	2.74	0.435	1.17	2.36
			6		7.260	5.699	0.245	41.12	84.30	14.70	25.37	8.54	2.38	1.42	1.08	8.12	3.88	3.19	0.435	1.21	2.40
			8		9.467	7.431	0.244	52.39	112.50	18.53	34.23	10.87	2.35	1.40	1.07	10.52	4.99	4.10	0.429	1.29	2.44
			10		11.590	9.098	0.244	62.71	140.80	21.96	43.43	13.10	2.33	1.38	1.06	12.79	6.04	4.99	0.423	1.36	2.52
8/5	80	50	5		6.375	5.005	0.255	41.96	85.21	12.82	21.06	7.66	2.56	1.42	1.10	7.78	3.32	2.74	0.388	1.14	2.60
			6		7.560	5.935	0.255	49.49	102.53	14.95	25.41	8.85	2.56	1.41	1.08	9.25	3.91	3.20	0.387	1.18	2.65
			7		8.724	6.848	0.255	56.16	119.33	46.96	29.82	10.18	2.54	1.39	1.08	10.58	4.48	3.70	0.384	1.21	2.69
			8		9.867	7.745	0.254	62.83	136.41	18.85	34.32	11.38	2.52	1.38	1.07	11.92	5.03	4.16	0.381	1.25	2.73
9/5.6	90	56	5	9	7.212	5.661	0.287	60.45	121.32	18.32	29.53	10.98	2.90	1.59	1.23	9.92	4.21	3.49	0.385	1.25	2.91
			6		8.557	6.717	0.286	71.03	145.59	21.42	35.58	12.90	2.88	1.58	1.23	11.74	4.96	4.13	0.384	1.29	2.95
			7		9.880	7.756	0.286	81.01	169.60	24.36	41.71	14.67	2.86	1.57	1.22	13.49	5.70	4.72	0.382	1.33	3.00
			8		11.183	8.779	0.286	91.03	194.17	27.15	47.93	16.34	2.85	1.56	1.21	15.27	6.41	5.29	0.380	1.36	3.04

续表

型号	截面尺寸 (mm)				截面面积	理论重量	外表面积	惯性矩 (cm⁴)					回转半径 (cm)			截面模量 (cm³)			tanα	重心距离 (cm)	
	B	b	d	r	(cm²)	(kg/m)	(m²/m)	I_x	I_{x1}	I_y	I_{y1}	I_u	i_x	i_y	i_u	W_x	W_y	W_u		X_0	Y_0
10/6.3	100	63	6	10	9.617	7.550	0.320	99.06	199.71	30.94	50.50	18.42	3.21	1.79	1.38	14.64	6.35	5.25	0.394	1.43	3.24
			7		11.111	8.722	0.320	113.45	233.00	35.26	59.14	21.00	3.20	1.78	1.38	16.88	7.29	6.02	0.394	1.47	3.28
			8		12.534	9.878	0.319	127.37	266.32	39.39	67.88	23.50	3.18	1.77	1.37	19.08	8.21	6.78	0.391	1.50	3.32
			10		15.467	12.142	0.319	153.81	333.06	47.12	85.73	28.33	3.15	1.74	1.35	23.32	9.98	8.24	0.387	1.58	3.40
10/8	100	80	6		10.637	8.350	0.354	107.04	199.83	61.24	102.68	31.65	3.17	2.40	1.72	15.19	10.16	8.37	0.627	1.97	2.95
			7		12.301	9.656	0.354	122.73	233.20	70.08	119.98	36.17	3.16	2.39	1.72	17.52	11.71	9.60	0.626	2.01	3.0
			8		13.944	10.946	0.353	137.92	266.61	78.58	137.37	40.58	3.14	2.37	1.71	19.81	13.21	10.80	0.625	2.05	3.04
			10		17.167	13.476	0.353	166.87	333.63	94.65	172.48	49.10	3.12	2.35	1.69	24.24	16.12	13.12	0.622	2.13	3.12
11/7	110	70	6	10	10.637	8.350	0.354	133.37	265.78	42.92	69.08	25.36	3.54	2.01	1.54	17.85	7.90	6.53	0.403	1.57	3.53
			7		12.301	9.656	0.354	153.00	310.07	49.01	80.82	28.95	3.53	2.00	1.53	20.60	9.09	7.50	0.402	1.61	3.57
			8		13.944	10.946	0.353	172.04	354.39	54.87	92.70	32.45	3.51	1.98	1.53	23.30	10.25	8.45	0.401	1.65	3.62
			10		17.167	13.476	0.353	208.39	443.13	65.88	116.83	39.20	3.48	1.96	1.51	28.54	12.48	10.29	0.397	1.72	3.70
12.5/8	125	80	7	11	14.096	11.066	0.403	227.98	454.99	74.42	120.32	43.81	4.02	2.30	1.76	26.86	12.01	9.92	0.408	1.80	4.01
			8		15.989	12.551	0.403	256.77	519.99	83.49	137.85	49.15	4.01	2.28	1.75	30.41	13.56	11.18	0.407	1.84	4.06
			10		19.712	15.474	0.402	312.04	650.09	100.67	173.40	59.45	3.98	2.26	1.74	37.33	16.56	13.64	0.404	1.92	4.14
			12		23.351	18.330	0.402	364.41	780.39	116.67	209.67	69.35	3.95	2.24	1.72	44.01	19.43	16.01	0.400	2.00	4.22

续表

型号	截面尺寸 (mm)				截面面积	理论重量	外表面积	惯性矩 (cm^4)					回转半径 (cm)			截面模量 (cm^3)			tanα	重心距离 (cm)	
	B	b	d	r	(cm^2)	(kg/m)	(m^2/m)	I_x	I_{x1}	I_y	I_{y1}	I_u	i_x	i_y	i_u	W_x	W_y	W_u		X_0	Y_0
14/9	140	90	8	12	18.038	14.160	0.453	365.64	730.53	120.69	195.79	70.83	4.50	2.59	1.98	38.48	17.34	14.31	0.411	2.04	4.50
			10		22.261	17.475	0.452	445.50	913.20	140.03	245.92	85.82	4.47	2.56	1.96	47.31	21.22	17.48	0.409	2.12	4.58
			12		26.400	20.724	0.451	521.59	1096.09	169.79	296.89	100.21	4.44	2.54	1.95	55.87	24.95	20.54	0.406	2.19	4.66
			14		30.456	23.908	0.451	594.10	1279.26	192.10	348.82	114.13	4.42	2.51	1.94	64.18	28.54	23.52	0.403	2.27	4.74
15/9	150	90	8		18.839	14.788	0.473	442.05	898.35	122.80	195.96	74.14	4.84	2.55	1.98	43.86	17.47	14.48	0.364	1.97	4.92
			10		23.261	18.260	0.472	539.24	1122.85	148.62	246.26	89.86	4.81	2.53	1.97	53.97	21.38	17.69	0.362	2.05	5.01
			12		27.600	21.666	0.471	632.08	1347.50	172.85	297.46	104.95	4.79	2.50	1.95	63.79	25.14	20.80	0.359	2.12	5.09
			14		31.856	25.007	0.471	720.77	1572.38	195.62	349.74	119.53	4.76	2.48	1.94	73.33	28.77	23.84	0.356	2.20	5.17
			15		33.952	26.652	0.471	763.62	1684.93	206.50	376.33	126.67	4.74	2.47	1.93	77.99	30.53	25.33	0.354	2.24	5.21
			16		36.027	28.281	0.470	805.51	1797.55	217.07	403.24	133.72	4.73	2.45	1.93	82.60	32.27	26.82	0.352	2.27	5.25
16/10	160	100	10	13	25.315	19.872	0.512	668.69	1362.89	205.03	336.59	121.74	5.14	2.85	2.19	62.13	26.56	21.92	0.390	2.28	5.24
			12		30.054	23.592	0.511	784.91	1635.56	239.06	405.94	142.33	5.11	2.82	2.17	73.49	31.28	25.79	0.388	2.36	5.32
			14		34.709	27.247	0.510	896.30	1908.50	271.20	476.42	162.23	5.08	2.80	2.16	84.56	35.83	29.56	0.385	0.43	5.40
			16		29.281	30.835	0.510	1003.04	2181.79	301.60	548.22	182.57	5.05	2.77	2.16	95.33	40.24	33.44	0.382	2.51	5.48
18/11	180	110	10	14	28.373	22.273	0.571	956.25	1940.40	278.11	447.22	166.50	5.80	3.13	2.42	78.96	32.49	26.88	0.376	2.44	5.89
			12		33.712	26.440	0.571	1124.72	2328.38	325.03	538.94	194.87	5.78	3.10	2.40	93.53	38.32	31.66	0.374	2.52	5.98
			14		38.967	30.589	0.570	1286.91	2716.60	369.55	631.95	222.30	5.75	3.08	2.39	107.76	43.97	36.32	0.372	2.59	6.06
			16		44.139	34.649	0.569	1443.06	3105.15	411.85	726.46	248.94	5.72	3.06	2.38	121.64	49.44	40.87	0.369	2.67	6.14
20/12.5	200	125	12		37.912	29.761	0.641	1570.90	3193.85	483.16	787.74	285.79	6.44	3.57	2.74	116.73	49.99	41.23	0.392	2.83	6.54
			14		43.687	34.436	0.640	1800.97	3726.17	550.83	922.47	326.58	6.41	3.54	2.73	134.65	57.44	47.34	0.390	2.91	6.62
			16		49.739	39.045	0.639	2023.35	4258.88	615.44	1058.86	366.21	6.38	3.52	2.71	152.18	64.89	53.32	0.388	2.99	6.70
			18		55.526	43.588	0.639	2238.30	4792.00	677.19	1197.13	404.83	6.35	3.49	2.70	169.33	71.74	59.18	0.385	3.06	6.78

工字钢截面尺寸、截面面积、理论重量及截面特性（按 GB/T 706—2008）　　**附表 3-5**

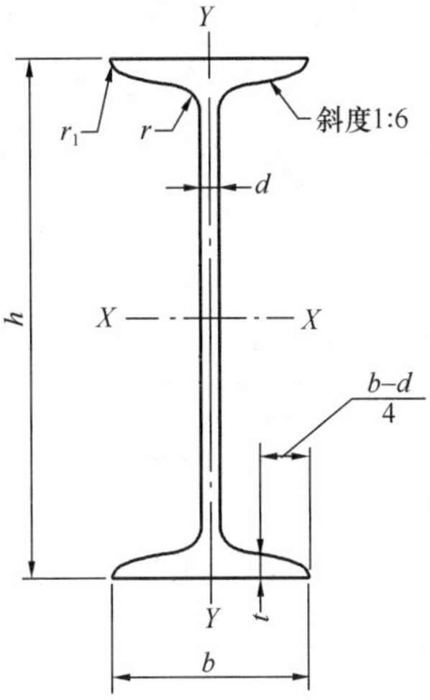

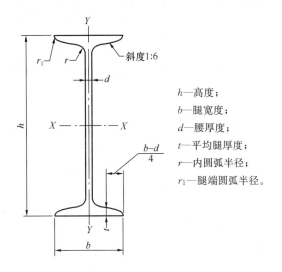

h—高度；
b—腿宽度；
d—腰厚度；
t—平均腿厚度；
r—内圆弧半径；
r_1—腿端圆弧半径。

型号	截面尺寸（mm）						截面面积	理论重量	惯性矩（cm^4）		回转半径（cm）		截面模量（cm^3）	
	h	b	d	t	r	r_1	（cm^2）	（kg/m）	I_x	I_y	i_x	i_y	W_x	W_y
10	100	68	4.5	7.6	6.5	3.3	14.345	11.261	245	33.0	4.14	1.52	49.0	9.72
12	120	74	5.0	8.4	7.0	3.5	17.818	13.987	436	46.9	4.95	1.62	72.7	12.7
12.6	126	74	5.0	8.4	7.0	3.5	18.118	14.223	488	46.9	5.20	1.61	77.5	12.7
14	140	80	5.5	9.1	7.5	3.8	21.516	16.890	712	64.4	5.76	1.73	102	16.1
16	160	88	6.0	9.9	8.0	4.0	26.131	20.513	1130	93.1	6.58	1.89	141	21.2
18	180	94	6.5	10.7	8.5	4.3	30.756	24.143	1660	122	7.36	2.00	185	26.0
20a	200	100	7.0	11.4	9.0	4.5	35.578	27.929	2370	158	8.15	2.12	237	31.5
20b		102	9.0				39.578	31.069	2500	169	7.96	2.06	250	33.1
22a	220	110	7.5	12.3	9.5	4.8	42.128	33.070	3400	225	8.99	2.31	309	40.9
22b		112	9.5				46.528	36.524	3570	239	8.78	2.27	325	42.7
24a	240	116	8.0	13.0	10.0	5.0	47.741	37.477	4570	280	9.77	2.42	381	48.4
24b		118	10.0				52.541	41.245	4800	297	9.57	2.38	400	50.4
25a	250	116	8.0				48.541	38.105	5020	280	10.2	2.40	402	48.3
25b		118	10.0				53.541	42.030	5280	309	9.94	2.40	423	52.4
27a	270	122	8.5	13.7	10.5	5.3	54.554	42.825	6550	345	10.9	2.51	485	56.6
27b		124	10.5				59.954	47.064	6870	366	10.7	2.47	509	58.9
28a	280	122	8.5				55.404	43.492	7110	345	11.3	2.50	508	56.6
28b		124	10.5				61.004	47.888	7480	379	11.1	2.49	534	61.2

续表

型号	截面尺寸（mm）						截面面积	理论重量	惯性矩（cm^4）		回转半径（cm）		截面模量（cm^3）	
	h	b	d	t	r	r_1	（cm^2）	（kg/m）	I_x	I_y	i_x	i_y	W_x	W_y
30a		126	9.0				61.254	48.084	8950	400	12.1	2.55	597	63.5
30b	300	128	11.0	14.4	11.0	5.5	67.254	52.794	9400	422	11.8	2.50	627	65.9
30c		130	13.0				73.254	57.504	9850	445	11.6	2.46	657	68.5
32a		130	9.5				67.156	52.717	11100	460	12.8	2.62	692	70.8
32b	320	132	11.5	15.0	11.5	5.8	73.556	57.741	11600	502	12.6	2.61	726	76.0
32c		134	13.5				79.956	62.765	12200	544	12.3	2.61	760	81.2
36a		136	10.0				76.480	60.037	15800	552	14.4	2.69	875	81.2
36b	360	138	12.0	15.8	12.0	6.0	83.680	65.689	16500	582	14.1	2.64	919	84.3
36c		140	14.0				90.880	71.341	17300	612	13.8	2.60	962	87.4
40a		142	10.5				86.112	67.598	21700	660	15.9	2.77	1090	93.2
40b	400	144	12.5	16.5	12.5	6.3	94.112	73.878	22800	692	15.6	2.71	1140	96.2
40c		146	14.5				102.112	80.158	23900	727	15.2	2.65	1190	99.6
45a		150	11.5				102.446	80.420	32200	855	17.7	2.89	1430	114
45b	450	152	13.5	18.0	13.5	6.8	111.446	87.485	33800	894	17.4	2.84	1500	118
45c		154	15.5				120.446	94.550	35300	938	17.1	2.79	1570	122
50a		158	12.0				119.304	93.654	46500	1120	19.7	3.07	1860	142
50b	500	160	14.0	20.0	14.0	7.0	129.304	101.504	48600	1170	19.4	3.01	1940	146
50c		162	16.0				139.304	109.354	50600	1220	19.0	2.96	2080	151
55a		166	12.5				134.185	105.335	62900	1370	21.6	3.19	2290	164
55b	550	168	14.5				145.185	113.970	65600	1420	21.2	3.14	2390	170
55c		170	16.5				156.185	122.605	68400	1480	20.9	3.08	2490	175
56a		166	12.5	21.0	14.5	7.3	135.435	106.316	65600	1370	22.0	3.18	2340	165
56b	560	168	14.5				146.635	115.108	68500	1490	21.6	3.16	2450	174
56c		170	16.5				157.835	123.900	71400	1560	21.3	3.16	2550	183
63a		176	13.0				154.658	121.407	93900	1700	24.5	3.31	2980	193
63b	630	178	15.0	22.0	15.0	7.5	167.258	131.298	98100	1810	24.2	3.29	3160	204
63c		180	17.0				179.858	141.189	102000	1920	23.8	3.27	3300	214

槽钢截面尺寸、截面面积、理论重量及截面特性（按 GB/T 706—2008）　**附表 3-6**

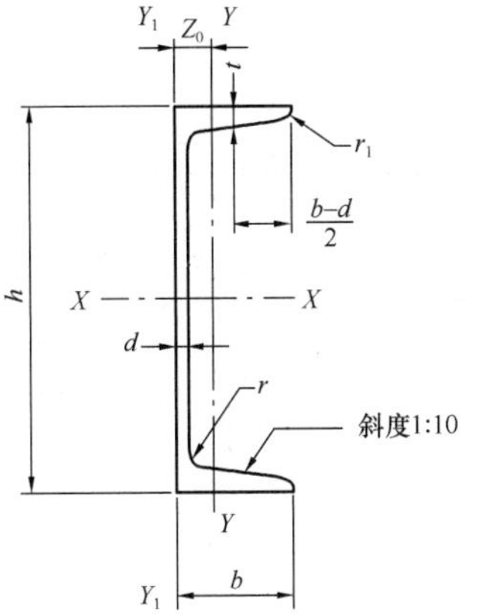

h—高度；
b—腿宽度；
d—腰厚度；
t—平均腿厚度；
r—内圆弧半径；
r_1—腿端圆弧半径；
Z_0—YY 轴与 Y_1Y_1 轴间距。

型号	截面尺寸 (mm)						截面面积 (cm²)	理论重量 (kg/m)	惯性矩 (cm⁴)			回转半径 (cm)		截面模量 (cm³)		重心距离 (cm)
	h	b	d	t	r	r_1			I_x	I_y	I_{y1}	i_x	i_y	W_x	W_y	Z_0
5	50	37	4.5	7.0	7.0	3.5	6.928	5.438	26.0	8.30	20.9	1.94	1.10	10.4	3.55	1.35
6.3	63	40	4.8	7.5	7.5	3.8	8.451	6.634	50.8	11.9	28.4	2.45	1.19	16.1	4.50	1.36
6.5	65	40	4.3	7.5	7.5	3.8	8.547	6.709	55.2	12.0	28.3	2.54	1.19	17.0	4.59	1.38
8	80	43	5.0	8.0	8.0	4.0	10.248	8.045	101	16.6	37.4	3.15	1.27	25.3	5.79	1.43
10	100	48	5.3	8.5	8.5	4.2	12.748	10.007	198	25.6	54.9	3.95	1.41	39.7	7.80	1.52
12	120	53	5.5	9.0	9.0	4.5	15.362	12.059	346	37.4	77.7	4.75	1.56	57.7	10.2	1.62
12.6	126	53	5.5	9.0	9.0	4.5	15.692	12.318	391	38.0	77.1	4.95	1.57	62.1	10.2	1.59
14a	140	58	6.0	9.5	9.5	4.8	18.516	14.535	564	53.2	107	5.52	1.70	80.5	13.0	1.71
14b		60	8.0				21.316	16.733	609	61.1	121	5.35	1.69	87.1	14.1	1.67
16a	160	63	6.5	10.0	10.0	5.0	21.962	17.24	866	73.3	144	6.28	1.83	108	16.3	1.80
16b		65	8.5				25.162	19.752	935	83.4	161	6.10	1.82	117	17.6	1.75
18a	180	68	7.0	10.5	10.5	5.2	25.699	20.174	1270	98.6	190	7.04	1.96	141	20.0	1.88
18b		70	9.0				29.299	23.000	1370	111	210	6.84	1.95	152	21.5	1.84
20a	200	73	7.0	11.0	11.0	5.5	28.837	22.637	1780	128	244	7.86	2.11	178	24.2	2.01
20b		75	9.0				32.837	25.777	1910	144	268	7.64	2.09	191	25.9	1.95
22a	220	77	7.0	11.5	11.5	5.8	31.846	24.999	2390	158	298	8.67	2.23	218	28.2	2.10
22b		79	9.0				36.246	28.453	2570	176	326	8.42	2.21	234	30.1	2.03
24a	240	78	7.0	12.0	12.0	6.0	34.217	26.860	3050	174	325	9.45	2.25	254	30.5	2.10
24b		80	9.0				39.017	30.628	3280	194	355	9.17	2.23	274	32.5	2.03
24c		82	11.0				43.817	34.396	3510	213	388	8.96	2.21	293	34.4	2.00
25a	250	78	7.0				34.917	27.410	3370	176	322	9.82	2.24	270	30.6	2.07
25b		80	9.0				39.917	31.335	3530	196	353	9.41	2.22	282	32.7	1.98
25c		82	11.0				44.917	35.260	3690	218	384	9.07	2.21	295	35.9	1.92

续表

型号	截面尺寸 (mm)						截面面积 (cm^2)	理论重量 (kg/m)	惯性矩 (cm^4)			回转半径 (cm)		截面模数 (cm^3)		重心距离 (cm)
	h	b	d	t	r	r_1			I_x	I_y	I_{y1}	i_x	i_y	W_x	W_y	Z_0
27a	270	82	7.5	12.5	12.5	6.2	39.284	30.838	4360	216	393	10.5	2.34	323	35.5	2.13
27b		84	9.5				44.684	35.077	4690	239	428	10.3	2.31	347	37.7	2.06
27c		86	11.5				50.084	39.316	5020	261	467	10.1	2.28	372	39.8	2.03
28a	280	82	7.5				40.034	31.427	4760	218	388	10.9	2.33	340	35.7	2.10
28b		84	9.5				45.634	35.823	5130	242	428	10.6	2.30	366	37.9	2.02
28c		86	11.5				51.234	40.219	5500	268	463	10.4	2.29	393	40.3	1.95
30a	300	85	7.5	13.5	13.5	6.8	43.902	34.463	6050	260	467	11.7	2.43	403	41.1	2.17
30b		87	9.5				49.902	39.173	6500	289	515	11.4	2.41	433	44.0	2.13
30c		89	11.5				55.902	43.883	6950	316	560	11.2	2.38	463	46.4	2.09
32a	320	88	8.0	14.0	14.0	7.0	48.513	38.083	7600	305	552	12.5	2.50	475	46.5	2.24
32b		90	10.0				54.913	43.107	8140	336	593	12.2	2.47	509	49.2	2.16
32c		92	12.0				61.313	48.131	8690	374	643	11.9	2.47	543	52.6	2.09
36a	360	96	9.0	16.0	16.0	8.0	60.910	47.814	11900	455	818	14.0	2.73	660	63.5	2.44
36b		98	11.0				68.110	53.466	12700	497	880	13.6	2.70	703	66.9	2.37
36c		100	13.0				75.310	59.118	13400	536	948	13.4	2.67	746	70.0	2.34
40a	400	100	10.5	18.0	18.0	9.0	75.068	58.928	17600	592	1070	15.3	2.81	879	78.8	2.49
40b		102	12.5				83.068	65.208	18600	640	114	15.0	2.78	932	82.5	2.44
40c		104	14.5				91.068	71.488	19700	688	1220	14.7	2.75	986	86.2	2.42

宽、中、窄翼缘 H 型钢截面尺寸、截面面积、理论重量及截面特性（按 GB/T 11263—2017）

附表 3-7

类别	型号 (高度×宽度) (mm×mm)	截面尺寸 (mm)					截面面积 (cm^2)	理论重量 (kg/m)	表面积 (m^2/m)	惯性矩 (cm^4)		回转半径 (cm)		截面模量 (cm^3)	
		H	B	t_1	t_2	r				I_x	I_y	i_x	i_y	W_x	W_y
HW	100×100	100	100	6	8	8	21.58	16.9	0.574	378	134	4.18	2.48	75.6	26.7
	125×125	125	125	6.5	9	8	30.00	23.6	0.723	839	293	5.28	3.12	134	46.9
	150×150	150	150	7	10	8	39.64	31.1	0.872	1620	563	6.39	3.76	216	75.1
	175×175	175	175	7.5	11	13	51.42	40.4	1.01	2900	984	7.50	4.37	331	112
	200×200	200	200	8	12	13	63.53	49.9	1.16	4720	1600	8.61	5.02	472	160
		*200	204	12	12	13	71.53	56.2	1.17	4980	1700	8.34	4.87	498	167
	250×250	*244	252	11	11	13	81.31	63.8	1.45	8700	2940	10.3	6.01	713	233
		250	250	9	14	13	91.43	71.8	1.46	10700	3650	10.8	6.31	860	292
		*250	255	14	14	13	103.9	81.6	1.47	11400	3880	10.5	6.10	912	304

续表

类别	型号（高度×宽度）（mm×mm）	截面尺寸（mm）					截面面积（cm^2）	理论重量（kg/m）	表面积（m^2/m）	惯性矩（cm^4）		回转半径（cm）		截面模量（cm^3）	
		H	B	t_1	t_2	r				I_x	I_y	i_x	i_y	W_x	W_y
HW	300×300	*294	302	12	12	13	106.3	83.5	1.75	16600	5510	12.5	7.20	1130	365
		300	300	10	15	13	118.5	93.0	1.76	20200	6750	13.1	7.55	1350	450
		*300	305	15	15	13	133.5	105	1.77	21300	7100	12.6	7.29	1420	466
	350×350	*338	351	13	13	13	133.3	105	2.03	27700	9380	14.4	8.38	1640	534
		*344	348	10	16	13	144.0	113	2.04	32800	11200	15.1	8.83	1910	646
		*344	354	16	16	13	164.7	129	2.05	34900	11800	14.6	8.48	2030	669
		350	350	12	19	13	171.9	135	2.05	39800	13600	15.2	8.88	2280	776
		*350	357	19	19	13	196.4	154	2.07	42300	14400	14.7	8.57	2420	808
	400×400	*388	402	15	15	22	178.5	140	2.32	49000	16300	16.6	9.54	2520	809
		*394	398	11	18	22	186.8	147	2.32	56100	18900	17.3	10.1	2850	951
		*394	405	18	18	22	214.4	168	2.33	59700	20000	16.7	9.64	3030	985
		400	400	13	21	22	218.7	172	2.34	66600	22400	17.5	10.1	3330	1120
		*400	408	21	21	22	250.7	197	2.35	70900	23800	16.8	9.74	3540	1170
		*414	405	18	28	22	295.4	232	2.37	92800	31000	17.7	10.2	4480	1530
		*428	407	20	35	22	360.7	283	2.41	119000	39400	18.2	10.4	5570	1930
		*458	417	30	50	22	528.6	415	2.49	187000	60500	18.8	10.7	8170	2900
		*498	432	45	70	22	770.1	604	2.60	298000	94400	19.7	11.1	12000	4370
	500×500	*492	465	15	20	22	258.0	202	2.78	117000	33500	21.3	11.4	4770	1440
		*502	465	15	25	22	304.5	239	2.80	146000	41900	21.9	11.7	5810	1800
		*502	470	20	25	22	329.6	259	2.81	151000	43300	21.4	11.5	6020	1840
HM	150×100	148	100	6	9	8	26.34	20.7	0.670	1000	150	6.16	2.38	135	30.1
	200×150	194	150	6	9	8	38.10	29.9	0.962	2630	507	8.30	3.64	271	67.6
	250×175	244	175	7	11	13	55.49	43.6	1.15	6040	984	10.4	4.21	495	112
	300×200	294	200	8	12	13	71.05	55.8	1.35	11100	1600	12.5	4.74	756	160
		*298	201	9	14	13	82.03	64.4	1.36	13100	1900	12.6	4.80	878	189
	350×250	340	250	9	14	13	99.53	78.1	1.64	21200	3650	14.6	6.05	1250	292
	400×300	390	300	10	16	13	133.3	105	1.94	37900	7200	16.9	7.35	1940	480
	450×300	440	300	11	18	13	153.9	121	2.04	54700	8110	18.9	7.25	2490	540
	500×300	*482	300	11	15	13	141.2	111	2.12	58300	6760	20.3	6.91	2420	450
		488	300	11	18	13	159.2	125	2.13	68900	8110	20.8	7.13	2820	540
	550×300	*544	300	11	15	13	148.0	116	2.24	76400	6760	22.7	6.75	2810	450
		*550	300	11	18	13	166.0	130	2.26	89800	8110	23.3	6.98	3270	540
	600×300	*582	300	12	17	13	169.2	133	2.32	98900	7660	24.2	6.72	3400	511
		588	300	12	20	13	187.2	147	2.33	114000	9010	24.7	6.93	3890	601
		*594	302	14	23	13	217.1	170	2.35	134000	10600	24.8	6.97	4500	700

续表

类别	型号（高度×宽度）(mm×mm)	截面尺寸(mm)					截面面积(cm²)	理论重量(kg/m)	表面积(m²/m)	惯性矩(cm⁴)		回转半径(cm)		截面模量(cm³)	
		H	B	t_1	t_2	r				I_x	I_y	i_x	i_y	W_x	W_y
HN	* 100×50	100	50	5	7	8	11.84	9.30	0.376	187	14.8	3.97	1.11	37.5	5.91
	* 125×60	125	60	6	8	8	16.68	13.1	0.464	409	29.1	4.95	1.32	65.4	9.71
	150×75	150	75	5	7	8	17.84	14.0	0.576	666	49.5	6.10	1.66	88.8	13.2
	175×90	175	90	5	8	8	22.89	18.0	0.686	1210	97.5	7.25	2.06	138	21.7
	200×100	* 198	99	4.5	7	8	22.68	17.8	0.769	1540	113	8.24	2.23	156	22.9
		200	100	5.5	8	8	26.66	20.9	0.775	1810	134	8.22	2.23	181	26.7
	250×125	* 248	124	5	8	8	31.98	25.1	0.968	3450	255	10.4	2.82	278	41.1
		250	125	6	9	8	36.96	29.0	0.974	3960	294	10.4	2.81	317	47.0
	300×150	* 298	149	5.5	8	13	40.80	32.0	1.16	6320	442	12.4	3.29	424	59.3
		300	150	6.5	9	13	46.78	36.7	1.16	7210	508	12.4	3.29	481	67.7
	350×175	* 346	174	6	9	13	52.45	41.2	1.35	11000	791	14.5	3.88	638	91.0
		350	175	7	11	13	62.91	49.4	1.36	13500	984	14.6	3.95	771	112
	400×150	400	150	8	13	13	70.37	55.2	1.36	18600	734	16.3	3.22	929	97.8
	400×200	* 396	199	7	11	13	71.41	56.1	1.55	19800	1450	16.6	4.50	999	145
		400	200	8	13	13	83.37	65.4	1.56	23500	1740	16.8	4.56	1170	174
	450×150	* 446	150	7	12	13	66.99	52.6	1.46	22000	677	18.1	3.17	985	90.3
		450	151	8	14	13	77.49	60.8	1.47	25700	806	18.2	3.22	1140	107
	450×200	* 446	199	8	12	13	82.97	65.1	1.65	28100	1580	18.4	4.36	1260	159
		450	200	9	14	13	95.43	74.9	1.66	32900	1870	18.6	4.42	1460	187
	475×150	* 470	150	7	13	13	71.53	56.2	1.50	26200	733	19.1	3.20	1110	97.8
		* 475	151.5	8.5	15.5	13	86.15	67.6	1.52	31700	901	19.2	3.23	1330	119
		482	153.5	10.5	19	13	106.4	83.5	1.53	39600	1150	19.3	3.28	1640	150
	500×150	* 492	150	7	12	13	70.21	55.1	1.55	27500	677	19.8	3.10	1120	90.3
		* 500	152	9	16	13	92.21	72.4	1.57	37000	940	20.0	3.19	1480	124
		504	153	10	18	13	103.3	81.1	1.58	41900	1080	20.1	3.23	1660	141
	500×200	* 496	199	9	14	13	99.29	77.9	1.75	40800	1840	20.3	4.30	1650	185
		500	200	10	16	13	112.3	88.1	1.76	46800	2140	20.4	4.36	1870	214
		* 506	201	11	19	13	129.3	102	1.77	55500	2580	20.7	4.46	2190	257
	550×200	* 546	199	9	14	13	103.8	81.5	1.85	50800	1840	22.1	4.21	1860	185
		550	200	10	16	13	117.3	92.0	1.86	58200	2140	22.3	4.27	2120	214
	600×200	* 596	199	10	15	13	117.8	92.4	1.95	66600	1980	23.8	4.09	2240	199
		600	200	11	17	13	131.7	103	1.96	75600	2270	24.0	4.15	2520	227
		* 606	201	12	20	13	149.8	118	1.97	88300	2720	24.3	4.25	2910	270
	625×200	* 625	198.5	13.5	17.5	13	150.6	118	1.99	88500	2300	24.2	3.90	2830	231
		630	200	15	20	13	170.0	133	2.01	101000	2690	24.4	3.97	3220	268
		* 638	202	17	24	13	198.7	156	2.03	122000	3320	24.8	4.09	3820	329

续表

类别	型号（高度×宽度）(mm×mm)	截面尺寸(mm)					截面面积 (cm²)	理论重量 (kg/m)	表面积 (m²/m)	惯性矩 (cm⁴)		回转半径 (cm)		截面模量 (cm³)	
		H	B	t_1	t_2	r				I_x	I_y	i_x	i_y	W_x	W_y
HN	650×300	* 646	299	12	18	18	183.6	144	2.43	131000	8030	26.7	6.61	4080	537
		* 650	300	13	20	18	202.1	159	2.44	146000	9010	26.9	6.67	4500	601
		* 654	301	14	22	18	220.6	173	2.45	161000	10000	27.4	6.81	4930	666
	700×300	* 692	300	13	20	18	207.5	163	2.53	168000	9020	28.5	6.59	4870	601
		700	300	13	24	18	231.5	182	2.54	197000	10800	29.2	6.83	5640	721
	750×300	* 734	299	12	16	18	182.7	143	2.61	161000	7140	29.7	6.25	4390	478
		* 742	300	13	20	18	214.0	168	2.63	197000	9020	30.4	6.49	5320	601
		* 750	300	13	24	18	238.0	187	2.64	231000	10800	31.1	6.74	6150	721
		* 758	303	16	28	18	248.8	224	2.67	276000	13000	31.1	6.75	7270	859
	800×300	* 792	300	14	22	18	239.5	188	2.73	248000	9920	32.2	6.43	6270	661
		800	300	14	26	18	263.5	207	2.74	286000	11700	33.0	6.66	7160	781
	850×300	* 834	298	14	19	18	227.5	179	2.80	251000	8400	33.2	6.07	6020	564
		* 842	299	15	23	18	259.7	204	2.82	298000	10300	33.9	6.28	7080	687
		* 850	300	16	27	18	292.1	229	2.84	346000	12200	34.4	6.45	8140	812
		* 858	301	17	31	18	324.7	255	2.86	395000	14100	34.9	6.59	9210	939
	900×300	* 890	299	15	23	18	266.9	210	2.92	339000	10300	35.6	6.20	7610	687
		900	300	16	28	18	305.8	240	2.94	404000	12600	36.4	6.42	8990	842
		* 912	302	18	34	18	360.1	283	2.97	491000	15700	36.9	6.59	10800	1040
	1000×300	* 970	297	16	21	18	276.0	217	3.07	393000	9210	37.8	5.77	8110	620
		* 980	298	17	26	18	315.5	248	3.09	472000	11500	38.7	6.04	9630	772
		* 990	298	17	31	18	345.3	271	3.11	544000	13700	39.7	6.30	11000	921
		* 1000	300	19	36	18	395.1	310	3.13	634000	16300	40.1	6.41	12700	1080
		* 1008	302	21	40	18	439.3	345	3.15	712000	18400	40.3	6.47	14100	1220
HT	100×50	95	48	3.2	4.5	8	7.620	5.98	0.362	115	8.39	3.88	1.04	24.2	3.49
		97	49	4	5.5	8	9.370	7.36	0.368	143	10.9	3.91	1.07	29.6	4.45
	100×100	96	99	4.5	6	8	16.20	12.7	0.565	272	97.2	4.09	2.44	56.7	19.6
	125×60	118	58	3.2	4.5	8	9.250	7.26	0.448	218	14.7	4.85	1.26	37.0	5.08
		120	59	4	5.5	8	11.39	8.94	0.454	271	19.0	4.87	1.29	45.2	6.43
	125×125	119	123	4.5	6	8	20.12	15.8	0.707	532	186	5.14	3.04	89.5	30.3
	150×75	145	73	3.2	4.5	8	11.47	9.00	0.562	416	29.3	6.01	1.59	57.3	8.02
		147	74	4	5.5	8	14.12	11.1	0.568	516	37.3	6.04	1.62	70.2	10.1
	150×100	139	97	3.2	4.5	8	13.43	10.6	0.646	476	68.6	5.94	2.25	68.4	14.1
		142	99	4.5	6	8	18.27	14.3	0.657	654	97.2	5.98	2.30	92.1	19.6
	150×150	144	148	5	7	8	27.76	21.8	0.856	1090	378	6.25	3.69	151	51.1
		147	149	6	8.5	8	33.67	26.4	0.864	1350	469	6.32	3.73	183	63.0

续表

类别	型号(高度×宽度)(mm×mm)	截面尺寸(mm)					截面面积(cm^2)	理论重量(kg/m)	表面积(m^2/m)	惯性矩(cm^4)		回转半径(cm)		截面模量(cm^3)	
		H	B	t_1	t_2	r				I_x	I_y	i_x	i_y	W_x	W_y
HT	175×90	168	88	3.2	4.5	8	13.55	10.6	0.668	670	51.2	7.02	1.94	79.7	11.6
		171	89	4	6	8	17.58	13.8	0.676	894	70.7	7.13	2.00	105	15.9
	175×175	167	173	5	7	13	33.32	26.2	0.994	1780	605	7.30	4.26	213	69.9
		172	175	6.5	9.5	13	44.64	35.0	1.01	2470	850	7.43	4.36	287	97.1
	200×100	193	98	3.2	4.5	8	15.25	12.0	0.758	994	70.7	8.07	2.15	103	14.4
		196	99	4	6	8	19.78	15.5	0.766	1320	97.2	8.18	2.21	135	19.6
	200×150	188	149	4.5	6	8	26.34	20.7	0.949	1730	331	8.09	3.54	184	44.4
	200×200	192	198	6	8	13	43.69	34.3	1.14	3060	1040	8.37	4.86	319	105
	250×125	244	124	4.5	6	8	25.86	20.3	0.961	2650	191	10.1	2.71	217	30.8
	250×175	238	173	4.5	8	13	39.12	30.7	1.14	4240	691	10.4	4.20	356	79.9
	300×150	294	148	4.5	6	13	31.90	25.0	1.15	4800	325	12.3	3.19	327	43.9
	300×200	286	198	6	8	13	49.33	38.7	1.33	7360	1040	12.2	4.58	515	105
	350×175	340	173	4.5	6	13	36.97	29.0	1.34	7490	518	14.2	3.74	441	59.9
	400×150	390	148	6	8	13	47.57	37.3	1.34	11700	434	15.7	3.01	602	58.6
	400×200	390	198	6	8	13	55.57	43.6	1.54	14700	1040	16.2	4.31	752	105

注　1. 表中同一型号的产品，其内侧尺寸高度一致。

2. 表中截面面积计算公式为：$t_1(H-2t_2)+2Bt_2+0.858r^2$。

3. 表中“*”表示的规格为市场非常用规格。

宽、中、窄翼缘剖分T型钢截面尺寸、截面面积、理论重量及截面特性（按GB/T 11263—2017）

附表3-8

类别	型号(高度×宽度)(mm×mm)	截面尺寸(mm)					截面面积(cm^2)	理论重量(kg/m)	表面积(m^2/m)	惯性矩(cm^4)		回转半径(cm)		截面模量(cm^3)		重心C_x(cm)	对应H型钢系列型号
		h	B	t_1	t_2	r				I_x	I_y	i_x	i_y	W_x	W_y		
TW	50×100	50	100	6	8	8	10.79	8.47	0.293	16.1	66.8	1.22	2.48	4.02	13.4	1.00	100×100
	62.5×125	62.5	125	6.5	9	8	15.00	11.8	0.368	35.0	147	1.52	3.12	6.91	23.5	11.9	125×125
	75×150	75	150	7	10	8	19.82	15.6	0.443	66.4	282	1.82	3.76	10.8	37.5	1.37	150×150
	87.5×175	87.5	175	7.5	11	13	25.71	20.2	0.514	115	492	2.11	4.37	15.9	56.2	1.55	175×175
	100×200	100	200	8	12	13	31.76	24.9	0.589	184	801	2.40	5.02	22.3	80.1	1.73	200×200
		100	204	12	12	13	35.76	28.1	0.597	256	851	2.67	4.87	32.4	83.4	2.09	
	125×250	125	250	9	14	13	45.71	35.9	0.739	412	1820	3.00	6.31	39.5	146	2.08	250×250
		125	255	14	14	13	51.96	40.8	0.749	589	1940	3.36	6.10	59.4	152	2.58	
	150×300	147	302	12	12	13	53.16	41.7	0.887	857	2760	4.01	7.20	72.3	183	2.85	300×300
		150	300	10	15	13	59.22	46.5	0.889	798	3380	3.67	7.55	63.7	225	2.47	
		150	305	15	15	13	66.72	52.4	0.899	1110	3550	4.07	7.29	92.5	233	3.04	

续表

类别	型号（高度×宽度）（mm×mm）	截面尺寸（mm）					截面面积（cm^2）	理论重量（kg/m）	表面积（m^2/m）	惯性矩（cm^4）		回转半径（cm）		截面模量（cm^3）		重心 C_x（cm）	对应H型钢系列型号
		h	B	t_1	t_2	r				I_x	I_y	i_x	i_y	W_x	W_y		
TW	175×350	172	348	10	16	13	72.00	56.5	1.03	1230	5620	4.13	8.83	84.7	323	2.67	350×350
		175	350	12	19	13	85.94	67.5	1.04	1520	6790	4.20	8.88	104	388	2.87	
	200×400	194	402	15	15	22	89.22	70.0	1.17	2480	8130	5.27	9.54	158	404	3.70	400×400
		197	398	11	18	22	93.40	73.3	1.17	2050	9460	4.67	10.1	123	475	3.01	
		200	400	13	21	22	109.3	85.8	1.18	2480	11200	4.75	10.1	147	560	3.21	
		200	408	21	21	22	125.3	98.4	1.2	3650	11900	5.39	9.74	229	584	4.07	
		207	405	18	28	22	147.7	116	1.21	3620	15500	4.95	10.2	213	766	3.68	
		214	407	20	35	22	180.3	142	1.22	4380	19700	4.92	10.4	250	967	3.90	
TM	75×100	74	100	6	9	8	13.17	10.3	0.341	51.7	75.2	1.98	2.38	8.84	15.0	1.56	150×100
	100×150	97	150	6	9	8	19.05	15.0	0.487	124	253	2.55	3.64	15.8	33.8	1.80	200×150
	125×175	122	175	7	11	13	27.74	21.8	0.583	288	492	3.22	4.21	29.1	56.2	2.28	250×175
	150×200	147	200	8	12	13	35.52	27.9	0.683	571	801	4.00	4.74	48.2	80.1	2.85	300×200
		149	201	9	14	13	41.01	32.2	0.689	661	949	4.01	4.80	55.2	94.4	2.92	
	175×250	170	250	9	14	13	49.76	39.1	0.829	1020	1820	4.51	6.05	73.2	146	3.11	350×250
	200×300	195	300	10	16	13	66.62	52.3	0.979	1730	3600	5.09	7.35	108	240	3.43	400×300
	225×300	220	300	11	18	13	76.94	60.4	1.03	2680	4050	5.89	7.25	150	270	4.09	450×300
	250×300	241	300	11	15	13	70.58	55.4	1.07	3400	3380	6.93	6.91	178	225	5.00	500×300
		244	300	11	18	13	79.58	62.5	1.08	3610	4050	6.73	7.13	184	270	4.72	
	275×300	272	300	11	15	13	73.99	58.1	1.13	4790	3380	8.04	6.75	225	225	5.96	550×300
		275	300	11	18	13	82.99	65.2	1.14	5090	4050	7.82	6.98	232	270	5.59	
	300×300	291	300	12	17	13	84.60	66.4	1.17	6320	3830	8.64	6.72	280	255	6.51	600×300
		294	300	12	20	13	93.60	73.5	1.18	6680	4500	8.44	6.93	288	300	6.17	
		297	302	14	23	13	108.5	85.2	1.19	7890	5290	8.52	6.97	339	350	6.41	
TN	50×50	50	50	5	7	8	5.920	4.65	0.193	11.8	7.39	1.41	1.11	3.18	2.950	1.28	100×50
	62.5×60	62.5	60	6	8	8	8.340	6.55	0.238	27.5	14.6	1.81	1.32	5.96	4.85	1.64	125×60
	75×75	75	75	5	7	8	8.920	7.00	0.293	42.6	24.7	2.18	1.66	7.46	6.59	1.79	150×75

续表

类别	型号(高度×宽度)(mm×mm)	截面尺寸(mm)					截面面积(cm²)	理论质量(kg/m)	表面积(m²/m)	惯性矩(cm⁴)		回转半径(cm)		截面模量(cm³)		重心 C_x(cm)	对应H型钢系列型号
		h	B	t_1	t_2	r				I_x	I_y	i_x	i_y	W_x	W_y		
TN	87.5×90	85.5	89	4	6	8	8.790	6.90	0.342	53.7	35.3	2.47	2.00	8.02	7.94	1.86	175×90
		87.5	90	5	8	8	11.44	8.98	0.348	70.6	48.7	2.48	2.06	10.4	10.8	1.93	
	100×100	99	99	4.5	7	8	11.34	8.90	0.389	93.5	56.7	2.87	2.23	12.1	11.5	2.17	200×100
		100	100	5.5	8	8	13.33	10.5	0.393	114	66.9	2.92	2.23	14.8	13.4	2.31	
	125×125	124	124	5	8	8	15.99	12.6	0.489	207	127	3.59	2.82	21.3	20.5	2.66	250×125
		125	125	6	9	8	18.48	14.5	0.493	248	147	3.66	2.81	25.6	23.5	2.81	
	150×150	149	149	5.5	8	13	20.40	16.0	0.58	393	221	4.39	3.29	33.8	29.7	3.26	300×150
		150	150	6.5	9	13	23.39	18.4	0.589	464	254	4.45	3.29	40.0	33.8	3.41	
	175×175	173	174	6	9	13	26.22	20.6	0.683	679	396	5.08	3.88	50.0	45.5	3.72	350×175
		175	175	7	11	13	31.45	24.7	0.689	814	492	5.08	3.95	59.3	56.2	3.76	
	200×200	198	199	7	11	13	35.70	28.0	0.783	1190	723	5.77	4.50	76.4	72.7	4.20	400×200
		200	200	8	13	13	41.68	32.7	0.789	1390	868	5.78	4.56	88.6	86.8	4.26	
	225×150	223	150	7	12	13	33.49	26.3	0.735	1570	338	6.84	3.17	93.7	45.1	5.54	450×150
		225	151	8	14	13	38.74	30.4	0.741	1830	403	6.87	3.22	108	53.4	5.62	
	225×200	223	199	8	12	13	41.48	32.6	0.833	1870	789	6.71	4.36	109	79.3	5.15	450×200
		225	200	9	14	13	47.71	37.5	0.839	2150	935	6.71	4.42	124	93.5	5.19	
	237.5×150	235	150	7	13	13	35.76	28.1	0.759	1850	367	7.18	3.20	104	48.9	7.50	475×150
		237.5	151.5	8.5	15.5	13	43.07	33.8	0.767	2270	451	7.25	3.23	128	59.5	7.57	
		241	153.5	10.5	19	13	53.20	41.8	0.778	2860	575	7.33	3.28	160	75.0	7.67	
	250×150	246	150	7	12	13	35.10	27.6	0.781	2060	339	7.66	3.10	113	45.1	6.36	500×150
		250	152	9	16	13	46.10	36.2	0.793	2750	470	7.71	3.19	149	61.9	6.53	
		252	153	10	18	13	51.66	40.6	0.799	3100	540	7.74	3.23	167	70.5	6.62	
	250×200	248	199	9	14	13	49.64	39.0	0.883	2820	921	7.54	4.30	150	92.6	5.97	500×200
		250	200	10	16	13	56.12	44.1	0.889	3200	1070	7.54	4.36	169	107	6.03	
		253	201	11	19	13	64.65	50.8	0.897	3660	1290	7.52	4.46	189	128	6.00	
	275×200	273	199	9	14	13	51.89	40.7	0.933	3690	921	8.43	4.21	180	92.6	6.85	550×200
		275	200	10	16	13	58.62	46.0	0.939	4180	1070	8.44	4.27	203	107	6.89	
	300×200	298	199	10	15	13	58.87	46.2	0.983	5150	988	9.35	4.09	235	99.3	7.92	600×200
		300	200	11	17	13	65.85	51.7	0.989	5770	1140	9.35	4.15	262	114	7.95	
		303	201	12	20	13	74.88	58.8	0.997	6530	1360	9.33	4.25	291	135	7.88	
	312.5×200	312.5	198.5	13.5	17.5	13	75.28	59.1	1.01	7460	1150	9.95	3.90	338	116	9.15	625×200
		315	200	15	20	13	84.97	66.7	1.02	8470	1340	9.98	3.97	380	134	9.21	
		319	202	17	24	13	99.35	78.0	1.03	9960	1160	10.0	4.08	440	165	9.26	
	325×300	323	299	12	18	18	91.81	72.1	1.23	8570	4020	9.66	6.61	344	269	7.36	650×300
		325	300	13	20	18	101.0	79.3	1.23	9430	4510	9.66	6.67	376	300	7.40	
		327	301	14	22	18	110.3	86.59	1.24	10300	5010	9.66	6.73	408	333	7.45	
	350×300	346	300	13	20	18	103.8	81.5	1.28	11300	4510	10.4	6.59	424	301	8.09	700×300
		350	300	13	24	18	115.8	90.9	1.28	12000	5410	10.2	6.83	438	361	7.63	
	400×300	396	300	14	22	18	119.8	94.0	1.38	17600	4960	12.1	6.43	592	331	9.78	800×300
		400	300	14	26	18	131.8	103	1.38	18700	5860	11.9	6.66	610	391	9.27	
	450×300	445	299	15	23	18	133.5	105	1.47	25900	5140	13.9	6.20	789	344	11.7	900×300
		450	300	16	28	18	152.9	120	1.48	29100	6320	13.8	6.42	865	421	11.4	
		456	302	18	34	18	180.0	141	1.50	34100	7830	13.8	6.59	997	518	11.3	

附表 3-9

高频焊接轻型 H 型钢的规格及截面特性

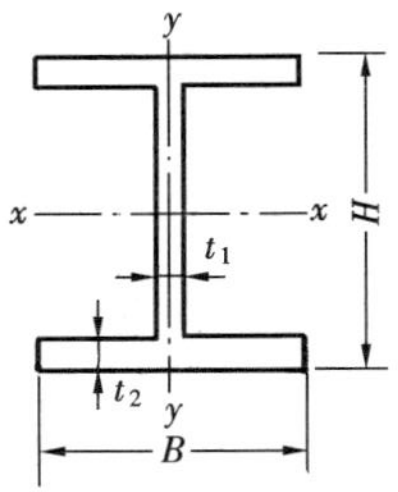

可生产截面范围（单位：mm）

H	最小　80.0	最大　300
B	最小　40.0	最大　150
t_1	最小　2.2	最大　6.3
t_2	最小　3.3	最大　9.0

序号	规格 (mm)	高度 H (mm)	宽度 B (mm)	腹板厚度 t_1 (mm)	翼缘厚度 t_2 (mm)	截面积 A (cm^2)	理论重量 G (kg/m)	I_x (cm^4)	W_x (cm^3)	i_x (cm)	S_x (cm^3)	I_y (cm^4)	W_y (cm^3)	i_y (cm)
1	100×50×3×3	100	50	3.0	3.0	5.82	4.57	91.35	18.27	3.96	10.59	6.27	2.51	1.04
2	100×50×3.2×4.5	100	50	3.2	4.5	7.41	5.82	122.77	24.55	4.07	14.06	9.40	3.76	1.13
3	100×100×6×8	100	100	6.0	8.0	21.04	16.52	369.05	73.81	4.19	42.09	133.48	26.70	2.52
4	120×120×3.2×4.5	120	120	3.2	4.5	14.35	11.27	396.84	66.14	5.26	36.11	129.63	21.61	3.01
5	120×120×4.5×6	120	120	4.5	6.0	19.26	15.12	515.53	85.92	5.17	47.60	172.88	28.81	3.00
6	150×75×3×3	150	75	3.0	3.0	8.82	6.92	317.78	42.37	6.00	24.31	21.13	5.63	1.55
7	150×75×3.2×4.5	150	75	3.2	4.5	11.26	8.84	432.11	57.62	6.19	32.51	31.68	8.45	1.68
8	150×75×4.5×6	150	75	4.5	6.0	15.21	11.94	565.38	75.38	6.10	43.11	42.29	11.28	1.67
9	150×100×3.2×4.5	150	100	3.2	4.5	13.51	10.61	551.24	73.50	6.39	40.69	75.04	15.01	2.36
10	150×100×4.5×6	150	100	4.5	6.0	18.21	14.29	720.99	96.13	6.29	53.91	100.10	20.02	2.34
11	150×150×4.5×6	150	150	4.5	6.0	24.21	19.00	1032.21	137.63	6.53	75.51	337.60	45.01	3.73
12	150×150×6×8	150	150	6.0	8.0	32.04	25.15	1331.43	177.52	6.45	98.67	450.24	60.03	3.75
13	200×100×3×3	200	100	3.0	3.0	11.82	9.28	764.71	76.47	8.04	43.66	50.04	10.01	2.06
14	200×100×3.2×4.5	200	100	3.2	4.5	15.11	11.86	1045.92	104.59	8.32	58.58	75.05	15.01	2.23
15	200×100×4.5×6	200	100	4.5	6.0	20.46	16.06	1378.62	137.86	8.21	78.08	100.14	20.03	2.21

续表

序号	规格 (mm)	高度 H (mm)	宽度 B (mm)	腹板厚度 t_1 (mm)	翼缘厚度 t_2 (mm)	截面积 A (cm^2)	理论重量 G (kg/m)	I_x (cm^4)	W_x (cm^3)	i_x (cm)	S_x (cm^3)	I_y (cm^4)	W_y (cm^3)	i_y (cm)
16	200×100×6×8	200	100	6.0	8.0	27.04	21.23	1786.89	178.69	8.13	102.19	133.66	26.73	2.22
17	200×125×3.2×4.5	200	125	3.2	4.5	17.36	13.63	1260.94	126.09	8.52	69.58	146.54	23.45	2.91
18	200×125×4.5×6	200	125	4.5	6.0	23.46	18.42	1660.98	166.10	8.41	92.63	195.46	31.27	2.89
19	200×125×6×8	200	125	6.0	8.0	31.04	24.37	2155.74	215.57	8.33	121.39	260.75	41.72	2.90
20	200×150×3.2×4.5	200	150	3.2	4.5	19.61	15.40	1475.97	147.60	8.68	80.57	253.18	33.76	3.59
21	200×150×4.5×6	200	150	4.5	6.0	26.46	20.77	1943.34	194.33	8.57	107.18	337.64	45.02	3.57
22	200×150×6×8	200	150	6.0	8.0	35.04	27.51	2524.60	252.46	8.49	140.59	450.33	60.04	3.58
23	250×100×3×3	250	100	3.0	3.0	13.32	10.46	1278.35	102.27	9.80	59.38	50.05	10.01	1.91
24	250×100×3.2×4.5	250	100	3.2	4.5	16.71	13.12	1729.50	138.36	10.17	78.47	75.07	15.01	2.12
25	250×125×3.2×4.5	250	125	3.2	4.5	18.96	14.89	2068.56	165.48	10.44	92.28	146.55	23.45	2.78
26	250×125×4.5×6	250	125	4.5	6.0	25.71	20.18	2738.60	219.09	10.32	123.36	195.49	31.28	2.76
27	250×125×4.5×8	250	125	4.5	8.0	30.53	23.97	3409.75	272.78	10.57	151.80	260.59	41.70	2.92
28	250×125×6×8	250	125	6.0	8.0	34.04	26.72	3569.91	285.59	10.21	162.07	260.84	41.73	2.77
29	250×150×3.2×4.5	250	150	3.2	4.5	21.21	16.55	2407.62	192.61	10.65	106.09	253.19	33.76	3.45
30	250×150×4.5×6	250	150	4.5	6.0	28.71	22.54	3185.21	254.82	10.53	141.66	337.68	45.02	3.43
31	250×150×4.5×8	250	150	4.5	8.0	34.53	27.11	3995.60	319.65	10.76	176.00	450.18	60.02	3.61
32	250×150×6×8	250	150	6.0	8.0	38.04	29.86	4155.77	332.46	10.45	186.27	450.42	60.06	3.44
33	300×150×3.2×4.5	300	150	3.2	4.5	22.81	17.91	3604.41	240.29	12.57	133.60	253.20	33.76	3.33
34	300×150×4.5×6	300	150	4.5	6.0	30.96	24.30	4785.96	319.06	12.43	178.96	337.72	45.03	3.30
35	300×150×4.5×8	300	150	4.5	8.0	36.78	28.87	5976.11	398.41	12.75	220.57	450.22	60.03	3.50
36	300×150×6×8	300	150	6.0	8.0	41.04	32.22	6262.44	417.50	12.35	235.69	450.51	60.07	3.31
37	320×150×5×8	320	150	5.0	8.0	39.20	30.77	7012.52	438.28	13.38	244.96	450.32	60.04	3.39
38	350×175×4.5×6	350	175	4.5	6.0	36.21	28.42	7661.31	437.79	14.55	244.86	536.19	61.28	3.85

热轧无缝钢管的规格及截面特性

附表 3-10

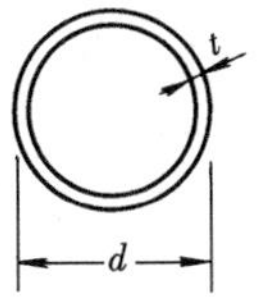

I—截面惯性矩；
W—截面模量；
i—截面回转半径

尺寸(mm)		截面面积 *A*	每米重量	截面特性		
d	*t*	(cm^2)	(kg/m)	*I* (cm^4)	*W* (cm^3)	*i* (cm)
32	2.5	2.32	1.82	2.54	1.59	1.05
	3.0	2.73	2.15	2.90	1.82	1.03
	3.5	3.13	2.46	3.23	2.02	1.02
	4.0	3.52	2.76	3.52	2.20	1.00
38	2.5	2.79	2.19	4.41	2.32	1.26
	3.0	3.30	2.59	5.09	2.68	1.24
	3.5	3.79	2.98	5.70	3.00	1.23
	4.0	4.27	3.35	6.26	3.29	1.21
42	2.5	3.10	2.44	6.07	2.89	1.40
	3.0	3.68	2.89	7.03	3.35	1.38
	3.5	4.23	3.32	7.91	3.77	1.37
	4.0	4.78	3.75	8.71	4.15	1.35
45	2.5	3.34	2.62	7.56	3.36	1.51
	3.0	3.96	3.11	8.77	3.90	1.49
	3.5	4.56	3.58	9.89	4.40	1.47
	4.0	5.15	4.04	10.93	4.86	1.46
50	2.5	3.73	2.93	10.55	4.22	1.68
	3.0	4.43	3.48	12.28	4.91	1.67
	3.5	5.11	4.01	13.90	5.56	1.65
	4.0	5.78	4.54	15.41	6.16	1.63
	4.5	6.43	5.05	16.81	6.72	1.62
	5.0	7.07	5.55	18.11	7.25	1.60
54	3.0	4.81	3.77	15.68	5.81	1.81
	3.5	5.55	4.36	17.79	6.59	1.79
	4.0	6.28	4.93	19.76	7.32	1.77
	4.5	7.00	5.49	21.61	8.00	1.76
	5.0	7.70	6.04	23.34	8.64	1.74
	5.5	8.38	6.58	24.96	9.24	1.73
	6.0	9.05	7.10	26.46	9.80	1.71
57	3.0	5.09	4.00	18.61	6.53	1.91
	3.5	5.88	4.62	21.14	7.42	1.90
	4.0	6.66	5.23	23.52	8.25	1.88
	4.5	7.42	5.83	25.76	9.04	1.86
	5.0	8.17	6.41	27.86	9.78	1.85
	5.5	8.90	6.99	29.84	10.47	1.83
	6.0	9.61	7.55	31.69	11.12	1.82
60	3.0	5.37	4.22	21.88	7.29	2.02
	3.5	6.21	4.88	24.88	8.29	2.00
	4.0	7.04	5.52	27.73	9.24	1.98
	4.5	7.85	6.16	30.41	10.14	1.97
	5.0	8.64	6.78	32.94	10.98	1.95
	5.5	9.42	7.39	35.32	11.77	1.94
	6.0	10.18	7.99	37.56	12.52	1.92
63.5	3.0	5.70	4.48	26.15	8.24	2.14
	3.5	6.60	5.18	29.79	9.38	2.12
	4.0	7.48	5.87	33.24	10.47	2.11
	4.5	8.34	6.55	36.50	11.50	2.09
	5.0	9.19	7.21	39.60	12.47	2.08
	5.5	10.02	7.87	42.52	13.39	2.06
	6.0	10.84	8.51	45.28	14.26	2.04
68	3.0	6.13	4.81	32.42	9.54	2.30
	3.5	7.09	5.57	36.99	10.88	2.28
	4.0	8.04	6.31	41.34	12.16	2.27
	4.5	8.98	7.05	45.47	13.37	2.25
	5.0	9.90	7.77	49.41	14.53	2.23
	5.5	10.80	8.48	53.14	15.63	2.22
	6.0	11.69	9.17	56.68	16.67	2.20
70	3.0	6.31	4.96	35.50	10.14	2.37
	3.5	7.31	5.74	40.53	11.58	2.35
	4.0	8.29	6.51	45.33	12.95	2.34
	4.5	9.26	7.27	49.89	14.26	2.32
	5.0	10.21	8.01	54.24	15.50	2.30
	5.5	11.14	8.75	58.38	16.68	2.29
	6.0	12.06	9.47	62.31	17.80	2.27
73	3.0	6.60	5.18	40.48	11.09	2.48
	3.5	7.64	6.00	46.26	12.67	2.46
	4.0	8.67	6.81	51.78	14.19	2.44
	4.5	9.68	7.60	57.04	15.63	2.43
	5.0	10.68	8.38	62.07	17.01	2.41
	5.5	11.66	9.16	66.87	18.32	2.39
	6.0	12.63	9.91	71.43	19.57	2.38
76	3.0	6.88	5.40	45.91	12.08	2.58
	3.5	7.97	6.26	52.50	13.82	2.57
	4.0	9.05	7.10	58.81	15.48	2.55
	4.5	10.11	7.93	64.85	17.07	2.53
	5.0	11.15	8.75	70.62	18.59	2.52
	5.5	12.18	9.56	76.14	20.04	2.50
	6.0	13.19	10.36	81.41	21.42	2.48

续表

尺寸(mm)		截面面积A	每米重量	截面特性		
d	t	(cm²)	(kg/m)	I (cm⁴)	W (cm³)	i (cm)
83	3.5	8.74	6.86	69.19	16.67	2.81
	4.0	9.93	7.79	77.64	18.71	2.80
	4.5	11.10	8.71	85.76	20.67	2.78
	5.0	12.25	9.62	93.56	22.54	2.76
	5.5	13.39	10.51	101.04	24.35	2.75
	6.0	14.51	11.39	108.22	26.08	2.73
	6.5	15.62	12.26	115.10	27.74	2.71
	7.0	16.71	13.12	121.69	29.32	2.70
89	3.5	9.40	7.38	86.05	19.34	3.03
	4.0	10.68	8.38	96.68	21.73	3.01
	4.5	11.95	9.38	106.92	24.03	2.99
	5.0	13.19	10.36	116.79	26.24	2.98
	5.5	14.43	11.33	126.29	28.38	2.96
	6.0	15.65	12.28	135.43	30.43	2.94
	6.5	16.85	13.22	144.22	32.41	2.93
	7.0	18.03	14.16	152.67	34.31	2.91
95	3.5	10.06	7.90	105.45	22.20	3.24
	4.0	11.44	8.98	118.60	24.97	3.22
	4.5	12.79	10.04	131.31	27.64	3.20
	5.0	14.14	11.10	143.58	30.23	3.19
	5.5	15.46	12.14	155.43	32.72	3.17
	6.0	16.78	13.17	166.86	35.13	3.15
	6.5	18.07	14.19	177.89	37.45	3.14
	7.0	19.35	15.19	188.51	39.69	3.12
102	3.5	10.83	8.50	131.52	25.79	3.48
	4.0	12.32	9.67	148.09	29.04	3.47
	4.5	13.78	10.82	164.14	32.18	3.45
	5.0	15.24	11.96	179.68	35.23	3.43
	5.5	16.67	13.09	194.72	38.18	3.42
	6.0	18.10	14.21	209.28	41.03	3.40
	6.5	19.50	15.31	223.35	43.79	3.38
	7.0	20.89	16.40	236.96	46.46	3.37
114	4.0	13.82	10.85	209.35	36.73	3.89
	4.5	15.48	12.15	232.41	40.77	3.87
	5.0	17.12	13.44	254.81	44.70	3.86
	5.5	18.75	14.72	276.58	48.52	3.84
	6.0	20.36	15.98	297.73	52.23	3.82
	6.5	21.95	17.23	318.26	55.84	3.81
	7.0	23.53	18.47	338.19	59.33	3.79
	7.5	25.09	19.70	357.58	62.73	3.77
	8.0	26.64	20.91	376.30	66.02	3.76
121	4.0	14.70	11.54	251.87	41.63	4.14
	4.5	16.47	12.93	279.83	46.25	4.12
	5.0	18.22	14.30	307.05	50.75	4.11
	5.5	19.96	15.67	333.54	55.13	4.09
	6.0	21.68	17.02	359.32	59.39	4.07
	6.5	23.38	18.35	384.40	63.54	4.05
	7.0	25.07	19.68	408.80	67.57	4.04
	7.5	26.74	20.99	432.51	71.49	4.02
	8.0	28.40	22.29	455.57	75.30	4.01

尺寸(mm)		截面面积A	每米重量	截面特性		
d	t	(cm²)	(kg/m)	I (cm⁴)	W (cm³)	i (cm)
127	4.0	15.46	12.13	292.61	46.08	4.35
	4.5	17.32	13.59	325.29	51.23	4.33
	5.0	19.16	15.04	357.14	56.24	4.32
	5.5	20.99	16.48	388.19	61.13	4.30
	6.0	22.81	17.90	418.44	65.90	4.28
	6.5	24.61	19.32	447.92	70.54	4.27
	7.0	26.39	20.72	476.63	75.06	4.25
	7.5	28.16	22.10	504.58	79.46	4.23
	8.0	29.91	23.48	531.80	83.75	4.22
133	4.0	16.21	12.73	337.53	50.76	4.56
	4.5	18.17	14.26	375.42	56.45	4.55
	5.0	20.11	15.78	412.40	62.02	4.53
	5.5	22.03	17.29	448.50	67.44	4.51
	6.0	23.94	18.79	483.72	72.74	4.50
	6.5	25.83	20.28	518.07	77.91	4.48
	7.0	27.71	21.75	551.58	82.94	4.46
	7.5	29.57	23.21	584.25	87.86	4.45
	8.0	31.42	24.66	616.11	92.65	4.43
140	4.5	19.16	15.04	440.12	62.87	4.79
	5.0	21.21	16.65	483.76	69.11	4.78
	5.5	23.24	18.24	526.40	75.20	4.76
	6.0	25.26	19.83	568.06	81.15	4.74
	6.5	27.26	21.40	608.76	86.97	4.73
	7.0	29.25	22.96	648.51	92.64	4.71
	7.5	31.22	24.51	687.32	98.19	4.69
	8.0	33.18	26.04	725.21	103.60	4.68
	9.0	37.04	29.08	798.29	114.04	4.64
	10	40.84	32.06	867.86	123.98	4.61
146	4.5	20.00	15.70	501.16	68.65	5.01
	5.0	22.15	17.39	551.10	75.49	4.99
	5.5	24.28	19.06	599.95	82.19	4.97
	6.0	26.39	20.72	647.73	88.73	4.95
	6.5	28.49	22.36	694.44	95.13	4.94
	7.0	30.57	24.00	740.12	101.39	4.92
	7.5	32.63	25.62	784.77	107.50	4.90
	8.0	34.68	27.23	828.41	113.48	4.89
	9.0	38.74	30.41	912.71	125.03	4.85
	10	42.73	33.54	993.16	136.05	4.82
152	4.5	20.85	16.37	567.61	74.69	5.22
	5.0	23.09	18.13	624.43	82.16	5.20
	5.5	25.31	19.87	680.06	89.48	5.18
	6.0	27.52	21.60	734.52	96.65	5.17
	6.5	29.71	23.32	787.82	103.66	5.15
	7.0	31.89	25.03	839.99	110.52	5.13
	7.5	34.05	26.73	891.03	117.24	5.12
	8.0	36.19	28.41	940.97	123.81	5.10
	9.0	40.43	31.74	1037.59	136.53	5.07
	10	44.61	35.02	1129.99	148.68	5.03

续表

尺寸(mm)		截面面积A	每米重量	截面特性		
d	t	(cm²)	(kg/m)	I (cm⁴)	W (cm³)	i (cm)
159	4.5	21.84	17.15	652.27	82.05	5.46
	5.0	24.19	18.99	717.88	90.30	5.45
	5.5	26.52	20.82	782.18	98.39	5.43
	6.0	28.84	22.64	845.19	106.31	5.41
	6.5	31.14	24.45	906.92	114.08	5.40
	7.0	33.43	26.24	967.41	121.69	5.38
	7.5	35.70	28.02	1026.65	129.14	5.36
	8.0	37.95	29.79	1084.67	136.44	5.35
	9.0	42.41	33.29	1197.12	150.58	5.31
	10	46.81	36.75	1304.88	164.14	5.28
168	4.5	23.11	18.14	772.96	92.02	5.78
	5.0	25.60	20.10	851.14	101.33	5.77
	5.5	28.08	22.04	927.85	110.46	5.75
	6.0	30.54	23.97	1003.12	119.42	5.73
	6.5	32.98	25.89	1076.95	128.21	5.71
	7.0	35.41	27.79	1149.36	136.83	5.70
	7.5	37.82	29.69	1220.38	145.28	5.68
	8.0	40.21	31.57	1290.01	153.57	5.66
	9.0	44.96	35.29	1425.22	169.67	5.63
	10	49.64	38.97	1555.13	185.13	5.60
180	5.0	27.49	21.58	1053.17	117.02	6.19
	5.5	30.15	23.67	1148.79	127.64	6.17
	6.0	32.80	25.75	1242.72	138.08	6.16
	6.5	35.43	27.81	1335.00	148.33	6.14
	7.0	38.04	29.87	1425.63	158.40	6.12
	7.5	40.64	31.91	1514.64	168.29	6.10
	8.0	43.23	33.93	1602.04	178.00	6.09
	9.0	48.35	37.95	1772.12	196.90	6.05
	10	53.41	41.92	1936.01	215.11	6.02
	12	63.33	49.72	2245.84	249.54	5.95
194	5.0	29.69	23.31	1326.54	136.76	6.68
	5.5	32.57	25.57	1447.86	149.26	6.67
	6.0	35.44	27.82	1567.21	161.57	6.65
	6.5	38.29	30.06	1684.61	173.67	6.63
	7.0	41.12	32.28	1800.08	185.57	6.62
	7.5	43.94	34.50	1913.64	197.28	6.60
	8.0	46.75	36.70	2025.31	208.79	6.58
	9.0	52.31	41.06	2243.08	231.25	6.55
	10	57.81	45.38	2453.55	252.94	6.51
	12	68.51	53.86	2853.25	294.15	6.45
203	6.0	37.13	29.15	1803.07	177.64	6.97
	6.5	40.13	31.50	1938.81	191.02	6.95
	7.0	43.10	33.84	2072.43	204.18	6.93
	7.5	46.06	36.16	2203.94	217.14	6.92
	8.0	49.01	38.47	2333.37	229.89	6.90
	9.0	54.85	43.06	2586.08	254.79	6.87
	10	60.63	47.60	2830.72	278.89	6.83
	12	72.01	56.52	3296.49	324.78	6.77
	14	83.13	65.25	3732.07	367.69	6.70
	16	94.00	73.79	4138.78	407.76	6.64

尺寸(mm)		截面面积A	每米重量	截面特性		
d	t	(cm²)	(kg/m)	I (cm⁴)	W (cm³)	i (cm)
219	6.0	40.15	31.52	2278.74	208.10	7.53
	6.5	43.39	34.06	2451.64	223.89	7.52
	7.0	46.62	36.60	2622.04	239.46	7.50
	7.5	49.83	39.12	2789.96	254.79	7.48
	8.0	53.03	41.63	2955.43	269.90	7.47
	9.0	59.38	46.61	3279.12	299.46	7.43
	10	65.66	51.54	3593.29	328.15	7.40
	12	78.04	61.26	4193.81	383.00	7.33
	14	90.16	70.78	4758.50	434.57	7.26
	16	102.04	80.10	5288.81	483.00	7.20
245	6.5	48.70	38.23	3465.46	282.89	8.44
	7.0	52.34	41.08	3709.06	302.78	8.42
	7.5	55.96	43.93	3949.52	322.41	8.40
	8.0	59.56	46.76	4186.87	341.79	8.38
	9.0	66.73	52.38	4652.32	379.78	8.35
	10	73.83	57.95	5105.63	416.79	8.32
	12	87.84	68.95	5976.67	487.89	8.25
	14	101.60	79.76	6801.68	555.24	8.18
	16	115.11	90.36	7582.30	618.96	8.12
273	6.5	54.42	42.72	4834.18	354.15	9.42
	7.0	58.50	45.92	5177.30	379.29	9.41
	7.5	62.56	49.11	5516.47	404.14	9.39
	8.0	66.60	52.28	5851.71	428.70	9.37
	9.0	74.64	58.60	6510.56	476.96	9.34
	10	82.62	64.86	7154.09	524.11	9.31
	12	98.39	77.24	8396.14	615.10	9.24
	14	113.91	89.42	9579.75	701.81	9.17
	16	129.18	101.41	10706.79	784.38	9.10
299	7.5	68.68	53.92	7300.02	488.30	10.31
	8.0	73.14	57.41	7747.42	518.22	10.29
	9.0	82.00	64.37	8628.09	577.13	10.26
	10	90.79	71.27	9490.15	634.79	10.22
	12	108.20	84.93	11159.52	746.46	10.16
	14	125.35	98.40	12757.61	853.35	10.09
	16	142.25	111.67	14286.48	955.62	10.02
325	7.5	74.81	58.73	9431.80	580.42	11.23
	8.0	79.67	62.54	10013.92	616.24	11.21
	9.0	89.35	70.14	11161.33	686.85	11.18
	10	98.96	77.68	12286.52	756.09	11.14
	12	118.00	92.63	14471.45	890.55	11.07
	14	136.78	107.38	16570.98	1019.75	11.01
	16	155.32	121.93	18587.38	1143.84	10.94
351	8.0	86.21	67.67	12684.36	722.76	12.13
	9.0	96.70	75.91	14147.55	806.13	12.10
	10	107.13	84.10	15584.62	888.01	12.06
	12	127.80	100.32	18381.63	1047.39	11.99
	14	148.22	116.35	21077.86	1201.02	11.93
	16	168.39	132.19	23675.75	1349.05	11.86

注：热轧无缝钢管的通常长度为3～12m。

电焊钢管的规格及截面特性 **附表 3-11**

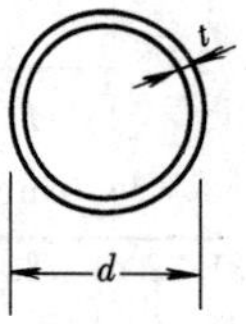

I—截面惯性矩；
W—截面模量；
i—截面回转半径

尺寸 (mm)		截面面积	每米重量	截面特性		
d	t	A (cm²)	(kg/m)	I (cm⁴)	W (cm³)	i (cm)
32	2.0	1.88	1.48	2.13	1.33	1.06
	2.5	2.32	1.82	2.54	1.59	1.05
38	2.0	2.26	1.78	3.68	1.93	1.27
	2.5	2.79	2.19	4.41	2.32	1.26
40	2.0	2.39	1.87	4.32	2.16	1.35
	2.5	2.95	2.31	5.20	2.60	1.33
42	2.0	2.51	1.97	5.04	2.40	1.42
	2.5	3.10	2.44	6.07	2.89	1.40
45	2.0	2.70	2.12	6.26	2.78	1.52
	2.5	3.34	2.62	7.56	3.36	1.51
	3.0	3.96	3.11	8.77	3.90	1.49
51	2.0	3.08	2.42	9.26	3.63	1.73
	2.5	3.81	2.99	11.23	4.40	1.72
	3.0	4.52	3.55	13.08	5.13	1.70
	3.5	5.22	4.10	14.81	5.81	1.68
53	2.0	3.20	2.52	10.43	3.94	1.80
	2.5	3.97	3.11	12.67	4.78	1.79
	3.0	4.71	3.70	14.78	5.58	1.77
	3.5	5.44	4.27	16.75	6.32	1.75
57	2.0	3.46	2.71	13.08	4.59	1.95
	2.5	4.28	3.36	15.93	5.59	1.93
	3.0	5.09	4.00	18.61	6.53	1.91
	3.5	5.88	4.62	21.14	7.42	1.90
60	2.0	3.64	2.86	15.34	5.11	2.05
	2.5	4.52	3.55	18.70	6.23	2.03
	3.0	5.37	4.22	21.88	7.29	2.02
	3.5	6.21	4.88	24.88	8.29	2.00
63.5	2.0	3.86	3.03	18.29	5.76	2.18
	2.5	4.79	3.76	22.32	7.03	2.16
	3.0	5.70	4.48	26.15	8.24	2.14
	3.5	6.60	5.18	29.79	9.38	2.12
70	2.0	4.27	3.35	24.72	7.06	2.41
	2.5	5.30	4.16	30.23	8.64	2.39
	3.0	6.31	4.96	35.50	10.14	2.37
	3.5	7.31	5.74	40.53	11.58	2.35
	4.5	9.26	7.27	49.89	14.26	2.32
76	2.0	4.65	3.65	31.85	8.38	2.62
	2.5	5.77	4.53	39.03	10.27	2.60
	3.0	6.88	5.40	45.91	12.08	2.58
	3.5	7.97	6.26	52.50	13.82	2.57
	4.0	9.05	7.10	58.81	15.48	2.55
	4.5	10.11	7.93	64.85	17.07	2.53

尺寸 (mm)		截面面积	每米重量	截面特性		
d	t	A (cm²)	(kg/m)	I (cm⁴)	W (cm³)	i (cm)
83	2.0	5.09	4.00	41.76	10.06	2.86
	2.5	6.32	4.96	51.26	12.35	2.85
	3.0	7.54	5.92	60.40	14.56	2.83
	3.5	8.74	6.86	69.19	16.67	2.81
	4.0	9.93	7.79	77.64	18.71	2.80
	4.5	11.10	8.71	85.76	20.67	2.78
89	2.0	5.47	4.29	51.75	11.63	3.08
	2.5	6.79	5.33	63.59	14.29	3.06
	3.0	8.11	6.36	75.02	16.86	3.04
	3.5	9.40	7.38	86.05	19.34	3.03
	4.0	10.68	8.38	96.68	21.73	3.01
	4.5	11.95	9.38	106.92	24.03	2.99
95	2.0	5.84	4.59	63.20	13.31	3.29
	2.5	7.26	5.70	77.76	16.37	3.27
	3.0	8.67	6.81	91.83	19.33	3.25
	3.5	10.06	7.90	105.45	22.20	3.24
102	2.0	6.28	4.93	78.57	15.41	3.54
	2.5	7.81	6.13	96.77	18.97	3.52
	3.0	9.33	7.32	114.42	22.43	3.50
	3.5	10.83	8.50	131.52	25.79	3.48
	4.0	12.32	9.67	148.09	29.04	3.47
	4.5	13.78	10.82	164.14	32.18	3.45
	5.0	15.24	11.96	179.68	35.23	3.43
108	3.0	9.90	7.77	136.49	25.28	3.71
	3.5	11.49	9.02	157.02	29.08	3.70
	4.0	13.07	10.26	176.95	32.77	3.68
114	3.0	10.46	8.21	161.24	28.29	3.93
	3.5	12.15	9.54	185.63	32.57	3.91
	4.0	13.82	10.85	209.35	36.73	3.89
	4.5	15.48	12.15	232.41	40.77	3.87
	5.0	17.12	13.44	254.81	44.70	3.86
121	3.0	11.12	8.73	193.69	32.01	4.17
	3.5	12.92	10.14	223.17	36.89	4.16
	4.0	14.70	11.54	251.87	41.63	4.14
127	3.0	11.69	9.17	224.75	35.39	4.39
	3.5	13.58	10.66	259.11	40.80	4.37
	4.0	15.46	12.13	292.61	46.08	4.35
	4.5	17.32	13.59	325.29	51.23	4.33
	5.0	19.16	15.04	357.14	56.24	4.32
133	3.5	14.24	11.18	298.71	44.92	4.58
	4.0	16.21	12.73	337.53	50.76	4.56
	4.5	18.17	14.26	375.42	56.45	4.55
	5.0	20.11	15.78	412.40	62.02	4.53

续表

尺寸 (mm)		截面面积 A (cm^2)	每米重量 (kg/m)	截面特性			尺寸 (mm)		截面面积 A (cm^2)	每米重量 (kg/m)	截面特性		
d	t			I (cm^4)	W (cm^3)	i (cm)	d	t			I (cm^4)	W (cm^3)	i (cm)
140	3.5	15.01	11.78	349.79	49.97	4.83	152	3.5	16.33	12.82	450.35	59.26	5.25
	4.0	17.09	13.42	395.47	56.50	4.81		4.0	18.60	14.60	509.59	67.05	5.23
	4.5	19.16	15.04	440.12	62.87	4.79		4.5	20.85	16.37	567.61	74.69	5.22
	5.0	21.21	16.65	483.76	69.11	4.78		5.0	23.09	18.13	624.43	82.16	5.20
	5.5	23.24	18.24	526.40	75.20	4.76		5.5	25.31	19.87	680.06	89.48	5.18

注：电焊钢管的通常长度：d=32～70mm 时，为 3～10m；d=76～152mm 时，为 4～10m。

冷弯薄壁方钢管的规格及截面特性　　附表 3-12

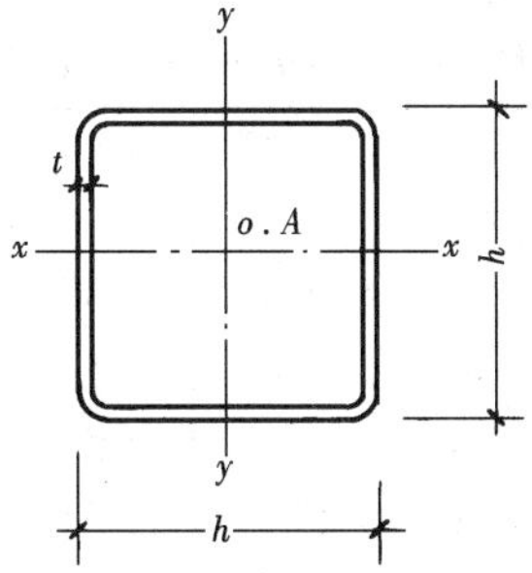

尺　寸 (mm)		截面面积	每米长重量	I_x	i_x	W_x
h	t	(cm^2)	(kg/m)	(cm^4)	(cm^3)	(cm^3)
25	1.5	1.31	1.03	1.16	0.94	0.92
30	1.5	1.61	1.27	2.11	1.14	1.40
40	1.5	2.21	1.74	5.33	1.55	2.67
40	2.0	2.87	2.25	6.66	1.52	3.33
50	1.5	2.81	2.21	10.82	1.96	4.33
50	2.0	3.67	2.88	13.71	1.93	5.48
60	2.0	4.47	3.51	24.51	2.34	8.17
60	2.5	5.48	4.30	29.36	2.31	9.79
80	2.0	6.07	4.76	60.58	3.16	15.15
80	2.5	7.48	5.87	73.40	3.13	18.35
100	2.5	9.48	7.44	147.91	3.05	29.58
100	3.0	11.25	8.83	173.12	3.92	34.62
120	2.5	11.48	9.01	260.88	4.77	43.48
120	3.0	13.65	10.72	306.71	4.74	51.12
140	3.0	16.05	12.60	495.68	5.56	70.81
140	3.5	18.58	14.59	568.22	5.53	81.17
140	4.0	21.07	16.44	637.97	5.50	91.14
160	3.0	18.45	14.49	749.64	6.37	93.71
160	3.5	21.38	16.77	861.34	6.35	107.67
160	4.0	24.27	19.05	969.35	6.32	121.17
160	4.5	27.12	21.05	1073.66	6.29	134.21
160	5.0	29.93	23.35	1174.44	6.26	146.81

冷弯薄壁矩形钢管的规格及截面特性　　附表 3-13

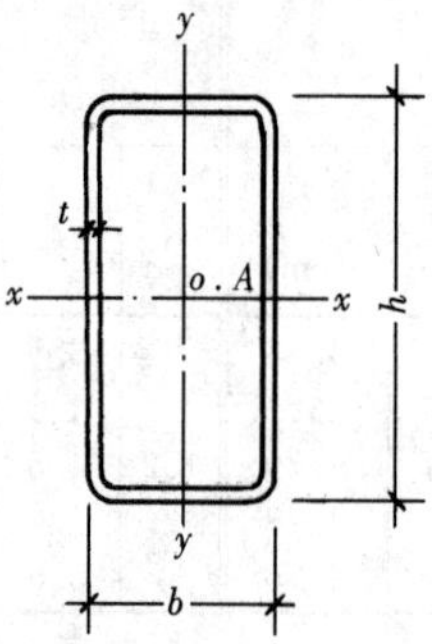

尺　寸　(mm)			截面面积 (cm^2)	每米长重量 (kg/m)	$x-x$			$y-y$		
h	b	t			I_x (cm^4)	i_x (cm)	W_x (cm^3)	I_y (cm^4)	i_y (cm)	W_y (cm^3)
30	15	1.5	1.20	0.95	1.28	1.02	0.85	0.42	0.59	0.57
40	20	1.6	1.75	1.37	3.43	1.40	1.72	1.15	0.81	1.15
40	20	2.0	2.14	1.68	4.05	1.38	2.02	1.34	0.79	1.34
50	30	1.6	2.39	1.88	7.96	1.82	3.18	3.60	1.23	2.40
50	30	2.0	2.94	2.31	9.54	1.80	3.81	4.29	1.21	2.86
60	30	2.5	4.09	3.21	17.93	2.09	5.80	6.00	1.21	4.00
60	30	3.0	4.81	3.77	20.50	2.06	6.83	6.79	1.19	4.53
60	40	2.0	3.74	2.94	18.41	2.22	6.14	9.83	1.62	4.92
60	40	3.0	5.41	4.25	25.37	2.17	8.46	13.44	1.58	6.72
70	50	2.5	5.59	4.20	38.01	2.61	10.86	22.59	2.01	9.04
70	50	3.0	6.61	5.19	44.05	2.58	12.58	26.10	1.99	10.44
80	40	2.0	4.54	3.56	37.36	2.87	9.34	12.72	1.67	6.36
80	40	3.0	6.61	5.19	52.25	2.81	13.06	17.55	1.63	8.78
90	40	2.5	6.09	4.79	60.69	3.16	13.49	17.02	1.67	8.51
90	50	2.0	5.34	4.19	57.88	3.29	12.86	23.37	2.09	9.35
90	50	3.0	7.81	6.13	81.85	2.24	18.19	32.74	2.05	13.09
100	50	3.0	8.41	6.60	106.45	3.56	21.29	36.05	2.07	14.42
100	60	2.6	7.88	6.19	106.66	3.68	21.33	48.47	2.48	16.16
120	60	2.0	6.94	5.45	131.92	4.36	21.99	45.33	2.56	15.11
120	60	3.2	10.85	8.52	199.88	4.29	33.31	67.94	2.50	22.65
120	60	4.0	13.35	10.48	240.72	4.25	40.12	81.24	2.47	27.08
120	80	3.2	12.13	9.53	243.54	4.48	40.59	130.48	3.28	32.62
120	80	4.0	14.96	11.73	294.57	4.44	49.09	157.28	3.24	39.32
120	80	5.0	18.36	14.41	353.11	4.39	58.85	187.75	3.20	46.94
120	80	6.0	21.63	16.98	406.00	4.33	67.67	214.98	3.15	53.74
140	90	3.2	14.05	11.04	384.01	5.23	54.86	194.80	3.72	43.29
140	90	4.0	17.35	13.63	466.59	5.19	66.66	235.92	3.69	52.43
140	90	5.0	21.36	16.78	562.61	5.13	80.37	283.32	3.64	62.96
150	100	3.2	15.33	12.04	488.18	5.64	65.09	262.26	4.14	52.45

冷弯薄壁焊接圆钢管的规格及截面特性 **附表3-14**

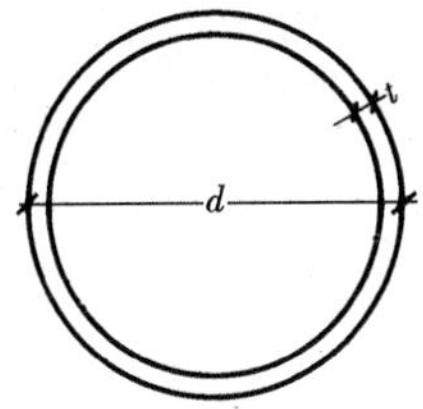

尺寸 (mm)		截面面积 (cm^2)	每米长质量 (kg/m)	I (cm^4)	i (cm)	W (cm^3)
d	t					
25	1.5	1.11	0.87	0.77	0.83	0.61
30	1.5	1.34	1.05	1.37	1.01	0.91
30	2.0	1.76	1.38	1.73	0.99	1.16
40	1.5	1.81	1.42	3.37	1.36	1.68
40	2.0	2.39	1.88	4.32	1.35	2.16
51	2.0	3.08	2.42	9.26	1.73	3.63
57	2.0	3.46	2.71	13.08	1.95	4.59
60	2.0	3.64	2.86	15.34	2.05	5.10
70	2.0	4.27	3.35	24.72	2.41	7.06
76	2.0	4.65	3.65	31.85	2.62	8.38
83	2.0	5.09	4.00	41.76	2.87	10.06
83	2.5	6.32	4.96	51.26	2.85	12.35
89	2.0	5.47	4.29	51.74	3.08	11.63
89	2.5	6.79	5.33	63.59	3.06	14.29
95	2.0	5.84	4.59	63.20	3.29	13.31
95	2.5	7.26	5.70	77.76	3.27	16.37
102	2.0	6.28	4.93	78.55	3.54	15.40
102	2.5	7.81	6.14	96.76	3.52	18.97
102	3.0	9.33	7.33	114.40	3.50	22.43
108	2.0	6.66	5.23	93.6	3.75	17.33
108	2.5	8.29	6.51	115.4	3.73	21.37
108	3.0	9.90	7.77	136.5	3.72	25.28
114	2.0	7.04	5.52	110.4	3.96	19.37
114	2.5	8.76	6.87	136.2	3.94	23.89
114	3.0	10.46	8.21	161.3	3.93	28.30
121	2.0	7.48	5.87	132.4	4.21	21.88
121	2.5	9.31	7.31	163.5	4.19	27.02
121	3.0	11.12	8.73	193.7	4.17	32.02
127	2.0	7.85	6.17	153.4	4.42	24.16

续表

尺寸 (mm)		截面面积	每米长重量	I	i	W
d	t	(cm^2)	(kg/m)	(cm^4)	(cm)	(cm^3)
127	2.5	9.78	7.68	189.5	4.40	29.84
127	3.0	11.69	9.18	224.7	4.39	35.39
133	2.5	10.25	8.05	218.2	4.62	32.81
133	3.0	12.25	9.62	259.0	4.60	38.95
133	3.5	14.24	11.18	298.7	4.58	44.92
140	2.5	10.80	8.48	255.3	4.86	36.47
140	3.0	12.91	10.13	303.1	4.85	43.29
140	3.5	15.01	11.78	349.8	4.83	49.97
152	3.0	14.04	11.02	389.9	5.27	51.30
152	3.5	16.33	12.82	450.3	5.25	59.25
152	4.0	18.60	14.60	509.6	5.24	67.05
159	3.0	14.70	11.54	447.4	5.52	56.27
159	3.5	17.10	13.42	517.0	5.50	65.02
159	4.0	19.48	15.29	585.3	5.48	73.62
168	3.0	15.55	12.21	529.4	5.84	63.02
168	3.5	18.09	14.20	612.1	5.82	72.87
168	4.0	20.61	16.18	693.3	5.80	82.53
180	3.0	16.68	13.09	653.5	6.26	72.61
180	3.5	19.41	15.24	756.0	6.24	84.00
180	4.0	22.12	17.36	856.8	6.22	95.20
194	3.0	18.00	14.13	821.1	6.75	84.64
194	3.5	20.95	16.45	950.5	6.74	97.99
194	4.0	23.88	18.75	1078	6.72	111.1
203	3.0	18.85	15.00	943	7.07	92.87
203	3.5	21.94	17.22	1092	7.06	107.55
203	4.0	25.01	19.63	1238	7.04	122.01
219	3.0	20.36	15.98	1187	7.64	108.44
219	3.5	23.70	18.61	1376	7.62	125.65
219	4.0	27.02	21.81	1562	7.60	142.62
245	3.0	22.81	17.91	1670	8.56	136.3
245	3.5	26.55	20.84	1936	8.54	158.1
245	4.0	30.28	23.77	2199	8.52	179.5

附表 3-15

冷弯薄壁等边角钢的规格及截面特征

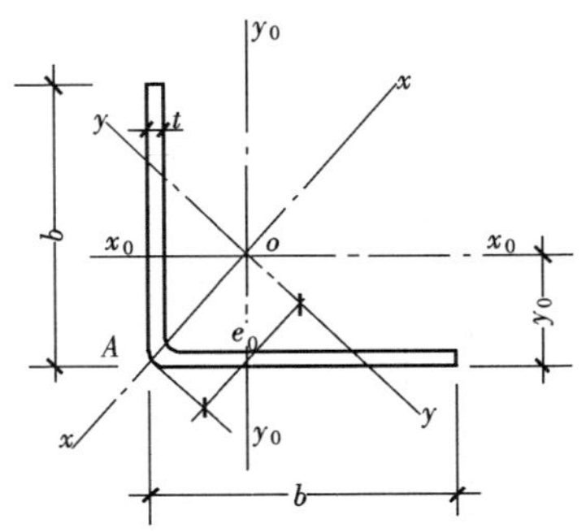

尺寸 (mm)		截面面积 (cm^2)	每米长质量 (kg/m)	y_0 (cm)	$x_0—x_0$				$x—x$		$y—y$		$x_1—x_1$	e_0 (cm)	I_t (cm^4)	U_y (cm^5)
b	t				I_{x0} (cm^4)	i_{x0} (cm)	W_{x0max} (cm^3)	W_{x0min} (cm^3)	I_x (cm^4)	i_x (cm)	I_y (cm^4)	i_y (cm)	I_{x1} (cm^4)			
30	1.5	0.85	0.67	0.828	0.77	0.95	0.93	0.35	1.25	1.21	0.29	0.58	1.35	1.07	0.0064	0.613
30	2.0	1.12	0.88	0.855	0.99	0.94	1.16	0.46	1.63	1.21	0.36	0.57	1.81	1.07	0.0149	0.775
40	2.0	1.52	1.19	1.105	2.43	1.27	2.20	0.84	3.95	1.61	0.90	0.77	4.28	1.42	0.0208	2.585
40	2.5	1.87	1.47	1.132	2.96	1.26	2.62	1.03	4.85	1.61	1.07	0.76	5.36	1.42	0.0390	3.104
50	2.5	2.37	1.86	1.381	5.93	1.58	4.29	1.64	9.65	2.02	2.20	0.96	10.44	1.78	0.0494	7.890
50	3.0	2.81	2.21	1.408	6.97	1.57	4.95	1.94	11.40	2.01	2.54	0.95	12.55	1.78	0.0843	9.169
60	2.5	2.87	2.25	1.630	10.41	1.90	6.38	2.38	16.90	2.43	3.91	1.17	18.03	2.13	0.0598	16.80
60	3.0	3.41	2.68	1.657	12.29	1.90	7.42	2.83	20.02	2.42	4.56	1.16	21.66	2.13	0.1023	19.63
75	2.5	3.62	2.84	2.005	20.65	2.39	10.30	3.76	33.43	3.04	7.87	1.48	35.20	2.66	0.0755	42.09
75	3.0	4.31	3.39	2.031	24.47	2.38	12.05	4.47	39.70	3.03	9.23	1.46	42.26	2.66	0.1203	49.47

附表 3-16

冷弯薄壁卷边等边角钢的规格及截面特性

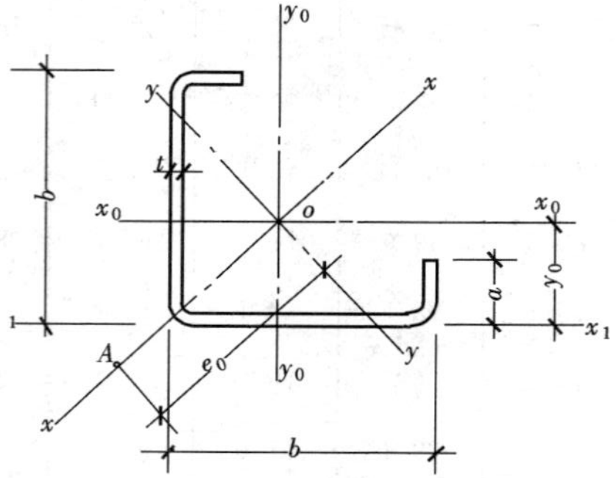

尺寸 (mm)			截面面积 (cm²)	每米长质量 (kg/m)	y_0 (cm)	$x_0—x_0$				$x—x$		$y—y$		$x_1—x_1$	e_0 (cm)	I_t (cm⁴)	I_ω (cm⁶)	U_y (cm⁵)
b	a	t				I_{x0} (cm⁴)	i_{x0} (cm)	W_{x0max} (cm³)	W_{x0min} (cm³)	I_x (cm⁴)	i_x (cm)	I_y (cm⁴)	i_y (cm)	I_{x1} (cm⁴)				
40	15	2.0	1.95	1.53	1.404	3.93	1.42	2.80	1.51	5.74	1.72	2.12	1.01	7.78	2.37	0.0260	3.88	3.747
60	20	2.0	2.95	2.32	2.026	13.83	2.17	6.83	3.48	20.56	2.64	7.11	1.55	25.94	3.38	0.0394	22.64	21.01
75	20	2.0	3.55	2.79	2.396	25.60	2.69	10.68	5.02	39.01	3.31	12.19	1.85	45.99	3.82	0.0473	36.55	51.84
75	20	2.5	4.36	3.42	2.401	30.76	2.66	12.81	6.03	46.91	3.28	14.60	1.83	55.90	3.80	0.0909	43.33	61.93

附表 3-17

冷弯薄壁槽钢的规格及截面特性

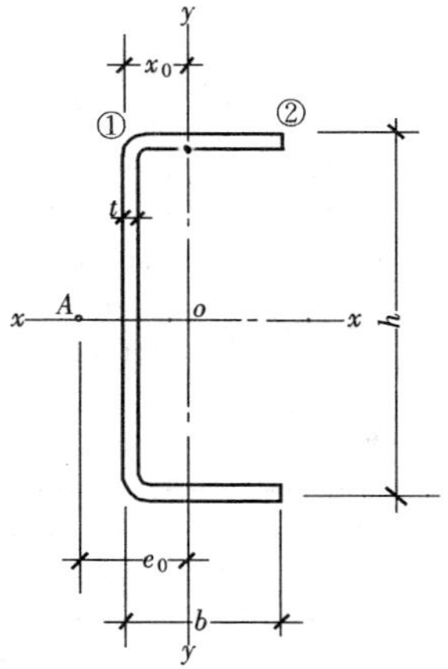

尺寸(mm)			截面面积	每米长质量	x_0	x—x			y—y				y_1—y_1	e_0	I_t	I_ω	k	$W_{\omega1}$	$W_{\omega2}$	U_y
h	b	t	(cm^2)	(kg/m)	(cm)	I_x (cm^4)	i_x (cm)	W_x (cm^3)	I_y (cm^4)	i_y (cm)	W_{ymax} (cm^3)	W_{ymin} (cm^3)	I_{y1} (cm^4)	(cm)	(cm^4)	(cm^6)	(cm^{-1})	(cm^4)	(cm^4)	(cm^5)
40	20	2.5	1.763	1.384	0.629	3.914	1.489	1.957	0.651	0.607	1.034	0.475	1.350	1.255	0.0367	1.332	0.10295	1.360	0.671	1.440
50	30	2.5	2.513	1.972	0.951	9.574	1.951	3.829	2.245	0.945	2.359	1.096	4.521	2.013	0.0523	7.945	0.05034	3.550	2.045	5.259
60	30	2.5	2.74	2.15	0.883	14.38	2.31	4.89	2.40	0.94	2.71	1.13	4.53	1.88	0.0571	12.21	0.0425	4.72	2.51	7.942
70	40	2.5	3.496	2.74	1.202	26.703	2.763	7.629	5.639	1.269	4.688	2.015	10.697	2.653	0.0728	413.05	0.02604	9.499	5.439	19.429
80	40	2.5	3.74	2.94	1.132	36.70	3.13	9.18	5.92	1.26	2.23	2.06	10.71	2.51	0.0779	57.36	0.0229	11.61	6.37	26.089
80	40	3.0	4.43	3.48	1.159	42.66	3.10	10.67	6.93	1.25	5.98	2.44	12.87	2.51	0.1328	64.58	0.0282	13.64	7.34	30.575
100	40	2.5	4.24	3.33	1.013	62.07	3.83	12.41	6.37	1.23	6.29	2.13	10.72	2.30	0.0884	99.70	0.0185	17.07	8.44	42.672
100	40	3.0	5.03	3.95	1.039	72.44	3.80	14.49	7.47	1.22	7.19	2.52	12.89	2.30	0.1508	113.23	0.0227	20.20	9.79	50.247
120	40	2.5	4.74	3.72	0.919	95.92	4.50	15.99	6.72	1.19	7.32	2.18	10.73	2.13	0.0988	156.19	0.0156	23.62	10.59	63.644
120	40	3.0	5.63	4.42	0.944	112.28	4.47	18.71	7.90	1.19	8.37	2.58	12.91	2.12	0.1688	178.49	0.0191	28.13	12.33	75.140
140	50	3.0	6.83	5.36	1.187	191.53	5.30	27.36	15.52	1.51	13.08	4.07	25.13	2.75	0.2048	487.60	0.0128	48.99	22.93	160.572
140	50	3.5	7.89	6.20	1.211	218.88	5.27	31.27	17.79	1.50	14.69	4.70	29.37	2.74	0.3223	546.44	0.0151	56.72	26.09	184.730
160	60	3.0	8.03	6.30	1.432	300.87	6.12	37.61	26.90	1.83	18.79	5.89	43.35	3.37	0.2408	1119.78	0.0091	78.25	38.21	303.617
160	60	3.5	9.29	7.29	1.456	344.94	6.09	43.12	30.92	1.82	21.23	6.81	50.63	3.37	0.3794	1264.16	0.0108	90.71	43.68	349.963
180	60	4.0	11.350	8.910	1.390	510.374	6.075	56.708	35.956	1.779	25.856	7.800	57.908	3.217	0.6053	1872.165	0.01115	135.194	57.111	511.702
180	60	5.0	13.985	10.978	1.440	616.044	6.636	68.449	43.601	1.765	30.274	9.562	72.611	3.217	1.1654	2190.181	0.01430	170.048	68.632	625.549
200	60	4.0	12.150	9.538	1.312	658.605	7.362	65.860	37.016	1.745	28.208	7.896	57.940	3.062	0.6480	2424.951	0.01013	165.206	65.012	644.574
200	60	5.0	14.985	11.763	1.360	796.658	7.291	79.665	44.923	1.731	33.012	9.683	72.674	3.062	1.2488	2849.111	0.01298	209.464	78.322	789.191

冷弯薄壁卷边槽钢的规格及截面特性 附表 3-18

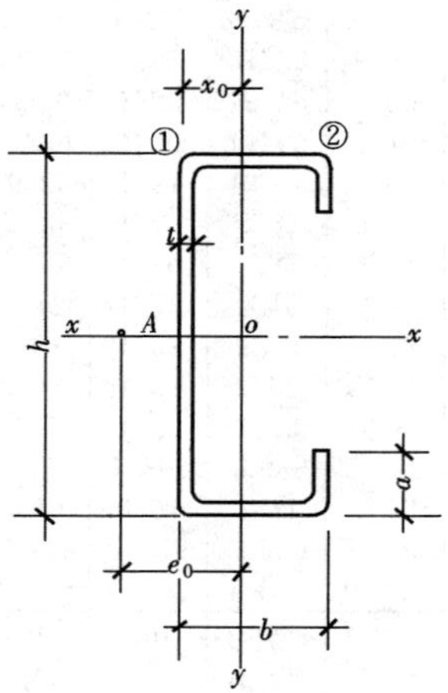

尺寸 (mm)				截面面积 (cm^2)	每米长质量 (kg/m)	x_0 (cm)	x—x			y—y				y_1—y_1	e_0 (cm)	I_t (cm^4)	I_ω (cm^6)	k (cm^{-1})	$W_{\omega1}$ (cm^4)	$W_{\omega2}$ (cm^4)	U_y (cm^5)
h	b	a	t				I_x (cm^4)	i_y (cm)	W_x (cm^3)	I_y (cm^4)	i_y (cm)	W_{ymax} (cm^3)	W_{ymin} (cm^3)	I_{y1} (cm^4)							
80	40	15	2.0	3.47	2.72	1.452	34.16	3.14	8.54	7.79	1.50	5.36	3.06	15.10	3.36	0.0462	112.9	0.0126	16.03	15.74	21.25
100	50	15	2.5	5.23	4.11	1.706	81.34	3.94	16.27	17.19	1.81	10.08	5.22	32.41	3.94	0.1090	352.8	0.0109	34.47	29.41	67.77
120	50	20	2.5	5.98	4.70	1.706	129.40	4.65	21.57	20.96	1.87	12.28	6.36	38.36	4.03	0.1246	660.9	0.0085	51.04	48.36	103.53
120	60	20	3.0	7.65	6.01	2.106	170.68	4.72	28.45	37.36	2.21	17.74	9.59	71.31	4.87	0.2296	1153.2	0.0087	75.68	68.84	166.06
140	60	20	3.0	8.25	6.48	1.964	245.52	5.45	35.06	39.49	2.19	20.11	9.79	71.33	4.61	0.2476	1589.8	0.0078	92.69	79.00	245.42
160	70	20	3.0	9.45	7.42	2.224	373.64	6.29	46.71	60.42	2.53	27.17	12.65	107.20	5.25	0.2836	3070.5	0.0060	135.49	109.92	447.56

续表

序号	截面代号	截面尺寸（mm）				截面面积（cm^2）	质量(kg/m)	x_0 (cm)	x—x			y—y				y_1—y_1	e_0 (cm)	I_t (cm^4)	I_ω (cm^6)	k (cm^{-1})	$W_{\omega1}$ (cm^4)	$W_{\omega2}$ (cm^4)
		h	b	a	t				I_x (cm^4)	i_y (cm)	W_x (cm^3)	I_y (cm^4)	i_y (cm)	W_{ymax} (cm^3)	W_{ymin} (cm^3)	I_{y1} (cm^4)						
1	C140×2.0	140	50	20	2.0	5.27	4.14	1.59	154.03	5.41	22.00	18.56	12.88	11.68	5.44	31.86	3.87	0.0703	794.79	0.0058	51.44	52.22
2	C140×2.2	140	50	20	2.2	5.76	4.52	1.59	167.40	5.39	23.91	20.03	1.87	12.62	5.87	34.53	3.84	0.0929	852.46	0.0065	55.98	56.84
3	C140×2.5	140	50	20	2.5	6.48	5.09	1.58	186.78	5.39	26.68	22.11	1.85	13.96	6.47	38.38	3.80	0.1351	931.89	0.0075	62.56	63.56
4	C160×2.0	160	60	20	2.0	6.07	4.76	1.85	236.59	6.24	29.57	29.99	2.22	16.19	7.23	50.83	4.52	0.0809	1596.28	0.0044	76.92	71.30
5	C160×2.2	160	60	20	2.2	6.64	5.21	1.85	257.57	6.23	32.20	32.45	2.21	17.53	7.82	55.19	4.50	0.1071	1717.82	0.0049	83.82	77.55
6	C160×2.5	160	60	20	2.5	7.48	5.87	1.85	288.13	6.21	36.02	35.96	2.19	19.47	8.66	61.49	4.45	0.1559	1887.71	0.0056	93.87	86.63
7	C180×2.0	180	70	20	2.0	6.87	5.39	2.11	343.93	7.08	38.21	45.18	2.57	21.37	9.25	75.87	5.17	0.0916	2934.34	0.0035	109.50	95.22
8	C180×2.2	180	70	20	2.2	7.52	5.90	2.11	374.90	7.06	41.66	48.97	2.55	23.19	10.02	82.49	5.14	0.1213	3165.62	0.0038	119.44	103.58
9	C180×2.5	180	70	20	2.5	8.48	6.66	2.11	420.20	7.04	46.69	54.42	2.53	25.82	11.12	92.08	5.10	0.1767	3492.15	0.0044	133.99	115.73
10	C200×2.0	200	70	20	2.0	7.27	5.71	2.00	440.04	7.78	44.00	46.71	2.54	23.32	9.35	75.88	4.96	0.0969	3672.33	0.0032	126.74	106.15
11	C200×2.2	200	70	20	2.2	7.96	6.25	2.00	479.87	7.77	47.99	50.64	2.52	25.31	10.13	82.49	4.93	0.1284	3963.82	0.0035	138.26	115.74
12	C200×2.5	200	70	20	2.5	8.98	7.05	2.00	538.21	7.74	53.82	56.27	2.50	28.18	11.25	92.09	4.89	0.1871	4376.18	0.0041	155.14	129.75
13	C220×2.0	220	75	20	2.0	7.87	6.18	2.08	574.45	8.54	52.22	56.88	2.69	27.35	10.50	90.93	5.18	0.1049	5313.52	0.0028	158.43	127.32
14	C220×2.2	220	75	20	2.2	8.62	6.77	2.08	626.85	8.53	56.99	61.71	2.68	29.70	11.38	98.91	5.15	0.1391	5742.07	0.0031	172.92	138.93
15	C220×2.5	220	75	20	2.5	9.73	7.64	2.07	703.76	8.50	63.98	68.66	2.66	33.11	12.65	110.51	5.11	0.2028	6351.05	0.0035	194.18	155.94

附表 3-19

冷弯薄壁卷边Z形钢的规格及截面特性

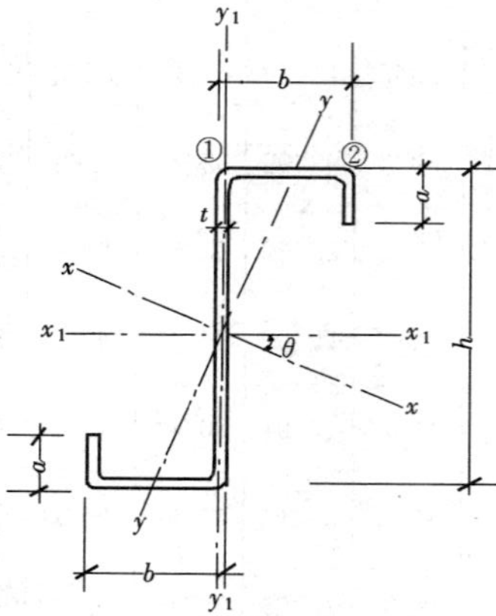

尺寸(mm)				截面面积	每米长质量	θ	$x_1—x_1$			$y_1—y_1$			$x—x$				$y—y$				I_{x1y1}	I_t	I_ω	k	$W_{\omega1}$	$W_{\omega2}$
h	b	a	t	(cm^2)	(kg/m)		I_{x1} (cm^4)	i_{x1} (cm)	W_{x1} (cm^3)	I_{y1} (cm^4)	i_{y1} (cm)	W_{y1} (cm^3)	I_x (cm^4)	i_x (cm)	W_{x1} (cm^3)	W_{x2} (cm^3)	I_y (cm^4)	i_y (cm)	W_{y1} (cm^3)	W_{y2} (cm^3)	(cm^4)	(cm^4)	(cm^6)	(cm^{-1})	(cm^4)	(cm^4)
100	40	20	2.0	4.07	3.19	24°1′	60.04	8.84	12.01	17.02	2.05	4.36	70.70	4.17	15.93	11.94	6.36	1.25	3.36	4.42	23.93	0.0542	325.0	0.0081	49.97	29.16
100	40	20	2.5	4.98	3.91	23°46′	72.10	3.80	14.42	20.02	2.00	5.17	84.63	4.12	19.18	14.47	7.49	1.23	4.07	5.28	28.45	0.1038	381.9	0.0102	62.25	35.03
120	50	20	2.0	4.87	3.82	24°3′	106.97	4.69	17.83	30.23	2.49	6.17	126.06	5.09	23.55	17.40	11.14	1.51	4.83	5.74	42.77	0.0649	785.2	0.0057	84.05	43.96
120	50	20	2.5	5.98	4.70	23°50′	129.39	4.65	21.57	35.91	2.45	7.37	152.05	5.04	28.55	21.21	13.25	1.49	5.89	6.89	51.30	0.1246	930.9	0.0072	104.68	52.94
120	50	20	3.0	7.05	5.54	23°36′	150.14	4.61	25.02	40.88	2.41	8.43	175.92	4.99	33.18	24.80	15.11	1.46	6.89	7.92	58.99	0.2116	1058.9	0.0087	125.37	61.22
140	50	20	2.5	6.48	5.09	19°25′	186.77	5.37	26.68	35.91	2.35	7.37	209.19	5.67	32.55	26.34	14.48	1.49	6.69	6.78	60.75	0.1350	1289.0	0.0064	137.04	60.03
140	50	20	3.0	7.65	6.01	19°12′	217.26	5.33	31.04	40.83	2.31	8.43	241.62	5.62	37.76	30.70	16.52	1.47	7.84	7.81	69.93	0.2296	1468.2	0.0077	164.94	69.51
160	60	20	2.5	7.48	5.87	19°59′	288.12	6.21	36.01	58.15	2.79	9.90	323.13	6.57	44.00	34.95	23.14	1.76	9.00	8.71	96.32	0.1559	2634.3	0.0048	205.98	86.28
160	60	20	3.0	8.85	6.95	19°47′	336.66	6.17	42.08	66.66	2.74	11.39	376.76	6.52	51.48	41.08	26.56	1.73	10.58	10.07	111.51	0.2656	3019.4	0.0058	247.41	100.15
160	70	20	2.5	7.98	6.27	23°46′	319.13	6.32	39.89	87.74	3.32	12.76	374.76	6.85	52.35	38.23	32.11	2.01	10.53	10.86	126.37	0.1663	3793.3	0.0041	238.87	106.91
160	70	20	3.0	9.45	7.42	23°34′	373.64	6.29	46.71	101.10	3.27	14.76	437.72	6.80	61.33	45.01	37.03	1.98	12.39	12.58	146.86	0.2836	4365.0	0.0050	285.78	124.26
180	70	20	2.5	8.48	6.66	20°22′	420.18	7.04	46.69	187.74	3.22	12.76	473.34	7.47	57.27	44.88	34.58	2.02	11.66	10.86	143.18	0.1767	4907.9	0.0037	294.53	119.41
180	70	20	3.0	10.05	7.89	20°11′	492.61	7.00	54.73	101.11	3.17	14.76	553.83	7.42	67.22	52.89	39.89	1.99	13.72	12.59	166.47	0.3016	5652.2	0.0045	353.32	138.92

冷弯薄壁斜卷边 Z 形钢的规格及截面特性　　附表 3-20

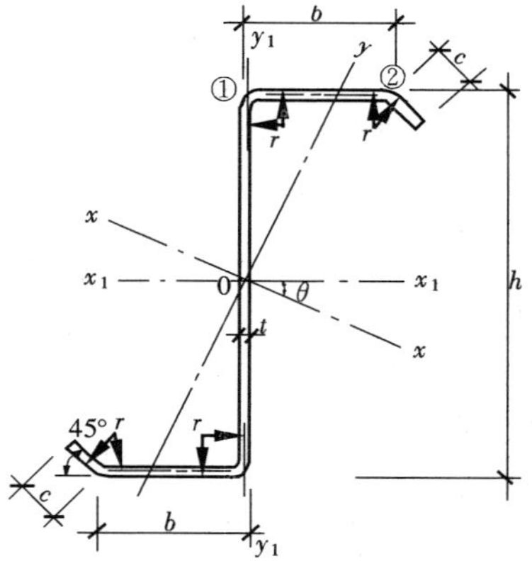

序号	截面代号	截面尺寸（mm）				截面面积 A (cm^2)	质量 g (kg/m)	θ (°)	x_1—x_1			y_1—y_1			x—x				y—y				I_{x1y1}	I_t	I_ω	k	$W_{\omega1}$	$W_{\omega2}$
		h	b	a	t				I_{x1} (cm^4)	i_{x1} (cm)	W_{x1} (cm^3)	I_{y1} (cm^4)	i_{y1} (cm)	W_{y1} (cm^3)	I_x (cm^4)	i_{x1} (cm)	W_{x1} (cm^3)	W_{x2} (cm^3)	I_y (cm^4)	i_y (cm)	W_{y1} (cm^3)	W_{y2} (cm^3)	(cm^4)	(cm^4)	(cm^6)	(cm^{-1})	(cm^4)	(cm^4)
1	Z140×2.0	140	50	20	2.0	5.392	4.233	21.99	162.07	5.48	23.15	39.37	2.70	6.23	185.96	5.87	29.26	27.67	15.47	1.69	6.22	8.03	59.19	0.0719	968.9	0.0053	53.36	67.41
2	Z140×2.2	140	50	20	2.2	5.909	4.638	22.00	176.81	5.47	25.26	42.93	2.70	6.81	202.93	5.86	32.00	30.09	16.81	1.69	6.80	9.04	64.64	0.0953	1050.3	0.0059	58.34	73.57
3	Z140×2.5	140	50	20	2.5	6.676	5.240	22.02	198.45	5.45	28.35	48.15	2.69	7.66	227.83	5.84	36.04	33.61	18.77	1.68	7.65	10.68	72.66	0.1391	1167.2	0.0068	65.68	82.60
4	Z160×2.0	160	60	20	2.0	6.192	4.861	22.10	246.83	6.31	30.85	60.27	3.12	8.24	283.68	6.77	38.98	37.11	23.42	1.95	8.15	10.11	90.73	0.0826	1900.7	0.0041	78.75	90.38
5	Z160×2.2	160	60	20	2.2	6.789	5.329	22.11	269.59	6.30	33.70	65.80	3.11	9.01	309.89	6.76	42.66	40.42	25.50	1.94	8.91	11.34	99.18	0.1095	2064.7	0.0045	86.18	98.70
6	Z160×2.5	160	60	20	2.5	7.676	6.025	22.13	303.09	6.28	37.89	73.93	3.10	10.14	348.49	6.74	48.11	45.25	28.54	1.93	10.04	13.29	111.64	0.1599	2301.9	0.0052	97.16	110.91
7	Z180×2.0	180	70	20	2.0	6.992	5.489	22.19	356.62	7.14	39.62	87.42	3.54	10.51	410.32	7.66	50.04	47.90	33.72	2.20	10.34	12.46	131.67	0.0932	3437.7	0.0032	111.10	119.13
8	Z180×2.2	180	70	20	2.2	7.669	6.020	22.19	389.84	7.13	43.32	95.52	3.53	11.50	448.59	7.65	54.80	52.22	36.76	2.19	11.31	13.94	144.03	0.1237	3740.3	0.0036	121.66	130.18
9	Z180×2.5	180	70	20	2.5	8.676	6.810	22.21	438.84	7.11	48.76	107.46	3.52	12.96	505.09	7.63	61.86	58.57	41.21	2.18	12.76	16.25	162.31	0.1807	4179.8	0.0041	137.30	146.42
10	Z200×2.0	200	70	20	2.0	7.392	5.803	19.31	455.43	7.85	45.54	87.42	3.44	10.51	506.90	8.28	54.52	52.61	35.94	2.21	11.32	13.81	146.94	0.0986	4348.7	0.0029	132.47	129.17
11	Z200×2.2	200	70	20	2.2	8.109	6.365	19.31	498.02	7.84	49.80	95.52	3.43	11.50	554.35	8.27	59.92	57.41	39.20	2.20	12.39	15.48	160.76	0.1308	4733.4	0.0033	145.15	141.17
12	Z200×2.5	200	70	20	2.5	9.176	7.203	19.31	560.92	7.82	56.09	107.46	3.42	12.96	624.42	8.25	67.42	64.47	43.96	2.19	13.98	18.11	181.18	0.1912	5293.3	0.0037	163.95	158.85
13	Z220×2.0	220	75	20	2.0	7.992	6.274	18.30	592.79	8.61	53.89	103.58	3.60	11.75	652.87	9.04	63.38	61.42	43.50	2.33	13.08	15.84	181.66	0.1066	6260.3	0.0026	166.31	152.62
14	Z220×2.2	220	75	20	2.2	8.769	6.884	18.30	648.52	8.60	58.96	113.22	3.59	12.86	714.28	9.03	69.44	67.08	47.47	2.33	14.32	17.73	198.80	0.1415	6819.4	0.0028	182.31	166.86
15	Z220×2.5	220	75	20	2.5	9.926	7.792	18.31	730.93	8.58	66.45	127.44	3.58	14.50	805.09	9.01	78.43	75.41	53.28	2.32	16.17	20.72	224.18	0.2068	7635.0	0.0032	206.07	187.86

热轧等边角钢组合截面特性表

附表 3-21

角钢型号	两个角钢的截面面积 (cm^2)	两个角钢的重量 (kg/m)	回转半径 (cm)									
			 i_{y0}	 i_{x0}	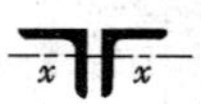 i_x	 i_y 当角钢背间距离 a 为(mm)						
						0	4	6	8	10	12	14
20×3	2.264	1.778	0.39	0.75	0.59	0.85	1.00	1.08	1.17	1.25	1.34	1.43
4	2.918	2.290	0.38	0.73	0.58	0.87	1.02	1.11	1.19	1.28	1.37	1.46
25×3	2.864	2.248	0.49	0.95	0.76	1.05	1.20	1.27	1.36	1.44	1.53	1.61
4	3.718	2.918	0.48	0.93	0.74	1.07	1.22	1.30	1.38	1.47	1.55	1.64
30×3	3.498	2.746	0.59	1.15	0.91	1.25	1.39	1.47	1.55	1.63	1.71	1.80
4	4.552	3.574	0.58	1.13	0.90	1.26	1.41	1.49	1.57	1.65	1.74	1.82
36×3	4.218	3.312	0.71	1.39	1.11	1.49	1.63	1.70	1.78	1.86	1.94	2.03
4	5.512	4.326	0.70	1.38	1.09	1.51	1.65	1.73	1.80	1.89	1.97	2.05
5	6.764	5.310	0.70	1.36	1.08	1.52	1.67	1.75	1.83	1.91	1.99	2.08
40×3	4.718	3.704	0.79	1.55	1.23	1.65	1.79	1.86	1.94	2.01	2.09	2.18
4	6.172	4.846	0.79	1.54	1.22	1.67	1.81	1.88	1.96	2.04	2.12	2.20
5	7.584	5.954	0.78	1.52	1.21	1.68	1.83	1.90	1.98	2.06	2.14	2.23
45×3	5.318	4.176	0.90	1.76	1.39	1.85	1.99	2.06	2.14	2.21	2.29	2.37
4	6.972	5.474	0.89	1.74	1.38	1.87	2.01	2.08	2.16	2.24	2.32	2.40
5	8.584	6.738	0.88	1.72	1.37	1.89	2.03	2.10	2.18	2.26	2.34	2.42
6	10.152	7.970	0.88	1.71	1.36	1.90	2.05	2.12	2.20	2.28	2.36	2.44
50×3	5.942	4.664	1.00	1.96	1.55	2.05	2.19	2.26	2.33	2.41	2.48	2.56
4	7.794	6.118	0.99	1.94	1.54	2.07	2.21	2.28	2.36	2.43	2.51	2.59
5	9.606	7.540	0.98	1.92	1.53	2.09	2.23	2.30	2.38	2.45	2.53	2.61
6	11.376	8.930	0.98	1.91	1.51	2.10	2.25	2.32	2.40	2.48	2.56	2.64

续表

角钢型号	两个角钢的截面面积（cm^2）	两个角钢的重量（kg/m）	回转半径（cm）									
			i_{y0}	i_{x0}	i_x	i_y 当角钢背间距离 a 为(mm)						
						0	4	6	8	10	12	14
56×3	6.686	5.248	1.13	2.20	1.75	2.29	2.43	2.50	2.57	2.64	2.72	2.80
4	8.780	6.892	1.11	2.18	1.73	2.31	2.45	2.52	2.59	2.67	2.74	2.82
5	10.830	8.502	1.10	2.17	1.72	2.33	2.47	2.54	2.61	2.69	2.77	2.85
8	16.734	13.136	1.09	2.11	1.68	2.38	2.52	2.60	2.67	2.75	2.83	2.91
63×4	9.956	7.814	1.26	2.46	1.96	2.59	2.72	2.79	2.87	2.94	3.02	3.09
5	12.286	9.644	1.25	2.45	1.94	2.61	2.74	2.82	2.89	2.96	3.04	3.12
6	14.576	11.442	1.24	2.43	1.93	2.62	2.76	2.83	2.91	2.98	3.06	3.14
8	19.030	14.938	1.23	2.39	1.90	2.66	2.80	2.87	2.95	3.03	3.10	3.18
10	23.314	18.302	1.22	2.36	1.88	2.69	2.84	2.91	2.99	3.07	3.15	3.23
70×4	11.140	8.744	1.40	2.74	2.18	2.87	3.00	3.07	3.14	3.21	3.29	3.36
5	13.750	10.794	1.39	2.73	2.16	2.88	3.02	3.09	3.16	3.24	3.31	3.39
6	16.320	12.812	1.38	2.71	2.15	2.90	3.04	3.11	3.18	3.26	3.33	3.41
7	18.848	14.796	1.38	2.69	2.14	2.92	3.06	3.13	3.20	3.28	3.36	3.43
8	21.334	16.746	1.37	2.68	2.13	2.94	3.08	3.15	3.22	3.30	3.38	3.46
75×5	14.824	11.636	1.50	2.92	2.32	3.08	3.22	3.29	3.36	3.43	3.50	3.58
6	17.594	13.810	1.49	2.91	2.31	3.10	3.24	3.31	3.38	3.45	3.53	3.60
7	20.320	15.952	1.48	2.89	2.30	3.12	3.26	3.33	3.40	3.47	3.55	3.63
8	23.006	18.060	1.47	2.87	2.28	3.13	3.27	3.35	3.42	3.50	3.57	3.65
10	28.252	22.178	1.46	2.84	2.26	3.17	3.31	3.38	3.46	3.54	3.61	3.69

续表

角钢型号	两个角钢的截面面积（cm^2）	两个角钢的重量（kg/m）	回转半径（cm）									
			i_{y0}	i_{x0}	i_x	i_y 当角钢背间距离 a 为(mm)						
						0	4	6	8	10	12	14
80×5	15.824	12.422	1.60	3.13	2.48	3.28	3.42	3.49	3.56	3.63	3.71	3.78
6	18.794	14.752	1.59	3.11	2.47	3.30	3.44	3.51	3.58	3.65	3.73	3.80
7	21.720	17.050	1.58	3.10	2.46	3.32	3.46	3.53	3.60	3.67	3.75	3.83
8	24.606	19.316	1.57	3.08	2.44	3.34	3.48	3.55	3.62	3.70	3.77	3.85
10	30.252	23.748	1.56	3.04	2.42	3.37	3.51	3.58	3.66	3.74	3.81	3.89
90×6	21.274	16.700	1.80	3.51	2.79	3.70	3.84	3.91	3.98	4.05	4.12	4.20
7	24.602	19.312	1.78	3.50	2.78	3.72	3.86	3.93	4.00	4.07	4.14	4.22
8	27.888	21.892	1.78	3.48	2.76	3.74	3.88	3.95	4.02	4.09	4.17	4.24
10	34.334	26.952	1.76	3.45	2.74	3.77	3.91	3.98	4.06	4.13	4.21	4.28
12	40.612	31.880	1.75	3.41	2.71	3.80	3.95	4.02	4.09	4.17	4.25	4.32
100×6	23.864	18.734	2.00	3.91	3.10	4.09	4.23	4.30	4.37	4.44	4.51	4.58
7	27.592	21.660	1.99	3.89	3.09	4.11	4.25	4.32	4.39	4.46	4.53	4.61
8	31.278	24.552	1.98	3.88	3.08	4.13	4.27	4.34	4.41	4.48	4.55	4.63
10	38.522	30.240	1.96	3.84	3.05	4.17	4.31	4.38	4.45	4.52	4.60	4.67
12	45.600	35.796	1.95	3.81	3.03	4.20	4.34	4.41	4.49	4.56	4.64	4.71
14	52.512	41.222	1.94	3.77	3.00	4.23	4.38	4.45	4.53	4.60	4.68	4.75
16	59.254	46.514	1.93	3.74	2.98	4.27	4.41	4.49	4.56	4.64	4.72	4.80
110×7	30.392	23.858	2.20	4.30	3.41	4.52	4.65	4.72	4.79	4.86	4.94	5.01
8	34.478	27.064	2.19	4.28	3.40	4.54	4.67	4.74	4.81	4.88	4.96	5.03
10	42.522	33.380	2.17	4.25	3.38	4.57	4.71	4.78	4.85	4.92	5.00	5.07
12	50.400	39.564	2.15	4.22	3.35	4.61	4.75	4.82	4.89	4.96	5.04	5.11
14	58.112	45.618	2.14	4.18	3.32	4.64	4.78	4.85	4.93	5.00	5.08	5.15
125×8	39.500	31.008	2.50	4.88	3.88	5.14	5.27	5.34	5.41	5.48	5.55	5.62
10	48.746	38.266	2.48	4.85	3.85	5.17	5.31	5.38	5.45	5.52	5.59	5.66
12	57.824	45.392	2.46	4.82	3.83	5.21	5.34	5.41	56.48	5.56	5.63	5.70
14	66.734	52.386	2.45	4.78	3.80	5.24	5.38	5.45	5.52	5.59	5.67	5.74

续表

角钢型号	两个角钢的截面面积（cm^2）	两个角钢的重量（kg/m）	回转半径（cm）									
			i_{y0}	i_{x0}	i_x	i_y 当角钢背间距离 a 为（mm）						
						0	4	6	8	10	12	14
140×10	54.746	42.976	2.78	5.46	4.34	5.78	5.92	5.98	6.05	6.12	6.20	6.27
12	65.024	51.044	2.77	5.43	4.31	5.81	5.95	6.02	6.09	6.16	6.23	6.31
14	75.134	58.980	2.75	5.40	4.28	5.85	5.98	6.06	6.13	6.20	6.27	6.34
16	85.078	66.786	2.74	5.36	4.26	5.88	6.02	6.09	6.16	6.23	6.31	6.38
160×10	63.004	49.458	3.20	6.27	4.97	6.58	6.72	6.78	6.85	6.92	6.99	7.06
12	74.882	58.782	3.18	6.24	4.95	6.62	6.75	6.82	6.89	6.96	7.03	7.10
14	86.592	67.974	3.16	6.20	4.92	6.65	6.79	6.86	6.93	7.00	7.07	7.14
16	98.134	77.036	3.14	6.17	4.89	6.68	6.82	6.89	6.96	7.03	7.10	7.18
180×12	84.482	66.318	3.58	7.05	5.59	7.43	7.65	7.63	7.70	7.77	7.84	7.91
14	97.792	76.766	3.57	7.02	5.57	7.46	7.60	7.67	7.74	7.81	7.88	7.95
16	110.934	87.084	3.55	6.98	5.54	7.49	7.63	7.70	7.77	7.84	7.91	7.98
18	123.910	97.270	3.53	6.94	5.51	7.53	7.66	7.73	7.80	7.87	7.95	8.02
200×14	109.284	85.788	3.98	7.82	6.20	8.27	8.40	8.47	8.54	8.61	8.67	8.75
16	124.026	97.360	3.96	7.79	6.18	8.30	8.43	8.50	8.57	8.64	8.71	8.78
18	138.602	108.802	3.94	7.75	6.15	8.33	8.47	8.53	8.60	8.67	8.75	8.82
20	153.010	120.112	3.93	7.72	6.12	8.36	8.50	8.57	8.64	8.71	8.78	8.85
24	181.322	142.336	3.90	7.64	6.07	8.42	8.56	8.63	8.71	8.78	8.85	8.92

热轧不等边角钢组合截面特性表 **附表 3-22**

角钢型号	两个角钢的截面面积 (cm²)	两个角钢的重量 (kg/m)	回转半径 (cm)															
			i_x	i_y 当角钢背间距离 a 为(mm)							i_x	i_y 当角钢背间距离 a 为(mm)						
				0	4	6	8	10	12	14		0	4	6	8	10	12	14
25×16×3	2.324	1.824	0.78	0.61	0.76	0.84	0.93	1.02	1.11	1.20	0.44	1.16	1.32	1.40	1.48	1.57	1.66	1.74
4	2.998	2.352	0.77	0.63	0.78	0.87	0.96	1.05	1.14	1.23	0.43	1.18	1.34	1.42	1.51	1.60	1.68	1.77
32×20×3	2.984	2.342	1.01	0.74	0.89	0.97	1.05	1.14	1.23	1.32	0.55	1.48	1.63	1.71	1.79	1.88	1.96	2.05
4	3.878	3.044	1.00	0.76	0.91	0.99	1.08	1.16	1.25	1.34	0.54	1.50	1.66	1.74	1.82	1.90	1.99	2.08
40×25×3	3.780	2.968	1.28	0.92	1.06	1.13	1.21	1.30	1.38	1.47	0.70	1.84	1.99	2.07	2.14	2.23	2.31	2.39
4	4.934	3.872	1.26	0.93	1.08	1.16	1.24	1.32	1.41	1.50	0.69	1.86	2.01	2.09	2.17	2.25	2.34	2.42
45×28×3	4.298	3.374	1.44	1.02	1.15	1.23	1.31	1.39	1.47	1.56	0.79	2.06	2.21	2.28	2.36	2.44	2.52	2.60
4	5.612	4.406	1.43	1.03	1.18	1.25	1.33	1.41	1.50	1.59	0.78	2.08	2.23	2.31	2.39	2.47	2.55	2.63
50×32×3	4.862	3.816	1.60	1.17	1.30	1.37	1.45	1.53	1.61	1.69	0.91	2.27	2.41	2.49	2.56	2.64	2.72	2.81
4	6.354	4.988	1.59	1.18	1.32	1.40	1.47	1.55	1.64	1.72	0.90	2.29	2.44	2.51	2.59	2.67	2.75	2.84
56×36×3	5.486	4.306	1.80	1.31	1.44	1.51	1.59	1.66	1.74	1.83	1.03	2.53	2.67	2.75	2.82	2.90	2.98	3.06
4	7.180	5.636	1.79	1.33	1.46	1.53	1.61	1.69	1.77	1.85	1.02	2.55	2.70	2.77	2.85	2.93	3.01	3.09
5	8.830	6.932	1.77	1.34	1.48	1.56	1.63	1.71	1.79	1.88	1.01	2.57	2.72	2.80	2.88	2.96	30.4	3.12
63×40×4	8.116	6.370	2.02	1.46	1.59	1.66	1.74	1.81	1.89	1.97	1.14	2.86	3.01	3.00	3.16	3.24	3.32	3.40
5	9.986	7.840	2.00	1.47	1.61	1.68	1.76	1.84	1.92	2.00	1.12	2.89	3.03	3.11	3.19	3.27	3.35	3.43
6	11.816	9.276	1.99	1.49	1.63	1.71	1.78	1.86	1.94	2.03	1.11	2.91	3.06	3.13	3.21	3.29	3.37	3.45
7	13.604	10.678	1.97	1.51	1.65	1.73	1.81	1.89	1.97	2.05	1.10	2.93	3.08	3.16	3.24	3.32	3.40	3.48

续表

角钢型号	两个角钢的截面面积 (cm²)	两个角钢的重量 (kg/m)	回转半径 (cm) i_x	i_y 当角钢背间距离 a 为(mm)							i_x	i_y 当角钢背间距离 a 为(mm)						
				0	4	6	8	10	12	14		0	4	6	8	10	12	14
70×45×4	9.094	7.140	2.25	1.64	1.77	1.84	1.91	1.99	2.07	2.15	1.29	3.17	3.31	3.39	3.46	3.54	3.62	3.69
5	11.218	8.806	2.23	1.66	1.79	1.86	1.94	2.01	2.09	2.17	1.28	3.19	3.34	3.41	3.49	3.57	3.64	3.72
6	13.288	10.430	2.22	1.67	1.81	1.88	1.96	2.04	2.11	2.20	1.26	3.21	3.36	3.44	3.51	3.59	3.67	3.75
7	15.314	12.022	2.20	1.69	1.83	1.90	1.98	2.06	2.14	2.22	1.25	3.23	3.38	3.46	3.54	3.61	3.69	3.77
75×50×5	12.250	9.616	2.39	1.85	1.99	2.06	2.13	2.20	2.28	2.36	1.43	3.39	3.53	3.60	3.68	3.76	3.83	3.91
6	14.520	11.398	2.38	1.87	2.00	2.08	2.15	2.23	2.30	2.38	1.42	3.41	3.55	3.63	3.70	3.78	3.86	3.94
8	18.934	14.862	2.35	1.90	2.04	2.12	2.19	2.27	2.35	2.43	1.40	3.45	3.60	3.67	3.75	3.83	3.91	3.99
10	23.180	18.196	2.33	1.94	2.08	2.16	2.24	2.31	2.40	2.48	1.38	3.49	3.64	3.71	3.79	3.87	3.95	4.03
80×50×5	12.750	10.010	2.57	1.82	1.95	2.02	2.09	2.17	2.24	2.32	1.42	3.66	3.80	3.88	3.95	4.03	4.10	4.18
6	15.120	11.870	2.55	1.83	1.97	2.04	2.11	2.19	2.27	2.34	1.41	3.68	3.82	3.90	3.98	4.05	4.13	4.21
7	17.448	13.696	2.54	1.85	1.99	2.06	2.13	2.21	2.29	2.37	1.39	3.70	3.85	3.92	4.00	4.08	4.16	4.23
8	19.734	15.490	2.52	1.86	2.00	2.08	2.15	2.23	2.31	2.39	1.38	3.72	3.87	3.94	4.02	4.10	4.18	4.26
90×56×5	14.424	11.322	2.90	2.02	2.15	2.22	2.29	2.36	2.44	2.52	1.59	4.10	4.25	4.32	4.39	4.47	4.55	4.62
6	17.114	13.434	2.88	2.04	2.17	2.24	2.31	2.39	2.46	2.54	1.58	4.12	4.27	4.34	4.42	4.50	4.57	4.65
7	19.760	15.512	2.87	2.05	2.19	2.26	2.33	2.41	2.48	2.56	1.57	4.15	4.29	4.37	4.44	4.52	4.60	4.68
8	22.366	17.558	2.85	2.07	2.21	2.28	2.35	2.43	2.51	2.59	1.56	4.17	4.31	4.39	4.47	4.54	4.62	4.70

续表

角钢型号	两个角钢的截面面积（cm^2）	两个角钢的重量（kg/m）	回转半径（cm）															
			i_x	i_y 当角钢背间距离 a 为(mm)							i_x	i_y 当角钢背间距离 a 为(mm)						
				0	4	6	8	10	12	14		0	4	6	8	10	12	14
100×63×6	19.234	15.100	3.21	2.29	2.42	2.49	2.56	2.63	2.71	2.78	1.79	4.56	4.70	4.77	4.85	4.92	5.00	5.08
7	22.222	17.444	3.20	2.31	2.44	2.51	2.58	2.65	2.73	2.80	1.78	4.58	4.72	4.80	4.87	4.95	5.03	5.10
8	25.168	19.756	3.18	2.32	2.46	2.53	2.60	2.67	2.75	2.83	1.77	4.60	4.75	4.82	4.90	4.97	5.05	5.13
10	30.934	24.284	3.15	2.35	2.49	2.57	2.64	2.72	2.79	2.87	1.75	4.64	4.79	4.86	4.94	5.02	5.10	5.18
100×80×6	21.274	16.700	3.17	3.11	3.24	3.31	3.38	3.45	3.52	3.59	2.40	4.33	4.47	4.54	4.62	4.69	4.76	4.84
7	24.602	19.312	3.16	3.12	3.26	3.32	3.39	3.47	3.54	3.61	2.39	4.35	4.49	4.57	4.64	4.71	4.79	4.86
8	27.888	21.892	3.15	3.14	3.27	3.34	3.41	3.49	3.56	3.64	2.37	4.37	4.51	4.59	4.66	4.73	4.81	4.88
10	34.334	26.952	3.12	3.17	3.31	3.38	3.45	3.53	3.60	3.68	2.35	4.41	4.55	4.63	4.70	4.78	4.85	4.93
110×70×6	21.274	16.700	3.54	2.55	2.68	2.74	2.81	2.88	2.96	3.03	2.01	5.00	5.14	5.21	5.29	5.36	5.44	5.51
7	24.602	19.312	3.53	2.56	2.69	2.76	2.83	2.90	2.98	3.05	2.00	5.02	5.16	5.24	5.31	5.39	5.46	5.54
8	27.888	21.892	3.51	2.58	2.71	2.78	2.85	2.92	3.00	3.07	1.98	5.04	5.19	5.26	5.34	5.41	5.49	5.56
10	34.334	26.952	3.48	2.61	2.74	2.82	2.89	2.96	3.04	3.12	1.96	5.08	5.23	5.30	5.38	5.46	5.53	5.61
125×80×7	28.192	22.132	4.02	2.92	3.05	3.12	3.18	3.25	3.33	3.40	2.30	5.68	5.82	5.90	5.97	6.04	6.12	6.20
8	31.978	25.102	4.01	2.94	3.07	3.13	3.20	3.27	3.35	3.42	2.29	5.70	5.85	5.92	5.99	6.07	6.14	6.22
10	39.424	30.948	3.98	2.97	3.10	3.17	3.24	3.31	3.39	3.46	2.26	5.74	5.89	5.96	6.04	6.11	6.19	6.27
12	46.702	36.660	3.95	3.00	3.13	3.20	3.28	3.35	3.43	3.50	2.24	5.78	5.93	6.00	6.08	6.16	6.23	6.31

续表

角钢型号	两个角钢的截面面积 (cm²)	两个角钢的重量 (kg/m)	回转半径 (cm)															
			i_x	i_y 当角钢背间距离 a 为(mm)							i_x	i_y 当角钢背间距离 a 为(mm)						
				0	4	6	8	10	12	14		0	4	6	8	10	12	14
140×90×8	36.078	28.320	4.50	3.29	3.42	3.49	3.56	3.63	3.70	3.77	2.59	6.36	6.51	6.58	6.65	6.73	6.80	6.88
10	44.522	34.950	4.47	3.32	3.45	3.52	3.59	3.66	3.73	3.81	2.56	6.40	6.55	6.62	6.70	6.77	6.85	6.92
12	52.800	41.448	4.44	3.35	3.49	3.56	3.63	3.70	3.77	3.85	2.54	6.44	6.59	6.66	6.74	6.81	6.89	6.97
14	60.912	47.816	4.42	3.38	3.52	3.59	3.66	3.74	3.81	3.89	2.51	6.48	6.63	6.70	6.78	6.86	6.93	7.01
160×100×10	50.630	39.744	5.14	3.65	3.77	3.84	3.91	3.98	4.05	4.12	2.85	7.34	7.48	7.55	7.63	7.70	7.78	7.85
12	60.108	47.184	5.11	3.68	3.81	3.87	3.94	4.01	4.09	4.16	2.82	7.38	7.52	7.60	7.67	7.75	7.82	7.90
14	69.418	54.494	5.08	3.70	3.84	3.91	3.98	4.05	4.12	4.20	2.80	7.42	7.56	7.64	7.71	7.79	7.86	7.94
16	78.562	61.670	5.05	3.74	3.87	3.94	4.02	4.09	4.16	4.24	2.77	7.45	7.60	7.68	7.75	7.83	7.90	7.98
180×110×10	56.746	44.546	5.81	3.97	4.10	4.16	4.23	4.30	4.36	4.44	3.13	8.27	8.41	8.49	8.56	8.63	8.71	8.78
12	67.424	52.928	5.78	4.00	4.13	4.19	4.26	4.33	4.40	4.47	3.10	8.31	8.46	8.53	8.60	8.68	8.75	8.83
14	77.934	61.178	5.75	4.03	4.16	4.23	4.30	4.37	4.44	4.51	3.08	8.35	8.50	8.57	8.64	8.72	9.79	8.87
16	88.278	69.298	5.72	4.06	4.19	4.26	4.33	4.40	4.47	4.55	3.05	8.39	8.53	8.61	8.68	8.76	8.84	8.91
200×125×12	75.824	59.522	6.44	4.56	4.69	4.75	4.82	4.88	4.95	5.02	3.57	9.18	9.32	9.39	9.47	9.54	9.62	9.69
14	87.734	68.872	6.41	4.59	4.72	4.78	4.85	4.92	4.99	5.06	3.54	9.22	9.36	9.43	9.51	9.58	9.66	9.73
16	99.478	78.090	6.38	4.61	4.75	4.81	4.88	4.95	5.02	5.09	3.52	9.25	9.40	9.47	9.55	9.62	9.70	9.77
18	111.052	87.176	6.35	4.64	4.78	4.85	4.92	4.99	5.06	5.13	3.49	9.29	9.44	9.51	9.59	9.66	9.74	9.81

附录4　轴心受压构件的稳定系数

冷弯薄壁型钢 Q235 钢轴心受压构件的稳定系数 φ　　附表 4-1

λ	0	1	2	3	4	5	6	7	8	9
0	1.000	0.997	0.995	0.992	0.989	0.987	0.984	0.981	0.979	0.976
10	0.974	0.971	0.968	0.966	0.963	0.960	0.958	0.955	0.952	0.949
20	0.947	0.944	0.941	0.938	0.936	0.933	0.930	0.927	0.924	0.921
30	0.918	0.915	0.912	0.909	0.906	0.903	0.899	0.896	0.893	0.889
40	0.886	0.882	0.879	0.875	0.872	0.868	0.864	0.861	0.858	0.855
50	0.852	0.849	0.846	0.843	0.839	0.836	0.832	0.829	0.825	0.822
60	0.818	0.814	0.810	0.806	0.802	0.797	0.793	0.789	0.784	0.779
70	0.775	0.770	0.765	0.760	0.755	0.750	0.744	0.739	0.733	0.728
80	0.722	0.716	0.710	0.704	0.698	0.692	0.686	0.680	0.673	0.667
90	0.661	0.654	0.648	0.641	0.634	0.626	0.618	0.611	0.603	0.595
100	0.588	0.580	0.573	0.566	0.558	0.551	0.544	0.537	0.530	0.523
110	0.516	0.509	0.502	0.496	0.489	0.483	0.476	0.470	0.464	0.458
120	0.452	0.446	0.440	0.434	0.428	0.423	0.417	0.412	0.406	0.401
130	0.396	0.391	0.386	0.381	0.376	0.371	0.367	0.362	0.357	0.353
140	0.349	0.344	0.340	0.336	0.332	0.328	0.324	0.320	0.316	0.312
150	0.308	0.305	0.301	0.298	0.294	0.291	0.287	0.284	0.281	0.277
160	0.274	0.271	0.268	0.265	0.262	0.259	0.256	0.253	0.251	0.248
170	0.245	0.213	0.240	0.237	0.235	0.232	0.230	0.227	0.225	0.223
180	0.220	0.218	0.216	0.214	0.211	0.209	0.207	0.205	0.203	0.201
190	0.199	0.197	0.195	0.193	0.191	0.189	0.188	0.186	0.184	0.182
200	0.180	0.179	0.177	0.175	0.174	0.172	0.171	0.169	0.167	0.166
210	0.164	0.163	0.161	0.160	0.159	0.157	0.156	0.154	0.153	0.152
220	0.150	0.149	0.148	0.146	0.145	0.144	0.143	0.141	0.140	0.139
230	0.138	0.137	0.136	0.135	0.133	0.132	0.131	0.130	0.129	0.128
240	0.127	0.126	0.125	0.124	0.123	0.122	0.121	0.120	0.119	0.118
250	0.117									

冷弯薄壁型钢 Q345 钢轴心受压构件的稳定系数 φ 附表 4-2

λ	0	1	2	3	4	5	6	7	8	9
0	1.000	0.997	0.994	0.991	0.988	0.985	0.982	0.979	0.976	0.973
10	0.971	0.968	0.965	0.962	0.959	0.956	0.952	0.949	0.946	0.943
20	0.940	0.937	0.934	0.930	0.927	0.924	0.920	0.917	0.913	0.909
30	0.906	0.902	0.898	0.894	0.890	0.886	0.882	0.878	0.874	0.870
40	0.867	0.864	0.860	0.857	0.853	0.849	0.845	0.841	0.837	0.833
50	0.829	0.824	0.819	0.815	0.810	0.805	0.800	0.794	0.789	0.783
60	0.777	0.771	0.765	0.759	0.752	0.746	0.739	0.732	0.725	0.718
70	0.710	0.703	0.695	0.688	0.680	0.672	0.664	0.656	0.648	0.640
80	0.632	0.623	0.615	0.607	0.599	0.591	0.583	0.574	0.566	0.558
90	0.550	0.542	0.535	0.527	0.519	0.512	0.504	0.497	0.489	0.482
100	0.475	0.467	0.460	0.452	0.445	0.438	0.431	0.424	0.418	0.411
110	0.405	0.398	0.392	0.386	0.380	0.375	0.369	0.363	0.358	0.352
120	0.347	0.342	0.337	0.332	0.327	0.322	0.318	0.313	0.309	0.304
130	0.300	0.296	0.292	0.288	0.284	0.280	0.276	0.272	0.269	0.265
140	0.261	0.258	0.255	0.251	0.248	0.245	0.242	0.238	0.235	0.232
150	0.229	0.227	0.224	0.221	0.218	0.216	0.213	0.210	0.208	0.205
160	0.203	0.201	0.198	0.196	0.194	0.191	0.189	0.187	0.185	0.183
170	0.181	0.179	0.177	0.175	0.173	0.171	0.169	0.167	0.165	0.163
180	0.162	0.160	0.158	0.157	0.155	0.153	0.152	0.150	0.149	0.147
190	0.146	0.144	0.143	0.141	0.140	0.138	0.137	0.136	0.134	0.133
200	0.132	0.130	0.129	0.128	0.127	0.126	0.124	0.123	0.122	0.121
210	0.120	0.119	0.118	0.116	0.115	0.114	0.113	0.112	0.111	0.110
220	0.109	0.108	0.107	0.106	0.106	0.105	0.104	0.103	0.102	0.101
230	0.100	0.099	0.098	0.098	0.097	0.096	0.095	0.094	0.094	0.093
240	0.092	0.091	0.091	0.090	0.089	0.088	0.088	0.087	0.086	0.086
250	0.085									

钢结构设计标准 a 类截面轴心受压构件的稳定系数 φ 附表 4-3

$\lambda\sqrt{\frac{f_y}{235}}$	0	1	2	3	4	5	6	7	8	9
0	1.000	1.000	1.000	1.000	0.999	0.999	0.998	0.998	0.997	0.996
10	0.995	0.994	0.993	0.992	0.991	0.989	0.988	0.986	0.985	0.983
20	0.981	0.979	0.977	0.976	0.974	0.972	0.970	0.968	0.966	0.964
30	0.963	0.961	0.959	0.957	0.955	0.952	0.950	0.948	0.946	0.944
40	0.941	0.939	0.937	0.934	0.932	0.929	0.927	0.924	0.921	0.919
50	0.916	0.913	0.910	0.907	0.904	0.900	0.897	0.894	0.890	0.886
60	0.883	0.879	0.875	0.871	0.867	0.863	0.858	0.854	0.849	0.844
70	0.839	0.834	0.829	0.824	0.818	0.813	0.807	0.801	0.795	0.789
80	0.783	0.776	0.770	0.763	0.757	0.750	0.743	0.736	0.728	0.721
90	0.714	0.706	0.699	0.691	0.684	0.676	0.668	0.661	0.653	0.645
100	0.638	0.630	0.622	0.615	0.607	0.600	0.592	0.585	0.577	0.570

续表

$\lambda\sqrt{\frac{f_y}{235}}$	0	1	2	3	4	5	6	7	8	9
110	0.563	0.555	0.548	0.541	0.534	0.527	0.520	0.514	0.507	0.500
120	0.494	0.488	0.481	0.475	0.469	0.463	0.457	0.451	0.445	0.440
130	0.434	0.429	0.423	0.418	0.412	0.407	0.402	0.397	0.392	0.387
140	0.383	0.378	0.373	0.369	0.364	0.360	0.356	0.351	0.347	0.343
150	0.339	0.335	0.331	0.327	0.323	0.320	0.316	0.312	0.309	0.305
160	0.302	0.298	0.295	0.292	0.289	0.285	0.282	0.279	0.276	0.273
170	0.270	0.267	0.264	0.262	0.259	0.256	0.253	0.251	0.248	0.246
180	0.243	0.241	0.238	0.236	0.233	0.231	0.229	0.226	0.224	0.222
190	0.220	0.218	0.215	0.213	0.211	0.209	0.207	0.205	0.203	0.201
200	0.199	0.198	0.196	0.194	0.192	0.190	0.189	0.187	0.185	0.183
210	0.182	0.180	0.179	0.177	0.175	0.174	0.172	0.171	0.169	0.168
220	0.166	0.165	0.164	0.162	0.161	0.159	0.158	0.157	0.155	0.154
230	0.153	0.152	0.150	0.149	0.148	0.147	0.146	0.144	0.143	0.142
240	0.141	0.140	0.139	0.138	0.136	0.135	0.134	0.133	0.132	0.131
250	0.130									

钢结构设计标准 b 类截面轴心受压构件的稳定系数 φ **附表 4-4**

$\lambda\sqrt{\frac{f_y}{235}}$	0	1	2	3	4	5	6	7	8	9
0	1.000	1.000	1.000	0.999	0.999	0.998	0.997	0.996	0.995	0.994
10	0.992	0.991	0.989	0.987	0.985	0.983	0.981	0.978	0.976	0.973
20	0.970	0.967	0.963	0.960	0.957	0.953	0.950	0.946	0.943	0.939
30	0.936	0.932	0.929	0.925	0.922	0.918	0.914	0.910	0.906	0.903
40	0.899	0.895	0.891	0.887	0.882	0.878	0.874	0.870	0.865	0.861
50	0.856	0.852	0.847	0.842	0.838	0.833	0.828	0.823	0.818	0.813
60	0.807	0.802	0.797	0.791	0.786	0.780	0.774	0.769	0.763	0.757
70	0.751	0.745	0.739	0.732	0.726	0.720	0.714	0.707	0.701	0.694
80	0.688	0.681	0.675	0.668	0.661	0.655	0.648	0.641	0.635	0.628
90	0.621	0.614	0.608	0.601	0.594	0.588	0.581	0.575	0.568	0.561
100	0.555	0.549	0.542	0.536	0.529	0.523	0.517	0.511	0.505	0.499
110	0.493	0.487	0.481	0.475	0.470	0.464	0.458	0.453	0.447	0.442
120	0.437	0.432	0.426	0.421	0.416	0.411	0.406	0.402	0.397	0.392
130	0.387	0.383	0.378	0.374	0.370	0.365	0.361	0.357	0.353	0.349
140	0.345	0.341	0.337	0.333	0.329	0.326	0.322	0.318	0.315	0.311
150	0.308	0.304	0.301	0.298	0.295	0.291	0.288	0.285	0.282	0.279

续表

$\lambda\sqrt{\frac{f_y}{235}}$	0	1	2	3	4	5	6	7	8	9
160	0.276	0.273	0.270	0.267	0.265	0.262	0.259	0.256	0.254	0.251
170	0.249	0.246	0.244	0.241	0.239	0.236	0.234	0.232	0.229	0.227
180	0.225	0.223	0.220	0.218	0.216	0.214	0.212	0.210	0.208	0.206
190	0.204	0.202	0.200	0.198	0.197	0.195	0.193	0.191	0.190	0.188
200	0.186	0.184	0.183	0.181	0.180	0.178	0.176	0.175	0.173	0.172
210	0.170	0.169	0.167	0.166	0.165	0.163	0.162	0.160	0.159	0.158
220	0.156	0.155	0.154	0.153	0.151	0.150	0.149	0.148	0.146	0.145
230	0.144	0.143	0.142	0.141	0.140	0.138	0.137	0.136	0.135	0.134
240	0.133	0.132	0.131	0.130	0.129	0.128	0.127	0.126	0.125	0.124
250	0.123									

钢结构设计标准 c 类截面轴心受压构件的稳定系数 φ **附表 4-5**

$\lambda\sqrt{\frac{f_y}{235}}$	0	1	2	3	4	5	6	7	8	9
0	1.000	1.000	1.000	0.999	0.999	0.998	0.997	0.996	0.995	0.993
10	0.992	0.990	0.988	0.986	0.983	0.981	0.978	0.976	0.973	0.970
20	0.966	0.959	0.953	0.947	0.940	0.934	0.928	0.921	0.915	0.909
30	0.902	0.896	0.890	0.884	0.877	0.871	0.865	0.858	0.852	0.846
40	0.839	0.833	0.826	0.820	0.814	0.807	0.801	0.794	0.788	0.781
50	0.775	0.768	0.762	0.755	0.748	0.742	0.735	0.729	0.722	0.715
60	0.709	0.702	0.695	0.689	0.682	0.676	0.669	0.662	0.656	0.649
70	0.643	0.636	0.629	0.623	0.616	0.610	0.604	0.597	0.591	0.584
80	0.578	0.572	0.566	0.559	0.553	0.547	0.541	0.535	0.529	0.523
90	0.517	0.511	0.505	0.500	0.494	0.488	0.483	0.477	0.472	0.467
100	0.463	0.458	0.454	0.449	0.445	0.441	0.436	0.432	0.428	0.423
110	0.419	0.415	0.411	0.407	0.403	0.399	0.395	0.391	0.387	0.383
120	0.379	0.375	0.371	0.367	0.364	0.360	0.356	0.353	0.349	0.346
130	0.342	0.339	0.335	0.332	0.328	0.325	0.322	0.319	0.315	0.312
140	0.309	0.306	0.303	0.300	0.297	0.294	0.291	0.288	0.285	0.282
150	0.280	0.277	0.274	0.271	0.269	0.266	0.264	0.261	0.258	0.256
160	0.254	0.251	0.249	0.246	0.244	0.242	0.239	0.237	0.235	0.233
170	0.230	0.228	0.226	0.224	0.222	0.220	0.218	0.216	0.214	0.212
180	0.210	0.208	0.206	0.205	0.203	0.201	0.199	0.197	0.196	0.194
190	0.192	0.190	0.189	0.187	0.186	0.184	0.182	0.181	0.179	0.178
200	0.176	0.175	0.173	0.172	0.170	0.169	0.168	0.166	0.165	0.163
210	0.162	0.161	0.159	0.158	0.157	0.156	0.154	0.153	0.152	0.151
220	0.150	0.148	0.147	0.146	0.145	0.144	0.143	0.142	0.140	0.139
230	0.138	0.137	0.136	0.135	0.134	0.133	0.132	0.131	0.130	0.129
240	0.128	0.127	0.126	0.125	0.124	0.124	0.123	0.122	0.121	0.120
250	0.119									

钢结构设计标准 d 类截面轴心受压构件的稳定系数 φ　　附表 4-6

$\lambda\sqrt{\frac{f_y}{235}}$	0	1	2	3	4	5	6	7	8	9
0	1.000	1.000	0.999	0.999	0.998	0.996	0.994	0.992	0.990	0.987
10	0.984	0.981	0.978	0.974	0.969	0.965	0.960	0.955	0.949	0.944
20	0.937	0.927	0.918	0.909	0.900	0.891	0.883	0.874	0.865	0.857
30	0.848	0.840	0.831	0.823	0.815	0.807	0.799	0.790	0.782	0.774
40	0.766	0.759	0.751	0.743	0.735	0.728	0.720	0.712	0.705	0.697
50	0.690	0.683	0.675	0.668	0.661	0.654	0.646	0.639	0.632	0.625
60	0.618	0.612	0.605	0.598	0.591	0.585	0.578	0.572	0.565	0.559
70	0.552	0.546	0.540	0.534	0.528	0.522	0.516	0.510	0.504	0.498
80	0.493	0.487	0.481	0.476	0.470	0.465	0.460	0.454	0.449	0.444
90	0.439	0.434	0.429	0.424	0.419	0.414	0.410	0.405	0.401	0.397
100	0.394	0.390	0.387	0.383	0.380	0.376	0.373	0.370	0.366	0.363
110	0.359	0.356	0.353	0.350	0.346	0.343	0.340	0.337	0.334	0.331
120	0.328	0.325	0.322	0.319	0.316	0.313	0.310	0.307	0.304	0.301
130	0.299	0.296	0.293	0.290	0.288	0.285	0.282	0.280	0.277	0.275
140	0.272	0.270	0.267	0.265	0.262	0.260	0.258	0.255	0.253	0.251
150	0.248	0.246	0.244	0.242	0.240	0.237	0.235	0.233	0.231	0.229
160	0.227	0.225	0.223	0.221	0.219	0.217	0.215	0.213	0.212	0.210
170	0.208	0.206	0.204	0.203	0.201	0.199	0.197	0.196	0.194	0.192
180	0.191	0.189	0.188	0.186	0.184	0.183	0.181	0.180	0.178	0.177
190	0.176	0.174	0.173	0.171	0.170	0.168	0.167	0.166	0.164	0.163
200	0.162									

附录 5 柱的计算长度系数

无侧移框架柱的计算长度系数 μ **附表 5-1**

K_2 \ K_1	0	0.05	0.1	0.2	0.3	0.4	0.5	1	2	3	4	5	≥10
0	1.000	0.990	0.981	0.964	0.949	0.935	0.922	0.875	0.820	0.791	0.773	0.760	0.732
0.05	0.990	0.981	0.971	0.955	0.940	0.926	0.914	0.867	0.814	0.784	0.766	0.754	0.726
0.1	0.981	0.971	0.962	0.946	0.931	0.918	0.906	0.860	0.807	0.778	0.760	0.748	0.721
0.2	0.964	0.955	0.946	0.930	0.916	0.903	0.891	0.846	0.795	0.767	0.749	0.737	0.711
0.3	0.949	0.940	0.931	0.916	0.902	0.889	0.878	0.834	0.784	0.756	0.739	0.728	0.701
0.4	0.935	0.926	0.918	0.903	0.889	0.877	0.866	0.823	0.774	0.747	0.730	0.719	0.693
0.5	0.922	0.914	0.906	0.891	0.878	0.866	0.855	0.813	0.765	0.738	0.721	0.710	0.685
1	0.875	0.867	0.860	0.846	0.834	0.823	0.813	0.774	0.729	0.704	0.688	0.677	0.654
2	0.820	0.814	0.807	0.795	0.784	0.774	0.765	0.729	0.686	0.663	0.648	0.638	0.615
3	0.791	0.784	0.778	0.767	0.756	0.747	0.738	0.704	0.663	0.640	0.625	0.616	0.593
4	0.773	0.766	0.760	0.749	0.739	0.730	0.721	0.688	0.648	0.625	0.611	0.601	0.580
5	0.760	0.754	0.748	0.737	0.728	0.719	0.710	0.677	0.638	0.616	0.601	0.592	0.570
≥10	0.732	0.726	0.721	0.711	0.701	0.693	0.685	0.654	0.615	0.593	0.580	0.570	0.549

注：1. 表中的计算长度系数 μ 值系按下式算得：

$$\left[\left(\frac{\pi}{\mu}\right)^2+2(K_1-K_2)-4K_1K_2\right]\frac{\pi}{\mu}\cdot\sin\frac{\pi}{\mu}-2\left[(K_1-K_2)\left(\frac{\pi}{\mu}\right)^2+4K_1K_2\right]\cos\frac{\pi}{\mu}-8K_1K_2=0$$

K_1、K_2——分别为相交于柱上端、柱下端的横梁线刚度之和与柱线刚度之和的比值。当梁远端为铰接时，应将横梁线刚度乘以 1.5；当横梁远端为嵌固时，则将横梁线刚度乘以 2.0。

2. 当横梁与柱铰接时，取横梁线刚度为零。

3. 对底层框架柱：当柱与基础铰接时，取 $K_2=0$（对平板支座可取 $K_2=0.1$）；当柱与基础刚接时，取 $K_2=10$。

有侧移框架柱的计算长度系数 μ **附表 5-2**

K_2 \ K_1	0	0.05	0.1	0.2	0.3	0.4	0.5	1	2	3	4	5	≥10
0	∞	6.02	4.46	3.42	3.01	2.78	2.64	2.33	2.17	2.11	2.08	2.07	2.03
0.05	6.02	4.16	3.47	2.86	2.58	2.42	2.31	2.07	1.94	1.90	1.87	1.86	1.83
0.1	4.46	3.47	3.01	2.56	2.33	2.20	2.11	1.90	1.79	1.75	1.73	1.72	1.70
0.2	3.42	2.86	2.56	2.23	2.05	1.94	1.87	1.70	1.60	1.57	1.55	1.54	1.52
0.3	3.01	2.58	2.33	2.05	1.90	1.80	1.74	1.58	1.49	1.46	1.45	1.44	1.42
0.4	2.78	2.42	2.20	1.94	1.80	1.71	1.65	1.50	1.42	1.39	1.37	1.37	1.35
0.5	2.64	2.31	2.11	1.87	1.74	1.65	1.59	1.45	1.37	1.34	1.32	1.32	1.30
1	2.33	2.07	1.90	1.70	1.58	1.50	1.45	1.32	1.24	1.21	1.20	1.19	1.17
2	2.17	1.94	1.79	1.60	1.49	1.42	1.37	1.24	1.16	1.14	1.12	1.12	1.10
3	2.11	1.90	1.75	1.57	1.46	1.39	1.34	1.21	1.14	1.11	1.10	1.09	1.07
4	2.08	1.87	1.73	1.55	1.45	1.37	1.32	1.20	1.12	1.10	1.08	1.08	1.06
5	2.07	1.86	1.72	1.54	1.44	1.37	1.32	1.19	1.12	1.09	1.08	1.07	1.05
≥10	2.03	1.83	1.70	1.52	1.42	1.35	1.30	1.17	1.10	1.07	1.06	1.05	1.03

注：1. 表中的计算长度系数 μ 值系按下式算得：

$$\left[36K_1K_2-\left(\frac{\pi}{\mu}\right)^2\right]\sin\frac{\pi}{\mu}+6(K_1+K_2)\frac{\pi}{\mu}\cdot\cos\frac{\pi}{\mu}=0$$

K_1、K_2——分别为相交于柱上端、柱下端的横梁线刚度之和与柱线刚度之和的比值。当横梁远端为铰接时，应将横梁线刚度乘以 0.5；当横梁远端为嵌固时，则应乘以 2/3。

2. 当横梁与柱铰接时，取横梁线刚度为零。

3. 对底层框架柱：当柱与基础铰接时，取 $K_2=0$（对平板支座可取 $K_2=0.1$）；当柱与基础刚接时，取 $K_2=10$。

附录 6　计算图表

各种截面回转半径的近似值　　附表 6-1

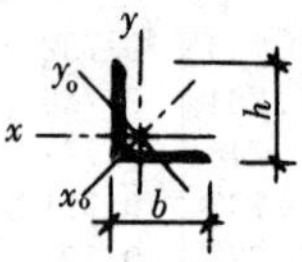 $i_x=0.305h$ $i_y=0.305b$ $i_{x_0}=0.385h$ $i_{y_0}=0.195h$	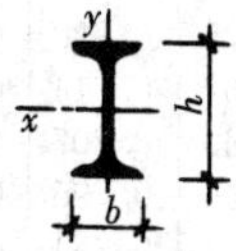 $i_x=0.395h$ $i_y=0.20b$	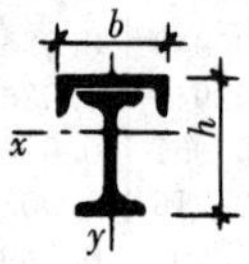 $i_x=0.39h$ $i_y=0.24b$	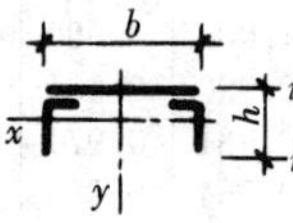 $i_x=0.28h$ $i_y=0.37b$
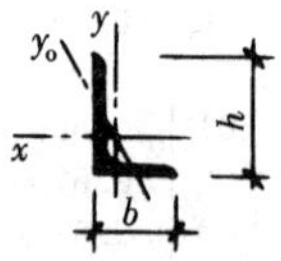 $i_x=0.32h$ $i_y=0.28b$ $i_{y_0}=0.17\frac{h+b}{2}$	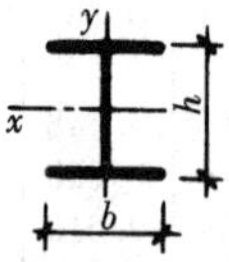 $i_x=0.43h$ $i_y=0.24b$	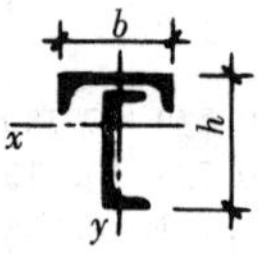 $i_x=0.36h$ $i_y=0.28b$	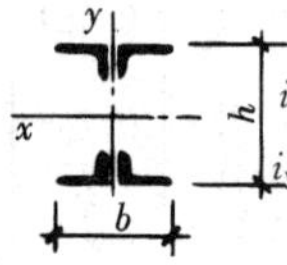 $i_x=0.45h$ $i_y=0.235b$
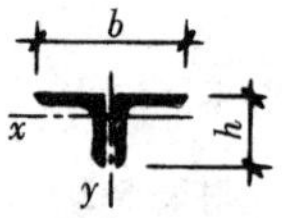 $i_x=0.305h$ $i_y=0.215b$	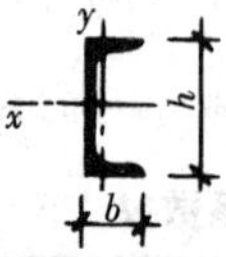 $i_x=0.385h$ $i_y=0.285b$	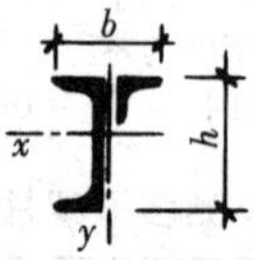 $i_x=0.39h$ $i_y=0.19b$	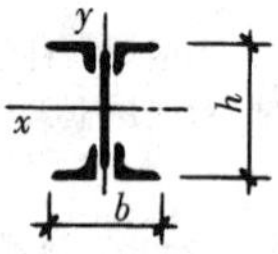 $i_x=0.41h$ $i_y=0.20b$
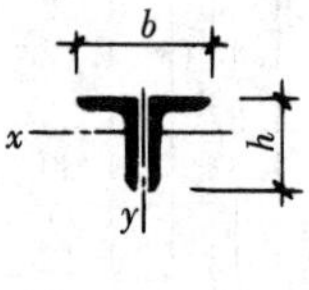 $i_x=0.32h$ $i_y=0.20b$	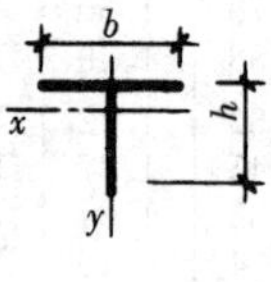 $i_x=0.27h$ $i_y=0.23b$	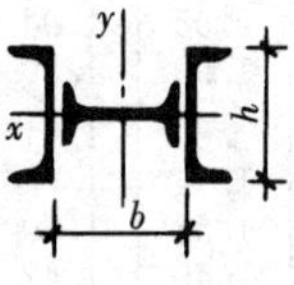 $i_x=0.32h$ $i_y=0.54b$	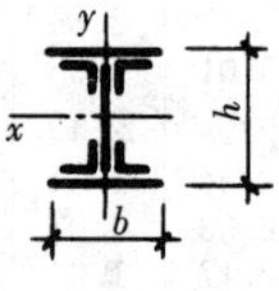 $i_x=0.43h$ $i_y=0.23b$
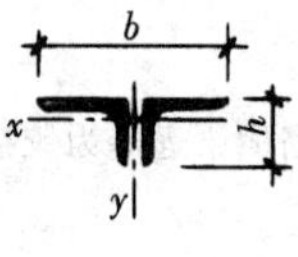 $i_x=0.28h$ $i_y=0.235b$	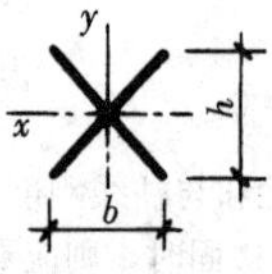 $i_x=0.289h$ $i_y=0.289b$	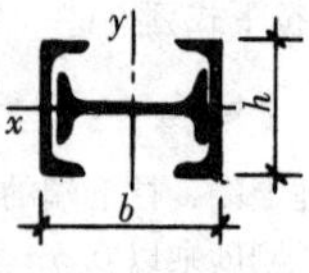 $i_x=0.31h$ $i_y=0.41b$	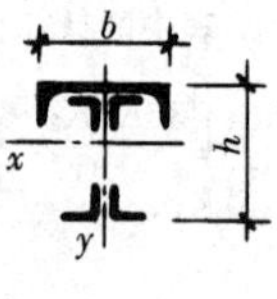 $i_x=0.42h$ $i_y=0.29b$

续表

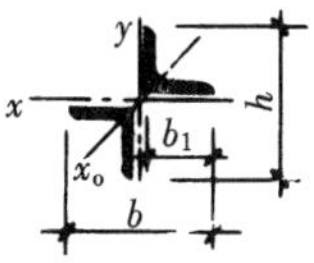 $i_x=0.215h$ $i_y=0.215b$ $i_{x0}=0.385b_1$ $=0.185b$	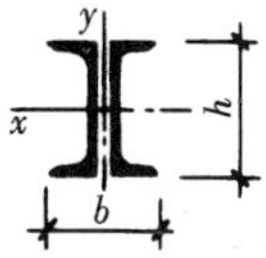 $i_x=0.385h$ $i_y=0.20b$	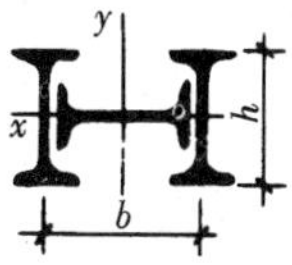 $i_x=0.33h$ $i_y=0.47b$	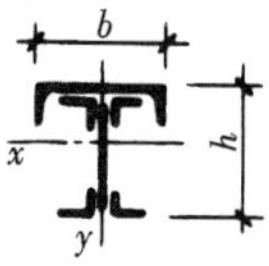 $i_x=0.40h$ $i_y=0.25b$
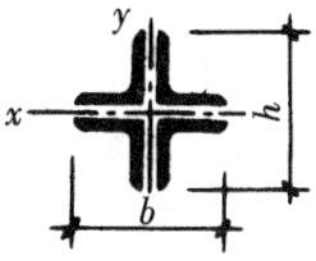 $i_x=0.215h$ $i_y=0.215b$	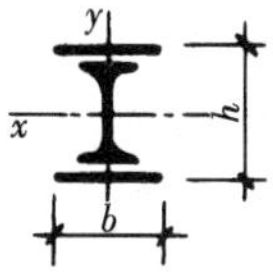 $i_x=0.43h$ $i_y=0.21b$	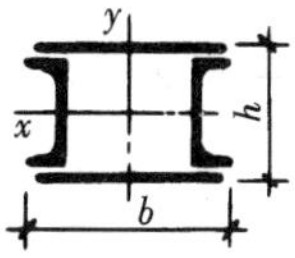 $i_x=0.43h$ $i_y=0.33b$	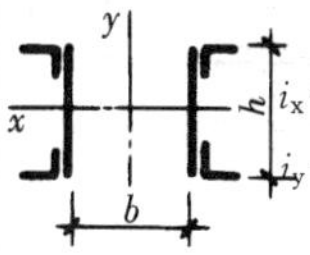 $i_x=0.37h$ $i_y=0.54b$
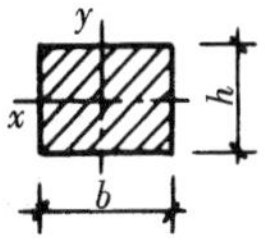 $i_x=0.289h$ $i_y=0.289b$	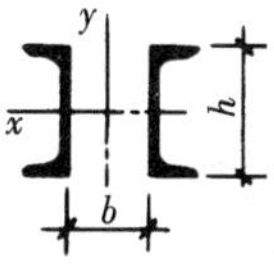 $i_x=0.385h$ $i_y=0.59b$	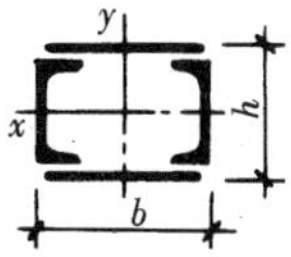 $i_x=0.42h$ $i_y=0.40b$	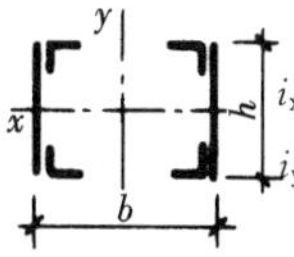 $i_x=0.37h$ $i_y=0.45b$
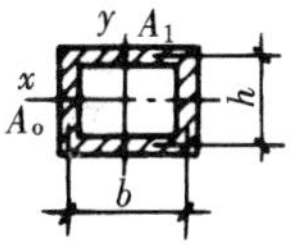 $i_x=0.289\bar{h}\cdot\sqrt{\frac{3A_1+A_0}{A_1+A_0}}$ $i_y=0.289\bar{b}\cdot\sqrt{\frac{A_1+3A_0}{A_1+A_0}}$	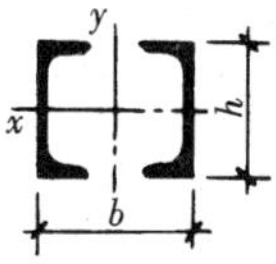 $i_x=0.385h$ $i_y=0.44b$	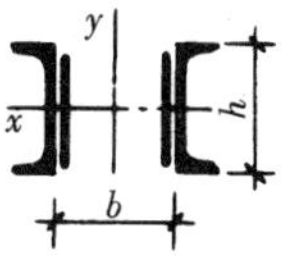 $i_x=0.35h$ $i_y=0.56b$	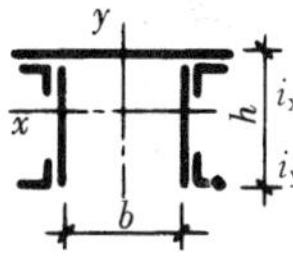 $i_x=0.39h$ $i_y=0.53b$
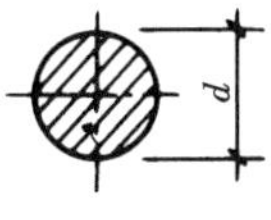 $i=0.25d$	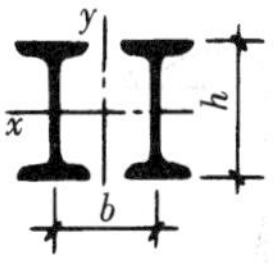 $i_x=0.395h$ $i_y=0.505b$	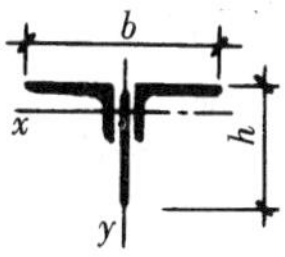 $i_x=0.30h$ $i_y=0.17b$	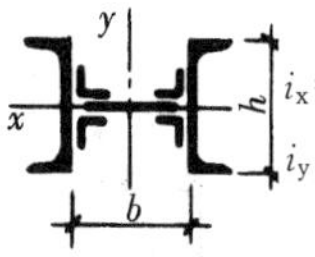 $i_x=0.29h$ $i_y=0.50b$
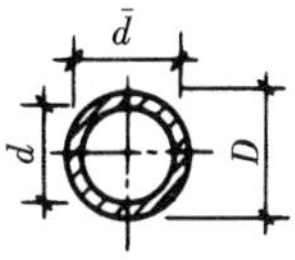 $i=0.25\cdot\sqrt{D^2+d^2}$ $=0.354\bar{d}$	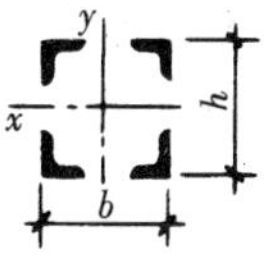 $i_x=0.43h$ $i_y=0.43b$	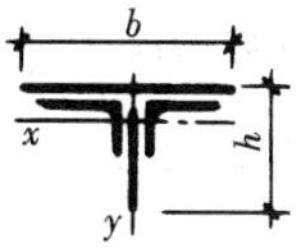 $i_x=0.26h$ $i_y=0.21b$	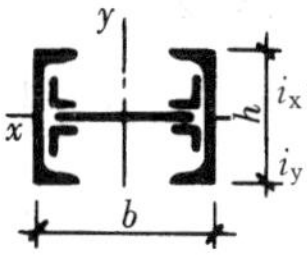 $i_x=0.29h$ $i_y=0.44b$

常用薄壁型典型截面与翘曲有关的截面常数　　附表 6-2

截面形式	扇性坐标	最大扇性面积矩	扇性惯性矩
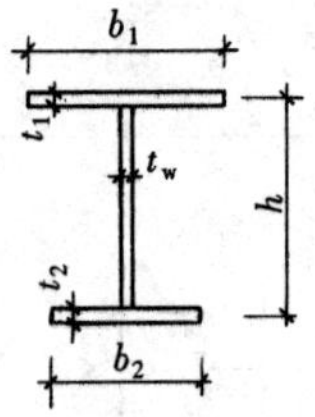	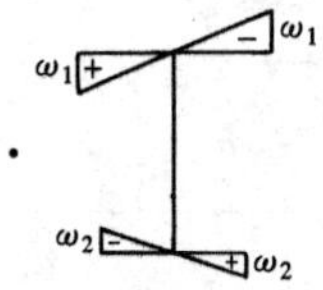 $\omega_1=hb_1/\alpha/2$ $\omega_2=hb_2\ (1-\alpha)\ /2$ $\alpha=\dfrac{1}{1+\ (b_1/b_2)^3\ (t_1/t_2)}$	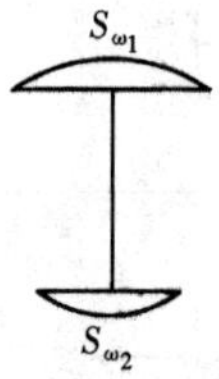 $S_{\omega1}=hb_1^2t_1\alpha/8$ $S_{\omega2}=hb_2^2t_2\ (1-\alpha)\ /8$	$I_\omega=h^2b_1^3t_1\alpha/12$
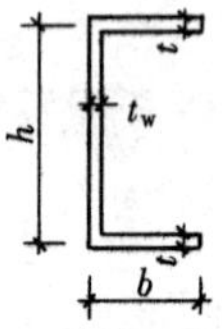	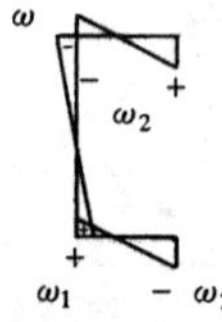 $\omega_1=hb_1\alpha/2$ $\omega_2=hb\ (1-\alpha)\ /2$ $\alpha=\dfrac{1}{2+ht_w/3bt}$	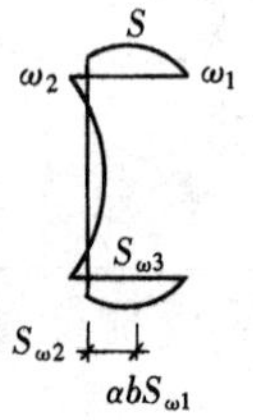 $S_{\omega1}=hb^2t\ (1-\alpha)^2/4$ $S_{\omega2}=hb^2t\ (1-2\alpha)\ /4$ $S_{\omega3}=\dfrac{hb^2t}{4}\left(1-2\alpha-\dfrac{ht_w\alpha}{2bt}\right)$	$I_\omega=h^2b^3t\left[\dfrac{1-3\alpha}{6}+\dfrac{\alpha^2}{2}\times\left(1+\dfrac{ht_w}{6bt}\right)\right]$
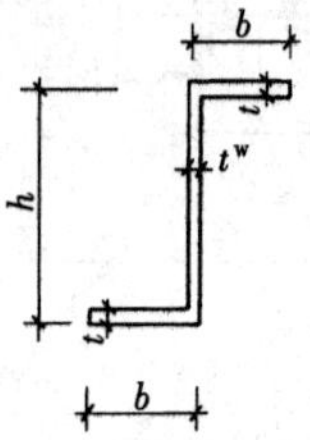	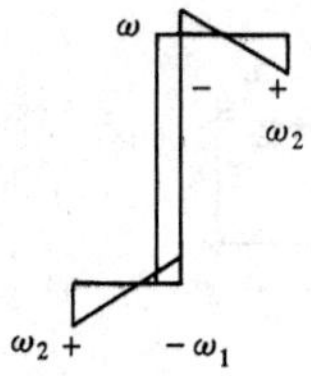 $\omega_1=hb\alpha$ $\omega_2=hb\alpha\ (1+ht_w/bt)$ $\alpha=\dfrac{bt}{2\ (2bt+ht_w)}$	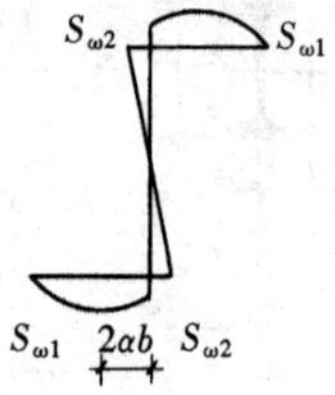 $S_{\omega1}=hb^2t\alpha^2\left(1+\dfrac{ht_w}{bt}\right)^2$ $S_{\omega2}=hb^2t_w\alpha/2$	$I_\omega=\dfrac{h^2b^3t}{24}\left(1+\dfrac{6\alpha ht_w}{bt}\right)$

注：本表中几何长度 b、h 指截面的中线长度。

简支梁双弯矩 B 值的计算公式 **附表 6-3**

<table>
<tr><td></td><td>(Ⅰ)</td><td>(Ⅱ)</td><td>(Ⅲ)</td></tr>
<tr><td>荷载简图</td><td>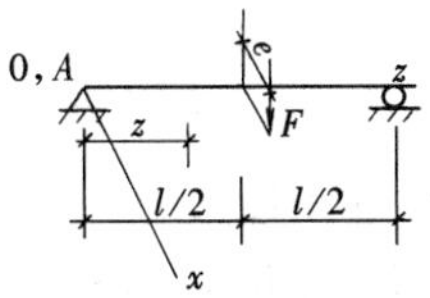
(Ⅰ)</td><td>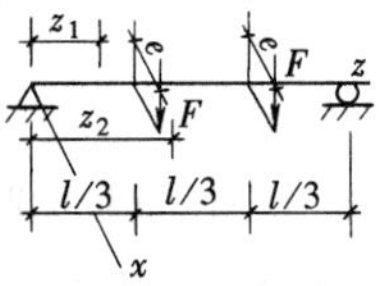
(Ⅱ)</td><td>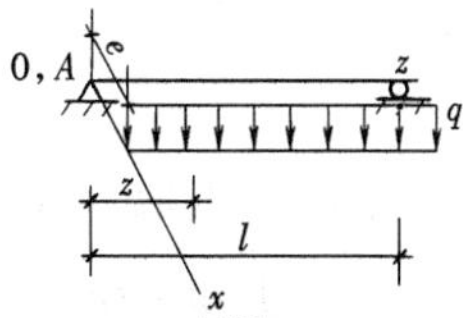
(Ⅲ)</td></tr>
<tr><td>B_ω</td><td>$\frac{F_e}{2k}\cdot\frac{\mathrm{sh}kz}{\mathrm{ch}\frac{kl}{2}}$</td><td>当 $z=z_1$ 时
$\frac{F_e}{k}\cdot\frac{\mathrm{ch}\frac{kl}{6}}{\mathrm{ch}\frac{kl}{2}}\mathrm{sh}kz_1$
当 $z=z_2$ 时
$\frac{F_e}{k}\cdot\frac{\mathrm{sh}\frac{k_c}{3}}{\mathrm{ch}\frac{kl}{2}}\mathrm{ch}k\left(\frac{l}{2}-z_2\right)$</td><td>$\frac{qe}{k^2}\left[1-\frac{\mathrm{ch}k\left(\frac{l}{2}-z\right)}{\mathrm{ch}\frac{kl}{2}}\right]$</td></tr>
</table>

注：$k=\sqrt{\frac{GI_t}{EI_\omega}}$。

几种特殊截面中由双弯矩 B 引起的正应力的符号 **附表 6-4**

<table>
<tr><td>荷载与截面 / 截面上的点</td><td>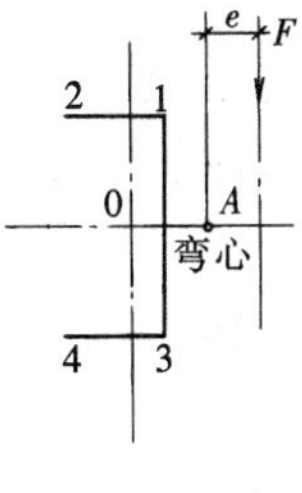</td><td>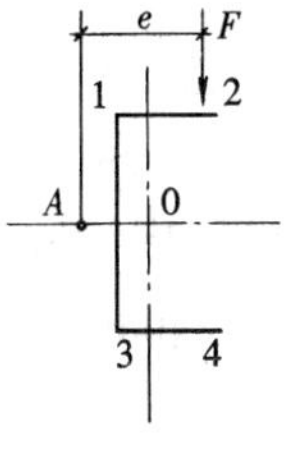</td><td>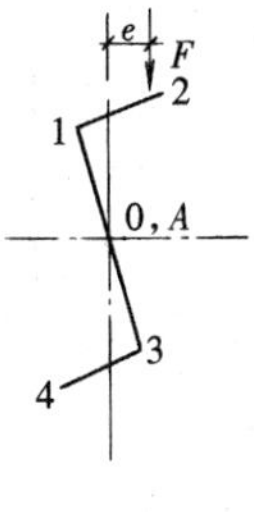</td><td>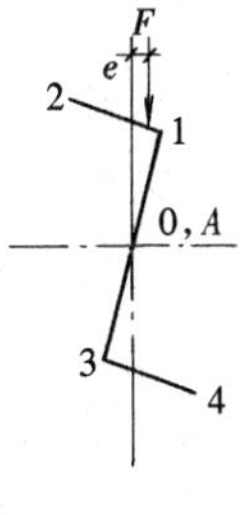</td></tr>
<tr><td>1</td><td>−</td><td>+</td><td>+</td><td>−</td></tr>
<tr><td>2</td><td>+</td><td>−</td><td>−</td><td>+</td></tr>
<tr><td>3</td><td>+</td><td>−</td><td>+</td><td>−</td></tr>
<tr><td>4</td><td>−</td><td>+</td><td>−</td><td>+</td></tr>
</table>

注：外荷 F 对弯心 A 为顺时针方向旋转，如果外荷 F 对弯心 A 为逆时针方向旋转，则表中的所有符号应反号。

参 考 文 献

［1］ 欧阳可庆主编．钢结构．北京：中国建筑工业出版社，1991.

［2］ B. J. Jonhston：Guide to Stability Design Criteria for Metal Structure. 3rd version，John Wiley&Sons Inc.，New York，1976.

［3］ 高梨晃一，福岛晓男．最新铁骨构造．第3版．东京：森北出版株式会社，1988.

［4］ N. E. 别列尼亚主编．颜景田译．金属结构．哈尔滨：哈尔滨工业大学出版社，1988.

［5］ 王肇民等．钢结构设计原理．上海：同济大学出版社，1991.

［6］ 吕烈武，沈世钊，沈祖炎，胡学仁．钢结构构件稳定理论．北京：中国建筑工业出版社，1983.

［7］ 陈绍蕃主编．钢结构．第三版．北京：中国建筑工业出版社，2014.

［8］ 若林实主编．铁骨构造学详论．东京：丸善株式出版社，1985.

［9］ Wei-Wen Yu：Cold-formed Steel Design. 2 ndversion，John Wiley & Sons Inc.，New York，1991.

［10］ 陈绍蕃．钢结构稳定设计指南．第三版．北京：中国建筑工业出版社，2013.

［11］ K. Basler and B. Thurlimam：Strength of Plate Girder in Bending，ASCE，Vol 87，No ST6. p. 153—181，1961. 8.

［12］ 上海市工程建设规范．轻型钢结构技术规程 DG/TJ 08-2089-2012.

［13］ 项海帆，刘光栋．拱结构的稳定与振动．北京：人民交通出版社，1991.

［14］ 周远棣，徐君兰．钢桥．北京：人民交通出版社，1990.

［15］ Minoru Wakabayashi：Design of Earthquake-resistant Buildings，McGraw-Hill Inc.，New York，1986.

［16］ 钟善桐．钢管混凝土结构．哈尔滨：黑龙江科学技术出版社，1987.

［17］ 周起敬，姜维山，潘泰华．钢与混凝土结构设计施工手册．北京：中国建筑工业出版社，1991.

［18］ 中国工程建设标准化协会标准．钢管混凝土结构技术规程．CECS 28：2012. 北京：中国计划出版社，2012.

［19］ 日本建筑学会．钢管混凝土结构设计施工指南.

［20］ J. A. Packer，J. E. Henderson（曹俊杰译）．空心管结构连接设计指南．北京：科学出版社，1997.

［21］ 钟善桐主编．钢结构．北京：中国建筑工业出版社，1988.

［22］ 王光煜编著．钢结构缺陷及其处理．上海：同济大学出版社，1988.

［23］ 沈世钊，徐崇宝，赵臣．悬索结构设计．北京：中国建筑工业出版社，1997.

［24］ 李国豪主编．桥梁结构稳定与振动．北京：中国铁道出版社，1996.

［25］ 中华人民共和国国家标准．钢结构设计标准 GB 50017—2017．北京：中国建筑工

业出版社，2018.
［26］ 中华人民共和国国家标准．冷弯薄壁型钢结构技术规范 GB 50018—2002. 北京：中国计划出版社，2002.
［27］ 中国工程建设标准化协会标准．门式刚架轻型房屋钢结构技术规程（2012 年版）CECS102：2002. 北京：中国计划出版社，2012.
［28］ 董石麟，邢栋，赵阳．现代大跨空间结构在中国的应用与发展．空间结构．18（1）：3-16，2012.
［29］ 沈祖炎，李元齐．促进我国建筑钢结构产业发展的几点思考．建筑钢结构进展．2009，11（4）：15-21.

高校土木工程专业指导委员会规划推荐教材（经典精品系列教材）

征订号	书名	定价	作者	备注
V28007	土木工程施工（第三版）（赠送课件）	78.00	重庆大学 同济大学 哈尔滨工业大学	教育部普通高等教育精品教材
V28456	岩土工程测试与监测技术（第二版）	36.00	宰金珉 王旭东 等	
V25576	建筑结构抗震设计（第四版）（赠送课件）	34.00	李国强 等	
V30817	土木工程制图（第五版）（含教学资源光盘）	58.00	卢传贤 等	
V30818	土木工程制图习题集（第五版）	20.00	卢传贤 等	
V27251	岩石力学（第三版）（赠送课件）	32.00	张永兴 许 明	
V32626	钢结构基本原理（第三版）	48.00	沈祖炎 等	
V16338	房屋钢结构设计（赠送课件）	55.00	沈祖炎 陈以一 陈扬骥	教育部普通高等教育精品教材
V24535	路基工程（第二版）	38.00	刘建坤 曾巧玲 等	
V31992	建筑工程事故分析与处理（第四版）	60.00	王元清 江见鲸 等	教育部普通高等教育精品教材
V13522	特种基础工程	19.00	谢新宇 俞建霖	
V28723	工程结构荷载与可靠度设计原理（第四版）（赠送课件）	37.00	李国强 等	
V28556	地下建筑结构（第三版）（赠送课件）	55.00	朱合华 等	教育部普通高等教育精品教材
V28269	房屋建筑学（第五版）（含光盘）	59.00	同济大学 西安建筑科技大学 东南大学 重庆大学	教育部普通高等教育精品教材
V28115	流体力学（第三版）	39.00	刘鹤年	
V30846	桥梁施工（第二版）（赠送课件）	37.00	卢文良 季文玉 许克宾	
V31115	工程结构抗震设计（第三版）（赠送课件）	36.00	李爱群 等	

续表

征订号	书　名	定价	作　者	备　注
V27912	建筑结构试验（第四版）（赠送课件）	35.00	易伟建　张望喜	
V29558	地基处理（第二版）（赠送课件）	30.00	龚晓南　陶燕丽	
V29713	轨道工程（第二版）（赠送课件）	53.00	陈秀方　娄平	
V28200	爆破工程（第二版）（赠送课件）	36.00	东兆星　等	
V28197	岩土工程勘察（第二版）	38.00	王奎华	
V20764	钢—混凝土组合结构	33.00	聂建国　等	
V29415	土力学（第四版）（赠送课件）	42.00	东南大学　浙江大学　湖南大学　苏州大学	
V24832	基础工程（第三版）（赠送课件）	48.00	华南理工大学　等	
V28155	混凝土结构（上册）——混凝土结构设计原理（第六版）（赠送课件）	42.00	东南大学　天津大学　同济大学	教育部普通高等教育精品教材
V28156	混凝土结构（中册）——混凝土结构与砌体结构设计（第六版）（赠送课件）	58.00	东南大学　同济大学　天津大学	教育部普通高等教育精品教材
V28157	混凝土结构（下册）——混凝土桥梁设计（第六版）	52.00	东南大学　同济大学　天津大学	教育部普通高等教育精品教材
V25453	混凝土结构（上册）（第二版）（含光盘）	58.00	叶列平	
V23080	混凝土结构（下册）	48.00	叶列平	
V11404	混凝土结构及砌体结构（上）	42.00	滕智明　等	
V11439	混凝土结构及砌体结构（下）	39.00	罗福午　等	
V25362	钢结构（上册）——钢结构基础（第三版）（含光盘）	52.00	陈绍蕃	
V25363	钢结构（下册）——房屋建筑钢结构设计（第三版）（赠送课件）	32.00	陈绍蕃	

续表

征订号	书 名	定价	作 者	备 注
V22020	混凝土结构基本原理（第二版）（赠课件）	48.00	张 誉 等	
V25093	混凝土及砌体结构（上册）（第二版）	45.00	哈尔滨工业大学 大连理工大学等	
V26027	混凝土及砌体结构（下册）（第二版）	29.00	哈尔滨工业大学 大连理工大学等	
V20495	土木工程材料（第二版）	38.00	湖南大学 天津大学 同济大学 东南大学	
V29372	土木工程概论（第二版）	28.00	沈祖炎	
V19590	土木工程概论（第二版）（赠送课件）	42.00	丁大钧 等	教育部普通高等教育精品教材
V30759	工程地质学（第三版）（赠课件）	45.00	石振明 黄 雨	
V20916	水文学	25.00	雒文生	
V31530	高层建筑结构设计（第三版）（赠课件）	54.00	钱稼茹 赵作周 纪晓东 叶列平	
V19359	桥梁工程（第二版）	39.00	房贞政	
V32032	砌体结构（第四版）（赠课件）	32.00	东南大学 同济大学 郑州大学	教育部普通高等教育精品教材

注：本套教材均被评为《“十二五”普通高等教育本科国家级规划教材》和《住房城乡建设部土建类学科专业“十三五”规划教材》。